최근 출제경향을 반영한 CBT 완벽 대비서

과년도 출제문제 분석에 따른

용접 기능사

특수용접기능사

[필기]

박종우 지음

BM (주)도서출판 성안당

"독자 여러분께 알려드립니다"

용접기능사 필기시험을 본 후 그 문제 가운데 10여 문제를 재구성해서 성안당 출판사로 보내주시면, 채택된 문제에 대해서 성안당 기계분야 도서 중 희망하시는 도서 1부 증정해 드립니다. 독자 여러분이 보내주시는 기출문제는 더 나은 책을 만드는 데 큰 도움이 됩니다. 감사합니다.

e-mail coh@cyber.co.kr(최옥현)

★ 메일을 보내주실 때 성명, 연락처, 주소를 기재해 주시기 바랍니다.
★ 보내주신 기출문제는 집필자가 검토한 후에 도서를 증정해 드립니다.

도서 A/S 안내

성안당에서 발행하는 모든 도서는 저자와 출판사, 그리고 독자가 함께 만들어 나갑니다.

좋은 책을 펴내기 위해 많은 노력을 기울이고 있습니다. 혹시라도 내용상의 오류나 오탈자 등이 발견되면 "좋은 책은 나라의 보배"로서 우리 모두가 함께 만들어 간다는 마음으로 연락주시기 바랍니다. 수정 보완하여 더 나은 책이 되도록 최선을 다하겠습니다.

성안당은 늘 독자 여러분들의 소중한 의견을 기다리고 있습니다. 좋은 의견을 보내주시는 분께는 성안당 쇼핑몰의 포인트(3,000포인트)를 적립해 드립니다.

잘못 만들어진 책이나 부록 등이 파손된 경우에는 교환해 드립니다.

저자 문의 e-mail : pjw8605@hanmail.net(박종우)
본서 기획자 e-mail : coh@cyber.co.kr(최옥현)
홈페이지 : http://www.cyber.co.kr 전화 : 031) 950-6300

머리말

지금의 세계는 과학기술로 경쟁하는 시대이며 과학기술이 앞선 나라만이 세계 속에서 인정받고 우위의 생활을 누릴 수가 있다. 이 중 용접기술은 중화학공업의 중요한 역할을 담당하는 영역으로, 조선, 석유화학, 플랜트, 공작기계, 건축, 자동화, 항공기술 등 많은 산업분야에서 용접기능사, 특수용접기능사를 필요로 하고 있다.

이 책은 용접기능사, 특수용접기능사 국가기술자격증을 취득하려는 수험생을 위하여 최근 한국 산업인력공단에서 개정된 CBT(www.comcbt.com) 방향에 맞추어 면밀히 분석하여 합격률이 높도록 집필하였다.

이 책의 특징

1. 한국 산업인력공단 국가기술자격 출제기준에 의거 집필하였다.
2. 모든 용어는 교육부 제정 용어를 사용하였고, 수험생이 완전히 이해할 수 있도록 알기 쉽게 이론을 서술하였다.
   또한 용접 일반, 용접재료, 기계제도 이론편에서도 CBT 출제기준 주요 항에 대하여 색글씨로 강조하였으며, 주요 표와 그림에는 중요 마크(☑중요)를 해 두었다.
3. CBT(www.comcbt.com) 출제율이 높은 과년도 출제된 문제에 대해서는 수험생이 스스로 공부할 수 있도록 해설을 하여 이해하기 쉽게 하였으며, 특히 출제 빈도가 높은 문제에 대해서는 중요 마크(★)를 해 두었다.
4. 실전을 완벽하게 대비할 수 있는 모의고사를 수험생들 스스로 이해하기 쉽도록 해설과 함께 수록하였고, 기출문제와 같이 출제 빈도가 높은 문제에 대해서는 중요 마크(★)를 해 두었다.

35여 년간의 저자의 강의 경험을 토대로 심혈을 기울여 수험생들이 CBT 출제기준에 맞추어 스스로 공부할 수 있도록 알기 쉽게 집필하였다.

이 책이 나오기까지 여러 면으로 협조하여 주신 교수, 선생님과 이 책을 집필하는 데 참고자료 조언, 관계 자료를 협조하여 주신 모든 분들, 그리고 도서출판 성안당 임직원들에게 깊은 감사를 드린다.

저자 박종우

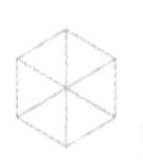

NCS 안내

1 국가직무능력표준(NCS)이란?

국가직무능력표준(NCS, National Competency Standards)은 산업현장에서 직무를 수행하기 위해 요구되는 지식·기술·태도 등의 내용을 국가가 산업부문별, 수준별로 체계화한 것이다.

(1) 국가직무능력표준(NCS) 개념도

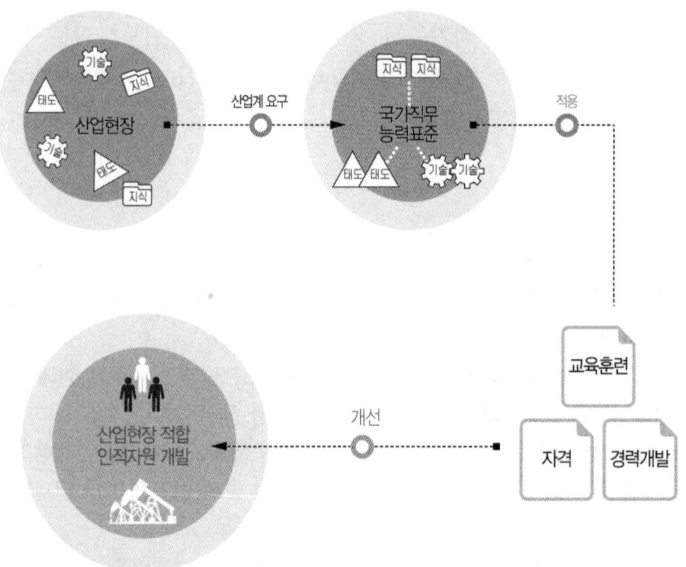

직무능력 : 일을 할 수 있는 On – spec인 능력

① 직업인으로서 기본적으로 갖추어야 할 공통 능력 → 직업기초능력

② 해당 직무를 수행하는 데 필요한 역량(지식, 기술, 태도) → 직무수행능력

보다 효율적이고 현실적인 대안 마련

① 실무 중심의 교육·훈련 과정 개편

② 국가자격의 종목 신설 및 재설계

③ 산업현장 직무에 맞게 자격시험 전면 개편

④ NCS 채용을 통한 기업의 능력 중심 인사관리 및 근로자의 평생경력 개발 관리 지원

(2) 국가직무능력표준(NCS) 학습모듈

국가직무능력표준(NCS)이 현장의 '**직무요구서**'라고 한다면, NCS **학습모듈**은 NCS **능력단위를 교육훈련에서 학습할 수 있도록 구성한 '교수·학습자료'**이다.

NCS 학습모듈은 구체적 직무를 학습할 수 있도록 이론 및 실습과 관련된 내용을 상세하게 제시하고 있다.

2 국가직무능력표준(NCS)이 왜 필요한가?

능력 있는 인재를 개발해 핵심 인프라를 구축하고, 나아가 국가경쟁력을 향상시키기 위해 국가직무능력표준이 필요하다.

(1) 국가직무능력표준(NCS) 적용 전/후

지금은

- 직업 교육 · 훈련 및 자격제도가 산업현장과 불일치
- 인적자원의 비효율적 관리 운용

→ 국가직무능력표준 →

이렇게 바뀝니다.

- 각각 따로 운영되었던 교육 · 훈련, 국가직무능력표준 중심 시스템으로 전환 (일–교육 · 훈련–자격 연계)
- 산업현장 직무 중심의 인적자원 개발
- 능력중심사회 구현을 위한 핵심 인프라 구축
- 고용과 평생직업능력개발 연계를 통한 국가경쟁력 향상

(2) 국가직무능력표준(NCS) 활용범위

기업체 Corporation

- 현장 수요 기반의 인력채용 및 인사관리 기준
- 근로자 경력개발
- 직무기술서

교육훈련기관 Education and training

- 직업교육훈련과정 개발
- 교수계획 및 매체, 교재 개발
- 훈련기준 개발

자격시험기관 Qualification

- 자격종목의 신설 · 통합 · 폐지
- 출제기준 개발 및 개정
- 시험문항 및 평가방법

3 과정평가형 자격취득

(1) 개념

과정평가형 자격은 국가직무능력표준(NCS)으로 설계된 교육・훈련과정을 체계적으로 이수하고 내・외부평가를 거쳐 취득하는 국가기술자격이다.

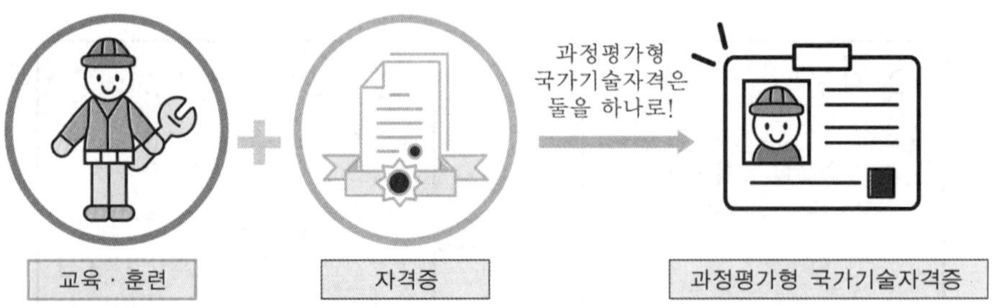

(2) 기존 자격제도와 차이점

구분	검정형	과정형
응시자격	학력, 경력요건 등 응시요건을 충족한 자	해당 과정을 이수한 누구나
평가방법	지필평가, 실무평가	내부평가, 외부평가
합격기준	• 필기 : 평균 60점 이상 • 실기 : 60점 이상	내부평가와 외부평가의 결과를 1:1로 반영하여 평균 80점 이상
자격증 기재내용	자격종목, 인적사항	자격종목, 인적사항, 교육・훈련기관명, 교육・훈련기간 및 이수시간, NCS 능력단위명

(3) 대상종목(2020년 1월 '기능사' 기준 총 90종목)

3D프린터운용기능사
건설기계정비기능사
건설재료시험기능사
건축목공기능사
공유압기능사
공조냉동기계기능사
귀금속가공기능사
금속도장기능사
금속재료시험기능사
금형기능사
기계가공조립기능사
농기계정비기능사
도자공예기능사
도자기공예기능사
미용사(네일)
미용사(메이크업)
미용사(일반)
미용사(피부)
배관기능사
복어조리기능사
사진기능사
산림기능사
생산자동화기능사
수산양식기능사

승강기기능사
식품가공기능사
신발류제조기능사
실내건축기능사
압연기능사
양식조리기능사
양장기능사
에너지관리기능사
연삭기능사
열처리기능사
염색기능사(날염)
염색기능사(침염)
용접기능사
원예기능사
웹디자인기능사
위험물기능사
유기농업기능사
의료전자기능사
이용사
일식조리기능사
자동차보수도장기능사
자동차정비기능사
자동차차체수리기능사
잠수기능사
전산응용건축제도기능사
전산응용기계제도기능사
전산응용토목제도기능사
전자계산기기능사
전자기기기능사
전자출판기능사
전자캐드기능사
정밀측정기능사
정보기기운용기능사
정보처리기능사
제강기능사
제과기능사
제빵기능사
제선기능사
제품응용모델링기능사
조경기능사
조주기능사
종자기능사
주조기능사
중식조리기능사
천장크레인운전기능사
축로기능사
축산기능사
측량기능사
컴퓨터그래픽스운용기능사
컴퓨터응용밀링기능사
컴퓨터응용선반기능사
콘크리트기능사
타워크레인설치・해체기능사
타워크레인운전기능사
특수용접기능사
표면처리기능사
한복기능사
한식조리기능사
항공관정비기능사
항공기관정비기능사
항공기체정비기능사
항공장비정비기능사
항공전자정비기능사
화학분석기능사
화훼장식기능사
환경기능사

(4) 취득방법

① 산업계의 의견수렴절차를 거쳐 한국산업인력공단은 다음연도의 과정평가형 국가기술자격 시행종목을 선정한다.

② 한국산업인력공단은 종목별 편성기준(시설・장비, 교육・훈련기관, NCS 능력단위 등)을 공고하고, 엄격한 심사를 거쳐 과정평가형 국가기술자격을 운영할 교육・훈련기관을 선정한다.

③ 교육・훈련생은 각 교육・훈련기관에서 600시간 이상의 교육・훈련을 받고 능력단위별 내부평가에 참여한다.

④ 이수기준(출석률 75%, 모든 내부평가 응시)을 충족한 교육・훈련생은 외부평가에 참여한다.

⑤ 교육・훈련생은 80점 이상(내부평가 50+외부평가 50)의 점수를 받으면 해당 자격을 취득하게 된다.

(5) 교육 · 훈련생의 평가방법

① 내부평가(지정 교육 · 훈련기관)

㉠ 과정평가형 자격 지정 교육 · 훈련기관에서 능력단위별 75% 이상 출석 시 내부평가 시행

㉡ 내부평가

시기	NCS 능력단위별 교육 · 훈련 종료 후 실시(교육 · 훈련시간에 포함됨)
출제 · 평가	지필평가, 실무평가
성적관리	능력단위별 100점 만점으로 환산
이수자 결정	능력단위별 출석률 75% 이상, 모든 내부평가에 참여
출석관리	교육 · 훈련기관 자체 규정 적용(다만, 훈련기관의 경우 근로자직업능력개발법 적용)

㉢ 모니터링

시행시기	내부평가 시
확인사항	과정 지정 시 인정받은 필수기준 및 세부 평가기준 충족 여부, 내부평가의 적정성, 출석관리 및 시설장비의 보유 및 활용사항 등
시행횟수	분기별 1회 이상(교육 · 훈련기관의 부적절한 운영상황에 대한 문제제기 등 필요 시 수시확인)
시행방법	종목별 외부전문가의 서류 또는 현장조사
위반사항 적발	주무부처 장관에게 통보, 국가기술자격법에 따라 위반내용 및 횟수에 따라 시정명령, 지정취소 등 행정처분(국가기술자격법 제24조의5)

② 외부평가(한국산업인력공단)

내부평가 이수자에 대한 외부평가 실시

시행시기	해당 교육 · 훈련과정 종료 후 외부평가 실시
출제 · 평가	과정 지정 시 인정받은 필수기준 및 세부평가기준 충족 여부, 내부평가의 적정성, 출석관리 및 시설장비의 보유 및 활용사항 등 ※ 외부평가 응시 시 발생되는 응시수수료 한시적으로 면제

★ NCS에 대한 자세한 사항은 N 국가직무능력표준 National Competency Standards 홈페이지(www.ncs.go.kr)에서 확인해주시기 바랍니다.★

★ 과정평가형 자격에 대한 자세한 사항은 CQ-Net 홈페이지(c.q-net.or.kr)에서 확인해주시기 바랍니다. ★

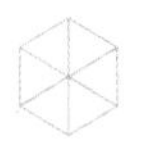

CBT 안내

1 CBT란?

CBT란 Computer Based Test의 약자로, 컴퓨터 기반 시험을 의미한다.
정보기기운용기능사, 정보처리기능사, 굴삭기운전기능사, 지게차운전기능사, 제과기능사, 제빵기능사, 한식조리기능사, 양식조리기능사, 일식조리기능사, 중식조리기능사, 미용사(일반), 미용사(피부) 등 12종목은 이미 오래 전부터 CBT 시험을 시행하고 있으며, **'용접기능사'와 '특수용접기능사'는 2016년 5회 시험부터 CBT 시험이 시행**되고 있다.
CBT 필기시험은 컴퓨터로 보는 만큼 수험자가 답안을 제출함과 동시에 합격 여부를 확인할 수 있다.

2 CBT 시험과정

한국산업인력공단에서 운영하는 홈페이지 **큐넷(Q-net)**에서는 누구나 쉽게 **CBT 시험**을 볼 수 있도록 실제 자격시험 환경과 동일하게 구성한 **가상 웹 체험 서비스를 제공**하고 있으며, 그 과정을 요약한 내용은 아래와 같다.

(1) 시험시작 전 신분 확인절차

수험자가 자신에게 배정된 좌석에 앉아 있으면 신분 확인절차가 진행된다.
이것은 시험장 감독위원이 컴퓨터에 나온 수험자 정보와 신분증이 일치하는지를 확인하는 단계이다.

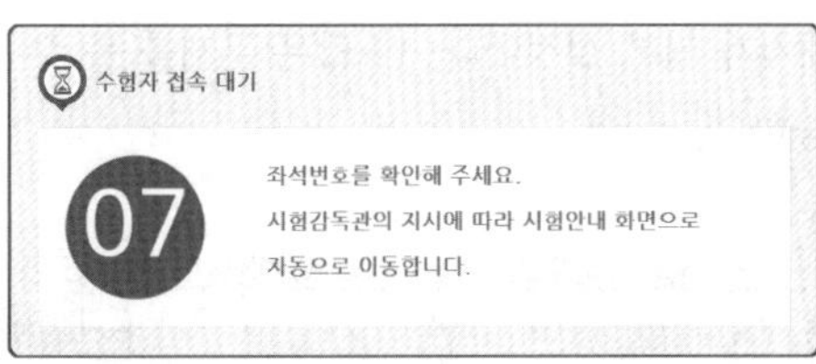

(2) CBT 시험안내 진행

신분 확인이 끝난 후 시험시작 전 CBT 시험안내가 진행된다.

안내사항 > 유의사항 > 메뉴 설명 > 문제풀이 연습 > 시험준비 완료

① 시험 [**안내사항**]을 확인한다.
- 시험은 총 5문제로 구성되어 있으며, 5분간 진행된다(자격종목별로 시험문제 수와 시험시간은 다를 수 있다(공조냉동기계기능사 필기 – 60문제/1시간)).
- 시험 도중 수험자의 PC에 장애가 발생한 경우 손을 들어 시험감독관에게 알리면 긴급장애조치 또는 자리이동을 할 수 있다.
- 시험이 끝나면 합격 여부를 바로 확인할 수 있다.

② 시험 [**유의사항**]을 확인한다.
시험 중 금지되는 행위 및 저작권 보호에 관한 유의사항이 제시된다.

③ 문제풀이 [**메뉴 설명**]을 확인한다.
문제풀이 기능 설명을 유의해서 읽고 기능을 숙지해야 한다.

④ 자격검정 CBT [**문제풀이 연습**]을 진행한다.
실제 시험과 동일한 방식의 문제풀이 연습을 통해 CBT 시험을 준비한다.
- CBT 시험문제 화면의 기본 글자크기는 150%이다. 글자가 크거나 작을 경우 크기를 변경할 수 있다.
- 화면배치는 1단 배치가 기본 설정이다. 더 많은 문제를 볼 수 있는 2단 배치와 한 문제씩 보기 설정이 가능하다.

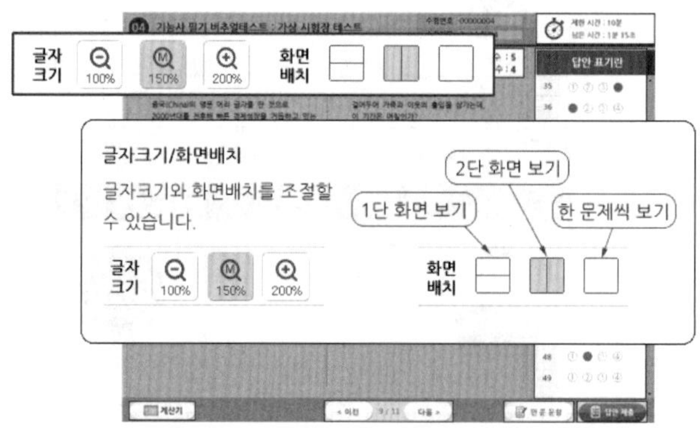

• 답안은 문제의 보기번호를 클릭하거나 답안표기 칸의 번호를 클릭하여 입력할 수 있다.
• 입력된 답안은 문제화면 또는 답안표기 칸의 보기번호를 클릭하여 변경할 수 있다.

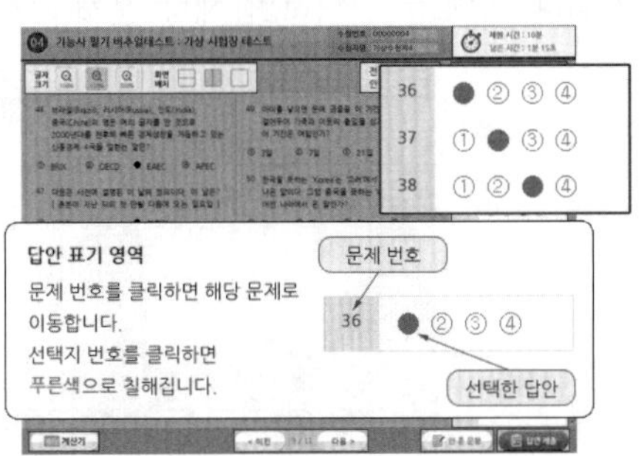

• 페이지 이동은 아래의 페이지 이동 버튼 또는 답안표기 칸의 문제번호를 클릭하여 이동할 수 있다.

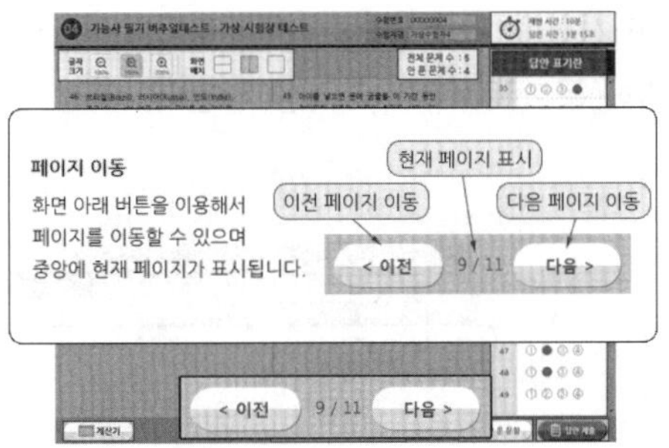

• 응시종목에 계산문제가 있을 경우 좌측 하단의 계산기 기능을 이용할 수 있다.

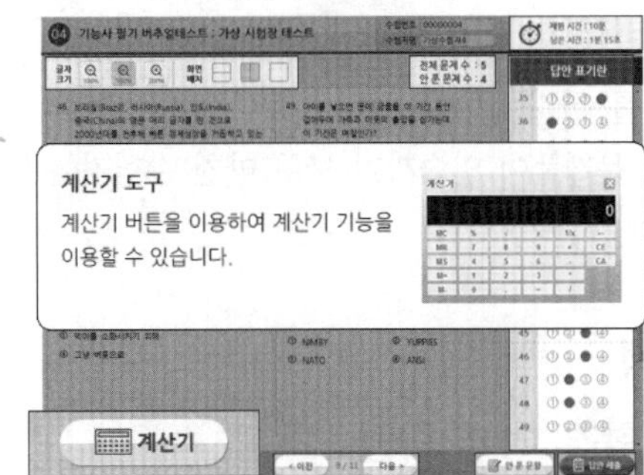

- 안 푼 문제 확인은 답안 표기란 좌측에 안 푼 문제 수를 확인하거나 답안 표기란 하단 [안 푼 문제] 버튼을 클릭하여 확인할 수 있다. 안 푼 문제번호 보기 팝업창에 안 푼 문제번호가 표시된다. 번호를 클릭하면 해당 문제로 이동한다.

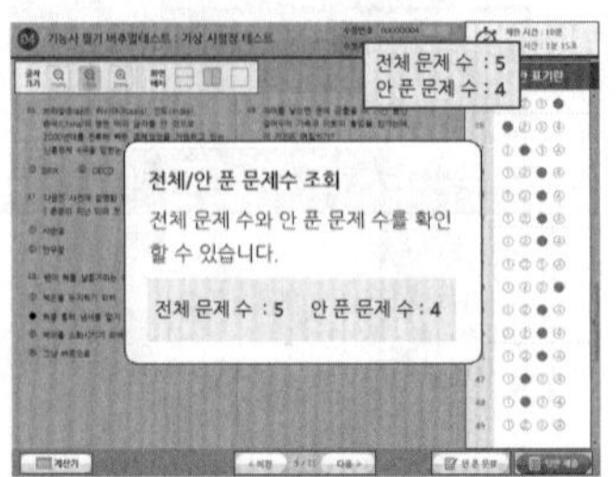

- 시험문제를 다 푼 후 답안 제출을 하거나 시험시간이 모두 경과되었을 경우 시험이 종료되며 시험결과를 바로 확인할 수 있다.
- [답안 제출] 버튼을 클릭하면 답안 제출 승인 알림창이 나온다. 시험을 마치려면 [예] 버튼을 클릭하고 시험을 계속 진행하려면 [아니오] 버튼을 클릭하면 된다. 답안 제출은 실수 방지를 위해 두 번의 확인 과정을 거친다. 이상이 없으면 [예] 버튼을 한 번 더 클릭하면 된다.

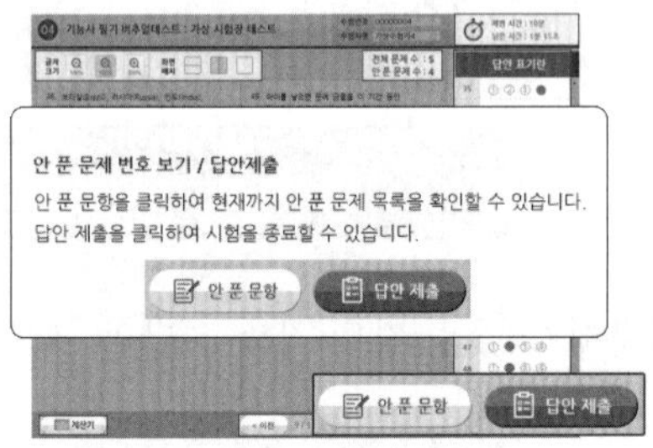

⑤ [**시험준비 완료**]를 한다.
시험 안내사항 및 문제풀이 연습까지 모두 마친 수험자는 [시험준비 완료] 버튼을 클릭한 후 잠시 대기한다.

(3) CBT 시험 시행

(4) 답안 제출 및 합격 여부 확인

★ 좀 더 자세한 내용은 Q-Net 홈페이지(www.q-net.or.kr)를 방문하여 참고하시기 바랍니다. ★

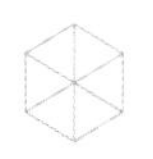

출제기준

GUIDE

[용접기능사]

적용기간 : 2021.1.1. ~ 2022.12.31.

필기과목명	문제수	주요항목	세부항목	세세항목
용접일반, 용접재료, 기계제도 (비절삭부분)	60	1. 용접일반	1. 용접개요	1. 용접의 원리 2. 용접의 장·단점 3. 용접의 종류 및 용도
			2. 피복아크용접	1. 피복아크용접기기 2. 피복아크용접용 설비 3. 피복아크용접봉 4. 피복아크용접기법
			3. 가스용접	1. 가스 및 불꽃 2. 가스용접 설비 및 기구 3. 산소, 아세틸렌 용접기법
			4. 절단 및 가공	1. 가스절단 장치 및 방법 2. 플라스마, 레이저 절단 3. 특수가스절단 및 아크절단 4. 스카핑 및 가우징
			5. 특수용접 및 기타 용접	1. 서브머지드 용접 2. TIG 용접, MIG 용접 3. 이산화탄소가스 아크용접 4. 플럭스 코어드 용접 5. 플라스마 용접 6. 일렉트로슬래그, 테르밋 용접 7. 전자빔 용접 8. 레이저용접 9. 저항 용접 10. 기타 용접
		2. 용접 시공 및 검사	1. 용접시공	1. 용접 시공계획 2. 용접 준비 3. 본 용접 4. 열영향부 조직의 특징과 기계적 성질 5. 용접 전·후처리(예열, 후열 등) 6. 용접 결함, 변형 및 방지대책

필기과목명	문제수	주요항목	세부항목	세세항목
			2. 용접의 자동화	1. 자동화 절단 및 용접 2. 로봇 용접
			3. 파괴, 비파괴 및 기타검사 (시험)	1. 인장시험 2. 굽힘시험 3. 충격시험 4. 경도시험 5. 방사선투과시험 6. 초음파탐상시험 7. 자분탐상시험 및 침투탐상시험 8. 현미경조직시험 및 기타 시험
		3. 작업안전	1. 작업 및 용접안전	1. 작업안전, 용접 안전관리 및 위생 2. 용접 화재방지 1) 연소이론 2) 용접 화재방지 및 안전
		4. 용접재료	1. 용접재료 및 각종 금속 용접	1. 탄소강·저합금강의 용접 및 재료 2. 주철·주강의 용접 및 재료 3. 스테인리스강의 용접 및 재료 4. 알루미늄과 그 합금의 용접 및 재료 5. 구리와 그 합금의 용접 및 재료 6. 기타 철금속, 비철금속과 그 합금의 용접 및 재료
			2. 용접재료 열처리 등	1. 열처리 2. 표면경화 및 처리법
		5. 기계 제도 (비절삭 부분)	1. 제도통칙 등	1. 일반사항 (양식, 척도, 문자 등) 2. 선의 종류 및 도형의 표시법 3. 투상법 및 도형의 표시방법 4. 치수의 표시방법 5. 부품번호, 도면의 변경 등 6. 체결용 기계요소 표시방법
			2. 도면해독	1. 재료기호 2. 용접기호 3. 투상도면해독 4. 용접도면

[특수용접기능사]

적용기간 : 2021.1.1. ~ 2022.12.31.

필기과목명	문제수	주요항목	세부항목	세세항목
용접일반, 용접재료, 기계제도 (비절삭부분)	60	1. 용접일반	1. 용접개요	1. 용접의 원리 2. 용접의 장·단점 3. 용접의 종류 및 용도
			2. 피복아크용접	1. 피복아크용접기기 2. 피복아크용접용 설비 3. 피복아크용접봉 4. 피복아크용접기법
			3. 가스용접	1. 가스 및 불꽃 2. 가스용접 설비 및 기구 3. 산소, 아세틸렌 용접기법
			4. 절단 및 가공	1. 가스절단 장치 및 방법 2. 플라스마, 레이저 절단 3. 특수가스절단 및 아크절단 4. 스카핑 및 가우징
			5. 특수용접 및 기타 용접	1. 서브머지드 용접 2. TIG 용접, MIG 용접 3. 이산화탄소가스 아크용접 4. 플럭스 코어드 용접 5. 플라스마 용접 6. 일렉트로슬래그, 테르밋 용접 7. 전자빔 용접 8. 레이저용접 9. 저항 용접 10. 기타 용접
		2. 용접 시공 및 검사	1. 용접시공	1. 용접 시공계획 2. 용접 준비 3. 본 용접 4. 열영향부 조직의 특징과 기계적 성질 5. 용접 전·후처리(예열, 후열 등) 6. 용접 결함, 변형 및 방지대책

필기과목명	문제수	주요항목	세부항목	세세항목
			2. 용접의 자동화	1. 자동화 절단 및 용접 2. 로봇 용접
			3. 파괴, 비파괴 및 기타검사(시험)	1. 인장시험 2. 굽힘시험 3. 충격시험 4. 경도시험 5. 방사선투과시험 6. 초음파탐상시험 7. 자분탐상시험 및 침투탐상시험 8. 현미경조직시험 및 기타 시험
		3. 작업안전	1. 작업 및 용접안전	1. 작업안전, 용접 안전관리 및 위생 2. 용접 화재방지 1) 연소이론 2) 용접 화재방지 및 안전
		4. 용접재료	1. 용접재료 및 각종 금속 용접	1. 탄소강·저합금강의 용접 및 재료 2. 주철·주강의 용접 및 재료 3. 스테인리스강의 용접 및 재료 4. 알루미늄과 그 합금의 용접 및 재료 5. 구리와 그 합금의 용접 및 재료 6. 기타 철금속, 비철금속과 그 합금의 용접 및 재료
			2. 용접재료 열처리 등	1. 열처리 2. 표면경화 및 처리법
		5. 기계 제도 (비절삭부분)	1. 제도통칙 등	1. 일반사항(도면, 척도, 문자 등) 2. 선의 종류 및 용도와 표시법 3. 투상법 및 도형의 표시방법
			2. KS 도시기호	1. 재료기호 2. 용접기호
			3. 도면해독	1. 투상도면해독 2. 투상 및 배관, 용접도면 해독 3. 제관(철골구조물)도면 해독 4. 판금도면해독 5. 기타 관련도면

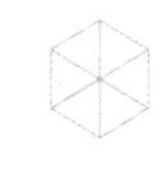

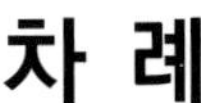

제1편 용접 일반

제2편 용접시공, 설계, 용접 자동화, 검사

제3편 용접재료

제4편 기계제도

부록 1 용접기능사 과년도 기출문제

부록 2 특수용접기능사 과년도 기출문제

부록 3 실전 모의고사

PART

01

용접 일반

CRAFTSMAN WELDING

CRAFTSMAN WELDING 

CRAFTSMAN WELDING

01 용접의 개요

1-1 용접의 원리

① 용접(welding)은 접속하려고 하는 2개 이상의 물체나 재료의 접합 부분을 용융 또는 반용융 상태로 하여 직접 접합시키거나 또는 접속시키고자 하는 두 물체 사이에 용가재를 첨가하여 간접적으로 접합시키는 작업을 말한다.

② 금속과 금속을 서로 충분히 접근시키면, 이들 사이에는 뉴턴(Newton)의 만유인력의 법칙에 따라 금속 원자 간의 인력이 작용하여 서로 결합하게 된다. 이 결합을 이루게 하기 위해서는 원자들을 보통 1cm의 1억분 1 정도($Å=10^{-8}$cm) 접근시켰을 때 원자가 결합한다. 이와 같은 결합을 넓은 의미에서의 용접(welding)이라 한다.

1-2 용접의 역사

용접의 역사는 천여 년 전이지만 1831년 패러데이의 발전기 발명으로 인한 전기시대에 들어선 후 1855년 베너도스에 의한 탄소 아크 용접의 발명과 1888년 슬라비아노프에 의한 금속 아크 용접법 개발로 급진되었다.

표 1-1 주요 용접법과 개발자

구 분	용접법	개발자
1885~1902년 (제1기)	탄소 아크 용접법 저항 용접법 피복 아크 용접법 테르밋 용접법 가스 용접법	베르나도스와 올제프스키(러시아) 톰슨(미국) 슬라비아노프(러시아) 골드 슈미트(독일) 푸세, 피카아르(프랑스)

구 분	용접법	개발자
1926~1936년 (제2기)	원자 수소 용접법 불활성 가스 아크 용접법 서브머지드 아크 용접법 강력 납땜법	랑그뮤어(미국) 호버어트(미국) 케네디(미국) 왓사만(미국)
1948~1958년 (제3기)	냉간압접법 고주파 용접법 일렉트로 슬래그 용접법 이산화탄소 아크 용접법 마찰 용접법 초음파 용접법 전자빔 용접법	소우더(영국) 그로호오드 랏트(미국) 빠돈(러시아) 소와(미국) 아니미니 초치코프(소련) 비이른 파워스(미국) 스틀(프랑스)

1-3 용접자세

용접자세에는 4가지 기본자세가 있다. 작업 요소에 따라 적당한 자세를 선택하여 용접작업 시에 가장 편안하고 올바른 자세를 취하여야 한다.

① 아래보기 자세(flat position, F) : 용접하려는 재료를 수평으로 놓고 용접봉을 아래로 향하여 용접하는 자세

② 수직 자세(vertical position, V) : 모재가 수평면과 90° 또는 45° 이상의 경사를 가지며, 용접방향은 수직 또는 수직면에 대하여 45° 이하의 경사를 가지고 상하로 용접하는 자세

③ 수평 자세(horizontal position, H) : 모재가 수평면과 90° 또는 45° 이상의 경사를 가지며, 용접선이 수평이 되게 하는 용접자세

④ 위보기 자세(over head position, OH) : 모재가 눈 위로 들려 있는 수평면의 아래쪽에서 용접봉을 향하여 용접하는 자세

⑤ 전자세(all position, AP) : 위 자세의 2가지 이상을 조합하여 용접하거나 4가지 전부를 응용하는 자세

1-4 용접법의 분류

1. 접합시키는 방법에 의한 분류

중요 표 1-2 용접법의 분류

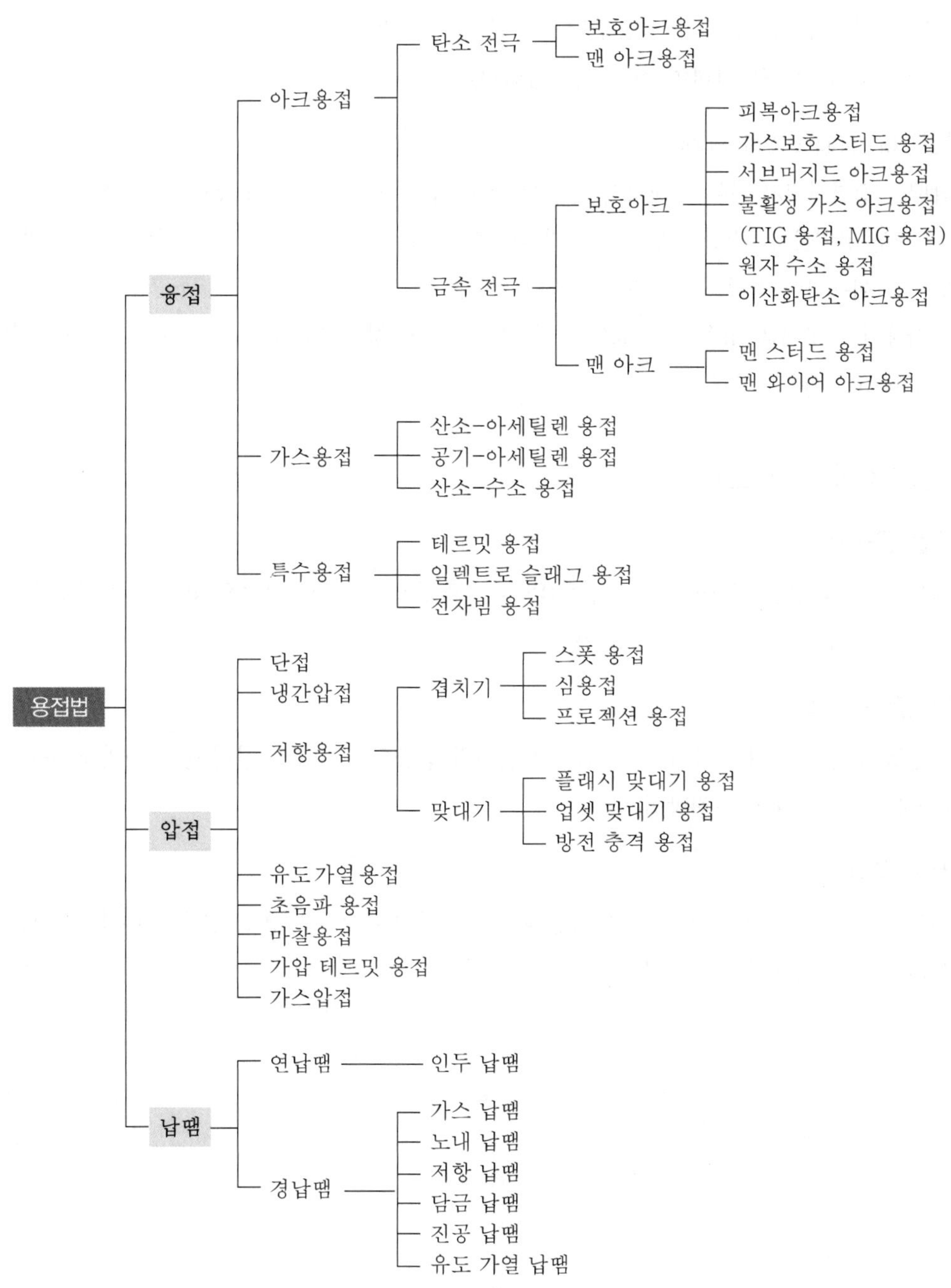

(1) 융접(fusion welding)

용융 용접이라고도 부르며, 접합하고자 하는 두 금속의 부재, 즉 모재(base metal)의 접합부를 국부적으로 가열 용융시키고, 이것에 제3의 금속인 용가재(filler metal)를 용융 첨가시켜 융합(fusion)을 이루게 된다.

(2) 압접(pressure welding)

가압 용접이라고도 부르며, 접합부를 적당한 온도로 반용융 상태 또는 냉간 상태로 하고 이것에 기계적인 압력을 가하여 접합하는 방법이다.

(3) 납땜(brazing & soldering)

납땜은 접합하고자 하는 모재보다 융점이 낮은 삽입 금속(insert metal)을 용가재로 사용하는데, 땜납(용가재)을 접합부에 용융 첨가하여 이 용융 땜납의 응고 시에 일어나는 분자 간의 흡입력을 이용하여 접합의 목적을 달성하게 된다.

사용하는 땜납의 용융점이 450℃ 이상의 경우를 경납땜(brazing), 450℃ 이하를 연납땜(soldering)이라고 부르기도 한다.

2. 시공방법에 의한 분류

(1) 수동 용접법

피복 아크 용접법과 같이 전극(용접봉)의 송급과 용접선의 방향으로의 용접 진행이 모두 수동으로 이루어진 시공 형태의 용접방법

(2) 반자동 용접법

CO_2 용접 등과 같이 전극의 송급 또는 용접선의 방향으로의 용접 진행 중 하나가 자동으로 제어되는 시공 형태의 용접방법

(3) 자동 용접법

서브머지드 용접법과 같이 전극의 송급과 용접선의 방향으로의 용접 진행 모두가 자동으로 제어되는 시공 형태의 용접방법

1-5 용접법의 특징

용접은 일반적으로 모든 가용 금속을 접합하는 데 사용되고 종류가 다른 금속들의 접합에도 적용된다. 용접은 현대 산업에서 기계 가공, 단조, 성형과 주조를 포함한 금속 가공방법 중 최상의 우위를 접하고 있는 실정이다.

(1) 용접이음의 일반적인 장점

① 재료가 절약된다.
② 공정수가 감소된다.
③ 제품의 성능과 수명이 향상된다.
④ 이음 효율(joint efficiency)이 높다.

(2) 용접의 단점

① 용접부의 재질의 변화가 우려된다.
② 수축 변형과 잔류응력이 발생한다.
③ 품질검사가 까다롭다.
④ 용접부에 응력 집중이 우려된다.
⑤ 용접사의 기술에 의해 이음부의 강도가 좌우되기도 한다.
⑥ 취성 및 균열에 주의하지 않으면 안된다.

CRAFTSMAN WELDING

02 피복 아크 용접

2-1 피복 아크 용접의 원리

1. 피복 아크 용접의 원리

피복 아크 용접(Shielded Metal Arc Welding; SMAW)은 흔히 전기 용접법이라고도 하며, 현재 여러 가지 용접법 중에서 가장 많이 쓰인다. 이 용접법은 피복제를 바른 용접봉과 피용접물 사이에 발생하는 전기 아크의 열을 이용하며 용접한다.

이때 발생하는 아크열은 약 6,000℃ 정도이고, 실제 이용 시 아크열은 3,500~5,000℃ 정도이다.

이 열에 의하여 용접될 때 일어나는 현상을 [그림 1-1]에 나타냈으며 각부의 명칭은 아래에 설명하였다.

① **용적(globule)** : 용접봉이 녹아 금속 증기와 녹은 쇳물 방울이 되는 것을 말한다.

② **용융지(molten weld pool)** : 용융 풀이라고도 하며 아크열에 의하여 용접봉과 모재가 녹은 쇳물 부분이다.

③ **용입(penetration)** : 아크열에 의하여 모재가 녹은 깊이를 말한다. 용입이 깊으면 강도가 더 커지며 두꺼운 판 용접이 가능하다.

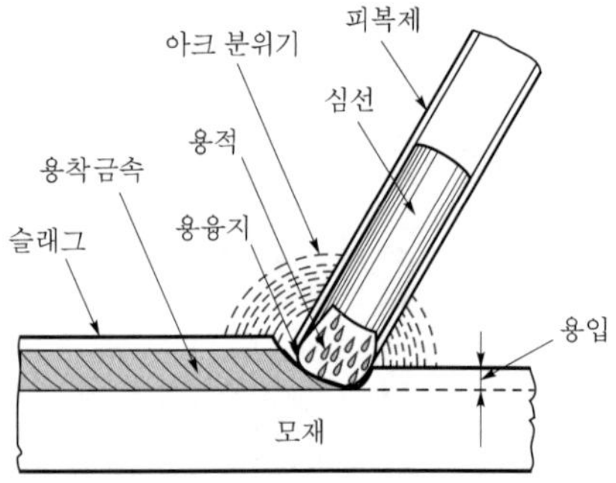

그림 1-1 피복 아크 용접 원리

④ **용착(deposit)** : 용접봉이 용융지에 녹아들어 가는 것을 용착이라 하고 이것이 이루어진 것을 용착금속이라고 한다

⑤ **피복제(flux)** : 맨 금속심선(core wire)의 주위에 유기물 또는 두 가지 이상의 혼합물로 만들어진 비금속 물질로서, 아크 발생을 쉽게 하고 용접부를 보호하며 녹아서 슬래그(slag)가 되고 일부는 타서 아크 분위기를 만든다.

2. 용접회로(welding circuit)

피복 아크 용접의 회로는 용접기(welding machine), 전극 케이블(electrode cable), 홀더(holder), 피복 아크 용접봉(coated electrode 또는 covered electrode), 아크(arc), 모재(base metal), 접지 케이블(ground cable)로 이루어져 있다.

용접기에서 공급된 전류가 전극 케이블, 홀더, 용접봉, 아크, 모재 및 접지 케이블을 지나서 다시 용접기로 되돌아오는 이 한 바퀴를 용접회로(welding circuit)라 한다.

2-2 아크의 성질

1. 아크

(1) 아크의 원리

아크 용접의 경우 용접봉(electrode)과 모재(base metal) 간의 전기적 방전에 의해 활 모양(弧狀)의 청백색을 띤 불꽃 방전이 일어나게 되는데 이 현상을 아크(arc)라 한다.

아크는 전기적으로는 중성이며 이온화된 기체로 구성된 플라스마(plasma)이다.

통상 아크는 저전압 대전류의 방전에 의해 발생하며, 고온이고 강한 빛을 발생하게 되므로 용접용 전원으로 많이 이용되기도 한다.

(2) 직류 아크 중의 전압 분포

[그림 1-2]와 같이 탄소 또는 2개의 텅스텐 전극을 수평으로 서로 마주 보게 하고, 여기에 전기 저항을 지나서 적당한 직류 전원을 접속하고 전극을 한 번 살짝 접촉시켰다가 떼면 전극 사이에 아크가 발생한다.

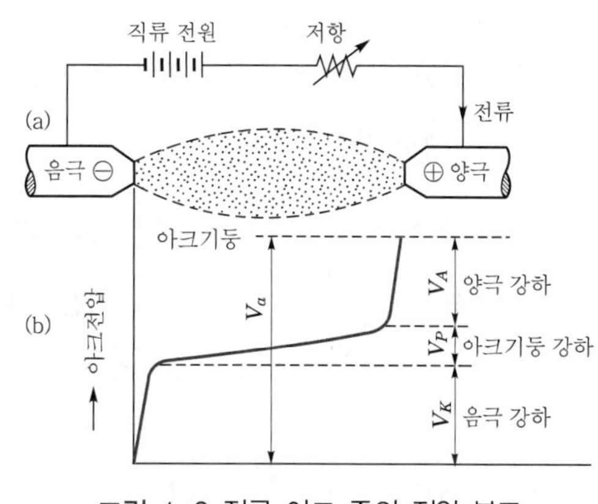

그림 1-2 직류 아크 중의 전압 분포

이때 전원의 양(+)에 접속된 쪽을 양극(anode), 음(−)에 접속된 쪽을 음극(cathode)이라고 하며, 음극과 양극 간을 아크기둥(arc column) 또는 아크 플라스마(arc plasma)라고 한다. 아크길이를 길게 하면 아크길이에 따라 전압은 달라지는데 양극과 음극 부근에서는 급격한 전압 강하가 일어나고, 아크기둥 부근에서는 아크길이에 따라 거의 비례하여 강하한다.

음극 근처의 전압 강하를 음극 전압 강하(cathode voltage drop, V_K), 양극 근처의 전압

강하를 양극 전압 강하(anode voltage drop, V_A), 아크기둥 부분의 전압 강하를 아크기둥 전압 강하(arc column voltage drop, V_P)라 하며, 이 전체의 전압을 아크전압(V_a)이라 할 때, 다음과 같은 식으로 나타낼 수 있다.

$$V_a = V_K + V_P + V_A$$

양극과 음극 부근에서의 전압 강하는 전극 표면이 극히 짧은 길이의 공간에 일어나는 전압 강하로서, 그 값은 전극의 재질에 따라 변하며 아크길이(arc length)나 아크전류의 크기와는 거의 관계없이 일정하다.

2. 극성 효과(polarity effect)

직류 전원을 사용하는 경우 양(+)극과 음(−)극을 모재와 용접봉에 어떻게 접속시키느냐에 따라 나타나는 특성이 서로 다르므로 반드시 숙지하여야 할 필요가 있다.

일반적으로 모재(base metal)에 (+)극을, 용접봉에 (−)극을 연결하는 것을 직류정극성(Direct Current Straight Polarity; DCSP 또는 D.C. Dlectrode Negative; DCEN)이라 하고, 이와 반대로 연결하면, 즉 모재에 (−)극을, 용접봉에 (+)극을 접속시키면 이를 직류역극성(DC Reverse Polarity; DCRP 또는 DC Electrode Positive; DCEP)이라고 한다.

다음 [표 1-3]은 직류정극성과 직류역극성에 대한 비교이며, 직류 아크 용접의 극성은 모재의 재질 및 두께, 피복제의 종류, 용접이음의 형상, 용접자세 등에 따라 선정하지만, 교류 아크 용접의 경우에는 주파수에 따른 위상이 바뀌므로 정극성과 역극성의 특성을 모두 가진다고 할 수 있어 모재와 용접봉 측의 발열량이 서로 같다. 이에 따라 각 극성에 따른 용입을 비교하면 [그림 1-3]과 같다.

중요 표 1-3 직류정극성과 직류역극성의 비교

극 성	상 태		특 징
직류정극성 (DCSP =DCEN)	− + + 용입	열분해 −30% +70%	• 모재의 용입이 깊다. • 봉의 녹음이 느리다. • 비드폭이 좁다. • 일반적으로 많이 쓰인다.
직류역극성 (DCRP =DCEP)	+ + − − 용입	열분해 +70% −30%	• 용입이 얕다. • 봉의 녹음이 빠르다. • 비드폭이 넓다. • 박판, 주철, 고탄소강, 합금강, 비철금속의 용접에 쓰인다.

직류정극성(DCSP)

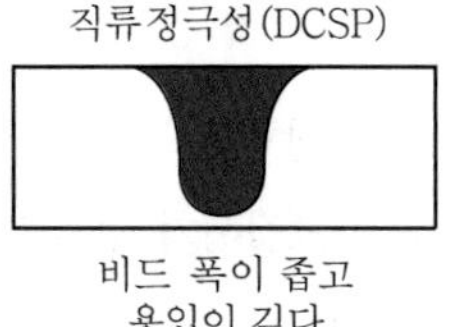

비드 폭이 좁고
용입이 깊다.

교류(AC)

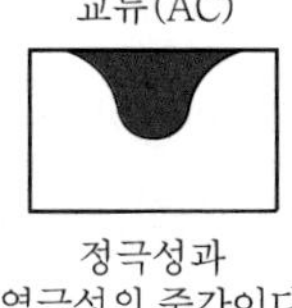

정극성과
역극성의 중간이다.

직류역극성(DCRP)

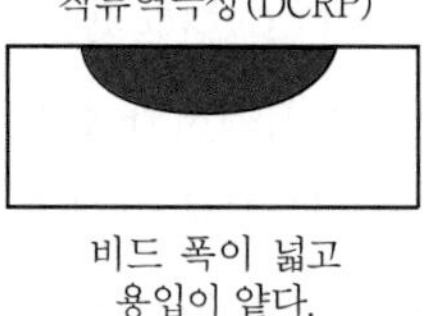

비드 폭이 넓고
용입이 얕다.

그림 1-3 각 극성별 용입 깊이

3. 용접입열(welding heat input)

용접 시 외부로부터 용접부에 가해지는 열량을 용접입열이라고 한다.

아크 용접에서 아크가 용접 비드 단위길이(1cm)당 발생하는 전기적인 열에너지를 H(Joule/cm)로 나타낼 수 있으며, 다음의 공식으로 구해질 수 있다.

$$H = \frac{60EI}{V}[\text{Joule/cm}]$$

여기서, E : 아크전압[V], I : 아크전류[A], V : 용접속도[cpm(cm/min)]

또 용접입열의 몇 %가 모재에 흡수되었는가의 비율을 아크 열효율(thermal efficiency of arc)이라고 한다. 이 열효율은 여러 인자, 즉 모재의 두께, 이음의 형상, 예열온도, 용접봉의 지름, 용접속도, 아크길이, 아크전류, 피복제의 종류와 두께, 모재와 용접봉의 열전도율이나 온도 확산률[열전도도/(비열×비중)] 등의 영향을 받는다.

일반적으로 모재에 흡수되는 열량은 전체의 입열량의 75~85% 정도가 보통이다.

4. 용접봉의 용융속도

용접봉의 용융속도(melting rate)는 단위시간당 소비되는 용접봉의 길이 또는 무게로써 나타나는데 실험 결과에 따르면 아크전압과는 관계가 없으며, 아크전류×용접봉 쪽 전압 강하로 결정된다. 또 용접봉의 지름이 다르다 할지라도 같은 용접봉인 경우에는 심선의 용융속도는 아크전류에만 비례하고 용접봉의 지름에는 관계가 없다.

5. 용적 이행

아크 공간을 통하여 용접봉 또는 용접 와이어의 선단으로부터 모재 측으로 용융금속이 옮겨져 이행(移行)하는 것을 말한다. 이행 형식은 보호가스나 전류에 의하여 달라지며 크게 단락형, 스프레이형, 글로뷸러형 등 세 가지 형식으로 나눌 수 있다.

(1) 단락형(short circuit type)

[그림 1-4 (a)]에서와 같이 전극 선단의 용적이 용융지에 접촉하여 단락되고 표면장력(surface tension)의 작용으로 모재 쪽으로 이행하는 형식으로, 주로 저전류로 아크길이가 짧은 경우 발생하기 쉽다. 저수소계 용접봉이나 비피복 용접봉 사용 시 흔히 볼 수 있다.

(2) 스프레이형(spray type)

[그림 1-4 (b)]에서와 같이 피복제의 일부가 가스화하여 가스를 뿜어냄으로써 용적의 크기가 와이어 직경보다 적게 되어 스프레이와 같이 날려서 모재 쪽으로 옮겨 가는 방식이다. Ar에 CO_2 가스 또는 소량의 산소 등을 혼합한 보호가스 분위기에서 또는 중・고전류 밀도에서 발생하기 쉽다.

(3) 글로뷸러형(globular type)

[그림 1-4 (c)]에서와 같이 용적이 와이어의 직경보다 큰 덩어리로 되어 단락되지 않고 이행하는 형식으로, CO_2 가스 분위기에서 중・고전류 밀도 및 아크길이가 긴 경우에 발생하기 쉽다. 또한 서브머지드 용접(SAW)에서도 볼 수 있으며, 입상 이행 형식이라고도 한다.

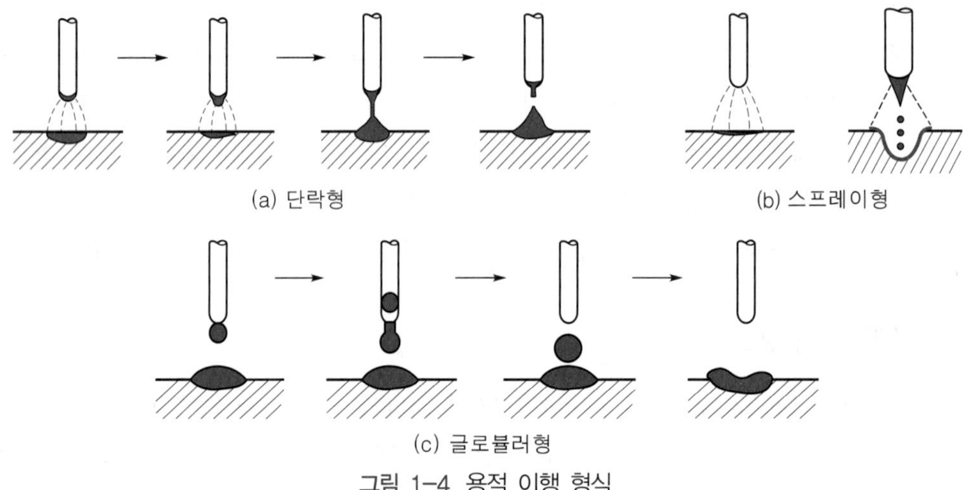

그림 1-4 용적 이행 형식

6. 아크의 특성

(1) 부(저항)특성

일반적인 전기회로는 옴의 법칙(Ohm's law)에 의해 동일한 저항에 흐르는 전류는 그 전압에 비례하는 것이 일반적이지만, 아크의 경우 옴의 법칙과는 반대로 전류가 크게 되면 저항이 작아져서 전압도 낮아지는 현상을 보인다. 이러한 현상을 아크의 부특성 또는 부저항 특성이라 한다.

(2) 절연 회복 특성

보호가스에 의해 순간적으로 꺼졌던 아크가 다시 회복되는 특성을 말한다. 교류에서는 1사이클에 2회씩 전압 및 전류가 0(zero)이 되고 절연되며, 이때 보호가스가 용접봉과 모재 간의 순간 절연을 회복하여 전기가 잘 통하게 해준다.

(3) 전압 회복 특성

아크가 꺼진 후에는 용접기의 전압이 매우 높아지게 되며, 용접 중에는 전압이 매우 낮게 된다. 아크 용접전원은 아크가 중단된 순간에 아크 회로의 과도전압을 급속히 상승 회복시키는 특성이 있는데 이 특성은 아크의 재발생을 쉽게 한다.

(4) 아크길이 자기제어 특성

아크전류가 일정할 때 아크전압이 높아지면 용접봉의 용융속도가 늦어지고 아크전압이 낮아지면 용융속도가 빨라져 아크길이를 제어하는 특성을 말한다.

7. 아크 쏠림과 방지책

(1) 아크 쏠림(arc blow)의 개요

아크 쏠림은 일명 자기 불림(magnetic blow)이라고도 하며, 용접봉에 아크가 용접봉 방향에서 한쪽으로 쏠리는 현상을 말한다.

(2) 아크 쏠림 발생 시

① 아크가 불안정하다.
② 용착금속의 재질이 변화한다.
③ 슬래그 섞임 및 기공이 발생된다.

(3) 아크 쏠림 방지책

① 직류 대신 교류를 사용한다.
② 모재와 같은 재료 조각을 용접선에 연장하도록 가용접한다.
③ 접지점을 용접부보다 멀리 한다.
④ 긴 용접에는 후퇴법으로 용접한다.
⑤ 짧은 아크를 사용한다.

2-3 아크 용접기기

1. 개요

아크 용접기(arc welder)는 용접 아크에 전력을 공급해 주는 장치이며, 용접에 적합하도록 낮은 전압에서 큰 전류를 흐를 수 있도록 제작된 변압기의 일종이다.

용접기는 양극을 단락(short circuit)시켜도 전류가 일정한 한도 이상으로 흐르지 않도록 제어(control)되어 일반 전기기기와는 달리 소손될 위험성이 거의 없다.

2. 아크 용접 전원의 특성

아크는 전등이나 전열기기 등과는 다른 전류·전압 특성을 가지고 있으며, 아크를 안정하게 발생시켜 지속시키는 것이 가장 중요하다. 따라서 용접 전원은 다음과 같은 특성을 갖추어야 한다.

① 아크의 발생이 용이하고 안정하게 유지할 수 있어야 할 것
② 아크길이가 변화하여도 전류 변동이 적을 것
③ 전류가 감소될 때 전압이 신속히 상승하여 아크의 소멸을 방지할 수 있을 것
④ 단락 전류가 크지 않을 것
⑤ 적당한 무부하 전압이 있을 것
⑥ 부하 전류가 변화하여도 단자 전압이 변화하지 않을 것

3. 용접기의 특성

(1) 수하 특성(drooping characteristic)

부하 전류가 증가하면 단자 전압이 저하되는 특성으로서, 피복 아크 용접(SMAW)에 필요한 특성이다. 이 특성은 아크를 안정시키는 데 필요한 것으로서, 아크 전원의 현저한 특징이다. 어떤 원인에 의하여 전류가 약간 증가했다고 가정하면, 전원이 공급하는 전압은 L_0L_2만한 크기로 되어 아크가 요구하는 전압의 크기 L_0L_1보다 낮아지므로 전류는 감소하여 아크 발생점인 S점으로 되돌아간다[그림 1-5].

또 전류가 다소 감소했을 경우, 전압은 M_0, M_2에 옮겨져 아크가 요구하는 전압보다 높아지므로 전류는 증가하여 다시 S점에 돌아간다. 이와 같이 하여 S점은 아크의 안정된 동작점이 되는 것이다. 여기에서 P는 무부하 전압(개로 전압)이며, 직류의 경우 50~60V, 교류의 경우 80V 정도가 일반적이다.

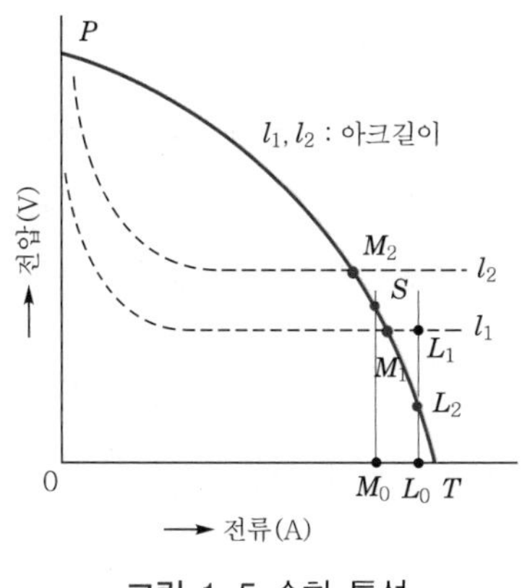

그림 1-5 수하 특성

(2) **정전압 특성**(constant voltage[potential] characteristic)

수하 특성과는 달리 부하 전류가 다소 변하더라도 단자 전압은 거의 변동이 일어나지 않는 특성으로 CP 특성이라고도 한다.

[그림 1-6]에서 보는 것과 같이 용접 중 아크길이가 l_1에서 l_2로 변화되면, 전류의 변화폭이 발생하더라도 부하 전압은 일정하게 된다.

즉 l_2에서의 S_2점의 큰 전류로 인하여 와이어가 l_1, S_1점에서 보다 빨리 녹아지는 용접기의 특성으로 이후에는 동작점 S_1으로 되돌아가게 되며, 부하 전압과 아크길이가 일정하게 된다. 이 정전압 특성은 SAW, GMAW, FCAW, CO_2 용접 등 자동, 반자동 용접기에 필요한 특성이다.

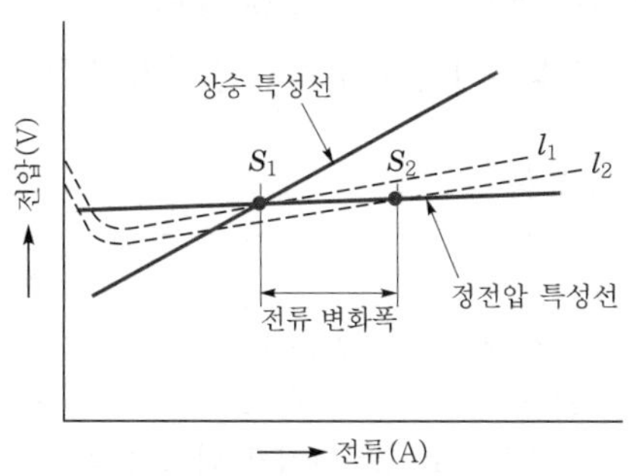

그림 1-6 정전압 및 상승 특성

(3) **정전류 특성**(constant current characteristic)

수하 특성 중에서도 전원 특성 곡선인 P, S, T 곡선의 경사가 [그림 1-5]와 같이 상당히 급격한 부분을 정전류 특성이라고 한다. 이 특성은 용접 중 작업자 미숙으로 아크길이가 l_1에서 l_2로 다소 변하더라도 용접전류 변동값이 적어 입열의 변동이 작다. 그래서 용입 불량이나 슬래그 혼입 등의 방지에 좋을 뿐만 아니라, 용접봉의 용융속도가 일정해져서 균일한 용접 비드를 얻어낼 수 있다.

4. 피복 아크 용접기

일반적으로 사용하는 전류와 내부 구조에 따라 다음과 같이 분류한다.

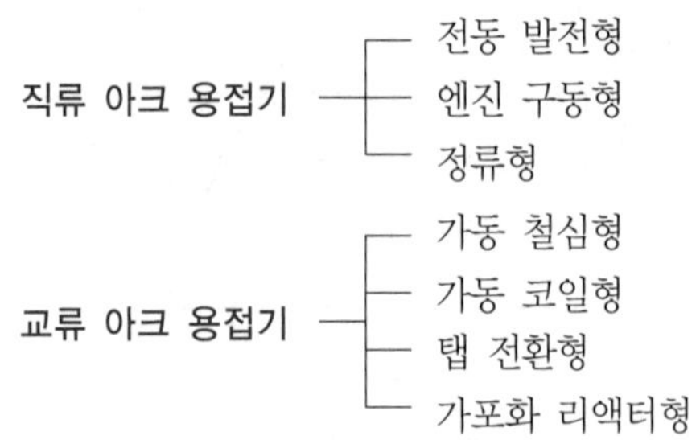

(1) 직류 아크 용접기(DC arc welding machine)

직류 아크 용접기는 3상 교류 전동기로써 직류 발전기를 구동하여 발전시키는 전동 발전형, 엔진을 가동시켜 직류를 얻어내는 엔진 구동형, 교류를 셀렌 정류기나 실리콘 정류기 등을 사용하여 정류된 직류를 얻는 정류형 등이 있다.

① **전동 발전형(motor-generator DC arc welder)** : 3상 교류 전동기로 직류 발전기를 회전시켜 발전하는 것이며, 교류 전원이 없는 곳에서는 사용할 수 없다. 현재는 거의 사용하지 않는다.

② **엔진 구동형(engine driven DC arc welder)** : 가솔린이나 디젤 엔진으로 발전기를 구동시켜 직류 전원을 얻는 것이며, 전원의 연결이 없는 곳이나 출장 공사장에서 많이 사용한다.

③ **정류식 DC 용접기(rectifier type DC arc welding machine)** : 모터 제너레이터식(MG type) DC 용접기와 변압기식 AC 용접기의 주요 장점만 골라 결합한 용접기로, 이것은 개발된 지가

표 1-4 직류 아크 용접기의 특성

종 류	특 성
발전형 (모터형, 엔진 발전형)	• 완전한 직류를 얻는다. • 교류 전원이 없는 장소에서 사용한다. • 회전하므로 고장나기가 쉽고 소음을 낸다. • 구동부와 발전부로 되어 있어 고가이다. • 보수와 점검이 어렵다.
정류기형	• 소음이 나지 않는다. • 취급이 간단하고 발전형과 비교하면 염가이다. • 교류를 정류하므로 완전한 직류를 얻지 못한다. • 정류기 파손에 주의(셀렌 80℃, 실리콘 150℃ 이상에서 파손)해야 한다. • 보수와 점검이 간단하다.

얼마 안 되었지만 지금 우리나라에서도 비교적 많이 보급되어 있다. 기본적인 구조는 3상 AC 변압기식 용접기에 정류기를 덧붙여 교류를 직류로 정류한 DC 용접기이다. 정류자로는 셀렌, 실리콘 및 게르마늄 등이 있으나 셀렌이 가장 많이 이용되고 있다.

(2) **교류 아크 용접기(AC arc welding machine)**

용접기 중 교류 아크 용접기가 가장 많이 사용되는데, 보통 1차 측은 200V의 동력 전원에 접속하고, 2차 측은 무부하 전압이 70~80V가 되도록 만들어져 있다. 교류 아크 용접기의 구조는 일종의 변압기이지만 보통의 전력용 변압기와는 다르다. 즉 자기 누설 변압기를 써서 아크를 안정시키기 위하여 수하 특성으로 하고 있다.

이것이 아크 용접 전원으로서 특징이며, 교류 아크 용접기는 용접전류의 조정방법에 따라 가동 철심형, 가동 코일형, 탭 전환형, 가포화 리액터형 등이 있다.

① 가동 철심형(moving core arc welder) : 가동 철심형 교류 아크 용접기는 오래 전부터 사용되었으며, 우리나라에도 비교적 많이 보급되어 있는데 그 원리는 [그림 1-7]과 같다. 1차 코일과 2차 코일 사이에 가동 철심을 놓고 이를 전후로 이동시킴으로써 가동 철심에 누설 자력선을 통하기 쉽게 하면 전류는 값이 작아지며(철심이 1차 코일과 2차 코일 사이에 있을 때) 가동 철심이 빠져 있으면 누설 자력이 통하기 어려워 2차 전류는 최대가 된다.

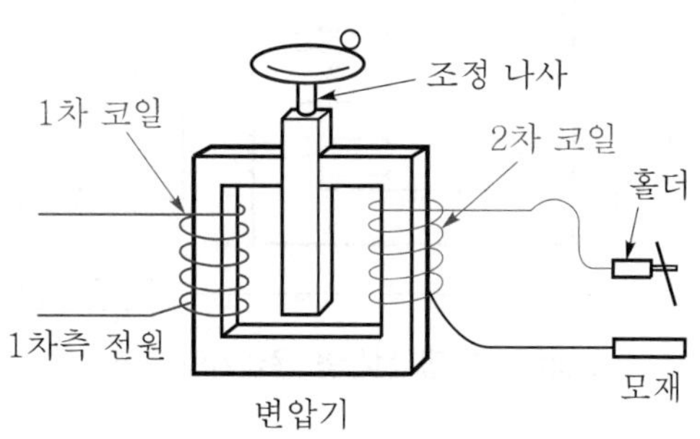

그림 1-7 가동 철심형 교류 아크 용접기의 원리

② 가동 코일형(moving coil arc welder) : [그림 1-8]과 같이 1차 코일과 2차 코일이 같은 철심에 감겨져 있고, 대개 2차 코일을 고정하고 1차 코일을 이동하여 두 코일 간의 거리를 조절하여 누설 자속의 양을 변화시킴으로써 전류를 조정하는데, 양 코일을 접근시키면 전류가 커지고 멀리하면 작아진다. 이 형은 비교적 안정된 아크를 얻을 수 있으며, 가동 철심형과 같이 가동부의 진동으로 잡음이 생기는 일이 없다.

[그림 1-8 (a)]는 전류를 최소로 선택하였을 때 두 코일의 위치와 그 때의 수하 특성 곡선을 나타내었으며, [그림 1-8 (b)]는 전류를 최대로 선택했을 때 두 코일의 위치와 수하 특성 곡선을 나타내었다.

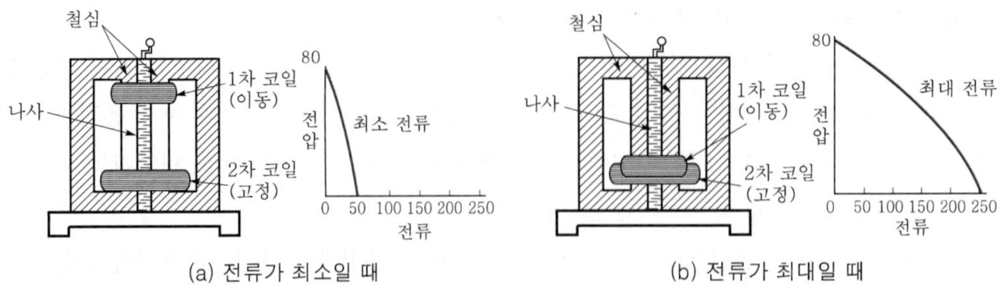

그림 1-8 가동 코일형

③ 탭 전환형(tap bend arc welder) : 탭 전환형 용접기의 원리는 [그림 1-9]와 같다. 그림의 변압기 왼쪽에 $n_{2 \cdot 1}$을 많게 하고 오른쪽의 $n_{2 \cdot 2}$를 적게 하면 전류의 세기가 높아지며, 반대로 하면 낮아진다.

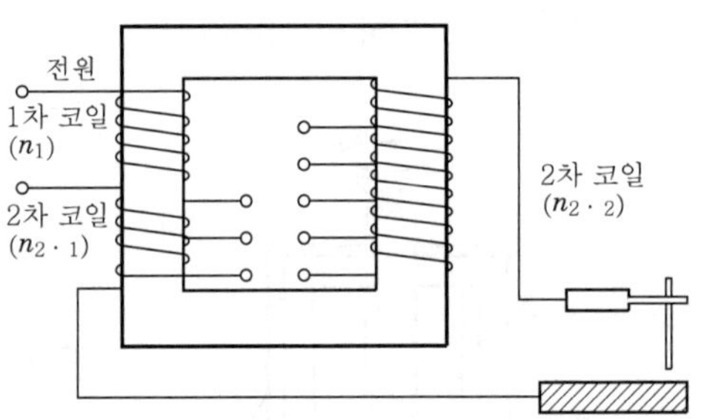

그림 1-9 탭 전환형 용접기의 구조

④ 가포화 리액터형(saturable reactor arc welder) : [그림 1-10]과 같이 변압기와 가포화 리액터가 있고 2차 전류 회로에 리액터가 직렬로 연결되어 있어 이 리액터를 별도의 전원인 정류기로서 여자(excite)시키고 그 자기 회로의 포화도를 변화시켜 전류를 조정한다.

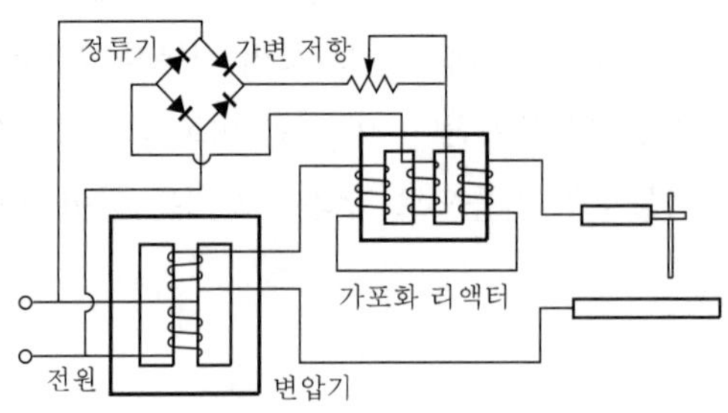

그림 1-10 가포화 리액터형 용접기의 구조

표 1-5 교류 아크 용접기의 특성

용접기의 종류	특 성
가동 철심형	• 가동 철심으로 누설 자속을 가감하여 전류를 조정한다. • 광범위한 전류 조정이 어렵다. • 미세한 전류 조정이 가능하다. • 현재 가장 많이 사용된다. • 중간 이상 가동 철심을 빼내면 누설 자속의 영향으로 아크가 불안정하게 되기 쉽다(가동 부분의 마멸로 철심에 진동이 생김).
가동 코일형	• 1차, 2차 코일 중의 하나를 이동, 누설 자속을 변화하여 전류를 조정한다. • 아크 안정도가 높고 소음이 없다. • 가격이 비싸며 현재 거의 사용하지 않는다.
탭 전환형	• 코일의 감긴 수에 따라 전류를 조정한다. • 적은 전류 조정 시 무부하 전압이 높아 전격의 위험이 있다. • 탭 전환부의 소손이 심하다. • 넓은 범위는 전류 조정이 어렵다. • 주로 소형에 많다.
가포화 리액터형	• 가변 저항의 변화로 용접전류를 조정한다. • 전기적 전류 조정으로 소음이 없고 기계 수명이 길다. • 원격 조작이 간단하고 원격 제어가 된다.

교류 아크 용접기의 규격은 KS C 9602에 규정되어 있으며 용접기의 용량과 규격, 특성에 대한 것을 나타내었다. 여기에서 AW 200의 AW는 교류 용접기(AC welder)를, 200은 정격 2차 전류(A)를 뜻하고, 최고 2차 무부하 전압(개로 전압)은 AW 400까지는 85V 이하, AW 500 이상에서는 95V 이하로 규정하고 있다.

(3) 직류 아크 용접기와 교류 아크 용접기의 비교 ☑중요

비교 항목	직류 용접기	교류 용접기
① 아크의 안정	우수	약간 떨어짐
② 비피복봉 사용	가능	불가능
③ 극성 변화	가능	불가능
④ 자기 쏠림 방지	불가능	가능(거의 없다)
⑤ 무부하 전압	약간 낮음(40~60V)	높음(70~90V)
⑥ 전격의 위험	적다	많다
⑦ 구조	복잡	간단
⑧ 유지	약간 어려움	용이
⑨ 고장	회전기에 많다	적다
⑩ 역률	매우 양호	불량
⑪ 소음	회전기에 크고 정류형은 조용함	조용함(구동부가 없으므로)
⑫ 가격	고가(교류의 몇 배)	저렴

(4) 용접기로서 구비해야 할 사항

① 전류 범위, 즉 사용할 수 있는 전류치의 폭이 넓어야 한다.

② 아크를 쉽게 발생시키고, 발생한 아크를 어떠한 변동 조건에서도 그대로 유지시킬 만한 충분한 개로 전압을 갖고 있어야 한다(전류 변동이 적어야 한다).

③ 아크의 변동 조건에 따라 즉시 응답하여 전류와 전압이 신속하게 변화되어야 한다.

④ 구조 및 취급이 간단해야 한다(구조가 견고해야 한다).

⑤ 전격의 위험이 적어야 한다(무부하 전압이 높지 않아야 한다).

⑥ 능률이 좋아야 한다.

⑦ 절연이 완전하고 습기가 많거나 고온에서도 충분히 견디어야 한다.

⑧ 사용 중에 온도 상승이 작아야 한다.

⑨ 가격이 저렴하고 사용 경비가 적게 들어야 한다.

⑩ 단락되었을 때 흐르는 전류가 너무 크지 않아야 한다.

(5) 용접기의 사용률(duty cycle)

용접기의 사용률을 규정하는 것은 높은 전류로 계속 사용함으로써 용접기가 소손되는 것을 방지하기 위해서이다. 피복 아크 용접기는 일반적으로 사용률이 40% 이하이고, 자동 용접기는 100%이다. 이와 같이 수동 용접에서 사용률이 낮은 것은 용접봉을 갈아 끼우거나, 슬래그 제거 등 실제 아크시간(arc time)보다 휴식시간(off time)이 많기 때문에 100%로 할 필요가 없기 때문이다. 일반적으로 사용률(정격 사용률)이 40%라 함은 용접기의 소손을 방지하기 위해 정격 전류로 용접했을 때 10분 중에서 4분만 용접하고, 6분을 쉰다는 의미이다.

$$\text{사용률}(\%) = \frac{\text{아크시간}}{\text{아크시간} + \text{휴식시간}} \times 100$$

그러나 실제 용접의 경우 정격 전류보다는 적은 전류로 용접하는 경우가 많은데, 이때의 사용률을 허용사용률이라 하며 다음과 같은 식으로 구해진다.

$$\text{허용사용률}(\%) = \frac{(\text{정격 2차 전류})^2}{(\text{실제 사용 전류})^2} \times \text{정격사용률}$$

(6) 용접기의 역률(power factor)과 효율(efficiency)

용접기로서 입력, 즉 전원 입력(2차 무부하 전압×아크전류)에 대한 아크출력(아크전압×아크전류)과 2차측 내부 손실의 합(소비전력)의 비를 역률이라고 한다. 또 아크출력과 내부 손실과의 합(소비전력)에 대한 아크출력의 비율을 효율이라고 한다. 역률과 효율의 계산은 다음과 같이 한다.

$$역률(\%) = \frac{소비전력(kW)}{전원\ 입력(kVA)} \times 100$$

$$효율(\%) = \frac{아크전력(kW)}{소비전력(kVA)} \times 100$$

여기서, 소비전력=아크출력+내부 손실
전원 입력=2차 무부하 전압×아크전류
아크출력=아크전압×아크전류

일반적으로 역률이 높으면 효율이 좋은 것으로 생각되지만 역률이 낮을수록 좋은 용접기이며, 역률이 높다는 의미는 효율이 낮다는 의미로 여긴다.

① 교류 용접기의 역률 개선책
- ㉠ 무부하 전압을 낮게 할 필요가 있다(피복제의 개량으로 점차 낮아짐). 직류 용접기에 비해 교류 용접기의 무부하 전압이 약간 높다.
- ㉡ 용접기의 1차측에 병렬로 콘덴서를 접속하면 역률을 개선할 수 있다.

② 콘덴서 접속에 의한 이점
- ㉠ 1차 전류를 감소하면 전원 입력(kVA)이 작게 되어 전력 요금의 절감 효과가 있다.
- ㉡ 전원 용량이 작아도 된다. 또 같은 전원 용량이면 더 많은 용접기를 접속시킬 수 있다.
- ㉢ 배전선의 재료를 절감한다.
- ㉣ 전압 변동률이 작아진다.

(7) 교류 아크 용접기의 부속 장치

① 고주파 발생 장치 : 교류 아크 용접에 고주파를 병용시키면 아크가 안정되므로, 작은 전류로 얇은 판이나 비철금속을 용접할 때 또는 아크가 불안정하게 되기 쉬울 때 이용된다.

참 고

고주파 병용 시 이점
- 아크 손실이 거의 없어 아크가 안정되고 용접이 쉽다.
- 용접의 무부하 전압을 낮게 할 수 있다.
- 전원 입력(kVA)을 적게 하여 역률을 개선하며 전격의 위험도 적어진다.
- TIG 용접의 경우 아크 발생 초기에 텅스텐 전극봉을 모재에 접촉시키지 않아도 고주파 불꽃이 튀어 아크 스타트가 용이하다.

② **전격 방지 장치(voltage reducing device)** : 무부하 전압이 85~95V로 비교적 높은 교류 아크 용접기는 전격의 위험이 있으므로 용접사를 보호하기 위해 전격 방지 장치의 사용을 의무화해야 한다. 전격 방지기의 기능은 작업을 하지 않을 때 보조 변압기에 의해 용접기의 2차 무부하 전압을 20~30V 이하로 유지하고 부하가 가해지는 순간, 즉 용접봉이 모재에 접촉되는 순간에 릴레이(relay)가 작동하여 용접작업이 가능하도록 되어 있다. 용접이 끝남과 동시에 다시 무부하 전압은 25V 이하로 된다.

③ **원격 제어 장치(remote control equipment)** : 용접기에서 멀리 떨어져 작업할 때 작업 위치에서 전류를 조정할 수 있는 장치를 원격 제어 장치라 하는데, 가동 철심 또는 가동 코일을 소형 모터로서 움직이는 전동기 조작형과 가포화 리액터형으로 구분되며, 가포화 리액터형 교류 아크 용접기에서는 가변 저항기 부분을 분리하여 작업자 위치에 놓고 원격으로 용접 전류를 조정하는 것이 있다.

④ **핫 스타트 장치(hot start 또는 arc booster)** : 아크가 발생되는 초기에 용접봉과 모재가 냉각되어 있어 입열이 부족하므로 아크가 불안정하기 때문에 아크 발생 초기에만 특별히 용접전류를 크게 하는 장치로, 다음과 같은 장점이 있다.

㉠ 아크 발생을 용이하게 해준다.

㉡ 시작점의 기공 발생 등 결함 발생을 적게 한다.

㉢ 비드 모양을 개선한다.

㉣ 아크 발생 초기의 비드 용입을 개선한다.

⑤ **용접전류와 전압 측정** : 용접기에는 2차 전류를 알 수 있는 전류계가 부착되어 있는 것과 그렇지 않은 것도 있다. 보통은 전류계가 없고 핸들을 돌려서 전류 눈금자를 읽는 경우가 많다. 그러나 용접사 또는 각 용접기의 성능이 천차만별이므로 전류 측정기(ammeter)로 하여금 전류를 측정한 후 용접하여 비드를 관리하여야 한다.

2-4 피복 아크 용접용 기구

1. 용접봉 홀더(electrode holder)

용접봉 홀더는 용접봉의 피복이 없는 부분을 고정하여 용접전류를 용접 케이블을 통하여 용접봉과 모재 쪽으로 전달하는 기구이다. 이것은 KS C 9607에 규정되어 있다.

(1) 용접봉 홀더의 종류

① A형 : 손잡이 이외의 부분까지 절연체로 감싸서 전격의 위험은 물론 사용 중의 온도 상승에도 견딜 수 있도록 설계하였다. 일명 안전 홀더라고 한다.

② B형 : 손잡이 부분 이외에는 전기적으로 절연되지 않고 노출되어 있다.

(2) 용접봉 홀더의 규격

용접봉 홀더의 규격은 KS C 9607에 규정되어 있고 홀더가 100호이면 용접 정격 전류가 100A를, 200호이면 200A를 의미한다.

[표 1-6]은 용접봉 홀더의 규격을 나타낸 것이다.

중요 표 1-6 용접봉 홀더의 규격(KS C 9607)

홀더의 종류	용접기의 정격			적용 가능한 용접봉 지름(mm)	적용 가능한 홀더용 케이블 단면적(mm^2)
	사용률(%)	용접전류(A)	아크전압(V)		
100호	70	100	25	1.2~3.2	22
200호	70	200	30	2.0~5.0	38
300호	70	300	30	3.2~6.4	50
400호	70	400	30	4.0~8.0	60
500호	70	500	30	5.0~9.0	80

2. 용접용 케이블, 케이블 커넥터 및 접지 클램프

(1) 용접용 케이블(cable)

일반적으로 옴의 법칙에 의하면 전류는 전압과는 비례하며, 저항에는 반비례한다. 또한 저항은 케이블 선의 길이에는 비례하며, 케이블의 단면적에는 반비례한다.

$$I \propto \frac{V}{R}, \qquad R \propto \frac{L}{A}$$

여기에서, I : 전류, V : 전압, R : 저항
L : 케이블 선의 길이, A : 케이블 선의 단면적

용접기는 1차측(입력측) 전원(고전압, 저전류)에서 전압을 변화시켜 저전압, 고전류의 2차측 전원 특성으로 변화시켜 케이블로 하여금 전달되게 한다.

이때 고전류를 흘려보내려면 위 식에 의하여 저항값이 작아야 한다. 그러기 위해서는 케이블 선의 길이를 짧게 하거나 단면적, 즉 케이블의 지름을 크게 해야 함을 알 수 있다.

1차측 및 2차측 케이블은 용접기의 출력 전류에 따라 다음 [표 1-7]과 같이 적정 규격의 것을 사용토록 권장한다.

중요 표 1-7 용접 케이블의 규격

용접 출력 전류(A)	200A	300A	400A
1차측 케이블(지름)	5.5mm	8mm	14mm
2차측 케이블(단면적)	$38mm^2$	$50mm^2$	$60mm^2$

(2) **케이블 커넥터(cable connector)와 러그(lug)**

커넥터 중 러그는 홀더용 케이블 끝을 연결하고, 또 그것을 용접기의 단자(terminal)에 연결한다. 이때 양자는 충분히 잘 접촉해야 하며, 그렇지 않을 경우 접촉 저항에 의한 열이 발생한다.

(3) **접지 클램프(ground clamp)**

접지 클램프는 용접 케이블 끝에 연결하여 용접 케이블을 손쉽게 용접물에 연결 혹은 분리할 수 있게 한 일종의 클램프이다.

(4) **퓨즈(fuse)**

용접기 1차측에는 용접기 근처에 퓨즈를 붙인 나이프 스위치(knife switch)를 설치하여 과도한 전류의 흐름에 대처해야 한다. 이 퓨즈는 규정 값과 다르거나 구리선을 사용하면 안된다.

1차 입력(kVA)을 전원 전압(200V)으로 나누면 1차 전류 값을 구할 수 있고, 이것으로 퓨즈의 용량을 결정한다. 예를 들어, 1차 입력 전원 용량이 24kVA인 용접기에서는 다음과 같이 구하면 된다.

$$\frac{24\text{kVA}}{200\text{V}} = \frac{24,000\text{VA}}{200\text{V}} = 120\text{A}$$

즉 120A 용량의 퓨즈를 부착하면 된다. 이것은 일반적으로 2차 전류의 40%에 상당하는 전류값으로 용접전류가 250A의 경우 100A의 퓨즈를 선택하기도 한다.

3. 보호기구

(1) **용접 헬멧과 핸드 실드**

용접 헬멧과 핸드 실드는 아크 용접 시에 발생하는 유해한 광선(적외선, 자외선)이나 스패터로부터 작업자를 보호하기 위하여 사용하는 창이 달린 보호구로서, 손에 들게 되어 있는 것이 핸드 실드이고 머리에 뒤집어쓰게 되어 있는 것이 헬멧이다.

(2) **필터 렌즈(filter lens 또는 glass)**

필터 렌즈는 용접 중 발생하는 유해한 광선을 차폐하여 용접작업자의 눈을 보호함은 물론 용접부를 명확하게 볼 수 있도록 착색 또는 특정 파장을 흡수한 유리하다. 보통 피복 아크 용접에서는 10~11번, 가스 용접에서는 4~6번 정도를 사용한다.

(3) 차광막

차광막은 아크의 강한 유해 광선이 다른 사람에게 영향을 주지 않게 하기 위하여 필요하다. 이 차광막은 빛을 완전히 차단하고, 쉽게 인화되지 않는 재료로 한다.

(4) 장갑(gloves), 팔덮개(bibs), 앞치마(apron)

용접작업 중 유해한 광선 및 아크열, 스패터(spatter) 등으로부터 용접작업자를 보호하기 위한 것으로서, 가죽이나 석면으로 제작한다. 장갑, 팔덮개, 앞치마 이외에 재킷(jacket), 발커버(shin cover) 등이 있다.

2-5 피복 아크 용접봉

1. 용접봉의 개요

아크 용접에서 용접봉(welding rod)을 용가재(filler metal)라고도 하는데, 용접 결과의 품질을 좌우하는 중요한 용접재료(welding consumable)이다. 또한 용접봉 끝과 모재 사이에 아크를 발생하므로 전극봉(electrode)이라고도 한다.

금속 아크 용접의 용접봉에는 비피복 용접봉(bare electrode)과 피복 용접봉(covered electrode)이 쓰이는데, 비피복 용접봉은 주로 자동이나 반자동 용접에 사용되고, 피복 아크 용접봉은 수동 아크 용접에 이용된다.

피복 아크 용접봉의 크기는 심선의 지름으로 표시하며, 일반적으로 심선은 1~10mm까지 있고 길이는 200~900mm까지 다양하다. 피복 아크 용접봉이 갖추어야 할 사항은 다음과 같다.

① 용착금속의 모든 성질을 우수하게 할 것
② 용접작업을 용이하게 할 것
③ 심선보다 피복제가 약간 늦게 녹을 것
④ 값이 싸고 경제적일 것
⑤ 저장 중에 변질되지 말 것
⑥ 습기에 용해되지 않을 것
⑦ 용접 시 유독 가스를 발생하지 않을 것
⑧ 슬래그가 용이하게 제거될 것

2. 연강용 피복 아크 용접봉 심선

심선(core wire)은 아크열에 의해 용융되었다가 다시 응고되어 용착금속(deposited metal)을 만드는 중요한 역할을 하기 때문에 심선의 성분이 중요하며, 대체로 모재와 동일한 재질의 것이 많이 쓰이고 있다. 심선은 용접 후 용착금속의 균열을 방지하기 위해 저탄소에 유황(S), 인(P), 규소(Si), 구리(Cu) 등의 불순물이 적게 포함되어야 하며, 연강용의 경우 저탄소 림드강(low carbon rimmed steel)이 많이 사용된다.

용접봉의 선택은 모재의 재질, 용접 구조물의 사용 목적, 용접자세, 사용 전류와 극성, 이음의 형상 등에 따라 적정하게 선택하여 사용한다. [표 1-8]은 KS D 3508에 의한 연강용 피복 아크 용접봉 심선의 화학 성분을 나타내었다.

중요 표 1-8 연강용 피복 아크 용접봉 심선의 화학 성분(KS D 3508)

종류, 기호			화학 성분(%)					
			C	Si	Mn	P	S	Cu
1종	A	SWRW 1A	<0.09	<0.03	0.35~0.65	<0.020	<0.023	<0.20
	B	SWRW 1B	<0.09	<0.03	0.35~0.65	<0.030	<0.030	<0.30
2종	A	SWRW 2A	0.10~0.15	<0.03	0.35~0.65	<0.020	<0.023	<0.20
	B	SWRW 2B	0.10~0.15	<0.03	0.35~0.65	<0.030	<0.030	<0.30
지름 (mm)	1.0, 1.4, 2.0, 2.6, 3.2, 4.0, 4.5, 5.0 5.5, 6.0, 6.4, 7.0, 8.0, 9.0, 10.0 등				허용 오차 ±0.05mm(지름 8mm 이하) ±0.10mm(지름 9~10mm 이하)			

3. 피복제(flux)

(1) 개요

교류 아크 용접은 비피복 용접봉(non coated electrode 혹은 bare wire)으로 용접할 경우 아크가 불안정하고, 용착금속이 대기로부터 오염되고 급랭되므로 용접이 곤란하거나 매우 어렵다.

이를 시정하기 위하여 피복제를 도포하는 방법이 제안되었으며, 많은 연구와 노력에 의해 피복 배합제의 적정한 배합으로 현재에는 모든 금속의 용접이 가능하여졌고, 이것의 발달은 직류 아크 용접의 대안으로 발달되게 되었다. 피복제의 무게는 용접봉 전체 무게의 10% 이상이다.

(2) 피복제의 역할 및 작용

① 중성 또는 환원성 분위기를 만들어 대기 중의 산소, 질소로부터 침입을 방지하고 용융금속을 보호한다. 용접 시 피복제가 연소하여 생긴 가스가 용접부를 보호한다.

② **아크의 안정** : 교류 아크 용접을 할 때는 전압이 1초에 120번 '0'이 되므로 전류의 흐름이 120번 끊어지게 되어 아크가 연속적으로 발생될 수 없으나, 피복 아크 용접봉을 사용하여 용접할 경우에는 피복제가 연소해서 생긴 가스가 이온화되어 전류가 끊어져도 이온으로 계속 아크를 발생시키게 되므로 아크가 안정된다.

③ **용융점이 낮고 적당한 점성의 가벼운 슬래그 생성** : 피복제로서 산화물의 용융점을 낮게 만들어 용접이 가능하도록 한다.

④ **용착금속의 탈산 정련 작용** : 용착금속의 불순물을 제거하고 탈산 작용을 한다. 보통 유기물, 알루미늄, 마그네슘 등이 사용된다.

⑤ **용착금속에 합금 원소 첨가** : 용착부에 다른 원소를 첨가하여 더 좋은 성질의 용착금속을 얻으려고 할 때는 피복제에 그 원소를 포함시켜 용착금속에 섞여 들어가도록 한다.

⑥ 용적을 미세화하고 용착 효율을 높인다.

⑦ 용착금속의 응고와 냉각속도를 느리게 한다.

⑧ 어려운 자세의 용접작업을 쉽게 한다.

⑨ 비드 파형을 곱게 하며 슬래그 제거도 쉽게 한다.

⑩ 절연 작용을 한다.

(3) 피복 배합제

① **아크 안정제** : 아크에 부드러운 느낌을 주고 잘 꺼지지 않도록 하려면 피복제에 포함되어 있는 성분이 아크열에 의하여 이온화하기 쉬워야 한다. 이 경우 아크전압도 낮아지고 아크는 안정된다. 특히 교류 아크 용접에서는 재점호 전압이 낮을수록 좋으므로 아크 안정제의 역할이 중요하다. 규산칼륨(K_2SiO_3), 규산나트륨(Na_2SiO_3), 산화티탄(TiO_2), 석회석($CaCO_3$) 등은 좋은 아크 안정제이다.

② **가스 발생제** : 이 물질은 가스를 발생하여 아크 분위기를 대기로부터 차단하여 용융금속의 산화나 질화를 방지하는 작용을 한다. 녹말, 목재 톱밥, 셀룰로오스(cellulose), 석회석 등이 가스 발생제에 속한다.

③ **슬래그 생성제** : 슬래그는 용융금속의 표면을 덮어서 산화나 질화를 방지함과 아울러 그 냉각을 천천히 한다. 더욱 중요한 것은 탈산 작용을 돕고 용융금속의 금속학적 반응에 중요한 작용을 하며, 용접작업성에도 큰 영향을 끼친다. 산화철, 루틸(rutile, TiO_2), 일미나이트(ilmenite, TiO_2FeO), 이산화망간(MnO_2), 석회석($CaCO_3$), 규사(SiO_2), 장석($K_2O \cdot Al_2O_3 \cdot 6SiO_2$), 형석(CaF) 등이 사용된다.

④ **합금 첨가제** : 용융금속 중에 합금 원소를 첨가하여 그 화학 성분을 조성하는 것이다. 첨가제로는 페로망간, 페로실리콘, 페로크롬, 니켈, 페로바륨 등이 있다.

⑤ **고착제** : 피복제를 단단하게 심선에 고착시키는 것으로 규산소다(물유리), 규산칼리 등이 있다.

⑥ 탈산제 : 용착금속 속에 침입한 산소를 제거하는 것으로 Fe-Mn, Fe-Si가 있다. 피복제의 성분은 크게 광석과 같은 무기물과 셀룰로오스, 펄프 등의 유기물로 나눌 수 있다.

4. 연강용 피복 아크 용접봉의 분류

(1) 연강용 피복 아크 용접봉의 기호

우리나라에서 KS D 7004에 자세히 규정되어 있으며, 연강용 피복 아크 용접봉의 기호는 다음과 같은 의미를 가지고 있다.

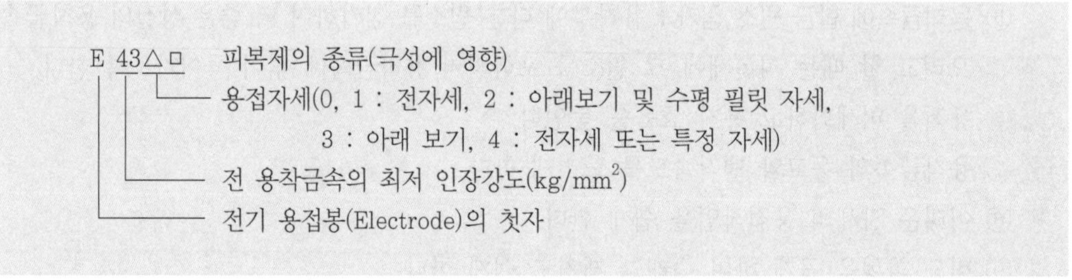

전기 용접봉을 표시하는 E는 한국과 미국에서 사용하며, 일본의 경우는 E 대신 D(Denki)를 사용한다.

표 1-9 각국의 용접봉 표시 비교

구분	한 국	미 국	일 본
용접봉 표시	E4301 E4313	E6001 E6013	D4301 D4313

용착금속의 최저 인장강도를 나타내는 43은 그 용접봉을 사용했을 때 용착금속의 인장강도가 최소한 43kg/mm^{2}가 되어야 한다는 뜻이다. 미국에서는 단위를 파운드법으로 E43 대신 E60을 사용하고 있는데 60은 60,000psi의 처음 두 자리 숫자로서 43kg/mm^{2}은 약 60,000lb/in^{2}와 같으므로 앞의 두 자리 숫자만 사용한다.

(2) 연강용 피복 아크 용접봉의 종류

피복제의 종류, 사용 전류, 용접자세에 따라 분류되고 있다.

용접봉의 품질로서 규격이 요구되는 것은 피복제의 계통, 편심률, 심선의 치수, 전 용착금속의 기계적 성질, 맞대기 이음 용접에서의 형틀 굽힘시험(guided bend test), 필릿 용접 시험 및 수소량 시험 성적 등이다.

(3) 연강용 피복 아크 용접봉의 특징

① 일미나이트계(E4301)

㉠ 피복제의 주성분 : 30% 이상의 일미나이트와 광석, 사철 등을 포함한 슬래그 생성계이다.

㉡ 특성

- 슬래그의 유동성, 용입과 기계적 성질이 양호하다.
- 내부 결함이 적고 모든 자세의 용접이 가능하다(피복제 두께는 중간).

② 라임 티타니아계(E4303)

㉠ 피복제의 주성분 : 산화티탄을 30% 이상 포함한 슬래그 생성계이다.

㉡ 특성

- 슬래그의 유동성이 좋고 비드의 외관이 깨끗하고 언더컷이 적다.
- 슬래그의 제거가 쉽고 용입이 얕다(피복제는 두껍다).

㉢ 용도 : 일반 강재의 박판 용접에 적합하다.

③ 고셀룰로오스계(E4311)

㉠ 피복제의 주성분 : 유기물(셀룰로오스)을 30% 정도 함유한 가스실드계이다.

㉡ 특성

- 가스에 의한 산화, 질화를 막고 슬래그 생성이 적다(피복제는 얇다).
- 위보기 자세와 좁은 홈 용접이 가능하다.
- 용입이 깊으나 스패터가 심하고 비드 파형이 거칠다.
- 보관 중 습기를 흡수하기 쉽다(기공 발생 우려).

㉢ 용도 : 배관 용접 시 많이 이용된다.

④ 고산화티탄계(E4313)

㉠ 피복제의 주성분 : 산화티탄을 30% 이상 포함한 슬래그 생성계이다.

㉡ 특성

- 아크가 안정되고 스패터가 적으며, 슬래그 박리성이 좋다.
- 비드 외관은 미려하지만 고온균열 발생 등 기계적 성질이 약간 낮아 중요한 부재의 용접에는 부적당하다.

㉢ 용도 : 용입이 얕아 박판 용접에 주로 사용되고 특히 수직 하진 용접이 가능하다.

⑤ 저수소계(E4316)

㉠ 피복제의 주성분 : 유기물을 적게 하고 탄산칼슘($CaCO_3$)과 불화칼슘(CaF_2)을 주성분으로 하여 아크 분위기 중에 수소량을 적게(타 용접봉의 1/10)한 용접봉이다.

㉡ 특성

- 용착금속은 인성과 연성이 풍부하고 기계적 성질이 우수하다.

• 피복제가 두껍고 아크가 다소 불안정하는 등 작업성은 비교적 떨어져 운봉방법 등 시공에 주의하여야 한다.

㉢ 용도 : 내균열성 우수하여 후판, 구속력이 큰 구조물, 고장력강, 고탄소강 등에 사용 가능하다.

㉣ 건조 : 사용, 보관 중 습기에 민감하여 주의를 요한다. 사용 전에 반드시 300~350℃로 2시간 정도 건조를 시킨 후 사용하도록 관리되어야 한다(저수소계를 제외한 일반 연강용 피복 아크 용접봉은 70~100℃에서 30분~1시간 정도 건조 후 사용한다).

⑥ 철분 산화티탄계(E4324)

㉠ 피복제 주성분 : 고산화티탄계에 철분을 첨가시킨 용접봉이다.

㉡ 특성 : 고산화티탄계(E4313)의 우수한 작업성과 철분계의 고능률성을 갖춘 용접봉으로 스패터가 적고 용입이 얕다.

⑦ 철분 저수소계(E4326)

㉠ 피복제 주성분 : 저수소계에 철분을 첨가시킨 용접봉이다.

㉡ 특성 : 저수소계(E4316)에 고능률화를 도모한 것으로 기계적 성질은 저수소계와 거의 비슷하다.

⑧ 철분 산화철계(E4327)

㉠ 피복제 주성분 : 산화철에 규산염을 첨가하여 산성 슬래그를 생성시킨다.

㉡ 특성

• 용착 효율이 크고 고능률적이다.

• 아크로 인한 용적 이행은 스프레이형이고 스패터가 적고 용입은 양호하다. 슬래그 제거도 비교적 쉬운 편이다.

5. 연강용 피복 아크 용접봉의 선택과 보관

(1) 용접봉의 선택

용접봉은 모재와 더불어 용접 결과를 좌우하는 중요한 인자이므로 사용 목적에 알맞은 적정한 용접봉을 선정하기 위해서는 용접 구조물이 요구하는 품질, 사용 용접기, 용접자세, 비용, 모재의 성질, 이음 현상 등을 고려하여야 한다. 또한 용접금속의 내균열성, 아크의 안정성, 스패터링, 슬래그의 성질 등 작업성도 우선 고려 대상이다.

(2) 용접봉의 보관 및 취급

용접봉은 적정 전류값을 초과해서 사용하면 좋지 않다. 너무 과도한 전류를 사용하면 용접봉이 과열되어 피복제에는 균열이 생겨 피복제가 떨어지는 경우가 있을 뿐만 아니라 많은 스패터를 유발시키기도 한다. 용접봉은 용접 중 피복제가 떨어지는 일이 없도록 작업 중에도 휴대용 건조로에 보관하여야 한다. 또 용접작업자는 용접전류, 모재의 준비, 용접자세 및 건조 등 용접 사용 조건에 대하여는 용접봉 메이커 측의 권장사항을 숙지하여 작업토록 관리되어야 한다.

용접봉, 특히 피복제는 습기에 민감하므로 흡수된 용접봉을 사용 시 기공이나 균열이 발생할 우려가 있으므로 1회에 한하여 재건조(re-baking)하여 사용토록 제한하는 경우가 일반적이며, 건조하고 습기가 없는 장소에서 보관하여야 한다.

용접봉은 구입한 겉포장을 개봉한 후 70~100℃에서 30분~1시간 정도 건조시킨 후 사용하며, 특히 저수소계 용접봉은 그 온도와 유지 시간을 300~350℃에서 2시간 정도로 규정하여 관리에 신중을 기한다.

용접봉은 제조 시 심선과 피복제의 편심 상태를 보고 편심률이 3% 이내의 것을 사용토록 해야 한다. 편심률에 대한 계산식은 다음과 같다.

$$\text{편심률} = \frac{D'-D}{D} \times 100(\%)$$

6. 그 밖의 피복 아크 용접봉

(1) 고장력강 피복 아크 용접봉

고장력강은 일반구조용 압연강재(SS41 또는 SS400)나 용접 구조용 압연강재(SWS41)보다 높은 항복점과 인장강도를 가지기 위해 규소(Si), 망간(Mn), 니켈(Ni), 크롬(Cr) 등의 합금 원소를 일정량 첨가한 저합금강(low alloy steel)을 말한다. 사용 목적은 구조물의 중량과 재료의 절감 등으로 인해 용접 공수 감소와 내식성 향상에 있으나, 용접 열영향부(HAZ)는 연성이 감소하고 용접부에 균열 발생 우려가 있고 여리게 된다. 인장강도 50kg/mm^2, 53kg/mm^2, 58kg/mm^{2}의 고장력강의 용접봉을 KS D 7006에 규정하고 있다.

(2) 스테인리스강 피복 아크 용접봉

스테인리스강(stainless steel)은 탄소강에 비하여 대단히 우수한 내식성과 내열성을 가지고 있으며 기계적 성질과 가공성이 우수한 합금강이다.

(3) 주철용 피복 아크 용접봉

주철(cast iron)은 일반적으로 C=1.7~3.5%, Si=0.6~2.5%, Mn=0.2~1.2%, P<0.5%, S ≦ 0.1%의 화학 조성을 가지며, 이 밖에 Ni, Cr, Mo 등을 포함한다. 주철은 강에 비하여 용융점이 낮고 쇳물의 유동성이 좋으므로 주물을 만들기 쉽고 값도 저렴한 특징이 있다. 주철 용접의 경우 주로 주물의 결함을 보수하거나 파손된 주물의 수리에 많이 이용된다.

2-6 피복 아크 용접 기법

1. 용접작업 준비

용접작업은 여러 가지 요소가 많기 때문에 무질서하게 습득하면 많은 시간과 노력이 소모되기도 하나 조리 있게 분류 정리하며 순차적으로 배우고 익히면 비교적 쉽게 적용이 가능하다.

① 용접 도면 및 용접작업 시방서(Welding Procedure Specification; WPS) 숙지
② 용접봉 건조
③ 보호구 착용
④ 모재 준비 및 청소
⑤ 설비 점검 및 전류 조정 : 용접작업 전에 용접기의 점검사항을 확인

2. 본 용접작업

(1) 용접봉 각도

용접봉의 각도는 언더컷이나 슬래그 섞임 등을 방지하고 균일하고 아름다운 비드(bead)를 얻기 위해 중요하다.

① 진행각 : [그림 1-11 (a)]와 같이 용접봉과 용접선이 이루는 각도로 표기한다.
② 작업각 : [그림 1-11 (b)]와 같이 용접봉과 용접선과 직교되는 선과 이루는 각도를 표기한다.

아크는 용접봉의 끝에서부터 용접봉의 방향으로 향하므로 용적이 이행하는 방향, 피복제의 연소로 인한 발생 가스의 분출방향, 용융 슬래그를 불어내는 방향, 비드의 융착 상태 등에 영향을 주는 인자이므로 용접봉 각도는 매우 중요하다.

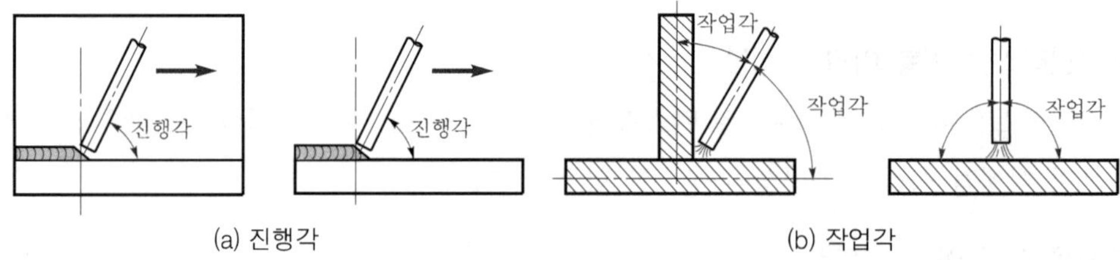

그림 1-11 용접 각도

(2) 아크길이와 아크전압

양호한 품질의 용접금속을 얻으려면 아크길이를 짧게 유지하여야 한다. 적정한 아크길이는 사용하는 용접봉 심선의 지름의 1배 이하 정도(대략 1.5~4mm)로 하며, 이때의 아크전압은 아크길이와 비례하는 관계를 나타낸다.

보통 아크 발생 중의 용접전압은 약 20~35V 정도의 범위이다.

(3) 용접속도

모재에 대한 용접선 방향의 아크속도로서 운봉속도(travel speed) 또는 아크속도라 하며, 8~30cm/min이 적당하다.

(4) 아크 발생법

아크를 발생시킬 때에는 용접봉 끝을 모재면에서 10mm 정도 되도록 가까이 대고 아크를 발생시킬 위치를 정한 다음에 핸드 실드로 얼굴을 가리도록 한다. 용접봉을 순간적으로 재빨리 모재면에 접촉시켰다가 3~4mm 정도 떼면 아크가 발생하는데 이때 무의식적으로 아크를 보아 눈을 상하게 하는 수가 있으므로 특히 주의해야 한다.

아크 발생법에는 긁기법과 점찍기법이 있다.

① **긁기법(scratching method)** : 용접봉을 쥔 손목을 오른쪽(또는 왼쪽)으로 긁는 기분으로 운봉하여 아크를 발생시키는 방법으로 초보자에게 알맞다.

② **점찍기법(tapping method)** : 용접봉 끝으로 모재면에 점을 찍듯이 대었다가 재빨리 떼어 일정 간격(3~4mm)을 유지하여 아크를 발생시키는 방법이다.

(5) 비드 내기

① 직선 비드(straight bead) 내기

② 위빙 비드(weaving bead) 내기

[표 1-10]은 각 자세에 따른 여러 가지 운용법을 나타내었으며, 용접사의 기량에 따라 적당한 방법을 선택하면 된다.

표 1-10 운봉법 종류

운봉법		도 해	용접봉 각도
아래보기 V형 용접	직선		진행방향에 대하여 60~90°
아래보기 V형 용접	원형	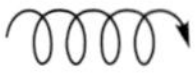	진행방향에 대하여 60~90°
아래보기 V형 용접	부채꼴 모양		진행방향에 대하여 60~90°
아래보기 필릿 용접	직선		진행방향에 대하여 60~90°, 수직면에 대하여 45~60°
아래보기 필릿 용접	타원형		진행방향에 대하여 60~90°, 수직면에 대하여 45~60°
아래보기 필릿 용접	삼각형	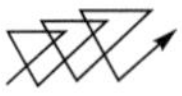	진행방향에 대하여 60~90°, 수직면에 대하여 45~60°
수평 용접	직선		
수평 용접	타원형		

운봉법			도 해	용접봉 각도
수직 용접	하진법	직선		진행방향에 대하여 70°
수직 용접	하진법	부채꼴 모양		진행방향에 대하여 70°
수직 용접	상진법	직선		진행방향에 대하여 110°
수직 용접	상진법	삼각형		
수직 용접	상진법	백스텝		
위보기 용접		직선		진행방향에 대하여 60~80°
위보기 용접		부채꼴 모양		
위보기 용접		백스텝		

CRAFTSMAN WELDING

03 가스 용접 및 절단가공

3-1 가스 용접의 개요

1. 가스 용접의 원리

가스 용접(gas welding)은 아세틸렌가스, 수소가스, 도시가스, LP가스 등의 가연성 가스와 산소와의 혼합 가스의 연소열을 이용하여 용접하는 방법으로, 가장 많이 쓰이고 있는 것은 산소－아세틸렌가스 용접(oxygen－acetylene gas welding)이다. 산소－아세틸렌가스 용접을 간단히 가스 용접이라고도 한다.

2. 역사

산소－아세틸렌가스 용접은 1892년 캐나다 윌슨에 의하여 카바이드(CaC_2)의 공업적 제법이 개발된 이후 1895년 프랑스의 르 샤틀리에(Le Chatelienr Henry Louis)가 산소－아세틸렌 불꽃은 3,000℃ 이상의 고열을 내면서 탄다고 발표한 다음, 1900~1901년 프랑스의 푸세(Fouche, Edmond)와 피카아르(Picard)가 처음으로 산소－아세틸렌 토치(torch)를 고안하였고, 1905년 요트란드(Jottrand)에 의해 절단기가 발명되어 현재에 이르고 있다.

3. 가스 용접의 특징

(1) 장점

① 응용 범위가 넓다.
② 운반이 편리하다.
③ 아크 용접에 비해서 유해 광선의 발생이 적다.
④ 가열, 조절이 비교적 자유롭다(박판 용접에 적당하다).

⑤ 설비비가 싸고, 어느 곳에서나 설비가 쉽다.

⑥ 전기가 필요 없다.

(2) 단점

① 아크 용접에 비해서 불꽃의 온도가 낮다(약 절반 정도).

② 열효율이 낮다.

③ 열 집중성이 나빠서 효율적인 용접이 어렵다.

④ 폭발의 위험성이 크다.

⑤ 아크 용접에 비해 가열 범위가 커서 용접 응력이 크고, 가열시간이 오래 걸린다.

⑥ 아크 용접에 비해 일반적으로 신뢰성이 적다.

⑦ 금속의 탄화 및 산화될 가능성이 많다.

(3) 가스 용접의 종류

가스 용접의 종류와 혼합비 최고 온도 관계를 [표 1-11]에 나타내었다.

중요 표 1-11 각종 가스 불꽃의 최고 온도

불꽃(용접) 종류	혼합비(산소/연료)	최고 온도
산소-아세틸렌	1.1~1.8	3,430℃
산소-수소	0.5	2,900℃
산소-프로판	3.75~3.85	2,820℃
산소-메탄	1.8~2.25	2,700℃

3-2 가스 및 불꽃

1. 용접용 가스의 종류와 특징

(1) 아세틸렌가스

아세틸렌가스는 불포화 탄화수소의 일종(탄소와 수소의 화합물)으로 불안정한 상태의 가스이며, 1836년 영국의 데이비경(Sir, H. Davy)에 의하여 최초로 발견되었다. 기체상태로 압축하면 충격을 받을 때 분해하여 폭발하기 쉬운 가스이다.

① 성질

㉠ 순수한 것은 무색무취의 기체이며, 비중은 0.906(15℃ 1기압에서 1L의 무게는 1.176g)이다.

㉡ 그러나 실제 사용하는 가스는 인화수소(PH_3), 유화수소(H_2S), 암모니아(NH_3) 등이 1% 정도 포함되어 있어 악취가 난다.

㉢ 산소와 적당히 혼합하면 연소 시에 높은 열(3,000~3,100℃)을 낸다.

$$2C_2H_2 + 5O_2 \Rightarrow 4CO_2 + 2H_2O \rightarrow 3,400℃\ \text{발열}$$

㉣ 여러 가지 물질에 다음과 같이 용해된다(4℃ 1기압).

물 질	물	석유	벤젠	알코올	아세톤
용해도	1배	2배	4배	6배	25배

이 용해 성질을 이용하여 용해 아세틸렌가스로 만들어 사용한다(15기압에서 25×15=375배 용해).

② **아세틸렌가스 제법** : 가장 많이 쓰이는 방법으로 카바이드에 의한 법이 있으며, 또한 탄화수소의 열분해법과 천연가스의 부분 산화법이 있다.

㉠ 카바이드에 의한 법 : 아세틸렌가스는 카바이드와 물과 반응하여 다음과 같은 식으로 발생한다.

CaC_2		H_2O		C_2H_2		CaO
(카바이드)	+	(물)	⇒	(아세틸렌)	+	(소석회)
64g		18g		26g		56g

카바이드는 석회석(산화칼슘)에 석탄이나 코크스를 배합[배합 중량비=석회석 : 석탄(코크스)=56 : 36]하여 전기로에서 2,300~3,000℃로 가열하여 융합시켜 얻어진다.

CaO		$3C$	2,300~3,000℃	CaC_2		CO	
생석회 (석회석)	+	코크스	→ 가열	카바이드	+	일산화탄소	= 108kcal

- 비중 2.2~2.3 정도의 회흑색, 회갈색의 굳은 고체이다.
- 카바이드 1kg과 물이 작용 시에 475kcal의 열이 발생한다. 이것은 47.5L의 물이 온도를 10℃ 상승시키는 열량이다.
- 아세틸렌의 발생량 : 한국공업규격에서는 카바이드(CaC_2, calcium carbide) 1kg이 발생하는 아세틸렌(C_2H_2)가스의 양에 따라 규정하고 있다.
  - 이론상 1kg→348L의 아세틸렌가스 발생
  - 시판용 1kg→230~300L의 아세틸렌가스 발생(원인은 불순물 함유 때문)

- 카바이드 취급 시 주의사항
  - 카바이드는 일정한 장소에 저장해야 한다.
  - 아세틸렌가스 발생기 밖에서는 물이나 습기와 접촉시켜서는 안된다.
  - 저장소 가까이에 스파크나 인화가 가능한 불씨를 가까이 해서는 안된다.
  - 카바이드 통을 따거나 들어낼 때 불꽃(스파크)을 일으키는 공구를 사용해서는 안된다[목재나 모넬메탈(monel metal) 사용].

㉡ 탄화수소의 열분해에 의한 법 : 석유계 탄화수소(주로 메탄)를 수증기로 열분해 (cracking)시켜 아세틸렌을 제조한다.

③ 아세틸렌가스의 폭발성

㉠ 온도

- 406~408℃에 달하면 자연 발화한다.
- 505~515℃에 달하면 폭발한다.
- 산소가 없어도 780℃ 이상 되면 자연 폭발한다.

㉡ 압력 : 150℃에서 2기압 이상 압력을 가하면 폭발의 위험이 있으며, 1.5기압 이상이면 위험 압력이다(1.2~1.3기압 이하에서 사용해야 한다).

㉢ 혼합 가스

- 공기나 산소와 혼합(공기 2.5% 이상, 산소 2.3% 이상 포함)되면 폭발성 혼합 가스가 된다.
- 아세틸렌 : 산소와의 비가 15 : 85일 때 가장 폭발의 위험이 크다.

㉣ 화합물 생성 : 아세틸렌가스는 구리 또는 구리합금(62% 이상 구리 함유), 은(Ag), 수은(Hg) 등과 접촉하면 폭발성 화합물을 생성하므로 가스 통로에 접촉을 금해야 한다.

㉤ 외력 : 압력이 가해져 있는 아세틸렌가스에 마찰, 진동, 충격 등의 외력이 가해지면 폭발할 위험이 있다.

④ 불순물의 영향

㉠ PH_3, H_2S는 연소하여 인이나 아황산가스가 되므로 위생상 유해하며 용접부 강도를 저하하고 용접장치를 부식한다[인화수소(PH_3)는 아세틸렌과 화합 시 폭발 위험이 가장 크다].

㉡ 석회 분말은 용접금속을 약하게 하고 토치 통로를 막아 역류, 역화의 원인이 된다.

⑤ 아세틸렌가스의 청정방법

㉠ 물리적인 청정방법 ─┬ 수세법
　　　　　　　　　　　└ 여과법

㉡ 화학적인 청정방법 ─ 페라톨 / 카타리졸 / 플랑클린 / 아카린

⑥ 아세틸렌가스의 이점

㉠ 가스 발생 장치가 간단하다.

㉡ 연소 시에 고온의 열을 얻을 수 있으며, 불꽃 조정이 용이하다.

㉢ 발열량이 대단히 크다.

$$C_2H_2 + 2\frac{1}{2}O_2 = 2CO_2 + H_2O + 312.4\,\text{kcal}$$

㉣ 아세톤에 용해된 것은 순도가 대단히 높고 대단히 안전하다.

(2) 산소

① 성질

㉠ 비중이 1.105로 공기보다 무겁고, 무색무취이며 액체 산소는 연한 청색을 띄기도 한다.

㉡ 다른 물질이 연소하는 것을 도와주는 지연성 또는 조연성 가스이다.

㉢ 모든 원소와 화합 시 산화물을 만든다.

② 만드는 법(공업적 제법)

㉠ 물의 전기분해법(물속에 약 88.89%의 산소 존재)

㉡ 공기에서 산소를 채취(공기 중에는 약 21%의 산소 존재).

㉢ 화학약품에 의한 방법

$$2KClO_3 \rightarrow 2KCl + 3O_2$$

③ 용도

㉠ 용접, 가스 절단 외에 응급환자(가스 중독 환자), 고산 등산, 잠수부, 비행사 등의 호흡용으로 사용한다.

㉡ 액체 산소는 대량으로 용접과 절단하는 곳에 사용하면 편리하다.

- 작은 용기에 많은 산소를 저장할 수 있다.
- 순도가 높다.
- 운반, 저장과 관리상 위험도가 낮다.

(3) 프로판가스(LPG)

LPG는 액체석유가스(liquefied petroleum gas)로서 주로 프로판(propane), 부탄(butane)으로 되어 있다. LPG는 석유나 천연가스를 적당한 방법으로 분류하여 제조한 것으로서 공업용에는 프로판이 대부분을 차지하고 있으며, 프로판 이외에는 에탄(ethane), 부탄(butane), 펜탄(pentane) 등이 혼입되어 있다.

① 성질

㉠ 액화하기 쉽고, 용기에 넣어 수송이 편리하다(가스 부피의 1/250 정도 압축할 수 있음).

㉡ 쉽게 폭발하며 발열량이 높다.

㉢ 폭발 한계가 좁아 안전도가 높고 관리가 쉽다.

㉣ 열효율이 높은 연소 기구의 제작이 쉽다.

② 용도

㉠ 가스 절단용으로 산소-프로판가스가 많이 사용하며 경제적이다.

㉡ 가정에서 취사용 등으로 많이 사용한다.

㉢ 열간 굽힘, 예열 등의 부분적 가열에는 프로판가스가 유리하다.

③ 산소와 프로판의 가스 혼합비

산소와 아세틸렌의 혼합비 1 : 1에 비하면, 프로판과 산소의 비율이 1 : 4.5로 산소가 많이 소모된다.

(4) 수소

수소가스는 아세틸렌가스보다 일찍 실용되었으나, 산소-수소 불꽃은 산소-아세틸렌 불꽃과는 달리 백심(inner cone)이 뚜렷한 불꽃을 얻을 수가 없고 청색의 겉불꽃에 싸인 무광의 불꽃이므로 육안으로는 불꽃을 조절하기 어렵다. 현재는 납(pb)의 용접, 수중 용접에만 사용한다.

(5) 천연가스, 메탄가스

천연가스는 유전, 습지대 등에서 메탄을 주성분으로 하고 있다. 그 조성은 산지 또는 분출 시기에 따라 다르다.

(6) 각종 가스 불꽃의 최고 온도

① 산소-아세틸렌 : 3,430℃

② 산소-수소 : 2,900℃

③ 산소-메탄 : 2,700℃

④ 산소-프로판 : 2,820℃

2. 산소-아세틸렌 불꽃

(1) 불꽃의 구성과 종류

불꽃은 불꽃심 또는 백심(inner cone), 속불꽃, 겉불꽃으로 구분하며 불꽃의 온도 분포는 [그림 1-12]와 같다. 불꽃은 백심 끝에서 2~3mm 부분이 가장 높아 약 3,200~ 3,500℃ 정도이며, 이 부분으로 용접을 한다.

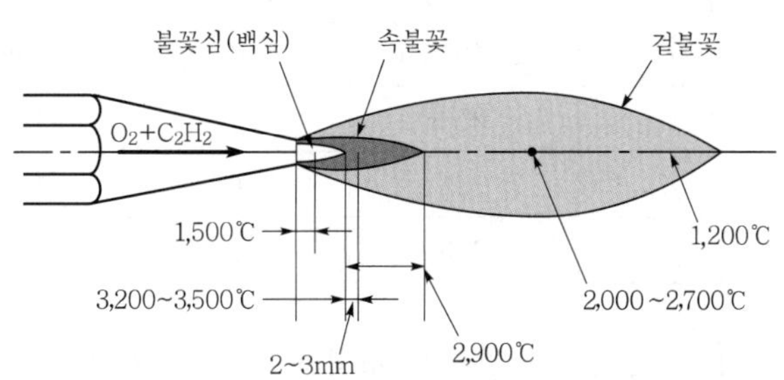

중요 그림 1-12 산소-아세틸렌 불꽃의 온도

① 산화 불꽃($C_2H_2 < O_2$) : 중성 불꽃에서 산소의 양이 많을 때 생기는 불꽃으로 용착금속이 산화·탈탄된다.

② 탄화 불꽃($C_2H_2 > O_2$) : 산소보다 아세틸렌가스의 분출량이 많은 상태의 불꽃으로 백심 주위에 연한 제3의 불꽃(아세틸렌 깃)이 있는 불꽃이다.

③ 중성 불꽃(표준 불꽃 $C_2H_2 = O_2$) : 중성 불꽃(neutral flame)은 표준염이라고 한다. 중성 불꽃은 산소와 아세틸렌가스의 용적비가 1 : 1로 혼합할 때 이루어지지만 실제로는 1.1~1.2 : 1일 때이며, 산소가 다소 많다.

(2) 산소-아세틸렌 불꽃의 용도

산소-아세틸렌 용접에 사용되는 불꽃은 용접금속의 종류에 따라 다르다. 그러나 대부분의 경우에는 중성 불꽃이 사용된다.

3-3 가스 용접장치

1. 산소-아세틸렌 용접장치

산소는 보통 용기에 넣어 두는데 아세틸렌가스 발생기를 사용하거나 용해 아세틸렌 용기에 넣어 압력 조정기로 압력을 조정하여 사용한다.

2. 산소 용기

(1) 산소 용기 제조

이음매 없는 강관 제관법(만네스만법)으로 제조된다.

① 인장강도 57kg/mm^2 이상, 연신율 18% 이상의 강재가 용기의 강재로 사용된다.

용기 크기 (L)	내용적 (L)	용기 직경(mm)		용기 높이 (mm)	용기 중량 (kg)
		외경(O.D)	내경(I.D)		
5,000	33.7	206	187	1,285	61
6,000	40.7	235	216.7	1,230	71
7,000	47.7	235	218.5	1,400	74.5

② 가스는 35℃에서 150기압으로 충전시켜 24시간 방치 후 사용한다.

(2) 가스 용기의 취급방법

① 이동상의 주의

㉠ 산소 밸브는 반드시 잠그고 캡을 씌운다.

㉡ 용기는 뉘어두거나 굴리는 등 충돌, 충격을 주지 않아야 한다.

㉢ 손으로 이동 시 넘어지지 않게 주의하고, 가능한 전용 운반구를 이용한다.

② 사용상의 주의

㉠ 기름이 묻은 손이나 장갑을 끼고 취급하지 않는다.

㉡ 각종 불씨로부터 멀리 하고 화기로부터는 5m 이상 떨어져 사용한다.

㉢ 사용이 끝난 용기는 '빈병'이라 표시하고 새 병과 구분하여 보관한다.

㉣ 밸브를 개폐할 시에는 조용히 한다.

㉤ 반드시 사용 전에 안전검사(비눗물 검사 등)를 한다.

③ 다른 가연물에 대한 주의

㉠ 기름이나 윤활유 등 유지류를 묻히거나 가까운 곳에 절대로 두지 않는다(산소 밸브, 압력 조정기, 도관 등에는 절대로 주유하지 않는다).

㉡ 가연성 물질을 용기 가까이 두지 않는다.

④ 보관장소

㉠ 전기 용접기 배전반, 전기회로 등 스파크 발생이 우려되는 곳은 보관을 피한다.

㉡ 통풍이 잘 되고 직사광선이 없는 곳에 보관한다(항상 40℃ 이하 유지).

㉢ 용기를 세워서 보관할 경우 반드시 고정용 장치(쇠사슬 등) 등을 이용하여 넘어지지 않도록 한다.

(3) 용기의 각인

① □O_2 : 산소(가스의 종류)

② XYZ1234 : 용기의 기호 및 번호(제조업자 기호)

③ V 40.5L : 내용적 기호 40.5L

④ W 71kg : 순수 용기의 중량

⑤ 8.1980(8.83) : 용기의 제작일 또는 용기의 내압 시험 연월

⑥ TP : 내압 시험압력 기호(kg/cm²)

⑦ FP : 최고 충전압력 기호(kg/cm²)

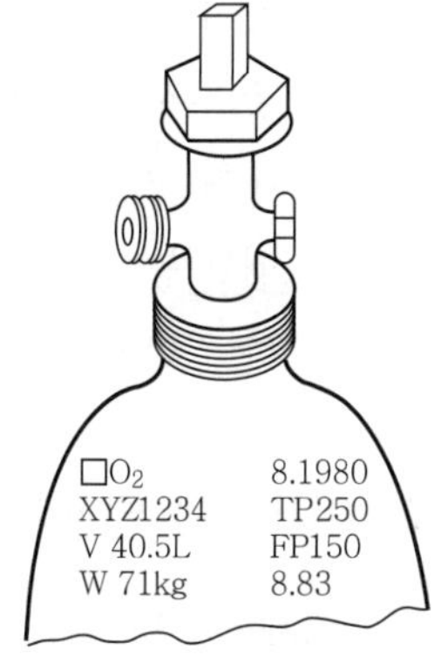

그림 1-13 용기의 각인 예

3. 아세틸렌 용기(용해 아세틸렌)

(1) 용기 제조

① 아세틸렌 용기는 고압으로 사용하지 않으므로 용접하여 제작한다.

② 용기 내의 내용물과 구조 : 아세틸렌은 기체상태로의 압축은 위험하므로 아세톤을 흡수시킨 다공성 물질(목탄+규조토)을 넣고 아세틸렌을 용해 압축시킨다.

③ 용기 크기는 15, 30, 40, 50L가 있으며, 30L가 가장 많이 사용된다.

(2) 아세틸렌 충전

① 용해 아세틸렌 용기는 15℃에서 15.5기압으로 충전하여 사용한다. 용해 아세틸렌 1kg이 기화하면 905~910L의 아세틸렌가스가 된다(15℃, 1기압 하에서).

② 아세틸렌가스의 양 계산식은 다음과 같다.

$$C = 905(B - A)[L]$$

여기서, A : 빈병 무게, B : 병 전체의 무게(충전된 병), C : 용적[L]

(3) 용해 아세틸렌의 이점

① 아세틸렌을 발생시키는 발생기와 부속 기구가 필요하지 않다.

② 운반이 용이하며, 어떠한 장소에서도 간단히 작업할 수 있다.

③ 발생기를 사용하지 않으므로 폭발할 위험성이 적다(안전성이 높다).

④ 아세틸렌의 순도가 높으므로 불순물에 의해 용접부의 강도가 저하되는 일이 없다.

⑤ 카바이드 처리가 필요하지 않다.

(4) 아세틸렌 용기 취급법

용기의 취급법은 제5장 작업안전에서 다루기로 한다. 취급 시 중요 사항은 다음과 같다.

① 40℃ 이하의 장소에서 보관한다.
② 화기와 격리시킨다.
③ 충격을 주지 않는다.
④ 동결 부분은 35℃ 이하의 온수로 녹인 후 사용한다.
⑤ 밸브 등의 고장으로 가스 누설이 계속되면 곧 통풍이 잘되는 곳으로 옮기고 구매처에 연락하여 안전 조치를 취해야 한다.

4. 아세틸렌 발생기

아세틸렌 발생기의 구조는 간단하지만 카바이드 1kg이 물과 화학반응으로 475kcal의 열(47.5L의 물이 10℃ 상승)이 발생하고 폭발 위험성이 크므로 제작과 취급에 매우 신경 써야 한다.

(1) 아세틸렌 발생기의 조건

① 구조가 간단하며 취급이 용이해야 한다.
② 가스의 수요변동에 응할 수 있고 일정 압력을 유지할 수 있어야 한다.
③ 가열되거나 지연되어 발생함이 적어야 한다.
④ 완전한 안전기를 갖추고 산소의 역류 또는 역화의 위험을 막을 수 있어야 한다.

(2) 발생기의 종류와 특징

① 투입식
　㉠ 투입식은 많은 물에 카바이드를 조금씩 투입하는 방식이다[그림 1-14 (a)].
　㉡ 비교적 많은 양의 아세틸렌가스가 필요할 경우 사용된다.
　㉢ 가스 조절이 용이하며 온도 상승이 적고 불순 가스 발생이 적다.

② 주수식
　㉠ 발생기에 들어 있는 카바이드에 필요한 양의 물을 주수할 수 있도록 된 구조이다[그림 1-14 (b)].
　㉡ 기능이 간단하며 연속적으로 가스 발생을 하기 쉽다.
　㉢ 투입식에 비하여 과열되기 쉽다.
　㉣ 지연 가스가 되기 쉽다.

③ 침지식
　㉠ 카바이드 덩어리를 물에 닿게 하여 가스를 발생시키는 방법이다[그림 1-14 (c)].
　㉡ 이동식 발생기로 많이 사용된다.
　㉢ 온도 상승이 크고 불순 가스 발생이 많다.
　㉣ 과잉 가스 발생이 되기 쉽고 혼합 가스와 화합, 폭발 위험이 있다.

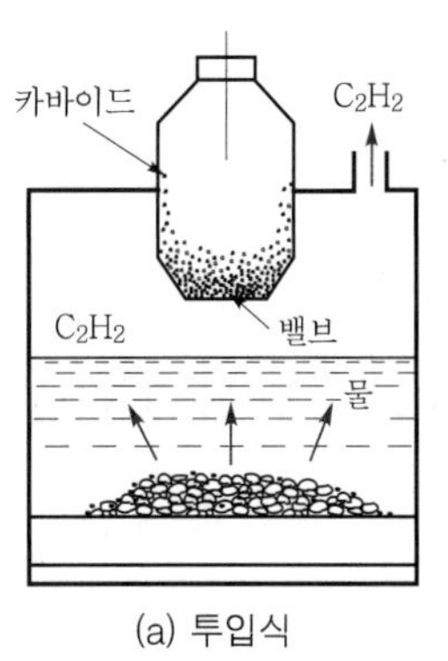

(a) 투입식

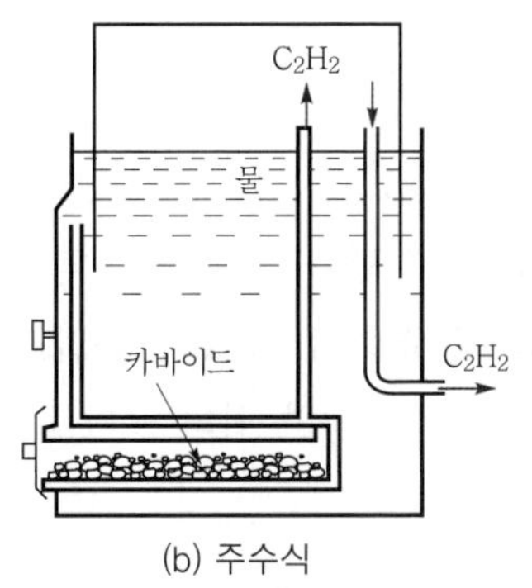

(b) 주수식

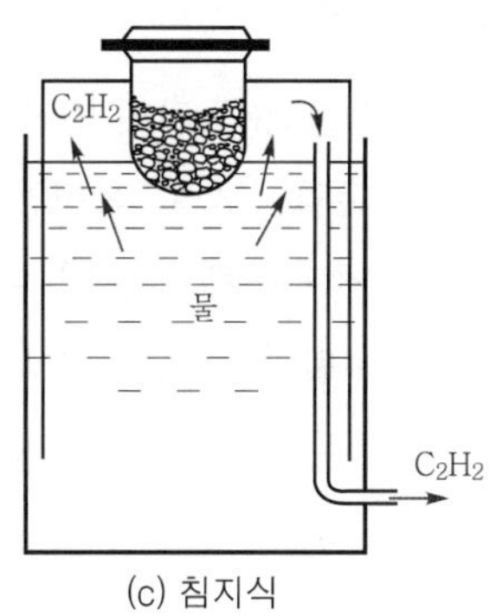

(c) 침지식

그림 1-14 아세틸렌 발생기

(3) 청정기와 안전기

① 청정기(purifier) : 발생기 가스의 불순물 제거를 위한 장치이다.

㉠ 물속을 지나게 하여 세정하고 펠트, 목탄, 코크스, 톱밥 등으로 여과한다.

㉡ 청정제를 사용한다.

㉢ 청정기는 발생기의 가스 출구에 설치한다.

② 안전기(safety device)

㉠ 토치로부터 발생되는 역류, 역화, 인화 시의 불꽃과 가스 흐름을 차단하여 발생기까지 미치지 못하게 하는 장치이다.

㉡ 토치 1개당 안전기는 1개를 설치한다.

㉢ 형식에 따라 중압 수봉식(프랑스식) 안전기와 저압 수봉식 안전기가 있으며, 압력이 중압 정도일 때 저압식으로는 대기 차단이 곤란하므로 중압식 수봉 안전기가 사용된다.

5. 압력 조정기(pressure regulator)

용기 내의 공급 압력은 작업에 필요한 압력보다 고압이므로 재료와 토치 능력에 따라 감압할 수 있도록 하는 기기로, 감압 조정기라고도 한다. 감압 조정기에는 프랑스식과 독일식이 있으며, 각 형식에는 저압력계와 고압력계가 있다. 감압 조정기 중 산소 조정기에는 산소를 1.3kg/cm^2 이하로 조정하고, 아세틸렌 조정기에는 아세틸렌을 0.1~0.5kg/cm^{2}로 조정한다.

6. 용접 토치(welding torch)

산소와 아세틸렌을 혼합실에서 혼합하여 팁에서 분출 연소하여 용접하게 하는 것으로서 아세틸렌 압력에 의하여 저압식과 중압식으로 구분하며, 구조에 따라 니들 밸브를 가지고 있지 않은 독일식(A형)과 니들 밸브를 가지고 있는 프랑스식(B형)이 있다.

(1) 토치의 종류

① 팁의 능력(구조)에 따라

㉠ 독일식(A형, 불변압식)[그림 1-15]

- 니들 밸브가 없는 것으로 압력 변화가 적으며, 역화 시 인화 가능성이 적다.
- 팁이 길고 무거우며, 팁의 능력은 팁 번호가 용접 가능한 모재 두께를 나타낸다. 즉 두께가 1mm인 연강판 용접에 적당한 팁의 크기를 1번이라고 한다.

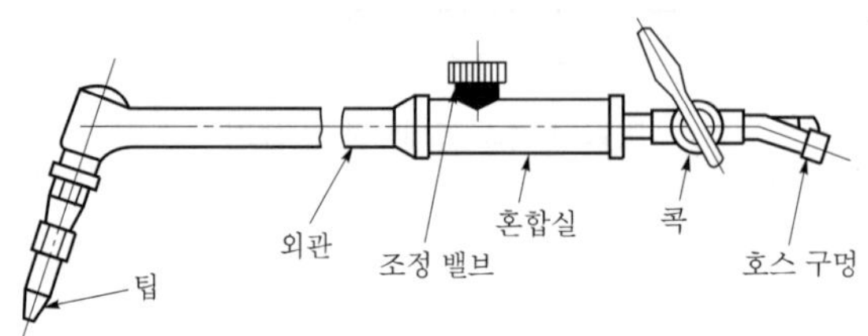

그림 1-15 A형(독일식) 용접 토치

㉡ 프랑스식(B형, 가변압식)[그림 1-16]

ⓐ 니들 밸브가 있어 압력 유량 조절이 쉽다.

ⓑ 팁을 갈아 끼우기가 쉬우며, 팁 번호는 표준 불꽃으로 1시간당 용접할 경우 소비되는 아세틸렌 양을 L로 표시한다. 즉 100번 팁은 1시간 동안 100L의 아세틸렌이 소비된다.

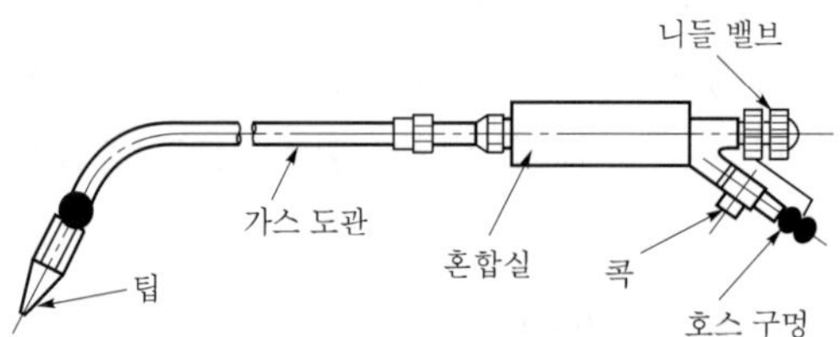

그림 1-16 B형(프랑스식) 용접 토치

② 사용 압력에 따른 분류

㉠ 저압식 토치(low pressure torch) : 이 방식은 저압 아세틸렌가스를 사용하는 데 적합하며, 고압의 산소로 저압(0.07kg/cm^2 이하)의 아세틸렌가스를 빨아내는 인젝터(injector) 장치를 가지고 있으므로 인젝터식이라고도 한다.

㉡ 중압식 토치(medium pressure torch) : 아세틸렌가스의 압력이 0.07~1.3kg/cm^2 범위에서 사용되는 토치로서 등압식 토치(equal pressure torch)라고도 한다.

㉢ 고압식 토치 : 용해 아세틸렌 또는 고압 아세틸렌 발생기용으로 사용되는 것으로서 잘 사용되지 않고 있다.

(2) 토치 취급상 주의점

① 팁 구멍은 반드시 팁 클리너로 청소(또한 유연한 황동, 구리 바늘을 사용하여 청소)한다.

② 토치에 기름이 묻지 않도록 한다(모래나 먼지 위에 놓지 말 것).

③ 팁이 과열되었을 때는 산소만 다소 분출시키면서 물속에 넣어 냉각시킨다.

(3) 역류, 역화 및 인화

① 역류 : 토치 내부의 청소가 불량할 때, 보다 높은 압력의 산소가 아세틸렌 호스 쪽으로 흘러 들어가는 수가 있는데 이것을 역류라 한다.

② 역화 : 불꽃이 순간적으로 팁 끝에 흡인되고 '빵빵'하면서 꺼졌다가 다시 나타났다가 하는 현상을 역화(back fire)라 한다.

③ 인화 : 팁 끝이 순간적으로 가스의 분출이 나빠지고 혼합실까지 불꽃이 들어가는 수가 있는데 이 현상을 인화(flash back 또는 back fire)라 한다.

④ 역류, 역화의 원인

㉠ 토치 팁이 과열되었을 때(토치 취급 불량 시)

㉡ 가스 압력과 유량이 부적당할 때(아세틸렌가스의 공급압 부족)

㉢ 팁, 토치 연결부의 조임이 불확실할 때

㉣ 토치 성능이 불비할 때(팁에 석회가루, 기타 잡 물질이 막혔을 때)

⑤ 대책 : 물에 냉각하거나, 팁의 청소, 유량 조절, 체결을 단단히 하면 된다.

7. 용접용 호스(도관)

산소 또는 아세틸렌가스를 용기 또는 발생기에서 청정기, 안전기를 통하여 토치로 송급할 수 있게 연결한 관을 도관이라 하며, 도관에는 강관과 고무호스의 2가지가 있다.

(1) 도관의 구조

도관은 산소 및 아세틸렌의 소비량에 알맞은 직경의 것을 사용해야 한다. 일반적으로 고무관이 많이 사용되나 원거리용 및 옥외에서의 접속용에는 내부에 녹이 슬지 않도록 한 아연도금 강관이 쓰이고 있으며 절대로 구리관을 사용해서는 안된다.

산소 및 아세틸렌가스의 혼용을 막기 위해 아세틸렌용은 적색, 산소용은 녹색을 띤 고무호스를 사용하고 있으며, 도관으로 강을 사용할 때는 페인트로 아세틸렌은 적색(또는 황색), 산소는 검정색(또는 녹색)을 칠해서 구별하고 있다.

(2) 도관 취급상의 주의사항

① 고무호스의 길이는 가스 공급량과 관계가 있으므로 필요 이상 길게 하지 않는다.

② 도관에 굴곡 부분이 있으면 가스의 흐름이 원활하지 않으므로 될 수 있는 한 굴곡 부분이 없도록 한다.

③ 고무호스 위에 올라서거나 충격을 가해서는 안된다.

④ 호스 이음부터 가스 누설을 방지하기 위하여 반드시 조임용 밴드를 사용한다.

⑤ 호스의 내부를 청소할 때에는 압축 공기를 사용한다.

⑥ 한랭 시에 고무호스가 얼게 되면 더운 물로 녹인다.

⑦ 가스 누설 점검은 비눗물 속에 넣어서 조사한다.

⑧ 내압 시험은 산소의 경우 90kg/cm^2, 아세틸렌의 경우 10kg/cm^{2}에서 실시하여 합격한 것이어야 한다.

8. 보호구와 공구

(1) 보호구

① 보안경

㉠ 가스 용접 중의 강한 불빛으로부터 눈을 보호하기 위하여 적당한 차광도를 가진 안경을 착용해야 한다.

㉡ 차광번호 : 납땜은 2~4번, 가스 용접은 4~6번을 사용하고, 가스 절단의 경우 판 두께 25t 이하는 3~4번을, 판 두께 25t 이상은 4~6번을 사용하면 적당하다.

② 앞치마 : 스패터나 고열물의 낙하로 인한 화상을 방지하기 위해 가죽이나 석면, 기타 내화성 재질로 만든 것을 사용한다.

(2) 공구

① 팁 클리너와 토치 라이터

㉠ 팁의 구멍은 탄소나 슬래그 등으로 인하여 부분적으로 혹은 완전히 막히는 수가 흔히 있다. 이것을 뚫으려면 팁 클리너(tip cleaner)를 사용해야 한다. 이때 주의할 점은 구멍보다 지름이 약간 가는 팁 클리너를 사용해야 한다.

㉡ 토치에 불을 붙일 때 성냥이나 종이에 붙은 불을 사용하는 것은 화상을 입을 염려가 있으므로 안전하게 토치 라이터를 사용하도록 한다.

② 기타 공구 : 집게, 와이어 브러쉬(wire brush), 해머, 스패너, 조정 렌치 등이 필요하다.

3-4 가스 용접재료

1. 용접봉(filler metal)

연강용 가스 용접봉에 관한 규격은 KS D 7005에 규정되어 있으며 보통 맨 용접봉(bare wire)이지만 아크 용접봉과 같이 피복된 용접봉도 있고 때로는 용제(flux)를 관의 내부에 넣은 복합 심선을 사용할 때도 있다. 용접봉의 종류는 GA46, GA43, GA35, GB32 등 7종으로 구분되며, 길이는 1,000mm로서 동일하지만 용접봉의 표준치수(심선의 직경)는 1.0, 1.6, 2.0, 2.6, 3.2, 4.0, 5.0, 6.0mm 등의 8종류로 구분된다.

2. 용접봉의 종류와 특성

(1) 연강 용접봉

연강용 가스 용접봉의 규격은 [표 1-12]와 같다.

표 1-12 연강용 가스 용접봉의 종류와 기계적 성질(KS D 7005)

용접봉의 종류	시험편의 처리	인장강도(kg/mm^2)	연신률(%)
GA46	SR	46 이상	20 이상
	NSR	51 이상	17 이상
GA43	SR	43 이상	25 이상
	NSR	44 이상	20 이상
GA35	SR	35 이상	28 이상
	NSR	37 이상	23 이상
GB46	SR	46 이상	18 이상
	NSR	51 이상	15 이상
GB43	SR	43 이상	20 이상
	NSR	44 이상	15 이상
GB35	SR	35 이상	20 이상
	NSR	37 이상	15 이상
GB32	NSR	32 이상	15 이상

(2) 주철용 용접봉

주철용 용접봉으로는 여러 가지 용접봉이 쓰이나 일반적으로 모재와 같은 성분의 주철봉이 좋다. 주철봉은 탄소 2.8~3.5%, 규소 2.5~3.5%, 유황 0.12% 이하, 인 0.8% 이하를 함유한 것이 보통이다.

(3) 구리와 구리합금 용접봉

구리 및 구리합금은 열전도가 좋고 산화하기 쉬우므로 용접이 곤란하며 용융 중에 산소나 수소를 흡수하기 때문에 산소와 수소의 반응에 따라 수증기가 생기기 쉬워 용착부에 기공이 생긴다.

(4) 알루미늄 용접봉

알루미늄이나 알루미늄 합금용 용접봉은 순 알루미늄 또는 5~10%의 규소를 함유한 알루미늄 합금봉이 쓰인다. 이 용접봉은 용융 온도가 낮아지고 냉각 시에 수축도 감소되어 균열의 발생을 막으며 인성을 증가시키고 용착금속의 성질을 좋게 한다. 또 마그네슘 2~5%를 함유한 용접봉이나 티탄 0.3% 정도 함유한 용접봉도 생산되는데 이는 균열 방지나 용착금속의 입자를 미세화시키는 효과가 있다.

3. 용제(flux)

연강 이외의 모든 합금이나 주철, 알루미늄 등의 가스 용접에는 용제를 사용해야 한다. 그것은 모재 표면에 형성된 산화 피막의 용융 온도가 모재의 용융 온도보다 높기 때문이다.

(1) 연강용 용제

용접 시에 불용성(녹지 않는 성질) 산화물의 생성이 적고 더욱이 표면에 생성된 산화철이 어느 정도 용제의 역할을 하기 때문에 연강 용접에는 용제를 사용하지 않지만 때로는 붕사, 붕산 등을 사용하고 있다.

(2) 주철용 용제

붕사, 붕산, 탄산소다 등의 혼합물이 사용된다. 예를 들면 탄산소다 15%, 붕산 15%, 중탄산소다 70% 등이 쓰인다.

(3) 구리와 구리합금의 용제

붕사, 붕산, 인산소다 등의 혼합물이 사용된다. 예를 들면, 붕사 75%, 염화나트륨 25%가 쓰이고 있다.

(4) 알루미늄과 알루미늄 합금용 용제

염화물이 가장 좋다. 예를 들면 염화칼륨(KCl) 45%, 염화나트륨(NaCl) 30%, 염화리튬(LiCl) 15%, 플루오르화칼륨(KF) 7%, 황산칼륨(K_2SO_4) 3%의 혼합물이 쓰이고 있다.

4. 가스 용접봉과 모재와의 관계

가스 용접 시 용접봉과 모재 두께는 다음과 같은 관계가 있다.

$$D=\frac{T}{2}+1$$

여기서, D : 용접봉의 지름, T : 모재의 두께

표 1-13 용접봉과 모재의 두께

모재의 두께	2.5 이하	2.5~6.0	5~8	7~10	9~15
용접봉의 지름	1.0~1.6	1.6~3.2	3.2~4.0	4~5	4~6

3-5 가스 용접작업

1. 용접순서

① 모재의 재질과 두께에 따라 적당한 토치와 공구, 용접봉 재질, 용접봉 굵기를 택한다.
② 필요한 경우 용제를 준비한다.
③ 두꺼운 판은 홈(groove) 가공을 한다.
④ 산소와 아세틸렌의 압력을 조정한다(보통 산소는 2~4kg/cm^2, 아세틸렌은 0.2~0.4kg/cm^2 정도로 조정).
⑤ 불꽃을 조절한다(불꽃의 종류, 불꽃의 세기 등 조절).
⑥ 용접선에 따라 용접한다(필요에 따라 전진법 또는 후진법 선택).

2. 전진법과 후진법

(1) 전진법(좌진법)

[그림 1-17]과 같이 오른쪽에서 왼쪽으로 토치를 이동하는 방법(팁이 향하는 방향쪽으로 이동)으로, 보통 5mm 이하의 얇은 판이나 변두리 용접에 사용한다.

(2) 후진법(우진법)

[그림 1-18]과 같이 왼쪽에서 오른쪽으로 토치를 이동하는 방법으로, 가열시간이 짧아 과열되지 않으며 용접 변형이 적고 속도가 빠르다. 두꺼운 판 용접에 사용된다.

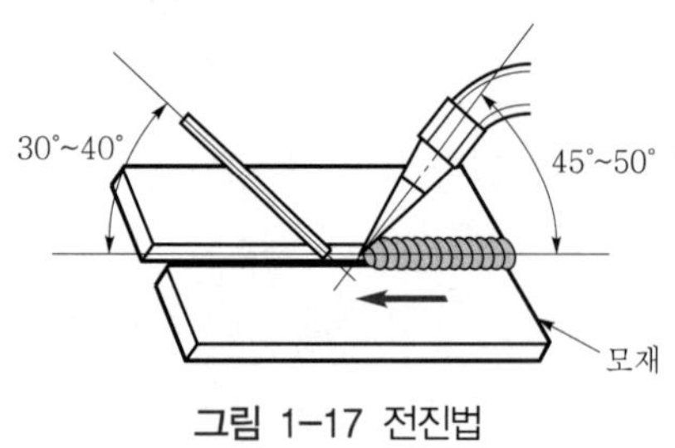

그림 1-17 전진법

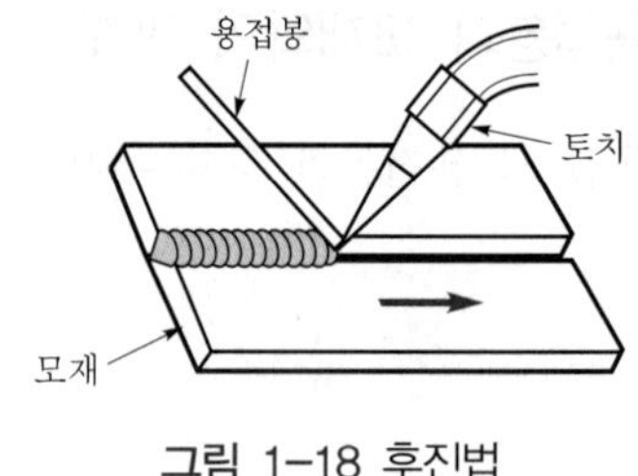

그림 1-18 후진법

(3) 전진법과 후진법의 비교

[표 1-14]는 전진법(좌진법)과 후진법(우진법)의 비교를 나타낸 것이다.

표 1-14 전진법과 후진법의 비교

항 목	전진법(좌진법)	후진법(우진법)
열 이용률	나쁘다	좋다
용접속도	느리다	빠르다
비드 모양	보기 좋다	매끈하지 못하다
홈 각도	크다(80°)	작다(60°)
용접 변형	크다	작다
용접 모재 두께	얇다(5mm까지)	두껍다
산화 정도	심하다	약하다
용착금속의 냉각속도	급랭된다	서냉된다
용착금속 조직	거칠다	미세하다

3-6 가스 절단

1. 절단의 원리와 종류

(1) 원리

가스 절단은 강 또는 합금강의 절단에 널리 이용되며, 비철금속에는 분말가스 절단 또는 아크 절단이 이용된다. 강의 가스 절단은 산소 절단이라고도 하며, 산소와 철과의 화학반응열을 이용하는 절단법이다.

(2) 드래그와 드래그 라인 및 커프

드래그란 가스 절단에서 절단가스의 입구(절단재의 표면)와 출구(절단재의 이면) 사이의 수평거리를 말한다. 예열가스와 절단 산소를 이용하여 절단하는 경우 절단 팁과 인접한 절단재의 표면에서의 산소량과 이면에서의 산소량이 동일하지 않기 때문에 드래그(drag)가 생기며 이러한 차이는 절단재 상부와 하부의 연소 조건을 변화시키기 때문에 상부에 비해 하부의 절단 작용이 지연된다. 즉 절단 팁에서 먼 위치의 하부로 갈수록 산소압의 저하, 슬래그와 용융물에 의한 절단 생성물 배출의 곤란, 산소의 오염, 산소 불출 속도의 저하 등에 의해 산화작용이 지연된다. 그 결과 절단면에는 거의 일정한 간격으로 평행된 곡선이 나타나는데 그것을 드래그 라인(지연 곡선, drag line)이라 하고, 하나의 드래그 라인의 상부와 하부 간의 직선 길이의 수평 길이를 드래그(drag)라고 한다. 또한 절단용 고압산소에 의해 불려나간 절단 홈을 커프(kerf)라 한다[그림 1-19].

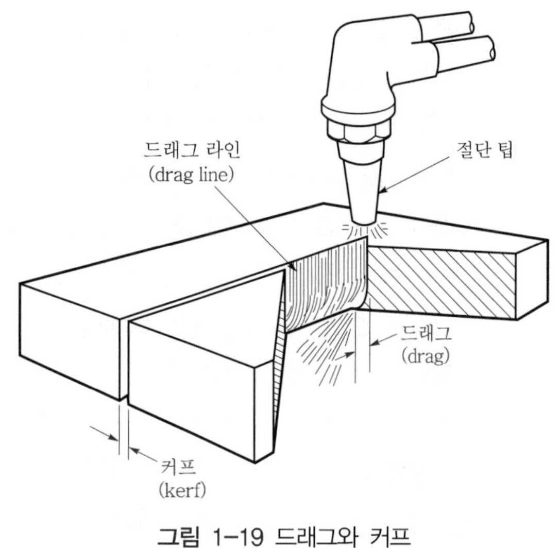

그림 1-19 드래그와 커프

(3) **드로스(dross)**

드로스란 가스 절단에서 절단폭을 통하여 완전히 배출되지 않은 용융금속이 절단부의 밑 부분에 매달려 응고된 것으로, 절단 조건이 적절치 않을 때 주로 발생한다. 또한 크롬(Cr) 등 고온에서 유동성이 나쁜 산화물을 형성하는 원소를 함유하고 있는 금속재료를 절단할 때 생기기도 한다. 적정한 절단용 고압산소의 양과 적정한 절단속도 등 적정 절단 조건으로 작업 시 드로스 없고 커프가 적은 양호한 절단 품질을 얻을 수 있다.

(4) **종류**

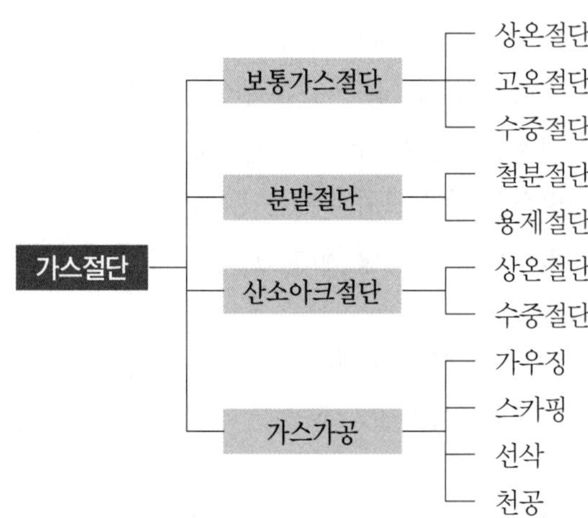

① **분말 절단(powder cutting)** : 주철, 비철금속, 스테인리스강 등은 가스 절단이 용이하지 않으므로 철분 또는 용제를 자동적 또는 연속적으로 절단용 산소에 혼합・공급함으로써 그 산화열 또는 용제의 화학작용을 이용하여 절단한다.

② **수중 절단(underwater cutting)** : 침몰선의 해체나 교량의 개조 등에 사용되며 물속에서는 점화할 수 없기 때문에 토치를 물속에 넣기 전에 점화용 보조 팁에 점화한다. 연료가스로는 수소, 아세틸렌, 프로판, 벤젠 등을 사용하나 수소가 가장 많이 사용된다.

③ **산소창 절단(oxygen lance cutting)** : 토치 대신 가늘고 긴 강관을 사용하여 절단 산소를 보내서 절단하는 방법이다.

④ **가스 가우징(gas gauging)** : 용접 부분의 뒷면을 따내든지 U형, H형의 용접 홈(groove)을 가공하기 위하여 깊은 홈을 파내는 가공법이다.

⑤ **스카핑(scarfing)** : 강재 표면의 흠이나 개재물, 탈탄층 등을 제거하기 위하여 될 수 있는 대로 얇게 그리고 타원형 모양으로 표면을 깎아내는 가공법이다.

⑥ **탄소 아크 절단(carbon arc cutting)** : 탄소 또는 흑연 전극과 모재 사이에 아크를 일으켜 절단하는 방법이다.

2. 가스 절단장치

(1) 절단장치의 구성

가스 절단장치는 절단 토치(cutting torch), 산소 및 연소가스용 호스(hose), 압력 조정기 및 가스 용기(bombe)로 구성되어 있다. 절단 토치의 팁(tip)은 절단하는 판의 두께에 따라 임의의 크기의 것으로 교환할 수 있게 되어 있다.

(2) 절단 토치와 팁

절단 토치는 그 선단에 부착되어 있는 절단 팁으로부터 분출하는 가스 유량을 조절하는 기구로, 용접 토치에서와 같이 아세틸렌의 사용 압력에 따라 저압식과 중압식으로 나누어진다. 토치는 산소와 아세틸렌을 혼합하여 예열용 가스를 만드는 부분과 고압 산소를 분출만 하는 부분, 예열용 가스와 고압 산소를 분출할 수 있는 절단용 팁으로 구성되어 있다.

① **프랑스식 절단 팁** : 프랑스식 절단 토치의 팁은 혼합가스를 이중으로 된 동심원의 구멍에서 분출시키는 동심형이며, 전후, 좌우 및 직선 절단을 자유롭게 할 수 있으므로 많이 사용되고 있다.

㉠ 저압식 절단기 : 저압식 토치는 아세틸렌 게이지 압력이 $0.07kg/cm^2$ 이하로 낮으므로 예열 산소에 의해 아세틸렌이 나오도록 하는 가변압식 인젝터를 가진 혼합형이며, 팁은 동심형과 이심형이 있다.

㉡ 중압식 절단기 : 최근 많이 사용되며 아세틸렌 게이지 압력이 $0.07 \sim 0.4kg/cm^2$인 토치이다.

통로수에 따라 2단식, 3단식이 있으며, 3단식 토치는 역화 시 팁만 손상되어 토치 손상은 없다. 또한 예열가스의 혼합 방식에 따라 팁 혼합식(tip mixing type)과 토치 혼합식이 있다.

② **독일식 절단 팁** : 독일식 절단 토치는 절단 산소와 혼합가스를 각각 다른 팁에서 분출시키는 이심형이며, 예열 팁과 산소 팁이 별도로 되어 있어 예열 팁이 붙어 있는 방향으로만 절단할 수 있으므로 작은 곡선 등의 절단은 어려우나 직선 절단에는 능률적이고, 절단면이 깨끗하다.

3. 가스 절단에 영향을 미치는 인자

(1) 절단의 조건

① 드래그(drag)가 가능한 한 작아야 한다.
② 절단면이 평활하며 드래그의 홈이 낮고 노치(notch) 등이 없어야 한다.
③ 절단면의 표면각이 예리해야 한다.
④ 슬래그 이탈이 양호해야 한다.
⑤ 경제적인 절단이 이루어져야 한다.

(2) 절단용 산소

절단용 산소는 절단부를 연소시켜서 그 산화물을 깨끗이 밀어내는 역할을 하므로 산소의 압력과 순도가 절단속도에 큰 영향을 미치게 된다. 절단 시의 절단속도는 산소의 압력과 소비량에 따라 거의 비례한다. 즉 산소의 순도(99.5% 이상)가 높으면 절단속도가 빠르고 절단면이 매우 깨끗하다. 반대로 순도가 낮으면 절단속도도 느리고 절단면도 거칠게 된다.

(3) 예열용 가스

예열용 가스에는 아세틸렌가스, 프로판가스, 수소가스, 천연가스 등 여러 종류가 있다. 특별한 경우를 제외하고는 아세틸렌가스가 가장 많이 이용되나, 최근에는 프로판가스가 발열량이 높고 값이 싸므로 많이 이용되고 있다. 수소가스는 고압에서도 액화하지 않고 완전히 연소하므로 수중 절단 예열용 가스로 사용된다.

(4) 절단속도

절단속도는 모재의 온도가 높을수록 고속 절단이 가능하며, 절단 산소의 압력이 높고 산소 소비량이 많을수록 거의 정비례하여 증가한다.

산소 절단할 때의 절단속도는 절단속도의 분출상태와 속도에 따라 크게 좌우되며, 다이버전트 노즐은 고속 분출을 얻는 데 가장 적합하고, 보통의 팁에 비하여 산소 소비량이 같을 때 절단속도를 20~25% 증가시킬 수 있다.

(5) 절단 팁(tip)

모재와 절단 팁 간의 거리, 팁의 오염, 절단 산소, 구멍의 형상 등도 절단 결과에 많은 영향을 끼친다. 절단 팁을 주의해서 취급하지 않거나 스패터가 부착되면 팁의 성능 저하의 원인이 된다. 팁 끝에서 모재 표면까지의 간격, 즉 팁 거리는 예열 불꽃의 백심 끝이 모재 표면에서 약 1.5~2.0mm 위에 있을 정도면 좋으나, 팁 거리가 너무 가까우면 절단면의 윗 모서리가 용융하고, 또 그 부분이 심하게 타는 현상이 일어나게 된다.

4. 자동 가스 절단기

자동 가스 절단기는 기계나 대차에 의해서 모터와 감속 기어의 힘으로 움직이며 경우에 따라서 조작을 자동적으로 진행하면서 절단하는 것으로 표면 거칠기 1/100mm 정도까지 얻을 수 있다(수동 절단의 경우 1/10mm 정도인데 비해 10배 높은 정밀도를 얻음).

최근에는 직선뿐만 아니라 곡선, 모형 곡선으로 형 절단할 수 있으며, 한 번에 여러 개로 절단할 수 있는 다축 토치 등이 기계식, 광학식, NC 조작(수치 제어) 등에 의해 절단된다. 종류로는 형 절단기, 파이프 절단기 등이 있다.

5. 가스 절단방법

(1) 절단의 기초

① 절단에 영향을 미치는 요소

㉠ 절단의 재질 : 절단 재질에 따라 연강은 절단이 잘 되나 주철, 비철금속은 곤란하다.

㉡ 절단재의 두께 : 두께가 두꺼우면 절단속도가 느리고, 얇으면 절단속도가 빨라지게 된다.

㉢ 절단 팁(화구)의 크기와 형상 : 팁 구멍이 크면 두꺼운 판 절단이 쉽다.

㉣ 산소의 압력 : 압력이 높을수록 절단속도가 빠르다.

㉤ 절단속도 : 산소 압력, 모재 온도, 산소 순도, 팁의 모양 등에 따라 다르다.

㉥ 절단재의 예열온도 : 절단재가 예열되면 절단속도가 빨라진다.

㉦ 예열 화염의 강도 : 예열 불꽃이 세면 절단면의 윗 모서리가 녹게 되며, 너무 약하면 절단이 잘 안 되거나 매우 느리게 된다.

㉧ 절단 팁(화구)의 거리와 각도 : 모재와 팁 끝 백심과의 거리가 1.5~2mm로 적당해야 한다.

㉨ 산소의 순도 : 산소 순도가 저하되면 절단속도가 저하된다.

② 합금 원소의 영향

㉠ 탄소(C) : 탄소 0.25% 이하의 강은 쉽게 절단할 수 있으나, 그 이상이 되면 절단면의 경화나 균열을 방지하기 위해 예열해야 한다. 흑연 또는 시멘타이트(cementite)는 해롭지만, 4% 정도의 탄소를 함유한 주철은 분말 절단을 한다.

㉡ 규소(Si) : 규산(SiO_2)의 융점은 1,710℃이며, 규소 함유량이 적을 때에는 별로 영향이 없으나 고규소 강판의 절단은 곤란하다.

㉢ 망간(Mn) : MnO의 융점은 1,785℃이며, 보통 강 중에 함유된 정도이면 별문제가 없으나, 약 14% 망간과 탄소 1.5% 정도를 함유한 고망간강은 절단이 곤란하다. 그러나 예열을 하면 절단이 가능하다.

㉣ 니켈(Ni) : NiO의 융점은 1,950℃이며, 탄소량이 적은 니켈강의 절단은 용이하다.

㉤ 크롬(Cr) : Cr_2O_3의 융점은 2,275℃이며, 크롬 5% 이하의 강은 재료 표면이 깨끗하면 절단이 비교적 용이하다. 크롬 10% 이상의 고크롬강은 분말 절단을 한다.

㉥ 몰리브덴(Mo) : 크롬과 같은 영향이 있다. 순수한 몰리브덴은 절단이 곤란하다.

㉦ 텅스텐(W) : 12~14%까지는 절단이 가능하지만, 20% 이상이 되면 절단이 곤란하다.

㉧ 구리(Cu) : 2%까지는 영향이 없다.

㉨ 알루미늄(Al) : 10% 이상은 절단이 곤란하다.

㉩ 인(P), 황(S) : 보통 강에 함유되어 있는 정도로는 영향이 없다.

(2) 가스 절단 조건

① **예열 불꽃** : 예열 불꽃은 절단 개시점에서는 급속한 가열을 해주고, 절단 진행 중에는 항상 절단부를 연소 온도로 유지하며, 강재 표면의 스케일 박리로 철과 산소의 접촉을 좋게 해준다.

② **절단속도** : 절단부의 좋고 나쁜 판정의 중요한 요소이다. 절단속도에 영향을 주는 요소로는 산소 압력, 모재 온도, 산소 순도, 팁의 모양 등이 있다.

㉠ 산소 압력과 산소 소비량 : 압력이 높고 산소 소비량이 많을수록 거의 정비례(불꽃이 세어짐)한다.

㉡ 모재 온도 : 높을수록 고속 절단이 가능하다.

㉢ 산소 순도 : 높으면(99% 이상) 절단속도가 빠르고 절단면이 곱게 되나 순도가 1%만 낮아져도 절단속도는 현저히 저하한다.

㉣ 팁의 모양 : 같은 조건이라도 다이버전트 노즐은 보통 팁에 비하여 절단속도를 20~25% 증가시킬 수 있다.

(3) 가스 절단의 구비조건

① 금속 산화 연소 온도가 금속의 용융 온도보다 낮아야 한다(산화반응이 격렬하고 다량의 열을 발생할 것).

② 재료의 성분 중 연소를 방해하는 성분이 적어야 한다.

③ 연소되어 생긴 산화물 용융 온도가 금속 용융 온도보다 낮고 유동성이 있어야 한다.

6. 산소 절단법

(1) 절단 준비

① 예열 불꽃 조정

㉠ 1차 예열 불꽃 조정 : 가스 용접의 불꽃 조정과 같은 방법으로 조정한다.

㉡ 2차 예열 불꽃 조정 : 고압 산소(절단 산소)를 분출시키면 다시 아세틸렌 깃이 약간 나타나므로 예열 산소의 밸브를 약간 더 열어 중성 불꽃으로 조절한다. 이때는 약간 산화 불꽃이 되나 절단하면 다시 중성 불꽃이 된다.

② 절단 조건

㉠ 불꽃이 너무 세면 절단면의 윗 모서리가 녹아 둥글게 되므로 절단 불꽃 세기는 절단 가능한 최소로 하는 것이 좋다.

㉡ 산소 압력이 너무 낮고 절단속도가 느리면 절단 윗면 가장자리가 녹는다.

㉢ 산소 압력이 높으면 기류가 흔들려 절단면이 불규칙하며 드래그 선이 복잡하다.

㉣ 절단속도가 빠르면 드래그 선이 곡선이 되며 느리면 드로스(dross)의 부착이 많다.

㉤ 팁의 위치가 높으면 가장자리가 둥글게 된다.

실험에 의하면 양호한 절단면은 3kg/cm^2 이하에서 얻어지며, 그 이상에서는 절단면이 거칠어진다.

(2) 수동 절단법

① 토치 각도 및 팁 거리 : 토치 각도는 용접이음의 홈 각도에 따라 손 조작이나 지그, 형틀 등을 사용하여 조절하며, 팁 거리는 1.5~2.0mm 정도로 유지한다.

② 절단법

㉠ 절단장치(torch)를 조작하여 압력을 맞춘다.

㉡ 예열 불꽃을 조절한 후 절단 위치에 옮겨 각도와 팁 거리를 유지한다.

㉢ 절단 시작점과 모재 전체를 예열한다. 절단 시작점을 900℃ 정도 예열한 다음 고압 산소를 분출시키면서 토치를 진행시킨다.

㉣ 절단속도가 너무 빠르면 절단 도중에 절단이 중단되며, 너무 늦으면 절단 윗면 모서리가 녹아서 둥글게 된다(숙련이 필요함).

㉤ 절단이 끝나면 먼저 고압 산소를 닫은 다음 아세틸렌 밸브를 닫고 산소 밸브를 닫는다.

㉥ 절단면을 검사한다.

㉦ 용기의 밸브를 잠근 후 호스 속의 잔류 가스를 불출시킨 다음 호스를 정리한다.

③ 절단의 응용 : 가스 절단은 절단 외에 홈 가공, 구멍 뚫기, 표면 가공 등에 이용할 수 있다. 용접 홈 가공 전용기를 사용하도록 한다.

④ 검사 : 절단이 끝나면 우선 잘린 면과 절단부의 윗 모서리가 날카로운가를 검사한다. 그리고 드래그 라인이 수직에 가깝고 뚜렷한가를 검사하고, 각 부위의 치수가 정확한지를 검사한다.

(3) 자동 절단법

절단에 앞서 먼저 레일(rail)을 강판의 절단선에 따라 평행하게 놓고, 팁이 똑바로 절단선 위로 주행할 수 있도록 한다. 팁과 강판과의 간격은 예열 불꽃의 백심으로부터 약 1.5~2.0mm되게 유지시킨다. 이때 팁과의 간격이 너무 가까우면 위쪽 가장자리가 녹기 쉬우며, 간격이 너무 넓으면 절단 범위가 점차로 커진다.

① 자동 가스 절단기 사용의 장점
- ㉠ 작업성, 경제성의 면에서 대단히 우수하다.
- ㉡ 작업자의 피로가 적다.
- ㉢ 정밀도에 있어 치수면에서나 절단면에 정확한 직선을 얻을 수 있다.

② 자동 가스 절단기의 종류
- ㉠ 반자동 가스 절단기 : 절단기의 이동을 작업자가 하며 소형이다. 직선, 곡선, 베벨각, 원형 등에 이용되며 준비된 레일(rail)에 따라 이동시킨다.
- ㉡ 전자동 가스 절단기 : 불꽃 조정과 절단속도 등을 맞추어 두고 절단선에 따라 자동으로 절단이 되도록 한 것이다. 절단속도는 100~1,000mm/min 정도가 보통이며, 토치를 여러 개 붙이면 V형, X형 홈 가공도 가능하다.
- ㉢ 자동 가스형 절단기 : 준비된 원형에 따라서 원형과 같은 형상을 절단하는 것이다.
- ㉣ 파이프형 자동 절단기
- ㉤ 광전식형 자동 절단기

(4) 홈 가공

용접이음의 홈 가공은 여러 개의 팁으로 강판의 V형 홈, X형 홈을 일시에 가공하는 방법이다. 홈의 전 길이가 짧을 때에는 수동 절단기나 소형 자동 절단기로 가공하나, 홈의 길이가 길어지면 정밀도 높은 가공을 하기가 어려우므로 홈 가공 전용기를 사용하도록 한다.

7. 산소 – 프로판(LP)가스 절단

(1) LP가스의 성질

① 액화하기 쉽고, 용기에 넣어 수송이 편리(가스 부피의 1/250 정도 압축할 수 있음)하다(프로판 1g → 0.509L, $\frac{22.4}{44}$=0.509L/g).

② 상온에서는 기체상태이고 무색 투명하며 약간의 냄새가 난다.

③ 온도 변화에 따른 팽창률이 크고 물에 잘 녹지 않는다.

④ 증발잠열이 크다(프로판 101.8kcal/kg).

⑤ 쉽게 기화하며 발열량이 높다(프로판 12,000kcal/kg).

⑥ 폭발 한계가 좁아 안전도가 높고 관리가 쉽다.

⑦ 열효율이 높은 연소 기구의 제작이 쉽다.

⑧ 연소할 때 필요한 산소의 양은 1 : 4.5 정도이다.

[표 1-15]는 아세틸렌가스와 프로판가스의 비교를 나타낸 것이다.

중요 표 1-15 절단할 때 아세틸렌과 프로판의 비교

아세틸렌	프로판
• 점화하기 쉽다. • 중성 불꽃을 만들기 쉽다. • 절단 개시까지 시간이 빠르다. • 표면 영향이 적다. • 박판 절단 시는 빠르다.	• 절단 상부 기슭이 녹는 것이 적다. • 절단면이 미세하며 깨끗하다. • 슬래그 제거가 쉽다. • 포갬 절단속도가 아세틸렌보다 빠르다. • 후판 절단 시는 아세틸렌보다 빠르다.

☞ 혼합비는 산소-프로판가스 사용 시 산소 4.5배가 필요하다. 즉 아세틸렌 사용 시보다 약간 더 필요하다.

(2) 프로판가스용 절단 팁

① 프로판은 아세틸렌보다 연소속도가 느리므로 가스의 분출속도를 느리게 한다. 또 많은 양의 산소를 필요로 하며, 프로판가스와 산소와의 비중의 차가 있으므로 토치의 혼합실도 크게 하고, 팁에서도 혼합될 수 있도록 설계하여 충분히 혼합될 수 있도록 해야 한다.

② 예열 불꽃의 구멍을 크게 하고 개수도 많이 하여 불꽃이 꺼지지 않도록 해야 한다.

③ 팁 끝은 아세틸렌 팁 끝과 같이 평평하게 하지 않고 슬리브(sleeve)를 약 1.5mm 정도 가공면보다 길게 하고 있는데, 이것은 2차 공기와 완전히 혼합하여 잘 연소되게 하고 불꽃 속도를 감소시키기 위함이다.

(3) 불꽃 조정

프로판 불꽃의 조정은 산소-아세틸렌 불꽃 조정과 거의 같은 방법이나 약간의 숙련이 필요하다. 왜냐하면 프로판 불꽃이 투명하기 때문이다. 프로판 불꽃 조정의 순서는 다음과 같다.

① 프로판에 약간의 산소를 섞어서 분출시키고 점화한다.

② 산소 밸브를 열어 산소의 분출량을 증가시키면 2차 불꽃은 짧아지고 백심은 투명하게 된다.

③ 이와 같이 투명하게 되기 직전의 프로판가스 불꽃은 중성 불꽃이 된다. 이때의 혼합비는 프로판 1일 때 산소 4.5 정도이다.

(4) 프로판가스 불꽃의 절단속도

프로판가스 불꽃의 절단속도는 아세틸렌가스 불꽃 절단속도에 비하여 절단할 때까지 예열 시간이 더 길다.

3-7 특수 절단 및 가공

1. 분말 절단

주철, 비철금속, 스테인리스강 등은 가스 절단을 이용하지 않으므로, 철분 또는 용제를 연속적으로 절단용 산소에 혼합·공급함으로써 그 산화열 또는 용제의 화학작용을 이용하여 절단해야 한다. 이러한 방법을 분말 절단(powder cutting)이라 하며, 이는 철, 비철 등의 금속뿐만 아니라 콘크리트 절단에도 이용된다. 그러나 절단면은 가스 절단면에 비하여 아름답지 못하다.

2. 수중 절단

수중 절단(underwater cutting)은 물에 잠겨 있는 침몰선의 해체, 교량의 교각 개조, 댐, 항만, 방파제 등의 공사에 사용되는 절단으로서 절단의 근본적인 원리는 지상에서의 절단작업과 대동소이하다. 절단 팁의 외측에 압축 공기를 보내어 물을 배제한 공간에서 절단이 행해진다. 수중 절단속도는 모재의 두께가 12~50mm 정도의 깨끗한 연강의 경우 1시간당 6~9m 정도이고, 대개의 경우 수심 45m 이내에서 작업을 한다.

3. 산소창 절단

산소창 절단(oxygen lance cutting)은 토치 대신에 가늘고 긴 강관을 사용하여 절단 산소를 보내서 절단하는 방법이다.

4. 가스 가우징

가스 가우징(gas gauging)은 용접 부분의 뒷면을 따내든지, U형, H형의 용접 홈을 가공하기 위하여 깊은 홈을 파내는 가공법이다.

5. 스카핑

스카핑(scarfing)은 강재 표면의 흠이나 개재물, 탈탄층 등을 제거하기 위하여 될 수 있는 대로 얇게 그리고 타원형 모양으로 표면을 깎아 내는 가공법으로, 주로 제강공장에서 많이 이용되고 있다. 토치는 가우징 토치에 비해 능력이 크며, 팁은 슬로 다이버전트나 수동용 토치는 서서 작업을 할 수 있도록 긴 것이 많다. 용삭하는 모양에 의하여 여러 가지 단면의 팁이 사용되고 있는데 수동용 스카핑에는 거의 대부분 원형이 사용되고, 자동용 스카핑에는 사각형 또는 사각형에 가까운 모양이 사용되고 있다.

스카핑 속도는 가스 절단에 비해서 대단히 빠르며, 그 속도는 냉간재의 경우 5~7m/min, 열간재의 경우 20m/min 정도이다.

6. 주철의 절단(cast iron cutting)

① 주철은 절단이 곤란해서 보통 가스 절단은 힘들다.

② 주철의 절단이 곤란한 원인

㉠ 주철 중에 포함된 흑연이 산화반응을 방해하기 때문이다.

㉡ 주철의 용융 온도가 슬래그의 용융 온도보다 낮기 때문이다.

③ 연강용의 보통 팁을 써서 예열 불꽃의 길이를 모재 두께와 대략 같게 되도록 조절하고 산소 압력을 연강보다 25~100% 증가시켜 좌우 이동시키면서 서서히 진행시켜 절단한다.

④ 예열과 후열을 충분히 해야 한다.

3-8 아크 절단

아크 절단은 아크열을 이용하여 모재를 국부적으로 용융시켜 절단하는 물리적인 방법이다. 이것은 보통 가스 절단으로는 곤란한 금속 등에 많이 쓰이나 가스 절단에 비해 절단면이 곱지 못하다.

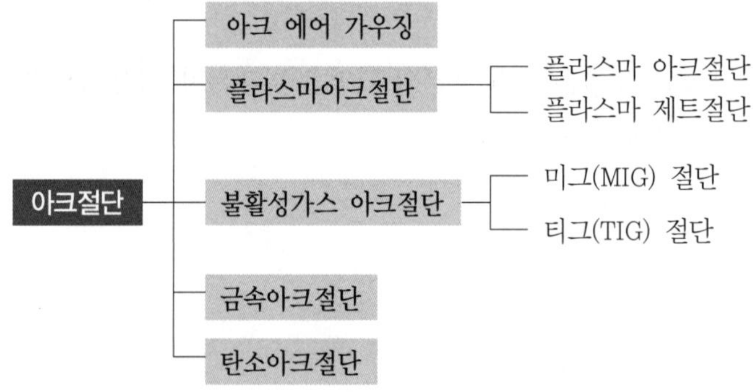

1. 탄소 아크 절단(carbon arc cutting)

탄소 아크 절단법은 탄소 또는 흑연 전극과 모재 사이에 아크를 일으켜 절단하는 방법으로 전원은 직류, 교류 모두 사용되지만, 보통은 직류정극성이 사용된다. 절단은 용접과 달리 대전류를 사용하고 있으므로 전도성 향상을 목적으로 전극봉 표면에 구리 도금을 한 것도 있다.

2. 금속 아크 절단(metal arc cutting)

금속 아크 절단은 피복봉으로서 절단 피복제를 씌운 전극봉을 써서 절단하는 방법이다. 피복봉은 절단 중에 3~5mm 정도 보호통을 만들어 모재와의 단락(short)을 방지함과 동시에 아크의 집중을 좋게 한다. 또 피복제에서 다량의 가스를 발생시켜 절단을 촉진하게 된다.

3. 불활성 가스 아크 절단

(1) MIG 아크 절단(metal inert gas arc cutting)

MIG 아크 절단은 고전류 밀도의 MIG 아크가 보통 아크 용접에 비하면 상당히 깊은 용접이 되는 것을 이용하여 모재와의 사이에서 아크를 발생시켜 용융 절단을 하는 것이다. 전류는 MIG 아크 용접과 같이 직류역극성(DCRP)이 쓰인다.

(2) TIG 아크 절단(tungsten inert gas arc cutting)

이 방법은 전극으로 비소모성의 텅스텐봉을 쓰며 직류정극성으로 대전류를 통하여 전극과 모재 사이에 아크를 발생시켜 불활성 가스를 공급하면서 절단하는 방법이다. 이것은 아크를 냉각하고 열 핀치 효과에 의해 고온 고속의 제트상의 아크 플라스마를 발생시켜 모재를 불어내는 방법이며 금속 재료의 절단에만 이용된다. 열효율이 좋고 능률이 높아서 주로 Al, Mg, Cu 및 구리합금, 스테인리스강 등의 절단에 이용된다.

4. 산소 아크 절단(oxygen arc cutting)

산소 아크 절단은 중공의 피복 용접봉과 모재 사이에 아크를 발생시켜, 이 아크열을 이용한 가스 절단법이다. 아크열로 예열된 모재 절단부에 중공으로 된 전극 구멍에 고압 산소를 분출하여 그 산화열로 절단되는 원리이다. 이와 같이 하면 모재는 아크의 예열 효과 외에 산소에 의한 산화 발열 효과 및 산소 분출의 기계적 에너지 등에 의하여 단순한 아크 절단 때보다 높은 절단속도를 얻을 수 있다. 전원은 보통 직류정극성이 사용되나 교류도 사용된다. 그리고 절단면은 가스 절단면에 비하여 거칠지만, 절단속도가 크므로 철강 구조물의 해체, 특히 수중 해체 작업에 널리 이용된다.

5. 아크 에어 가우징(arc air gauging)

(1) 원리

아크 에어 가우징법은 탄소 아크 절단에 압축 공기를 병용한 방법으로서, 용융부에 전극 홀더(holder)의 구멍에서 탄소 전극봉에 나란히 분출하는 고속의 공기 제트를 불어서 용융금속을 불어내어 홈을 파는 방법이다. 그러나 때로는 절단을 하는 수도 있다.

(2) 장점

① 가스 가우징에 비해 작업 능률이 2~3배 높다.
② 용융금속을 순간적으로 불어내므로 모재에 악영향을 주지 않는다.
③ 용접 결함부를 그대로 밀어 붙이지 않으므로 발견이 쉽다.
④ 소음이 적고 조작이 간단하다.
⑤ 경비가 저렴하며 응용 범위가 넓다.
⑥ 철, 비철금속에도 사용된다.

6. 플라스마 아크 절단(plasma arc cutting)

(1) 원리

플라스마 아크 절단(plasma arc cutting)은 아크 플라스마의 성질을 이용한 절단법이다. 텅스텐 전극과 모재 사이에서 아크 플라스마를 발생시키는 것을 이행형 아크 절단(transferred plasma arc cutting)이라 하며, 텅스텐 전극과 수냉 노즐과의 사이에서 아크를 발생시켜 절단하는 것을 비이행형 아크 절단(non-transferred arc cutting)이라 한다.

이행형 플라스마 아크 절단은 수냉식 단면 수축 노즐을 써서 국부적으로 대단히 높은 전류 밀도의 아크 플라스마를 형성시키고, 이 플라스마를 이용하여 모재를 용융·절단한다.

CHAPTER C R A F T S M A N W E L D I N G

04 특수 용접, 저항 용접, 납땜법

4-1 불활성 가스 아크 용접법

1. 원리

1930년 경 호버트(Hobart), 데버(Dever) 등에 의해서 발명되어 1940년 경에 실용화된 용접법으로서, 고온에서도 금속과 반응하지 않는 아르곤(Ar) 또는 헬륨(He) 가스와 같은 불활성 가스 분위기 속에서 텅스텐 전극봉 또는 와이어(전극 심봉)와 모재와의 사이에서 아크를 발생하여 그 열로 용접하는 방법이다. Al, 동 및 동합금, 경합금, 스테인리스강 등에 사용하여 우수한 용접부를 얻을 수 있다.

2. 불활성 가스 아크 용접의 장점

① 전자세 용접이 용이하고 고능률이다.
② 청정 작용(cleaning action)이 있다.
③ 피복제 및 용제가 불필요하다.
④ 산화하기 쉬운 금속의 용접이 용이하고(Al, Cu, 스테인리스 등) 용착부 성질이 우수하다.
⑤ 아크가 극히 안정되고 스패터가 적으며 조작이 용이하다.
⑥ 용접부는 다른 아크 용접, 가스 용접에 비하여 연성, 강도, 기밀성 및 내열성이 우수하다.
⑦ 슬래그나 잔류 용제를 제거하기 위한 작업이 불필요하다(작업 간단).

3. 불활성 가스 텅스텐 아크 용접법(TIG, GTAW)

(1) 개요

불활성 가스 텅스텐 아크 용접은 텅스텐봉을 전극으로 쓰며 가스 용접과 비슷한 조작방법으로 용가재(filler metal)를 아크로 융해하면서 용접한다. 이 용접법은 텅스텐을 거의 소모하지 않으므로 비용극식 또는 비소모식 불활성 가스 아크 용접법이라고도 한다. 또한 헬륨 아크(helium-arc) 용접법, 아르곤 아크(argon-arc) 용접법 등의 상품명으로도 불린다. 불활성 가스 텅스텐 아크 용접법에는 직류나 교류가 사용되며, 직류에서의 극성은 용접 결과에 큰 영향을 미친다. 직류정극성(DC Straight Polarity; DCSP)에서는 [그림 1-20]과 같이 음전기를 갖는다.

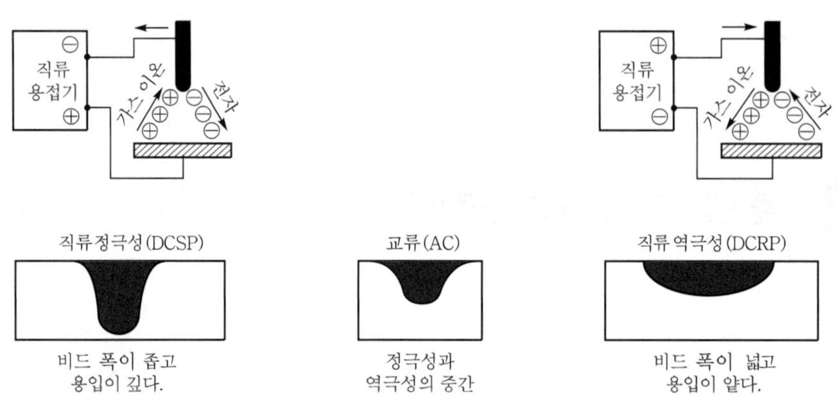

그림 1-20 불활성 가스 텅스텐 아크 용접의 극성

(2) **특성**

① 직류정극성(DCSP)의 특성

㉠ 용입이 깊다.

㉡ 직경이 작은 전극에서 큰 전류를 흐르게 할 수 있다.

㉢ 전극은 그다지 과열되지 않는다.

㉣ 기호는 DCSP로 표시한다(DC Electrode Negative; DCEN).

② 직류역극성(DCRP)의 특성

㉠ 용입이 얕고 폭이 넓다.

㉡ 정극성 경우보다 4배의 큰 전극이 필요하다.

㉢ 텅스텐 전극 소모가 많아진다.

㉣ 청정 작용이 있다(Ar 가스 사용시).

㉤ 기호는 DCRP로 표시한다(DC Electrode Positive; DCEP).

③ 교류 용접일 때의 특성

㉠ 직류정극성과 역극성의 중간 정도의 용입이 있다.

㉡ 아크가 불안정하므로 고주파 발생 장치 부착이 필요하다.

㉢ 용접전류가 부분적 정류되어 불평형하므로 용접기가 탈 염려가 있다.

㉣ 정류 작용을 막기 위해 콘덴서, 축전지, 리액터 등을 삽입한다.

(3) 불활성 가스 텅스텐 아크 용접장치

① **구성** : 불활성 가스 텅스텐 아크 용접장치는 용접기와 불활성 가스 용기, 제어 장치 및 용접 토치가 필요하다.

② **용접 토치** : 용접 토치에는 텅스텐 전극봉을 고정시킬 수 있는 장치가 되어 있으며, 2차 케이블과 불활성 가스 호스 및 토치를 냉각하기 위한 냉각수 호스가 접속되어 있다.

③ **텅스텐 전극봉** : 텅스텐 전극봉은 정확한 치수로 만들어져 있으며, 전극봉의 지름과 불활성 가스의 종류에 의해 전류 허용값도 결정되어 있다.

㉠ 순텅스텐 봉과 토륨 1~2% 함유한 토륨 텅스텐, 지르코늄 함유 텅스텐 봉이 있다.

㉡ 토륨 텅스텐 전극봉의 특성

- 전자 방사 능력이 현저하게 뛰어나다.
- 저전류, 저전압에서도 아크 발생이 용이하다.
- 전극의 동작 온도가 낮으므로 접촉에 의한 오손(contamination)이 적다.
- 전극의 수명을 길게 하기 위해 과대 전류, 과소 전류를 피하고 모재의 접촉에 주의하며 전극은 300℃ 이하로 유지해야 한다.

4. 불활성 가스 금속 아크 용접법(MIG, GMAW)

(1) 개요

불활성 가스 금속 아크 용접법은 용가재인 전극 와이어를 연속적으로 보내서 아크를 발생시키는 방법으로서, 용극 또는 소모식 불활성 가스 아크 용접법이라고도 한다. 또한 에어 코매틱(air comatic) 용접법, 시그마(sigma) 용접법, 필러 아크(filler arc) 용접법, 아르고노트(argonaut) 용접법 등의 상품명으로 불린다.

(2) 특성

① 전원은 직류역극성이 이용되며 정전압 특성의 직류 아크 용접기이다.

② 모재 표면의 산화막(Al, Mg 등의 경합금 용접)에 대한 청정 작용이 있다.

③ 전류 밀도가 매우 높고 고능률적이다(아크 용접의 4~6배, TIG 용접의 2배 정도).

④ 3mm 이상의 Al에 사용하고 스테인리스강, 구리 합금, 연강 등에도 사용된다.

⑤ 아크의 자기제어 특성이 있다. 같은 전류일 때 아크전압이 커지면 용융속도가 낮아진다(MIG 용접에서는 아크전압의 영향을 받는다).

(3) 불활성 가스 금속 아크 용접장치

용접장치로는 전자동식과 반자동식이 있으며 전자동식은 용접기, Ar 가스 및 냉각수를 공급하는 송급장치, 토치 주행장치, 제어장치로 구성되어 있다. 반자동식은 주행장치만 수동으로 한다.

5. 불활성 가스 아크 용접작업(TIG, MIG)

(1) 모재의 청정

① 에틸렌, 벤젠, 신너(thinner) 등으로 탈지한 후에 와이어 브러시, 스틸 울 등으로 표면을 문질러서 산화막을 제거한다.

② Al과 그 합금의 경우 10% 질산(HNO_3)과 0.25% 불화수소산(HF)의 혼합액(상온)에 5분간 담그고 씻은 후 더운 물(3분 이내)에서 또 씻는다.

③ 산화막, 스케일, 기름, 페인트, 녹, 오물 등 청정이 불량하면 기포나 균열 발생의 원인이 되고 비드 표면을 더럽혀서 내식성을 저하시킨다.

(2) 작업 전의 점검

① Ar 가스의 유출과 정지, 냉각수 순환, MIG 용접의 경우 와이어 송급 대차 주행 등을 점검한다.

② 전압 전류 조정은 Ar의 유량, 냉각수와 와이어의 송급속도, 대차의 진행방향 및 속도 등을 잘 확인한 후 스위치를 넣어야 한다.

(3) 아크 발생

① TIG 용접

㉠ 교류 용접은 고주파가 겹쳐 있으므로 모재에 3~4mm 접근시키면 아크가 발생한다.

㉡ 용접 중에는 전극 끝과 모재 사이의 간격을 4~5mm로 유지한다.

② MIG 용접

㉠ 토치의 방아쇠를 당겨 아크를 발생한다.

㉡ 용입이 깊어(10~12mm 정도) 6mm 정도는 소형 용접으로 한다.

㉢ 아크길이는 6~8mm가 적당하며 가스 노즐의 단면과 모재의 간격은 12mm가 좋다.

(4) 토치 각도

① TIG 용접

㉠ TIG 용접은 원칙적으로 전진법을 쓴다.

㉡ 용접봉은 연직 10~20°, 토치각은 70~90°가 적당하다[그림 1-21 (a)].

② MIG 용접 : 토치 각도는 수직에 대해 5~15°(수평선에 대해 75~85°)가 적당하다[그림 1-21 (b)].

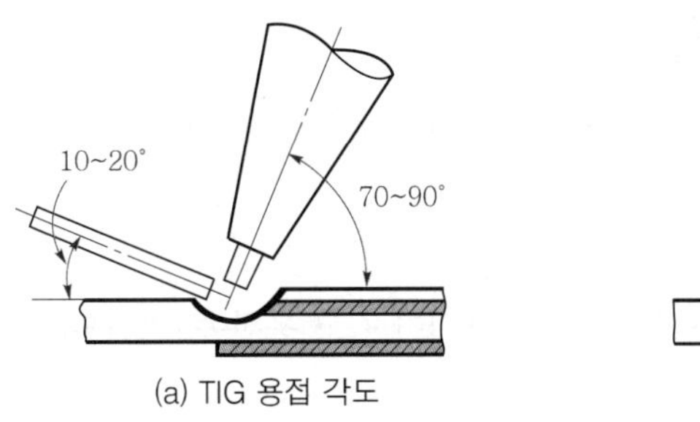

(a) TIG 용접 각도

75~85°

(b) MIG 용접 각도

그림 1-21 토치 각도

4-2 이산화탄소 아크 용접법

1. 원리 및 특징

(1) 원리

이산화탄소 아크 용접법(CO_2 arc welding)은 불활성 가스 금속 아크 용접에 쓰이는 아르곤, 헬륨과 같은 불활성 가스 대신에 이산화탄소를 이용한 용극식 용접방법이며, 원리는 [그림 1-22]와 같다.

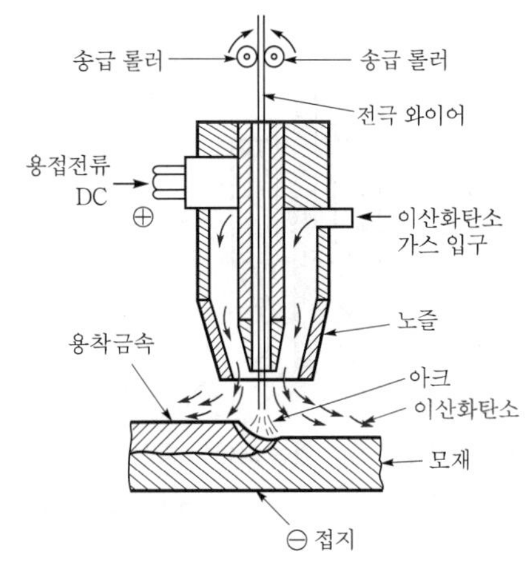

그림 1-22 이산화탄소 아크 용접법의 원리

(2) 특징

① 소모식 용접방법이다.

② 산소, 질소 및 수소의 화합물이 없는 우수한 용착금속을 얻을 수 있다. 직류역극성을 사용한다.

③ 킬드강, 림드강 및 세미킬드강의 용접 시 기계적 성질이 매우 좋다.

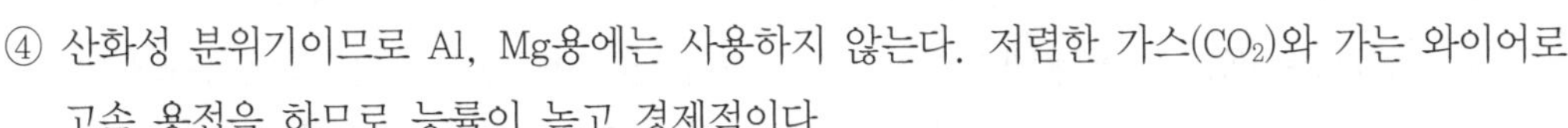

④ 산화성 분위기이므로 Al, Mg용에는 사용하지 않는다. 저렴한 가스(CO_2)와 가는 와이어로 고속 용접을 하므로 능률이 높고 경제적이다.

⑤ 서브머지드 아크 용접에 비하여 모재 표면의 녹, 오물 등이 있어도 큰 지장이 없으므로 완전한 청소를 하지 않아도 된다.

⑥ 아크 특성에 적합한 상승 특성을 가지는 전원기기를 사용하고 있으므로 스패터(spatter)가 적고 안정된 아크를 얻을 수 있다.

⑦ 가시 아크이므로 시공이 편리하다.
⑧ 용제를 사용할 필요가 없으므로 용접부에 슬래그 혼입(slag inclusion)이 없고 용접 후의 처리가 간단하다.
⑨ 모든 용접자세로 용접이 되며 조작이 간단하다.
⑩ 용접전류의 밀도가 크므로(100~300A/mm^2) 용입이 깊고 용접속도를 매우 빠르게 할 수 있다.

2. 용접장치

이산화탄소 아크 용접용 전원은 직류 정전압 특성이라야 한다. 용접장치는 와이어를 송급하는 장치와 와이어 릴(wire reel), 제어장치, 그 밖의 사용 목적에 따라 여러 가지 부속품 등이 있으며, 이산화탄소, 산소, 아르곤 등의 유량계가 붙은 조정기(regulator) 등이 필요하다.

용접 토치에는 수냉식과 공랭식이 있으며, 300~500A의 전류용에는 수냉식 토치가 사용되고 있다. 와이어의 송급은 아크의 안정성에 영향을 크게 미치는데, 와이어 송급 장치로는 사용 목적에 따라서 푸시(push)식, 풀(pull)식, 푸시 풀(push pull)식 등이 있다.

[그림 1-23]은 이산화탄소 아크 용접의 용제 와이어의 방법을 나타낸 것이다.

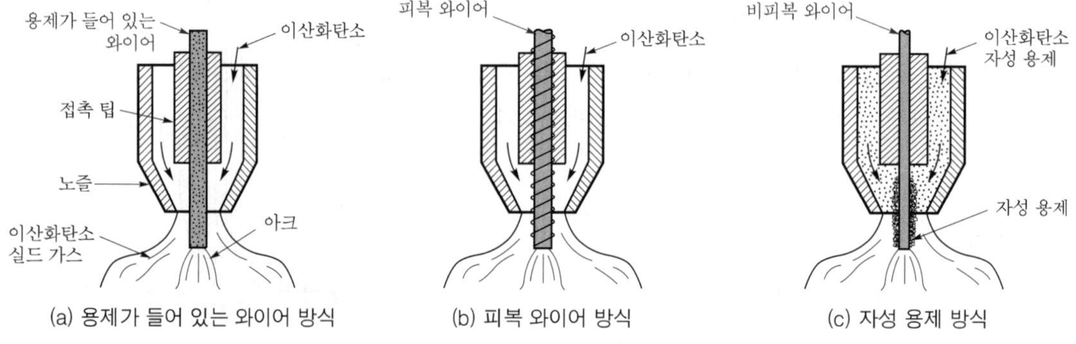

그림 1-23 이산화탄소 아크 용접의 용제 와이어 방식

3. 이산화탄소의 성질과 취급

이산화탄소 아크 용접에서는 실드 가스의 습도와 사용량이 용접부의 성질에 큰 영향을 미친다. 이산화탄소는 고압 용기에는 액화 이산화탄소가 사용된다. 용접봉은 수분, 질소, 수소 등의 불순물이 될 수 있는 대로 적은 것이 좋으며, 이산화탄소의 순도는 99.5% 이상, 수분 0.05% 이하의 것이 좋다.

4. 용접 시공

용접 시공 방식에 따라서 용접 조건은 크게 달라지므로 용접 대상으로 하는 제품에 따라 적합한 방식을 선택해야 한다.

와이어의 용융속도는 와이어의 지름에는 거의 영향이 없으며, 아크전류에 정비례하여 증가한다. 또 와이어의 돌출 길이(extension)가 길수록 빨리 용융된다.

4-3 서브머지드 아크 용접법

1. 원리

서브머지드 아크 용접법(submerged arc welding)은 자동 금속 아크 용접법(automatic metal arc welding)으로서, [그림 1-24]와 같이 모재의 이음 표면에 미세한 입상의 용제를 공급관을 통하여 공급하고 그 용제 속에 연속적으로 전극 와이어를 송급하여 용접봉 끝과 모재 사이에 아크를 발생시켜 용접한다. 이때 와이어의 이송속도를 조정함으로써 일정한 아크길이를 유지하면서 연속적으로 용접을 한다.

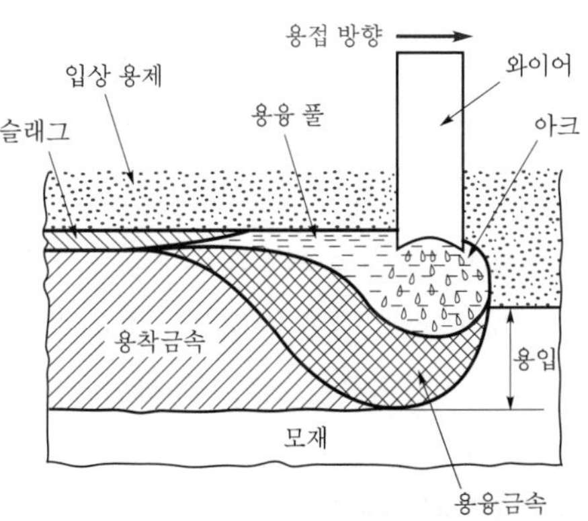

그림 1-24 서브머지드 아크 용접법의 원리

이 용접법은 아크나 발생 가스가 다 같이 용제 속에 잠겨 있어서 보이지 않으므로 불가시(不可視) 또는 잠호 용접법이라고도 한다. 또한 유니언 멜트 용접법(union melt welding), 링컨 용접법(Lincoln welding) 등의 상품명으로 불린다.

2. 용접법의 특징

(1) 장점

① 용접속도가 피복 아크 용접에 비해서 판 두께 12mm에서 2~3배, 25mm일 때 5~6배, 50mm일 때 8~12배나 되므로 능률이 높다.

② 와이어에 대전류를 흘려보낼 수가 있고, 용제의 단열 작용으로 용입이 대단히 깊다.

③ 용입이 깊으므로 용접 홈의 크기가 작아도 상관없으며, 용접재료의 소비가 적고 용접 변형이나 잔류응력이 적다.

④ 용접 조건을 일정하게 하면 용접사의 기량에 의한 차가 적고 안정한 용접을 할 수 있으며, 용접이음의 신뢰도가 높다.

(2) 단점

① 아크가 보이지 않으므로 용접부의 적부를 확인해서 용접할 수가 없다.

② 용접길이가 짧고 용접선이 구부려져 있을 때에는 용접장치의 조작이 어려워지며 비능률적이다.

③ 용입이 크므로 용접 홈의 정밀도가 좋아야 하며, 루트 간격이 너무 크면 용락될 위험이 있다.

④ 입열량이 크므로 용접금속의 결정립이 조대화하여 충격값이 낮아지기 쉽다.

3. 용접장치

서브머지드 아크 용접장치는 심선을 송급하는 장치, 전압 제어장치, 접촉 팁(contact tip), 대차(carriage)로 구성되었으며, 와이어 송급장치, 접촉 팁, 용제 호퍼(hopper)를 일괄하여 용접헤드(welding head)라고 한다.

용접기를 전류 용량으로 분류하면 최대 전류 4,000A, 2,000A, 1,200A, 900A 등의 종류가 있다. 전원으로는 교류와 직류가 쓰이고 있으며, 교류 쪽이 설비비가 적고 자기 불림(magnetic blow)이 없어서 유리하다. 비교적 낮은 전류를 쓰는 얇은 판의 고속도 용접에서는 약 400A 이하에서 직류역극성으로 시공하면 아름다운 비드를 얻을 수 있다.

4. 용접용 재료

(1) 와이어

서브머지드 아크 용접법에서는 피복 아크 용접 때와는 달리 모재의 재질, 판 두께 및 이음 형상에 따라서 적당한 와이어와 용제를 조합하여 사용해야 한다. 보통 와이어의 표면은 접촉 팁과의 전기적 접촉을 원활하게 하고, 또 녹을 방지하기 위하여 구리 도금하는 것이 일반적이다.

(2) 용제

서브머지드 아크 용접에 쓰이는 용제는 용접부를 대기 중에서 보호하며, 아크의 안정, 아크의 실드, 용융금속과 금속학적 반응 등의 역할을 한다. 용제는 제조방법에 따라 용융형 용제, 소결형 용제로 분류된다.

① **용융형 용제** : 용융형 용제(fused flux)는 원료 광석을 아크 전기로에서 1,300℃ 이상으로 용융하여 응고시킨 다음 분쇄하여 입자를 고르게 한 것으로 미국의 린데(Linde) 회사의 것이 유명하다.

용융형 용제의 주성분으로는 규산(SiO_2), 산화망간(MnO), 산화철(FeO), 석회(CaO), 산화마그네슘(MgO), 알루미나(Al_2O_3), 산화나트륨(Na_2O), 산화바륨(BaO), 산화티탄(TiO_2), 산화칼륨(K_2O), 철(Fe), 인(P), 황(S) 등이며, 이를 혼합하여 용융한 다음 유리 상태로 하여 분쇄한 것이다. 용융형 용제는 조성이 균일하고 흡습성이 작은 장점이 있으므로 가장 많이 사용되고 있다.

② **소결형 용제** : 소결형 용제(sintered flux)는 원료 광석 분말, 합금 분말을 규산나트륨과 같은 점결제와 더불어 원료가 용해되지 않을 정도의 300~1000℃ 정도의 낮은 온도에서 소정의 입도로 소결한 것이다. 소결형 용제의 특징은 용제 중에 페로 실리콘(ferro-silicon), 페로 망간(ferro-mangan) 등을 함유시켜 직접 탈산 작용을 가능하게 하였고, 용착금속에 대한 합금 원료로서 니켈, 크롬, 몰리브덴, 바나듐 등을 함유시켜 용착금속의 화학 성분 및 기계적 성질을 쉽게 조정할 수 있게 한 것이다.

③ **혼성형 용제** : 분말상 원료에 고착제(물, 유리 등)를 가하여 비교적 저온(300~400℃)에서 건조하여 제조한다.

(3) 용제의 구비 조건

① 아크 발생이 잘되고 안정한 용접 과정이 얻어져야 한다,

② 합금 성분의 첨가, 탈산, 탈유 등 야금 반응의 결과로 양질의 용접금속이 얻어져야 한다.

③ 적당한 용융온도 특성 및 점성을 가지고 양호한 비드를 형성해야 한다,

④ 용제는 사용 전에 150~250℃에서 30~40분간 건조하여 사용한다.

⑤ 용접 후 회수한 용제는 재건조하여 입도 조정(새 용제와 50%씩 혼합한다)을 하여 사용한다.

4-4 그 밖의 특수 용접

1. 테르밋 용접

(1) 원리

테르밋 용접법(thermit welding)은 용접 열원을 외부로부터 가하는 것이 아니라, 테르밋 반응에 의해 생성되는 열을 이용하여 금속을 용접하는 방법이다.

테르밋 반응(thermit reaction)이라 함은 금속 산화물이 알루미늄에 의하여 산소를 빼앗기는 반응을 총칭하는 것으로서, 현재 실용되고 있는 철강용 테르밋제는 다음과 같은 반응을 일으킨다.

$$3FeO + 2Al \longrightarrow 3Fe + Al_2O_3 + 187.1kcal$$
$$Fe_2O_3 + 2Al \longrightarrow 2Fe + Al_2O_3 + 181.5kcal$$
$$3Fe_3O_4 + 8Al \longrightarrow 9Fe + 4Al_2O_3 + 719.3kcal$$

(2) 종류

① 용융 테르밋 용접법 : 용접 홈을 800~900℃로 예열한 후 도가니에 테르밋 반응에 의하여 녹은 금속을 주형에 주입시켜 용착시키는 용접법이다.

② 가압 테르밋 용접법 : 일종의 압접으로 모재의 단면을 맞대어 놓고, 그 주위에 테르밋 반응에서 생긴 슬래그 및 용융금속을 주입하여 가열시킨 다음 강한 압력을 주어 용접하는 방법이다.

(3) 적용과 특징

① 용접작업이 단순하고 용접 결과의 재현성이 높다.

② 용접용 기구가 간단하고 설비비가 싸다. 또한 작업 장소의 이동이 쉽다.

③ 용접작업 후의 변형이 적다.

④ 전력이 불필요하다.

⑤ 용접하는 시간이 비교적 짧다.

2. 원자 수소 아크 용접

(1) 원리

2개의 텅스텐 전극 사이에 아크를 발생시키고 홀더 노즐에서 수소가스 유출 시 열 해리를 일으켜 발생되는 발생열(3,000~4,000℃)로 용접하는 방법이다.

(2) 특징 및 용도

① 용융온도가 높은 금속 및 비금속 재료의 용접이 가능하다.

② 니켈이나 모넬메탈, 황동과 같은 비철금속과 주강이나 청동 주물의 홈을 메울 때의 용접에 사용된다.

③ 탄소강에서는 탄소 1.25%까지, Cr 40%까지 용접 가능하다.

④ 고도의 기밀, 유밀을 필요로 하는 용접이나 고속도강 바이트, 절삭 공구의 제조에 사용된다.

⑤ 일반 공구 및 다이스 수리, 스테인리스강, 기타 크롬, 니켈, 몰리브덴 등을 함유한 특수 금속의 용접에 사용된다.

3. 단락 옮김 아크 용접

(1) 원리

① 이 용접법은 MIG 용접이나 CO_2 용접과 비슷하나, 용적이 큰 와이어와 모재 사이를 주기적으로 단락을 일으키도록 아크길이를 짧게 하는 용접법이다.

② 단락 회로수는 100회/sec 이상이며 아크 발생시간이 짧아지고 모재의 입열도 적어진다.

③ 용입이 얕아 0.8mm 정도의 얇은 판 용접이 가능하다.

(2) 용접장치와 마이크로 와이어

① CO_2 용접장치와 비슷하나 와이어 지름이 0.76~1.14mm의 작은 와이어가 사용(고속 송급)된다.

② 연강의 용접에서 규소망간계에는 0.76, 0.89, 1.14mm 와이어가 쓰인다.

③ 가스 유량은 6.0L/min 정도로 아르곤 75%, CO_2나 산소 25%의 혼합가스가 쓰인다.

4. 일렉트로 슬래그 용접

(1) 원리

일렉트로 슬래그 용접법(Electro Slag Welding; ESW)은 용융 용접의 일종으로, 와이어와 용융 슬래그 사이에 통전된 전류의 저항열을 이용하여 용접을 하는 특수한 용접방법이다.

용접 원리는 용융 슬래그와 용융금속이 용접부에서 흘러나오지 않도록 용접 진행과 더불어 수냉된 구리판을 미끄러 올리면서 와이어를 연속적으로 공급하여 슬래그 안에서 흐르는 전류의 저항 발열로써 와이어와 모재 맞대기부를 용융시키는 것으로, 연속 주조방식에 의한 단층 상진 용접을 하는 것이다.

(2) 적용과 특징

일렉트로 슬래그 용접법은 매우 두꺼운 판과 두꺼운 판의 용접에 있어서 다른 용접에 비하여 대단히 경제적이다. 즉 수력발전소의 터빈 축, 두꺼운 판으로 만든 보일러 드럼, 대형 프레스, 대형 구형 고압 탱크, 대형 공작 기계류의 베드 및 차량 관계에 많이 적용되고 있다. 이와 같이 대형 물체의 용접에 있어서 아래보기 자세 서브머지드 용접에 비하여 용접시간, 개선 가공비, 용접봉비, 준비시간 등을 1/3~1/5 정도로 감소시킬 수 있다.

이 용접법은 정밀을 요하는 복잡한 홈 가공이 필요 없으며, 직각 가스 절단 그대로의 I형 홈이면 된다.

5. 일렉트로 가스 용접

일렉트로 슬래그 용접(Electro Gas Arc Welding; EGW)의 슬래그 용제 대신 CO_2 또는 Ar 가스를 보호가스로 용접하는 것으로 수직 자동 용접의 일종이다.

(1) 특징

① 중후판물(40~50mm)의 모재에 적용되는 것이 능률적이고 효과적이다.

② 용접속도가 빠르다.

③ 용접 변형도 거의 없고 작업성도 양호하다.

④ 용접강의 인성이 약간 저하하는 결점이 있다.

(2) 용도

조선, 고압 탱크, 원유 탱크 등에 널리 이용된다.

6. 아크 스터드 용접

(1) 원리

아크 스터드 용접(arc stud welding)은 볼트나 환봉 핀 등을 직접 강판이나 형강에 용접하는 방법으로, 볼트나 환봉을 피스톤형의 홀더에 끼우고 모재와 볼트 사이에 순간적으로 아크(플래시)를 발생시켜 용접하는 방법이다.

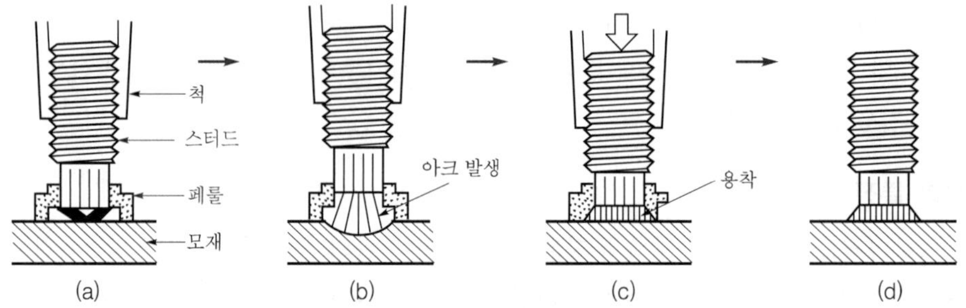

그림 1-25 넬슨식 아크 스터드 용접법의 원리

(2) 특징

① 대체로 급열, 급랭을 받기 때문에 저탄소강에 좋다.

② 용제를 채워 탈산 및 아크 안정을 돕는다.

③ 스터드 주변에 페룰(ferrule)을 사용한다.

7. 아크 점 용접

(1) 원리

아크의 고열과 그 집중성을 이용하여 판재의 한쪽에서 아크를 0.5~5초 정도 발생시켜 전극 팁의 바로 아랫부분을 국부적으로 융합시키는 용접이다.

(2) 용접법의 적용

아크 점 용접법을 적용할 때 판 두께는 1.0~3.2mm 정도의 위판과 3.2~6.0mm 정도의 아래판을 맞추어서 용접하는 경우가 많은데, 능력 범위는 6mm까지는 구멍을 뚫지 않은 상태로 용접하고, 7mm 이상의 경우는 구멍을 뚫고 플러그 용접을 시공한다.

8. E-H 용접(Elin Hafergut welding)

(1) 원리

횡치식 용접이라고도 하며, 모재 대신 구리로 제작된 금형으로써 용접봉을 눌러 전류 통과 시 저항열에 의해 용접되는 방법이다.

(2) 특징

① 대단히 능률적이다.

② 숙련을 필요로 하지 않는다.

③ 한꺼번에 여러 개의 용접을 동시에 병행할 수 있다.

9. 전자 빔 용접

(1) 원리

전자 빔 용접법(Electronic Beam Welding; EBW)은 진공 중에서 고속의 전자 빔을 형성시켜 그 전자류가 가지고 있는 에너지를 용접 열원으로 한 용접법이다.

(2) 특징

① 장점

㉠ 진공 중에서 용접하므로 불순 가스에 의한 오염이 적고 금속학적 성질이 양호한 용접부를 얻을 수 있으며, 활성 금속의 용접도 가능하다.

㉡ 용융점이 높은 텅스텐, 몰리브덴 등의 용접이 가능하며, 용융점 열전도율이 다른 이종 금속 사이의 용접도 가능하다.

㉢ 예열이 필요한 재료를 예열 없이 국부적으로 용접할 수 있다.

㉣ 잔류응력이 적다.

ⓜ 용접입열이 적으므로 열 영향부가 적어 용접 변형이 적다. 따라서 정밀 용접이 가능하다.

ⓑ 용접 출력 조정에 있어서 0.05mm 두께에서 300mm 두께까지 용접이 가능하다.

② 단점

㉠ 시설비가 많이 든다.

㉡ 진공 작업실이 필요한 고진공형에서는 부품의 크기, 형상, 용접 위치 등에 의해 전자총 위치 및 자세에 따라 크게 제한된다.

㉢ 진공 중에서 용접하기 때문에 기공의 발생, 합금 성분의 감소 등이 발생된다.

㉣ 진공 용접에서 증발하기 쉬운 아연, 카드뮴 등은 부적당하다.

㉤ 대기압형의 용접기를 사용할 때에는 X선 방호가 필요하다.

10. 레이저 빔 용접

(1) 원리

레이저 빔 용접(Laser Beam Welding; LBW)은 레이저에서 얻어진 강렬한 에너지를 가진 집속성이 강한 단색 광선을 이용한 용접법이다.

(2) 특징

① 진공이 필요하지 않다.

② 접촉하기 어려운 부재 용접이 가능하다.

③ 미세 정밀 용접 및 전기가 통하지 않는 부도체 용접이 가능하다.

(3) 레이저의 종류

① CO_2 레이저

㉠ 레이저 출력이 25kW 정도, 레이저 파장은 10.6μm 정도이다.

㉡ 두께 $1\sim1\frac{1}{4}''$ 강판의 용접이나 절단에 이용된다.

② Nd-YAG 레이저

㉠ 레이저 출력은 1~10kW 정도, 레이저 파장은 1.06μm 정도이다.

㉡ 얇은 박판의 용접에 적용된다.

11. 용사

(1) 원리

용사(metallizing)란 용사 재료인 금속 또는 금속 화합물의 분말을 가열하여 반용융 상태로 밀착 피복하는 방법이다.

(2) **용접장치**

① 가스 불꽃을 사용하는 장치

② 플라스마를 사용하는 장치

(3) **용사 재료의 형상**

용사 재료에는 금속, 탄화물, 질화물, 산화물 유리 등이 있다.

① 와이어 또는 봉형상

② 분말상

(4) **용도**

내식・내열・내마모성 및 인성용 피복으로 금속・기계・전기 공업 분야에 널리 이용된다.

12. 가스 압접

(1) **원리**

가스 압접법(gas pressure welding)은 접합부를 그 재료의 재결정 온도 이상으로 가열하여 축 방향으로 압축력을 가하여 압접하는 방법이다.

(2) **종류**

① 밀착 맞대기법 : 이 방법은 [그림 1-26 (a)]와 같은 압접재를 그림 (b)와 같이 밀착시켜 놓고 그 주위를 가스 불꽃으로 그림 (c)와 같이 가열하여 그림 (d)와 같이 축방향으로 압력을 가하여 압접하는 방법이다. 이 방법은 비용융 융접이기 때문에 이음면의 처음 상태가 용접 결과에 큰 영향을 준다. 따라서 이음면의 가공이 정밀할수록 기계 가공이 좋으며, 이음 단면에 부착된 산화물, 유지류, 오염 등이 없도록 깨끗하게 하여야 한다.

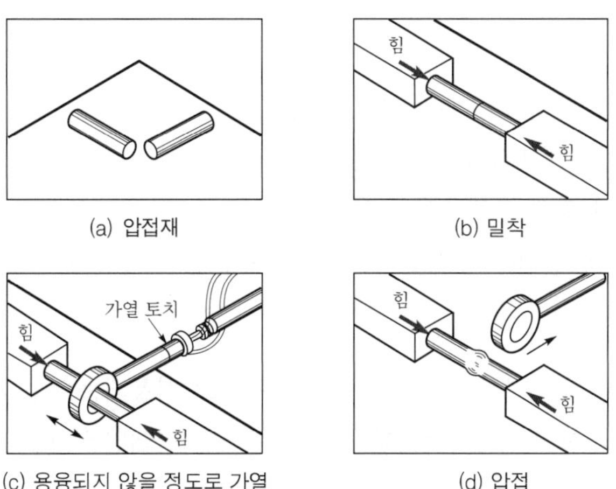

(a) 압접재 (b) 밀착

(c) 용융되지 않을 정도로 가열 (d) 압접

그림 1-26 가스 압접법의 설명도(밀착 맞대기법)

② 개방 맞대기법 : 이 방법은 [그림 1-27 (a)]와 같이 압접될 단면 사이에 가열 토치를 넣어 단면이 약간 용융되었을 때 가열 토치를 제거하고, 그림 (b)와 같이 축방향으로 가압하여 압접하는 방법이다.

이 방법은 밀착 맞대기법과는 달리 접합면이 용융되기 때문에 접합면의 상태에는 큰 영향을 받지 않는다. 또한 접합부만을 국부적으로 가열하기 때문에 열효율이 좋다.

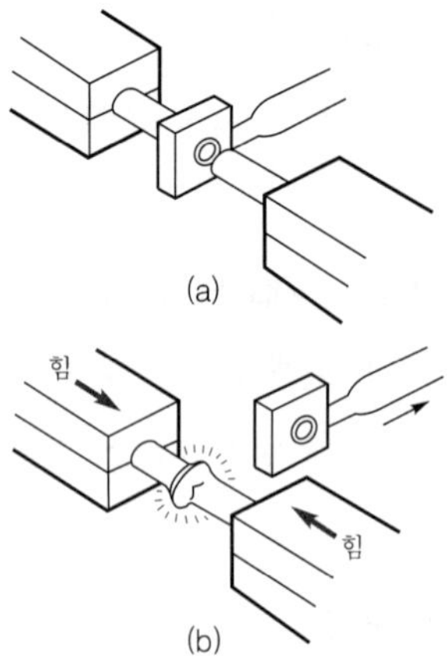

(a)

힘

힘

(b)

그림 1-27 가스 압접법의 설명도 (개방 맞대기법)

(3) 밀착 맞대기법에서 압접성에 미치는 요인

① **가열 토치** : 가스 불꽃이 안정되어야 하며, 가열속도의 재현성이 높고 이음부 전면을 균일하게 가열할 필요가 있다.

② **압접면** : 압접면은 기계 가공을 하여 매끈한 면으로 만들어야 하며, 이음 단면의 산화물, 유지류, 먼지 등을 깨끗이 제거하지 않으면 이음 부분에 개재물로 남아 있어 기계적 성질, 특히 연성을 저하시키는 원인이 된다.

③ **압접 압력** : 이음면에 가하는 압력은 모재의 모양, 치수, 재질에 의해 결정된다. 연강, 고탄소강 등은 처음부터 끝까지 일정한 압력을 주어 정해진 양의 업셋을 주어서 이음을 완료해야 한다.

④ **가열 온도** : 이음면이 깨끗할 때에는 900~1,000℃ 정도의 온도가 필요하나, 현장에서는 개재물을 확산시켜 이음 성능을 높일 목적으로 보통 1,300~1,350℃ 정도의 온도가 채택되고 있다.

(4) 특징

① 이음부에 탈탄층이 없다.

② 원리적으로 전기가 필요 없다.

③ 장치가 간단하고 시설비나 수리비가 싸다.

④ 압접 작용이 거의 기계적이어서 작업자의 숙련도가 큰 문제가 되지 않는다.

⑤ 압접 작업시간이 짧고 용접봉이나 용제가 필요 없다.

⑥ 압접하기 전 이음 단면부의 깨끗한 정도에 따라 압접 결과에 큰 영향을 끼친다.

(5) 적용

대표적으로 토목 및 건축 공사 시 철근 콘크리트용으로 사용되는 지름 32mm 정도의 철재까지도 가스 압접하여 사용하고 있으며, 파이프라인용, 철도 레일용 또는 철도 차량 부품 등에도 응용되고 있다.

13. 초음파 용접

(1) 원리

용접물을 겹쳐서 상하 앤빌(anvil) 사이에 끼워 놓고 압력을 가하면서 초음파(18kHz 이상) 주파수로 횡진동시켜 용접을 하는 방법이다.

(2) 특징

① 용접물의 표면 처리가 간단하고 압연한 그대로의 재료도 용접이 쉽다.
② 냉간 압접에 비하여 주어지는 압력이 작으므로 용접물의 변형률도 작다.
③ 특별히 두 금속의 경도가 크게 다르지 않는 한 이종 금속의 용접도 가능하다.
④ 극히 얇은 판, 즉 필름(film)도 쉽게 용접된다.
⑤ 판의 두께에 따라 용접 강도가 현저하게 변화한다.

(3) 용접장치

① **초음파 발진기** : 초음파 발진기는 초음파 진동자에 전기적 에너지를 공급하기 위한 전원 장치로서, 수십 와트에서 수 킬로와트(kW)의 것까지 실용화되고 있다.
② **초음파 진동자** : 초음파 진동자는 초음파 발진기에서 공급된 전기에너지를 기계적 진동에너지로 변환하는 것이다.
③ **진동 전달 및 압력을 보내주는 기구** : 진동 전달기구는 진동자에 의하여 변환된 기계 진동에너지를 손실 없이, 또 진동 진폭을 증대하여 용접물까지 전달하는 역할을 한다.

14. 냉간 압접(cold welding)

(1) 원리

깨끗한 두 개의 금속면의 원자들을 Å(1Å $=10^{-8}$cm) 단위의 거리로 밀착시키면 자유 전자가 공동화되고 결정 격자 간의 양이온의 인력으로 인해 두 개의 금속이 결합된다. 외부로부터 열이나 전류를 가하지 않고 실내 온도에서 가압의 조작으로 금속 상호 간의 확산을 일으키는 방법이다.

(2) 특성

① 압접 공구가 간단하다.
② 결합부에 열 영향이 없다.
③ 숙련이 필요치 않다.
④ 접합부의 전기 저항은 모재와 거의 같다.
⑤ 용접부가 가공 경화한다.
⑥ 겹치기 압접은 눌린 흔적이 남는다(판압차가 생긴다).

⑦ 철강 재료의 접합은 부적당하다.

(3) 판압차

압접 전과 압접 후의 판 두께의 비를 말하며, Al 40%, 두랄루민 20%, 동 14%, Zn 8%, Ag 6% 정도가 표준이나 강도상의 문제가 있다.

(4) 적용

Al, Cu, Pb, Sn, Zn, Ag 등 연질재의 용접에 쓰인다. 전기 통신기 부품에 주로 사용되며 Al 파이프, 위험물의 봉입 등에도 적용된다.

15. 고주파 유도 용접

(1) 원리

고주파 전류는 도체의 표면에 집중적으로 흐르는 성질인 표피 효과(skin effect)와 전류의 방향이 반대인 경우 서로 접근해서 흐르는 성질인 근접 효과를 이용하여 용접부를 가열・용접한다. 압접부에 적합한 코일의 준비와 가열층의 깊이를 조절하는 전류의 공급 관계가 포인트이다.

(2) 종류와 용도

고주파 유도 용접법과 고주파 저항 용접법이 있으며 중공 단면의 고속도 맞대기 용접(압접)에 유리하다. 다량의 파이프 접합, 화학 기계의 조립 등에 효과적이다.

16. 마찰 용접

(1) 원리

마찰 용접(friction welding)은 두 개의 모재에 압력을 가해 접촉시킨 다음, 접촉면에 상대운동을 발생시켜 접촉면에서 발생하는 마찰열을 이용하여 이음면 부근이 압접 온도에 도달했을 때 강한 압력을 가하여 업셋시키고, 동시에 상대운동을 정지해서 압접을 완료하는 용접법이다.

현재 실용되고 있는 마찰 용접법에는 컨벤셔널(conventional)형과 플라이 휠(fly wheel)형이 있다.

(2) 분류

① **컨벤셔널형** : 한쪽 재료를 고속 회전시키고 다른 쪽을 일정한 압력으로 접촉시킨 후, 접촉면에 마찰열을 발생시켜 압접 온도에 이르렀을 때에 회전을 급정지시키고, 압력을 그대로 지속하든가 또는 압력을 증가시키면서 용접하는 방법이다.

② **플라이 휠형** : 한쪽 재료를 지지하는 회전축에 적당한 중량의 플라이 휠을 붙이고 고속 회전시켜 필요한 에너지를 주고, 다른 재료를 일정한 압력 상태에서 접촉시켜 마찰력에 의해

접촉면을 발열시켜 압접 온도까지 상승시킨 다음, 플라이 휠에 축적되어 있는 회전 에너지를 소비시켜 회전을 급속히 감소한 후 자연 정지시키면서 용접이 완료되는 방식이다.

(3) 특징

① 장점

㉠ 같은 재료나 다른 재료는 물론, 금속과 비금속 간에도 용접이 가능하다.

㉡ 용접작업과 조작이 쉽고 자동화되어 취급에 있어 숙련을 필요로 하지 않는다.

㉢ 용접 작업시간이 짧으므로 작업 능률이 높다.

㉣ 용제나 용접봉이 필요없으며, 이음면의 청정이나 특별한 다듬질도 필요없다.

㉤ 유해 가스의 발생이나 불꽃의 비산이 거의 없으므로 위험성이 적다.

㉥ 용접물의 치수 정밀도가 높고 재료가 절약된다.

㉦ 철강재의 접합에서는 탈탄층이 생기지 않는다.

㉧ 용접면 사이를 직접 마찰에 의해 가열하므로 전력 소비가 플래시 용접에 비해서 약 1/5~1/10 정도이다.

② 단점

㉠ 회전축의 재료는 비교적 고속도로 회전시키기 때문에 형상 치수에 제한을 받고 주로 원형 단면에 적용되며, 특히 긴 물건, 무게가 무거운 것, 큰 지름의 것 등은 용접이 곤란하다.

㉡ 상대 각도를 필요로 하는 것은 용접이 곤란하다.

(4) 적용

공구류의 날 부분과 생크부의 마찰 압접에 사용되고 있다. 드릴, 엔드밀, 샤프트, 기어와 기어축 등 기타 내연 기관의 부품류에는 재료 절약 및 공정의 단축, 중량 감소 등의 이점이 있다.

17. 폭발 압접

(1) 원리

두 장의 금속판을 화약의 폭발에 의한 순간적인 큰 압력을 이용하여 금속을 압접하는 방법이다. 모재와 접촉면은 평면이 아니고 파형상이며 이것은 재료의 유동을 막고 표면층의 소성 변형에 의한 발열로 용착함과 동시에 가압한다.

(2) 특징

① 용접작업이 견고하므로 성형이나 용접 등의 가공성이 양호하다.

② 특수한 설비가 필요 없어 경제적이다.

③ 이종 금속의 접합이 가능하다.

④ 고용융점 재료의 접합이 가능하다.
⑤ 용접작업이 비교적 간단하다.
⑥ 화약을 사용하므로 위험하다.
⑦ 압접 시 큰 폭음을 낸다.

18. 단접

단접(forge welding)은 적당히 가열한 두 개의 금속을 접촉시켜 압력을 주어 접합하는 방법으로, 가열은 금속의 점성이 가장 큰 온도까지 한다. 가열할 때 산화가 되지 않는 금속이 단접에 좋으며, 강의 단접 온도는 1,200~1,300℃가 좋다. 주철과 황동은 용융점이 다 되어도 경도가 변화하지 않다가 갑자기 용융되므로 단접할 수 없다.

단접에는 맞대기 단접, 겹치기 단접, 형 단접이 있다.

19. 플라스틱 용접

플라스틱 용접법(plastics welding)은 열풍 용접, 열기구 용접, 마찰 용접, 고주파 용접으로 분류한다.

(1) 열풍 용접

열풍 용접(hot gas welding)은 전열에 의해 기체를 가열하여 고온으로 되면 그 가스를 용접부와 용접봉에 분출하면서 용접하는 방법이다.

(2) 열기구 용접

열기구 용접(heated tool welding)은 니켈 도금한 구리나 알루미늄제의 가열된 인두를 사용하여 접합부를 알맞은 온도까지 가열한 후 국부적으로 용융됨에 따라 용접하는 방법이다.

(3) 마찰 용접

플라스틱 마찰 용접(plastics friction welding)은 이음하려는 두 개의 용접물의 표면에 압력을 가한 다음, 한쪽을 고정시키고 다른 한쪽을 회전시키면 발생하는 마찰열을 이용하여 용접물을 연화 또는 용융시켜 용접하는 방법이다.

(4) 고주파 용접

고주파 용접은 플라스틱과 같은 절연체를 고주파 전장 내에 넣으면 분자가 강력하게 진동되어 발열하는 성질을 이용하여 이음부를 전극 사이에 놓고 고주파 전류를 가열하여 연화 또는 용융시켜 용접하는 방법이다.

(5) **플라스틱의 종류**

플라스틱은 용접용 플라스틱인 열가소성 플라스틱(thermoplastics)과 비용접용 플라스틱인 열경화성 플라스틱(thermosetting plastics)으로 나눈다.

① **열가소성 플라스틱** : 열가소성 플라스틱이란 열을 가하면 연화하고 더욱 가열하면 유동하는 것으로 열을 제거하면 처음 상태의 고체로 변하는 것인데, 폴리염화비닐, 폴리프로필렌, 폴리에틸렌(polyethylene), 폴리아미드(polyamide), 메타아크릴(metha-crylic), 플루오르 수지 등이 있으며, 용접이 가능한 것이다.

② **열경화성 플라스틱** : 열경화성 플라스틱이란 열을 가해도 연화되지 않고 더욱 열을 가하면 유도하지 않고 분해되며 열을 제거해도 고체로 변하지 않는 것으로, 폴리에스터(polyester), 멜라민(melamine), 페놀 수지(phenol formal dehyde), 요소, 규소 등이 있으며, 용접이 불가능한 것이다.

4-5 전기 저항 용접의 개요

1. 저항 용접의 원리

도체에 대전류를 직접 흐르게 하면 도체 내부의 전기 저항에 의하여 열손실이 방생한다. 일반적인 전기 회로에서는 이와 같은 손실을 최소화시키는 방향으로 기술을 발전시키고 있으나, 저항 용접(Electric Resistance Welding; ERW)은 발열 손실을 오히려 적극적으로 활용하는 기술이다. 즉 저항 용접이란 압력을 가한 상태에서 대전류를 흘려주면 양 모재 사이 접촉면에서의 접촉 저항과 금속 고유 저항에 의한 저항 발열(줄열, Joule's heat)을 얻고 이 줄열로 인하여 모재를 가열 또는 용융시키고 가해진 압력에 의해 접합하는 방법이다. 이때의 저항 발열 Q는 다음 식으로 구해질 수 있다.

$$Q = I^2Rt\,[\text{Joule}] = 0.238I^2Rt\,[\text{cal}] \approx 0.24I^2Rt\,[\text{cal}]$$

여기서, I : 용접전류(A), R : 저항(Ω), t : 통전시간(sec),

1cal = 4.2J ⇒ 1J ≈ 0.24cal

2. 저항 용접의 3요소

(1) 용접전류

주로 교류(AC)를 사용한다. 전류는 판 두께에 비례하여 조정하며, 재질에 따라 Al, Cu 등 열전도도가 큰 재료일수록 더 많은 용접전류를 필요로 한다. 용접전류는 저항 용접 조건 중 가장 중요하다고 할 수 있는데 이는 발열량(Q)이 전류의 제곱에 비례하기 때문이다. 전류가 너무 낮을 경우 너깃(nugget) 형성이 작고, 용접 강도도 작아진다. 반대로 전류가 너무 높을 경우에는 모재를 과열시키고 압흔을 남기게 되며, 심한 경우 날림(expulsion)이 발생되기도 하고 너깃 내부에 기공 또는 균열이 발생하기도 한다.

(2) 통전시간

동일한 전류로 통전시간을 2배로 하면 발열량과 열 손실도 같은 양으로 증가하게 된다. Al, Cu 등의 재질에는 대전류로 통전시간을 짧게 해야 하며, 강판의 경우 보통 전류에 통전시간을 길게 하는 것이 일반적이다.

(3) 가압력

전류값과 통전시간은 클수록 유효 발열량이 증가하나, 가압력이 클수록 유효 발열량은 오히려 떨어지게 되며 전극과 모재, 모재와 모재 사이의 접촉 저항은 작아진다.

가압력이 낮으면 너깃 내부에 기공 또는 균열 발생이 우려되며, 용접 강도 저하의 원인이 된다. 반면에 가압력이 너무 높으면 접촉저항이 감소하여 발열량이 떨어져 강도 부족을 초래하기도 한다.

3. 저항 용접의 종류 및 특징

(1) 저항 용접의 종류

저항 용접은 이음의 형상, 용접기의 형식, 가압방식 등에 따라 다음과 같이 나누어진다.

① 이음 형상에 따른 분류

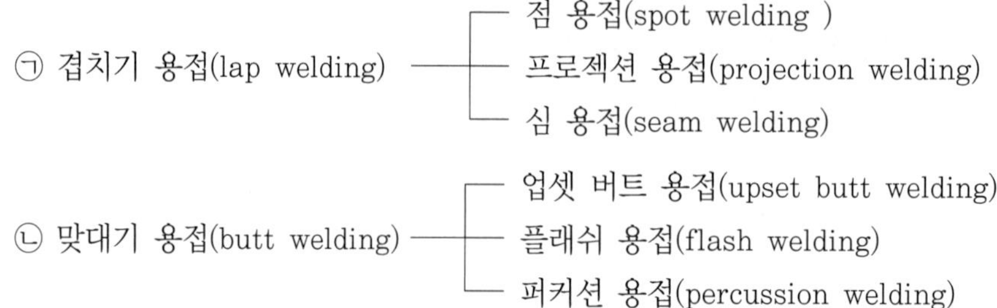

② 용접기 형식에 따른 분류

㉠ 단상식
- 비동기 제어
- 동기 제어

㉡ 저리액턴스식
- 저주파식
- 정류식

㉢ 축세식
- 전자 축세식
- 정전 축세식

③ 가압방식에 따른 분류

㉠ 수동 가압식

㉡ 페달 가압식

㉢ 전자 캠 가압식

㉣ 공기 가압식

㉤ 유압식

(2) 저항 용접의 특징

① 장점

㉠ 일반적으로 작업속도가 빠르며, 대량 생산에 적합하다.

㉡ 이음 강도에 대한 효율이 높고 무게 감소, 자재 절약 등의 성능상 이점이 있다.

㉢ 필러메탈(filler metal)이나 플럭스(flux)가 필요없고, 용접 절차가 간단하다.

㉣ 가압에 의한 효과 때문에 용접 후의 금속 조직이 비교적 양호하다.

㉤ 기계에 의해 용접 조건이 자동으로 이루어지며, 작업자의 숙련도나 기량에 큰 관계가 없다.

㉥ 용접 후 변형이나 잔류응력이 적다.

② 단점

㉠ 적당한 비파괴 검사가 어렵다.

㉡ 대용량의 용접기 등 전원 설비가 필요하며, 각종 제어 장치 등으로 구조가 복잡하여 용접 설비비가 비싸다.

㉢ 용접기의 용량에 비해 용접 능력이 한정되며, 재질, 판 두께 등 용접재료에 대한 영향이 크다.

㉣ 설계상 복잡한 구조에는 적용이 어렵다.

4-6 점 용접

1. 원리 및 특징

(1) 원리

용접하려는 재료를 두 개의 전극 사이에 끼워 놓고 가압 상태에서 전류를 통하면 접촉면의 전기 저항이 크기 때문에 열이 발생하며, 이 저항열을 이용하여 접합부를 가열 융합한다. 이때 전류를 통하는 통전시간은 모재의 재질에 따라 1/1,000초부터 수 초 동안으로 하며, 저항 용접의 3요소인 용접전류, 통전시간과 가압력 등을 적절히 하면 용접 중 접합면의 일부가 녹아 바둑알 모양의 너깃(nugget)이 형성되면서 용접이 된다.

(2) 특징

① 재료의 가열시간이 극히 짧아 용접 후 변형과 잔류응력이 그다지 문제되지 않는다.
② 용융금속의 산화, 질화가 적다.
③ 비교적 균일한 품질을 유지할 수 있다.
④ 조작이 간단하여 숙련도에 좌우되지 않는다.
⑤ 재료가 절약된다.
⑥ 공정수(구멍 뚫기 공정의 불필요)가 적게 되어 시간이 단축된다.
⑦ 작업속도가 빠르다.
⑧ 점 용접은 저전압(1~15V 이내), 대전류(100A~수십 만A)를 사용한다(주로 3mm 이하의 박판에 주로 적용된다).

2. 전극(electrode)

(1) 전극의 역할

① 통전의 역할
② 가압의 역할
③ 냉각의 역할
④ 모재를 고정하는 역할

(2) 점 용접 전극으로서 갖추어야 할 기본적인 요구 조건

① 전기 전도도가 높을 것
② 기계적 강도가 크고, 특히 고온에서 경도가 높을 것
③ 열전도율이 높을 것

④ 가능한 모재와 합금화가 어려울 것

⑤ 연속 사용에 의한 마모와 변형이 적을 것

(3) 전극의 종류

① R형 팁(radius type) : 전극 선단이 50~200mm 반경 구면으로 용접부 품질이 우수하고, 전극 수명이 길다.

② P형 팁(pointed type) : R형 팁보다는 아니지만 많이 사용한다.

③ C형 팁(truncated cone type) : 원추형의 모따기한 것으로 많이 사용하며 성능도 좋다.

④ E형 팁(eccentric type) : 앵글 등 용접 위치가 나쁠 때 사용한다.

⑤ F형 팁(flat type) : 표면이 평평하여 압입 흔적이 거의 없다.

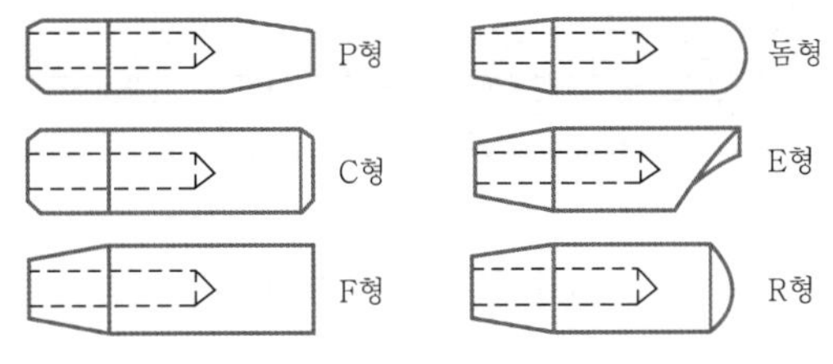

그림 1-28 전극의 형상

(4) 전극의 재질

전기 및 열전도도가 뛰어나고 충격이나 연속 사용에 견디며 고온에서도 기계적 성질이 저하하지 않는 것으로 경합금 Cu 합금은 순 구리 전극이 쓰이고 구리 용접에는 Cr, Ti, Ni 등을 첨가한 구리 합금이 쓰인다.

3. 점 용접기의 종류

(1) 정치식 점 용접기

① 페달식 점 용접기 : 페달에 의해 가압되는 방식의 용접기

② 전동 가압식 점 용접기 : 전동력에 의해 가압 용접하는 방식의 용접기

③ 탁상 점 용접기

④ 공기 가압식 점 용접기 : 로커암식, 프레스식, 쌍두식, 다극식

(2) 포터블 점 용접기

① C형 건

② X형 건

4. 점 용접법의 종류

(1) 단극식 점 용접(single spot welding)

점 용접의 기본으로 전극 1쌍으로 1개의 점 용접부를 만드는 용접법이다.

(2) 다전극 점 용접(multi spot welding)

전극을 2개 이상으로 하여 2점 이상의 용접을 하며 용접속도 향상 및 용접 변형 방지에 좋다.

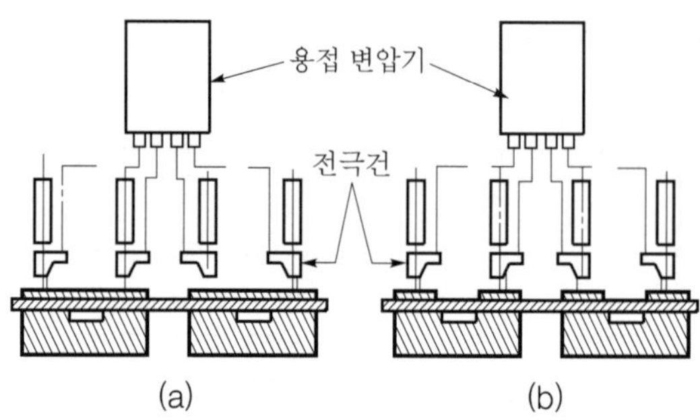

그림 1-29 다전극 점 용접

(3) 직렬식 점 용접(series spot welding)

1개의 전류 회로에 2개 이상의 용접점을 만드는 방법으로, 전류 손실이 많으므로 전류를 증가시켜야 하며 용접 표면이 불량하여 용접 결과가 균일하지 못하다.

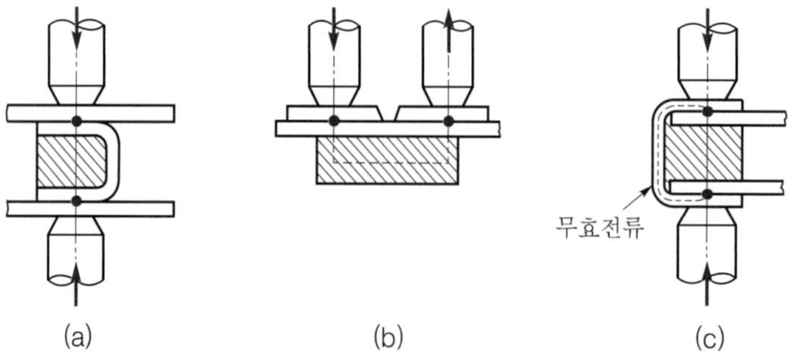

그림 1-30 직렬식 점 용접

(4) 맥동 점 용접(pulsation welding)

모재 두께가 다른 경우에 전극의 과열을 피하여 싸이클 단위를 몇 번이고 전류를 단속하여 용접하는 것이다.

(5) 인터랙트 점 용접(interact spot welding)

용접점 부분에 직접 2개의 전극으로 물지 않고 용접전류가 피용접물의 일부를 통하여 다른 곳으로 전달하는 방식이다.

5. 용접 결과에 영향을 미치는 요인

저항 용접은 용접부에 존재하는 피용접물 자체의 고유 저항, 피용접물 사이의 접촉 저항, 피용접물과 전극봉과의 접촉 저항 등에 의한 발열 그리고 피용접물 자체 및 전극으로의 열 발산과의 차이에 의해서 용접부의 온도를 상승시키고 적당한 가압력을 작용시켜 접합을 행하는 용접법이기 때문에 이것에 관련되는 요소는 모두 용접 결과에 영향을 준다고 하겠다.

4-7 심 용접

1. 원리와 특징

(1) 원리

심 용접법(seam welding)은 원관형 전극 사이에 용접물을 끼워 전극에 압력을 주면서 전극을 회전시켜 모재를 이동하면서 점 용접을 반복하는 방법이다. 그러므로 회전 롤러 전극부를 없애면 점 용접기의 원리와 구조가 같으며, 주로 기밀, 유밀을 필요로 하는 이음부에 적용된다.

용접전류의 통전방법에는 단속(intermittent) 통전법, 연속(continuous) 통전법, 맥동(pulsation) 통전법이 있으며, 단속 통전법이 가장 일반적으로 사용된다.

(2) 특징

① 기밀, 수밀, 유밀 유지가 쉽다.

② 용접 조건은 점 용접에 비해 전류는 1.5~2배, 가압력은 1.2~1.6배가 필요하다.

③ 0.2~4mm 정도 얇은 판 용접에 사용된다(용접속도는 아크 용접의 3~5배 빠르다).

④ 단속 통전법에서 연강의 경우 통전시간과 휴지 시간의 비를 1 : 1 정도, 경합금의 경우 1 : 3 정도로 한다.

⑤ 점 용접이나 프로젝션 용접에 비해 겹침이 적다.

⑥ 보통의 심 용접은 직선이나 일정한 곡선에 제한된다.

2. 심 용접의 종류

(1) 매시 심 용접(mash seam welding)

일반적인 겹치기 이음보다 겹치는 부분이 비교적 적어 이음부의 겹침을 판 두께 정도로 하고 겹쳐진 전폭을 가압하는 방법이다.

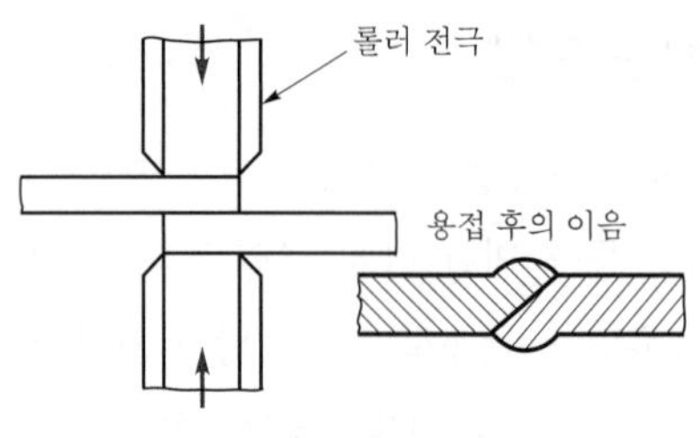

그림 1-31 매시 심 용접

(2) **포일 심 용접(foil seam welding)**

모재를 맞대고 이음부에 같은 종류의 얇은 판(foil)을 대고 가압하는 방법이다.

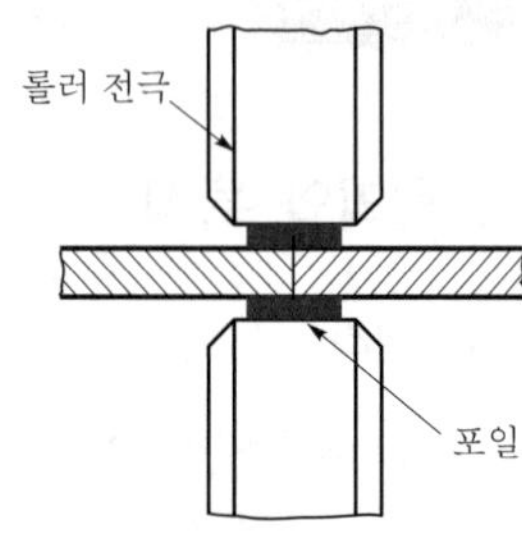

그림 1-32 포일 심 용접

(3) **맞대기 심 용접(butt seam welding)**

심 파이프(seam pipe) 제조 시 등판의 끝을 맞대어 놓고 가압하여 두개의 롤러로 맞댄 면에 통전하여 접합하는 방법이다.

3. 용접기

(1) **용접기의 구조**

가압장치, 용접 변압기, 어퍼 암(upper arm), 로어 암(lower arm), 전극, 전류 조정기, 시간 제어 장치 및 급전 베어링, 전극 구동장치를 필요로 한다.

① 전극 구조방식

㉠ 상부 전극 구동, 하부 전극 구동

㉡ 상하 전극 모두 차동 기어로 구동

㉢ 상하 전극 모두 종동(피용접물에 의해 구동)

② 용접기의 종류

㉠ 횡심 용접기(circular seam welder)

㉡ 종심 용접기(longitudinal seam welder)

㉢ 유니버설 형(universal type)

4-8 프로젝션 용접

1. 원리와 특징

(1) 원리

프로젝션 용접법(projection welding)은 점 용접과 유사한 방법으로 모재의 한쪽 또는 양쪽에 작은 돌기(projection)를 만들어 모재의 형상에 의해 전류밀도를 크게 한 후 압력을 가해 압접하는 방법이다.

(2) 특징

① 작은 지름의 점 용접을 짧은 피치(pitch)로서 동시에 많은 점 용접이 가능하다.

② 열용량이 다르거나 두께가 다른 모재를 조합하는 경우에는 열전도도와 용융점이 높은 쪽 혹은 두꺼운 판 쪽에 돌기를 만들면 쉽게 열 평형을 얻을 수 있다.

③ 비교적 넓은 면적의 판(plate)형 전극을 사용함으로써 기계적 강도나 열전도면에서 유리하며, 전극의 소모가 적다.

④ 전류와 압력이 균일하게 가해지므로 신뢰도가 높다.

⑤ 작업속도가 빠르며 작업 능률도 높다.

⑥ 돌기의 정밀도가 높아야 정확한 용접이 된다.

⑦ 돌기의 가공, 전극의 크기 또는 용접기의 용량 등으로 볼 때, 이 용접법의 적용 범위는 전기 기구, 자동차 등 소형 부품류의 대량 생산에 적합하다.

2. 용접기

프로젝션 용접은 모재 용융부에 돌기를 만들고 여기에 대전류와 가압력을 작용시켜 용접하는 점 용접의 변형이다. 점 용접기와 유사하나 특수한 전극을 부착할 수 있는 구조가 필요하며 여러 개의 돌기(보통 2~4개 정도)에 똑같은 가압력이 분포되도록 기계적 정밀도가 높고 큰 강성을 필요로 하는 가압부가 필요하다. 다점을 동시에 용접할 때는 T 홈을 가진 넓은 전극판인 가압판(plate)이 있어 여기에 특수 전극을 끼우도록 되어 있으며, 점 용접보다 가압력이 크기 때문에 공기 가압식이 사용되고 있다.

3. 용접 조건

프로젝션 용접 시의 요구 조건은 다음과 같다.

① 프로젝션은 전류가 통하기 전의 가압력(예압)에 견딜 수 있어야 한다.
② 상대 판이 충분히 가열될 때까지 녹지 않아야 한다.
③ 성형 시 일부에 전단 부분이 생기지 않아야 한다.
④ 성형에 의한 변형이 없어야 하며, 용접 후 양면의 밀착이 양호해야 한다.

4-9 기타 전기 저항 용접

1. 업셋 용접법

(1) 원리

업셋 용접법(upset welding)은 용접재를 세게 맞대고 여기에 대전류를 통하여 이음부 부근에서 발생하는 접촉 저항에 의해 발열되어 용접부가 적당한 온도에 도달했을 때 축방향으로 큰 압력을 주어 용접하는 방법이다. 가압속도가 느리면 플래시 용접법(flash welding)에 비하여 가열속도가 느리고 가열시간이 길어 열 영향부가 넓게 된다.

(2) 특징

① 전류 조정은 1차 권선수를 변화시켜 2차 전류를 조정한다(2차 권선수가 대부분 단권이므로).
② 단접 온도는 1,100~1,200℃이며 불꽃 비산이 없다.
③ 업셋이 매끈하다(접합부에 삐져나옴이 없다).
④ 용접기가 간단하고 가격이 싸다.
⑤ 단면이 큰 경우는 접합면이 산화되기 쉽다(16mm 이내의 가는 봉재의 사용이 적합).
⑥ 비대칭인 것에는 사용이 곤란하다.
⑦ 용접부의 기계적 성질도 일반적으로 낮다.
⑧ 기공 발생이 우려되므로 접합면 청소를 완전히 해야 한다.
⑨ 플래시 용접에 비해 열영향부가 넓어지며 가열시간이 길다.

2. 플래시 용접

(1) 원리

플래시 용접(flash welding)은 용접할 2개의 금속 단면을 가볍게 접촉시켜 여기에 대전류를 통하여 접촉점을 집중적으로 가열한다. 접촉점은 과열 용융되어 불꽃으로 흩어지나 그 접촉이 끊어지면 다시 용접재를 내보내어 항상 접촉과 불꽃이 비산을 반복시키면서 용접면을 고르게 가열하여 적당한 온도에 도달하였을 때 강한 압력을 주어 압접하는 방법이다.

(2) **특징**

① 가열 범위와 열영향부가 좁다.
② 플래시 과정에서 산화물 등을 플래시로 비산시키므로 용접면에 산화물의 개입이 적게 된다.
③ 용접면을 아주 정확하게 가공할 필요가 없다.
④ 신뢰도가 높고 이음의 강도가 좋다.
⑤ 동일한 전기 용량에 큰 물건의 용접이 가능하다.
⑥ 종류가 다른 재료도 용접이 가능하다.
⑦ 용접시간이 짧고 업셋 용접보다 전력 소비가 적다.
⑧ 능률이 극히 높고, 강재 니켈 합금 등에서 좋은 결과를 얻을 수 있다.
⑨ 비산되는 플래시로부터 작업자의 안전 조치가 필요하다.

3. 퍼커션 용접

퍼커션 용접(percussion welding)은 극히 짧은 지름의 용접물을 접합하는 데 사용하며 전원은 축전된 직류를 사용한다. 피용접물을 두 전극 사이에 끼운 후에 전류를 통하면 고속도로 피용접물이 충돌하게 되며 퍼커션 용접에 사용되는 콘덴서는 변압기를 거치지 않고 직접 피용접물에 단락시키게 되어 있으며 피용접물이 상호 충동되는 상태에서 용접이 되므로 일명 충돌 용접이라 한다.

4-10 납땜의 개요

1. 원리와 종류

(1) **원리**

같은 종류의 두 금속 또는 종류가 다른 두 금속을 접합할 때 이들 용접 모재보다 융점이 낮은 금속 또는 그들의 합금을 용가재로 사용하여 용가재만을 용융·첨가시켜 두 금속을 이음하는 방법을 납땜이라 한다.

(2) **납땜의 종류**

납땜은 사용하는 융점에 따라 두 가지로 나눌 수 있다.

① 연납땜(soldering) : 납땜재의 융점이 450℃(800°F) 이하에서 납땜을 행하는 것을 말한다.
② 경납땜(brazing) : 땜납재의 융점이 450℃ 이상에서 납땜을 행하는 것을 말한다.

(3) **땜납의 종류 및 선택**

땜납은 용접 모재와 성질이 비슷한 것을 선택 사용하는 것이 좋다. 따라서 다음 사항을 만족하는 땜납을 선택하는 것이 좋다.

① 모재와의 친화력이 좋을 것(모재 표면에 잘 퍼져야 한다)
② 적당한 용융 온도와 유동성을 가질 것(모재보다 용융점이 낮아야 한다)
③ 용융 상태에서도 안정하고, 가능한 증발 성분(蒸發成分)을 포함하지 않을 것
④ 납땜할 때에 용융 상태에서도 가능한 한 용분(溶分)을 일으키지 않을 것
⑤ 모재와의 전위차(電位差)가 가능한 한 적을 것
⑥ 접합부에 요구되는 기계적, 물리적 성질을 만족시킬 수 있을 것(강인성, 내식성, 내마멸성, 전기전도도)
⑦ 금, 은, 공예품 등 납땜에는 색조가 같을 것

2. 납땜과 흡착성

납땜은 접합하고자 하는 모재가 있어야 하고, 용접 모재를 접합하기 위하여 첨가하는 땜납이 있어야 한다. 또한 모재의 접합을 원활하게 하기 위하여 사용되는 용제가 있어야 하는데 용제는 모재 표면에 있는 산회막을 제거해주는 역할을 한다. 납땜 작업을 할 때에는 여러 가지 가열 방법이 있는데 간단한 인두에서 가스 용접 기구, 전기를 이용한 탄소 아크 장치, 유도 가열 장치 및 노를 이용하는 용접 기구 장치 등이다.

4-11 땜납 및 용제

1. 납땜재

납땜재는 이음하기 쉬운 것을 선택해야 하며, 납땜부에 요구되는 강도, 내열성, 내식성, 열 및 전기 전도성이나 색깔 등을 가능한 한 충족시키는 것이 바람직하다. 특히 식기류의 납땜에는 위생상 해롭지 않은 납땜재를 선택해야 한다. 일반적으로 사용되는 납땜재는 다음과 같다.

(1) **연납(soft solder)**

연납은 기계적 강도가 낮으므로 강도를 필요로 하는 부분에는 적당하지 않으며, 용융점이 낮고 납땜이 용이하기 때문에 전기적인 접합이나 기밀, 수밀을 필요로 하는 장소에 사용된다.

① 연납의 특성
㉠ 인장강도 및 경도가 낮고 용융점이 낮으므로 납땜이 쉽다(연납은 용융점이 450℃ 이하인 납이다).

㉡ 주로 주석-납계 합금이 많이 사용되면 연납의 흡착력은 주석의 함량에 의존되며 주석 100%일 때 가장 흡착작용이 크고 납 100%는 흡착작용이 없다.

㉢ 비율 50 : 50(주석 : 납) 공정일 때 용융 온도가 낮고 납땜 작업이 쉽다.

㉣ 강도를 중요시하지 않는 아연, 주석, 구리, 놋쇠, 함석 등의 납땜에 사용된다.

② 연납의 종류

㉠ 20% 주석-납 : 납의 함량이 크기 때문에 용융 온도가 높으며 용융 범위가 넓어 피복용 땜, 고온 땜으로 사용된다. 인두 땜보다는 불꽃 땜에 적합하다.

㉡ 30~40% 주석-납 : 용융 범위가 넓을 뿐 아니라 연신성이 좋아 자동차 공업용 와이핑 솔더(wiping solder), 수도용 연관을 접합할 때 녹여 붙임에 사용된다.

㉢ 50% 주석-납 : 가장 널리 사용되는 땜납으로 유동성, 친화력과 내식성이 좋으므로 함석판, 주석판, 전기용 황동판 등의 땜에 적합하다.

㉣ 60% 주석-납 : 공정점에 가까운 땜납으로 결정 입자도 치밀하며 강도도 충분하므로 밀폐할 부분의 땜, 전기 기기 등의 땜에 이용된다.

㉤ 납-카드뮴납 : 주석-납 합금의 주석 대신에 카드뮴(Cd)을 쓰면 인장강도가 훨씬 큰 땜납이 된다. 주로 아연판, 구리, 황동납 등의 납땜에 이용되며 용제로서는 염화아연이나 송진이 사용된다.

㉥ 납-은납 : 주로 구리, 황동용 땜납으로 내열성 땜납이다. 공정 조성은 은이 2.5%일 때이고 용융점은 304℃이다. 1% 정도의 주석을 첨가하면 유동성은 개선되나 은의 양이 1.75% 이상에서는 주석-은 중간상을 형성하여 편석을 가져올 경우가 있으므로 주석을 첨가할 때는 은 1.5% 미만이어야 한다. 용제는 염화아연이 이용된다.

㉦ 카드뮴-아연납 : 이 합금계의 땜납의 용융 범위는 263℃에서 419℃까지에 이르고 있다. 모재에 가공 경화를 가져오지 않고 강한 이음 강도가 요구될 때 쓰이며 공정 조성 부근의 합금 조성이 땜납으로 쓰이고 있다.

㉧ 저용점 땜납 : 특히 낮은 온도에서 금속을 접합시키려 할 때는 주석-납 합금땜에 비스무스(Bi)를 첨가한 다원계 합금 땜납을 쓴다. 저용점 땜납은 일반적으로 그 용융점이 100℃ 미만의 합금 땜납을 말한다.

㉨ Al용 땜납 : 80% Sn-20% Zn 또는 95% 주석-5% Al 합금이 사용된다.

(2) 경납(hard solder)

① **경납의 특성** : 경납땜에 사용되는 용가재를 말하며 은납, 구리납, 알루미늄납 등이 있다. 모재의 종류, 납땜 방법, 용도에 의하여 여러 가지의 것이 이용되며 다음과 같은 조건을 갖추고 있어야 한다.

㉠ 접합이 튼튼하고 모재와 친화력이 있어야 한다.

㉡ 용융 온도가 모재보다 낮고 유동성이 있어 이음 간에 흡인이 쉬워야 한다.

㉢ 용융점에서 땜납 조성이 일정하게 유지되어야 하며 휘발 성분이 함유되어 있지 않아야 한다.

㉣ 기계적·물리적·화학적 성질이 타당해야 한다.

㉤ 모재와 야금적 반응이 만족스러워야 한다.

㉥ 모재와의 전위차가 가능한 한 적어야 한다.

㉦ 금, 은, 공예품 등의 납땜에는 색조가 같아야 한다.

② 경납의 종류

㉠ 구리납 또는 황동납 : 구리납(86.5% 이상) 또는 황동납은 철강이나 비철금속의 납땜에 사용된다.

㉡ 인동납 : 인동납은 구리가 주성분이며, 소량의 은, 인을 포함한 합금으로 되어 있다.

㉢ 은납 : 은납은 은, 구리, 아연이 주성분으로 된 합금이며, 융점은 황동납보다 낮고 유동성이 좋다.

㉣ 내열납 : 내열 합금용 납땜재에는 구리－은납, 은－망간납, 니켈－크롬계 납 등이 사용된다.

(3) 알루미늄납

알루미늄용 경납은 일반적으로 알루미늄에 규소, 구리를 첨가하여 사용하며, 이 납땜재의 융점은 600℃ 정도이다.

2. 납땜의 용제

(1) 용제의 구비 조건

① 모재의 산화 피막과 같은 불순물을 제거하고 유동성이 좋을 것

② 청정한 금속면의 산화를 방지할 것

③ 땜납의 표면 장력을 맞추어서 모재와의 친화도를 높일 것

④ 용제의 유효 온도 범위와 납땜 온도가 일치할 것

⑤ 납땜의 시간이 긴 것에는 용제의 유효 온도 범위가 넓고 용제의 탄화가 일어나기 어려울 것

⑥ 납땜 후 슬래그 제거가 용이할 것

⑦ 모재나 땜납에 대한 부식 작용이 최소한일 것

⑧ 전기 저항 납땜에 사용되는 것은 전도체일 것

⑨ 침지땜에 사용되는 것은 수분을 함유하지 않을 것

⑩ 인체에 해가 없을 것

(2) 용제의 선택

용제을 선택할 경우 납땜 온도, 모재의 형상, 치수, 수량, 가열 방법, 용도 등을 고려하여 경제적이고 능률적인 용제를 선택해야 한다. 그러나 침지 땜에서는 수분을 피해야 하고, 전기 저항 용접에서는 전기 저항이 적어야 한다. 또 유효 온도 범위, 용제 제거의 용이성, 부식성 등을 고려하여 적절히 선택해야 한다.

(3) 연납용 용제

연납용 용제로는 염화아연($ZnCl_2$), 염산(HCl), 염화암모늄(NH_4Cl) 등이 사용된다.

① **송진(resin)** : 부식 작용이 없으므로 납땜의 슬래그 제거에 문제가 있는 전자 기기와 같이 전기 절연이 요구되는 곳에 사용된다.

② **염화아연($ZnCl_2$)** : 연납땜에 가장 보편적으로 사용되는 용제로서 283℃에서 용융하지만 보통 염화암모늄에 섞어서 사용한다.

③ **염화암모늄(NH_4Cl)** : 가열해도 용융하지 않으므로 단독으로 사용할 수 없으며, 가열하면 염화 가스를 발생하여 금속 산화물을 염화물로 변화시키는 작용을 한다.

④ **인산(H_3PO_4)** : 인산의 알콜 용액은 구리 및 구리 합금의 납땜용 용제로 쓸 경우도 있으며 인산소다, 인산암모늄과 혼합하여 쓰는 경우도 있다.

⑤ **염산(HCl)** : 염산은 물과 1 : 1 정도로 섞어서 아연 철판이나, 아연판 등의 납땜에 쓰인다.

(4) 경납용 용제

① **붕사($Na_2B4O_7 \cdot 10H_2O$)** : 금속 산화물을 녹이는 능력을 가지지만 바륨, 알루미늄, 크롬, 마그네슘 등의 산화물은 녹이지 못한다. 은납이나 황동땜에서는 붕사만을 쓰나, 일반적으로 붕산이나 기타의 알칼리 금속의 불화물, 염화물 등과 혼합하여 사용한다.

② **붕산(H_3BO_3)** : 일반적으로 붕산 70%, 붕사 30%의 것이 많이 사용되며 용해도가 875℃이다.

③ **붕산염** : 붕산소다를 사용하며 작용은 붕사와 비슷하다.

④ **불화물, 염화물** : 리듐, 칼륨, 나트륨과 같은 알칼리 금속의 염화물이나 불화물은 가열하면 거의 금속 또는 금속 산화물과 반응하여 용해 또는 변형하는 작용이 있으므로 크롬 알루미늄을 갖는 합금의 납땜에 없어서는 안 될 용제이다.

⑤ **알칼리** : 몰리브덴 합금강의 땜에 유용하며 가성소다, 가성가리 등의 알칼리는 공기 중의 수분을 흡수·용해하는 성질이 강하다.

(5) 경금속용 용제

경금속용 용제의 성분으로는 염화리튬(LiCl), 염화나트륨(NaCl), 염화칼륨(KCl), 플루오르화리튬(LiF), 염화아연($ZnCl_2$) 등이 있고, 이것들을 여러 가지로 혼합하여 사용한다.

CRAFTSMAN WELDING

05 작업안전

5-1 일반 안전

1. 작업복장과 보호구

(1) 작업복장

① 작업복

㉠ 작업복은 신체에 맞고 가벼운 것이어야 하며, 작업에 따라서는 상의의 끝이나 바지자락이 말려 들어가지 않도록 하기 위해 잡아매는 것도 좋다.

㉡ 실밥이 풀리거나 터진 것은 즉시 꿰매도록 한다.

㉢ 늘 깨끗이 하고 특히 기름이 묻은 작업복은 불이 붙기 쉬우므로 위험하다.

㉣ 더운 계절이나 고온 작업 시에도 작업복을 절대로 벗지 말아야 한다. 직장 규율 및 기강에도 좋지 않을 뿐만 아니라 재해의 위험성이 크다.

㉤ 착용자의 연령, 직종 등을 고려해서 적절한 스타일을 선정해야 한다.

② 작업모

㉠ 기계의 주위에서 작업을 하는 경우에는 반드시 모자를 쓰도록 한다.

㉡ 여자 및 장발자의 경우에는 모자나 수건으로 머리카락을 완전히 감싸도록 한다.

㉢ 여자의 경우에 일부러 앞 머리카락을 내놓고 모자를 착용하는 경우가 많으므로 착용방법에 대하여 잘 지도해야 한다.

③ 신발

㉠ 신발은 작업 내용에 잘 맞는 것을 선정하고 샌들 등은 걸음걸이가 불안정해 넘어질 우려가 있으므로 착용하지 말아야 한다.

㉡ 맨발은 부상당하기 쉽고 고열 물체에 닿을 때도 위험하므로 절대로 금한다.

㉢ 신발은 안전화의 착용이 바람직하다.

(2) 보호구

① 작업에 적절한 보호구를 선정하고 올바른 사용방법을 익혀야 한다.

② 필요한 수량의 비치, 정비, 점검 등 보호구의 관리를 철저히 해야 한다.

③ **필요한 보호구는 반드시 착용할 것**

㉠ 방진안경 : 철분, 모래 등이 날리는 작업(연삭, 선반, 셰이퍼, 목공 기계 등) 시 사용

㉡ 차광안경 : 용접작업과 같이 불티나 유해광선이 나오는 직업에서 사용

㉢ 보호 마스크 : 먼지가 많은 장소와 해로운 가스(납, 비소)가 발생되는 작업에 사용되며, 산소가 16% 이하로 결핍되었을 시는 산소마스크를 사용할 것

㉣ 장갑 : 선반 작업, 드릴, 목공 기계, 연삭, 해머, 정밀 기계 작업 등에는 장갑 착용을 금할 것

㉤ 귀마개 : 소음이 발생하는 작업, 제관, 조선, 단조, 직포 작업 등에 사용

(3) 장갑

손이 더러워지거나 부상당하는 것을 방지하기 위해 장갑을 착용하나, 오히려 장갑을 착용함으로써 재해를 초래하는 경우가 많다. 장갑 착용을 금지시킬 필요가 있는 작업에는 작업자에게 반드시 주지시켜서 장갑을 절대 껴서는 안된다.

(4) 안전모

① 작업에 적합한 안전모를 사용한다.

② 머리 상부와 안전모 내부의 상단과의 간격은 25mm 이상 유지하도록 조절하여 쓴다.

③ 턱조리개는 반드시 졸라맨다.

④ 안전모는 각 개인 전용으로 한다.

(5) 보호안경

① **방진안경** : 철분, 모래 등이 날리는 작업(연삭, 선반, 셰이퍼, 목공 기계 등) 시 사용

② **차광안경** : 용접작업과 같이 불티나 유해광선이 발생하는 작업에 사용

(6) 안전화

안전화는 중량물을 취급 중 발 위에 떨어뜨리거나 못을 밟는 등의 재해 발생 시에 발등 및 발끝의 보호에 중요한 역할을 한다. 이러한 안전화는 내유성, 내약품성 등이 있어야 하며, KS 규격에 합격한 규격품을 선정해야 한다.

(7) 구명줄

전주 위에서의 작업과 같이 신체를 높은 곳에서 고정하는 경우와 경사면에서 미끄러질 때 몸을 지탱해주기 위하여 구명줄이 필요하며, 구명줄은 강도가 충분해야 한다.

2. 생산과 안전

(1) 안전제일

미국의 어느 회사에서 사고가 너무 많이 발생하자 품질과 생산을 희생시키더라도 안전 작업을 해야겠다고 생각하며 '안전 제일', '품질 제이', '생산 제삼'이라는 슬로건을 내걸고 종업원들에게 철저하게 지키도록 한 결과 오히려 품질이 좋아지고 생산 능률도 늘었다는 데서 안전 제일이라는 말이 나왔다고 한다.

(2) 안전 녹십자 표시

안전에 대한 자각심을 갖게 하기 위해 1964년 노동부 예규 6호로 정하였다. 산업안전관리는 각종 원인의 재해 사고를 예방하며 근로자의 생명권 보장과 국가 산업 발전을 목적으로 각 생산, 작업장의 위험한 장소나 근로자의 출입구에 이 표지를 게시토록 했다.

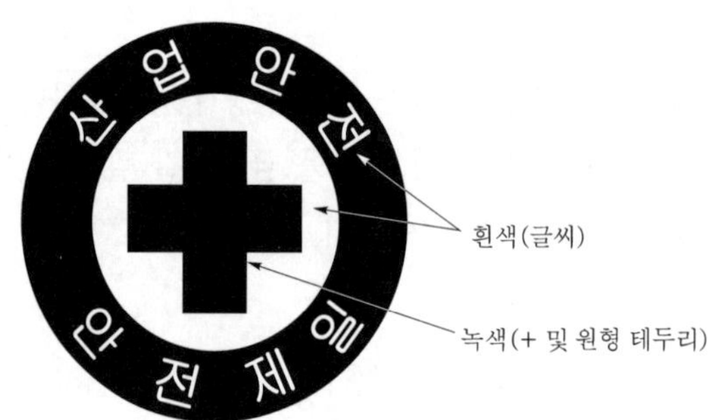

그림 1-33 산업안전의 상징인 녹십자 표시

3. 작업 행동의 안전화

(1) 인적 사고 원인

① 심리적 원인

㉠ 무지 : 기계의 취급방법, 취급품의 성질 등을 모르는 데서 일어나는 재해

㉡ 과실 : 부주의로 물건을 떨어뜨리거나 취급이나 조작을 잘못하여 일어나는 재해

㉢ 미숙련 : 기능의 정도가 낮거나 기계의 조작이 미숙하여 일어나는 재해

㉣ 난폭, 흥분 : 물건을 난폭하게 취급하거나 매사에 쉽게 흥분하거나 서둘러서 일어나는 재해

㉤ 고의 : 일부러 위험한 일을 하거나 경솔하게 작업 명령이나 안전 수칙을 지키지 않아서 일어나는 재해

㉥ 기타 : 사물에 대한 판단 능력 부족이나 부주의한 습관에서 일어나는 재해

② 생리적 원인

㉠ 체력의 부적응 : 충분치 못한 체력으로 무거운 물건을 운반하거나 무리하게 힘겨운 작업을 하여 일어나는 재해

㉡ 신체의 결함 : 손이 부자유스럽거나 귀가 잘 들리지 않는 것이 원인이 되어서 일어나는 재해

㉢ 질병 : 병중, 병후에 충분히 회복되지 않은 상태에서 작업을 하는 중에 주의력이 떨어져서 일어나는 재해

㉣ 음주 : 과음하여 일어나는 재해

㉤ 수면 부족

㉥ 과로 : 장시간 동안 작업을 했거나 더운 장소에서의 작업으로 피로해서 일어나는 재해

(2) **사고의 경향**

① **재해와 계절** : 통계적으로 1년 중 여름(8월)에 사고가 제일 많이 발생하는데 그 이유는 기온이 높아져 피로가 많아지며, 수면 부족, 식욕 감퇴 등으로 체력의 허약과 정신적 이완 때문이다.

② **작업시간** : 하루 중에서 낮 3시(낮 근무 경우)가 가장 피로가 많이 쌓이는 시간이며 사고도 많다. 또한 작업시작 직전(10시 이전)과 종료 직전에 임박하였을 때 심신 해이로 사고가 많이 발생한다.

③ **사고와 휴일** : 휴일 다음 날 많이 발생한다.

④ **재해와 숙련도** : 기능 미숙련자보다는 일반적으로 경험이 1년 미만의 근로자에게서 사고가 많이 발생하는데 특히 3~6개월 정도의 경험자에게 사고가 많다는 통계이다.

⑤ **위험 작업** : 기계 프레스, 절단, 단조, 연삭, 제재, 중량물 운반, 위험 독극물 취급 등을 위험 작업이라 하며, 안전장치 기타 특수 용구를 준비하여 위험을 최소한 줄이도록 해야 한다. 제조업 분야에서 사고가 가장 많고 다음이 건설업 순이다.

4. 일반 안전수칙

(1) **작업장 내의 통행과 운반**

① 통로가 아닌 곳으로 통행하지 않는다(통로 위의 높이 2m 이하에는 장애물이 없을 것).

② 정해진 통로를 이용하며 뛰지 않는다.

③ 한눈을 팔거나 주머니에 손을 넣지 않는다.

④ 운반차에는 운반 중인 물건이 쓰러지거나 허물어지지 않게 안전하게 적재하며, 정규 크기보다 튀어나오거나 규격 이상으로 높이 적재하지 않도록 한다.

⑤ 승용석이 없는 운반차에는 승차하지 않는다.

⑥ 운반차는 규정 속도로 운행한다.
⑦ 동결한 노면은 미끄러지기 쉬우므로 특별히 주의한다.
⑧ 높은 곳에서 작업을 하고 있을 때나 기중기로 하역 작업을 할 때에는 부득이 한 경우를 제외하고 그 밑을 통행하지 않는다.
⑨ 통로 상에 있는 방해물은 정리하고 통행한다(기름, 물통, 칩, 재료, 쓰레기 등).
⑩ 물건을 운반할 때 앞이 보이지 않을 정도로 높이 적재하지 않는다(올바르고 안전한 적재법을 활용하고 전방의 시야를 확보한다).
⑪ 중량물을 운반할 때에는 맨홀이나 개천의 뚜껑 등에 주의한다.
⑫ 주요 통로는 1.8m 이상 확보하고 바닥에는 백색의 선을 긋는다(피난 통로는 3m 이상).
⑬ 기계와 기계의 간격은 최소한 80cm 이상 확보한다.
⑭ 작업 중이거나 운반하는 자를 방해하지 않아야 하며, 운반차나 물건을 가진 자에게 통행에 대한 우선권을 준다.
⑮ 구내 궤도 위는 통행하지 않는다.
⑯ 정차 중인 트럭이나 화차 사이를 통행할 때에는 갑자기 움직일 수 있다는 생각을 가지고 안전한 간격을 유지한다.

(2) 높은 곳에서의 작업

간혹 용접 구조물의 경우 높은 곳에서 작업을 하는 경우가 있는데 안전수칙을 숙지하지 않으면 안된다.

(3) 일반 안전수칙(수공구)

① 손이나 공구에 기름, 물 등이 묻은 경우 닦아낸다.
② 사용법에 따라 적당한 공구를 선택하여 목적에 맞게 사용한다.
③ 해머는 최초에 서서히 타격을 가하며 점진적으로 가중하면서 작업한다.
④ 해머 작업 시에는 장갑을 착용하지 말고, 사용 전에 자루의 끼임 정도를 확인한다.
⑤ 스패너는 해머 대용으로 사용하지 말며, 너트와 일치된 규격의 것을 사용한다.
⑥ 스패너에 파이프를 끼워 사용하지 않는다.
⑦ 정 작업은 조각의 비산에 주의하며 정을 잡은 손의 힘을 뺀다.
⑧ 줄을 망치 대용으로 사용하지 않으며, 줄질 후 쇠솔을 이용하여 쇳가루를 청소한다.
⑨ 바이스 위에 공구나 재료를 올려놓지 않는다.

5. 작업환경

(1) 온도와 습도의 관계

1년 중에 재해 발생 빈도수를 조사해 본 결과 온도나 습도가 최고를 이루는 7~8월에 가장 두드러지게 나타나고 있다. 온도, 습도가 올라갈수록 재해 지수도 높아지는데 그 원인은 불쾌지수이다. 인간은 기온과 습도가 높아지면 피부의 땀 증발 비율이 작아져서 불쾌지수가 높아지며, 여기에 피로가 더해져 작업 능률이 떨어지고 행동면에서 심리적으로 착오를 일으키기 쉽기 때문이다.

① 감각온도 : 사람이 피부로 느끼는 더위는 온도만이 아니며, 기온, 습도, 기류 등의 3가지를 종합해서 얻어지는 온도이다. 이것을 감각온도(effective temperature)라고 하며 ET로 나타낸다. 작업 종류에 따라 적당한 감각온도를 [표 1-16]에 나타내었다.

표 1-16 작업 종류와 감각온도

작업 종류	감각온도(ET)
정신적 작업	60~65
가벼운 육체 작업	55~65
육체적 작업	50~62

② 불쾌지수 : 기온과 습도의 상승 작용에 의하여 느끼는 감각 정도를 측정하는 척도로 불쾌지수가 쓰이며, 감각온도를 변형한 것이다.

불쾌지수는 섭씨(℃)인 경우 다음과 같이 계산한다.

$$\text{불쾌지수} = 0.72 \times (t_a + t_w) + 40.6$$

여기서, t_a : 건구 온도, t_w : 습구 온도

불쾌지수에 따라 느껴지는 감각은 [표 1-17]과 같이 구분하는 것이 보통이다.

표 1-17 불쾌지수

불쾌지수	느 낌
70 이하	쾌적
70~75	약간 불쾌한 느낌
75~80	과반수 이상 불쾌한 느낌
380 이상	모두 불쾌한 느낌

(2) 채광 및 조명 온도

① 자연 광선인 태양광선(4,500lx, 룩스)을 충분히 받아 조명하도록 한다.

② 우리나라에서 적당한 조명도 값은 [표 1-18]과 같다.

표 1-18 조명도 값(lx)

공 장		사무실	
장 소	조명도(lx)	장 소	조명도(lx)
초정밀 작업	1,500~700	정밀 사무	1,500~700
정밀 작업	700~300	일반 사무	700~300
거친 작업	150~70	응접실·거실	300~150

③ 온도, 습도

㉠ 온도 : 여름－25℃~27℃, 겨울－15℃~23℃

㉡ 작업에 쾌적한 온도는 20℃이고, 바람직한 습도는 50~60%이다.

(3) 안전 표식, 색채

① 안전표지의 종류 : 교통안전 표지, 방향 표지, 위험 표지, 방화 표지, 주의 표지 등

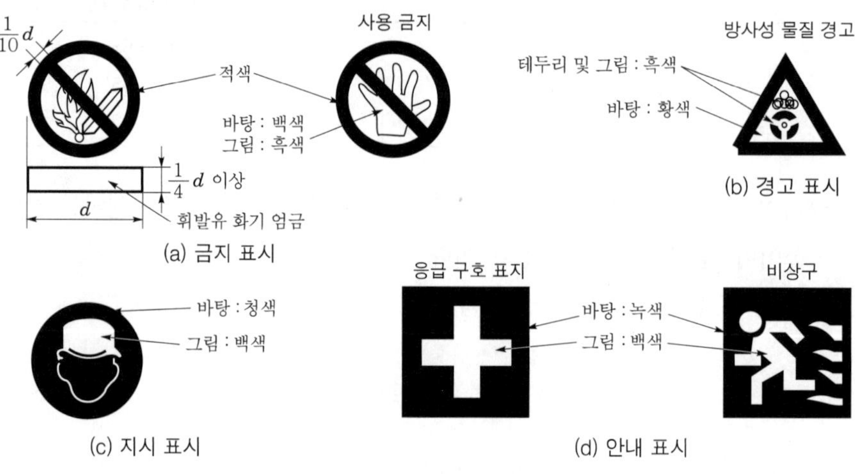

그림 1-34 여러 가지 안전 표시

② 안전색채 : KS에서 지정한 안전색채 사용 통칙(KS A 3501)은 다음과 같다.

㉠ 적색 : 방화, 정지, 금지, 고도 위험

㉡ 녹색 : 안전, 피난, 위생, 진행, 구호, 구급

㉢ 백색 : 통로, 정리, 정돈(보조용)

㉣ 주황색 : 위험, 항해, 항공의 보안시설

㉤ 황색 : 조심, 주의

㉥ 흑색 : 보조용(다른 색을 돕는다)

㉦ 보라색 : 방사능 등의 표시에 사용

5-2 전기 용접작업과 안전

1. 전기 작업

(1) 퓨즈(fuse)의 용량 및 감전의 위험성

퓨즈의 용량은 [표 1-19]와 같으며 전류에 따른 인체와의 관계는 [표 1-20]과 같다. 감전의 위험성은 신체의 부위, 전류의 값과 전기 경로, 통전시간 등의 변수에 따라 다르다.

표 1-19 전동기의 퓨즈 용량

200V 3상 전동기				100V 단상 전동기
전동기 마력수(HP)	퓨즈 용량(A)			전선의 퓨즈는 최대 사용 전류(각 전동기 전류의 총합)에 상당하는 것을 선택한다. 단, 15A보다 작은 것은 필요하지 않다.
	최소	표준	최대	
4까지	15	20	30	
6까지	20	30	50	
8.5까지	30	50	75	
11까지	50	75	100	
16까지	50	100	150	
21까지	75	100	150	
26까지	100	150	200	
31까지	100	150	200	

표 1-20 전류와 인체와의 영향 관계

전류값	인체의 영향
5mA	상당한 고통
10mA	견디기 힘들 정도의 심한 고통
20mA	근육 수축, 근육 지배력 상실
50mA	위험도 고조, 사망할 우려
100mA	치명적인 영향

(2) 전기 용접기 및 전기 작업의 유의사항

① 용접기는 젖은 장소, 습한 장소에는 설치하지 않는다.

② 스위치 및 퓨즈는 정격 용량의 것을 사용한다.

③ 전격 방지기는 완전 가동시켜야 하고, 누전이 없도록 한다.

④ 전선은 단자와 완전하게 접속시켜야 하며, 그 접속부는 안전하게 피복한다.

⑤ 전선이 상할 우려가 있으면 충분한 보호장치를 한다.

⑥ 우기(雨期)에는 절연 상태가 저하되므로 특히 주의하여야 한다.
⑦ 절연 기구와 전기계기는 완전한 것을 사용한다.
⑧ 공동 작업 시 서로 연락을 충분히 취한다.
⑨ 가능한 한 혼자서 작업하지 않는다. 특히 밀폐된 공간에서의 작업은 혼자서 하지 않는다.
⑩ 높은 곳에서 작업할 때에는 안전 구조망을 설치하여 추락으로 인한 재해를 예방한다.
⑪ 인화성 물질이 있는 곳에서의 작업은 되도록 피하고, 부득이 작업 시에는 커버 나이프 스위치를 방폭 구조로 한다.

2. 전기 아크 용접기의 안전 점검

구 분	점검 항목	비 고
용접기	① 설치 장소는 안전한가? ② 스위치 상자는 안전하며, 퓨즈 용량은 적정한가? ③ 용접기의 케이스는 접지되어 있는가? ④ 전격 방지기는 올바르게 작동하는가? ⑤ 1차 및 2차측의 전선은 적정 용량의 것이며, 절연 상태는 양호한가? ⑥ 용접기 위에 비가 세지 않는가?	비가 세거나 습한 장소에 설치는 위험
홀 더	① 마모 손상은 없으며 접속부는 절연이 되어 있는가? ② 적정한 용량의 것이며, 접지선의 직경은 적당한가? ③ 홀더선이 습기에 노출되어 있지 않는가?	
보호구	① 용접자는 보호구를 착용하고 있는가? ② 보호구는 완전한 것인가? ③ 여름철의 보호구는 좋은가?	헬멧, 핸드 실드, 가죽 장갑, 팔 커버, 앞치마
기 타	① 피복(전선)은 벗겨지지 않은가? ② 용접봉의 절연 피복은 완전한가?	
작 업	① 좁은 장소, 혼잡한 곳에서의 감전 방지대책이 되어 있는가? ② 환기 상태는 완전한가? ③ 차광막은 유효하게 이용되고 있는가? ④ 접지물의 접지는 잘 되어 있는가? ⑤ 높은 장소에서의 낙하 방지책은 되어 있는가? ⑥ 주위에 폭발성 인화물(가스, 기름)이나 인화성 물질(나무, 솜 등)은 없는가? ⑦ 작업자세는 좋은가?	

5-3 가스 용접의 안전

1. 가스 용접작업의 일반

(1) 복장과 보호구

① 단정하고 간편한 복장을 착용한다.
② 기름이 묻어 있는 작업복은 화재로 인한 화상의 위험성이 있다.
③ 작업자의 눈을 보호하기 위해 차광안경을 착용해야 한다.

(2) 중독의 예방

① 연(납)이나 아연 합금 또는 도금 재료의 용접이나 절단 시에 납, 아연 가스 중독의 우려가 있으므로 주의해야 한다.
② 알루미늄 용접 용제에는 불화물, 일산화탄소, 탄산가스 등 용접작업 시 해로운 가스가 발생하므로 통풍이 잘 되어야 한다.
③ 해로운 가스, 연기, 분진 등의 발생이 심한 작업에는 특별한 배기 장치를 사용, 환기시켜야 한다.

(3) 화재 및 폭발 예방

① 용접작업은 가연성 물질이 없는 안전한 장소를 선택한다.
② 작업 중에는 소화기를 준비하여 만일의 사고에 대비한다.
③ 가연성 가스 또는 인화성 액체가 들어 있는 용기 탱크, 배관 장치 등은 증기, 열탕물로 완전히 청소한 후 통풍 구멍을 개방하고 작업한다.

(4) 산소병 및 아세틸렌병 취급

① 산소병 밸브, 조정기, 도관 취구부는 기름 묻은 천으로 닦아서는 안된다.
② 산소병(봄베) 운반 시에는 충격을 주어서는 안된다.
③ 산소병(봄베)은 40℃ 이하의 온도에서 보관하고, 직사광선을 피해야 한다.
④ 산소병을 운반할 때에는 반드시 캡(cap)을 씌워 운반한다.
⑤ 산소병 내에 다른 가스를 혼합하지 않는다.
⑥ 아세틸렌병은 세워서 보관하며, 병에 충격을 주어서는 안된다.
⑦ 아세틸렌병 가까이에서 불똥이나 불꽃을 가까이 하지 않는다.
⑧ 가스 누설의 점검은 수시로 해야 하며, 점검은 비눗물로 한다.

2. 가스 용접에 관계되는 안전관리법규

(1) 용기의 성능 검사 및 내압 시험

① 압력용기 성능 검사의 유효기간은 1년, 아세틸렌 장치의 성능 검사는 3년으로 한다.

② 용기 표시 방식

㉠ 제조업자 명칭 또는 약호

㉡ 충전하는 가스의 명칭

㉢ 용기 기호의 번호

㉣ 내용적(V, l로 표시)

㉤ 아세틸렌가스 충전 용기는 용기 다공질 물질 용제 및 밸브의 질량을 합한 질량(TW, kg)

㉥ 내압 시험에 합격한 연월일

㉦ 내압 시험압력(TP[kg/cm^2])

㉧ 압축가스를 충전하는 용기에 있어서는 최고 충전압력으로(FP[kg/cm^2])

③ 산소병의 시험 압력은 약 250kg/cm^{2}로 한다.

④ 아세틸렌의 경우 내압 시험압력은 최고 충전압력 수치의 3배로 한다.

(2) 가스의 충전 및 보관 취급

① 산소는 35℃에서 150kg/cm^{2}로 충전한다. 아세틸렌가스는 15℃에서 15.5kg/cm^{2}로 충전한다.

② 아세틸렌 용기의 다공질 물질을 가득 채우고 다공도가 75~92% 미만의 경우를 합격으로 한다.

③ 습식 아세틸렌가스 발생기 표면은 섭씨 70℃ 이하의 온도를 유지해야 하며 그 부분에서는 불꽃이 튀는 작업을 하지 않는다.

④ 아세틸렌가스 충전 용기에 동 또는 동의 함유량이 62% 이상인 동합금을 사용하지 않는다.

⑤ 안전밸브는 그 성능이 용기의 내압 시험압력의 80% 이하 압력에서 작동할 수 있는 것을 사용한다(산소는 170kg/cm^2 이상에서 작동).

(3) 용기의 표시 색깔

용기의 표시 색깔은 [표 1-21], [표 1-22]와 같다.

표 1-21 일반 용기

가스 종류	도색 구분	가스 종류	도색 구분
산 소	녹 색	아세틸렌	황 색
수 소	주황색	액화암모니아	백 색
액화탄산 가스	청 색	액화염소	갈 색
액화석유 가스	회 색	기타 가스	회 색

표 1-22 의료 용기

가스 종류	도색 구분	가스 종류	도색 구분
산 소	백 색	헬 륨	갈 색
액화탄산 가스	회 색	에틸렌	자 색
질 소	흑 색	싸이크로 프로판	주황색
이산화질소	청 색		

3. 가스 절단의 안전

가스 절단의 안전은 대체로 가스 용접작업과 비슷하다. 가스 절단기에는 고압 산소 밸브가 부착되어 있기 때문에 가열된 부분에 갑자기 고압 산소를 분출시키면 산화물이 비산하여 화상을 입을 우려가 있다. 가스 절단 작업 시에는 다음 사항을 유의해야 한다.

① 호스가 꼬여 있는지 혹은 막혀 있는지를 확인한다.
② 가스 절단에 알맞은 보호구를 착용한다.
③ 가스 절단 토치의 불꽃 방향은 안전한 쪽을 향하도록 해야 하며, 조심스럽게 다루어야 한다.
④ 절단 진행 중에 시선은 절단면을 떠나서는 안된다.
⑤ 절단부가 예리하고 날카로우므로 상처를 입기 쉽다.
⑥ 호스가 용융금속이나 불티로 인해 손상되지 않아야 한다.

5-4 용접 화재 · 전격

1. 용접 화재 및 폭발 재해

(1) 용접작업

① 실내에서 할 때에는 가연물에서 가급적 떨어져서 작업해야 하며, 가연물에 불연성 커버를 덮고 물을 뿌리는 등의 방법을 취한다.
② 작업 중에는 소화기를 준비하는 등의 대책이 필요하다.
③ 용접작업장은 원칙적으로 가연물에서 격리된 곳에서 한다.
④ 인화성 물질이나 가연물 곁에서는 절대로 하지 않는다.
⑤ 마룻바닥이나 벽, 창 등의 갈라진 틈에 불꽃이 튀어 들어가는 경우가 있으므로 막을 수 있는 방법을 취해야 한다.

(2) **소화 대책**

① **포말 소화기** : 내통과 외통으로 되어 있으며, 내통에는 유산알루미늄 용액을, 외통에는 탄산수소나트륨(중조) 용액에 기포 안정제를 섞어 넣어 이 두 용액이 혼합됐을 때 발생하는 탄산가스의 압력에 의해 발포된다. 방사시간은 1분이며, 방사거리는 10m 이상이 된다. 목재, 섬유류 등의 일반 화재(A급 화재)나 소규모 유류 화재에 사용한다.

② **분말 소화기** : 분말 소화기에 사용되는 분말 약제는 흡습성이 없고 유동성을 가지며, 화학적으로 처리된 탄산나트륨(중조)으로 구성되어 있고, 건조된 분말을 배출시키기 위해 탄산가스통을 주 용기의 안쪽 또는 바깥쪽에 부착시켜 놓았다가 탄산가스를 주 용기 내에 방출시키면 그 압력에 의해서 분말 약재가 노즐로 방출된다. 어떤 종류의 화재에도 사용이 가능하며, 특히 유류 화재(B급 화재) 또는 전기시설 화재(C급 화재)에 대해 소화력이 강하다.

③ **탄산가스 소화기** : 탄산가스를 상온에서 압축시켜 액화한 것이므로 고압으로 방출되며, 소규모의 인화성 액체 화재나 불전도성 소화제를 필요로 하는 전기설비 화재의 초기 진화에 유효하다.

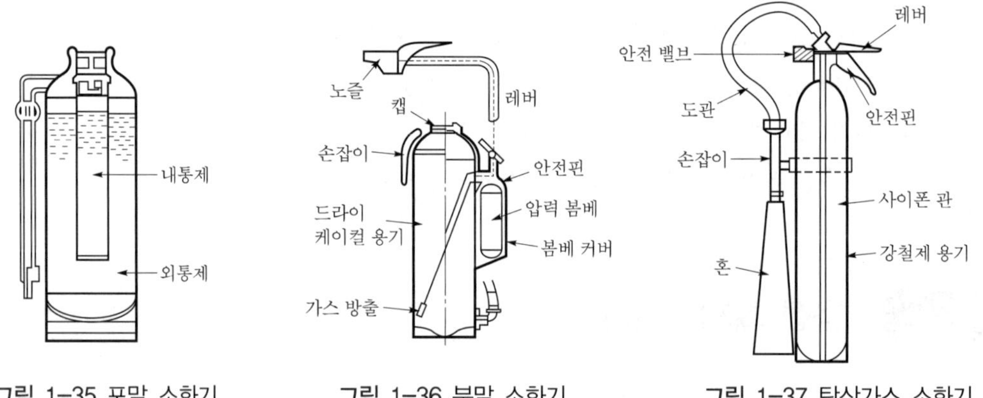

그림 1-35 포말 소화기

그림 1-36 분말 소화기

그림 1-37 탄산가스 소화기

표 1-23 소화기의 종류와 용도

소화기 종류 \ 화 재	A급 화재 (보통 화재)	B급 화재 (기름 화재)	C급 화재 (전기 화재)
포말 소화기	적 합	적 합	부적합
분말 소화기	양 호	적 합	양 호
CO_2 소화기	양 호	양 호	적 합

2. 전격의 위험

(1) 감전의 위험

감전 재해는 작업자의 몸이 땀에 젖어 있거나 우기 또는 신체 노출이 많은 여름철에 특히 많이 발생하는 것으로 나타난다. 용접 재해 중 사망률 또한 가장 높은 재해이다. 아크 용접 중에 용접봉에 접촉하여 발생되며, 감전의 위험도는 체내에 흐르는 전류값과 통전장소에 따라 다르지만 일반적으로 10mA에서 심한 고통을 느끼고, 20mA에서는 근육 수축을 느끼며, 50mA에서는 사망의 우려가 있고, 100mA에서는 치명적인 것으로 알려져 있다.

(2) 감전의 예방대책

① 케이블의 파손 여부, 용접기의 절연 상태, 접속 상태, 접지 상태 등을 작업 전에 반드시 점검・확인한다.
② 의복, 신체 등이 땀이나 습기에 젖지 않도록 하며, 안전 보호구를 반드시 착용한다.
③ 좁은 장소에서의 작업에서는 신체 노출은 피한다.
④ 개로 전압이 필요 이상 높지 않도록 해야 하며, 전격 방지기를 설치한다.
⑤ 작업 중지의 경우, 반드시 메인 전원 스위치를 내린다.
⑥ 절연이 완전한 홀더를 사용한다.

(3) 감전되었을 때의 처리

감전이 된 경우에는 바로 전원 스위치를 내린 후 감전자를 감전부에서 이탈시켜야 한다. 만약 전원이 계속 공급이 된 상태에서 감전자와 접촉하면 똑같이 감전이 된다. 이후 신속히 병원으로 옮기고 전문의의 도움을 받도록 한다.

5-5 유해 광선 · 유해 가스 및 가스 중독

1. 유해 광선에 의한 재해

(1) 유해 광선

아크 용접작업 시에는 인체에 해로운 적외선, 자외선을 포함한 강한 광선이 발생하기 때문에 작업자는 무의식 중에라도 아크 광선을 보아서는 안된다. 자외선을 직접 보게 되면 결막염, 안막염증이 생기고 적외선은 망막을 상하게 할 우려가 있다. 또한 아크 광선에 의해 피부 조직이 화상을 입을 우려 또한 배제하기 어렵다. 아크 용접작업 시에는 핸드 실드나 헬멧 등 차광유리로 하여금 아크 광선을 차단시키는 조치를 반드시 취해야 한다.

(2) 방지책

좁은 장소에서 여러 사람이 용접할 때에는 작업 중에 차광막을 사용하여야 한다. 그리고 탱크(tank)나 압력 용기(pressure vessel) 속에서 작업을 할 경우 반드시 차광 보호기구를 착용함은 물론 화상에 대한 대비책도 세워야 한다. 이때 보호안경 및 차광유리는 규격품을 사용하여야 한다.

2. 유해 가스 및 가스 중독

(1) 유독 가스

아연도금 강판, 황동 등의 용접 시에는 아연이 연소하면서 산화아연(ZnO_2)을 발생시켜 작업자로 하여금 가스 중독을 일으킬 염려가 있다. 따라서 강제 배기장치 등의 조치를 취하고 장시간 작업을 피해야 한다.

(2) 방지 요령

① 용접작업자의 통풍을 좋게 하거나, 강제 배기장치를 설치하여 중독을 예방한다.

② 부득이 한 경우 방독 마스크 등을 착용하며, 구조물 제작 시 아연도금 강판 등이 사용되지 않도록 설계한다.

③ 탱크(tank)나 압력 용기(pressure vessel) 속에서 작업을 할 경우 혼자서 작업하지 않도록 한다.

PART

02

용접시공, 설계, 용접 자동화, 검사

CRAFTSMAN WELDING

CRAFTSMAN WELDING

CHAPTER C R A F T S M A N W E L D I N G

01 용접시공, 설계

1-1 용접이음(welding joint)의 종류

1. 기본 이음 형태

용접의 기본 이음 형태는 맞대기 이음(butt joint), 모서리 이음(corner joint), T 이음(tee joint), 겹치기 이음(lap joint), 변두리 이음(edge joint) 등 크게 다섯 가지로 구분되며, 적용되는 적용 방법과 대상 기기의 특성을 고려하여 가장 경제적이고 안정적인 용착금속을 얻을 수 있는 이음 형태가 선정되어야 한다.

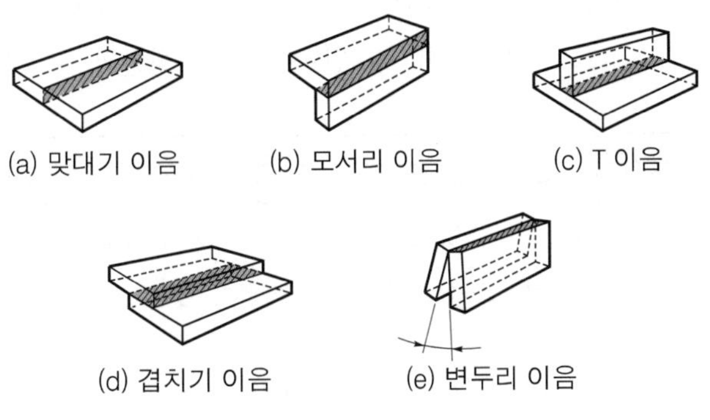

그림 2-1 이음의 종류

(1) **맞대기 이음**

두 모재가 서로 평행한 표면이 되도록 마주 보고 있는 상태에서 실시하는 이음을 말한다.

(2) **모서리 이음**

모재가 거의 직각을 이루도록 두 모재가 이어져 형성되는 이음부를 말한다.

(3) **T 이음**

한쪽 판의 단면을 다른 판의 표면에 놓아 T형의 직각이 되는 용접이음을 말한다.

(4) 겹치기 이음

모재의 일부를 서로 겹쳐서 얻어진다. 아크 용접에서의 겹치기 이음은 필릿(fillet) 용접으로 이루어진다.

2. 그 밖의 이음 형태

(1) 필릿 이음

거의 직교하는 두 면을 용접하는 삼각상의 단면을 가진 용접으로서, 필릿 용접은 이음 형상에서 보면 겹치기와 T형이 있다.

표면 비드의 모양에 따라 볼록한(convex type) 필릿과 오목한(concave type) 필릿이 있고, 용접선에 대한 하중의 방향에서 볼 때에는 [그림 2-2]와 같이 전면 필릿(front fillet)과 측면 필릿(side fillet) 및 경사 필릿(inclined fillet) 등으로 분류된다.

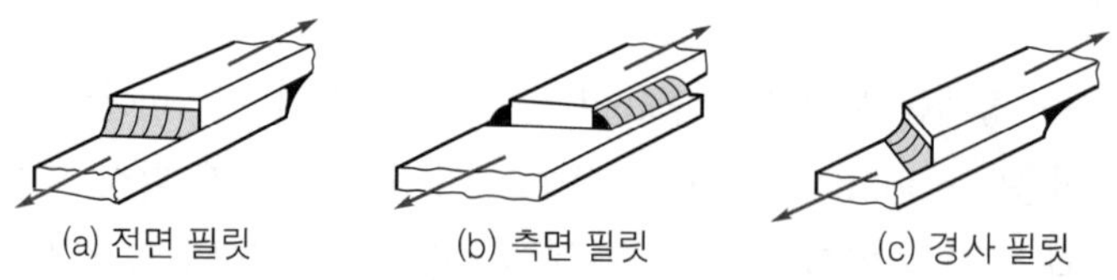

그림 2-2 하중의 방향에 따른 필릿 용접

비드의 연속성인 측면에서 볼 때 [그림 2-3]과 같이 연속 필릿(continuous fillet)과 단속 필릿(intermittent fillet)으로 분류되며, 또 단속 필릿은 병렬과 지그재그식으로 구분된다.

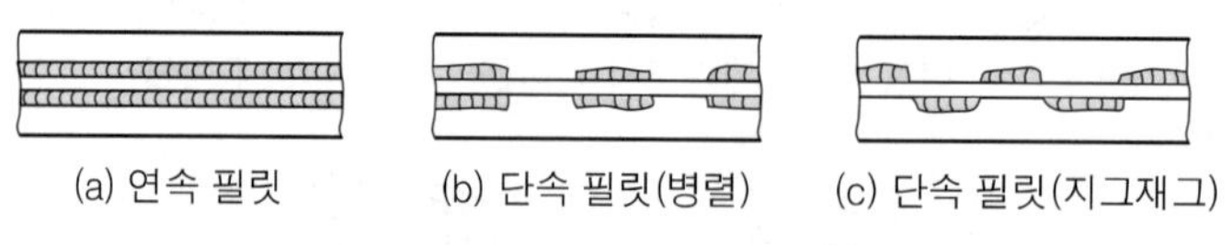

그림 2-3 연속 및 단속 필릿 용접

(2) 플러그와 슬롯 용접

포개진 두 부재의 한쪽에 구멍을 뚫고 그 부분을 표면까지 용접하는 것으로 주로 얇은 판재에 적용되며, 구멍이 원형일 경우 플러그(plug), 구멍이 타원형일 경우 슬롯(slot) 용접이라고 한다.

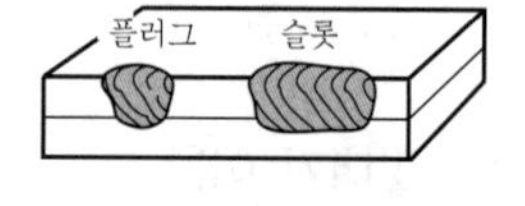

그림 2-4 플러그, 슬롯 용접

(3) 덧살올림 용접(built up welding)

부재의 표면에 용착금속을 입히는 것으로 [그림 2-5]와 같이 용착금속을 덧살올림하는 방법이다. 주로 마모된 부재를 보수하거나, 내식성·내마열성 등에 뛰어난 용착금속을 모재 표면에 피복할 때 이용된다.

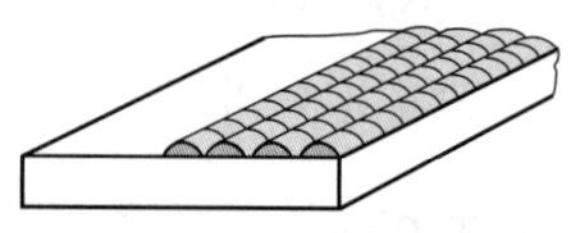

그림 2-5 덧살올림 용접

1-2 용접이음부 설계 시 고려사항

용접이음의 설계는 용접부의 구조와 하중의 종류와 특성, 용접 시공의 편리성 등에 대하여 충분히 고려하여야 한다.

이음부 설계 시 고려해야 할 사항은 다음과 같다.

① 아래보기 용접을 많이 하도록 한다. 수직, 수평, 위보기 등 다른 자세보다 결함 발생이 적고 생산성이 높다.

② 용접작업에 충분한 공간을 확보한다. [그림 2－6 (a)]와 같이 좁은 공간에서의 작업은 용접자세가 불량하여 결함 발생이 우려되고 환기, 감전사고 등의 우려가 있다. 또한 용접선이 보이지 않거나 용접봉이 삽입되기 곤란한 설계는 피한다.

③ 용접이음부가 국부적으로 집중되지 않도록 하고, 가능한 용접량이 최소가 되는 홈(groove)을 선택한다.

④ 맞대기 용접은 뒷면 용접을 가능토록 하여 용입 부족이 없도록 한다.

⑤ 필릿 용접은 되도록 피하고 맞대기 용접을 하도록 한다.

⑥ 판 두께가 다른 경우에 용접이음은 [그림 2－6 (c)]와 같이 단면의 변화를 주어 응력 집중 현상을 방지하도록 한다.

⑦ 용접선이 교차하는 경우에는 [그림 2－6 (d), (e)]와 같이 한쪽은 연속 비드를 만들고, 다른 한쪽은 부채꼴 모양으로 모재를 가공하여(scallop, 스캘럽) 시공토록 설계한다.

참 고

스캘럽(scallop)

용접선이 서로 교차하는 것을 피하기 위하여 한쪽의 모재에 가공한 부채꼴 모양의 노치

⑧ 내식성을 요하는 구조물은 이종 금속 간 용접 설계는 피한다.

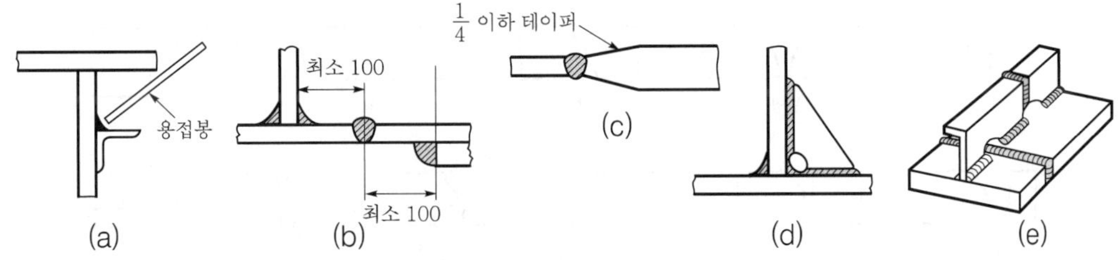

그림 2－6 이음 설계 시 주의사항

1-3 용접 홈 형상의 종류

홈(groove)은 완전한 용접부를 얻기 위해 용접할 모재 사이의 맞대는 면 사이의 가공된 모양을 말하며, 모재의 판 두께, 용접법, 용접자세 등에 따라 홈의 형상이 다음과 같이 구분된다.

- 한면 홈 이음 : I형, V형, ν 형, U형, J형
- 양면 홈 이음 : 양면 I형, X형, K형, H형, 양면 J형

① **I형 홈** : I형 홈은 가공이 쉽고, 루트 간격을 좁게 하면 용착금속의 양도 적어져서 경제적인 면에서는 우수하다. 그러나 판 두께가 두꺼워지면 완전히 이음부를 녹일 수 없게 된다. 따라서 이 홈은 수동 용접에서는 대략 6mm 이하의 경우에 적용된다.

② **V형 홈** : V형 홈은 한쪽에서의 용접에 의해서 완전한 용입을 얻으려고 할 때 사용되는 것이다. 홈 가공은 비교적 쉽지만 판의 두께가 두꺼워지거나 개선 각이 커지는 경우 용착금속의 양이 증대하고 또 변형을 초래할 수 있으므로 너무 두꺼운 판에 사용하는 것은 경제적이지 않다.

③ **X형 홈** : 양면 V형이라 볼 수 있으며, X형 홈은 양쪽에서의 용접에 의해 완전한 용입을 얻는 데 적합한 것이다. 홈 가공은 V형 홈에 비해 약간 까다롭지만, 이후의 U형, H형, J형 홈 등에 비하면 비교적 쉽다. 또 V형 홈과 비교하면 용착금속의 양을 적게 할 수 있어 두꺼운 판에 적합하다.

④ **U형 홈** : U형 홈은 두꺼운 판을 한쪽에서의 용접에 의해서 충분한 용입을 얻으려고 할 때 사용하며, 홈 가공은 비교적 복잡하지만 두꺼운 판에서는 개선의 너비가 좁고 용착금속의 양도 적게 할 수 있다.

⑤ **H형 홈** : 양면 U형으로 볼 수 있으며, 두꺼운 판을 양쪽 용접에 의하여 충분한 용입을 얻으려고 하는 것이다.

⑥ **K형 홈** : 양면 ν (베벨)형으로 볼 수 있으며, 양쪽 용접에 의해 충분한 용입을 얻으려는 홈의 형태이다. 맞대기 이음뿐만 아니라 필릿(fillet) 용접의 경우에도 적용할 수 있다.

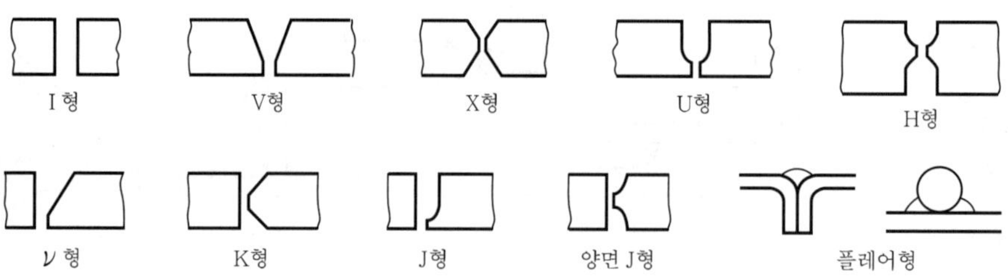

그림 2-7 맞대기 이음의 홈 종류

1-4 용접이음의 강도

1. 목 두께

용접이음의 강도는 구조물 전체적인 강도와 부분적인 강도, 응력의 분포 등 쉽게 계산하기 곤란하며 또한 용접부의 강도는 어느 부분의 강도를 표시하느냐가 문제로 되고 있다.

용접부의 크기는 목 두께, 사이즈, 다리 길이 등으로 표시하고 있지만 설계의 강도 계산에는 간편하게 하기 위하여 이론의 목 두께로 계산한다. 또 용접이음은 크레이터 부분과 용접 개시점으로부터 15~20mm까지를 제외하고 계산하도록 하고 있다.

2. 허용응력과 안전율

용접 설계상 강도 계산은 목 단면에 대하여 수직응력과 전단응력이 허용응력보다 낮도록 설계되어야 한다. 재료의 내부에 탄성한도를 넘으면 응력이 생기게 되고 영구 변형이 일어나 치수의 변화와 파괴를 일으킬 우려가 있다. 또 탄성한도를 넘지 않는 응력일지라도 오랫동안 반복해서 하중을 받으면 재료에 피로가 생겨 위험하게 된다. 탄성한도 이내의 안전상 허용할 수 있는 최대 응력을 허용응력(allowable stress)이라 한다.

(1) 안전율(safety factor)

안전율이란 재료의 인장강도(극한 강도) σ_u와 허용응력 σ_a와의 비를 말한다.

$$\text{안전율} = \frac{\text{극한 강도}(\sigma_u)}{\text{허용응력}(\sigma_a)}$$

(2) 허용응력과 안전율 결정 조건

① 재료의 품질

② 하중과 응력 계산의 정확성

③ 하중의 종류에 따르는 응력의 성질

④ 부재의 형상과 사용 장소

⑤ 공작방법과 정밀성

3. 사용응력(working stress)

기계나 구조물의 각 부분이 실제적으로 사용될 때 하중을 받아서 발생하는 응력을 말하며 계산식은 다음과 같다.

$$\sigma_w(\text{사용응력}) = \frac{\text{실제 사용하중}(P_w)}{\text{단면적}(A)}$$

극한 강도, 허용응력, 사용응력과의 관계는 극한 강도 > 허용응력 ≧ 사용응력으로 되어야 안전하다.

4. 맞대기 용접의 강도 계산식

용접부의 인장 시험 결과 덧살 부분을 가공한 후에도 용접 부분보다는 용접 이외 부분에서 절단(파단)되었다. 때문에 모든 설계는 안전한 쪽을 택함을 원칙으로 한다. 맞대기 이음에서는 완전한 용입 제품과 불완전한 용입 부분, 목 두께가 다른 용입 부분으로 나누지만 용입된 부분만의 목 두께, 얇은 쪽 부분의 목 두께를 기준으로 단면적을 계산해야 한다.

5. 필릿 용접의 강도 계산

맞대기 이음의 응력 계산은 비교적 간단하지만 T 이음(필릿 용접)에서는 [그림 2-8]과 같이 이음 형상의 변화가 커서 응력 분포도 복잡하다. 특히 T형 필릿 이음에서는 특별한 계산식은 없다. 그러나 정하중에 대해서는 목 두께로 계산해서 쓰고 있다. 보통 필릿의 크기는 각장 h로 표시한다. 때문에 목 두께는 이론상의 목 두께 ht로 하여 다음과 같이 구한다.

$$ht = t(\text{또는 } h)\cos 45° = h\sin 45° = 0.707h$$

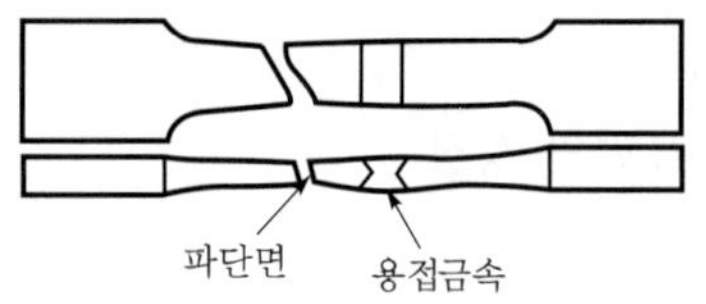

그림 2-8 연강 용접 인장 시험편의 파단 상태

(1) **전면 필릿 용접**

전면 필릿 용접은 하중에 대하여 수직으로 용접부가 작용하므로 수직응력이 발생하며 단면적은 양쪽에 있다는 것을 생각하여야 한다. 한쪽만 용접된 경우는 다음 식의 단면적의 1/2로 계산한다. 때문에 단면적이 $2\,htl$이 되면 다음과 같이 계산된다.

$$\sigma = \frac{P}{A} = \frac{P}{2htl} = \frac{P}{2 \times 0.707hl} = \frac{0.707P}{hl}$$

(2) **측면 필릿 용접**

하중에 대하여 용접부가 측면에서 작용하는 경우에는 전단응력이 발생하게 된다(양쪽 용접의 경우).

$$\tau = \frac{P}{A} = \frac{P}{2htl} = \frac{P}{2 \times 0.707hl} = \frac{0.707P}{hl}$$

1-5 용접 구조 설계

1. 개요

일반적으로 용접 구조라 하면 모든 접합부를 용접으로 하는 구조, 즉 전용접 구조로만 이루어지는 것이 아니고, 각 블록(block)은 용접으로 조립하지만 최후에는 이러한 블록끼리는 리벳(rivet) 또는 고장력 볼트의 접합 병용 구조도 있다.

2. 용접 구조 설계의 중요성

구조물의 제작 시 설계의 중요성은 상당히 비중이 크며 특히 용접에 의하여 제작되는 구조물에 대한 총괄적인 기술이 필요하게 된다.

3. 용접 설계의 순서

용접 구조물을 설계할 경우에는 구조물 전체가 외력에 안전하게 견딜 수 있게 설계하는 것을 원칙으로 한다. 각부의 안전성이 가능한 균등하게 될 수 있도록 형상, 강도, 강성 등에서 불연속성을 가능한 한 피하고 합리적이며 간단하게 이해할 수 있는 구조로 만들어야 한다. 일반적으로 용접 구조는 용접성(weldability)과 노치(notch) 인성이 좋은 재료를 이용하거나 또한 프레스(press) 가공을 병용한 재료를 이용함으로써 용접의 위치 및 전 용접량을 가능한 적게 하는 것이 용접 변형 및 잔류응력, 용접비용 측면에서 유리하다.

① **기본 계획(구조 계획, 제품 계획)** : 사용 목적, 사용 조건, 경제성, 공사기간 등을 바탕으로 구조물의 재료, 구조 형식들의 기본 사항을 결정한다.

② **강도 계산(구조 계산, 강도 설계)** : 사용 중에 받는 각 부의 각종 하중을 설정하여 각 부에서 일어날 응력을 예측하고 구조 및 이음의 강도가 충분히 안전한가를 검토하며, 중량, 기능, 가공성 및 경제성 등의 측면을 고려하여 가장 유리한 구조 및 이음을 결정함과 동시에 부재 및 이음의 적정한 단면치수를 결정한다.

③ **구조 설계** : 강도 계산의 결과 및 시공 조건을 고려하여 구조물 또는 제품의 설계 도면을 작성한다. 이음의 세부사항을 결정하는 이음의 설계도 포함한다.

④ **공작도면 작성** : 제작자 측에서 문의가 없도록 설계도면에서 공작법의 세부사항을 지시한 도면을 작성한다.

⑤ **재료 적산** : 설계도면에 따른 재료와 소요 재료를 적산한다. 전자는 구조물의 중량 계산의 기초가 되며, 후자는 재료의 구입 계획에 필요로 한다.

⑥ **사양서 작성** : 설계, 제작 및 설치방법 등의 지정 사항의 세부 지시 사양서를 만든다.

4. 용접 설계 시 주의사항

① 구조물 제작 시 리벳 등의 구조보다는 용접 구조의 특징을 살릴 수 있도록 설계한다.

② 용접치수는 강도상 필요한 치수 이상으로 크게 하지 않는다.

③ 용접이음의 집중, 접근 및 교차를 피한다.

④ 이음의 구조상 불연속부, 단면 형상의 급격한 변화 및 노치부가 생기지 않도록 한다.

⑤ 용접성과 노치 인성이 우수한 재료를 선정함은 물론 시공하기 쉽도록 설계한다(용접선이 보이지 않거나, 용접봉의 삽입이 곤란하게 하지 않는다).

⑥ 용접에 의해 변형 및 잔류응력이 경감할 수 있는 용접순서를 정한다.

⑦ 후판을 사용하게 될 경우는 용입이 깊은 용접법을 선정하여 가능한 한 층(layer)수를 줄이도록 한다.

1-6 용접 시공과 계획

용접 공사를 능률적으로 하여 양호한 용접 구조물을 얻기 위해서는 공정, 설비, 재료, 시공순서, 준비, 사후 처리, 작업 관리에 대하여 시공 계획을 세울 필요가 있다.

1. 공정 계획(process plan)

용접 구조물 제작에 있어 제일 먼저 해야 할 일이 공정 계획이며 시작에서부터 끝날 때까지의 모든 공정을 한눈에 알아볼 수 있게 해야 한다. 이때 공사의 양과 기간에 따른 작업 인원, 설비 등을 고려해야 한다.

(1) 공정표 및 공사량 산적표 작성

공정표란 완성 예정일, 재료 및 주요 부품의 입수 시기를 표시하는 등 작업의 진행과정을 기록한 것으로, 공정표에 의한 진행과정과 재료 준비가 끝나면 공사 구분마다의 공정표를 만들어 용접 소요 공수의 산적표를 만든다. 산적표의 산의 높낮이는 가능한 평탄하게, 즉 공사량의 평균화가 이루어져야 한다.

(2) 작업방법의 결정

각 구조의 부분별로 필요한 공작방법을 결정해야 하며 이를 위해서는 가스 절단 조건과 홈 및 용접 조건의 결정, 용접법 선택, 용접순서의 결정, 변형 제거법 및 열처리법의 결정이 필요하다.

(3) 인원 배치표 및 가공표 작성

각 부분별로 공장의 설비 능력과 인원을 고려하여 공사기간 중에 필요한 인원의 변동을 적게 하고 공사에 차질이 생기지 않도록 각 부문별 관계자가 잘 협의하여 결정해야 한다. 또한 용접 전의 재료 가공 요령에 대한 재료 치수별로 절단과 홈 가공의 예정표를 만들게 된다.

2. 설비 계획(provision plan)

공정 계획은 장기 공정 계획이나 장래 공사량에 대한 공장 설비를 입안 정비해야 하며, 공장 설비는 공장 규모와 기계 설비 작업환경에 따라 계획해야 한다.

(1) 기계 설비의 배치(layout)

용접 구조물을 제작하기 위해서는 용접기, 용접용 정반, 지그 및 고정구, 전원, 가스 절단장치와 가공장치 등의 수량과 배치 위치가 필요하다.

① 기계 설비 배치의 목적
   ㉠ 제조비 절감 및 작업량 축소
   ㉡ 작업자의 안전 도모
   ㉢ 품질 향상과 생산 능률 향상
   ㉣ 작업의 지연이나 정체 현상의 방지
   ㉤ 기계 설비의 최대 활용의 가속화
   ㉥ 작업환경의 개선으로 작업자의 사기 앙양

② **기계 배치와 형태** : 기계의 배치 형태로는 제품의 제조를 직선적 흐름으로 유지하기 위한 직선적 배치(line layout, 자동차 제조 공장에 쓰임)와 기계 작업의 동일 기능을 집단화시키기 위해 감독이나 노동의 전문화로 개선된 작업을 할 수 있는 기능별 배치(functional layout) 그리고 기계 설비를 몇 개의 집단으로 나누어 하나의 작업을 해낼 수 있는 설비 형태로 집단별 배치(group layout)가 있다. 그러나 집단별 배치법은 잘 쓰이지 않는다.

1-7 용접 준비

용접 제품의 좋고 나쁨은 용접 전의 준비가 잘 되고 못 되는 데에 따라 크게 영향을 받게 된다. 용접에 있어서 일반적인 준비는 모재 재질의 확인, 용접기의 선택, 용접봉의 선택, 용접공의 선임, 지그 선택의 적정, 조립과 가용접, 홈의 가공과 청소 작업이 있으며 준비가 완료되면 용접은 90% 성공한 것으로 보아도 된다.

1. 일반 준비

용접이 잘 되도록 하기 위해서는 용접 전에 여러 가지 준비를 해야 한다. 용접 전의 준비가 불완전하면 아무리 용접 시공을 신중히 해도 좋은 결과를 얻기가 힘들다.

(1) 용접 준비에서 구비요건

① 용접 설계 도면의 완전한 이해로 구조물의 형태를 정확히 파악하고 있어야 한다.
② 필요한 공구를 준비하고 보호장구를 착용한다.
③ 용접물의 크기와 재료 종류에 따라 필요한 용접기 준비와 전류 조정을 한다.
④ 구조와 용접부에 따른 운봉법, 용접방법 선정, 용접순서, 용접속도, 층수 등의 용접 조건을 알아둔다.
⑤ 용접이음에 따른 홈 가공과 용접부의 청정(기름, 녹, 페인트, 습기)을 한다.
⑥ 적당한 지그와 포지셔너를 선택한다.

(2) 모재의 재질 확인

① **모재의 제조서와 비교** : 규격재인 경우에는 제강소에서 강재를 납품할 때 제품의 이력서가 첨부된다. 이 제조서(mill certificate 또는 mill sheet)에는 강재의 제조번호, 해당규격, 재료치수, 화학성분, 기계적 성질 및 열처리 조건 등이 기재되어 있는지 확인해야 한다.

② **가공 중의 모재 식별** : 재료의 제조서에 따라 적정한 강재가 납입되었어도 가공 중에 잘못하면 바뀌게 된다. 특히 두 종류 이상의 강재를 혼용하는 구조물에서는 혼동하지 않도록 방지책을 고려하지 않으면 안된다.

(3) 용접기기 및 용접방법의 선택

용접방법과 기기의 선택도 용접 준비의 중요한 일의 하나이며 용접순서, 용접조건에 따라 그 특성을 파악하여 미리 정해 두어야 한다.

(4) 용접봉의 선택

용접봉을 선택할 때에는 모재의 용접성, 용접자세, 홈 모양, 용접봉의 작업성 등을 고려하여 적당한 것을 선택해야 한다.

(5) 용접사의 선임

용접사 선임은 용접사의 기량과 인품이 용접 결과에 크게 영향을 미치므로 일의 중요성에 따라서 기술자를 배치하는 것이 좋다.

(6) 지그 선택의 적정

재료의 준비가 끝나면 조립과 가용접을 한다. 물품을 정확한 치수로 완성시키려면 정반이나 적당한 용접작업대 위에서 조립·고정해야 한다. 부품을 조립하는 데 사용하는 도구를 용접 지그(welding jig)라 하며, 이 중 부품을 눌러서 고정 역할을 하는 데 필요한 것을 용접 고정구(welding fixture)라 한다.

① **지그의 사용 목적**

㉠ 용접작업을 쉽게 하고 신뢰성과 작업 능률을 높인다.

㉡ 제품의 수치를 정확하게 한다.

㉢ 대량 생산을 위하여 사용한다.

② **지그의 종류** : 용접 지그는 용접물의 형상에 따라 여러 가지이다. 지그의 사용은 위치를 결정하는 법, 회전물을 용접하는 법(회전 롤러 및 회전 테이블 이용), 각도를 조정하고 치수를 맞추는 법, 종합법(메인 플레이트) 등에 따라 다르다.

2. 이음 준비

(1) 홈 가공

용접방법이 결정된 후에는 이음 형상도 설계 과정에서 결정해야 한다. 이것은 시공 부문의 기술 정도와 용접방법, 용착량, 능률 등의 경제적인 면을 종합적으로 고려하여 결정한다. 좋은 용접 결과를 얻으려면 우선 좋은 홈 가공을 해야 하며, 경제적인 용접을 하기 위해서도 이에 적합한 홈을 선택하여 가공한다.

(2) 조립 및 가용접

조립(assembly) 및 가용접(tack weld)은 용접 시공에 있어서 없어서는 안되는 중요한 공정의 하나로서, 용접 결과에 직접 영향을 준다. 홈 가공을 끝낸 판은 제품으로 제작하기 위하여 조립, 가용접을 실시한다.

① **조립(assembly)** : 조립 순서는 용접 순서 및 용접작업의 특성을 고려하여 계획하고 용접이 안되는 곳이 없도록 하며, 또 변형 혹은 잔류응력을 될 수 있는 대로 적도록 미리 검토할 필요가 있다.

② **가용접(tack weld)** : 가용접은 본 용접을 실시하기 전에 좌우의 홈 부분을 잠정적으로 고정하기 위한 짧은 용접인데, 피복 아크 용접에서는 슬래그 섞임, 용입 불량, 루트 균열 등의 결함을 수반하기 쉬우므로 이음의 끝부분, 모서리 부분을 피해야 한다. 또한 가용접에는 본 용접보다 지름이 약간 가는 용접봉을 사용하는 것이 일반적이다.

(3) 홈의 확인과 보수

도면에 지정된 바른 홈 모양과 가조립의 정도를 유지하는 것은 완전한 이음을 얻는 데 필수 조건이다. 홈이 완전하지 않으면 결함이 생기기 쉽고 완전한 이음 강도가 확보되지 않을 뿐 아니라 용착량의 증가에 의한 공수의 증가, 변형의 증대 등을 일으키게 된다. 맞대기 용접이음의 경우에는 홈 각도, 루트 면의 정도가 문제되지만 루트 간격의 크기가 제일 문제가 된다. 이 루트 간격의 허용 한계는 서브머지드 아크 용접과 피복 아크 용접에서 차이가 있게 된다.

① **루트 간격** : 루트 간격은 용접에 따라 적당한 간격을 유지해야 한다. 만약 루트 간격이 너무 크게 될 경우에는 보수해야 한다(한정된 판의 치수 조정으로 넓어진 루트 간격).

㉠ 서브머지드 아크 용접의 경우 : 서브머지드 아크 용접에서는 루트 간격이 0.8mm 이상이 되면 용락(burn through)이 생기고 용접 불능이 된다. 눈틀림의 허용량은 구조물에 따라서 틀리다.

㉡ 피복 아크 용접의 경우 : 피복 아크 용접에서는 루트 간격이 너무 크면 다음과 같은 요령으로 보수한다. 즉 맞대기 이음에 있어서는 간격 6mm 이하, 간격 6~16mm, 간격 16mm 이상 등으로 분류하여 보수한다.

- 간격 6mm 이하 : 한쪽 또는 양쪽에 덧붙이한 후 가공하여 맞춘다.
- 간격 6~16mm : *l*6 정도의 받침쇠를 붙여 용접한다.
- 간격 16mm 이상 : 판의 일부(길이 약 300mm) 또는 전부를 교환한다.

㉢ 필릿 용접의 경우 : 필릿 용접의 경우에는 [그림 2-9]와 같이 루트 간격의 크기에 따라 보수 방법이 다르다. 즉 [그림 2-9 (a)]와 같이 간격이 1.5mm 이하일 때에는 규정대로의 다리 길이(length of leg)로 용접한다. [그림 2-9 (b)]와 같이 간격이 1.5~4.5mm일 때에는 그대로 용접해도 좋으나, 넓어진 만큼 다리 길이를 증가시킬 필요가 있다. 그렇게 하지 않으면 실제의 폭 두께가 감소하고 소정의 이음 강도를 얻을 수 없기 때문이다. [그림 2-9 (c)]와 같이 간격이 4.5mm 이상일 때에는 라이너를 넣든가, [그림 2-9 (d)]와 같이 부족한 판을 300mm 이상 잘라내어 교환한다.

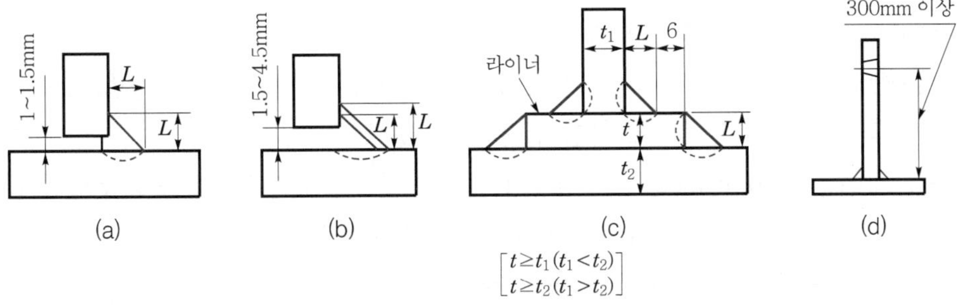

$\begin{bmatrix} t \geq t_1 (t_1 < t_2) \\ t \geq t_2 (t_1 > t_2) \end{bmatrix}$

그림 2-9 필릿 용접이음 홈의 보수 요령

(4) 이음부의 청정

가접 후는 물론 용접 각 층마다 깨끗한 상태로 청소하는 것은 매우 중요하다. 이음부에는 수분, 녹, 스케일, 페인트, 기름, 그리스, 먼지, 슬래그 등이 있으면 기공이나 균열의 원인이 되며 강도가 그만큼 부족하게 된다.

1-8 용접작업

본 용접에 있어서는 용접 순서, 용착법, 운봉법 등을 고려하여 용접부에 결함이 생기지 않게 하고, 변형을 될 수 있는 대로 적게 하며, 용접 능률을 좋게 해야 한다.

1. 용착법과 용접 순서

(1) 용착법

본 용접에 있어서 용착법(welding sequence)에는 용접하는 진행방향에 의하여 전진법(progressive method), 후진법(back step method), 대칭법(symmetric method) 등이 있고, 다층 용접에 있어서는 빌드업법(build up sequence), 캐스케이드법(cascade sequence), 전진 블록법(block sequence) 등이 있다.

① **전진법**(progressive method) : [그림 2-10 (a)]와 같이 가장 간단한 방법으로서, 이음의 한쪽 끝에서 다른 쪽 끝으로 용접 진행하는 방법이다.

② **후진법**(back step method) : [그림 2-10 (b)]와 같이 용접 진행방향과 용착 방법이 반대로 되는 방법이다. 두꺼운 판의 용접에 사용되며, 잔류응력을 균일하게 하여 변형을 적게 할 수 있으나 능률이 좀 나쁘다. 후진의 단위길이는 구조물에 따라 자유롭게 선택한다.

③ **대칭법**(symmetric method) : [그림 2-10 (c)]와 같이 이음의 전 길이를 분할하여 이음 중앙에 대하여 대칭으로 용접을 실시하는 방법이다. 변형, 잔류응력을 대칭으로 유지할 경우에 많이 사용된다.

④ **비석법**(skip method) : [그림 2-10 (d)]와 같이 이음 전 길이를 뛰어 넘어서 용접하는 방법이다. 변형, 잔류응력을 균일하게 하지만 능률이 좋지 않으며, 용접 시작 부분과 끝나는 부분에 결함이 생길 때가 많다.

⑤ **빌드업법**(build up sequence) : [그림 2-10 (e)]와 같이 용접 전 길이에 대해서 각 층을 연속하여 용접하는 방법이다. 능률은 좋지 않지만 한랭 시나 구속이 클 때, 판 두께가 두꺼울 때에는 첫 층에 균열이 생길 우려가 있다.

⑥ **캐스케이드법**(cascade sequence) : [그림 2-10 (f)]와 같이 후진법과 병용하여 사용되며, 결함은 잘 생기지 않으나 특수한 경우 외에는 사용하지 않는다.

⑦ **블록법**(block sequence) : [그림 2-10 (g)]와 같이 짧은 용접 길이로 표면까지 용착하는 방법이며, 첫 층에 균열이 발생하기 쉬울 때 사용된다.

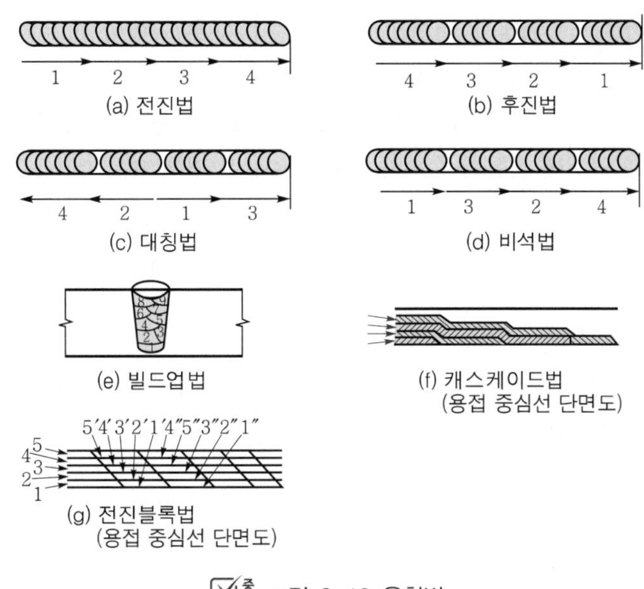

중요 그림 2-10 용착법

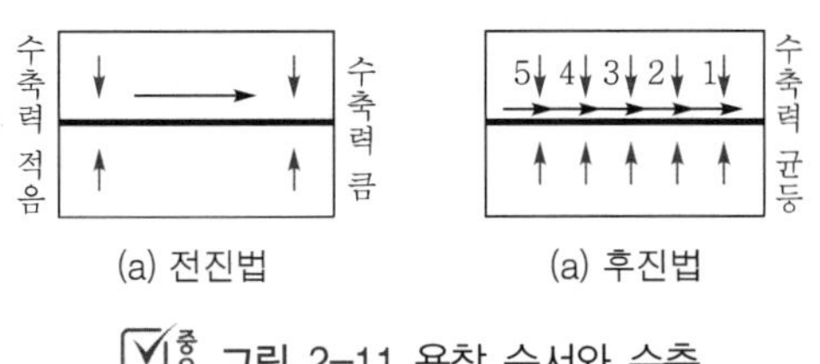

중요 그림 2-11 용착 순서와 수축

(2) 용접 순서

불필요한 변형이나 잔류응력의 발생을 될 수 있는 대로 억제하기 위해 하나의 용접선의 용접은 다음과 같은 기준에 의하여 용접 순서를 결정하면 좋다.

① 같은 평면 안에 많은 이음이 있을 때는 수축은 가능한 한 자유단으로 보낸다.

② 물건의 중심에 대하여 항상 대칭으로 용접을 진행한다.

③ 수축이 큰 이음을 먼저 하고 수축이 작은 이음을 뒤에 용접한다.

④ 용접물의 중립축을 생각하고 그 중립축에 대하여 용접으로 인한 수축력 모멘트의 합이 0이 되도록 한다(용접 방향에 대한 굴곡이 없어짐).

(3) 본 용접의 일반적인 주의사항

① 비드의 시작점과 끝점이 구조물의 중요 부분이 되지 않도록 한다.

② 비드의 교차를 가능한 피한다.

③ 전류는 언제나 적정 전류를 택한다.

④ 아크길이는 가능한 짧게 한다.

⑤ 적당한 운봉법과 비드 배치 순서를 채용한다(각도, 용접속도, 운봉법 등).

⑥ 적당한 예열을 한다(한랭 시는 30~40℃로 예열 후 용접).

⑦ 봉의 이음부에 결함이 생기기 쉬우므로 슬래그 청소를 잘하고 용입을 완전하게 한다.

⑧ 용접의 시점과 끝점에 결함의 우려가 많으며 중요한 경우 엔드 탭(end tap)을 붙여 결함 방지를 한다.

⑨ 필릿 용접은 언더컷이나 용입 불량이 생기기 쉬우므로 가능한 아래보기 자세로 용접한다.

(4) 가우징 및 뒷면 용접

맞대기 이음에서 용입이 불충분하든가 강도가 요구될 때에는 용접을 완료한 후 뒷면을 따내어서 뒷면 용접을 해야 한다. 뒷면 따내기는 가우징법이나 세이퍼로 따내는 법이 있으며, 요즈음은 능률적인 가우징법을 많이 쓰고 있다.

① 기계적 가우징

㉠ 에어 가우징기를 사용하여 기계적으로 가우징하는 법이다.

㉡ 소음이 많고 깊은 홈파기를 할 때는 비능률적이나 변형은 적다.

② 불꽃 가우징

㉠ 산소-아세틸렌 불꽃 등으로 예열하고 고압 산소를 불어서 산화 비산시켜 홈 가공을 하는 법이다.

㉡ 소음이 적고 능률적이나 변형을 일으키면 곤란하며 얇은 판에는 할 수 없다.

㉢ 특수강, 비철 금속에도 안된다.

㉣ 재질에 따라 균열이 약간 생길 수 있다.

③ 아크 에어 가우징

㉠ 탄소 전극과 모재 사이에 아크를 발생시켜 녹이며 고압 공기로 불어내는 법이다.

㉡ 소음이 적고 능률적이며 특수강에도 된다.

㉢ 토치 구조도 간단해서 다른 방법으로 시공하지 못하는 곳(좁은 장소)에도 사용이 가능하다.

(5) 용접 시의 열 영향

용접은 아주 높은 온도의 열원을 이용하여 금속을 용융시켜 아주 짧은 시간에 모재를 접합시키는 방법이다. 따라서 용접부 부근의 온도는 대단히 높다.

1-9 용접 후 처리

1. 잔류응력(residual stress)의 경감

용접을 하면 잔류응력이 필연적으로 수반된다. 이 잔류응력의 경감법에는 용접 후의 노내 풀림, 국부 풀림 및 기계적 처리법, 불꽃에 의한 저온 응력 제거법, 피닝(peening)법 등이 있다.

(1) 노(爐)내 풀림법(furnace stress relief)

응력 제거 열처리법 중에서 가장 널리 이용되며 또 효과가 큰 것으로 제품 전체를 가열로 안에 넣고 적당한 온도에서 일정시간 유지한 다음 노 내에서 서냉하는 방법이다.

보통 연강류는 규정에 의하면 최대 두께와 최소 두께와의 비가 4를 넘지 않을 경우 제품을 노 내에서 넣고 꺼내는 온도가 300℃를 넘어서는 안된다. 또 300℃ 이상에 있어서의 가열 및 냉각속도 R은 아래의 식을 만족시켜야 한다.

$$R \leqq 200 \times \frac{25}{t} (℃/h)$$

여기서, t는 가열부에서의 용접부 최대 두께(mm)

제품에 따라서는 온도를 너무 높이지 못할 경우가 있으므로, 이런 경우에는 유지 시간을 길게 잡아야 한다. 판의 두께가 25mm인 탄소강일 경우에는 일단 600℃에서 10℃씩 온도가 내려갈 때마다 20분씩 길게 잡으면 된다. 또 구조물의 온도가 250~300℃까지 냉각되면 대기 중에서 방랭하는 것이 보통이다.

(2) 국부 풀림법(local stress relief)

제품이 커서 노 내에 넣을 수 없을 때 또는 설비, 용량 등으로 노내 풀림을 바라지 못할 경우에는 용접부 근방만을 국부 풀림할 때도 있다. 이 방법은 용접선의 좌우 양측을 각각 약 250mm의 범위 혹은 판 두께의 12배 이상의 범위를 가열하는 것이다. 국부 풀림은 온도를 불균일하게 할 뿐만 아니라, 도리어 잔류응력이 발생될 염려가 있으므로 주의해야 한다.

(3) 저온 응력 완화법(low temperature stress relief)

저온 응력 완화법은 용접선의 양측을 가스 불꽃에 의하여 나비의 60~130mm에 걸쳐서 150~200℃ 정도의 비교적 낮은 온도로 가열한 다음 곧 수냉하는 방법으로서, 주로 용접선 방향의 잔류응력이 완화된다.

(4) 기계적 응력 완화법(mechanical stress relief)

기계적 응력 완화법은 잔류응력이 있는 제품에 하중을 주어 용접부에 약간의 소성변형을 일으킨 다음 하중을 제거하는 방법이다. 실제 큰 구조물에서는 한정된 조건 하에서만 사용할 수 있다.

(5) 피닝(peening)

피닝법은 치핑해머(chipping hammer)로 용접부를 연속적으로 가볍게 때려 용접부 표면상에 소성변형을 주는 방법으로서, 잔류응력의 경감, 변형의 교정 및 용착금속의 균열 방지 등 여러 가지 효과를 가지고 있다. 일반적인 피닝의 이동방법은 [그림 2-12]와 같다.

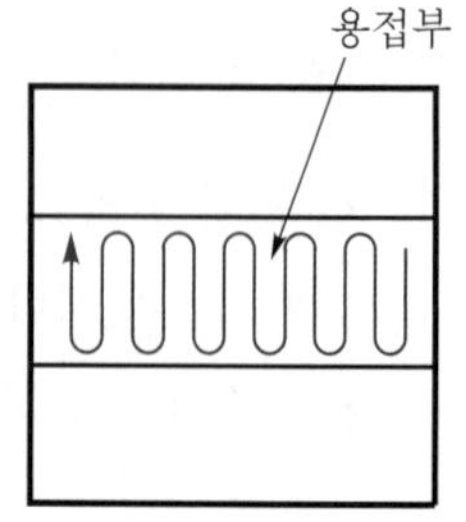

그림 2-12 피닝의 이동방법

2. 변형 교정

용접할 때에 발생한 변형을 교정하는 것을 변형 교정(straightening)이라고 한다. 용접 구조물은 역변형을 주어 용접 후에 변형되지 않도록 하는 것이 일반적이나, 변형의 억제는 매우 곤란하다. 특히 얇은 판의 경우 어느 정도 변형을 피할 수 없다.

변형 교정의 방법은 그 제품의 종류, 변형의 형태와 변형량 등에 의하여 여러 가지가 사용된다. 주된 방법은 롤러 처리법, 피닝법, 가열하여 소성 변형을 발생시켜 변형을 교정하는 것이 있다.

모재의 두께 및 형상에 따라 가열하는 방식은 주로 다음과 같다.

① 얇은 판에 대한 점 가열

② 형재에 대한 직선 가열

③ 가열 한 후 해머로 두드리는 방법

④ 두꺼운 판에 대하여는 가열 후 압력을 걸고 수냉하는 방법

위의 방법에서는 가열온도가 너무 높으면 재질의 연화를 초래할 염려가 있으므로, 최고 가열온도를 600℃ 이하로 하는 것이 좋다.

직선 가열법의 시공 조건은 가열온도 600~650℃, 가열시간 약 20초이며, 가열선상을 [그림 2-13]과 같이 토치로 가열한 다음 곧 수냉한다.

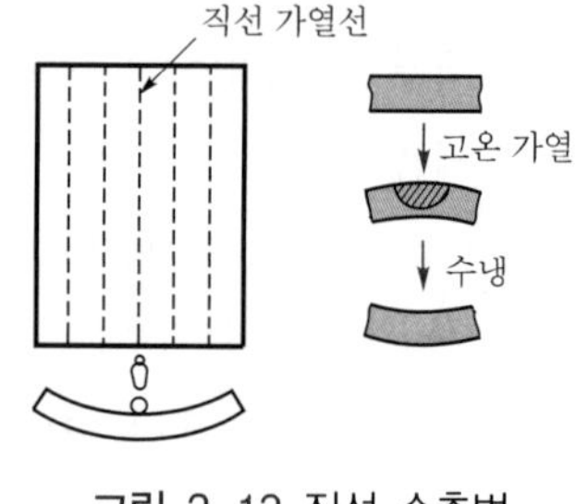

그림 2-13 직선 수축법

(1) 도열법

용접부에 구리로 된 덮개판을 두거나, 뒷면에서 용접부를 수냉 또는 용접부 근처에 물기가 있는 석면, 천 등을 두고 모재에 용접입열을 막음으로써 변형을 방지하는 방법이다.

(2) 억제법

공작물을 가접 또는 지그 홀더 등으로 장착하고 변형의 발생을 억제하는 방법으로 널리 이용된다. 공작물을 조립하는 용접 준비와 함께 행하는 일이 많으며, 잔류응력이 생기기 쉽다.

(3) 점 수축법

① 얇은 판의 변형이 [그림 2-14 (a)]와 같은 경우 500~600℃에서 약 30초 정도로 20~30mm 주위를 가열한 다음 곧 수냉하는 것을 수차례 반복한다.

② [그림 2-14 (b)]에서 [그림 2-14 (a)]와 같은 온도와 시간으로 가열 속도 160mm/min로 가열 폭 20mm를 가열한 후 수냉한다. [그림 2-14 (c)]처럼 변형이 큰 경우에는 상하에서 가열하여 수냉한다.

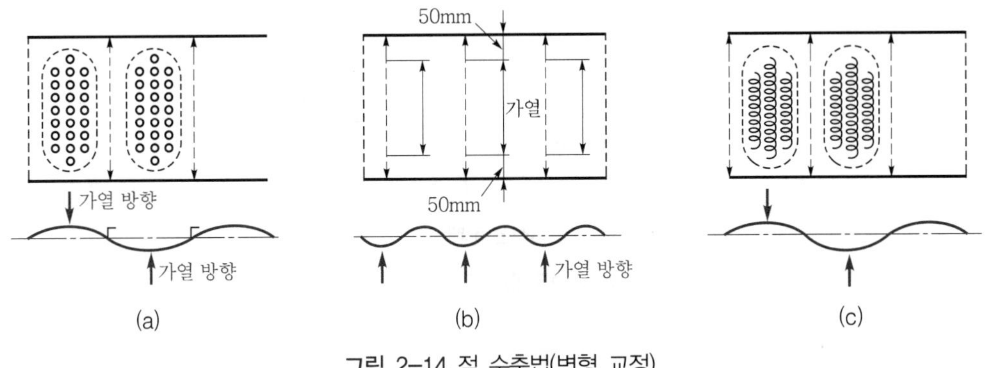

그림 2-14 점 수축법(변형 교정)

(4) 역변형법

용접에서 실제로 많이 사용되고 있다. 이 방법은 용접사의 경험과 통계에 의해 용접 후의 변형 각도만큼 용접 전에 반대 방향으로 굽혀 놓고 용접하면 원상태로 돌아오는 방법으로, 보통 150mm×9t에서 2~3° 정도로 변형을 준다.

3. 결함의 보수

용접부에 결함이 발생되었을 때에는 끝손질할 기공이나 슬래그 섞임이 있으면 깎아내고 재용접을 해야 한다. 만일 균열이 발견되었을 때에는 [그림 2-15 (d), (e)]와 같이 균열의 끝단을 드릴로 정지구멍(stop hole)을 뚫고 균열이 있는 부분을 깎아내어 다시 정상적인 홈을 만들 필요가 있다.

① 기공, 슬래그 섞임 : 그 부분을 깎아낸 후 다시 용접한다.

② 언더컷 : 작은 용접봉으로 용접한다.

③ 오버랩 : 그 부분 깎아 내거나 갈아내고 다시 용접한다.

④ 균열 : 균열일 때는 균열의 성장 방향 끝에 정지구멍(stop hole)을 뚫고 균열 부분을 파낸 후(가우징 또는 스카핑 등) 다시 용접한다.

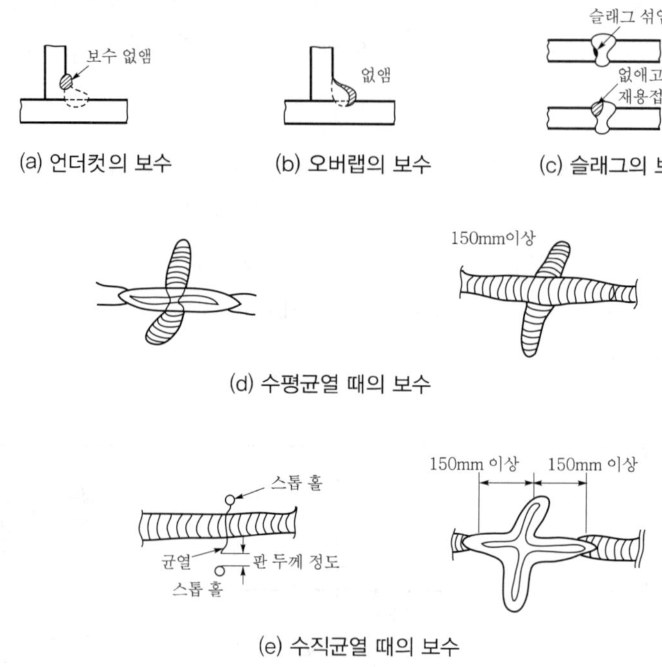

그림 2-15 결함의 보수 요령

4. 강의 취성 파괴

주철과 같이 메진 금속을 당기면 시험편은 거의 변형되지 않고 파단하지만, 강의 경우에는 일반적으로 어느 정도 늘어난 뒤에 파단된다. 그러나 비교적 인성이 강한 재료라도 재료의 일부에 노치(notch)나 금속 조직, 용접 결함 등이 급히 변한 부분을 가진 것을 저온에서 사용하면 대단히 메진 파괴를 일으킬 때가 있다. 이와 같은 파괴를 취성 파괴라고 한다.

용접부는 용착금속부, 열영향부, 모재부로 이루어지며, 이들의 천이온도(transition temperature)는 서로 다르다. 본드(bond)에서 1~2mm 떨어진 900℃ 부근까지 가열된 불림 조직 부분(B부)은 천이온도가 가장 낮고, 400~600℃로 가열된 부분은 가장 취화한 부분(A부)으로 천이온도가 가장 높은데 이 영역은 조직의 변화는 없으나 기계적 성질이 나쁜 곳이다.

천이온도는 재료가 연성 파괴에서 취성 파괴로 변화하는 온도 범위를 말하며, 천이온도가 높으면 충격값이 저하함을 나타내고 있다.

1-10 용접 결함 및 방지대책

1. 치수상의 결함

용접을 하면 팽창과 수축에 의하여 변형이 생긴다. 다시 말해서 용접할 때는 고온에서 소성 변형, 냉각되면 저온에서의 소성 변형이 잔류응력과 변형으로 남게 된다.

2. 구조상의 결함

구조상 용접 결함은 용접물의 안정성을 해치는 중요한 인자로서 결함이 발생하는 장소에 따라서 용접금속의 균열과 모재의 균열이 있으며, 발생 온도에 따라서 고온 균열과 저온 균열이 있다. 그리고 균열의 크기에 따라 매크로(macro) 균열과 마이크로(micro) 균열 등이 있다. [그림 2-16]은 여러 가지의 용접 결함과 균열을 나타낸 것이다.

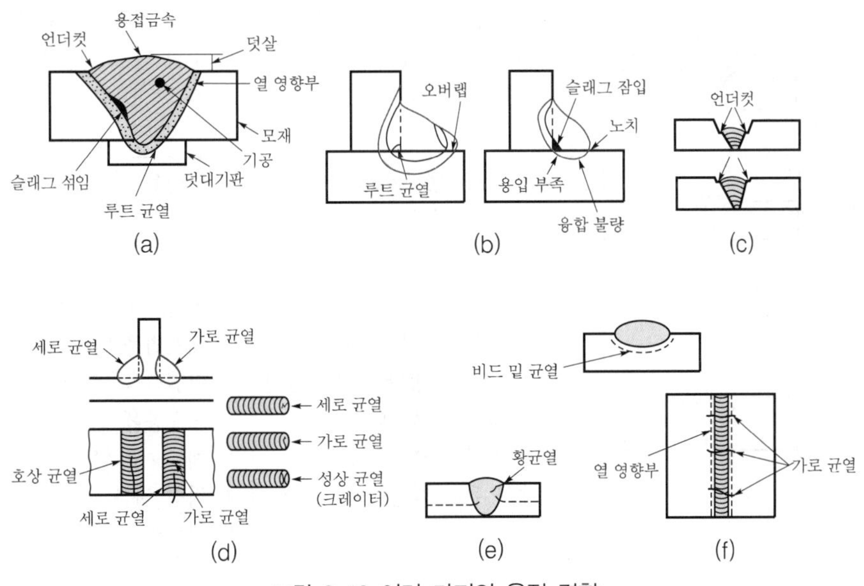

그림 2-16 여러 가지의 용접 결함

3. 성질상의 결함

용접부는 국부적인 가열에 의하여 융합되기 때문에 모재와 같은 성질이 되기 어렵다. 용접 구조물은 어느 것이나 사용 목적에 따라서 용접부의 성질은 기계적, 물리적, 화학적인 성질에 일정한 요구가 있다. 따라서 이들의 요구를 만족시킬 수 없는 것을 성질상 결함이라 한다.

4. 용접부 결함 및 방지대책

중요 표 2-1 용접부 결함 및 그 방지대책

결함의 종류	결함의 모양	원 인	방지대책
용입 불량		① 이음 설계의 결함 ② 용접속도가 너무 빠를 때 ③ 용접전류가 낮을 때 ④ 용접봉 선택 불량	① 루트 간격 및 치수를 크게 한다. ② 용접속도를 빠르지 않게 한다. ③ 슬래그가 벗겨지지 않는 한도 내로 전류를 높인다. ④ 용접봉의 선택을 잘 해야 한다.
언더컷		① 전류가 너무 높을 때 ② 아크길이가 너무 길 때 ③ 용접봉을 부적당하게 사용했을 때 ④ 용접속도가 적당하지 않을 경우 ⑤ 용접봉 선택 불량	① 낮은 전류를 사용한다. ② 짧은 아크길이를 유지한다. ③ 유지각도를 바꾼다. ④ 용접속도를 늦춘다. ⑤ 적정봉을 선택한다.
오버랩		① 용접전류가 너무 낮을 때 ② 운봉 및 봉의 유지 각도 불량 ③ 용접봉 선택 불량	① 적정 전류를 선택한다. ② 수평 필릿의 경우는 봉의 각도를 잘 선택한다. ③ 적정봉을 선택한다.
선상 조직		① 용착금속의 냉각속도가 빠를 때 ② 모재 재질 불량	① 급랭을 피한다. ② 모재의 재질에 맞는 적정봉을 선택한다.
균열		① 이음의 강성이 큰 경우 ② 부적당한 용접봉 사용 ③ 모재의 탄소, 망간 등의 합금원소 함량이 많을 때 ④ 과대 전류, 과대 속도 ⑤ 모재의 유황 함량이 많을 때	① 예열, 피닝 작업을 하거나 비드 배치법을 변경하거나 용접비드 단면적을 넓힌다. ② 적정봉을 택한다. ③ 예열, 후열을 한다. ④ 적정 전류, 속도로 운봉한다. ⑤ 저수소계 봉을 쓴다.

결함의 종류	결함의 모양	원 인	방지대책
블로우 홀		① 용접 분위기 가운데 수소 또는 일산화탄소의 과잉 ② 용접부의 급속한 응고 ③ 모재 가운데 유황 함유량 과대 ④ 강재에 부착되어 있는 기름, 페인트, 녹 등 ⑤ 아크길이, 전류 또는 조작의 부적당 ⑥ 과대 전류의 사용 ⑦ 용접속도가 빠를 때	① 용접봉을 바꾼다. ② 위빙을 하여 열량을 늘리거나 예열을 한다. ③ 충분히 건조한 저수소계 용접봉을 사용한다. ④ 이음의 표면을 깨끗이 한다. ⑤ 정해진 범위 안의 전류로 좀 긴 아크를 사용하거나 용접법을 조절한다. ⑥ 전류를 조절한다. ⑦ 용접속도를 늦춘다.
슬래그 섞임		① 슬래그 제거 불완전 ② 전류과소, 운봉 조작 불완전 ③ 용접이음의 부적당 ④ 슬래그 유동성이 좋고 냉각하기 쉬울 때 ⑤ 봉의 각도가 부적당할 때 ⑥ 운봉속도가 느릴 때	① 슬래그를 깨끗이 제거한다. ② 전류를 약간 세게하고 운봉 조작을 적절히 한다. ③ 루트 간격이 넓은 설계로 한다. ④ 용접부의 예열을 한다. ⑤ 봉의 유지 각도가 용접방향에 적절하게 한다. ⑥ 슬래그가 앞지르지 않도록 운봉속도를 유지한다.
피트		① 모재 가운데 탄소, 망간 등의 합금원소가 많을 때 ② 습기가 많거나 기름, 녹, 페인트가 묻었을 때 ③ 후판 또는 급랭되는 용접의 경우 ④ 모재 가운데 황 함유량이 많을 때	① 염기도가 높은 봉을 선택한다. ② 이음부를 청소하고 예열을 하고 봉을 건조시킨다. ③ 예열을 한다. ④ 저수소계 봉을 사용한다.
스패터		① 전류가 높을 때 ② 용접봉의 흡습 ③ 아크길이가 너무 길 때	① 모재의 두께와 봉지름에 맞는 낮은 전류까지 내린다. ② 충분히 건조시켜 사용한다. ③ 위빙을 크게 하지 말고, 적당한 아크길이로 한다.

C R A F T S M A N W E L D I N G

02 용접 자동화

2-1 자동화 용접

1. 자동화의 개요

(1) 개요

산업 현장의 세계화에 따른 경쟁력 확보의 차원에서 제품 원가 절감과 생산성 향상이 요구되고 있으나 우수 기능인력을 확보하는 데는 어려움이 있다. 이를 극복하기 위하여 설비 자동화가 절실히 요구되고 있으며 다양한 용접방법이 개발되고 있다.

(2) 자동화 목적

① 우수 기능인력 부족에 대한 대처 및 다품종 소량 생산에 대응할 수 있다.
② 단순 반복작업 및 무인 생산화에 따른 생산 원가를 절감할 수 있다.
③ 품질이 균일한 제품을 생산할 수 있다.
④ 위험 작업에 따른 작업자를 보호할 수 있다.
⑤ 재고 감소와 정보 관리의 집중화를 실현할 수 있다.

2. 수동 및 자동 용접

(1) 수동 용접

용접봉(용가재)의 공급과 용접 홀더나 토치의 이동을 수동으로 하는 용접으로, 피복 아크 용접(SMAW), 수동 TIG 용접법이 여기에 속한다.

수동 용접은 생산성이 매우 낮으나, 장소의 제약이 적고 간편하며 설비비가 적게 들어 널리 사용되고 있다.

(2) **반자동 용접**

CO_2 용접, MIG 용접 등이 여기에 속하며, 용가재(와이어)의 송급은 자동적으로 이루어지나 토치는 수동으로 조작하는 용접법이다.

(3) **자동 용접**

수동 용접은 용접사가 용접 토치를 들고 직접 용접하지만, 자동 용접은 자동 용접장치(Welding Automation)에 조건을 설정한 후 오퍼레이터(조작자)가 전원을 'ON' 하면 용접 와이어의 송급과 용접 헤드의 이송 등이 자동적으로 이루어져 작업자의 계속적인 조작이 없어도 연속적으로 용접이 진행되는 용접이다.

2-2 로봇 용접

1. 로봇의 정의와 응용

(1) **로봇(robot)의 정의**

로봇은 미국로봇협회에서 '여러 가지 작업을 수행하기 위하여 자재, 부품, 공구, 특수장치 등을 프로그램된 대로 움직이도록 설계하고, 재 프로그램이 가능하며, 다기능을 가진 메니 플래이터'라고 정의하고 있다.

(2) **로봇의 원리**

산업용 로봇은 사람의 손의 기능을 기계가 대신한다고 생각하면 된다. 이러한 손이 있으면 손목이 있어야 하고 손목은 암(arm)에 접속되어 있게 되며, 이 부분 전체를 이동시키는 기능을 다리가 하고 있다. 로봇은 용도와 기능에 따라 다리 앞부분은 없어도 손과 암은 가지고 있어야 된다.

이러한 손과 다리와 암 부분, 즉 동작을 가지는 부분 전체를 가동부 또는 구동부라 한다. 또한 이러한 동작을 하기 위해 제어가 필요하며, 제어부가 없으면 아무 일도 할 수 없다.

그림 2-17 산업용 로봇의 예

(3) **로봇의 구성**

산업용 로봇은 일반적으로 사람의 두뇌에 해당하는 제어기(controller), 외관에 해당하는 메니 플레이터(manipulator), 손목에 해당하는 뤼스트(wrist), 손에 해당하는 앤드 이펙터(end effector), 팔다리에 해당하는 암(arm), 지각기관에 해당하는 센서(sensor), 그리고 로봇의 기저부인 베이스(base) 등으로 구성되어 있다.

이때 구동부와 제어부를 가동시키기 위한 에너지를 동력원이라 하며, 이 에너지를 기계적인 움직임으로 변환하는 기기를 액츄에이터라 한다.

(4) 로봇 기술의 응용

용접용 로봇은 1980년대 이후 자동차 산업에서 스폿 용접의 근간을 이루며 급속하게 보급되어 활용되고 있으며, 최근에는 모든 산업 분야, 용접 분야에서 그 사용이 활발히 확대되고 있다. 1980년 이전만 해도 스폿 용접을 위한 로봇의 사용이 많았으나 그 이후 아크 용접을 위한 로봇의 활용이 급속히 높어져 최근에는 CO_2 용접, 서브머지드 아크 용접 등에 그 이용이 늘고 있다.

(5) 로봇 기술의 과제

아크 용접 로봇화를 진행시키기 위해서는 로봇 기구의 최적화, 센서, 제어 시스템에 의한 지능화, 터칭의 간략화, 로봇에 적합한 용접 프로세스의 개량, 주변 공정과의 시스템화 등을 과제로 들 수 있다.

2. 로봇의 장점

로봇을 활용하면 인건비가 절감되고 정밀도와 생산성을 향상시킬 수 있다. 또한 지루하고 반복적이며 위험한 작업에 있어서 대체로 인적·안전 사고 방지와 작업환경을 개선할 수 있다.

3. 로봇의 종류

(1) 구동방식에 의한 분류

① **전기 구동 로봇** : 구동 수단으로 전기 서보 모터나 스테핑 모터를 사용하는 로봇을 말한다.

② **유압 구동 로봇** : 유압장치를 사용하여 구동하는 로봇을 말한다.

(2) 기하학적 직업 궤적에 따른 분류

작업 궤적, 즉 앤드 이팩터의 자동 궤적에 따라 직각 좌표계, 원통 좌표계, 구면 좌표계, 다관절 로봇 등이 있다.

① **직각 좌표계 로봇** : 직교 로봇 또는 XY 로봇이라고도 부르며, 산업 로봇 중 가장 간단한 구조를 가지는데 각 축들이 직선운동을 하기 때문에 로봇 몸체와 제어기 부분으로 구성되어 있다. 종류에는 단축 직교 로봇, 다축 직각 로봇, 기타 등이 있다.

② **원통 좌표계 로봇** : 앤드 이펙터의 동작 범위가 원통 모양을 가지고 있다. 구조는 베이스에 필러(pillar)가 있고 필러에 연결된 암이 상하운동을 하며 암 자체는 암의 중심 축 방향으로 직선운동을 하고 암의 선단에 앤드 이팩터가 취부되어 있는 형식이다. 이것은 신뢰성이 높아서 공작물의 로딩과 언로딩에 많이 사용된다.

③ **극 좌표계 로봇** : 산업용 로봇의 최초 실용 로봇으로 구면 궤적을 가지며, 주로 스폿 용접, 중량물 취급 등에 사용되었다.

④ **다관절 로봇** : 다관절 로봇은 인간의 팔과 유사하여 동작도 유연하므로 앤드 이팩터의 동작도 가장 다양하게 구현할 수 있어 각종 작업에 사용되고 있다. 다관절 로봇은 극좌표계 로봇의 특수한 형태라고 할 수 있다.

(3) 용도에 의한 분류

① **지능 로봇(Intelligent Robot)** : 지능 로봇은 사람의 손, 발과 같은 관절 운동 기능과 시각, 촉각, 감각 등의 감각 기능과 학습, 연장, 기억, 추론 등 인간의 두뇌 작용의 일부인 사고 기능까지 인공 지능의 명령으로 기능을 수행하는 로봇이다.

② **산업용 로봇(industrial robot)** : 산업용 로봇은 프로그램의 입력 및 재조정이 가능한 다기능의 원거리 조종장치로 공구나 특수 장비를 갖추고 프로그램되어 있는 다양한 동작을 반복하여 용접, 도장, 운반 등 산업 분야의 일을 수행하도록 설계되었으며, 인간이 하기에는 위험하고 힘든 작업을 수행할 수 있는 이점이 있다.

③ **극한 작업용 로봇** : 인간이 견뎌낼 수 없는 혹독한 환경 조건에서 인간을 대신해 특정한 작업을 수행하는 고성능 로봇으로 원자력 발전 시설, 석유 개발을 위한 해저 현장, 재해 현장 등에서 점검, 개발, 방제(防際), 인명 구조 등의 작업을 수행한다.

④ **극 좌표형 로봇(Spherical coordinate Robot)** : 극 좌표 형식의 운동으로 공간상의 한 점을 결정하는 로봇으로 작업 영역이 넓고 손끝의 속도가 빠르며 팔을 지면에 대하여 경사진 위치로 이동할 수 있으므로 용접, 도장 등의 작업에 이용된다.

⑤ **우주용 로봇** : 인공위성 내부와 우주 정거장에서 작업, 인공위성과 혹성에서의 자원 조사 등을 행하는 원거리 조종장치 로봇과 이동 로봇을 말하며, 이 로봇은 우주선처럼 온도나 압력 등의 환경이 열악하거나 무중력 상태에서 사용되는 일이 많으므로 제어에 특별한 방법이 요구된다.

⑥ **의료 복지용 로봇** : 의료 복지용 로봇은 장애자와 병자, 노인 등 약자를 위해 일하는 로봇으로, 수술을 도와주는 로봇, 소생술 등에 활용되는 훈련용 로봇, 환자를 이송하거나 간호하기 위한 간호용 로봇 등이 있다. 인간이 주도권을 가지고 작업을 진행시키고 로봇은 힘과 정확성을 겸비하여 긴 시간 동안 인간을 돕는다.

⑦ **감각 제어 로봇(Sensory controlled Robot)** : 감각 정보를 이용하여 동작의 제어를 하는 로봇을 말한다.

4. 로봇의 동력 전달장치

로봇의 동력 전달장치는 암 조인트, 손목 조인트, 그리퍼(gripper)의 동작을 위한 것으로, 각종 기어류, 볼엔 롤러 스크루, 스크루 너트 시스템, 톱니형 V벨트와 타이밍 벨트와 롤러 체인을 이용하는 풀리 구동, 각종 전기 브레이크, 그리고 특수 동력 전달장치로 드라이브, 싸이클로이달 스피드 레듀서 등이 있다.

(1) 하모닉 드라이브

㈜하모닉 드라이브의 상품명으로, 원리는 웨이브 제너레이터가 시계방향으로 1회전하면 플랙스플라인은 상대적으로 잇수 2만큼 반시계 방향으로 후퇴하여 상대적으로 잇수에 따라 감속비가 결정되는 형식이다.

(2) 싸이클로이탈 스피드 레듀서

이것은 하모닉 드라이브보다 10배 전후의 큰 동력을 전달할 수 있는 감속기로서 1단 감속일 경우 6 : 1에서 87 : 1의 감속비를 가질 수 있으며, 여러 단으로 사용할 경우 1천만 : 1의 감속이 가능한 감속기이다. 싸이클 로이터 디스크, 편심축 등으로 구성되어 있다.

5. 로봇 제어 시스템

제어장치에 입력되는 것은 프로그래밍 명령, 시스템 테이프 드라이브, 디스크 드라이브 및 버블 메모리(자성체의 얇은 막의 표면에 형성된 거품 모양의 작은 점들에 정보를 저장하는 기억장치) 등이 있다.

(1) 센서

센서란 로봇에게 환경과 작업 대상물을 계측·인식하는 기능을 주어 상황에 따라 작업을 수행하는 능력을 갖게 하여 적응성과 유연성이 풍부한 로봇이 되도록 인공 지능을 부여한 것이다.

(2) 센서의 종류

① 내외 계측 여부에 따라

㉠ 내계 계측 센서(torch sensor) : 내계 계측 센서는 로봇 자체의 움직임을 제어하거나 자신의 상태를 감지하는 센서이다. 용접 개시점의 위치 어긋남을 감지·보정하는 이 기능은 용접 개시점의 좌표치 기준 데이터와 탐색 데이터를 비교하여 그 차이를 보정치로서 용접 개시점의 위치 어긋남을 수정한다.

㉡ 외계 계측 센서(arc sensor) : 외계 계측 센서는 로봇을 중심으로 한 환경이나 로봇의 작업 대상인 작업물의 상태를 알기 위한 것이다. 용접전류 파형은 랜덤한 주파수 성분이나 리플을 포함하고 있으므로 로패스 필터를 사용하여 평활화하고, 다시 샘플링 데이터(용접전류)를 적분 처리함으로써 평활화 효과를 높이고 있다. 용접의 좌우방향, 즉 위빙방향의 보정을 행하여 용접와이어 선단과 용접선과의 상대위치가 일정하게 되도록 하는 원리이다.

② 접촉 유무에 따른 센서의 종류

㉠ 접촉식 센서 : 탐침(stylus) 혹은 안내 롤러 등을 사용하는 방법을 말한다. 기계적인 장치이기 때문에 전기적인 노이즈를 방생하지 않으며 사용하는 기술이나 개념이 매우 간단하다.

㉡ 비접촉식 센서 : CCD 카메라를 이용한 화상처리 방법을 말하며, 화상처리가 방해받을 수 있는 단점이 있다. 이것의 아크 센서는 용접 시의 전압 또는 전류 신호를 이용하여 용접선을 측정하는 것이므로 토치에 부착되는 별도의 감지장치가 필요 없고, 주요 기능인 아크 특성을 이용하는 소프트웨어로 이루어져 제작비가 비교적 저렴하다.

(3) 영상처리 유무에 따른 센서의 종류

① 비영상처리 센서 : 음향센서, 전자기 센서, 자기 센서, 아크 센서

② 영상처리 센서 : 선행 측정법, 용접부 직시법

㉠ 선행 측정법 : 용접 토치의 선단에서 용접선의 위치, 모양 및 개선의 크기를 측정하는 방법으로 2차원 영상 정보로부터 3차원 용접 개선 변수를 파악하기 위하여 관원으로부터 주사된 입체광을 사용한다.

㉡ 용접부 직시법 : 아크가 발생하는 용접 토치 주위를 직접 측정하는 방법이다. 용접 시에 발생하는 아크 광을 직접 조명광으로 사용하기 때문에 별도의 광원이 필요 없으며, 스패터 및 강한 아크광의 영향을 줄이는 데 어려움이 있다.

(4) 레이저 비전 시스템

① 원리 : 자동 용접은 로봇 등에 의해 자동으로 용접이 이루어지지만 자동 시스템에 사람처럼 눈이 없기 때문에 눈을 대신할 수 있는 센서(비전)가 필요하며, 센서에 의해 지정된 좌표 또는 지정 사이만 용접할 수 있도록 해야 된다.

② 특징

㉠ 비접촉식 센서로서 접촉식에 비해 내구성이 뛰어나다.

㉡ 3차원 정보를 얻을 수 있다.

㉢ 다양한 작업환경에서도 균일하게 연속 용접할 수 있다.

㉣ 용접 생산성을 향상시킬 수 있다.

㉤ 인건비 및 용접 결함 보수비용을 줄일 수 있다.

㉥ 노이즈, 스패터, 아크 광에 강하다.

㉦ 장비가 고가이다.

③ 레이저 비전 시스템이 적응해야 하는 용접 환경 : 용접작업에 레이저 비전 센서(시스템)를 이용함으로써 강열한 아크광과 고열, 스패터, 매연 등과 같은 열악한 작업환경에 적응할 수 있다.

CRAFTSMAN WELDING

03 용접부의 시험과 검사

3-1 용접부의 시험과 검사방법의 종류

1. 용접작업 검사와 완성 검사

(1) 용접 전의 작업 검사

① 용접 설비는 용접기기, 부속 기구, 보호 기구, 지그(jig) 및 고정구의 적합성을 조사한다.

② 용접봉은 겉모양과 치수, 용착금속의 성분과 성질, 모재와 조합한 이음부의 성질 작업성과 균열 등을 조사한다.

③ 모재는 화학성분, 기계적·물리적·화학적 성질 그리고 여러 가지 결함의 유무와 표면 상태를 조사한다.

④ 용접 준비는 홈 각도, 루트 간격, 이음부의 표면 상태, 가용접의 상태 등을 조사한다.

⑤ 용접 시공은 홈 모양, 용접 조건, 예열과 후열 처리의 적합 여부를 조사한다. 그리고 용접사의 기량을 확인한다.

(2) 용접 중의 작업 검사

용접 중에는 용접봉의 보관과 건조 상태, 이음부의 청정 상태와 각 층마다 비드 모양, 융합 상태, 용입 부족, 슬래그 섞임, 균열, 크레이터 처리, 변형 상태 등을 조사함과 동시에 용접전류, 용접순서, 용접속도, 운봉법, 용접자세 등을 확인하며, 예열을 필요로 하는 재로에는 예열온도, 층간 온도를 점검한다.

(3) 용접 후의 작업 검사

용접 후에 하는 작업으로는 후열 처리, 변형 교정 등이 있다. 즉 적당한 온도 유지시간, 가열과 냉각속도, 그 밖의 작업 조건의 확인과 균열, 변형 치수 등에 대하여 조사한다.

3-2 용접부 검사법의 분류

중요 표 2-2 용접부의 검사법

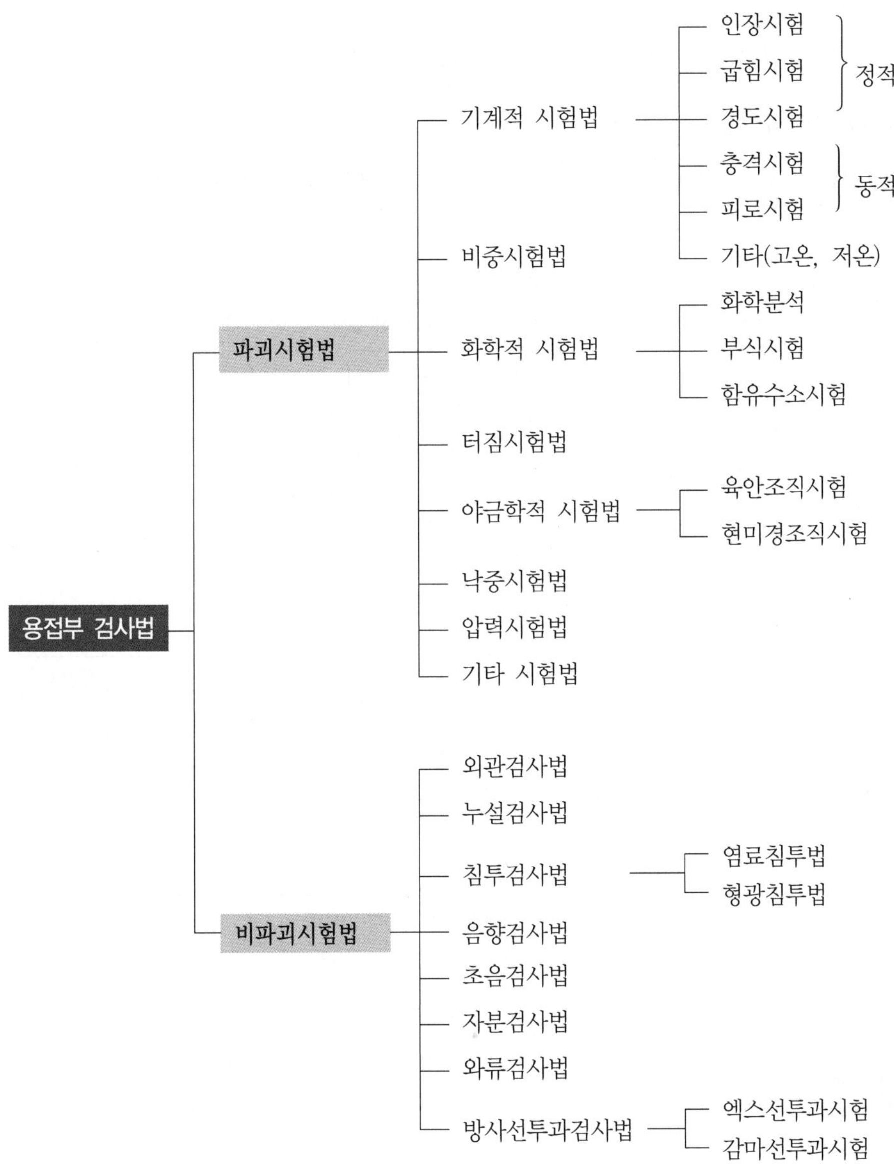

3-3 용접부의 결함

용접 검사의 대상이 되는 용접부 결함은 치수상 결함, 구조상 결함, 성질상 결함 등으로 크게 나누어 볼 수 있다.

[표 2-3]은 용접 결함에 대한 시험과 검사법을 나타낸 것이다.

표 2-3 용접 결함에 대한 시험과 검사법

용접 결함	결함 종류	대표적인 시험과 검사
치수상 결함	변형	게이지를 사용하여 외관 육안검사
	치수 불량	게이지를 사용하여 외관 육안검사
	형상 불량	게이지를 사용하여 외관 육안검사
구조상 결함	기공	방사선검사, 자기검사, 맴돌이전류검사, 초음파검사, 파단검사, 현미경검사, 마이크로조직검사
	슬래그 섞임	방사선검사, 자기검사, 맴돌이전류검사, 초음파검사, 파단검사, 현미경검사, 마이크로조직검사
	융합 불량	방사선검사, 자기검사, 맴돌이전류검사, 초음파검사, 파단검사, 현미경검사, 마이크로조직검사
	용입 불량	외관 육안검사, 방사선검사, 굽힘시험
	언더컷	외관 육안검사, 방사선검사, 초음파검사, 현미경검사
	용접 균열	마이크로조직검사, 자기검사, 침투검사, 형광검사, 굽힘시험
	표면 결함	외관검사
성질상 결함	기계적 성질 부족	기계적 시험
	화학적 성질 부족	화학분석시험
	물리적 성질 부족	물성시험, 전자기특성시험

3-4 파괴시험

재료시험의 목적은 그 재료가 사용 및 사용조건에 적당한가를 시험하고, 또한 일정한 하중의 한계와 재료의 변형능력을 검토하는 데 있다. 파괴시험은 보통 인장시험, 굽힘시험, 경도시험 등 정적인 시험법과 충격 및 피로시험 등 동적인 시험법으로 구분된다.

1. 인장시험(tensile test)

인장시험은 재료 및 용접부의 특성을 알기 위하여 가장 많이 쓰이는 일반 측정으로 최대 하중, 인장강도, 항복강도 및 내력(0.2% 연신율에 상응하는 응력), 연신율, 단면수축률 등을 측정하며, 정밀 측정으로는 비례한도, 탄성한도, 탄성계수 등을 측정한다.

(1) 응력변형률 선도

연강의 경우 인장시험을 하게 되면 축방향으로는 외력에 비례하는 연신이 생기게 되고, 이와 직각 방향으로는 수축이 생기면서 횡단면적이 줄어드는 현상이 나타난다.

2. 굽힘시험(bend test)

시험재에 필요한 시험편을 절취하여 형틀이나 롤러 굽힘시험기에 의해 [그림 2-18]과 같이 굽혀서 용접부의 결함이나 연성의 유무 등에 관해 검사하는 시험이다.

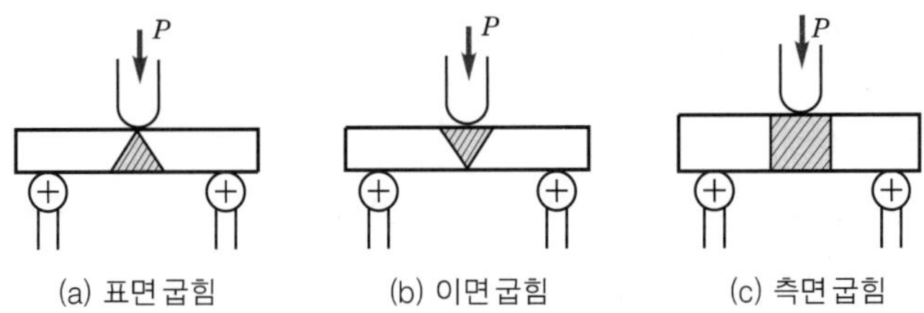

그림 2-18 용접이음의 굽힘시험

3. 경도시험(hardness test)

금속의 경도를 측정하는 방법 중에서 브리넬, 로크웰, 비커즈 경도시험은 보통 일정한 하중 아래 다이아몬드 또는 강구를 시험물에 압입시켜 재료에 생기는 소성변형에 대한 저항으로서(압흔 면적, 또는 대각선 길이 등) 경도를 나타내고, 쇼어 경도의 경우에는 일정한 높이에서 특수한 추를 낙하시켜 그 반발 높이를 측정하여 재료의 탄성변형에 대한 저항으로서 경도를 나타낸다.

4. 충격시험(impact test)

시험편에 V형 또는 U형 노치(notch)를 만들고 충격적인 하중을 주어서 파단시키는 시험법으로 금속의 충격하중에 대한 충격저항, 즉 점성강도를 측정하여 재료가 파괴될 때에 재료의 인성(toughness) 또는 취성(brittleness)을 시험한다.

5. 피로시험(fatigue test)

기계 및 용접 구조물에 규칙적인 주기를 가지는 반복하중이 걸리면 그 재료의 강도보다 훨씬 작은 값일 때에도 혹은 상온에서 탄성한도보다 낮은 응력이 작용하여도 오랫동안 반복되면 나중에 파괴된다. 이것을 재료의 피로 현상이라 하고 이와 같은 파괴를 피로파괴라 한다. 연강의 경우 2×10^6~2×10^7회 정도까지 견디는 최고 하중을 구하는 방법으로 한다.

3-5 화학적 · 야금적 시험

1. 화학적 시험

(1) 화학분석(chemical analysis)시험

용접봉 심선, 모재 및 용접금속의 화학조성 또는 불순물 함량을 조사하기 위하여 시험편에서 시료를 채취하여 화학분석을 한다.

(2) 부식시험(corrosion test)

용접물이 풍우, 하수 또는 해수 또는 유기산, 무기산 등에 접촉하는 경우에는 사전에 실제와 동일 또는 그와 가까운 부식시험을 한다.

2. 야금적 단면시험

단면검사로는 파면육안조직시험, 현미경조직시험 등이 있다. 이러한 시험의 목적으로는 비금속개재물, 입계 슬래그 막, 미크로 균열의 검출, 적층결과의 검사, 용접금속 및 열영향부의 결정조직 검사 등의 목적으로 이루어진다.

(1) 파면육안조직시험

용접금속 및 모재의 파면에 대하여 결정의 조밀, 적층수, 터짐, 기공, 슬래그 섞임, 선상조직, 은점 등을 파면 내지 저배율의 확대경을 써서 관찰하거나 용접부를 그라인더, 금강사지로 적당히 연마하여 그것을 적당히 부식시켜서 용입의 양부, 열영향부의 범위, 결함의 분포 등을 조사한다.

(2) 현미경조직시험

단면을 육안조직시험의 경우 보다 더욱 평활하게 연마하여 적당히 부식시키고 약 20~500배로 확대하여 현미경조직을 검사하는 방법으로, 현미경용 부식액으로는 재질에 따라 여러 가지가 있다.

① 철강 및 주철용 : 5% 초산 또는 피크린산 알코올 용액
② 탄화철용 : 피크린산 가성소다 용액
③ 동 및 동합금용 : 염화 제2철 용액
④ 알루미늄 및 합금용 : 불화수소 용액 등

3-6 비파괴시험(non destructive test)

재료나 제품의 재질, 형상, 치수에 변화를 주지 않고 그 재료의 건전성(soundness)과 신뢰성(reliability)을 조사하는 방법으로 압연재, 주조품, 용접물의 어느 것에나 널리 사용되고 있다. 많이 사용하는 방법으로 침투검사(PT), 초음파탐상시험(UT), 자분탐상시험(MT), 방사선투과시험(RT) 등이 있다.

비파괴시험의 적용 목적은 다음과 같다.

① 재료 및 용접부의 결함
② 재료 및 기기의 계측검사
③ 재질 검사
④ 표면 처리 층의 두께 측정

1. 외관검사(육안검사)(Visual Test; VT)

외관검사란 외관이 좋고 나쁨을 판정하는 시험이다.

2. 누설검사(Leak Test; LT)

누설검사는 저장탱크, 압력용기 등의 용접부에 기밀, 수밀을 조사하는 목적으로 활용된다.

3. 침투검사(Penetration Test; PT)

시험체 표면에 침투액을 적용시켜 침투제가 표면에 열려 있는 균열 등의 불연속부에 침투할 수 있는 충분한 시간이 경과한 후 표면에 남아 있는 과잉의 침투제를 제거하고 그 위에 현상제를 도포하여 불연속부에 들어 있는 침투제를 빨아올림으로써 불연속의 위치 크기 및 지시모양을 검출해내는 비파괴검사 방법 중의 하나이다.

(1) 침투검사의 원리

침투탐상에 적용되는 침투제는 낮은 표면장력과 높은 모세관 현상의 특성이 있어 시험체에 적용하면 표면의 불연속부 등에 쉽게 침투한다. 이렇게 모세관 현상에 의해 침투제가 침투하게 되고 침투하지 못한 침투제를 제거한 후 현상제를 적용하면 불연속부에 들어있는 침투제가 현상제 위로 흡착되어 가시적으로 표면개구부의 위치 및 크기를 알 수 있다.

(2) 침투탐상검사의 특징

① 다공성 재료를 제외한 거의 모든 재료의 표면결함탐상이 가능하다.
② 시험장치가 비교적 간단하다.
③ 형광침투제 사용 시 주변을 충분히 어둡게 해야 한다.
④ 결함이 표면으로 연결되고, 결함내부에 공간이 있어야 한다.
⑤ 시험결과가 시험 기술자의 기술에 좌우된다(전처리, 세정처리 등).
⑥ 표면 거칠기에 영향을 받는다.

(3) 종류

① **형광침투검사** : 유기 고분자 유용성 형광물을 점도가 낮은 기름에 녹인 것이 침투액으로 이용된다. 이것은 표면장력이 작아 매우 적은 균열이나 작은 표면의 흠집에도 잘 침투하는 특성이 있다.
② **염료침투검사** : 염료침투검사는 형광 침투액 대신 적색 염료를 침투액으로 사용하며, 원리적으로는 형광침투검사법과 동일하나 보통의 전등이나 햇빛 아래서도 검사할 수 있는 방법이다.

4. 초음파검사(Ultrasonic Test; UT)

(1) 개요

① 실제로 귀를 통해 들을 수 없는 파장이 짧은 음파(0.5~15MHz)를 검사물의 내부에 침투시켜 내부의 결함 또는 불균일층의 존재를 검지하는 방법이다.
② 초음파의 속도는 공기 중에서 330m/s, 물속에서 1500m/sec, 강철 중에서 6,000m/sec이다. 초음파는 공기와 강 사이에서는 대단히 반사하기 쉽기 때문에 강의 표면은 매끈하고 발진자와 강 표면 사이에 기름, 글리세린 등을 발라 밀착시켜야 한다.

(2) 장점

① 두께와 길이가 큰 물체 중의 탐상에 적합하다.
② 검사원에게 위험이 없다.
③ 한쪽에서도 탐상할 수 있다.

(3) 단점

표면의 오목 볼록이 심한 것이나 얇은 것은 검출이 곤란하다.

(4) 종류

① **투과법** : 물체의 한쪽에서 송신한 후 반대쪽에서 수신하면서 초음파의 강도로서 결함부를 찾는 법이다.

② **펄스 반사법**

㉠ 초음파의 펄스(단시간의 맥류)를 물체의 한쪽에서 탐촉자를 통해서 입사시켜 타단면 및 내부의 결함에서의 면상의 반사파를 같은 탐촉자에 받아 발생한 전압 펄스를 브라운관으로 관찰하는 것으로 많이 사용된다.

㉡ 초음파의 입사 각도에 따라 수직탐상법과 사각탐상법이 있으며 용접부와 같이 비드 파형이 있는 경우 사각탐상법이 간단하다.

③ **공진법**

㉠ 송신 파장을 연속적으로 교환시켜서 반파장의 정수가 판 두께와 동일하게 될 때 송신파와 반사파가 공진하여 정상이 되는 원리이다.

㉡ 판 두께와 내부 결함 측정에 사용된다.

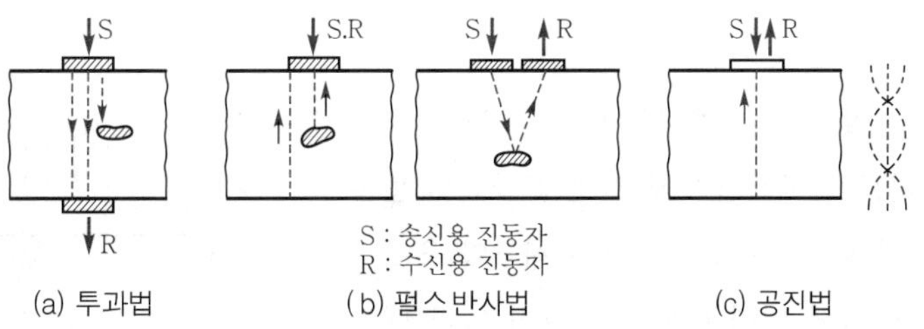

(a) 투과법 (b) 펄스반사법 (c) 공진법

그림 2-19 초음파 탐상법의 종류

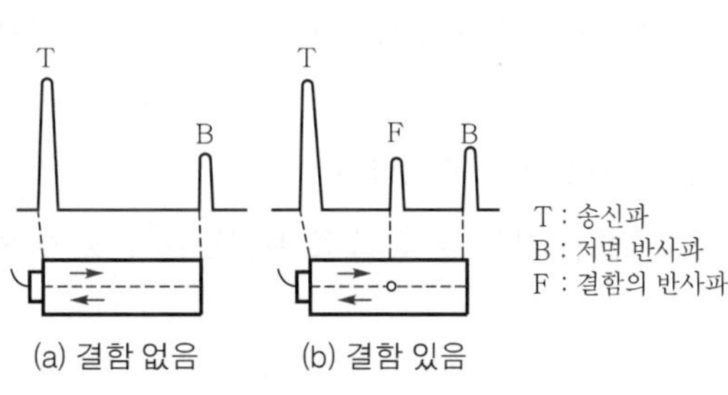

(a) 결함 없음 (b) 결함 있음

그림 2-20 초음파 탐상도형

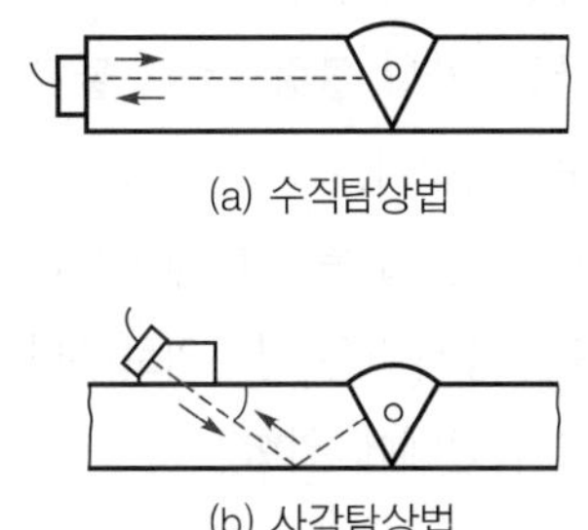

(a) 수직탐상법

(b) 사각탐상법

그림 2-21 수직탐상법과 사각탐상법

5. 자분검사(Magnetic Test; MT)

자분 검사는 피검사물을 자화한 상태에서 표면 또는 표면 근처의 결함에 의해서 생긴 누설 자속을 자분 혹은 검사 코일로 검출해서 결함의 존재를 알 수 있는 방법이다.

6. 와류검사(Eddy current Test; ET)

교류 전류를 통한 코일을 검사물에 접근시키면, 그 교류 자장에 의하여 금속 내부에 환상의 맴돌이 전류(eddy current, 와류)가 유기된다. 이 맴돌이 전류는 원래 자장에 반대인 새로운 교류 자장을 발생시키므로, 이에 의하여 감응한 코일 내에 새로운 교류 전압을 유기시킨다. 이때 검사물의 표면 또는 표면 부근 내부에 불연속적인 결함이나 불균질부가 있으면 맴돌이 전류의 크기나 방향이 변화하게 되며, 이에 따라서 코일에 생기는 유기 전압이 변화하므로 이것을 감지하면 결함이나 이질의 존재를 알 수 있게 된다.

7. 방사선투과검사(Radiographic Test; RT)

X선 또는 γ선을 검사물에 투과시켜 결함의 유무를 조사하는 비파괴시험으로 현재 검사법 중에서 가장 높은 신뢰성을 갖고 있다. X선이나 γ선과 같은 방사선의 단파를 이용한다.

(1) X선 투과검사

① [그림 2-22]와 같이 용접이음의 한쪽에서 X선을 입사시켜 다른 한쪽에 X선에 의해 감광되는 필름을 놓고 투과 X선을 감광시키면 모재부와 용접부와의 두께의 차에 의해(보통은 덧살이 있기 때문에 용접부 쪽이 두껍다) X선의 투과량(필름의 감광량)이 달라지고, 용접부는 모재부와 구별된다.

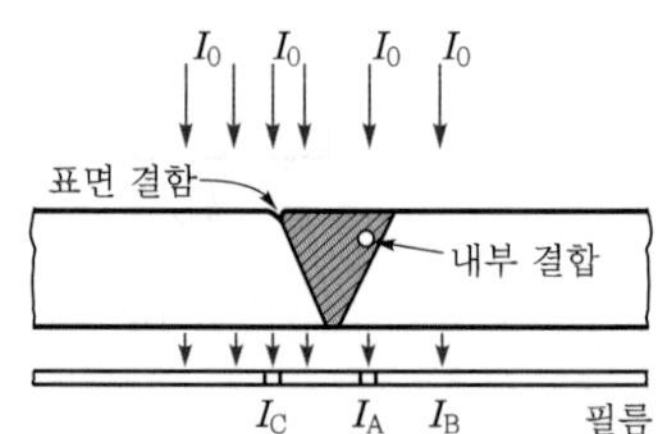

그림 2-22 방사선투과검사의 원리

② 균열, 융합 불량, 용입 불량, 기공, 슬래그 섞임, 비금속 개재물, 언더컷 등의 결함 검사가 주목적이다.

③ X전원은 보통 150~400KVP(15만~40만 볼트 파크)가 사용된다.

④ X선 종사원은 전문의로부터 자주 혈구 검사(백혈구 검사)를 받고 X선량을 알아 둘 필요가 있다(인체에 위험).

(2) γ선 투과검사

① X선으로는 투과하기 힘든 두꺼운 판에 대해서는 X선보다 더욱 투과력이 강한 γ선이 사용된다. γ선원으로서는 천연의 방사선 동위 원소(라듐 등)가 사용되는데, 최근에는 인공 방사선 동위 원소(코발트 60, 세슘 134 등)도 사용된다.

② 이 방법은 장치도 간단하고 운반도 용이하며 취급도 간단하므로 현장에서 널리 사용된다.
③ 여기서 γ선이란 자기장 내의 납으로 된 상자의 방사성 물질이 발생하는 α선, β선, γ선 중의 하나로서 전리 작용, 사진 작용, 형광 작용이 있다.
④ X선보다 더 투과력이 크고 방사선을 끊임없이 내고 있으므로 특히 주의해야 한다.

MEMO

PART

03

용접재료

CRAFTSMAN WELDING

CRAFTSMAN WELDING 

CHAPTER CRAFTSMAN WELDING

01 탄소강, 저합금강의 용접재료

1-1 금속과 합금

1. 금속의 일반적 성질

① 상온에서 고체이며 결정체이다[수은(Hg)은 예외].

② 빛을 반사하고 고유의 광택이 있다.

③ 강도가 크고 가공 변형이 쉽다(전성, 연성이 크다).

④ 열 및 전기의 좋은 전도체이다.

⑤ 비중, 경도가 크고 용융점이 높다.

2. 합금의 성질

금속재료는 일반적으로 순금속을 기계재료로 사용하지 않고 대부분 합금을 사용하는데, 이는 제조하기 쉽고 기계적 성질이 좋으며 가격이 저렴하기 때문이다. 금속재료는 비금속 재료보다 기계적 성질과 물리적 성질이 우수하여 많이 사용되고 있다.

순금속(100%의 순도를 갖는 금속)은 전성과 연성이 풍부하고 전기 및 열의 양도체이지만, 합금으로 만들어 사용하면 다음과 같은 특징이 있다.

① 강도와 경도를 증가시킨다.

② 주조성이 좋아진다.

③ 내산성·내열성이 증가한다.

④ 색이 아름다워진다.

⑤ 용융점, 전기 및 열전도율이 낮아진다.

1-2 금속재료와 성질

1. 물리적 성질

(1) 비중

어떤 물질의 무게와 4℃에서 그와 같은 체적을 가진 물의 무게와의 비이다.

금속 중 비중이 4보다 작은 것을 경금속(Ca, Mg, Al, Na 등)이라 하며, 비중이 4보다 큰 것을 중금속(Au, Fe, Cu 등)이라고 한다. 비중이 가장 작은 것은 Li(0.534)이고, 가장 큰 것은 Ir(22.5)이다.

(2) 용융점

금속의 녹거나 응고하는 점으로서 단일 금속의 경우 용해점과 응고점은 동일하다. 용융점이 가장 높은 것은 W(3,400℃)이고, 가장 낮은 것은 Hg(−38.89℃)이다.

(3) 비열

어떤 금속 1g을 1℃ 올리는 데 필요한 열량으로서 비열이 큰 순서는 Mg > Al > Mn > Cr > Fe > Ni … Pt > Au > Pb 순이다.

(4) 선팽창계수

금속은 일반적으로 온도가 상승하면 팽창한다. 물체의 단위길이에 대하여 온도 1℃가 높아지는 데 따라 막대의 길이가 늘어나는 양을 선팽창계수라고 한다. 선팽창계수가 큰 것은 Zn > Pb > Mg 순이고, 작은 것은 Mo >W > Ir 순이다.

(5) 열전도율

길이 1cm에 대하여 1℃의 온도차가 있을 때 $1cm^2$의 단면적에 1초 동안에 흐르는 열량을 말한다. 일반적으로 열전도율이 좋은 금속은 전기 전도율도 좋다. 열전도율 및 전기 전도율이 큰 순서는 Ag > Cu > Au > Al > Mg > Zn > Ni > Fe > Pb > Sb 순이다.

(6) 탈색력

금속마다 특유의 색깔이 있으나 합금의 색깔은 Sn > Ni > Al > Fe > Cu > Zn > Pt > Ag > Au 순에 의해 지배된다.

(7) 자성

자석에 이끌리는 성질로서 그 크기에 따라 상자성체(Fe, Ni, Co, Pt, Al, Sn, Mn)와 반자성체(Ag, Cu, Au, Hg, Sb, Bi)로 나눈다. 특히 상자성체 중 강한 자성을 갖는 Fe, Ni, Co는 강자성체라 한다.

중요한 금속의 물리적 성질은 [표 3-1]과 같다.

표 3-1 중요 금속의 물리적 성질

금 속	화학 기호	원자량	비중(20℃)	용융점(℃)	전기 전도율 0℃의 Ag=100
은	Ag	107.9	10.5	960.5	100
알루미늄	Al	26.9	2.7	660	57
금	Au	197.2	19.32	1063	67
칼슘	Ca	40.1	1.6	850	18
코발트	Co	58.9	8.9	1495	15
크롬	Cr	52.0	7.2	1890	7.8
구리	Cu	63.55	8.96	1083	94
철	Fe	55.85	7.86	1538	17
마그네슘	Mg	24.3	1.7	650	34
망간	Mn	54.94	7.43	1244	0.2
몰리브덴	Mo	95.95	10.21	2620	29.6
나트륨	Na	22.99	0.97	97.8	28
니켈	Ni	58.7	8.9	1455	20.5
납	Pb	207.2	11.34	327.4	7.2
백금	Pt	195.2	21.45	1770	13.7
안티몬	Sb	121.76	6.62	630	34.22
주석	Sn	118.7	7.3	232	4
티탄	Ti	47.9	4.54	1800	3.4
텅스텐	W	183.92	19.3	3410	29.5
아연	Zn	65.38	7.13	419.5	25.5

2. 기계적 성질

기계적 성질이란 기계적 시험을 했을 때 금속재료에 나타나는 성질로서 다음과 같다.

① **인장강도** : 외력(인장력)에 견디는 힘으로 단위는 kg/mm^2이다. 또 전단강도, 압축강도가 있다.

② **전성과 연성** : 전성은 펴지는 성질이며 연성은 늘어나는 성질인데, 이 두 성질을 전연성이라고 한다. 연성이 큰 순서로 나열하면 Au>Ag>Al>Cu>Pt>Pb>Zn>Fe>Ni 순이고, 전성이 큰 순서로 나열하면 Au>Ag>Pt>Al>Fe>Ni>Cu>Zn 순이다.

③ 인성 : 재료의 질긴 성질로서 충격력에 견디는 성질이다.

④ 취성 : 잘 부서지거나 깨지는 성질로서 인성에 반대되는 성질이다.

⑤ 탄성 : 외력을 가하면 변형되고 외력을 제거하면 변형이 제거되는 성질로서, 스프링은 탄성이 좋은 것이다.

⑥ 크리프 : 재료를 고온으로 가열한 상태에서 인장강도, 경도 등을 말한다. 즉 고온에서의 기계적 성질이다.

⑦ 가단성 : 재료가 펴지거나 늘어나는 등 단조, 압연, 인발이 가능한 성질을 말한다.

⑧ 가주성 : 가열에 의하여 유동성이 좋아지는 성질을 말한다.

⑨ 피로 : 재료의 파괴력보다 작은 힘으로 계속 반복하여 작용시켰을 때 재료가 파괴되는데, 이와 같이 파괴하중보다 작은 힘에 파괴되는 것을 피로라 하며, 이때의 하중을 피로하중이라 한다.

3. 화학적 성질

① 부식성 : 금속이 산소, 물, 이산화탄소 등에 의하여 화학적으로 부식되는 성질을 부식성이라고 한다. 부식성은 이온화 경향이 큰 것일수록 크며, Ni, Cr 등을 함유한 것은 부식이 잘 되지 않는다.

② 내산성 : 산에 견디는 힘을 말한다.

1-3 금속의 변태

1. 금속의 변태

금속은 온도에 따라서 성질이 변하나 압력, 농도 등에는 별 영향이 없다. 또 금속은 고체이며 결정 구조가 다른 상태로 존재하는데 이 상태를 상(phase)이라고 한다. 상의 변태, 즉 상이 액상, 고상, 기상으로 변화하는 것을 변태라고 하며, 금속의 변태에는 동소 변태(allotropic transformation)와 자기 변태(magnetic transformation)가 있다.

(1) 동소 변태(allotropic transformation)

고체 내에서 원자 배열의 변화를 수반하는 변태로서 순철 변태에서 A_4 변태와 A_3 변태가 이에 속한다. 즉 체심입방격자가 A_4 변태점에서 냉각되면서 면심입방격자로 바뀌고, 다시 A_3 변태점에서 냉각되면서 체심입방격자가 된다. 동소 변태를 하는 금속은 Fe(A_4, A_3변태), Co(480℃), Sn(18℃), Ti(883℃) 등이다.

(2) **자기 변태(magnetic transformation)**

자기 변태란 이것은 원자 배열의 변화 없이 다만 자기의 강도만 변화되는 것으로 순철의 변태에서는 A_2 변태점(768℃)이 이에 속한다. 일명 퀴리점(Quire Point)이라 하며 Fe(768℃), Ni(360℃), Co(1,160℃) 등이 있다. 이상에서 설명된 순철의 변태 과정을 도시하면 [그림 3-1]과 같다.

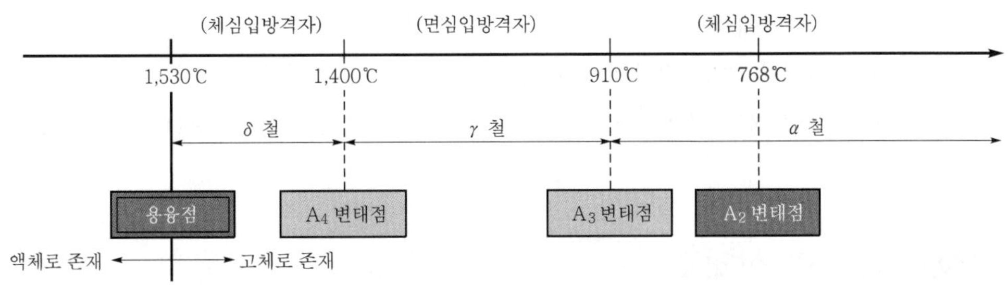

그림 3-1 순철 변태 과정

2. 금속의 용융점 측정과 재결정

① **순금속의 융점 측정** : 시간에 따라 온도의 변화를 측정한 냉각곡선(cooling curve)에서 융점을 측정한다.

② **합금의 융점 측정** : 용융금속을 냉각시키면서 융점 및 응고점을 측정한다. 합금에서는 응고가 시작하는 점과 끝나는 점 사이에서 온도가 변하나, 순금속에서는 변하지 않는다.

3. 회복과 재결정

가공 경화된 결정격자에 적당한 온도로 가열하면 재료가 무르게 된다. 이와 같이 재료를 가열하면 응력이 제거되어 본래의 상태로 되돌아오는데, 이와 같은 현상을 회복(recovery)이라고 한다. 그러나 경도는 변하지 않으므로 더욱 가열하면 결정의 슬립이 해소되고 새로운 핵이 생겨 전체가 새로운 결정으로 된다. 이때의 상태를 재결정이라고 하며, 이때의 온도를 재결정 온도(recrystallization temperature)라 한다.

4. 소성 가공

(1) **소성 변형의 목적**

① 금속을 변형시켜 필요한 모양으로 만들기 위하여

② 주조 조직을 파괴한 후 풀림하여 주조 조직의 기계적 성질을 보강하기 위하여

③ 가공에 의한 내부 변형을 남김으로써 기계적 성질을 개선하기 위하여

(2) **소성 가공의 종류**

재결정 온도보다 낮은 온도에서 가공하는 것을 냉간 가공이라고 하며, 그 이상의 온도에서 가공하는 것을 열간 가공이라고 한다.

(3) **변형**

금속결정 격자가 외력에 의해 슬립 변형 또는 쌍정 등으로 변한다.

① 슬립(slip) : 외력을 받아 격자면 내외에 미끄럼이 생기는 현상을 말한다.

② 쌍정(twin) : 슬립 현상이 대칭으로 나타난 것으로 Cu, Ag, 황동 등에만 나타난다.

1-4 합금의 상태도

1. 합금의 상태도

(1) **고용체(solid solution)**

한 금속에 다른 금속이나 비금속이 녹아들어가 응고 후에 고배율의 현미경으로도 구별할 수 없는 1개의 상으로 되는 것을 고용체라고 한다.

고용체의 기계적 성질은 일반 금속보다 강도나 경도가 크고, 전성, 연성이 풍부하여 구조용 금속재료로 좋다.

(2) **금속간 화합물(inter-metallic compound)**

두 개 이상의 금속이 화학적으로 결합하며 본래와 다른 새로운 성질을 가지게 되는 화합물을 금속간 화합물이라고 한다.

(3) **공정**

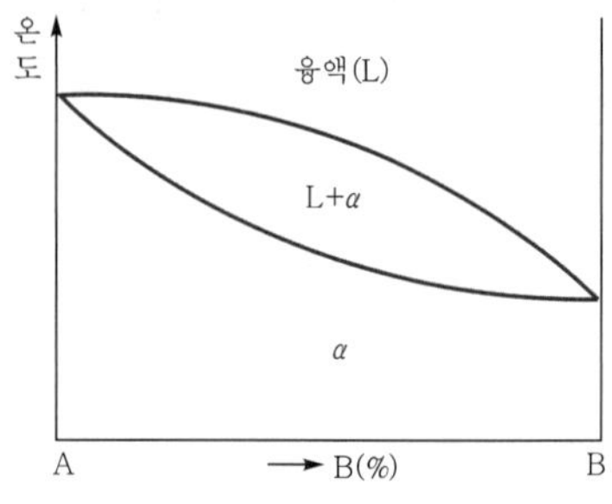

그림 3-2 전율고용체 상태도

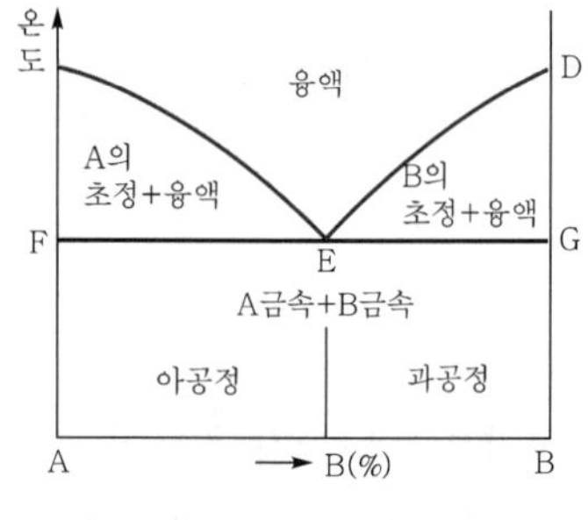

그림 3-3 공정형 상태도

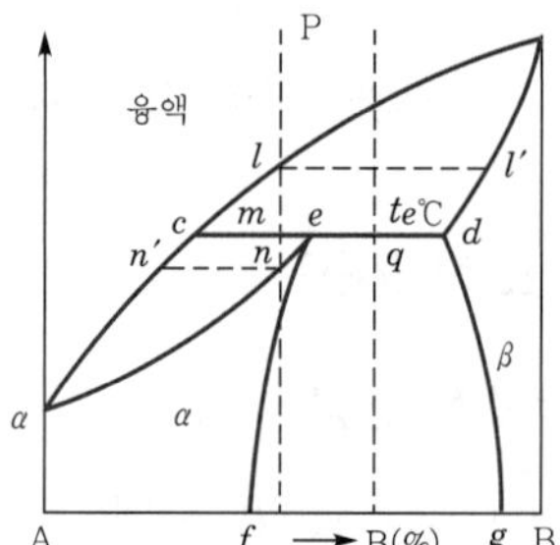

그림 3-4 포정형 상태도

두 개의 성분 금속이 용융상태에서는 균일한 액체를 형성하나 응고 후에는 성분이 급속히 각각의 결정으로 분리된다(용액 L → A 금속 + B 금속). [그림 3－3]에서 E점의 용액은 A 금속과 B 금속을 동시에 정출(용액에서 고체가 나타나는 현상)하여 A・B 혼합 조직으로 된다. 이와 같은 현상을 공정(eutectic)이라고 하며, 이때의 온도를 공정온도, 이 점을 공정점, 이와 같은 조직을 공정조직이라고 한다. 공정 조직은 조직이 치밀하고 미세하며 기계적 성질이 좋다. 공정은 지극히 미세한 층상 또는 입상조직을 형성하므로 현미경으로 쉽게 관찰할 수 있다. 정출 현상에서 제일 먼저 나타난 결정을 초정(primary crystal)이라고 한다.

1-5 제강법

선철은 탄소량이 많기 때문에 이것을 강으로 만들기 위한 제강로가 필요하며, 그 종류로는 평로, 전로, 전기로, 도가니로 등이 있다.

평로와 전로는 일반용의 강을 제조할 때 사용하며 전기로와 도가니로는 특수강을 제조할 때 사용한다.

1. 평로 제강법

바닥이 낮고 넓은 반사로를 이용하여 선철을 용해시키며, 고철, 철광석 등을 첨가하여 용강을 만드는 방법이다. 평로의 용량은 1회당 용해할 수 있는 쇳물의 무게로 표시한다.

2. 전로 제강법

노 속에 용선을 장입하여 공기를 불어넣어 불순물을 산화시켜 강을 만든다. 제강시간은 30분 정도면 되고, 또 불순물의 연소열을 이용하기 때문에 연료가 절약되는 특징이 있어 이 방법이 많이 쓰인다.

3. 전기로 제강법

전기로를 사용하는 것으로 전류의 열효과를 이용하여 2,000~3,000℃의 고온을 얻어 사용한다. 전기로는 저항로, 아크로, 유도 전기로 등의 3종이 있고, 공구강이나 특수강의 제조에 적합하나 전력비가 많이 들고 탄소 전극의 소모가 많은 결점이 있다. 용량은 1회의 용량으로 표시한다.

4. 도가니로 제강법

이 방법은 정련을 목적으로 하는 것보다는 순도가 높은 것을 얻는 데 쓰이며 뚜껑으로 인하여 불꽃이 용탕에 직접 닿지 않기 때문에 금속의 성분이 변화하지 않으나 열효율이 낮아 비효율적이다.

1-6 강괴(steel ingot)

강괴란 제강로에서 나온 용강을 금속 주형이나 사형에 넣어서 덩어리 모양으로 냉각시킨 것이다. 그 모양으로는 4각, 6각, 8각형 등의 기둥과 같으며 탈산 정도에 따라서 다음과 같이 세 가지로 분류할 수 있다. 탈산을 위한 탈산제로는 페로망간(Fe－Mn), 페로실리콘(Fe－Si), 알루미늄(Al) 등이 있다.

1. 림드강(rimmed steel)

림드강은 평로나 전로에서 정련된 용강을 페로망간(Fe－Mn)으로 가볍게 탈산시킨 것이다. 따라서 탈산이 불충분하여 주형 내에서 응고시키면 주형에 접하는 부분은 순도가 좋으나, 내부는 편석이 생기기 쉽다. 이 강은 탈산이 충분치 못해 재질이 균일하지 못하므로 기포는 압연 시 압착된다. 림드강은 탄소 0.3% 이하의 강으로 핀, 봉, 파이프 등에 쓰인다.

2. 킬드강(killed steel)

킬드강은 노 내에서 강탈산제인 페로실리콘(Fe－Si), 알루미늄(Al) 등으로 충분히 탈산시키므로 강괴에 기포나 편석은 없으나 표면에 헤어 크랙(hair crack)이 생기기 쉽다. 또 상부에는 수축관(shinkage nozzle)이 생기므로 이 부분을 제거하기 위해 강괴의 상부 10~20%를 잘라 낸다.

3. 세미킬드강(semi－killed steel)

킬드강은 강질은 좋으나 값이 비싸기 때문에 킬드강과 림드강의 중간 정도로 탈산을 한 강이 세미킬드강으로 용접 구조물에 많이 사용된다. 킬드강과 같이 기포나 편석이 없으며, 가격은 킬드강보다 싸다.

1-7 철강의 분류와 성분

1. 철강의 분류

철광석으로부터 직접 또는 간접으로 철강재를 제조하게 되는데 직접 제조한 것이 선철(pig iron)이고, 다시 탄소를 산화 제거시켜 제조한 것이 강(steel)이다.

2. 철강의 성분

철강에는 탄소 이외에 규소(Si), 망간(Mn), 인(P), 황(S) 등이 함유되어 있으며, 그 밖에 다른 원소가 들어 있는 것을 특수강, 특수 주철 또는 합금강, 합금 주철이라 한다. 철강 중에 함유된 탄소의 두 가지 상태는 다음과 같다.

(1) **화합 탄소**

백색 탄화물(Fe_3C)로 되어 있어 재질이 단단하고 메짐이 있다. 또 화합 탄소로 된 주철을 백주철이라 하며, 절삭이 어렵다.

(2) **흑연 탄소**

흑연의 유리 탄소로서 연하고 약하다. 또 유리 탄소가 많은 주철은 회주철이며, 절삭이 쉽다.

1-8 순철

철(Fe) 중에 불순물이 극소량 들어 있는 것으로, 공업적으로 생산되는 순도가 비교적 높은 암코철(armco iron), 전해철 및 카보닐철, 수소 환원철 등이 있으며, 성질 및 용도는 다음과 같다.

1. 일반적인 성질 및 용도

① 탄소 함유량은 0.03% 이하이다.
② 전연성이 풍부하여 기계재료로는 부적당하고 전기재료에 사용된다.
③ 항장력이 낮고 투자율이 높기 때문에 변압기, 발전기용 박판에 사용된다.
④ 단접성 및 용접성이 양호하다.
⑤ 탄소강에 비해 내식성이 양호하다.
⑥ 유동성 및 열처리성이 불량하다.

⑦ 900℃ 이상에서 적열 취성을 갖는다.

⑧ 산화 부식이 잘 되고 산에 약하나 알칼리에는 강하다.

2. 순철의 변태

순철은 α, γ, δ 철의 3개의 동소체가 있고 A_2, A_3, A_4 변태가 있다. [그림 3-5]는 동소 변태가 생길 때의 길이의 변화와 온도와의 관계이다. 즉 변태점에서 성질 변화가 급격히 생기며 이때 변화는 가역적이고 가열에서는 냉각온도보다 다소 높은 온도에서 변태가 생긴다.

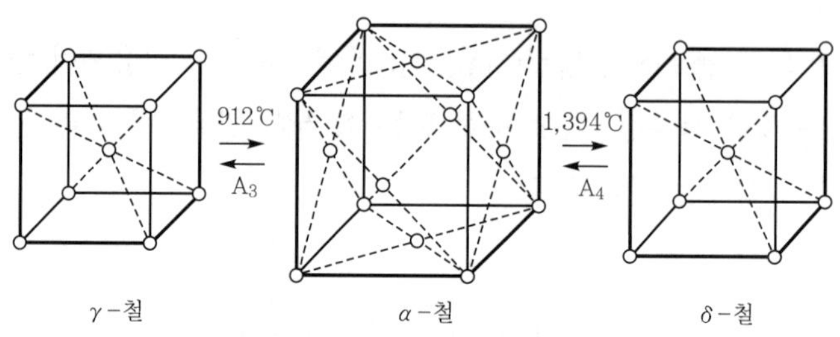

그림 3-5 순철의 동소 변태

1-9 탄소강

1. Fe-C 평형 상태도

Fe-C의 평형 상태도는 철과 탄소량에 따라 조직을 표시한 것으로서 철과 탄소는 6.67% C에서 화합물인 시멘타이트(Fe_3C, cementite)를 만들며, 이 시멘타이트는 어떤 온도 범위에서 불안정하여 철과 탄소로 분해한다. 철-탄소의 평형 상태도는 철-시멘타이트계(평형 상태도에서 실선으로 표시함)와 철-탄소계(평형 상태도에서 점선으로 표시함)가 있다.

탄소강(carbon steel)은 철에 탄소를 넣은 합금으로 순철보다 인장강도, 경도 등이 좋아 기계재료로 많이 사용되며, 또 열처리(담금질, 뜨임, 풀림 등)에 의하여 기계적 성질을 광범위하게 변화시킬 수 있는 우수한 성질을 갖고 있다.

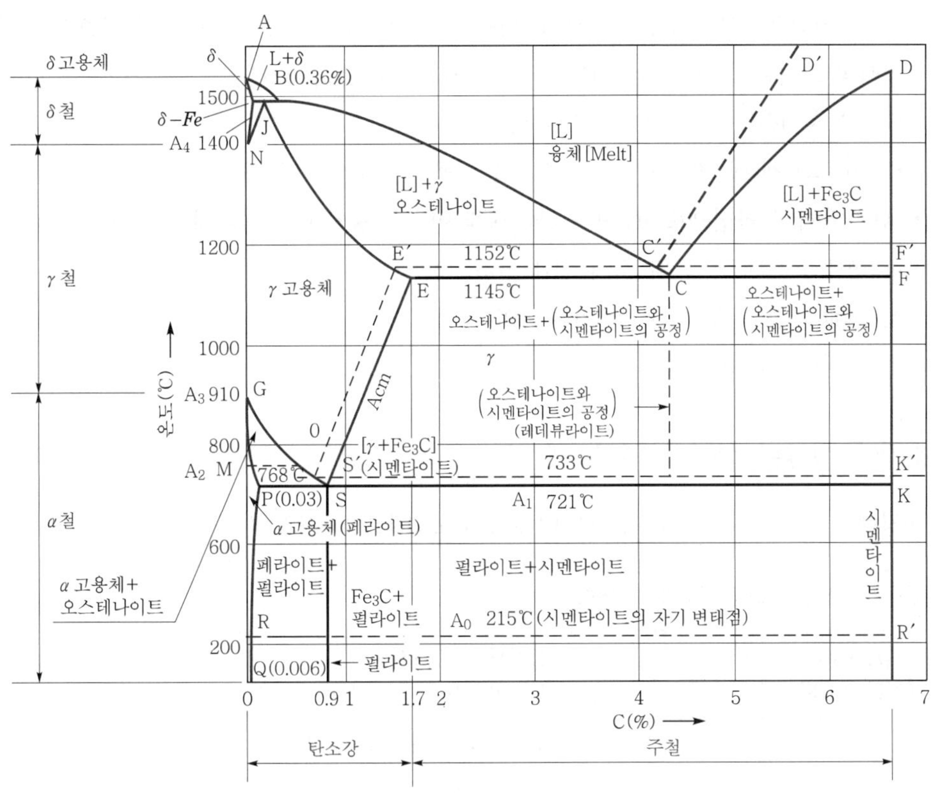

그림 3-6 Fe-C 평형 상태도

- A : 순철의 용융점(1,538±2℃)
- ABCD : 액상선
- D : 시멘타이트의 융해점(1,550℃)
- C : 공정점(1,145℃)으로서 4.3% C의 용액에서 γ고용체(오스테나이트)와 시멘타이트가 동시에 정출하는 점으로, 이때 조직은 레데뷰라이트(ledeburite)로 γ고용체와 시멘타이트의 공정 조직이다.
- HJB : 포정선이며, 포정 온도는 1,493℃이다. 이때 포정 반응은 B점의 융체(L)+δ고용체 ⇄ J점의 γ고용체 반응이 된다.
- G : 순철의 A_3 변태점(910℃)으로 γ−Fe(오스테나이트) ⇄ α−Fe(페라이트)로 변한다.
- JE : γ고용체의 고상선이다.
- ES : Acm선으로 γ고용체에서 Fe_3C의 석출 완료선이다.
- GS : A_3선(A_3변태선)으로 γ고용체에서 페라이트를 석출하기 시작하는 선이다.
- 구역 NHESG : γ고용체 구역으로 γ고용체를 오스테나이트라고 한다.
- 구역 GPS : α고용체와 γ고용체가 혼재하는 구역이다.
- 구역 GPQ : α고용체의 구역으로 α고용체를 페라이트(ferrite)라고 한다.

PART 3

- S : 공석점으로서 γ 고용체에서 α 고용체와 Fe_3C(시멘타이트)가 동시에 석출되는 점으로, 이때의 조직은 공석정(펄라이트)이라고 한다(723℃, 0.85%C).
- PSK : 공석선(723℃)이며 A_1 변태선이다.
- P : α 고용체(페라이트)가 최대로 C를 고용하는 점이다(0.03% C).
- PQ : 용해도 곡선으로 α고용체가 시멘타이트의 용해도를 나타내는 선이다.
- A_0 변태 : 시멘타이트의 자기 변태선(215℃)이다.
- A_2 변태 : 철의 자기 변태선(768℃)이다.
- Q : 0.001% C(상온)를 나타낸다.

2. 탄소강에 함유된 성분과 영향

탄산강에 함유된 성분과 그 영향에 대해 살펴보면 [표 3-2]와 같다.

표 3-2 탄소강의 합금 성분과 그 영향

성분	영향
규소(Si) (0.2~0.6%)	• 경도, 탄성한도, 인장강도를 증가시킨다. • 연신율, 충격치를 감소시킨다(소성을 감소시킨다).
망간(Mn) (0.2~0.8%)	• 탈산제로 첨가된다(MnS화하여 황의 해를 제거). • 강도, 경도, 인성을 증가시킨다. • 담금질 효과를 크게 한다. • 점성을 증가시키고, 고온 가공을 쉽게 한다. • 고온에서 결정이 거칠어지는 것을 방지한다(적열 메짐 방지).
황(S) (0.06% 이하)	• 적열 상태에서 FeS화되어 취성이 커진다. • 인장강도, 연신율, 충격치 등을 감소시킨다. • 강의 용접성을 저하시킨다. • 강의 유동성을 저하시킨다. • 강의 쾌삭성을 향상시킨다.
인(P) (0.06% 이하)	• 강의 결정립을 거칠게 한다. • 경도와 인장강도를 증가시키고, 연성을 감소시킨다. • 상온에서 충격치를 감소시킨다(상온 취성, 청열 취성의 원인). • 가공 시 균열을 일으키기 쉽다.
구리(Cu)	• 인장강도, 탄성한도를 증가시킨다. • 내식성을 향상시킨다. • 압연 시 균열의 원인이 된다.
가스	• 산소 : 적열 취성의 원인이 된다. • 질소 : 경도, 강도를 증가시킨다. • 수소 : 은점이나 헤어 크랙의 원인이 된다.

3. 탄소강의 성질

(1) 탄소강의 기계적 성질

표준 상태에서 C%가 많아지면 강도, 경도가 증가하지만 0.85% C 이상 증가하면 강도는 감소한다. 인성, 충격치는 C% 증가에 따라 감소한다.

탄소 0.04~0.85%의 압연강(아공석강)의 평균 강도 $\sigma_B = 20 + 100 \times C\%[\mathrm{kg/mm^2}]$이다.

(2) 온도와 기계적 성질

온도의 상승에 따라 인장력은 200~300℃까지는 상승하고 그 후는 감소한다. 인장강도 최대치에서 연신율은 최소치이다. 충격치는 200~300℃에서 가장 적다[철강은 200~300℃에서 가장 취약(메짐)하며 청열 취성(blue shortness)이라 한다].

(3) 탄소강의 취성

① **청열 취성(blue shortness)** : 강이 200~300℃에서 상온일 때보다 오히려 메지게 되는 성질(200~300℃에서 강도, 경도 최대, 연신율 최소)로, P(인)가 원인이 된다.

② **적열 취성(red shortness)** : 900~950℃에서 유화철(FeS)이 되어 취성을 갖고, 고온 가공성을 해친다. S(황)이 원인이 된다.

③ **상온 취성(cold shortness)** : 강 중의 P가 Fe_3P로 되어 상온에서 연신율, 충격치를 감소시키며, P(인)가 원인이 된다.

④ **저온 취성(cold brittleness)** : 강의 상온보다 낮아지면 연신율, 충격치가 급격히 감소하여 취성을 갖는다. Mo(몰리브덴)은 저온 취성을 감소시킨다.

4. 탄소강의 종류와 용도

(1) 탄소강의 규격과 용도

① **일반 구조용강** : 0.6% C 이하의 강재로 압연, 또는 열처리하여 사용한다.

㉠ 일반 구조용 압연 강재(SB) : 특별히 기계적 성질을 요구하지 않는 곳에 사용된다. 봉강, 두꺼운 판, 형강으로 만들며 강괴는 림드강으로 만든다.

㉡ 기계 구조용 탄소강(SM) : 일반 구조용보다 중요한 부분에 사용되며 킬드강 외에 기계 구조용 탄소강에는 보일러용 압연 강재, 용접 구조용 압연 강재, 리벳용 압연 강재, 체인용 환강, 열간 및 냉간 압연용 강판 등이 있다.

② **탄소 공구강(STC)** : 0.6~1.5% C의 탄소강으로서 가공이 용이하며, 간단히 담금질하여 높은 경도를 얻을 수 있으며 특별히 P와 S의 함유량이 적어야 한다.

종류는 1종(1.3~1.5% C)~7종(0.6~0.7%)이 있으며 실용되는 것은 STC 3종(1.0~1.1% C), STC 5종(0.8~0.9% C)이다.

③ **스프링강** : 스프링은 급격한 충격을 완화시키며 에너지를 저축하기 위해 사용되므로 사용 중에 영구 변형이 생기지 않아야 한다. 따라서 탄성 한도가 높고 충격 저항이 크며 피로 저항이 커야 한다. 보통 대형 스프링은 열간 압연에 의한 판이나 봉으로 제조되며 소형은 냉간 가공으로 강선이나 띠강으로 제작된다. 강선은 주로 와이어 로프의 재료로 사용되며 보통 인장강도는 100~150kg/mm^{2}이나 피아노선(PW)은 260kg/mm^{2}에 달하는 것도 있다.

④ **주강품(SC)** : 단조가 곤란하고 주철로서는 강도가 부족한 경우 주강품을 사용하게 되는데 수축률은 주철의 약 2배 정도이며 주조 후 응력이 크고, 조직이 거칠어 메지므로 Ac_3 선 이상 30~50℃에서 서냉하여 풀림 처리해서 사용한다. 기포 발생방지를 위해 많은 양의 탈산제를 사용하므로 Mn, Si가 많게 된다.

(2) 탄소량에 따른 종류와 용도

탄소강은 가공용에는 저탄소강을, 공구 및 특수 목적용에는 중·고탄소강을 주로 사용한다.

CHAPTER　C R A F T S M A N　W E L D I N G

02 용접재료 열처리

2-1 열처리의 종류 및 방법

PART 3

1. 강의 열처리

(1) 담금질(quenching)

① **담금질 방법** : 강을 경화시키기 위해 A_3, A_1점 또는 Acm 선보다 30~50℃ 이상으로 가열한 후 급랭시켜 오스테나이트 조직을 마텐자이트 조직으로 하여 경도와 강도를 증가시키는 방법을 말한다.

② **담금질 조직** : 냉각속도에 따라서 다음 4가지가 있다.

㉠ 마텐자이트(martensite) : 오스테나이트 조직을 가열한 후 급랭시키면 C를 과포화 상태로 고용한 α철의 조직, 즉 마텐자이트 조직을 얻을 수 있다. 이 조직은 침상이고 내식성이 강하며 경도와 인장강도가 크다. 또한 여리고 전성이 작으며 강자성체이다.

㉡ 오스테나이트(austenite) : 고온 조직으로, 이 조직은 냉각 중에 변태를 일으키지 못하도록 급랭하여 고온에서의 조직을 상온에서도 유지시킨 것이다. 비자성체로 전기 저항이 크고 경도는 낮으나 연신율은 크다. 보통 탄소강에서는 상당히 빨리 급랭해도 거의 나타나지 않으며 Ni, Mn, Cr 등의 함유량에 따라 급랭하지 않아도 이 조직을 얻을 수 있다.

㉢ 트루스타이트(troostite) : 강을 기름에 냉각시켰을 때 큰 강재의 경우 겉부분은 마텐자이트가 되지만 중앙부는 냉각속도가 완만하므로 마텐자이트의 일부가 펄라이트로 바뀐 조직을 말한다. 산에 부식되기 쉽고 Fe_3C와 α철의 혼합물로서 마텐자이트에 비해 경도는 낮으나 연성은 크다. 소르바이트보다는 경도가 크다.

㉣ 소르바이트(sorbite) : 큰 강재를 기름 속에서 트루스타이트보다 서서히 냉각시켰을 때의 조직이다. 트루스타이트보다 연하고 거칠며 경도는 트루스타이트보다 낮고 펄라이트보다는 경하고 강인하다. 경도 및 강도를 동시에 요구하는 부분에 적합하다(스프링, 와이어로프, 기계 부품).

(2) 풀림(annealing)

재료, 특히 가공 경화된 재료나 단단한 재료를 연화시키기 위한 것으로, A_1 변태점 부근을 극히 서냉(보통 노냉)한다. 강의 입도를 미세화시키고 내부 응력을 제거하며, 가공 경화 현상의 해소(단단한 재료의 연화)를 목적으로 한다. 방법에 따라 다음과 같이 구분된다.

① **완전 풀림** : 가공으로 생긴 섬유 조직과 내부 응력을 제거하며, 연화시키기 위하여 오스테나이트 범위로 가열한 후 서냉하는 방법이다.

② **구상화 풀림** : 펄라이트 중의 층상 시멘타이트가 그대로 존재하면 절삭성이 나빠지므로 이것을 구상화하기 위하여 Ac_1점 아래(650~700℃)에서 일정 시간 가열 후 냉각시키는 방법이다.

구상화 풀림의 목적은 담금질 효과를 균일하게 하고, 담금질 변형을 적게 하며, 담금질 경도와 기계 가공성을 좋게 하기 위함이다.

③ **저온 풀림** : 연화시키거나 표준 조직으로 만들거나 전연성을 향상시키기 위하여 600~650℃ 정도에서 가열하여 서냉(노냉, 공랭)하는 것을 저온 풀림이라 한다.

④ **연화 풀림** : 이미 열처리된 강재의 경화된 것을 기계 가공할 수 있도록 연화시키거나 냉간 가공으로 생긴 변형을 제거하기 위해 650℃ 이하에서 풀림한 것으로, 저온 풀림도 일종의 연화 풀림이다.

⑤ **항온 풀림** : 급속한 연화를 목적으로 한다. 완전 풀림은 시간이 걸리지만 항온 풀림을 하면 단시간에 연화한다.

(3) 뜨임(tempering)

담금질 재료는 경도가 크며 취성이 있으므로 내부 응력 제거와 인성을 부여하기 위해 A_1점 이하로 가열하여 서냉하는 방법으로 뜨임색을 온도에 따라 구분할 수 있도록 표시한 것이다.

① **저온 뜨임** : 담금질에 의해 생긴 재료 내부의 잔류응력을 제거하고 주로 경도를 필요로 할 경우에 약 150℃ 부근에서 뜨임하는 것이다. 180~200℃ 범위에서 충격치가 저하되며, 250~300℃에서 충격치는 최저가 된다.

② **고온 뜨임** : 담금질한 강을 500~600℃ 부근에서 뜨임하는 것으로 강인성을 주기 위한 것이다.

③ 뜨임 시의 유의점

㉠ 경화시킨 강은 반드시 뜨임하는 것이 원칙이다.

㉡ 뜨임은 담금질한 직후에 바로 해야 한다(부득이한 경우 예비 처리 후 재뜨임).

㉢ 뜨임 시 뜨임 취성에 주의한다.

④ 뜨임 작업에서 조직의 취성의 종류는 다음과 같은 것이 있다.

㉠ 저온 뜨임 취성 : 뜨임 온도가 200℃까지는 충격치가 증가하나 300~360℃ 정도에서 저하되는 현상으로 0.3% C 정도의 구조용 강에서 흔히 볼 수 있다.

㉡ 뜨임 시효 취성 : 500℃ 부근에서 뜨임 후 시간이 경화함에 따라 충격치가 저하되는 현상으로 방지를 위해 Mo(몰리브덴)을 첨가한다.

㉢ 뜨임 서냉 취성 : 550~650℃에 뜨임 후 서냉한 것이 유냉 또는 수냉한 것보다 취성이 크게 나타나는 현상으로 저망간, Ni−Cr강 등에서 많이 나타난다.

(4) 불림(normalizing)

① 불림의 방법 : 강을 균일한 오스테나이트 조직까지 가열(A_3, Acm선 이상 30~60℃)하고 공기 중에서 서냉하여 표준화 조직을 얻는 열처리이다.

② 불림의 목적

㉠ 결정 조직의 미세화(미세 펄라이트 조직화, 표준 조직)

㉡ 가공 재료의 내부 응력 제거

㉢ 결정 조직, 기계적 성질, 물리적 성질을 고르게 한다.

2. 서브제로 처리(subzero treatment)

(1) 서브제로 처리법

심랭처리 또는 영점하의 처리라고도 하며 이것은 잔류 오스테나이트를 가능한 적게 하기 위하여 0℃ 이하(드라이아이스, 액체 산소−183℃ 등 사용)의 액 중에서 마텐자이트 변태를 완료할 때까지 진행하는 처리를 말한다.

(2) 서브제로 처리에 따른 균열

균열의 원인은 다음과 같다.

① 다듬질 정도가 거친 것

② 소입 온도가 높은 것

③ 열응력 분포가 불균일하고 처리 방법이 적당하지 않은 것

④ 소입 직후→뜨임(가볍게)→서브제로 처리→뜨임→제품 순으로 하면 안정한 처리

3. 냉각속도와 조직

① 노냉 : 상태도와 거의 같은 냉각속도로 723℃에서 변태가 일어나며, 거친 펄라이트가 된다.
② 공랭 : 600℃ 부근에서 변태가 생기며, 미세한 층상 조직이 된다.
③ 유냉 : 500℃에서의 변태는 소르바이트보다 더욱 미세한 층상의 펄라이트가 되고, 200℃ 부근에서의 재변태는 트루스타이트와 시멘타이트의 혼재한 상태이다.
④ 수냉 : 200℃ 정도에서 오스테나이트가 과냉되어 마텐자이트로 변태하여 미세한 조직이 된다. 마텐자이트 변태가 생길 경우에는 팽창 및 내부 응력이 발생하여 균열이 생긴다.

2-2 항온 열처리

열처리하고자 하는 재료를 오스테나이트 상태로 가열하여 일정한 온도의 염욕, 연료 또는 200℃ 이하에서는 실린더유를 가열한 유조 중에서 담금과 뜨임하는 것을 항온 열처리라 한다. 이 방법은 온도(temperature), 시간(time), 변태(transformation)의 3가지 변화를 선도로 표시하는데 이것을 항온 변태도, TTT 곡선 또는 S 곡선이라 한다.

1. 항온 열처리의 종류 및 방법

(1) **오스템퍼(austemper)**

재료를 오스테나이트 상태로 가열하고 Ar′와 Ar″의 중간의 염욕 중에서 항온 변태를 시킨 후 상온까지 냉각하여 강인한 하부 베이나이트 조직을 얻는 방법으로, 다시 뜨임할 필요가 없고 강인성이 크며 담금질에 의한 변형과 균열이 방지된다. 경도는 Hrc 35~40 정도이다.

(2) **마템퍼(martemper)**

Ar″ 구역 중에서 Ms와 Mf 간의 항온 염욕 중에 담금질하고 항온 변태 후 공랭하여 경도가 크고 충격치가 높은 마텐자이트와 베이나이트의 혼합 조직을 얻는다.

(3) **마칭(marquenching)**

오스테나이트 구역 중에서 M_s 점보다 다소 높은 온도의 염욕 중에 담금질하여 강의 내부와 표면이 같은 온도가 되도록 항온을 유지하고 급랭한 오스테나이트가 항온 변태를 일으키기 전에 공기 중에서 Ar″변태가 서서히 진행되도록 조작한다. 이것은 수중 담금질에 비해 경도가 다소 저하되나 담금질 균열이 발생하지 않아 복잡한 물건이나 고탄소강, 특수강, 게이지강, 베어링강 등의 담금질에 이용된다.

(4) 타임 퀜칭(time quenching)

수중 또는 유중 담금질한 물체가 300~400℃ 정도 냉각되었을 때 꺼내어 다시 수냉 또는 유냉하는 열처리를 말한다.

(5) Ms 퀜칭

오스테나이트 상태로 가열한 강을 Ms 점보다 약간 낮은 온도의 열욕에 넣어 내외부가 동일 온도가 될 때까지 유지(25mmϕ/5분)한 후 꺼내 수냉 또는 유냉한다. 잔류 오스테나이트 양이 적어지고 시효 변경이 적어진다.

(6) 항온 뜨임(isothermal tempering)

베이나이트 템퍼링이라고도 하며 뜨임에 의해 2차 경화되는 고속도강 및 다이스강등의 뜨임에 이용된다. 보통 뜨임으로 얻은 것보다 경도가 다소 저하되나 인성이 크고 절삭 능력이 좋다.

(7) 항온 풀림(isothermal annealing, ausannealing)

S 곡선의 nose 또는 그보다 약간 높은 온도(600~700℃)에서 항온 변태 후 공랭하여 연질의 펄라이트를 얻는다.

PART 3

2-3 강의 표면 경화

기어, 크랭크축, 캡 등은 내마멸성과 강인성이 있어야 한다. 이때 강인성이 있는 재료의 표면을 열처리하여 경도를 크게 하는 것을 표면 경화법이라 한다.

1. 침탄법과 질화법

(1) 침탄법

0.2% C 이하의 저탄소강을 침탄제(탄소, C)와 침탄 촉진제 소재와 함께 침탄상자에 넣은 후 침탄로에서 가열하면 0.5~2mm의 침탄층이 생겨 표면만 단단하게 하는 것을 표면 경화법이라 한다.

① 고체 침탄법 : 침탄제인 목탄이나 코크스 분말과 침탄 촉진제(BaCO3, 적혈염, 소금 등)를 소재와 함께 침탄상자에서 900~950℃로 3~4시간 가열하여 표면에서 0.5~2mm의 침탄층을 얻는 방법이다. 침탄제 배합은 숯 60~70%, $BaCO_3$ 20~30%, 탄산나트륨 10% 이하의 성분의 것이 많이 사용된다.

㉠ 침탄강은 0.1~0.18% C 저탄소강이 적합하며 사용 목적에 따라 Ni, Cr, Mo을 첨가한다(경화층 중 깊이 증가 원소).

㉡ 침탄 경화 작업은 900℃ 전후에서 장시간 침탄시키므로 중심부 조직이 조대화되는 결점이 있어 2차 담금질이 필요하다(뜨임도 필요함).

② **액체 침탄법** : 침탄제(NaCN, KCN)에 염화물(NaCl, KCl, $CaCl_2$ 등)과 탄화염(Na_2CO_3, K_2CO_3 등)을 40~50% 첨가하고 600~900℃에서 용해하여 C와 N이 동시에 소재 표면에 침투하게 하여 표면을 경화시키는 방법으로, 침탄 질화법이라고도 하며 침탄과 질화가 동시에 된다. 얇은 침탄 경화층이 필요할 때 유리하나 NaCN의 유해 때문에 작업자의 건강과 생명에 지장이 있어 관리에 특별한 기술이 필요하다.

③ **가스 침탄법** : 이 방법은 탄화 수소계 가스(메탄가스, 프로판가스 등)를 이용한 침탄법이다.

(2) 질화법

질화법은 암모니아 가스(NH_3)를 이용한 표면 경화법으로 520℃ 정도에서 50~100시간 질화하며, 질화용 합금강(Al, Cr, Mo 등을 함유한 강)을 사용해야 한다. 질화되지 않게 하기 위해서는 Ni, Sn 도금을 한다.

표 3-3 침탄법과 질화법의 비교

침탄법	질화법
경도가 질화법보다 낮다.	경도가 침탄법보다 높다.
침탄 후의 열처리가 필요하다.	질화 후의 열처리가 필요 없다.
경화에 의한 변형이 생긴다.	경화에 의한 변형이 적다.
침탄층은 질화층보다 여리지 않다.	질화층은 여리다.
침탄 후 수정이 가능하다.	질화 후 수정이 불가능하다.
고온으로 가열 시 뜨임되고 경도는 낮아진다.	고온으로 가열해도 경도는 낮아지지 않는다.

2. 기타 표면 경화법

(1) 화염 경화법(flame hardening)

0.4% C 전후의 탄소강을 산소-아세틸렌 화염으로 가열하여 물로 냉각시키면 표면만 단단해지는데 이와 같은 표면 경화법을 화염 경화법이라 한다. 경화층의 깊이는 불꽃 온도, 가열 시간, 화염의 이동 속도에 의하여 결정되며 용도는 중탄소강, 보통 주철, 구상흑연주철, 합금 주철 등의 표면 경화에 사용한다.

(2) 고주파 경화법(induction hardening)

고주파에 의한 열로 표면을 가열한 후 물에 급랭시켜 표면을 경화시키는 방법으로, 경화시간이 대단히 짧아 탄화물을 고용시키기가 쉽다. 용도는 중탄소강, 보통 주철, 합금철 등의 기계 부품(기어, 크랭크축, 전단기 날)과 베드 등에 사용하며 화염 경화법보다 신속하고 변형이 적다.

(3) 도금법(plating)

내식성과 내마모성을 주기 위해 표면에 Cr 등을 도금하는 방법이다.

(4) 방전 경화법

방전 현상을 이용한 새로운 표면 경화법으로, 원리는 공기 중 또는 액 중에서 방전을 일으킨 부분이 수 1000℃ 상승했다가 극히 단시간에 소멸하는 것을 이용하고 있다. 극히 작은 점에서 이 현상이 일어나므로 급가열, 급랭 작용이다[표면 경화 합금(Cr, Mo 등)을 덧붙임 용접하는 방법으로도 이용].

(5) 금속 침투법(cementation)

표면의 내식성과 내산성을 높이기 위해 강재의 표면에 다른 금속을 침투 확산시키는 방법이다.

(6) 쇼트 피닝(shot peening)

강철 볼을 소재 표면에 투사하여 가공 경화층을 형성하는 방법으로, 성분 변화가 없으며 휨, 비틀림 응력을 개선하여 피로 한도가 크게 증가한다.

PART 3

2-4 특수강의 성질 및 종류

1. 특수강의 성질

(1) 특수강의 성질(특수 원소의 역할)

특수강(합금강, alloy steel)은 탄소강으로선 얻을 수 없는 성질을 얻을 수 있다. 특수 원소의 역할은 다음과 같다.

① 오스테나이트 입자의 조성
② 변태 속도 변화[열처리성(담금질성) 우수]
③ 소성 가공성 개량
④ 특수 성질의 부여
⑤ 탄소강 중에서 S의 해를 감소시킴

(2) 각 원소의 특수강에 미치는 영향

① 페라이트에서 인장강도를 크게 하는 원소 : Si, Ti, Mn, Mo, Ni 등
② 질량 효과를 좋게 하는 원소 : Mn, Ni, Cr 등(자경성이 큼)

③ 뜨임했을 때 인장강도와 경도는 작아지지 않고 강성을 크게 하는 원소 : Mo, Cr, W, V 등

2. 특수강의 종류와 용도

특수강의 종류에 따른 용도는 [표 3-4]와 같다.

표 3-4 특수강의 종류와 용도

분 류	종 류	용 도
기계 구조용 합금강	강인강	크랭크축, 기어, 볼트, 너트, 키, 축 등
	고장력 합금강	선반, 건설용
	표면경화용강	기어, 축류, 피스톤핀, 스플라인축 등(질화 또는 표면 처리, 침탄)
공구용 합금강	탄소공구강 합금공구강 고속도강	절삭 공구, 다이스, 정, 펀치 등
내식, 내열 합금	스테인리스강	날류, 식기, 화공, 장치구 등
	내열강	내연기관의 밸브, 터빈의 날개, 고온, 고압 용기
특수 용도용 특수강	쾌삭강	볼트, 너트, 기어, 축 등
	스프링강	각종 스프링
	내마모용강	크로스 레일, 분쇄기
	베어링강 영구자석강	구름 베어링의 전동체와 레이스 전력 기기, 자석 등

2-5 구조용 특수강

1. 강인강

(1) 니켈(Ni)강

니켈은 인장강도, 항복점, 경도 등을 상승시키고 연율을 감소시키지 않으며 충격치를 증가시킨다. 또한 질량 효과가 적어 담금하면 깊이가 150~200mm가 되며 자경성이 있어 공랭해도 마텐자이트 조직으로 경도가 매우 크다.

(2) Cr강

경화가 쉽고 경화층이 깊으며 경도를 크게 한다. 또한 자경성이 있어 공랭해도 마텐자이트 조직이 되며 뜨임해도 잘 풀리지 않는다. 크롬탄화물(Cr_4C_2, Cr_7C_3)의 형성으로 내마모성이 크고 내식성 및 내열성이 크다.

(3) Mn강

① 펄라이트 Mn강(0.2~1.0% C, 1~2% Mn) : 듀콜강 또는 저망간강이라 부르기도 하며 비교적 경도가 크고 연신율이 저하되지 않는다. 또한 항복점, 인장강도가 높고 용접성이 우수하여 일반 구조용에 사용되며 내식성을 높이기 위해 Cu를 첨가하기도 한다.

② 오스테나이트 Mn강(0.9~1.3% C, 10~14% Mn) : 하드필드강, 수인강 또는 고망간강이라고 부르며 고온에서 서냉하면 탄화물 석출로 경도가 매우 크고 취성이 있어 절삭이 불가능하므로 급랭하면 오스테나이트 조직이 된다. 따라서 경도는 크나 인성이 있어 절삭이 가능하게 된다. 용도는 각종 광산 기계, 기차 레일의 교차점, 칠드 롤러, 불도저, 냉간용 인발 다이스 등의 내마모 재료에 사용한다.

(4) Cr－Mo강

Cr 강에 0.15~0.30%의 Mo을 첨가한 강으로 담금성이 좋고 단접과 용접이 쉬우며, 고온·고압에 강하다. 기호는 SCM이다.

(5) Ni－Cr강

1.0~1.5% Ni을 첨가하여 점성을 크게 한 강으로 담금성이 극히 좋다. 850℃에서 담금질, 600℃에서 뜨임(급랭)한다. 기호는 SNC이다.

(6) Ni－Cr－Mo강

Ni－Cr 강의 담금 취성을 개선하기 위하여 Mo을 0.15~0.30% 첨가한 강이다. 가장 우수한 구조용 강으로 내열성, 담금질성이 증가하고 뜨임 취성을 감소시킨 강이다. 기호는 SNCM이다.

(7) Cr－M－Si강(크로망실)

피로 한도가 높아 차축 등에 사용하며 가격이 싸다.

2. 표면 경화용 강

(1) 침탄강(cemented steel)

표면 침탄이 잘 되게 하기 위해 Cr, Ni, Mo 등이 포함되어 있다.

(2) 질화강(nitriding steel)

Cr, Mo, Al 등을 첨가한 강이다.

3. 스프링 강

스프링은 탄성한도 및 항복강도, 피로한도가 높은 재질이어야 한다.

Cr-V 강은 인성이 크고 항복점이 높으며 내열성이 양호하다. 또한 Si-Mn 강보다 피로 한계가 높고 탈탄도 적다. 보통 자동차에는 Si-Mn, Cr-Mn이 쓰이고 정밀 고급 스프링에는 Cr-V, 내열·내식용 스프링에는 스테인리스강, 고 Cr계 강이 쓰인다.

4. 쾌삭강(free cutting steel)

S, Pb 등을 첨가하여 피절삭성을 좋게 한 것으로 강도를 요하지 않는 부분에 사용된다. 보통 강보다 P, S가 높은 것은 Pb을 첨가하고 18-8 스테인리스강, Cr 강에는 S를 0.2~0.3% 정도 첨가한다.

2-6 공구용 합금강

공구강의 구비조건은 다음과 같다.

① 경도가 크고 고온에서 경도가 떨어지지 않아야 한다.
② 내열성과 강인성이 커야 한다.
③ 열처리 및 제조와 취급이 쉽고 가격이 저렴해야 한다.

1. 합금 공구강

탄소 공구강에 Cr, W, V, Mo, Mn, Ni 등을 1~2종 이상 첨가하여 담금질 효과를 양호하게 하고 결정 입자를 미세하게 하며 경도, 내식성을 개선한 것이다. Cr-Mn 강은 내마모성이 크고 담금질에 의한 변형이 적어 게이지용에 쓰이고 고 Cr 탄소강은 담금에 의한 경도가 크고 변형이 적으며 내마멸성이 커서 다이·펀치 등에 쓰인다.

2. 고속도강(SKH)

(1) 표준형 고속도강

18% W, 4% Cr, 1% V의 합금으로 고온 강도가 보통 강의 3~4배이며, 마모 저항이 크고 600℃까지 경도가 저하되지 않아 고속 절삭 효율이 좋다.

(2) Co 고속도강

표준형 고속도강에 Co를 3% 이상 첨가하여 경도와 점성을 증가시킨 것으로 Co 20%까지는 Co 함유량이 많을수록 경도가 증가되고 절삭성이 우수하게 된다. 내마멸성이 커서 강력 절삭에 사용된다.

(3) Mo 고속도강

5~8% Mo, 5~7% W를 첨가하여 담금질 성질을 향상하고 뜨임 메짐을 방지하며 탈탄 및 Mo의 증발을 막기 위해 열처리할 때 붕사 피복 또는 염욕 가열을 한다.

3. 주조 경질 합금(Co－Cr－W－C계)

단조가 곤란하여 주조한 상태로 연삭하여 사용되는 공구재료로, 대표적인 것으로는 스텔라이트(stellite)가 있다. 경도가 H_{RC} 50~70이며 600℃까지 경도가 감소하는 양이 극히 적고 1,000℃까지 가열했다가 냉각하면 경도가 복귀된다. 고온 저항이 크고 내마모성이 우수하나 충격, 진동, 압력에 대한 내구력이 적다. 용도로는 각종 절삭 공구, 고온 다이스, 드릴, 끌, 의료용 기구 등에 사용된다.

4. 소결 경질 합금(초경합금)

WC, TiC, TaC 등의 금속 탄화물 분말(900메시)을 Co 분말과 함께 혼합하여 형에 넣고 압축성형한 후 제1차로 800~1,000℃에서 예비 소결하여 조형하고 제2차 소결은 1,400~ 1,450℃의 수소(H_2) 기류 중에서 소결한 합금으로 상품명으로 미디아, 위디아, 카볼로이, 텅갈로이 등으로 불린다.

TiC는 내마모성, 고온 경도가 크며, WC－Co계는 인성이 적어 충격에 부적당하나 공구 수명이 길다. 용도는 각종 바이트, 드릴, 커터, 다이스 등에 사용된다.

5. 비금속 초경 합금

Al_2O_3를 주성분으로 하는 산화물계를 1,600℃ 이상에서 소결하는 일종의 도자기인 세라믹 공구는 고온 경도가 크며 내마모성, 내열성이 우수하나 인성이 적고 충격에 약하다(초경 합금 1/2 정도). 또한 비자성, 비전도체이며 내부식성, 내산화성이 커서 고온 절삭, 고속 정밀 가공용, 강자성 재료의 가공용에 쓰인다.

6. 시효 경화 합금

Fe－W－Co계(548 합금)로 담금질 경도는 낮으나 뜨임 경도가 높고 내열성이 우수하다. 고속도강보다 수명이 길며 석출 경화성이 커서 자석강으로도 좋다.

7. 게이지용 강

게이지용 강은 내마모성이 크고 H_{RC} 55 이상이며 담금질에 의한 변형, 균열이 적어야 한다. 또한 200℃ 이상 온도에서 장시간 경과해도 치수의 변화가 적고 내식성도 좋아야 한다. 종류에는 요한슨강, 게이지 K9, W-Cr-Mn계의 SKS 3의 합금 공구강이 있다.

2-7 특수용 특수강

1. 스테인리스강(STS)

스테인리스강은 철에 크롬(Cr)이 11.5% 이상 함유되면 금속 표면에 산화크롬의 막이 형성되어 녹이 스는 것을 방지해 준다. stainless steel이란 부식되지 않는 강(내식강)이란 뜻으로 지어진 이름이다(내식강 = 불수강).

(1) 페라이트계 스테인리스강(Cr계)

① 페라이트계 스테인리스강의 특징

㉠ 표면을 잘 연마한 것은 공기 중이나 수중에서 부식되지 않는다.

㉡ 내식성은 오스테나이트계에 비해 부족하고 자성이 강하다.

㉢ 유기산, 질산에 침식되지 않으나 다른 산에는 침식된다.

㉣ 담금질 상태는 내식성이 좋으나 풀림 상태의 것 또는 연마되지 않은 것은 녹슬기 쉽다.

㉤ 14~17% Cr, 나머지는 Fe이다(Ni은 없음).

㉥ 열처리 경화성이 없고 고온에서 오스테나이트 조직의 발생을 억제한다.

② 용도

㉠ 장식품, 아세톤산 탱크 제작, 자동차 장식품, 초산 탱크 노즐 등에 쓰인다(405, 430, 430F, 442, 446, 434, 436 시리즈 스테인리스강이 시판됨).

㉡ Cr계 스테인리스강으로 표준형은 18Cr-0.1C 이다. 오스테나이트계보다 가격이 싸다.

(2) 마텐자이트계 스테인리스강

① 마텐자이트계 스테인리스강의 특성

㉠ Cr계 스테인리스강으로 표준형은 13 Cr-0.1% C이다.

㉡ 기계적 성질이 좋고 내식, 내열성이 좋다.

㉢ 열처리가 가능하며 여러 가지 경도, 강도를 낼 수 있다.

㉣ H_{RC} 62, 인장강도 200kg/mm^{2}를 갖고 있다.

㉤ 성형, 용접이 잘 된다(내식성을 유지하려면 경화 열처리 후 풀림해야 함).

② **용도** : 터빈 날개, 일반용, 기계 부품, 펌프축, 스프링 중기계, 볼트, 베어링, 밸브, 식당 기구 등에 사용된다(403, 410, 405, 414, 416, 420, 431, 440 시리즈가 있음).

(3) 오스테나이트계 스테인리스강

① 오스테나이트계 스테인리스강의 특성

㉠ 페라이트계의 부족한 특성(비산화성 산에 약함)을 개선하기 위해 Ni, Mo, Ti 등을 합금시킨 것이다(표준 성분 18 Cr−8 Ni).

㉡ 비자성이다(상온 가공하면 다소 자성을 띰).

㉢ 내산, 내식성이 13% Cr강보다 우수하다.

㉣ 인성이 풍부하여 가공이 용이하다(충격치가 높아짐).

㉤ 용접이 쉽다.

㉥ 염산, 염소 가스, 유산이 약하다.

㉦ 입계 부식이 생기기 쉽다.

㉧ 열전도도가 낮아진다.

㉨ 전기 저항이 높아진다.

② **18−8 스테인리스강의 입계 부식** : 탄소량이 0.02% 이상에서 용접열에 의해 탄화크롬이 형성되어 카바이드 석출을 일으키며 내식성을 잃게 된다. 입계부식을 방지하려면 C%를 극히 적게 하거나(0.02% 이하), 원소의 첨가(Ti, V, Zr 등)로 Cr_4C 대신에 TiC 등을 형성시켜 Cr의 감소를 막아야 한다.

③ **용도** : 화학용 기계의 실린더, 파이프, 밸브, 펌프 및 제지 공업, 식품 공업, 건축용, 자동차용, 선박, 항공기용, 치과용, 로제 작용, 가열 장치, 용접봉 등에 쓰인다[302, 304, 305, 308, 310, 316, 348, 309, 321 시리즈 등이 있으며, 18−8강(308, 27종)이 많이 쓰임].

2. 내열강(SEH)

Al, Si, Cr을 첨가하면 산화 피막의 형성으로 내부 산화를 방지하여 내열성이 증가한다. 내열강의 조건은 고온에서 화학적으로 안정하고 기계적 성질이 우수해야 하며 조직이 안정되어야 한다. 또한 냉간 가공, 열간 가공, 용접 단조 등이 잘 되어야 한다.

3. 자석강

(1) 영구 자석강(SK)

자석강은 잔류 자기, 항자력이 크고 온도, 진동 및 자성의 산란 등에 의한 자기 상실이 없어야 한다. 종류에는 köster(Fe−Co−Mo 계), Cunife(Fe−Ni−Co 계), alunico(Fe−Al−Ni−Co 계), vicalloy(Fe−Co−V) 및 KS 강, MK 강, Mn−Bi 합금 등 강력한 자석 재료 등이 있다.

(2) 규소강

규소강은 자기 감응도가 크고 잔류 자기 및 항자력이 작으며 교류 전류에 의한 열손실을 적게 함으로써 1% 내외는 발전기, 전동기용 철심에, 2% 내외는 발전기 로우터, 유도 전도기용 로우터, 그리고 2.5~3%는 유도 전도기의 고정자 철심, 4% 내외는 변압기용 철심, 전화기용에 쓰인다.

4. 베어링강

1% C, 1.0~1.6% Cr의 고탄소 Cr강이 많이 쓰이며 불순물, 편석, 큰 탄화물이 없는 것을 균일한 구상화 풀림 처리를 하여 소르바이트 조직으로 하고 담금질 후 반드시 뜨임하여 사용한다. 베어링강은 강도, 경도, 내구성이 필요하고 탄성한도와 피로한도가 높으며 마모 저항이 커야 한다.

5. 불변강 및 기타 특수강

26% Ni 이상인 고 Ni강으로 비자성이며 강력한 내식성을 갖는다. 불변강의 종류와 용도는 다음과 같다.

① 인바(invar) : 36% Ni, 0.2% C, 0.4% Mn의 합금이며 팽창계수가 0.97×10^{-8}으로 길이가 변하지 않아 바이 메탈 재료, 정밀 기계 부품, 권척, 표준척, 시계 등에 사용된다.

② 초인바(super invar) : 30.5~32.5% Ni, 4~6% Co의 합금으로 팽창계수가 0.1×10^{-6}이다.

③ 엘린바(elinvar) : 36% Ni, 12% Cr의 합금으로 열팽창계수는 8×10^{-6}, 온도계수가 1.2×10 −6 정도이며 상온에서 탄성률이 거의 변화하지 않으므로 시계 스프링, 정밀 계측기 부품에 사용한다.

④ 코엘린바(coelinvar) : 10~16% Ni, 10~11% Cr, 2.6~5.8% Co의 합금으로 엘린바를 개량한 것이다.

⑤ 플래티나이트 : 42~48% Ni의 Fe의 합금이며 열팽창계수가 $8\sim9.2\times10^{-6}$으로 전구, 진공관, 유리의 봉입선, 백금 대용으로 사용된다. 56% Ni의 것은 탄소강의 열팽창계수(11×10^{-6})와 같다.

⑥ 이소에라스틱 : 36% Ni, Cr>8%, Mn+Si+Mo+Cu+V=4%, Fe계의 합금으로 항공계기 스케일용, 스프링, 악기의 진동판 등에 사용된다.

⑦ 퍼멀로이 : 75~80% Ni, 0.5% Co, 0.5% C의 고투자율 합금으로 전자 차폐용 판, 전로 전류계용 판, 해전 전선의 장하 코일 등에 사용된다.

CHAPTER C R A F T S M A N W E L D I N G

03 비철금속, 주철, 주강 용접

3-1 탄소강의 용접

PART 3

1. 탄소강의 종류

순철은 너무 연하기 때문에 일반 구조용 재료로서는 부적당하다. 따라서 여기에 탄소와 소량의 규소(Si), 망간(Mn), 인(P), 황(S) 등을 첨가하여 강도를 높여서 일반 구조용 강으로 만든 것을 탄소강(carbon steel)이라고 하며, 탄소의 함유량에 따라서 다음과 같이 분류된다.

① 저탄소강(low carbon steel) : 탄소 함유량이 0.3% 이하

② 중탄소강(middle carbon steel) : 탄소 함유량이 0.3%~0.5%

③ 고탄소강(high carbon steel) : 탄소 함유량이 0.5%~1.3%

2. 저탄소강의 용접

(1) 성분 및 특성

저탄소강은 구조용 강으로 가장 많이 쓰이고 있고, 용접 구조용 강으로는 킬드강(killed steel)이나 세미킬드강(semi-killed steel)이 쓰이고 있다. 보일러용 후판($t=25\sim100$mm)에서는 강도를 내기 위해 탄소량이 상당히 많이 쓰이기 때문에 용접에 의한 열적 경화의 우려가 있으므로 보일러용 후판은 용접 후에 응력을 제거해야 한다.

(2) 저탄소강의 용접

저탄소강은 어떤 용접법으로도 용접이 가능하지만 용접성으로서 특히 문제가 되는 것은 노치 취성과 용접 터짐이다. 연강의 용접에서는 판 두께가 25mm 이상에서는 급랭을 일으키는 경우가 있으므로 예열(preheating)을 하거나 용접봉 선택에 주의해야 한다.

3. 고탄소강의 용접

(1) 개요

고탄소강(high carbon steel)은 탄소 함유량이 비교적 많은 것으로 보통 탄소가 0.5~1.3%인 강을 말한다. 이에 대해서도 연강과 거의 같은 용접법을 쓸 수 있다.

(2) 고탄소강의 용접

연강의 경우와 비교하여 고탄소강의 용접에서 주의할 점은 일반적으로 탄소 함유량의 증가와 더불어 급랭 경화(rapid cooling hardening)가 심하므로 열 영향부(heat affect zone)의 경화 및 비드 밑 균열(under bead crack)이나 모재에 균열이 생기기 쉽다는 점이다. 특히 단층 용접에서 예열(preheating)을 하지 않았을 때에는 열 영향부가 담금질 조직인 마텐자이트(martensite) 조직이 되며, 경도가 대단히 높아진다. 또한 2층 용접에서는 모재의 열 영향부가 풀림 효과를 받으므로 최고 경도는 매우 저하된다.

3-2 주철 및 주강 용접

1. 주철의 용접

(1) 주철의 개요

주철(cast iron)은 넓은 의미에서 탄소가 1.7~6.67% 함유된 탄소-철 합금인데, 보통 사용되는 것은 탄소 2.0~3.5%, 규소 0.6~2.5%, 망간 0.2~1.2%의 범위에 있는 것이다. 주철은 강에 비해 용융점(1,150℃)이 낮고 유동성이 좋으며 가격이 싸기 때문에 각종 주물을 만드는 데 쓰이고 있다.

(2) 주철의 종류

① **백주철** : 보통 백선 백주철(white cast iron)이라 하며 흑연의 석출이 없고 탄화철(Fe_3C)의 형식으로 함유되어 있기 때문에 파면이 은백색으로 되어 있다.

② **반주철** : 백주철 중에서 탄화철의 일부가 흑연화해서 파면에 부분적으로 흑색이 보이는 것을 반주철(mottled cast iron) 또는 반선이라 한다.

③ **회주철** : 흑연이 비교적 다량으로 석출되어 파면이 회색으로 보이며, 흑연은 보통 편상으로 존재한다. 이것을 회주철(gray cast iron) 또는 회선이라 한다.

④ **구상흑연주철** : 회주철의 흑연이 편상으로 존재하면 이것이 예리한 노치가 되어 주철이 많은 취성을 갖게 되기 때문에 마그네슘, 세륨 등을 소량 첨가하여 구상흑연으로 바꾸어서

연성을 부여한 것으로 구상흑연주철 또는 연성주철(ductile cast iron), 노듈러 주철이라고 하며 인장강도가 매우 커서 최근에 널리 사용되고 있다.

⑤ **가단주철**(malleable cast iron) : 칼슘이나 규소를 첨가하여 흑연화를 촉진시켜 미세 흑연을 균일하게 분포시키거나 백주철을 열처리하여 연신율을 향상시킨 주철을 가단주철이라고 한다.

(3) 주철의 용접

① 주철 용접이 어려운 이유

㉠ 주철은 연강에 비해 여리며 주철의 급랭에 의한 백선화로 기계 가공이 곤란할 뿐 아니라 수축이 많아 균열이 생기기 쉽다.

㉡ 일산화탄소 가스가 발생하여 용착금속에 블로우 홀(blow hole)이 생기기 쉽다.

㉢ 장시간 가열로 흑연이 조대화된 경우나 주철 속에 기름, 흙, 모래 등이 있는 경우에는 용착이 불량하거나 모재의 친화력이 나쁘다.

㉣ 주철의 용접법은 모재 전체를 500~600℃의 고온에서 예열하며, 예열・후열의 설비를 필요로 한다.

② **주철의 용접** : 주철의 용접은 주로 주물의 보수 용접에 많이 쓰인다. 이때 주물의 상태, 결함의 위치, 크기와 특징, 겉모양 등에 대하여 고려해야 하여, 용접 준비는 표면 모양, 용접 홈, 제작 가공방법 등을 충분히 유의해야 한다.

㉠ 회주철의 보수 용접에는 가스 용접, 피복 아크 용접 및 가스 납땜법(brazing) 등이 주로 사용되고 있다. 가스 용접은 예부터 사용되는 방법으로서 열원이 비교적 분산되는 경향이 있으므로 예열 효과가 피복 아크 용접보다 큰 특징이 있다.

㉡ 가스 용접으로 시공할 때에는 대체로 주철 용접봉을 사용한다. 백선화 방지를 위하여 주철 용접봉은 특히 다음과 같은 성분의 것이 좋다. 즉 탄소 3.0~3.5%, 규소 3.0~3.5%, 망간 0.5~0.7%, 인 0.8% 이하, 황 0.06% 이하, 알루미늄 1%를 함유한 것이 대단히 좋은 시험 결과를 나타낸다.

㉢ 회주물을 아크 용접으로 보수할 때에는 니켈 용접봉, 모넬메탈(monel metal, 70Ni~30Cu) 용접봉, 연강 용접봉 등이 사용되며, 예열하지 않아도 용접할 수 있다. 그러나 모넬메탈, 니켈 용접봉을 쓰면 150~200℃ 정도의 예열이 적당하다. 이와 같은 용접을 저온 예열 용접법이라 하는데, 이런 용접봉을 쓰면 용접금속의 연성이 풍부하므로 균열 같은 용접 결함이 생기지 않는다.

㉣ 토빈 청동(torbin bronze, 60Cu−39Zn−1Sn) 용접봉으로 용접할 때에는 예열은 필요하지 않으나 모재의 온도가 낮아 용융금속이 잘 퍼지지 않고, 또 지나치게 높아지면 작은 구슬 모양으로 날아가게 되므로 알맞은 예열이 필요하다.

㉤ 가스 납땜(brazing)의 경우에는 과열을 피하기 위하여 토치와 모재 사이의 각도를 작게 한다. 또 모재 표면의 흑연을 제거하는 것이 중요하므로 산화 불꽃으로 하여 약 900℃ 정도로 가열하여 제거한다.

(4) 주철 용접 시 주의사항

① 보수 용접을 행하는 경우는 본 바닥이 나타날 때까지 잘 깎아낸 후 용접한다.
② 파열의 보수는 파열의 연장을 방지하기 위해 파열의 끝에 작은 구멍을 뚫는다.
③ 용접전류는 필요 이상 높이지 말고 직선 비드를 배치할 것이며 지나치게 용입을 깊게 하지 않는다.
④ 용접봉은 될 수 있는 대로 가는 지름의 것을 사용한다.
⑤ 비드의 배치는 짧게 해서 여러 번의 조작으로 완료한다.
⑥ 가열되어 있을 때 피닝 작업을 해 변형을 줄이는 것이 좋다.
⑦ 큰 물건이나 두께가 다른 것, 모양이 복잡한 형상의 용접에는 예열과 후열 후 서냉작업을 반드시 행한다.
⑧ 가스 용접에 사용되는 불꽃은 중성 불꽃 또는 약한 탄화 불꽃을 사용하며 용제(flux)를 충분히 사용하며 용접부를 필요 이상 크게 하지 않는다.

2. 주강 용접

(1) 화학 성분

① **내마모용 주강** : 0.4% C 이상, 기타 Cr, Al, Ni−Cr, Cr−V−Mn 등 첨가
② **내식용 주강** : Cr, Ni 또는 Cs를 첨가
③ **내열용(540℃까지)** : Cr, W, Mo, Ti 등을 첨가

(2) 주강의 용접

① 아크 용접, 가스 용접, 브레이징, 납땜 및 때로는 압접 등에서 용접성이 양호하다.
② 0.25% C 이상에서는 예열, 후열이 필요하며 용접 후의 냉각이 빠르므로 예열 및 층간 온도의 유지가 중요하다.
③ 용접봉으로는 모재와 비슷한 화학 조성의 것이 좋다.
④ 대형 용접에는 일렉트로 슬래그 용접이 편리하다.

(3) 주강의 용도

오스테나이트계 주강은 내열·내식용으로 쓰인다. 발전소, 기타 동력의 제장치나 기계 조립에 많이 쓰이며, 터빈, 케이싱, 수력 터빈, 치차, 전동기, 오토클레이브, 각종 밸브 등이다.

3-3 고장력강의 용접

1. 고장력강의 개요

① 연강의 강도를 높이기 위하여 적당한 합금 원소를 소량 첨가한 것으로 HT(high tensile)라 한다.
② 강도, 경량, 내식성, 내충격성, 내마모성이 요구되는 구조물에 적합하며 현재 군함, 교량, 차륜, 보일러 압력 용기 탱크, 병기 등에 쓰인다.
③ 기계적 성질이 우수하며 용접 터짐이나 취성이 없는 접합성(취성 파괴가 없는)이 있어야 한다.
④ 가공성이 우수해야 한다.
⑤ 내식성이 우수해야 한다.
⑥ 경제적으로 가격이 싸고 다량 생산에 적합한 것이어야 한다.
⑦ 대체로 인장강도 $50kg/mm^2$ 이상인 것을 고장력강이라고 하며 HT60(인장강도 $60\sim70kg/mm^2$), HT70, HT80($80\sim90kg/mm^2$) 등이 있다. 망간강, 함동석출강, 몰리브덴 함유강, 몰리브덴－보론강 등이 있다.

2. 고장력강의 종류

용접용 고장력강의 종류를 보면 망간강, 망간－바나듐－티타늄강(vanity강), 함동 석출강, 함인강, 몰리브덴 함유강, 조질강 등이 있으며, 대체로 인장강도 $50kg/cm^2$ 이상의 강도를 갖는 것을 말한다.

인장강도가 $52\sim70kg/cm^2$, 항복점 $32\sim38kg/cm^2$ 이상의 고장력강과 인장강도 $70\sim 90kg/cm^2$, 항복점 $50kg/cm^2$ 이상의 합금강인 초고장력강이 있다.

3. HT 50급 고장력강의 용접

① 연강에 Mn, Si 첨가로 강도를 높인 강으로 연강과 같이 용접이 가능하나 담금질 경화능이 크고 열 영향부의 연성이 저하되므로(균열 우려) 다음과 같이 주의해야 한다.
② HT 50 용접 시 주의사항
  ㉠ 용접봉은 저수소계를 사용하며 사용 전에 300~350℃로 2시간 정도 건조시킨다.
  ㉡ 용접 개시 전에 용접부 청소를 깨끗이 한다.
  ㉢ 아크길이는 가능한 한 짧게 유지하도록 한다. 위빙 폭은 봉 지름의 3배 이하로 한다. 위빙 폭이 너무 크면 인장강도가 저하하고 기공이 생기기 쉽다.
③ 연강처럼 자동, 반자동 용접이 잘 쓰이며 서브머지드 용접에서는 용제와 와이어 조합이 중요하다.

4. 조질 고장력강의 용접

일반 고장력강보다 높은 항복점, 인장강도를 얻기 위해 저탄소강에 담금질, 뜨임 등을 행하여 노치 인성을 저하시키지 않고 높은 인장강도를 갖는 강을 말한다.

3-4 스테인리스강의 용접

1. 스테인리스강의 개요

저탄소강에 Cr, Cr-Ni, Cr-Ni에 Mo, Cd, Ti 등을 소량 첨가한 고합금강이다. 연강에 비해 우수한 내식성과 내열성을 가지며 강인성이 풍부하며 식기, 터빈, 제트엔진, 차량 부품 등에 사용된다.

2. 스테인리스강의 종류

(1) 마텐자이트계 스테인리스강

① 12~13% Cr을 함유한 저탄소 합금으로 공랭 자경성이 있고 조질하면 양호한 내식성이 얻어진다(산화크롬 피막을 형성하며 이것은 침식에 대한 저항이 크다).

② 열처리가 가능하며 경도, 강도를 낼 수 있다(H_RC 62, 200kg/mm^2의 인장강도).

③ 항상 자성을 띠며, 증기 및 가스 터빈의 마찰 마모에 강하다.

(2) 페라이트계 스테인리스강

① 16% Cr 이상 함유한 고크롬강으로 페라이트 조직을 띤다.

② 18Cr강 및 25Cr강이 주로 쓰이며 자경성은 없다.

③ 천이온도가 연강보다 높으므로 구조물 제조에 주의해야 한다.

(3) 오스테나이트계 스테인리스강

① Cr 스테인리스강에 적당한 양의 니켈 성분을 첨가한 오스테나이트계 조직이다(300번 계통-27종이 대표적이다).

② 18% Cr, 8% Ni를 함유한 것으로 스테인리스강 중에서 내열성, 내식성이 우수하며 천이 온도가 낮고 강인성이 좋다(탄소는 18-8강에서 항상 새로운 원소이다).

③ 인장강도 55~65kg/mm^2, 연신율은 50~60% 정도이며 비자성이다.

3. 스테인리스강의 용접

스테인리스강 용접은 용입이 얕으므로 베벨각을 크게 하거나 루트면을 작게 해야 한다. 용접 시공법은 피복 금속 아크 용접, 불활성 가스 텅스텐 아크 용접, MIG 용접, 서브머지드 용접 등이 있으며 문제는 용접부의 산화, 질화, 탄소의 혼입 등이다. 특히 산화크롬은 용융점이 높아 불활성 가스 용접이 유리하다.

(1) 피복 아크 용접

① 가장 많이 이용되고 있으며 아크열의 집중이 좋고 고속도 용접이 가능하며 용접 후의 변형도 비교적 적다.

② 최근에는 용접봉의 발달로 0.8mm 판 두께까지 이용되고 있다.

③ 전류는 직류역극성이 사용되며 탄소강의 경우보다 10~20% 낮게 하면 좋은 결과를 얻을 수 있다(홈 가공 가접 등에 주의).

④ 용접봉은 같은 재질의 저탄소계의 것을 사용해야 하며 13 Cr계, 17 Cr계는 매우 경취하므로 용접 전후에 예열과 후열이 필요하다.

(2) 불활성 가스 텅스텐 아크 용접(TIG 용접)

① TIG 용접은 0.4~8mm 정도의 얇은 판에 용접하며 전류는 직류정극성이 유리하다.

② 관용접에서는 인서트 링(insert ring)법이 좋다(크롬계 스테인리스강에는 좋지 않다).

③ 용접부 청정이 매우 중요하다(청정 불량 시 아크가 불안정하고 기공이 생길 우려가 있다).

④ 토륨 함유 전극이 아크 안정과 전극 소모가 적고 용접금속의 오염을 적게 하여 좋다.

(3) 불활성 가스 금속 아크 용접(MIG 용접)

① 0.8~1.6mm의 전극(와이어)을 사용하여 자동 용접, 반자동 용접으로 하여 직류역극성으로 한다.

② 피복 아크 용접에서는 거의 소손되는 티탄이 60~80% 용착금속에 남게 할 수 있다.

③ 어떠한 자세 용접도 가능하며 순수한 Ar 가스는 스패터가 비교적 많아 아크 안정을 위해 2~5%의 산소를 불어 주어 해소한다.

3-5 구리와 구리합금의 용접

1. 구리의 성질과 용접성

구리에는 산소를 약간 함유한 구리(oxygen-bearing copper)와 산소를 거의 함유하지 않은 탈산구리(oxygen-free copper)가 있다. 산소를 0.02~0.04% 정도 함유한 구리를 정련 구리(tough pitch copper)라고 하며, 또 수소기류 또는 진공 중에서 용해 주조하여 만든 산소를 함유하지 않고 전기 전도율이 대단히 높은 무산소 구리(oxygen-free high conductivity copper, OFHC)라 한다.

2. 구리의 용접이 어려운 이유

① 열 전도율이 높고 냉각속도가 크다.

② 구리 중의 산화구리(Cu_2O)를 함유한 부분이 순수한 구리에 비하여 용융점이 약간 낮으므로 먼저 용융되어 균열이 발생하기 쉽다.

③ 열팽창계수는 연강보다 약 50% 크므로 냉각에 의한 수축과 응력 집중을 일으켜 균열이 발생하기 쉽다.

④ 가스 용접, 그 밖의 용접방법으로 환원성 분위기 속에서 용접을 하면 산화구리는 환원($Cu_2O+H_2 = 2Cu+H_2O$)될 가능성이 커진다. 이때 용적은 감소하여 스펀지(sponge) 모양의 구리가 되므로 더욱 강도를 약화시킨다.

⑤ 수소와 같이 확산성이 큰 가스를 석출하여 그 압력 때문에 더욱 약점이 조성된다.

⑥ 구리는 용융될 때 심한 산화를 일으키며 가스를 흡수하기 쉬우므로 용접부에 기공 등이 발생하기 쉽다. 그러므로 용접용 구리 재료는 전해구리보다 탈산구리를 사용해야 하며, 또한 용접봉을 탈산구리 용접봉 또는 합금 용접봉을 사용해야 한다.

3. 구리와 구리 합금의 종류

(1) 구리의 종류

① **무산소 구리** : 진공 중에서 용해 주조하여 위해 가스를 완전 제거한 것으로 전도율이 좋고 취성이 없으며 가공성이 우수하여 전자기기에 사용된다.

② **정련 구리** : 전해구리(전기동)를 말하며 0.02~0.05% 산소 함유 등으로 전기 전도율이 높아 전기기기로 널리 사용된다.

③ **탈산 구리** : 탈산을 하여 0.008% 산소 이하로 만든 구리로 용접용으로 적당하고 가스관, 열 교환기, 기름 도관으로 쓰이나 전기 전도율이 낮다.

(2) 구리 합금의 종류

① **황동** : Cu에 아연을 10~45% 함유한 것으로 7 : 3 황동, 4 : 6 황동 등이 있다.

② **인청동** : Cu－Sn계 합금에 탈산제 등으로 P를 소량 첨가한 것이다. 피로 강도가 크고 인성이 우수하며 내식성이 좋다.

③ **규소 청동** : Cu－Si계 합금이다. 청동에 Si 1.5~3.25% 첨가로 강하고 내식성이 좋고 용접하기 쉬워 중요한 공업 재료이다.

④ **Al 청동** : Cu－Al계로 4~11% Al 첨가한 것이다. 인성이 풍부하고 경도가 적당하며 연성도 높다. 전기 전도도는 낮으나 마찰 저항이 크고 내산화성도 크다.

⑤ **Ni 청동** : 인성이 풍부하고 연성도 있으나 전기전도도가 낮다. 내식성은 우수하고 응력 부식에 강하다.

4. 구리와 구리합금의 용접

(1) 구리의 용접

① 피복 아크 용접
- ㉠ 예열을 충분히 하여 사용한다.
- ㉡ 니켈 청동에 사용된다.
- ㉢ 스패터(spatter), 슬래그 섞임, 용입 불량 등의 결함이 많이 생긴다.

② 가스 용접법
- ㉠ 황동 용접에 이용한다.
- ㉡ 발생된 기공은 피닝 작업으로 없애면서 사용한다.
- ㉢ 판 두께 6mm까지는 슬래그 섞임에 주의한다.

③ 불활성 가스 텅스텐 아크 용접
- ㉠ 직류정극성(DCSP)을 사용한다.
- ㉡ 용가재(filler metal)는 탈산된 구리봉(copper rod)을 사용한다.
- ㉢ 판 두께 6mm 이하에 대하여 많이 사용된다.
- ㉣ 전극은 토륨(Th)이 들어 있는 텅스텐봉을 쓴다.

④ 불활성 가스 금속 아크 용접
- ㉠ 판 두께 3.2mm 이상에 주로 사용한다.
- ㉡ 구리, 규소 청동, Al 청동에 가장 적합하다.

⑤ 납땜법
- ㉠ 쉽게 이음이 되며 구리 합금은 은납땜이 쉽다.
- ㉡ 땜납의 가격이 비싼 것이 결점이다.

참 고

구리 용접작업
- 용접부 및 용접봉은 깨끗이 청소하고 브러시로 광이 나게 한다.
- 전처리 후에 간격을 유지하여 가접을 한다(가접을 많이 한다).
- 산화 방지 및 용착금속의 유동성을 좋게 하기 위해 삼산화붕소의 알콜 용액이 좋다.
- 예열에 의한 변형 방지책으로 구속 지그를 쓴다.
- 예열온도는 200~350℃ 정도가 좋다.

(2) **구리 합금의 용접**

① 주로 불활성 가스 용접(TIG)이 사용되며 서브머지드 아크 용접도 실용화되고 있다.

② 피복 아크 용접은 슬래그 섞임, 기포 발생이 많으므로 사용이 곤란하다.

③ 전기 저항 용접법, 압접법, 초음파 용접법 등이 얇은 판에 쓰이고 납땜법도 사용된다.

④ TIG 용접

㉠ TIG 용접은 직류정극성(DCSP)을 사용한다.

㉡ 예열 중이나 용접 중에도 산화가 많을 때에는 적당한 용재를 바르면 된다.

㉢ 구리에 비하여 예열온도가 낮아도 좋다(전기전도도, 열전도가 낮으므로).

㉣ 예열방법은 연소기 가열로 등을 사용한다.

㉤ 용가재는 모재와 같은 재료를 사용한다.

㉥ 비교적 큰 루트 간격과 홈 각도를 취한다.

㉦ 가접은 비교적 많이 한다.

3-6 알루미늄과 알루미늄 합금의 용접

1. 알루미늄의 특징 및 합금의 종류

(1) **알루미늄(aluminum)의 특징**

① 비중이 작다(2.6989).

② 용융점이 낮다(660.2℃).

③ 전기의 전도율이 좋다.

④ 가볍고 전연성이 커서 가공이 쉽다.

⑤ 은백색의 아름다운 광택이 있다.

⑥ 변태점이 없다.

⑦ 시효 경화가 일어난다.

(2) 알루미늄 합금의 종류

① 가공용 알루미늄 합금

㉠ 두랄루민(duralumin) : Al－4% Cu－0.5% Mn－0.5% Mg을 함유한 합금으로 시효 경화성이 있으며 항공기, 자동차 등의 재료로 쓰인다.

㉡ 초두랄루민(super duralumin) : Al－4.5% Cu－1.5% Mg－0.6% Mn을 함유한 합금으로 고력 Al 합금 등이 강력 Al 합금으로 쓰인다. Mg 함유량이 높으며 열처리에 의해 시효 경화를 완료하면 인장강도가 48kg/mm^{2}까지 달한다. 항공기 부품에 쓰인다.

② 주조용 Al 합금

㉠ 라우탈(lautal) : Al－Cu－Si계 합금

㉡ 실루민(silumin) : Al－Si계 합금이며 주조 시에 나트륨 개량 처리로 기계적 성질을 개선한다.

㉢ 로엑스 합금(Lo Ex alloy) : Al－Si－Ni－Cu+Mg의 합금으로 내연기관의 피스톤으로 쓰인다.

㉣ 하이드로날륨(hydronalium) : Al－Mg 합금의 대표적인 것으로 단조, 주조용으로 쓰인다.

㉤ Y 합금(Y alloy) : Al－4% Cu－2% Mi－1.5% Mg의 합금이며 고온 강도가 커서 내연기관 실린더, 피스톤, 실린더 헤드에 사용된다.

PART 3

2. 알루미늄 용접의 특성

알루미늄과 그 합금은 압연재와 주조재로 대별되며, 또한 냉간 가공에 의해서 강도를 증가시킨 비열처리 합금(non heat treatable alloy)과 담금질, 뜨임 등의 열처리에 의해서 강도를 증가시킨 열처리 합금(heat treatable alloy)으로 나누어진다.

3. 알루미늄 용접봉 및 용제

(1) 용접봉

알루미늄 합금의 용접봉으로서는 모재와 동일한 화학 조성을 사용하며 그 외에 규소 4~13%의 알루미늄－규소 합금선이 쓰인다. 그 밖에 카드뮴, 구리, 망간, 마그네슘 등의 합금을 사용한다.

(2) 용제

주로 알칼리 금속의 할로겐 화합물 또는 이것의 유산염 등의 혼합제가 많이 사용되고 있다.

① 용제의 주성분은 염화칼리 45%, 염화나트륨 30%, 염화리튬 15%이며 불화칼리 7%, 황산칼리 3%로 되어 있다.

② 용제는 흡습성이 크므로 주의해야 한다.

4. 알루미늄 및 알루미늄 합금의 용접

(1) 알루미늄 합금의 용접

① 불활성 가스 아크 용접법

㉠ 용제를 사용할 필요가 없다.

㉡ 슬래그를 제거할 필요가 없다.

㉢ 직류역극성을 사용할 때 청정작용(cleaning action)이 있어 용접부가 깨끗하다(MIG 용접시는 이 극성을 사용한다).

㉣ 아크 발생 시 텅스텐과 모재의 접촉을 피하기 위해 고주파 전류를 쓴다(아크 안정과 아크 스타트를 쉽게 할 목적). TIG 용접에서는 이것을 응용하고 있다.

② 가스 용접법

㉠ 불꽃은 탄화된 불꽃을 사용한다.

㉡ 200~400℃ 예열을 한다.

㉢ 얇은 판의 용접에서는 변형을 막기 위하여 스킵법(skip method)과 같은 용접순서를 채택하도록 한다.

③ 저항 용접법

㉠ 산화 피막을 제거하고 청소를 깨끗이 한다.

㉡ 저항 용접 중 Al은 점 용접법이 가장 많이 쓰인다.

㉢ 짧은 시간에 대전류의 사용이 필요하다.

(2) 알루미늄 용접부의 열간 균열 방지

① 용접 풀(weld pool)이 식으면서 생기는 수축 응력 때문에 열간 균열이 발생하는 것이 제일 염려가 된다. 특히 용착금속 성분으로 인한 열간 취화(hot-shortmess) 때문에 용착부의 균열이 많이 생긴다.

② 열간 균열 방지법

㉠ 용접이음의 설계를 고찰할 것 : 알루미늄 합금은 그 화학성분이 열간 균열성을 크게 좌우한다. 용착금속은 모재와 용접봉의 성분이 혼합되면서 생기므로 균열의 위험이 높은 편이다. 이 때문에 용접이음의 단면 설계를 잘 구상해서 용접봉과 모재의 혼합을 조절해주는 것도 균열 방지의 한 요령이 된다.

㉡ 용접속도를 될수록 빠르게 할 것 : 속도가 빠르면 용접부에 미치는 열 영향이 줄어든다. 따라서 온도의 격차로 생기는 응력이 감소된다. 또 속도가 빠를수록 이미 용착된 부분이 열을 빨리 흡수해줌으로써 열간 균열이 생길 여유를 주지 않는다.

㉢ 예열을 해줄 것 : 예열을 해주면 용접부와 모재 간의 온도 분포가 고르게 되어, 용착금속이 응고할 때의 응력을 덜어준다. 예열은 모재가 고정돼 있지 않은 상태에서 해주어야 하며, 너무 심하게 예열하면 모재가 약해진다.

㉣ 될수록 모재에 적합한 용접봉을 선택할 것

(3) 알루미늄 주물의 용접

① Al 주물은 비교적 불순물이 많고 산화 피막의 형성으로 용융금속의 유동성이 나쁘다(모재 용융점보다 산화물 용융점이 높으므로).

② 산화물 때문에 용융점이 매우 높으므로 기술과 용접방법에 대한 연구가 필요하다.

③ 용접봉은 순도가 높은 것, Al－Si 합금봉과 같이 용접성이 좋고 용융점이 모재보다 낮은 것이 적당하다.

④ 용접에 있어 과열은 피해야 한다.

MEMO

PART

04

기계제도

CRAFTSMAN WELDING

CRAFTSMAN WELDING 

C R A F T S M A N   W E L D I N G

01 제도통칙

1-1 제도의 개요

1. 제도의 정의와 필요성

(1) 제도의 정의

기계의 제작 및 개조 시 사용 목적에 맞게 계획, 계산, 설계하는 전 과정을 넓은 의미로 기계설계라 하며 이 설계에 의하여 직접 도면을 작성하는 과정을 제도라 한다.

(2) 제도의 필요성

기계제도(mechanical drawing)는 설계자의 의사를 정확하고 간단하게 표시한 도면이다. 이 도면은 세계 각국이 서로 통할 수 있는 공통된 표현으로 널리 사용되고 있다. 만약 제도에 일정한 표현 방식이 없다면 제도자 외의 사람들은 도면을 이해할 수가 없게 될 것이며 여러 가지로 불편하게 될 것이다. 그러므로 제도사는 기계를 제작하는 사람의 입장에서 제품의 형상, 크기, 재질, 가공법 등을 알기 쉽고, 간단하고, 정확하게, 또한 일정한 규칙에 따라 제도하지 않으면 안된다.

2. 제도의 규격

우리나라는 1966년에 공업표준화법이 제정되어 한국공업표준규격(Korean Industrial Standards; KS)이 제정되었다. [표 4-1]은 분류 기호이고, [표 4-2]는 KS 기계부문을 분류한 것이며, [표 4-3]은 각국의 공업 규격을 표시한 것이다.

표 4-1 KS 분류

기 호	부 문	기 호	부 문	기 호	부 문
A	기 본	F	토 건	M	화 학
B	기 계	G	일용품	P	의 료
C	전 기	H	식료품	R	수동기계
D	금 속	K	섬 유	V	조 선
E	광 산	L	요 업	W	항 공

표 4-2 KS 기계부문 분류

KS 규격번호	분 류	KS 규격번호	분 류
B0001~0891	기계 기본	B5301~5531	특정 계산용, 기계기구, 물리기계
B1000~2403	기계 요소	B6001~6430	일반기계
B3001~3402	공 구	B7001~7702	산업기계
B4001~4606	공작기계	B8007~8591	수송기계

표 4-3 각국의 공업 규격

제정연도	국 명	기 호
1966	한 국	KS(Korean Industrial Standards)
1901	영 국	BS(British Standards)
1917	독 일	DIN(Deutsch Industrie Normen)
1918	미 국	ASA(American Standard Association)
1947	국제표준	ISO(International Organization for Standardization)
1952	일 본	JIS(Japanese Industrial Standards)

1-2 문자와 선

1. 문자

도면에 사용되는 문자는 한자, 한글, 영자 및 아라비아 숫자이며, 문자는 분명하게 고딕체로 수직 또는 수직선과 15°의 경사를 이루는 각도로 쓰는 것을 원칙으로 한다. 문자의 크기는 도면의 크기나 사용하는 곳에 따라 선택한다.

(1) 문자 쓰는 법

한자의 크기는 높이 3.15, 4.5, 6.3, 9, 12.5, 18mm의 6종이 있다(KS A 0107). 한글, 숫자, 영자의 크기는 높이 2.24, 3.15, 4.5, 6.3, 9mm의 5종을 일반적으로 사용하며, 필요한 경우에는 12.5, 18mm 등 7종을 사용한다(KS B 0001).

① 한글 쓰는 법

㉠ 고딕체로 쓴다.

㉡ 가로선은 수평, 세로선은 수직으로 한다.

㉢ 선과 선의 이음은 끊이지 않도록 한다.

㉣ 나비는 높이의 100~80% 정도로 하고 먹물 사용 시 문자의 굵기는 높이의 1/10로 한다.

② 아라비아 숫자 쓰는 법

㉠ 5mm 이상의 숫자는 높이 2 : 3의 비율로 나누어 3줄의 안내선을 긋고 중간의 안내선은 문자 모양이 바뀌는 위치를 나타내며 4mm 이하의 숫자는 상하 2줄로 안내선을 긋는다.

㉡ 나비는 높이의 1/2로 하고 안내선은 75° 방향으로 긋는다.

㉢ 분수의 각 문자 높이는 정수 높이의 2/3로 한다.

㉣ 숫자는 칸에 꼭 차도록 가볍게 쓴 다음 굵게 써서 완성한다.

㉤ 치수, 부품번호, 제작치수, 척도, 도면번호 등에 쓰인다.

③ 로마문자 쓰는 법

㉠ 대문자는 높이를 2등분하여 3줄의 안내선을 그으며, 소문자는 3등분하여 5줄의 안내선을 긋는다.

㉡ 문자의 폭은 대문자인 경우 높이 2/3, 소문자는 2/5로 75° 경사의 안내선을 긋는다.

㉢ 구획 안에 연필로 쓰는 경우 연질의 연필로 굵게 쓰고 다듬으며, 먹물의 경우는 문자의 굵기를 높이의 약 1/10로 한다.

㉣ 재료의 기호, 절단 위치, 끼워 맞춤의 기호에 쓰인다.

PART 4

2. 선

KS에서 선의 종류는 [표 4-4]와 같이 실선, 파선, 쇄선 3가지가 있고 쇄선에는 일점 쇄선, 이점 쇄선이 있다. 이러한 선은 용도에 따라서 외형선, 은선, 중심선, 치수선, 치수보조선, 지시선, 절단선, 가상선, 해칭선, 피치선 등으로 쓰인다.

표 4-4 선의 종류

(단위 : mm)

종 류		설 명
실 선	────────	연속된 선
파 선	– – – – – (3~5, 1)	짧은 선이 약간의 간격으로 연속된 선
일점 쇄선	—-— (10~20, 3)	선과 일점이 바뀌면서 연속된 선
이점 쇄선	—--— (10~20, 5)	선과 이점이 바뀌면서 연속된 선

표 4-5 선의 종류와 용도

용도에 의한 명칭	선의 종류		용 도
외형선	굵은 실선	————	물체의 보이는 부분의 형상을 나타내는 선
은 선	중간 굵기의 파선	············	물체의 보이지 않는 부분의 형상을 표시
중심선	가는 일점 쇄선 또는 가는 실선	——-—— ————	도형의 중심을 표시하는 선
치수선 치수보조선	가는 실선	————	치수를 기입하기 위하여 쓰는 선
지시선	가는 실선	————	지시하기 위하여 쓰는 선
절단선	가는 일점 쇄선으로 하고 그 양끝 및 굴곡부 등의 주요한 곳은 굵은 선으로 한다. 또 절단선의 양 끝에 투상의 방향을 표시하는 화살표를 붙인다.		단면을 그리는 경우 절단 위치를 표시하는 선
파단선	가는 실선 (불규칙하게 쓴다)	~~~~	물품의 일부를 파단한 곳을 표시하는 선 또는 끊어낸 부분을 표시하는 선
가상선	가는 이점 쇄선	——-·-——	• 도시된 물체의 앞면을 표시하는 선 • 인접 부분을 참고로 표시하는 선 • 가공 전후의 모양을 표시하는 선 • 이동하는 부분의 이동 위치를 표시하는 선 • 공구, 지그 등의 위치를 참고로 표시하는 선 • 반복을 표시하는 선 • 도면 내에 그 부분의 다면형을 90° 회전하여 나타내는 선
피치선	가는 일점 쇄선	——-——	기어나 스프로킷 등의 이 부분에 기입하는 피치원이나 피치선
해칭선	가는 실선	//////////	절단면 등을 명시하기 위하여 쓰는 선
특수한 용도의 선	가는 실선	————	• 외형선과 은선의 연장선 • 평면이라는 것을 표시하는 선
	아주 굵은 실선	▬▬▬▬	얇은 부분의 단선 도시를 명시하는 데 사용하는 선

☞ 실선 굵기 : 0.3~0.8mm, 가는 실선 : 0.2mm 이하, 은선 : 외형선의 1/2,
가상선(1점 쇄선) : 외형선의 1/2, 중심선 : 0.2mm 이하, 지시선 : 0.2mm 이하

1-3 도면의 분류

1. 도면의 분류

도면을 용도, 내용, 성질에 따라 분류하면 다음과 같다.

(1) 용도에 따른 분류

① **계획도**(design drawing) : 제작도 작성의 기초가 되는 도면
② **제작도**(work drawing) : 제품의 제작에 관한 모든 것을 표시한 도면
③ **주문도**(order drawing) : 주문 명세서에 붙여 주요 치수와 기능의 개요만을 나타낸 도면
④ **승인도**(approved drawing) : 주문자가 보낸 도면을 검토, 승인하여 계획 및 제작을 하는 데 기초가 되는 도면
⑤ **견적도**(estimation drawing) : 견적, 조회, 주문에서 견적서에 첨부하는 도면으로 주요 치수와 외형 도면을 나타낸 도면
⑥ **설명도**(explanation drawing) : 원리, 구조 작용, 취급법 등을 설명하기 위한 도면으로 필요 부분에 굵은 실선으로 표시하거나 절단, 투시, 채택 등으로 누구나 알 수 있게 그린 도면

(2) 내용에 따른 분류

① **조립도**(assembly drawing) : 전체의 조립을 나타내는 도면으로 보충 단면도를 표시하고 주요 치수나 조립 시 필요한 치수만을 기입하며 조립순서, 정리순서에 따라 부품번호를 붙여 부품도와의 관계를 표시한다.
② **부품도**(part drawing) : 부품을 상세하게 나타내는 도면으로 실제 제작에 쓰이므로 가공에 필요한 치수, 다듬질 정도, 재질, 제작 개수 등 필요한 사항을 빠짐없이 기입한다.
③ **부분 조립도**(partial assembly drawing) : 일부분의 조립을 나타내는 도면으로 복잡한 부분을 명확하게 하여 조립을 쉽게 하기 위해 쓰인다.
④ **공정도**(process drawing) : 제작, 제조과정을 나타내는 특수 부품도로 다음과 같은 것이 있다.
　㉠ 공작 공정도 : 제작도에 쓰인다.
　㉡ 제조 공정도 : 설명도에 쓰인다.
　㉢ 플랜트 공정도 : 기계 설비와 과정의 상태를 설명적으로 나타낸다.
⑤ **결선도**(connection diagram) : 전기기기 내부 및 전기기기 상호 간의 접속 기능을 나타내는 도면으로 계획도, 설명도, 공작도에 쓰인다.
⑥ **배선도**(wiring diagram) : 전선의 배치를 나타내는 도면으로 전기기기 기구의 크기, 설치 장소, 전선의 굵기, 길이, 배선의 위치, 방법 등을 나타낸다.

⑦ 배관도(pipe drawing) : 파이프의 위치를 나타내는 도면으로 건축, 선박, 배수로, 송유관 등의 위치와 방법을 나타낸다.
⑧ 계통도(distribution drawing) : 액체나 가스 등의 배관 또는 전기장치의 접속 및 각종 계통을 표시하는 계획도, 설명도에 쓰인다.
⑨ 기초도(foundation drawing) : 구조물, 기계를 설치하기 위한 기초를 나타내는 도면이다.
⑩ 배치도(arrangement drawing) : 공장 안에 기계를 설치할 때 그 위치를 나타내는 것으로 공장 안의 기둥, 크레인, 레일, 기타의 운전 장치, 전원실 등을 표시하여 평면도로 나타낸 도면이다.
⑪ 장치도(equipment drawing) : 각종 장치의 비치, 제조 공정 등의 단계 또는 각종 기계, 탱크 등을 표시한 도면이다.
⑫ 외형도(outside view drawing) : 기계의 외형과 주요 치수, 그 설치에 필요한 사항을 나타낸 도면이다.
⑬ 구조선도(skeleton drawing) : 건물 또는 기계 등의 골조를 나타내는 도면으로 각 구성 부재를 단면으로 표시한다.
⑭ 곡면선도(curved surface drawing) : 자동차, 항공기, 배 등의 몸체의 복잡한 곡면을 표시한 것으로 등간격으로 잘라 곡선으로 나타낸 도면이다.
⑮ 전개도(development drawing) : 물체 또는 건물 등의 각 면을 평면 위에 펼친 도면이다.

(3) 성격에 따른 도면

① 원도(original drawing) : 제도 용지에 연필로 그린 도면
② 사도(traced drawing) : 원도 위에 트레이싱 페이퍼(tracing paper)를 얹고 그 위에 연필 또는 먹물로 그린 도면
③ 청사진도(blue print) : 동일 도면이 다량으로 필요한 경우 사도를 이용하여 복사한 도면
④ 스케치도(sketch drawing) : 현장에서 기계나 부품 등을 프리 핸드로 스케치한 도면

2. 도면의 크기(KS A 5201, 제도 종이의 재단 치수)

(1) 도면의 치수

KS에서는 제도 용지의 폭과 길이의 비는 $1 : \sqrt{2}$ 이고, A열의 A0~A5를 사용한다. A0의 면적은 $1m^2$이고, B0의 면적은 $1.5m^2$이다.

(2) 척도

물체의 형상을 도면에 그릴 때 도형의 크기와 실물의 크기와의 비율을 척도(scale)라 한다.

① 한 도면에서 2종류 이상의 다른 척도를 사용할 때는 주된 척도를 표제란에 기입하고 필요에 따라 각 도형의 위나 아래에 척도를 기입한다.
② 도면에 기입하는 각 부의 치수는 척도에 관계없이 실물의 치수로 현척의 경우와 같이 기입한다.

③ 도형의 형태가 치수와 비례하지 않을 때는 숫자 아래에 "－"를 긋거나 척도란에 "비례척이 아님" 또는 "NS"를 표시한다.

④ 사진으로 축소 확대하는 도면에는 그에 따른 척도에 의해 자의 눈금 일부를 기입한다. 척도는 KS 규정에 의한 척도로 도형을 그려야 하며 실척(full size), 축척(reduced scale), 배척(enlarged scale)이 있다.

1-4 CAD

1. 개요

일반적으로 CAD는 computer aided design 또는 drafting의 약어로서 컴퓨터를 도구로 활용하여 수행하는 설계 또는 제도를 의미한다.

2. CAD의 적용 단계

(1) 컴퓨터에 의한 제도(drafting)

종전에는 제도판(drafter) 위에서 도면을 놓고 자와 연필 각도기 등을 이용하여 도면 작업을 수행하여 왔으나, 현재는 컴퓨터와 도면작성용 프로그램(예 AutoCAD 등)을 이용하여 도면 작업을 수행하며 일반적으로 이미 제작된 도면을 복사(copy)하는 단계를 의미한다.

(2) 컴퓨터에 의한 설계(design)

현재 범용으로 활용하는 CAD 프로그램을 활용하여 설계자가 제품을 구상해서 제작하기(Computer Aided Manufacturing; CAM)까지의 단계에서 각종 설계계산, 자료선정 등 설계하는 단계를 의미한다.

(3) 컴퓨터에 의한 해석(analysis)

CAD에서는 2차원(2D－dimension) 도면을 작성하는 것 이외에 3차원(3D) 모델링(modeling) 작업을 통하여 물체의 입체 형상에 대한 정보를 제공한다. 제공받은 정보(예를 들면 부피, 무게, 관성 모멘트 등)를 이용하여 입체 정보의 계산이나 공학적 해석을 통하여 제품 제작에 따른 시행착오를 줄일 수 있다.

3. CAD의 특징

(1) 수정 및 저장의 용이함

기존 수작업을 통하여 작성되던 도면은 수정 및 보관에 상당한 불편이 있었다. 컴퓨터를 도구로

함에 따라 간단한 명령어 조작과 다양한 방법으로 저장할 수 있어 그 불편이 거의 해소되었다.

(2) 도면작업의 고속화

기존 수작업 시 반복되는 작업 역시 수동으로 하였던 것에 비하여 컴퓨터를 이용하면 복사(copy)와 붙여넣기(paste) 툴을 통하여 설계와 도면의 표준화 등으로 빠른 속도로 도면작업이 가능해졌다.

(3) 작업의 피드백(feed-back) 가능

CAD/CAM 시스템을 적용시켜 모델링 및 CAE(CA engineering)를 통하여 시작품 모델을 모의시험(simulation)을 통하여 특성이나 성능 등을 평가·검토, 해석하는 등 피드백 제어가 가능해졌다.

1-5 투상도법

물체를 직교하는 두 평면 사이에 놓고 투상할 때 직교하는 두 평면을 투상면(plane of projection, 투영면)이라고 하며, 투상면에 투상된 물건의 자취를 투상도(projection drawing)라고 한다. 투상도법에는 정투상도법, 사투상도법, 투시도법의 3종류가 있다.

1. 투상도의 종류

(1) 정투상도

기계제도에서는 원칙적으로 직교하는 3개의 화면 중간에 물체를 놓고 평행 광선에 의하여 투상된 자취를 그린 정투상도법을 쓴다. 정투상도법은 정면도(front view), 평면도(plane view), 측면도(side view) 등으로 흔히 나타내며, 제1각법, 제3각법이 있다.

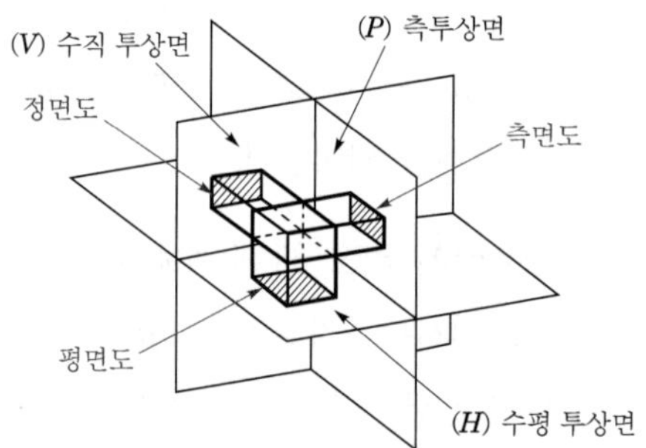

그림 4-1 정면도, 측면도, 평면도

① **제1각법과 제3각법** : 제1각법은 영국에서 발달하여 유럽으로 퍼졌으며, 제3각법은 미국에서 발달하여 현재는 기계제도의 표준화법으로 규정된 것으로 우리나라에서도 제3각법을 사용하고 있다.

② **제1각법과 제3각법 비교** : [그림 4-2], [그림 4-3]은 도면 그리는 방법과 배열을 나타낸 것이다. 제1각법에서 평면도(H)는 정면도(V)의 바로 아래 그리고 측면도(P)는 투상체를 왼쪽에서 보고 오른쪽에 그리므로 대조하기가 불편하지만, 제3각법은 평면도를 정면도 바로 위에

그리고 측면도는 오른쪽에서 본 것을 정면도의 오른쪽에 그리므로 대조하기가 편리하다.

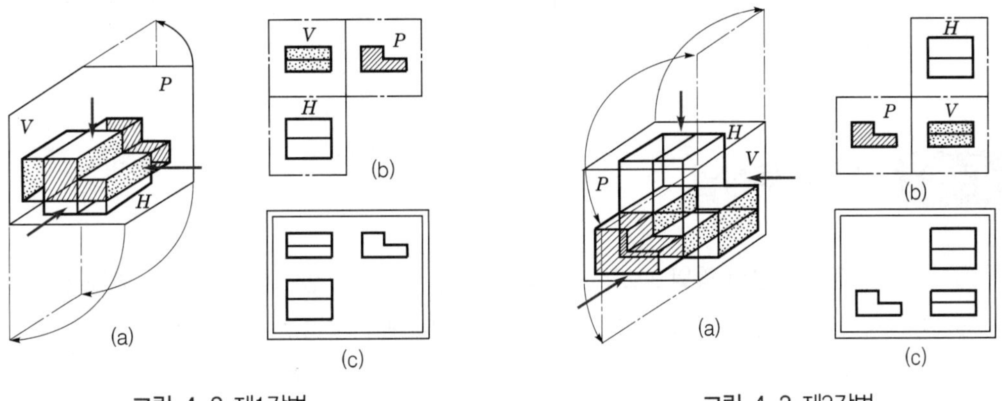

그림 4-2 제1각법 그림 4-3 제3각법

(2) **회화적 투상도**

① **투시도법** : 시점과 물체의 각 점을 연결하여 원근감을 잘 나타내지만 실제의 크기가 잘 나타나지 않으므로 제작도에는 잘 쓰이지 않고, 설명도나 건축 제도의 조감도 등에 쓰인다.

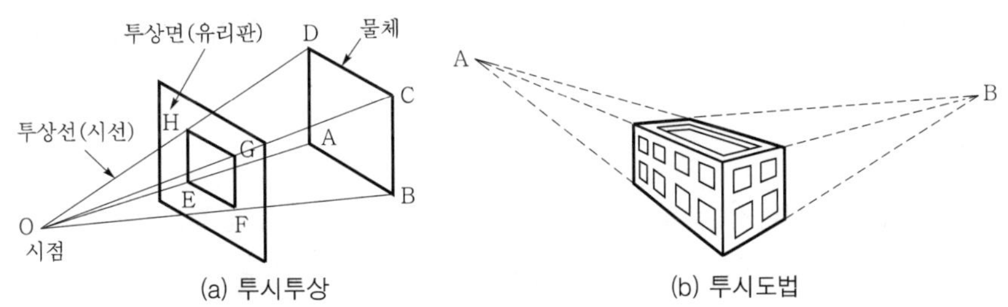

그림 4-4 투시도법

(3) **등각 투상도** : [그림 4-5 (a)]와 같이 X, Y, Z축이 서로 120°씩 등각으로 하고 α, β의 경사각은 30°로 투상시킨 것이다.

(4) **부등각 투상도** : [그림 4-5 (b)]와 같이 α, β가 다르게 된 것으로 X, Y, Z축의 각이 각각 다르다.

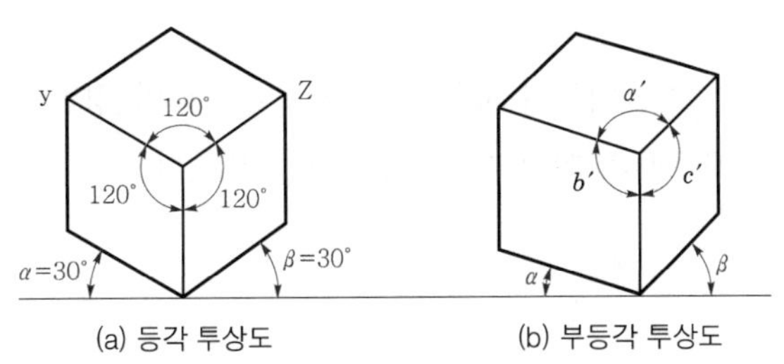

그림 4-5 등각 및 부등각 투상도

(5) **사투상도** : 정면의 도형은 정투상도의 정면도와 거의 같으나 물체를 입체적으로 나타내기 위해 수평보다 일정한 각도(45°, 30°, 60°)를 경사시켜 안쪽 길이를 나타내는 선을 그리고 길이를 실제 길이의 3/4, 1/2 등으로 하여 실감나게 한다.

1-6 특수 투상법

보조 투상법은 정투상의 방법으로는 실제의 길이가 나타나지 않거나 알아보기 힘들 경우에 정투상을 보조하여 그린 투상도이며, 경우에 따라서는 매우 중요한 역할을 한다.

1. 부분 투상도

물체의 일부분을 표시한 부분 투상도이다.

2. 요점 투상도

보조 투상도에 보이는 부분 전체를 양쪽에 나타내 도면을 이해하기 쉽도록 한 것이다.

3. 가상 투상도

이 도면은 상상을 암시하기 위해 그리는 것으로, 도시된 물품의 인접부, 어느 부품과 연결된 부품, 또는 물품의 운동 범위, 가공 변화 등을 도면상에 표시할 필요가 있을 경우에 가상선을 사용하여 표시한다.

4. 보조 투상도

물체의 경사진 면을 정투상법에 의해 투상하면 경사진 면의 실제 모양이나 크기가 나타나지 않으며 이해하기 어려우므로 경사진 면과 나란한 각도에서 투상한 것을 말한다.

5. 회전 투상도

각도를 갖는 암은 OB가 기울어졌기 때문에 그대로 투상하면 정면도에서는 실장이 나타나지 않으므로, O를 중심으로 OB를 회전시켜 투영하는 방법이다.

6. 전개 투상도

구부러진 판재를 만들 때는 공작상 불편하므로 실물을 정면도에 그리고 평면도에 가공 전 소재의 모양을 투영하여 그리는 것을 말한다.

1-7 전개도법

입체를 한 평면 위에 펼쳐서 그린 것을 전개도(development)라 하는데, 전개도를 그리려면 입체의 실제 모양을 정확하게 파악하는 것이 중요하다.

1. 입체의 전개

입체의 전개는 우선 그 평면의 도형의 실제 모양을 정확히 구한 후에 그들은 차례대로 평면 위에 옮겨 놓아야 한다.

따라서 전개도를 작성할 때는 길이와 각도 등을 정확하게 계산할 필요가 있다.

2. 상관체의 투상

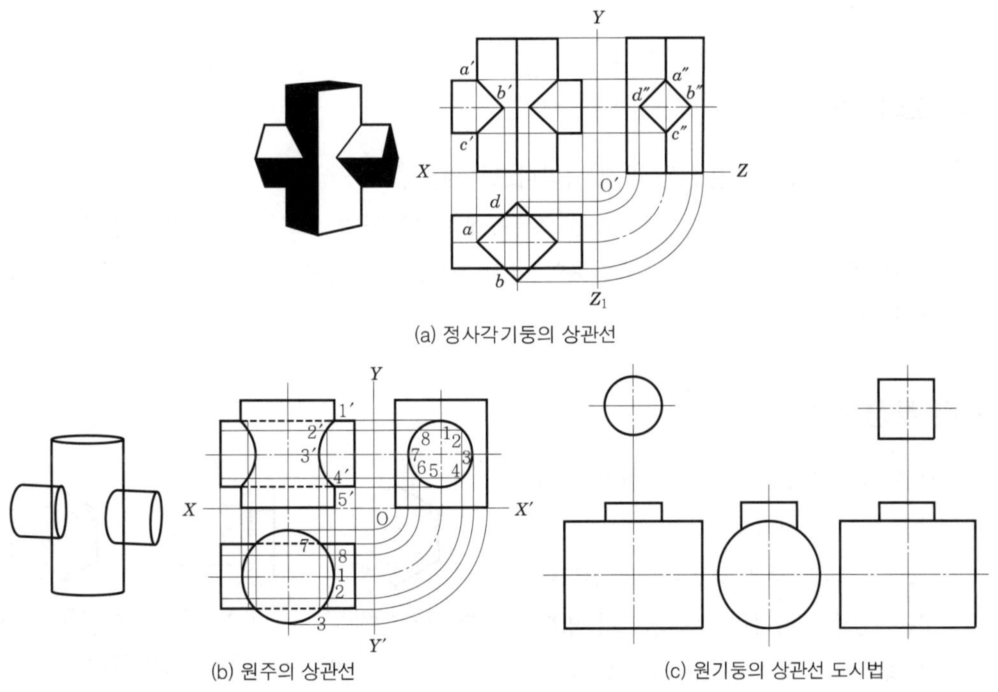

(a) 정사각기둥의 상관선

(b) 원주의 상관선

(c) 원기둥의 상관선 도시법

그림 4-6 각 입체의 상관선 도법

상관체의 투상은 전개 시 상관선을 구하는 데 있어 매우 중요하다. 여기에서 상관체라 하면 2개 이상의 입체가 만나서 이루어지는 입체를 말하며, 상관체에서 입체가 만나는 곳의 경계를 상관선이라 한다.

[그림 4-6]의 (a)는 정사각기둥의 상관선, (b)는 원주의 상관선, (c)는 원기둥의 상관선 도시법을 나타낸 것이다.

1-8 도면의 선택

1. 정면도의 선택

① 물체는 가능한 한 자연스러운 상태로 나타낸다.
② 물체의 특징을 명료하게 나타내는 투상도를 선택하고 이것을 중심으로 측면도, 평면도를 보충한다.
③ 물체의 주요면을 가능한 한 투상면에 평행 또는 수직되게 나타낸다.
④ 관련 투상도의 배치는 되도록 은선을 쓰지 않고도 그릴 수 있게 한다. 그러나 비교 대조가 불편할 경우는 제외한다.
⑤ 도형은 물체의 가공량이 가장 많은 공정을 기준으로 하여 가공 시의 상태와 같은 방향으로 표시한다.

2. 투상도의 선택

① 투상도에는 가능한 은선은 작게 나타나도록 한다.
② 정면도를 중심으로 위쪽에 평면도, 오른쪽에 우측면도가 오도록 하는 것을 원칙으로 한다.
③ 정면도와 평면도, 정면도와 측면도의 어느 것으로 나타내도 좋을 경우에는 투상도를 배치하기 좋은 쪽을 선택한다.

3. 관련 투상도 선택

① 보조 투상도에도 가능한 은선이 나타나지 않도록 한다.
② [그림 4-7]과 같은 경우는 우측면도에서는 실선이 나타나므로 도면이 명확할 경우에는 좌측면도로 하지 않는다.

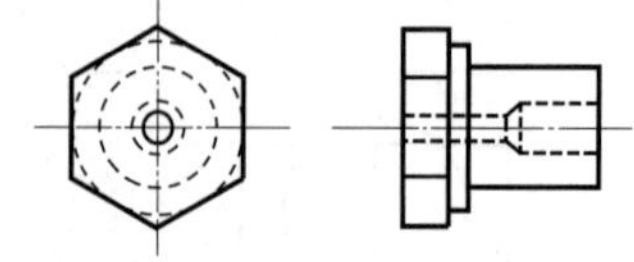
(a) 좌측면도(나쁨)

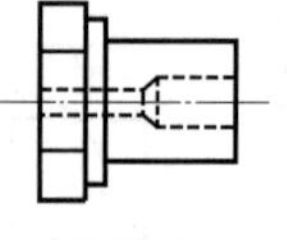
(b) 정면도

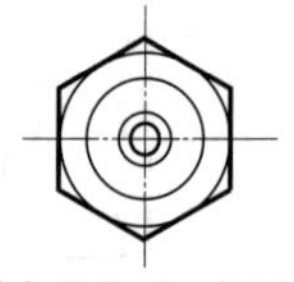
(c) 우측면도(좋음)

그림 4-7 보조 투상도 표시

③ 비교하기 편하게 하기 위해서는 은선과 관계없이 표시한다.

4. 도면의 방향

일부에 특정 모양을 한 것, 예를 들면 키 홈이 있는 보스, 구멍 뚫린 파이프, 실린더, 분할된 링 등은 [그림 4-8]과 같이 그 부분이 위로 오도록 표시한다.

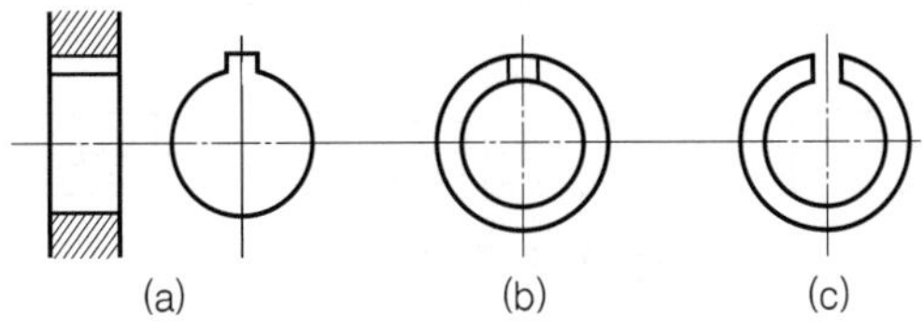

그림 4-8 일부에 특정한 모양을 가진 물체의 도시

1-9 단면의 도시법

1. 단면법

물체의 내부가 복잡하여 일반 정투상법으로 표시하면 물체 내부를 완전하고 충분하게 이해하지 못할 경우 물체의 내부를 명확히 도시할 필요가 있는 부분을 절단 또는 파단한 것으로 가정하고 내부가 보이도록 도시하는 경우가 있는데 이것을 단면도(斷面圖, sectional view)라 한다.

2. 단면을 도시하지 않는 부품

조립도를 단면으로 나타낼 때 원칙적으로 다음 부품은 길이 방향으로 절단하지 않는다.

① 속이 찬 원기둥 및 모기둥 모양의 부품 : 축, 볼트, 너트, 핀, 와셔, 리벳, 키, 나사, 볼 베어링의 볼

② 얇은 부분 : 리브, 웨브

③ 부품의 특수한 부분 : 기어의 이, 풀리의 암

3. 얇은 판의 단면

패킹, 박판처럼 얇은 것을 단면으로 나타낼 때는 한 줄의 굵은 실선으로 단면을 표시한다. 이들 단면이 인접해 있는 경우에는 단면선 사이에 약간의 간격을 둔다.

4. 생략도법과 해칭법

(1) 생략도법

① **중간부의 생략** : 축, 봉, 파이프, 형강, 테이퍼 축, 그 밖의 동일 단면의 부분 또는 테이퍼가 긴 경우 그 중간 부분을 생략하여 도시할 수 있다. 이 경우 자른 부분은 파단선으로 도시한다.

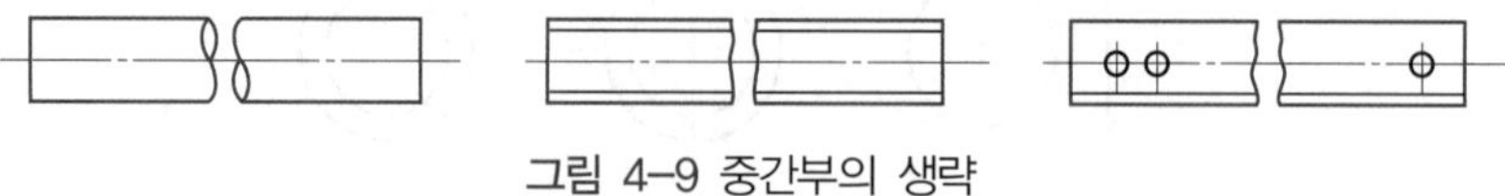

그림 4-9 중간부의 생략

② **은선의 생략** : [그림 4-10]과 같이 숨은선을 생략해도 좋은 경우에는 생략한다.

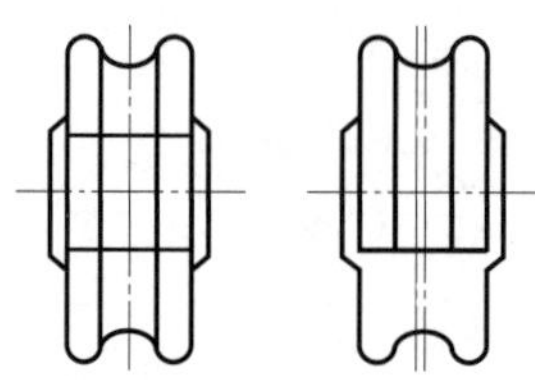

그림 4-10 은선의 생략

③ **연속된 같은 모양의 생략** : 같은 종류의 리벳 모양, 볼트 구멍 등과 같이 연속된 같은 모양이 있는 것은 [그림 4-11]과 같이 그 양단부 또는 필요부만을 도시하고, 다른 것은 중심선 또는 중심선의 교차점으로 표시한다.

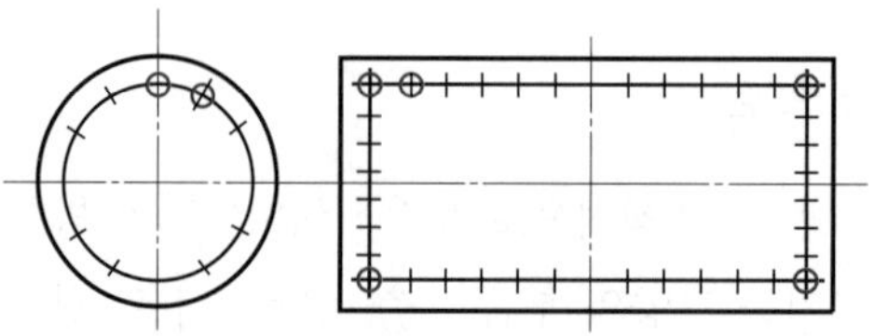

그림 4-11 연속된 같은 모양의 생략

(2) 해칭법

단면이 있는 것을 나타내는 방법으로 해칭이 있으나, 규정으로는 단면이 있는 것을 명시할 때에만 단면 전부 또는 주변에 해칭을 하거나 또는 스머싱(smudging, 단면부의 내측 주변을 청색 또는 적색 연필로 엷게 칠하는 것)을 하도록 되어 있다.

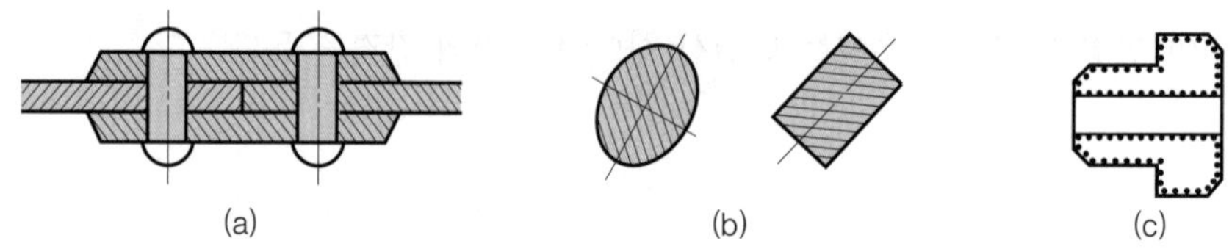

그림 4-12 해칭의 실례

이 해칭의 원칙으로는 다음과 같은 것이 있다.

① 가는 실선으로 하는 것을 원칙으로 하나 혼동될 우려가 없을 때에는 생략하여도 무방하다.
② 기본 중심선 또는 기선에 대하여 45° 기울기로 2~3mm 간격으로 긋는다. 그러나 45° 기울기로 분간하기 어려울 때는 해칭의 기울기를 30°, 60°로 한다.
③ 해칭선 대신 단면 둘레에 청색 또는 적색 연필로 엷게 칠할 수 있다(스머싱).
④ 해칭한 부분에는 되도록 은선의 기입을 피하며, 부득이 치수를 기입할 때에는 그 부분만 해칭하지 않는다.
⑤ 비금속 재료의 단면으로 재질을 표시할 때는 기호로 나타낸다.

1-10 투상도

1. 투상도의 명칭

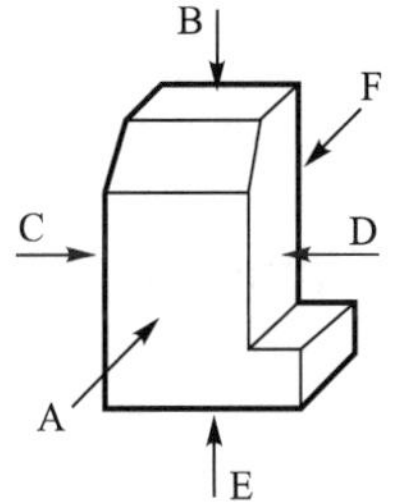

그림 4-13 입체의 투상 방향

[그림 4-13]에서

① A 방향에서 본 투상 : 정면도
② B 방향에서 본 투상 : 평면도
③ C 방향에서 본 투상 : 좌측면도
④ D 방향에서 본 투상 : 우측면도
⑤ E 방향에서 본 투상 : 저면도
⑥ F 방향에서 본 투상 : 배면도

정면도(주 투상도)가 선택되면, 관례에 따라 다른 투상도는 정면도 및 그들이 이루는 각도가 90° 또는 90°의 배가 되게 한다.

2. 투상도의 상대적인 위치

2개의 정투상법을 동등하게 이용할 수 있다.

1-11 치수의 기입

1. 도면에 기입되는 치수

부품의 치수에는 재료치수, 소재치수, 마무리(완성)치수의 3가지가 있는데, 도면에 기입되는 치수는 이들 중 마무리치수이다.

2. 치수의 단위

(1) 길이의 단위

① 단위는 밀리미터(mm)를 사용하며, 단위기호는 붙이지 않고 생략한다.
② 인치법 치수를 나타내는 도면에는 치수 숫자의 어깨에 인치(″), 피트(′)의 단위기호를 사용한다.
③ 치수 숫자는 자리수가 많아도 3자리마다 (,)를 쓰지 않는다.
예) 13260, 3′, 1.38″ 등

(2) 각도의 단위

각도의 단위는 도, 분, 초를 쓰며, 도면에는 도(°), 분(′), 초(″)의 기호로 나타낸다.

3. 치수 기입의 구성요소

치수를 기입하기 위해 치수선, 치수 보조선, 화살표, 치수 숫자, 지시선이 필요하다.

(1) 치수선

치수선에 치수를 기입하며 치수선은 0.2mm 이하의 가는 실선을 치수 보조선에 직각으로 긋는다. 또 치수선은 외형선에서 10~15mm쯤 떨어져서 긋는다.
① 많은 치수선을 평행하게 그을 때는 간격을 서로 같게 한다.
② 외형선, 은선, 중심선 및 치수 보조선은 치수선으로 사용하지 않는다.

(2) 치수 보조선

① 치수 보조선은 치수를 표시하는 부분의 양끝에 치수선에 직각이 되도록 긋고, 그 길이는 치수선보다 2~3mm 정도 넘게 그린다.
② 투상면의 외형선에서 약 1mm 정도 떼면 알아보기 쉽다.
③ 치수선과 교차되지 않도록 긋는다.
④ 치수 보조선은 치수선에 대해 60° 정도 경사시킬 수 있다.

⑤ 치수 보조선은 중심선까지 거리를 표시할 때는 중심선으로, 치수를 도면 내에 기입할 때는 외형선으로 대치할 수 있다.

(3) 화살표

화살표는 치수나 각도를 기입하는 치수선 끝에 붙여 그 한계를 표시한다. 화살표 각도는 검게 칠할 경우 15°, 검게 칠하지 않을 경우 30°로 한다.

① 화살표의 크기는 외형선의 크기에 따라 다르며 프리핸드로 그린다.

② 한 도면에서의 화살표 크기는 가능한 같게 한다.

③ 화살표의 길이와 폭의 비율은 3 : 1로 한다.

(4) 지시선(인출선)

① 지시선은 치수, 가공법, 부품번호 등 필요한 사항을 기입할 때 사용한다.

② 수평선에 대하여 60°, 45°로 경사시켜 가는 실선으로 하고 지시되는 곳에 화살표를 달고 반대쪽으로 수평선으로 그려 그 위에 필요한 사항을 기입한다.

③ 도형의 내부에서 인출할 때는 흑점을 찍는다.

4. 치수 기입법

(1) 치수 숫자의 기입 방향

① 치수 숫자의 기입은 치수선의 중앙 상부에 평행하게 표시한다.

② 수평 방향의 치수선에 대하여는 치수 숫자의 머리가 위쪽으로 향하도록 하고, 수직 방향의 치수선에 대하여는 치수 숫자의 머리가 왼쪽으로 향하도록 한다.

③ 치수선이 수직선에 대하여 왼쪽 아래로 향하여 약 30° 이하의 각도를 가지는 방향(해칭부)에는 되도록 치수를 기입하지 않는다.

④ 치수 숫자의 크기는 도형의 크기에 따라 다르지만, 보통 4mm 또는 3.2mm, 5mm로 하고, 같은 도면에서는 같은 크기로 한다.

(2) 각도의 기입

① 각도를 기입하는 치수선은 각도를 구성하는 두 변 또는 그 연장선의 교점을 중심으로 하여 사이에 그린 원호로 나타낸다.

② 각도를 기입할 때는 문자의 위치가 수평선 위쪽에 있을 때는 바깥쪽을 향하고, 아래쪽에 있을 때는 중심을 향해 쓴다.

③ 필요에 따라 각도를 나타내는 숫자를 위쪽을 향해 기입해도 무방하다.

(3) 치수에 부기하는 기호

치수를 표시하는 숫자와 [표 4-6]과 같은 기호를 함께 사용하며, 숫자 앞에 같은 크기로 기입한다.

표 4-6 치수 숫자와 함께 쓰이는 기호

기 호	설 명	기 호	설 명
ϕ	지름 기호	SR	구면의 반지름 기호
□	정사각형 변 기호	C	45° 모따기 기호
R	반지름 기호	P	피치(pitch) 기호
Sϕ	구면의 지름 기호	t	판의 두께 기호

5. 치수 기입의 원칙

① 치수는 가능한 한 정면도에 집중하여 기입한다. 단, 기입할 수 없는 것만 비교하기 쉽게 측면도와 평면도에 기입한다.

② 치수는 중복하여 기입하지 않는다.

③ 치수는 계산할 필요가 없도록 기입해야 한다.

④ 치수는 기준부를 설정하여 기입해야 한다. 이 때 경우에 따라서 도면에 〈기준〉이라고 표시할 수 있다. 또 어느 곳을 기준으로 연속된 치수를 기입할 때는 기준의 위치를 검은 점(·)으로 표시한다.

⑤ 불필요한 치수는 기입하지 않는다.

⑥ 치수는 공정별로 기입한다.

⑦ 작도선을 이용한 치수 기입은 두 개의 연장선이 만나는 점의 치수를 기입한다.

⑧ 치수선과 치수 보조선은 서로 만나도록 한다.

⑨ 서로 관련되는 치수는 되도록 한곳에 모아서 기입한다.

⑩ 치수는 가능한 외형선에 대하여 기입하고 은선에 대하여는 기입하지 않는다.

⑪ 치수는 원칙적으로 완성 치수를 기입한다.

⑫ 치수 기입에는 치수선, 치수 보조선, 화살표, 지시선, 치수 숫자가 명확히 구분되게 한다.

⑬ 치수 숫자는 치수선 중앙에 바르게 쓴다.

⑭ 치수선이 수직인 경우의 치수 숫자는 머리가 왼쪽을 향하게 한다.

⑮ 치수는 도형 밖에 기입한다. 단, 특별한 경우는 도형 내부에 기입해도 좋다.

⑯ 외형선, 치수 보조선, 중심선을 치수선으로 대용하지 않는다.

⑰ 치수의 단위는 mm로 하고 단위를 기입하지 않는다. 단, 그 단위가 피트나 인치일 경우는 (′), (″)의 표시를 기입한다.

⑱ 치수선은 외형선에서 10~15mm 띄워서 긋는다.

⑲ 원호의 지름을 나타내는 치수선은 수평에 대하여 45°로 긋는다.

⑳ 지시선(인출선)의 각도는 60°, 30°, 45°로 한다(수평, 수직 방향은 금한다).

㉑ 화살표의 길이와 폭의 비율은 약 3~4 : 1 정도로 하며, 길이는 2.5~3mm 되게 한다. 일반적으로 3 : 1로 하는 것이 좋다.

㉒ 치수 숫자의 소수점은 밑에 찍으며 자리수가 3자리 이상이어도 세 자리마다 콤마(,)를 표시하지 않는다.

㉓ 비례척에 따르지 않을 때는 치수 밑에 밑줄을 긋거나, 전체를 표시하는 경우에는 표제란의 척도란에 NS(Non−scale) 또는 비례척이 아님을 도면에 명시한다.

㉔ 한 치수선의 양단에 위치하는 치수 보조선은 서로 나란하게 긋는다.

㉕ 치수선 양단에서 직각이 되는 치수 보조선은 2~3mm 정도 지나게 긋는다.

1-12 치수 공차

1. 치수 공차의 용어

(1) 실제치수(actual size)

실제로 측정한 치수 또는 최종 가공된 치수

(2) 허용 한계치수(limits of size)

허용 한계를 표시하는 크고 작은 두 치수

① 최대 허용치수 : 실치수에 대하여 허용하는 최대 치수

② 최소 허용치수 : 실치수에 대하여 허용하는 최소 치수

(3) 기준치수(basic size)

허용 한계 치수의 기준이 되는 호칭 치수

(4) 치수 허용차(deviation)

허용 한계치수와 기준치수의 차이 값, 즉 허용 한계치수−기준치수

① 위 치수 허용차 : 최대 허용치수−기준치수

② 아래 치수 허용차 : 최소 허용치수−기준치수

(5) 치수공차(tolerance)

일명 "공차"라고도 한다.

① 최대 허용치수와 최소 허용치수의 차
② 위 치수 허용차와 아래 치수 허용차와의 차

2. IT(ISO Tolerance) 기본 공차

IT 기본 공차는 치수공차와 끼워맞춤에 있어서 정해진 모든 치수 공차를 의미하는 것으로, 국제 표준화 기구(ISO) 공차 방식에 따라 분류하며, IT 01부터 IT 18까지 20등급으로 구분하여 KS B 0401에 규정하고 있다.

여기에서 IT 01과 IT 0에 대한 값은 사용 빈도가 그리 많지 않아 별도로 정하고 있으며, IT 공차를 구멍과 축의 제작공차로 적용할 때 제작의 난이도를 고려하여 구멍의 경우 IT n을, 축의 경우 IT n−1을 부여하며, 등급별 적용 용도는 다음 [표 4-7]과 같다.

표 4-7 IT 공차의 등급별 용도

용 도	게이지 제작용	끼워 맞춤용	끼워 맞춤 이외 용
구 멍	IT 1~IT 5	IT 6~IT 10	IT 11~IT 18
축	IT 1~IT 4	IT 5~IT 9	IT 10~IT 18

1-13 재료기호

재료기호는 재질, 기계적 성질 및 제조 방법 등을 표시할 수 있도록 되어 있다. 이 재료기호는 3가지 문자가 조합되어 있다.

1. 제1위 기호

재질을 표시하며, 기호는 영어 또는 로마 문자의 첫자 또는 화학 원소 기호로 표시한다.

2. 제2위 기호

규격명 또는 제품명을 나타내는 기호로 영어 또는 로마의 머리 문자를 사용하여 판, 봉, 관, 선, 주조품 등의 형상별 종류를 나타내는 기호와 병용한다.

3. 제3위 기호

재료의 종류 및 가공법을 나타내는 번호나, 최저 인장강도를 표시한다.

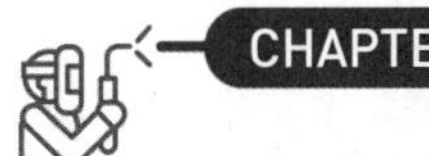

CRAFTSMAN WELDING

02 체결용 기계요소 표시방법

2-1 나사

1. 나사의 용어

(1) 나사

나사 곡선(helix)에 따라 홈을 깎는 것을 나사(screw)라 한다.

(2) 수나사와 암나사

원통의 바깥 면을 깎은 나사를 수나사(external thread), 구멍의 안쪽 면을 깎은 나사를 암나사(internal thread)라 한다.

PART 4

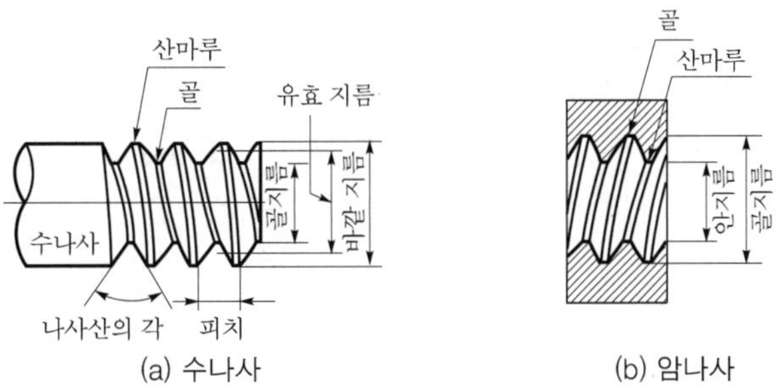

그림 4-14 나사의 각부 명칭

(3) 피치와 리드

인접한 두 산의 직선 거리를 측정한 값을 피치(pitch)라 하고, 나사가 1회전하여 축 방향으로 진행한 거리를 리드(lead)라 하며 리드를 구하는 공식은 다음과 같다.

$$L = np$$

여기서, L : 리드, n : 줄수, p : 피치

(4) 한줄 나사(single thread)와 다줄 나사(multiple thread)

(5) 오른나사와 왼나사

시계 방향으로 돌려서 앞으로 나아가거나 잠기는 나사를 오른나사, 반대의 경우를 왼나사라고 한다.

(6) 호칭 치수

수나사는 바깥지름, 암나사는 암나사에 맞는 수나사의 바깥지름의 호칭 치수로 한다.

2. 나사의 표시법

나사의 표시는 수나사의 산마루 또는 암나사의 골밑을 나타내는 선에서 지시선을 긋고, 그 끝에 수평선을 그어 그 위에 KS에 규정된 방법에 따라 [그림 4-15]와 같이 표시한다(단, 나사의 잠김 방향이 왼나사인 경우 '좌' ㄴ의 문자로 표시하나, 오른나사의 경우에는 생략하고, 한줄 나사의 경우 줄수를 기입하지 않는다).

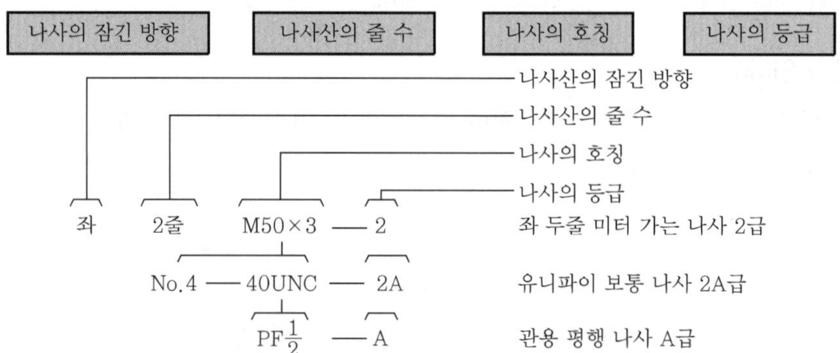

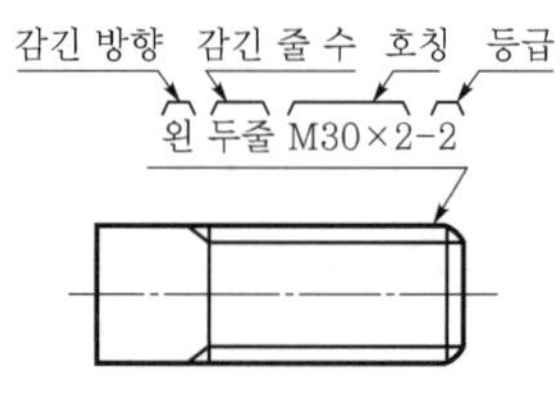

(a) 왼 두줄 미터 가는 나사(M30×2) 2급

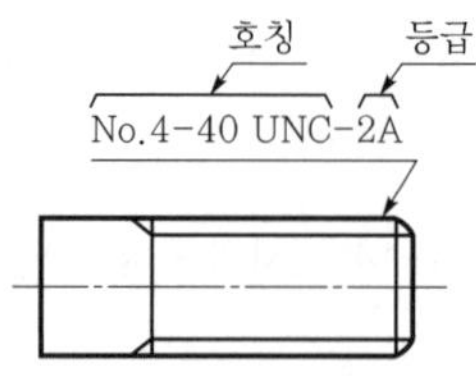

(b) 오른 한줄 유니파이 보통 나사(No.4-40UNC)2 A급

감긴 방향 호칭 등급

왼 M10-31

(c) 왼 한줄 미터 보통 나사 (M10-31) 너트 2급 볼트 1급

그림 4-15 나사의 표시방법

3. 나사의 호칭

나사의 호칭은 나사의 종류, 표시 기호, 지름 표시 숫자, 피치 또는 25.4mm에 대한 나사산의 수로 다음과 같이 나타낸다.

(1) 피치를 mm로 나타내는 나사의 경우

나사의 종류를 표시한 기호	나사의 종류를 표시하는 숫자	×	피치

예) M16×2

☞ 미터 보통 나사는 원칙적으로 피치를 생략하나, 다만 M3, M4, M5에는 피치를 붙여 표시한다(M3×0.5, M4×0.7, M5×0.8).

(2) 피치를 산의 수로 표시하는 나사(유니파이 나사는 제외)의 경우

나사의 종류를 표시한 기호	나사의 종류를 표시하는 숫자	산	산의 수

예) TW20산6

2-2 볼트와 너트

1. 볼트의 호칭

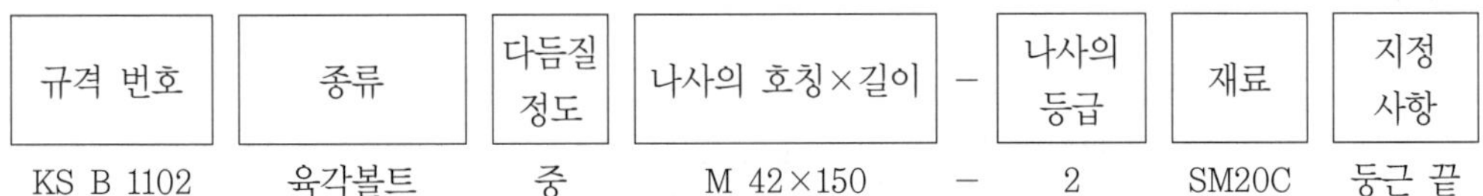

규격 번호	종류	다듬질 정도	나사의 호칭×길이	–	나사의 등급	재료	지정 사항
KS B 1102	육각볼트	중	M 42×150	–	2	SM20C	둥근 끝

☞ 규격 번호는 특히 필요하지 않으면 생략하고 지정 사항은 자리 붙이기, 나사부의 길이, 나사 끝 모양, 표면 처리 등을 필요에 따라 표시한다.

2. 너트의 호칭

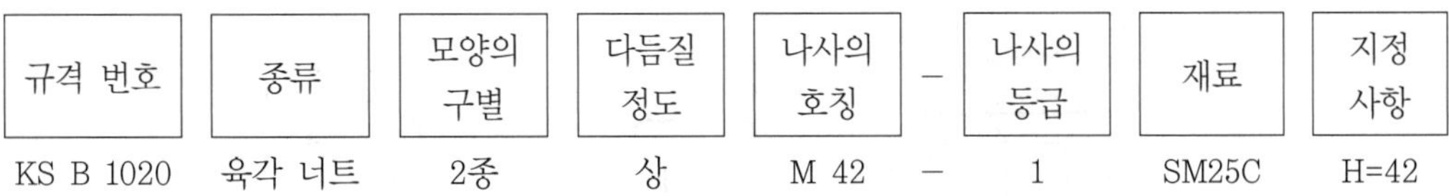

규격 번호	종류	모양의 구별	다듬질 정도	나사의 호칭	–	나사의 등급	재료	지정 사항
KS B 1020	육각 너트	2종	상	M 42	–	1	SM25C	H=42

☞ 규격 번호는 특별히 필요치 않으면 지정 사항은 나사의 바깥 지름과 동일한 너트의 높이(H), 한계단 더 큰 부분의 맞변 거리(B), 표면 처리 등을 필요에 따라 표시한다.

3. 작은 나사(machine screw or vic)

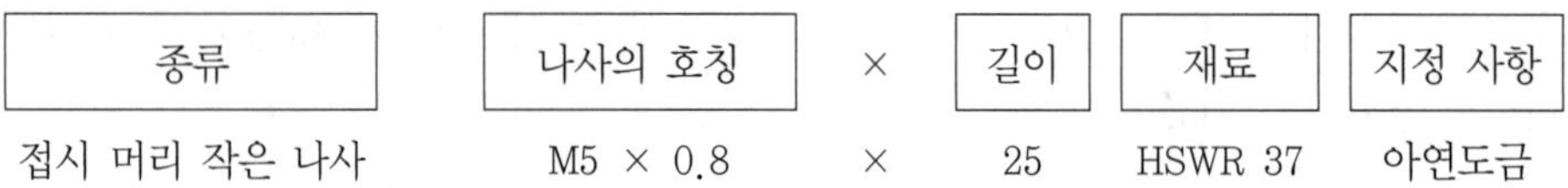

종류	나사의 호칭	×	길이	재료	지정 사항
접시 머리 작은 나사	M5 × 0.8	×	25	HSWR 37	아연도금

4. 세트 스크류(set screw)

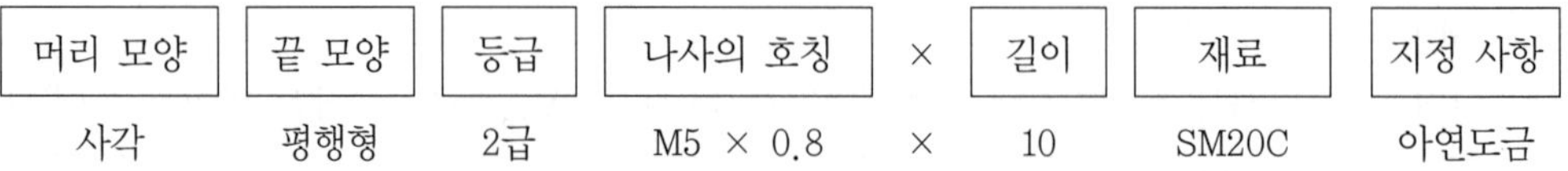

머리 모양	끝 모양	등급	나사의 호칭	×	길이	재료	지정 사항
사각	평행형	2급	M5 × 0.8	×	10	SM20C	아연도금

2-3 리벳

1. 리벳의 종류

(1) 용도에 따른 종류

일반용, 보일러용, 선박용 등

(2) 리벳 머리에 따른 종류

둥근 머리, 접시 머리, 납작 머리, 둥근 접시 머리, 얇은 납작 머리, 남비 머리 등

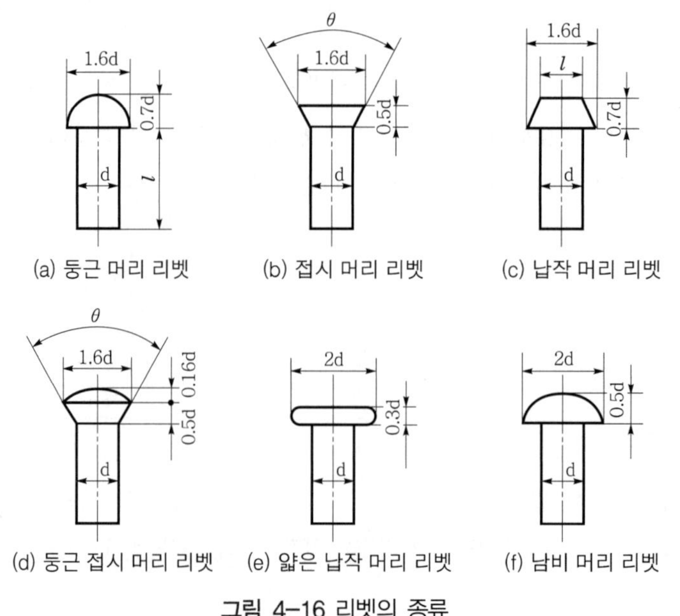

(a) 둥근 머리 리벳 (b) 접시 머리 리벳 (c) 납작 머리 리벳
(d) 둥근 접시 머리 리벳 (e) 얇은 납작 머리 리벳 (f) 남비 머리 리벳

그림 4-16 리벳의 종류

2. 리벳의 호칭

규격 번호	종류	호칭 지름	×	길이	재료
KS B 0112	열간 둥근 머리 리벳	16	×	40	SBV 34

☞ 규격 번호를 사용하지 않는 경우에는 종류의 명칭에 "열간" 또는 "냉간"을 앞에 기입한다.

2-4 표면 거칠기와 가공 기호

1. 표면 기호

(1) 표면 거칠기와 구분치 및 기준 길이

표면 거칠기의 구분치는 KS에서는 [표 4-8]과 같이 최대 높이(R_{max}), 10점 평균 거칠기(R_z), 중심선 평균 거칠기(R_a)의 3가지로 결정하고 있다.

표 4-8 표면 거칠기의 종류

종 류	기 호	구하는 법	설명도
최대 높이	R_{max}	단면 곡선에서 기준 길이(L)를 취해 그 부분의 최대 높이를 구한다. 이것을 μ로 표시한다. 즉, 제일 높은 산과 가장 깊은 골의 높이로 표시한다.	$R_{max}1$, $R_{max}2$, L_1, L_2
10점 평균 거칠기	R_z	단면 곡선에서 기준 길이를 취하여 높은 쪽에서 3번째 산꼭대기와 깊은 쪽에서 3번째 골바닥을 통과하는 2개의 평행선 사이를 측정하여 μ로 표시한다.	기준길이 L, 1 5 3 2 4, R_z, 4 3 1 2 5
중심선 평균 거칠기	R_a	단면 곡선에 중심을 긋고 그 위쪽에 있는 산의 높이와 아래쪽에 있는 골의 이가 같아지도록 하여 아래쪽에 있는 넓이가 위쪽에 있는 것처럼 생각하여 평균선을 그어서 그 높이를 μ로 표시한 것이다.	단면 곡선 $f(x)$, R_a, 중심선, 측정 길이 l

☞ 표면 기입법의 경우는 최대 높이 R_{max}, 10점 평균 거칠기 R_z, 중심선 평균 거칠기 R_a의 구분치와 기준 길이 L의 표준치에 따른 3각 기호의 구분

기준 길이는 0.08, 0.25, 0.8, 2.5, 8 그리고 25mm의 6종류가 있다. [그림 4-17]은 표면 기호의 구성과 기입 보기를 나타낸 것이다.

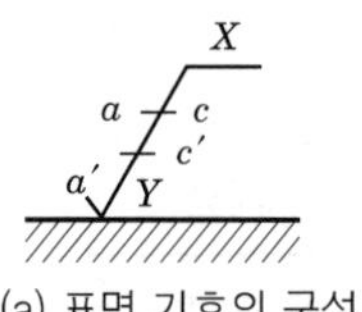

(a) 표면 기호의 구성

a : 표면 거칠기 구분치(상한)
a' : 표면 거칠기 구분치 (하한)
c : a에 대한 기준 길이
c' : a'에 대한 기준 길이
X : 가공 방법 약호
Y : 가공 모양의 기호

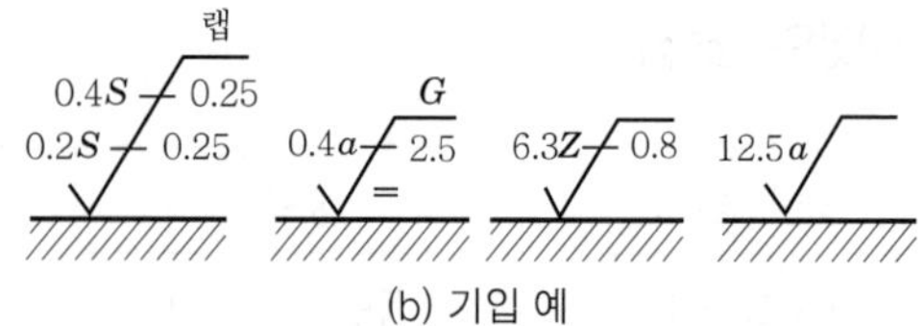

(b) 기입 예

그림 4-17 표면 기호의 구성과 기입 예

2. 다듬질 기호

표 4-9 다듬질 기호와 가공 정도

다듬질 기호	표면 거칠기 구분값			다듬질 정도	사용 보기
	$R_{\max}$	R_Z	R_a	일체의 가공이 없는 자연면	압력에 견디어야 하는 곳
~	특히 규정하지 않음			아주 거친 곳만 조금 가공(주조면, 단조면)	스패너 자루, 핸들 휠의 바퀴
▽	100s	100z	25a	거의 흔적이 남을 정도의 거친 다듬질	피스톤 링의 내면 샤프트의 끝면
▽▽	25s	25z	6.3a	가공 흔적이 거의 없는 중간(보통) 다듬질	기어와 크랭크의 측면
▽▽▽	6.3s	6.3z	1.6a	가공 흔적이 전혀 없는 고운 다듬질	게이지의 측정면 공작 기계의 미끄럼면
▽▽▽▽	0.8s	0.8z	0.2a	정밀 다듬질	정밀 게이지의 측정면 게이지 공작 기계의 미끄럼면

3. 가공법의 약호 및 가공모양 기호

[표 4-10]은 각종 가공방법을 약호로 나타낸 것이며, [표 4-11]은 가공모양을 기호로 표시한 것이다.

표 4-10 가공방법의 약호

가공방법	약 호		가공 방법	약 호	
	I	II		I	II
선반 가공	L	선반	호닝 가공	GH	호닝
드릴 가공	D	드릴	액체 호닝 가공	SPL	액체호닝
볼 머신 가공	B	볼링	배럴 연마 가공	SPBR	배럴
밀링 가공	M	밀링	버프 다듬질	FB	버프

가공방법	약 호		가공 방법	약 호	
	I	II		I	II
평삭 반가공	P	평삭	브러스트 다듬질	SB	브러스트
형삭 반가공	SH	형삭	랩핑 다듬질	FL	랩프
브로치 가공	BR	브로치	줄 다듬질	FF	줄
리머 가공	FR	리머	스크레이퍼 다듬질	FS	스크레이퍼
연삭 가공	G	연삭	페이퍼 다듬질	FCA	페이퍼
벨트 샌딩 가공	GB	포연	주조	C	주조

표 4-11 가공모양의 기호

기 호	=	⊥	×	M	C	R
의 미	가공으로 생긴 앞 줄의 방향이 기호를 기입한 그림의 투상면에 평행	가공으로 생긴 앞 줄의 방향이 기호를 기입한 그림의 투상면에 수직	가공으로 생긴 선이 두 방향으로 교차	가공으로 생긴 선이 다방면으로 교차 또는 무방향	가공으로 생긴 선이 거의 동심원	가공으로 생긴 선이 거의 방사상
설명도	60° 임	T	X	M	C	R

2-5 스케치의 개요

1. 스케치(sketch)의 용도와 원칙

① 현재 사용 중인 기기나 부품과 동일한 모양을 만들 때 사용된다.

② 부품의 교환 시(마모나 파손 시)에 사용된다.

③ 실물을 모델로 하여 개량 기계를 설계할 때의 참고 자료로 사용된다.

④ 보통 3각법에 의한다.

⑤ 3각법으로 곤란한 경우는 사투영도나 투시도를 병용한다.

⑥ 자나 컴퍼스보다는 프리핸드법에 의하여 그린다.

⑦ 스케치도는 제작도를 만드는 데 기초가 된다.

⑧ 스케치도가 제작도를 겸하는 경우도 있다(급히 기계를 제작하는 경우와 도면을 보존할 필요가 없을 때).

2. 스케치할 때의 주의점

① 필요한 스케치 용구를 잃어버리지 않도록 한다.
② 스케치도는 간략하고 보기 쉽게 그려야 한다.
③ 정리번호는 기초가 되는 것부터 기입해야 한다.
④ 표준 부품은 약도와 호칭방법을 표시해야 한다.
⑤ 조합되는 부품에 대해서는 반드시 양쪽에 맞춤 표시를 해야 한다.
⑥ 대칭형인 것은 생략화법으로 도시한다.

3. 스케치의 종류

(1) 제작에 필요한 스케치

① 구상 스케치(scheme sketch)
② 계산 스케치(computation sketch)
③ 설계 스케치(design sketch)

(2) 설명에 필요한 스케치

① 핵심 스케치(executive sketch)
② 상세 스케치(detail sketch)
③ 변경 스케치(variable sketch)
④ 꾸미기 스케치(assembly sketch)
⑤ 설치 스케치(outline or diagrammatic sketch)

2-6 스케치도 작성

1. 스케치 방법

① **프리핸드법** : 자, 컴퍼스 등을 사용하지 않고 도형을 자연스럽게 그리는 방법으로 각부의 형상이나 크기의 비율을 너무 무시하면 안된다.
② **본 뜨기법(모양 뜨기)** : 물체를 종이 위에 놓고 그 윤곽을 연필로 그리는 직접 모양 뜨기법과 불규칙한 곡선 부분에 납선이나 구리선을 대고 윤곽을 구하여 연필로 그리는 간접 모양 뜨기법이 있다.
③ **프린트법** : 부품 표면에 광명단, 흑연을 바르거나 기름걸레로 문지른 다음, 종이를 대고 눌러서 원형을 구하는 방법이다.

④ **사진 촬영법** : 물체가 복잡해 스케치하기가 곤란할 때에는 여러 각도에서 사진 촬영을 하여 이것에 치수를 기입한다.

2. 스케치도 작성

(1) 분해 조립의 순서

① 기계의 구조 기능을 조사한다.
② 분해, 조립방법을 잘 파악하여 필요한 공구를 준비한다.
③ 분해 전에 조립도 또는 부품 조립도를 그리고 주요 치수를 기입한다.
④ 분해하면서 각 부품을 그리고 세부 치수를 기입하여 꼬리표를 붙이면서 순서대로 부품번호를 기입한다.
⑤ 1개 부품의 스케치를 마치면 곧 조립하고 다른 부품을 분해하는 데 끼워 맞춤의 부품은 분해 전에 맞춤 표시를 한다.
⑥ 각 부품도의 가공법, 재질, 개수, 다듬 기호, 맞춤 기호 등을 기입하고 최후에 검토하여 누락된 것이 없는가를 확인한다. 특히 주요 치수를 검토한다.

(2) 스케치 작업

① 부품의 모양을 적당한 척도로 그린다.
② 도형에 필요한 치수 보조선, 치수선, 지시선을 긋고, 부품의 치수를 측정해 기입한다.
③ 다듬질 정도와 재료를 기입한다.
④ 가공방법, 끼워 맞춤 정도, 그 밖의 필요한 사항을 기입한다.
⑤ 부품표를 만들고, 부품번호, 품명, 재료, 개수, 비고 등을 기입한다.
⑥ 도면을 검사한다.

2-7 표제란과 부품표

1. 표제란

표제란(title panel)은 도면이 완성된 후 제도자의 성명, 도명, 각법 등을 나타내어 도면을 이름짓는 것이라 할 수 있다.

표제란은 그 형식은 일정하지 않으며, 회사의 특성에 맞게 크기, 형상, 위치 등이 달라지고 있다. 그러나 표제란의 위치는 도면의 우측 하단에 위치하는 것이 원칙이며 다음 사항을 기입한다.

① 도면번호(도번)	② 도명
③ 제도소 명	④ 제도자 성명
⑤ 각법	⑥ 척도
⑦ 작성년월일	⑧ 책임자 서명

2. 부품표

(1) 부품번호

기계는 다수의 부품으로 조립되어 있는 것이 보통이며, 이들 각 부품은 재질, 가공법, 열처리 등이 서로 다르다. 따라서 각 부품의 제작이나 관리의 편리를 위해서는 각 부품에 번호를 붙인다. 이 번호를 부품번호(part number) 또는 품번이라 한다. 부품번호의 기입법은 다음과 같다.

① 부품번호는 그 부품에서 지시선을 긋고, 그 끝에 원을 그리고 원 안에 숫자를 기입한다.

② 부품번호의 숫자는 5~8mm 정도의 크기로 쓰고 원의 지름은 10~16mm로 하며 도형의 크기에 따라 알맞게 그 크기를 결정할 수 있으나 같은 도면에서는 같은 크기로 한다.

③ 지시선은 치수선이나 중심선과 혼동되지 않도록 하기 위하여 수직 방향이나 수평 방향으로 긋는 것을 피한다. 지시선은 숫자를 쓰는 원의 중심으로 향해 긋는다.

④ 많은 부품번호를 기입할 때에는 보기 쉽도록 배열한다.

⑤ 그 부품을 별도의 제작도로 표시할 때에 부품번호 대신에 그 도면번호를 기입해도 된다.

(2) 부품표

도면에 그려진 부품에 대하여 모든 조건을 기입하는 표이다.

CHAPTER CRAFTSMAN WELDING

03 도면해독

3-1 용접기호

1. 기본기호

① 각종 이음은 제작에서 사용되는 용접부의 형상과 유사한 기호로 표시한다.

② 용접부의 기호는 기본기호 및 보조기호로 되어 있으며 기본기호는 원칙적으로 두 부재 사이의 용접부의 모양을 표시하고 보조기호는 용접부의 표면형상, 다듬질 방법, 시공상의 주의사항 등을 표시한다.

표 4-12 용접 기본기호

번 호	명 칭	도 시	기 호
1	양면 플랜지형 맞대기 이음 용접		⌒⌒
2	평면형 평행 맞대기 이음 용접		‖
3	한쪽면 V형 맞대기 이음 용접		V
4	한쪽면 K형 맞대기 이음 용접		∨
5	부분 용입 한쪽면 V형 맞대기 이음 용접		Y
6	부분 용입 한쪽면 K형 맞대기 이음 용접		⊬

PART 4

번 호	명 칭	도 시	기 호
7	한쪽면 U형 홈 맞대기 이음 용접 (평행면 또는 경사면)	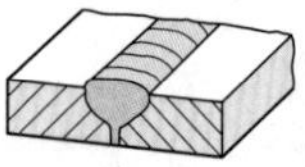	
8	한쪽면 J형 맞대기 이음 용접	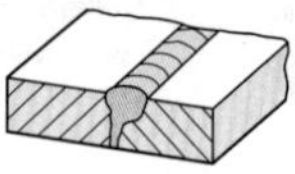	
9	뒷면 용접	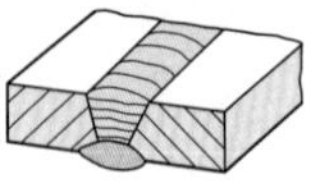	
10	필릿 용접	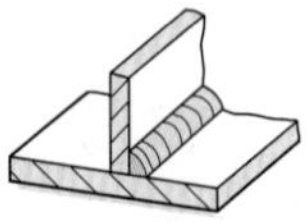	
11	플러그 용접 : 플러그 또는 슬롯 용접	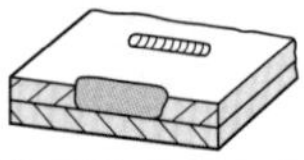	
12	스폿 용접	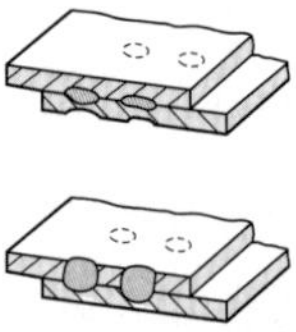	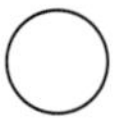
13	심 용접	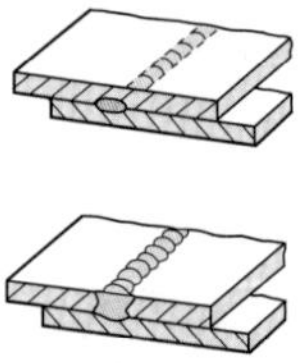	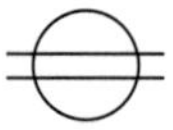
14	급경사면(스팁 플랭크) 한쪽면 V형 홈 맞대기 이음 용접	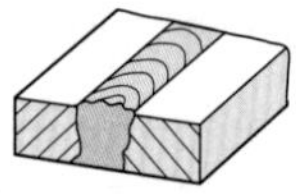	
15	급경사면 한쪽면 K형 맞대기 이음 용접	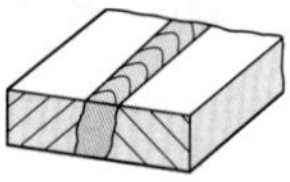	
16	가장자리 용접		
17	서페이싱	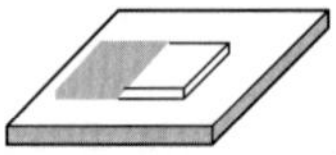	
18	서페이싱 이음	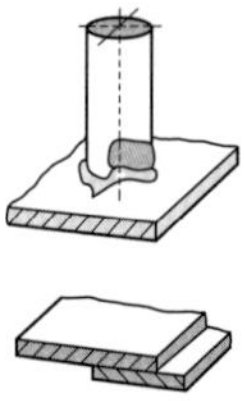	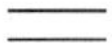

번 호	명 칭	도 시	기 호
19	경사 접합부	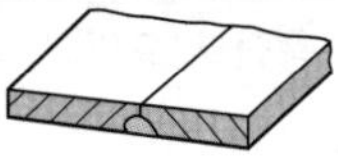	 //
20	겹침 접합부	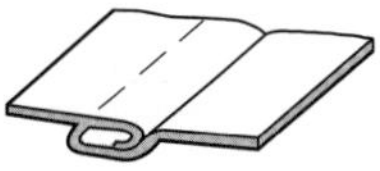	

2. 기본기호의 조합

① 필요한 경우에는 기본기호를 조합하여 사용할 수 있다.

② 부재의 양쪽을 용접하는 경우에는 적당한 기본기호를 기준선에 좌우 대칭으로 조합시켜 CCL하는 방법으로 표시한다.

표 4-13 대칭적인 용접부의 조합기호

명 칭	도 시	기 호
양면 V형 맞대기 용접(X형 이음)	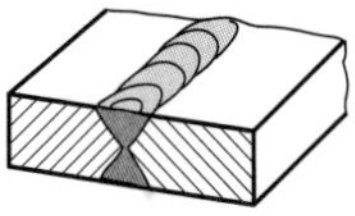	 X
양면 K형 맞대기 용접	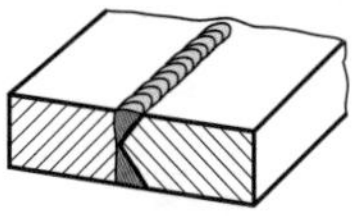	 K
부분 용입 양면 V형 맞대기 용접 (부분 용입 X형 이음)	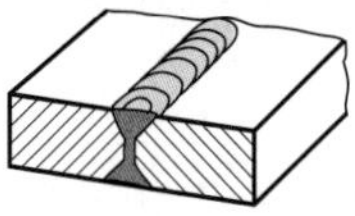	
부분 용입 양면 K형 맞대기 용접 (부분 용입 K형 이음)	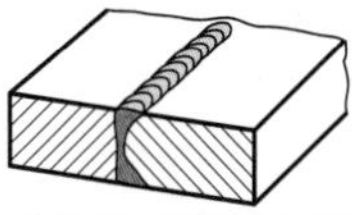	
양면 U형 맞대기 용접 (H형 이음)	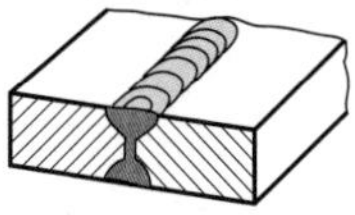	

3. 보조기호

① 기본기호는 외부 표면의 형상 및 용접부 형상의 특징을 나타내는 기호에 따른다.

② 보조기호가 없는 경우에는 용접부 표면의 형상을 정확히 지시할 필요가 없다는 것이다.

표 4-14 보조기호

용접부 및 용접부 표면의 형상	기 호
a) 평면(동일 평면으로 다듬질)	——
b) 凸형	⌒
c) 凹형	◡
d) 끝단부를 매끄럽게 함	
e) 영구적인 덮개 판을 사용	M
f) 제거 가능한 덮개 판을 사용	MR

표 4-15 보조기호의 적용 예

명 칭	도 시	기 호
한쪽면 V형 맞대기 용접 – 평면(동일면) 다듬질	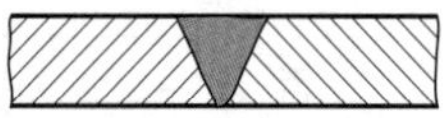	
양면 V형 용접 凸형 다듬질	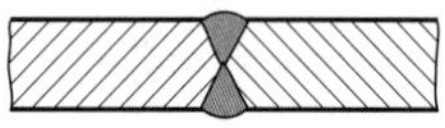	
필릿 용접 – 凹형 다듬질	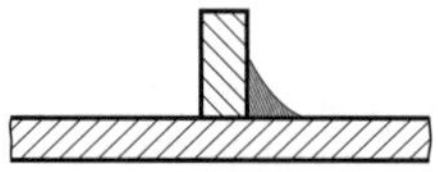	
뒤쪽면 용접을하는 한쪽면 V형 맞대기 용접 – 양면 평면(동일면) 다듬질		
뒤쪽면 용접과 넓은 루트면을 가진 한쪽면 V형(Y이음) 맞대기 용접 – 용접한 대로	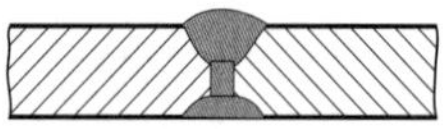	
한쪽면 V형 다듬질 맞대기 용접 – 동일면 다듬질		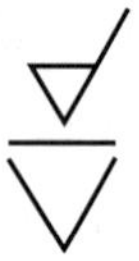 1)
필릿 용접 끝단부를 매끄럽게 다듬질	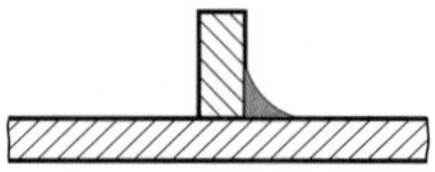	

1) 기호는 ISO 1302에 따름 : 이 기호 대신 $\sqrt{}$ 기호를 사용할 수 있음

4. 기본기호 사용 보기

번호	명칭 기호 (숫자는 표 4-1의 번호)	그림	표시	기호
1	I형 맞대기 용접 ∥ 2	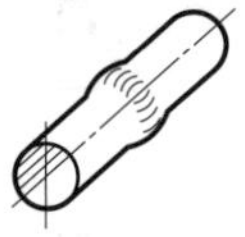	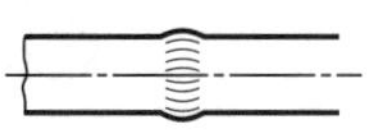	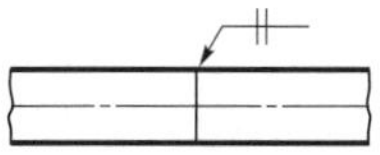
2	V형 이음 맞대기 용접 V 3	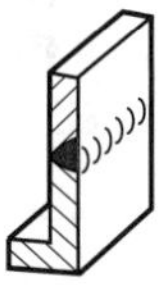	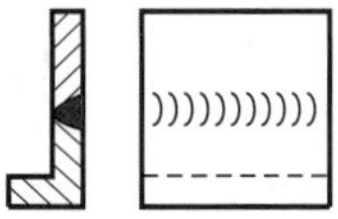	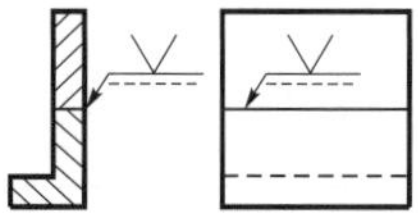
3		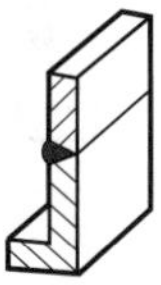	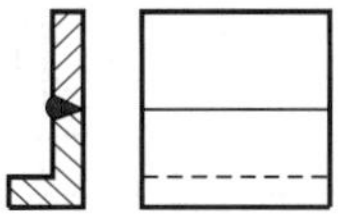	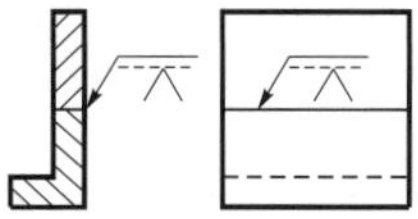
4	일면 개선형 맞대기 용접 ∣/ 4	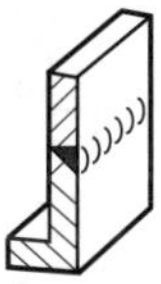	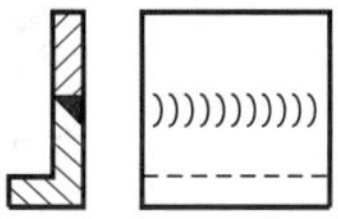	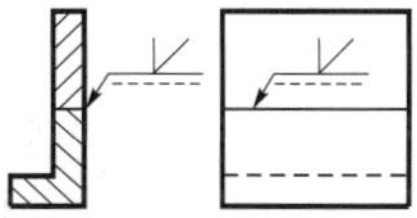
5		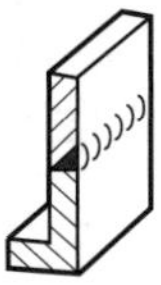	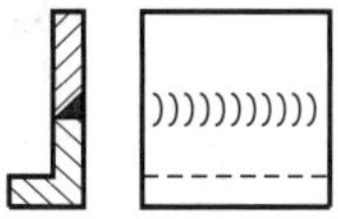	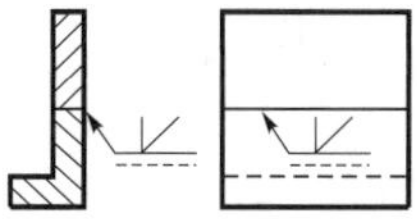
6		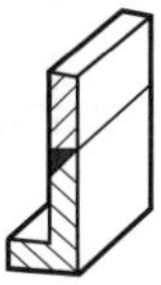	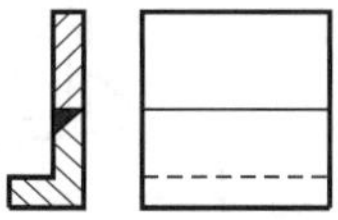	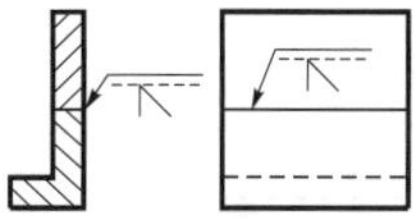
7		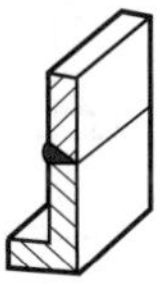	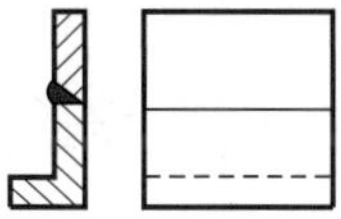	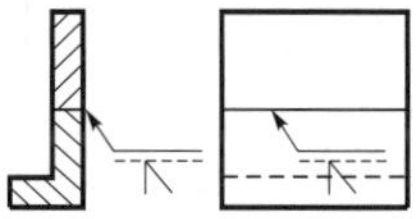
8	넓은 루트면이 있는 V형 맞대기 용접 Y 5	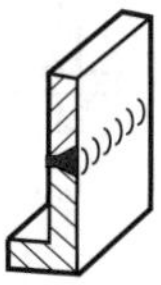	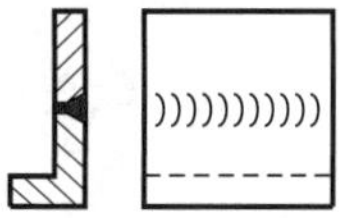	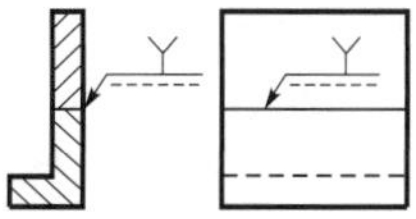

번호	명칭 기호 (숫자는 표 4-1의 번호)	그림	표시	기호
9	넓은 루트면이 있는 일면 개선형 맞대기 용접 6	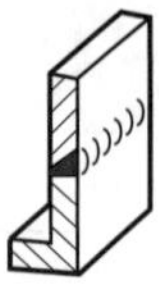	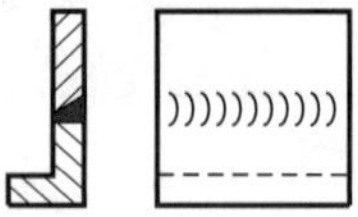	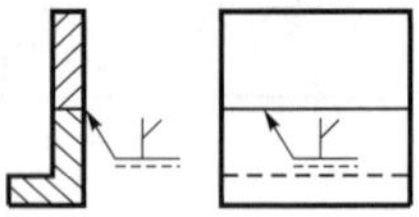
10		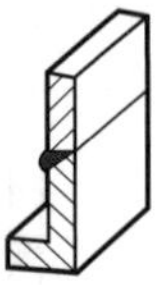	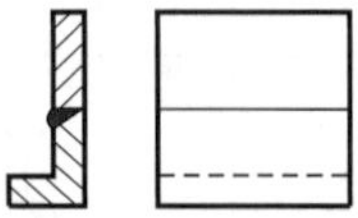	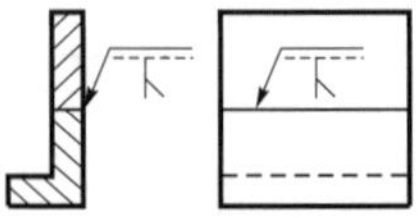
11	U형 맞대기 용접 7	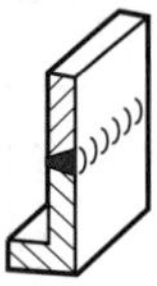	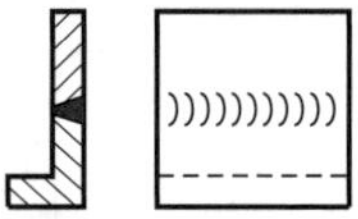	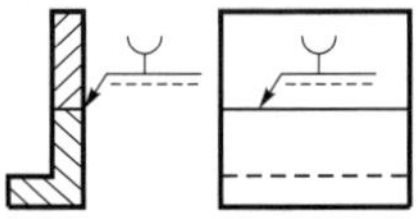
12	J형 맞대기 용접 8	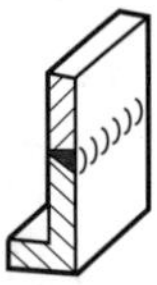	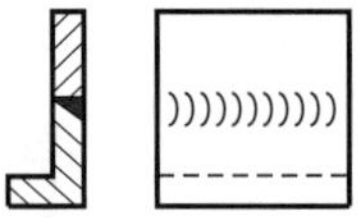	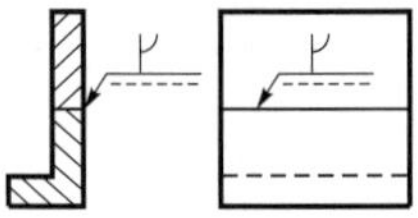
13		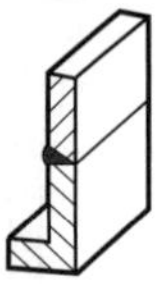	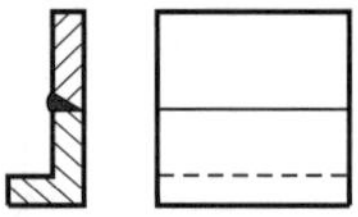	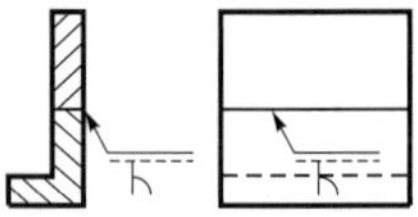
14	필릿 용접 10		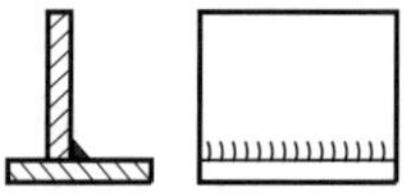	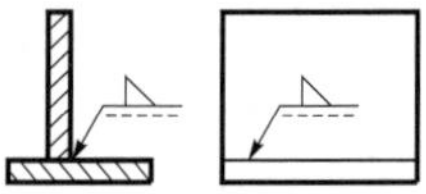
15		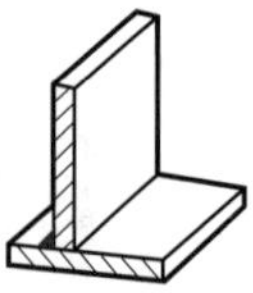	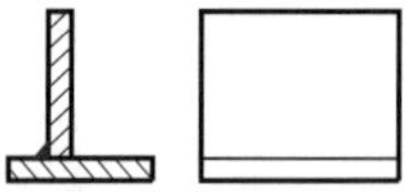	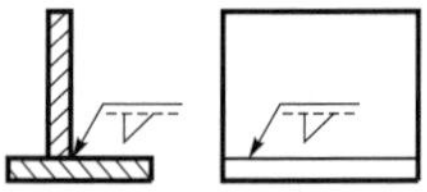
16		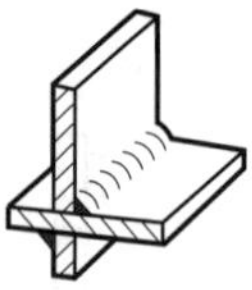	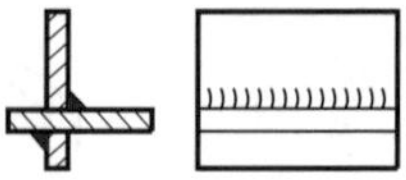	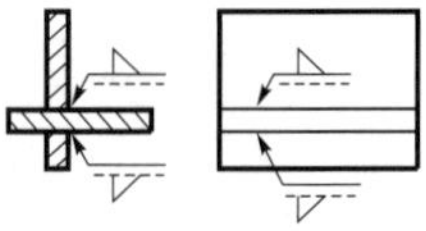

번호	명칭 기호 (숫자는 표 4-1의 번호)	그림	표시	기호
17		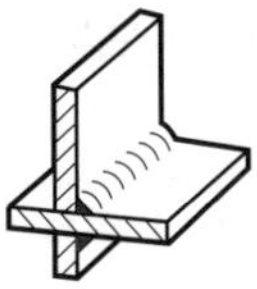	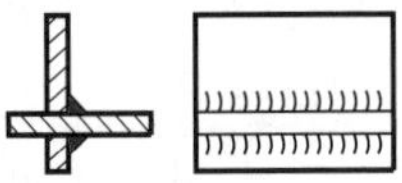	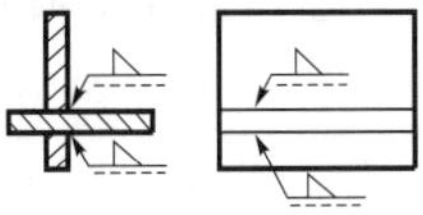
18			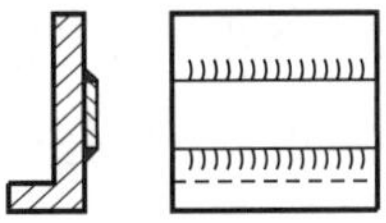	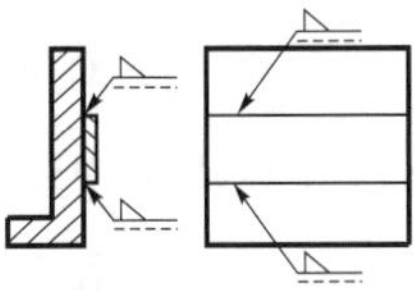
19	플러그 용접 ┌┐ 11	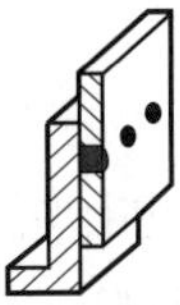	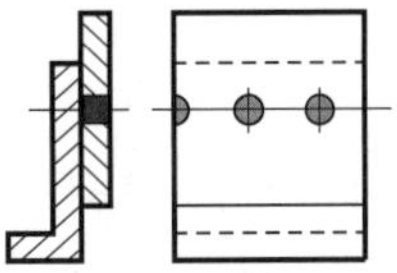	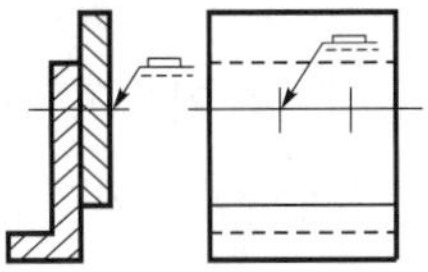
20		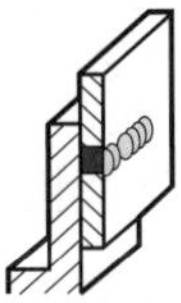	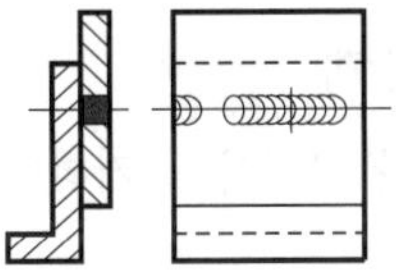	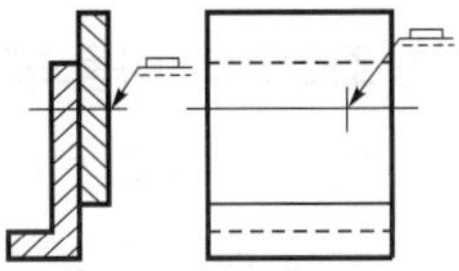
21	점 용접 ○ 12	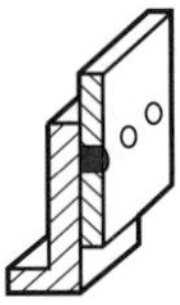	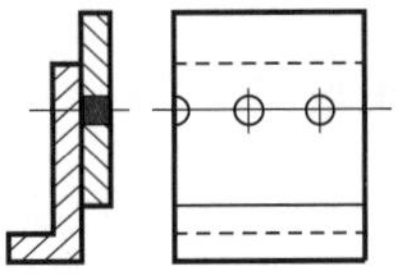	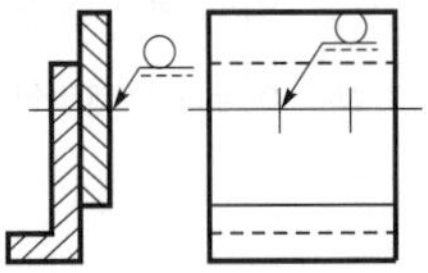
22		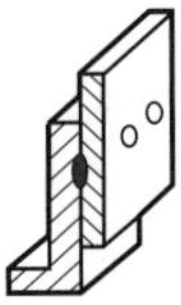	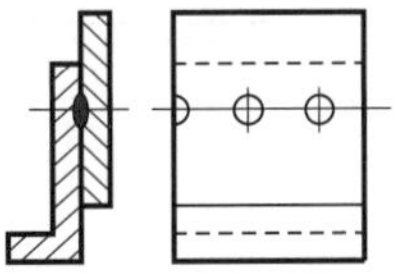	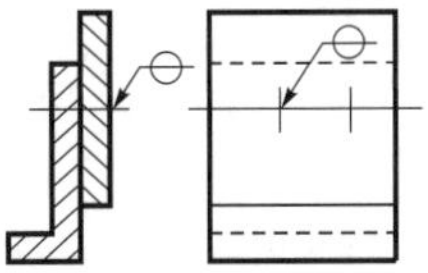
23	심 용접 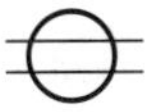 ⊖ 13	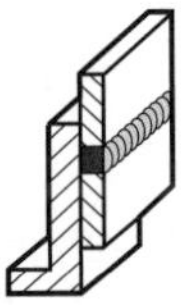	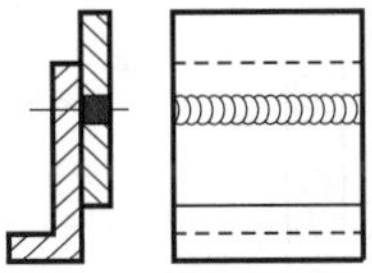	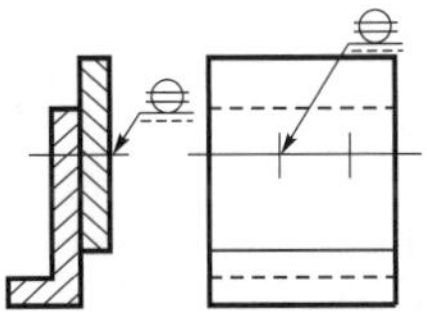
24		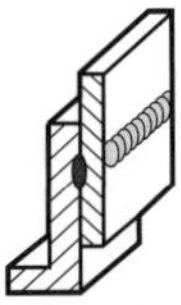	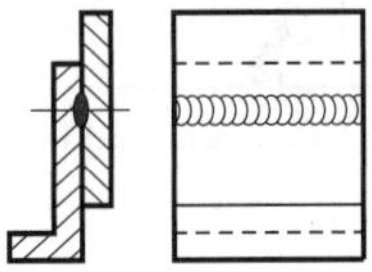	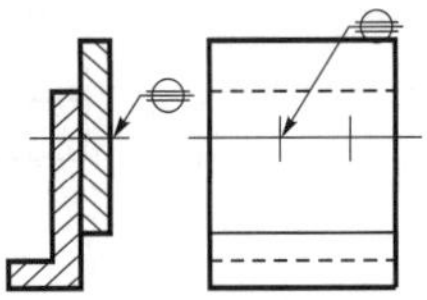

PART 4

5. 용접 도면상의 기호 위치

(1) 일반사항

① 다음의 규정에 근거하여 3가지 구성된 기호는 모든 표시 방법 중 단지 한 부분을 만든다.
  ㉠ 하나의 이음에 하나의 화살표
  ㉡ 하나는 연속이고 다른 하나는 파선인 2개의 평행선으로 된 2중 기준선(좌우 대칭인 용접부에서는 파선은 필요 없고 생략하는 편이 좋다.)
  ㉢ 치수선의 정확한 숫자와 규정상의 기호

② 다음 규정의 목적은 명기하여 둠으로써 용접부의 위치를 한정하기 위함이다.
  ㉠ 화살표의 위치
  ㉡ 기준선의 위치
  ㉢ 기호의 위치

③ 화살표 및 기준선에는 모든 관련 기호를 붙인다. 예를 들면, 용접방법, 허용 수준, 용접자세, 용가재 등 상세 항목을 표시하려는 경우에는 기준선의 끝에 꼬리를 덧붙인다.

(2) 화살표와 이음과의 관계

화살의 위치는 명확한 목적에 근거하여 선택된다. 일반적으로 화살은 이음에 직접 인접한 부분에 배치된다.

① 이음의 "화살표 쪽"
② 이음의 "화살표 반대쪽"

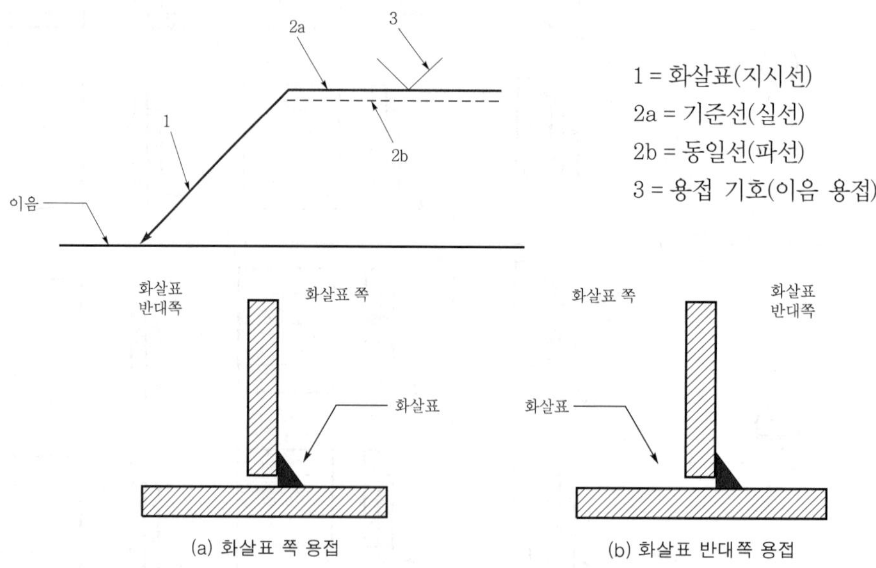

그림 4-18 T이음의 한쪽면 필릿 용접

(3) 화살표의 위치

용접부에 화살표의 위치는 일반적으로 특별한 의미가 없다.

① 기준선에 대하여 각도가 있도록 하여 기준선의 한쪽 끝에 연결한다.

② 화살 머리로 끝낸다.

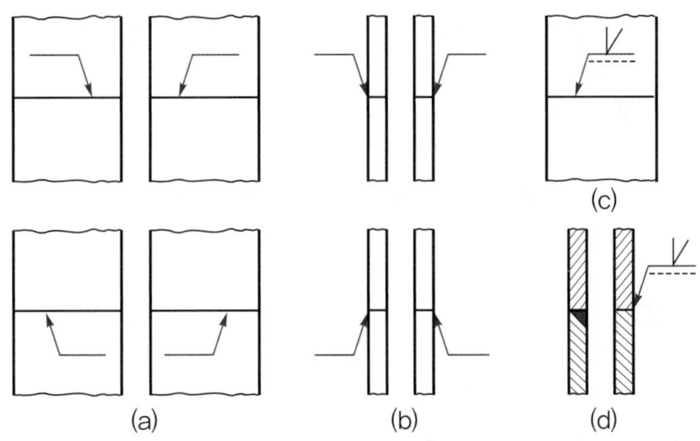

그림 4-19 화살표의 위치

(4) 기준선의 위치

기준선은 도면 이음부를 표시하는 선에 평행으로 또는 불가능한 경우에는 수직으로 기입하여야만 한다.

(5) 기준선에 대한 기호의 위치

기호는 다음 규정에 따라 기준선의 위 또는 그 바로 아래 둘 중 어느 한쪽에 표시한다.

① 만일 용접부(용접면)가 이음의 화살표 쪽에 있을 때에는 기호는 실선 쪽의 기준선에 기입한다.

② 만일 용접부(용접면)가 이음의 화살표와는 반대쪽에 있을 때에는 기호는 파선 쪽에 기입한다. 프로젝션 용접법에 따른 스폿 용접부의 경우 프로젝션 표면은 용접부의 외부 표면으로 생각한다.

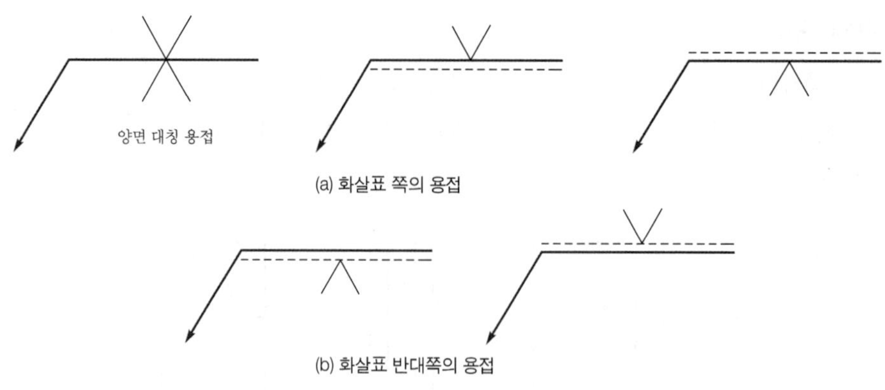

그림 4-20 기준선에 따른 기호의 위치

6. 용접부의 치수 표시

(1) 일반규정

각 이음의 기호에는 확정된 치수의 숫자를 덧붙인다.

① 가로 단면에 관한 주요 치수는 기호의 좌측(기호의 앞)에 기입한다.

② 세로 단면 방향치수는 기호의 우측(기호의 뒤)에 기입한다.

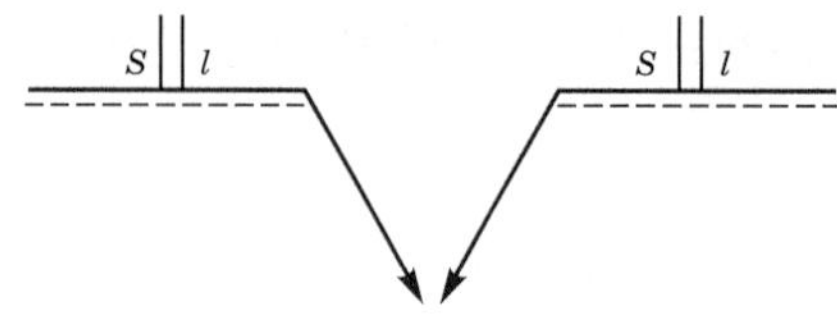

그림 4-21 원칙적인 치수 표시의 예

(2) 표시해야 할 주요 치수

판의 끝 단면에 용접되는 용접부의 치수는 도면상 외에는 기호로 표시하지 않는다.

① 기호에 연달아 어떠한 표시도 없는 경우에는 공작물의 전 길이에 걸쳐 연속용접을 하는 것을 뜻한다.

② 치수 표시가 없는 한 맞대기 용접에서는 완전 용입 용접을 한다.

③ 치수 용접부에는 2개의 치수 표시방법이 있다. 문자 a 또는 z를 해당하는 치수값의 앞에 항상 배치한다. 필릿 용접부의 용입깊이를 지시하는 곳에는 목 두께 s가 있다.

④ 경사된 끝 단면을 가진 플러그 또는 슬롯 용접부의 경우에는 해당하는 구멍 밑의 치수를 표시한다.

(3) 용접부의 치수 표시

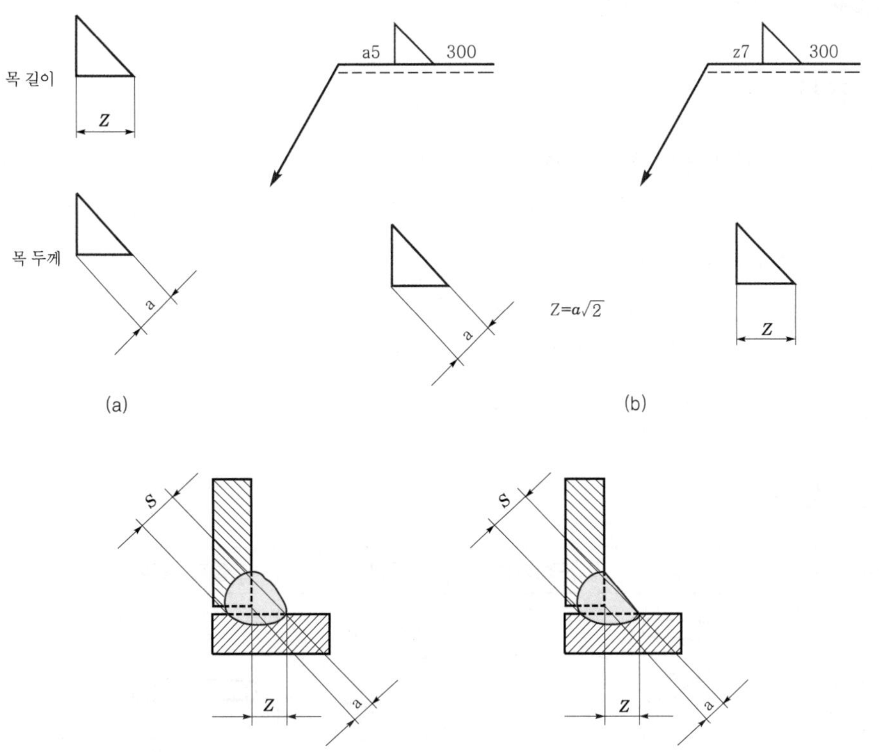

그림 4-22 필릿 용접의 치수 표시 및 용입 깊이 표시방법

(4) 용접 보조 지시

보호 지시는 용접부의 각종 특성을 상세히 지시하기 위해 필요하다.

① **일주 용접** : 용접이 부재의 전부를 일주하여 용접하는 경우 원의 기호를 표시한다.

② **현장 용접** : 현장 용접의 경우 깃발 기호로 표시한다.

③ **용접방법의 표시** : 용접방법의 표시가 필요한 경우에는 기준선의 끝의 2개 꼬리 사이에 숫자로 표시한다.

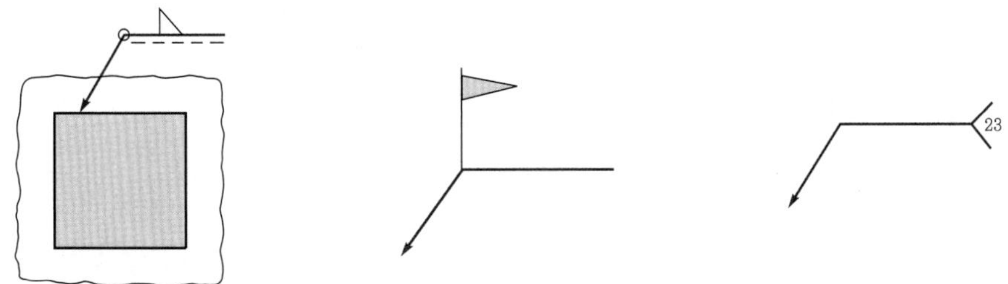

그림 4-23 일주 용접 표시방법 그림 4-24 현장 용접 표시방법 그림 4-25 용접방법의 표시방법

3-2 배관 도시기호

1. 높이 표시

① EL 표시 : 배관 높이를 관의 중심을 기준으로 표시

② BOP 표시 : 서로 지름이 다른 관의 높이를 나타낼 때 적용되는 것으로 관 바깥지름의 밑면까지를 기준으로 표시

㉠ TOP 표시 : 관 윗면을 기준으로 표시

㉡ GL 표시 : 포장된 지표면의 높이를 표시

㉢ FL 표시 : 1층 바닥면을 기준으로 높이를 표시

2. 관 접속상태

접속상태	실제 모양	도시기호	굽은 상태	실제 모양	도시기호
접속하지 않을 때	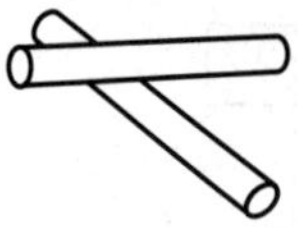	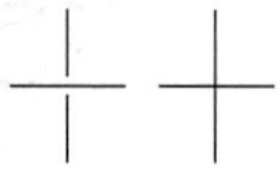	파이프 A가 앞쪽으로 수직으로 구부러질 때	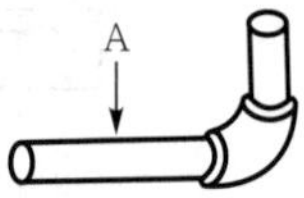 A	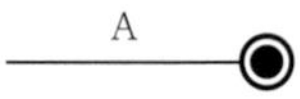 A
접속하고 있을 때	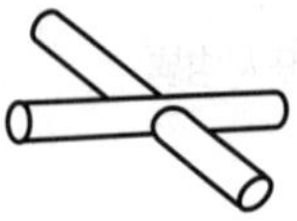		파이프 B가 뒤쪽으로 수직으로 구부러질 때	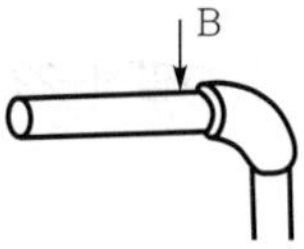 B	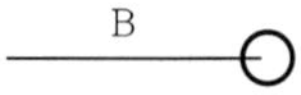 B
분기하고 있을 때	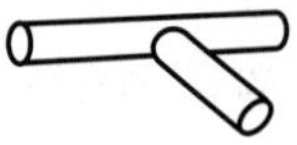		파이프 C가 뒤쪽으로 구부러져서 D에 접속될 때	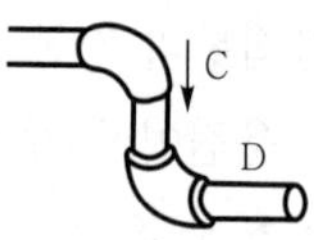 C D	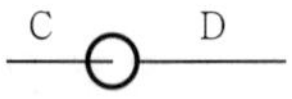 C D

3. 관 연결방법

이음 종류	연결방법	도시기호	예	이음 종류	연결 방법	도시기호
관이음	나사형	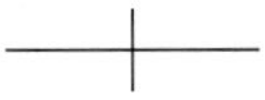		신축이음	루프형	
	용접형				슬리브형	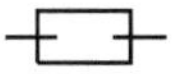
	플랜지형	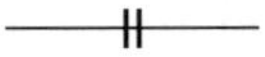	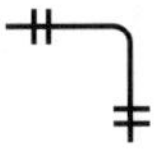		벨로즈형	
	턱걸이형				스위블형	
	납땜형	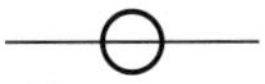	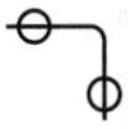			

4. 밸브 및 계기의 표시

종 류	기 호	종 류	기호
옥형 밸브(글로브 밸브)		일반 조작 밸브	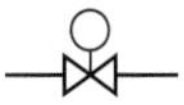
사절 밸브(슬루스 밸브)		전자 밸브	 S
앵글 밸브		전동 밸브	 M
역지 밸브(체크 밸브)		도출 밸브	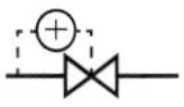
안전 밸브(스프링식)		공기 빼기 밸브	
안전 밸브(추식)		닫혀 있는 일반 밸브	
일반 콕	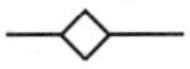	닫혀 있는 일반 콕	
삼방 콕	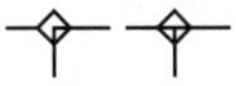	온도계 · 압력계	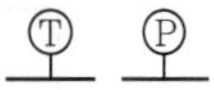 T P

5. 배관도의 일반 표시

명 칭	기 호	비 고	명 칭	기 호	비고
송기관		증기 및 온수	편심 조인트	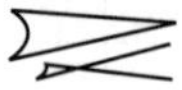	주철 이형관
복귀관		증기 및 온수	팽창 곡관		
증기관		증기	배관 고정점		
응축수관		증기	급탕관		
기타 관	A A		온수 복귀관		
급수관			기수 분리기	 SS	
상수도관			리프트 피팅		
우물 급수관			분기 가열기		
Y자관	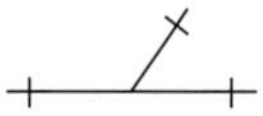	주철 이형관	주형 방열기		
곡관		주철 이형관	티	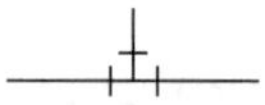	
T자관	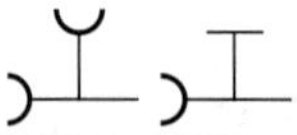	주철 이형관	증기 트랩		
Y자관	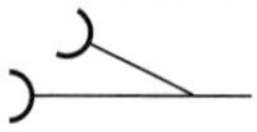	주철 이형관	스트레이너	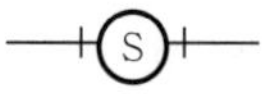 S	
90° Y자관			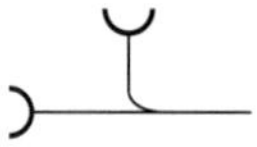 바닥 상자	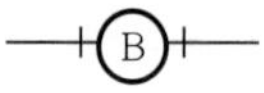 B	
배수관			유분리기	 OS	
통기관			배압 밸브	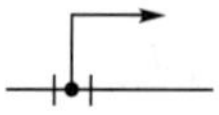	
소화관			감압 밸브		
주철관 (급수)	75mm	관지름 75mm	그르스트랩	 GT	
주철관 (배수)	100mm	관지름 100mm	압력계	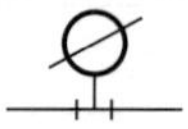	
연관 (급수)	13*l*	관지름 13mm	연성계	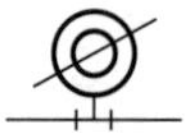	
연관 (배수)	100*l*	관지름 10mm	온도계	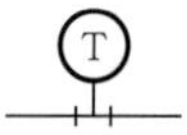 T	
콘크리트관 (급수)	150*l*	관지름 150mm	송기도 단면	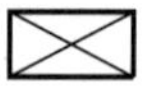	
콘크리트관 (배수)	150*l*	관지름 150mm	배기도 단면	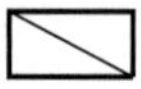	

명 칭	기 호	비 고	명 칭	기 호	비고
도관	100T	관지름 100mm	송기 댐퍼 단면		
수직관			배기 댐퍼 단면		
수직 상향			송기구		
하향부			배기구		
곡관			바닥 배수		
플랜지			벽걸이 방열기		
유니언			핀 방열기		
엘보			대류 방열기		
청소구			소화전	F	
하우스트랩			기구 배수		
양수기	M				

3-3 판금 · 제관 도면의 해독

1. 기본 도법

(1) 직선 및 원호의 2등분

① 직선 AB의 양끝을 중심으로 하여 반지름보다 큰 임의의 반지름으로 원호를 그려 만나는 점을 C와 D라 한다.

② C와 D를 이으면 교차점 E 또는 F가 수직 2등분이 된다.

(2) 직선의 n등분(여기에서는 5등분)

① 임의 각도로 선 AC를 A점에서 긋는다.

② 선AC의 임의의 길이를 디바이더나 자를 사용하여 같은 크기로 n (5)개로 등분하다.

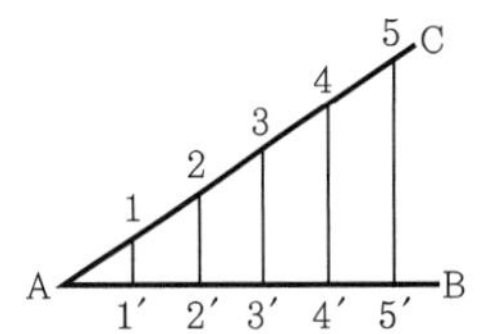

③ AC선의 등분점에 끝점과 AB선의 한끝(B점)을 직선으로 연결하고 각 분할 점을 연결시킨다.

(3) 주어진 직선의 한쪽 끝에 수직선 세우는 법

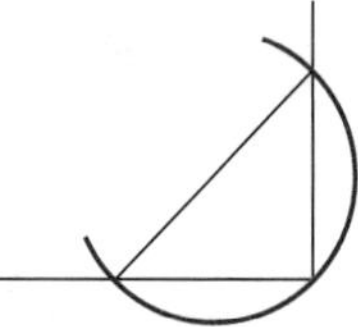

직선 AB 이외에 임의의 점 C를 중심으로 CB를 반지름으로 하는 원호를 그리어 AB와의 만나는 점을 D, E라 하고 DB를 잇는다.

(4) 각의 2등분

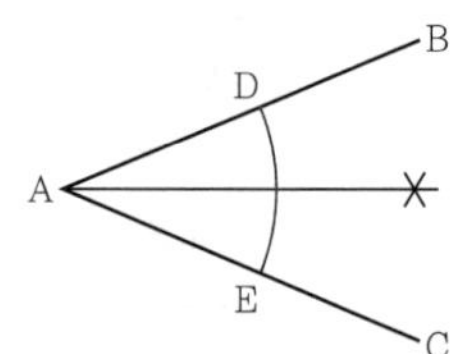

① 주어진 각 ABC의 꼭짓점 A를 중심으로 하여 임의의 반지름으로 원호를 그려 만나는 점 D, E를 얻는다.
② D와 E를 중심으로 같은 크기의 원호를 돌려 만나는 점 F를 얻는다.
③ A와 F를 이으면 이것이 구하는 2등분선이다.

(5) 각의 n등분(5등분)

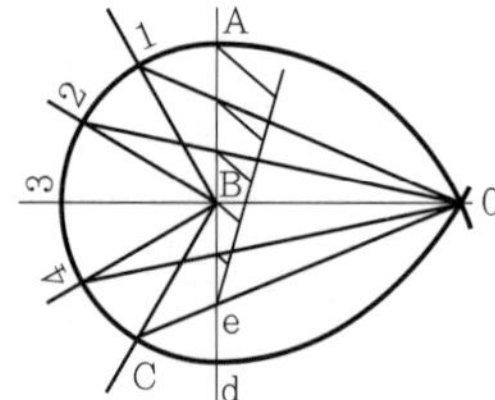

① 각 ABC의 꼭짓점 B를 중심으로 임의의 원호를 그려 AB의 연장선과 만나는 점 D를 얻는다.
② O와 C를 이으면 Ad와 e에서 만난다. e에서 보조선을 그어 직선의 n등분 그림의 방법을 사용하여 Ae를 5등분한다.
③ Ae의 각 등분점과 O를 이어 다시 원둘레까지 연장하여 만나는 1, 2, 3, 4를 구하여 그들의 만나는 점과 O를 잇는다.

(6) 주어진 3변을 가지는 삼각형

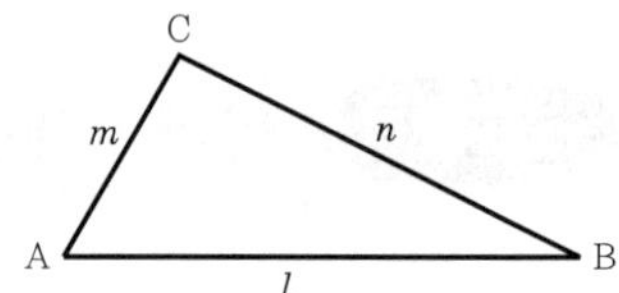

① 선분 AB를 C의 길이와 같게 그린다.
② 점 A를 중심으로 하여 m의 길이를 원호로 그린다.
③ 점 B를 중심으로 하여 n의 길이로 원호를 그리고 만나는 점을 C라 한다.
④ AC, BC를 연결하여 주어진 조건의 삼각형이 된다.

2. 정투상(투상도의 실체)

(1) 점 투상

① 정점이 공간에 있을 때
② 정점이 수평 투상면에 있을 때
③ 정점이 수직 투상면에 있을 때
④ 정점이 기선 위에 있을 때

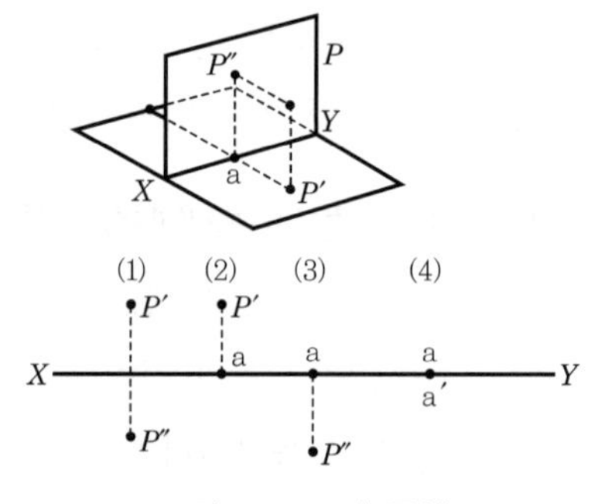

그림 4-26 점 투상

(2) 직선의 투상

① 정직선이 한 화면에 수직(직선의 실제 길이)[그림 4-27의 (a)]

② 정직선이 양화면에 평행(직선은 실제 길이)[그림 4-27의 (b)]

③ 정직선이 한 화면에 평행, 한 화면에 경사(경사된 직선 길이는 실제 길이)[그림 4-27의 (c)]

④ 정직선이 두 화면에 경사(실직선이 나오지 않음)

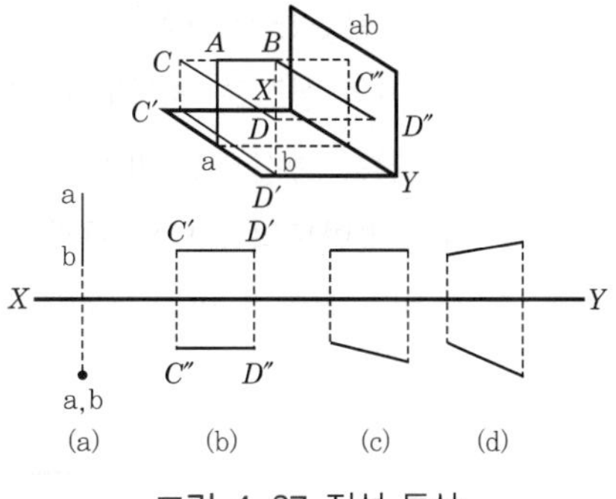

그림 4-27 직선 투상

3. 전개법

(1) 평행선 전개법

능선이나 직선 면소에 직각 방향으로 전개하는 방법이며, 능선이나 면소는 실제 길이이고 서로 나란하다.

전개도 $\overline{O'O''}$ 의 길이는 원둘레를 1, 2, 3, ⋯, 12와 같이 12등분 한 것을 옮겨 잡아 작도할 수 있으나 실제 길이는 짧다. 따라서 $\pi D = \overline{O'O''}$ 의 식으로 계산하여 길이는 잡은 후 직선의 n 등분 하는 법을 이용 12등분하면 정확하다. 전개 순서는 다음과 같다.

① 평면도의 원둘레를 12등분(또는 16등분)하여 중심선과 나란하게 그어 경사면과 만나는 점 0, 1, 2, ⋯, 11을 얻는다.

② 원둘레의 길이를 직선으로 $\overline{AB}$ 선상에 연장한 수 12등분(또는 16등분)하고 번호를 기입한다.

③ 각 등분점을 중심선에 나란하게 연장선과 수직되게 세운다.

④ 경사면과 등분점을 중심선에 수직되게 선을 긋고 같은 번호와 만나는 점을 찾는다(예 1″과 1′).

⑤ 만나는 점을 원활한 곡선으로 연결한다.

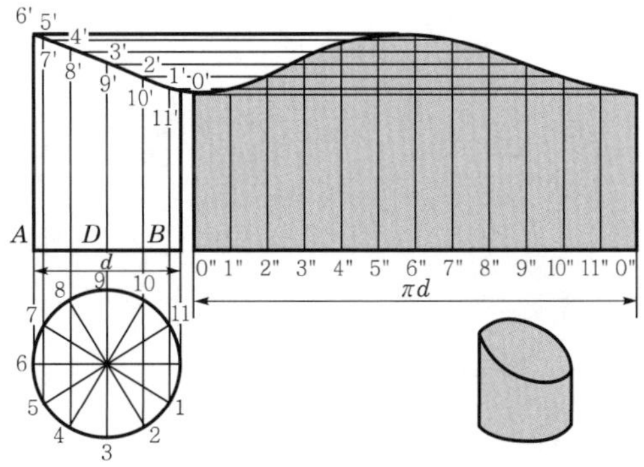

그림 4-28 평행선 전개법

(2) 방사선 전개법

각뿔이나 뿔면은 꼭지점을 중심으로 방사상으로 전개한다(측면의 2등변 3각형의 실장은 입면도에 밑면의 실장은 평면도에 나타난다).

① 꼭지점을 중심으로 빗변의 길이 $\overline{VO}$를 반지름으로 하는 원을 돌린다.

② 원의 평면도의 1/12(12등분 시)의 길이로 12개 등분한다.

③ 첫 번째 O점과 마지막 O점(12등분 마지막점)을 꼭지점과 연결한다.

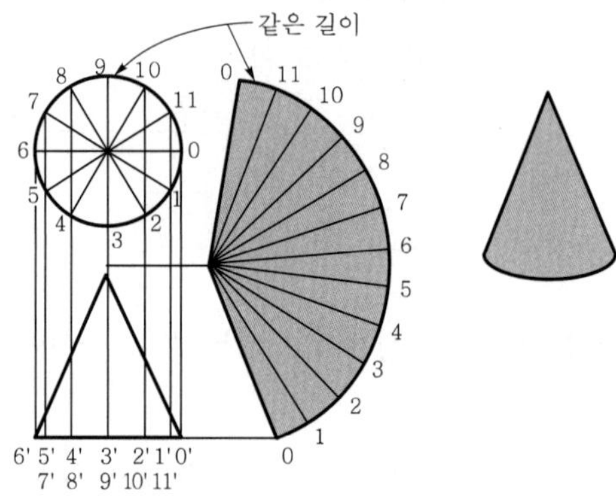

그림 4-29 방사선 전개법

부 록

01

용접기능사 과년도 기출문제

CRAFTSMAN WELDING

CRAFTSMAN WELDING

제 1 회 용접기능사

★
01 용접결함 중 구조상 결함이 아닌 것은?

① 슬래그 섞임
② 용입 불량과 융합 불량
③ 언더컷
④ 피로강도 부족

해설 성질상 결함 : 피로강도 부족, 강도 부족, 내식성 부족 등

★
02 화재발생 시 사용하는 소화기에 대한 설명으로 틀린 것은?

① 전기로 인한 화재에는 포말소화기를 사용한다.
② 분말소화기는 기름 화재에 적합하다.
③ CO_2 가스소화기는 소규모의 인화성 액체 화재나 전기설비 화재의 초기 진화에 좋다.
④ 보통 화재에는 포말, 분말, CO_2 소화기를 사용한다.

해설 전기 화재는 액체나 포말은 적합하지 않고 CO_2 소화기 등이 좋다.

★
03 용접기 설치 및 보수할 때 지켜야 할 사항으로 옳은 것은?

① 셀렌 정류기형 직류 아크 용접기에서는 습기나 먼지 등이 많은 곳에 설치해도 괜찮다.
② 조정핸들, 미끄럼 부분 등에는 주유해서는 안 된다.
③ 용접 케이블 등의 파손된 부분은 즉시 절연테이프로 감아야 한다.
④ 냉각용 선풍기, 바퀴 등에도 주유해서는 안 된다.

해설 ①, ②, ④ : 모두 반대로 생각하면 된다.

04 서브머지드 아크 용접에서 다전극 방식에 의한 분류가 아닌 것은?

① 텐덤식 ② 횡병렬식
③ 횡직렬식 ④ 이행형식

해설 이행형식이란 용접봉이나 와이어가 용융지로 이동하는 형식을 의미한다.

★
05 TIG 용접에서 직류정극성으로 용접할 때 전극 선단의 각도로 가장 적합한 것은?

① 5~10° ② 10~20°
③ 30~50° ④ 60~70°

해설 직류정극성용(강, 스테인리스강) 텅스텐 전극의 각도는 60~70°가 적당하다.

06 필릿 용접부의 보수방법에 대한 설명으로 옳지 않는 것은?

① 간격이 1.5mm 이하일 때에는 그대로 용접하여도 좋다.
② 간격이 1.5~4.5mm일 때에는 넓혀진 만큼 각장을 감소시킬 필요가 있다.
③ 간격이 4.5 mm일 때에는 라이너를 넣는다.
④ 간격이 4.5 mm 이상일 때에는 300mm 정도의 치수로 판을 잘라낸 후 새로운 판으로 용접한다.

해설 필릿 보수 용접 시 간격이 1.5~4.5mm일 때에는 넓혀진 만큼 각장을 증가시킬 필요가 있다.

정답 01. ① 02. ① 03. ③ 04. ① 05. ④ 06. ②

부록 1

07 다음 그림과 같은 다층 용접법은?

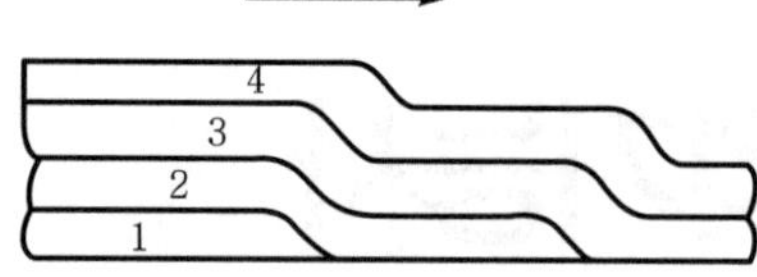

① 빌드업법 ② 캐스케이드법
③ 전진블록법 ④ 스킵법

해설 캐스케이드법 : 용접 전 길이에 대해서 각 층을 연속하여 용접하는 방법

08 용접작업 시 작업자의 부주의로 발생하는 안염, 각막염, 백내장 등을 일으키는 원인은?

① 용접 흄 가스 ② 아크 불빛
③ 전격 재해 ④ 용접 보호가스

해설 강력한 아크 불빛을 직접 받을 경우 눈의 질환을 얻을 수 있다.

09 플라스마 아크 용접에 대한 설명으로 잘못된 것은?

① 아크 플라스마의 온도는 10,000~30,000℃에 달한다.
② 핀치 효과에 의해 전류밀도가 크므로 용입이 깊고 비드 폭이 좁다.
③ 무부하 전압이 일반 아크 용접기에 비하여 2~5배 정도 낮다.
④ 용접장치 중에 고주파 발생장치가 필요하다.

해설 플라스마 아크 용접은 무부하 전압이 일반 아크 용접기에 비하여 2~5배 정도 높다.

★
10 가스 용접에서 가변압식(프랑스식) 팁(TIP)의 능력을 나타내는 기준은?

① 1분에 소비하는 산소가스의 양
② 1분에 소비하는 아세틸렌가스의 양
③ 1시간에 소비하는 산소가스의 양
④ 1시간에 소비하는 아세틸렌가스의 양

해설 불변압식 : 용접 가능한 판 두께를 번호로 표시

11 전기저항 점 용접법에 대한 설명으로 틀린 것은?

① 인터랙 점 용접이란 용접점의 부분에 직접 2개의 전극을 물리지 않고 용접전류가 피용접물의 일부를 통하여 다른 곳으로 전달하는 방식이다.
② 단극식 점 용접이란 전극이 1쌍으로 1개의 점 용접부를 만드는 것이다.
③ 맥동 점 용접은 사이클 단위를 몇 번이고 전류를 연속하여 통전하는 것으로 용접속도 향상 및 용접변형 방지에 좋다.
④ 직렬식 점 용접이란 1개의 전류회로에 2개 이상의 용접점을 만드는 방법으로 전류 손실이 많아 전류를 증가시켜야 한다.

해설 맥동 점 용접 : 모재 두께가 다른 경우 전극의 과열을 피하기 위하여 사이클 몇 번이고 전류를 단속하여 용접하는 것

★
12 아크쏠림은 직류 아크 용접 중에 아크가 한쪽으로 쏠리는 현상을 말하는데 아크쏠림 방지법이 아닌 것은?

① 접지점을 용접부에서 멀리한다.
② 아크길이를 짧게 유지한다.
③ 가용접을 한 후 후퇴 용접법으로 용접한다.
④ 가용접을 한 후 전진법으로 용접한다.

해설 아크쏠림을 방지하기 위해서는 가용접을 한 후 후진법으로 용접한다.

13 용접기의 가동 핸들로 1차 코일을 상하로 움직여 2차 코일의 간격을 변화시켜 전류를 조정하는 용접기로 맞는 것은?

① 가포화 리액터형
② 가동코어 리액터형
③ 가동 코일형
④ 가동 철심형

해설 가동 철심형 : 가동 철심을 움직여 전류를 조절한다.

정답 07. ② 08. ② 09. ③ 10. ④ 11. ③ 12. ④ 13. ③

14 프로판가스가 완전 연소하였을 때의 설명으로 맞는 것은?

① 완전 연소하면 이산화탄소로 된다.
② 완전 연소하면 이산화탄소와 물이 된다.
③ 완전 연소하면 일산화탄소와 물이 된다.
④ 완전 연소하면 수소가 된다.

해설 가연성 가스가 완전 연소하면 이산화탄소와 물이 된다.

15 아세틸렌가스가 산소와 반응하여 완전 연소할 때 생성되는 물질은?

① CO, H_2O　② $2CO_2$, H_2O
③ CO, H_2　④ CO_2, H_2

해설 14번 참조

16 용접부에 X선을 투과하였을 경우 검출할 수 있는 결함이 아닌 것은?

① 선상조직　② 비금속 개재물
③ 언더컷　④ 용입 불량

해설 방사선 검사의 경우 라미네이션, 선상조직, 미세 결함은 검출이 곤란하다.

★ **17** 다층 용접방법 중 각 층마다 전체의 길이를 용접하면서 쌓아 올리는 용착법은?

① 전진블록법　② 덧살올림법
③ 캐스케이드법　④ 스킵법

해설 덧살올림법을 빌드업법이라고도 한다.

★ **18** 용접부의 시험검사에서 야금학적 시험방법에 해당되지 않는 것은?

① 파면시험　② 육안조직시험
③ 노치취성시험　④ 설퍼 프린트 시험

해설 ③ 기계적 시험 중 파괴시험에 해당된다.

19 구리와 아연을 주성분으로 한 합금으로 철강이나 비철금속의 납땜에 사용되는 것은?

① 황동납　② 인동납
③ 은납　④ 주석납

해설 황동 : 구리와 아연의 합금

20 탄산가스 아크 용접에 대한 설명으로 맞지 않는 것은?

① 가시 아크이므로 시공이 편리하다.
② 철 및 비철류의 용접에 적합하다.
③ 전류밀도가 높고 용입이 깊다.
④ 바람의 영향을 받으므로 풍속 2m/s 이상일 때에는 방풍장치가 필요하다.

해설 탄산가스 아크 용접은 철강류의 용접에 적합하다.

21 이산화탄소 아크 용접의 솔리드와이어 용접봉에 대한 설명으로 YGA-50W-1.2-20에서 "50"이 뜻하는 것은?

① 용접봉의 무게
② 용착금속의 최소 인장강도
③ 용접와이어
④ 가스실드 아크 용접

해설 용착금속의 최소 인장강도가 $50kgf/mm^2$를 의미한다.

22 다음 중 스터드 용접법의 종류가 아닌 것은?

① 아크 스터드 용접법
② 텅스텐 스터드 용접법
③ 충격 스터드 용접법
④ 저항 스터드 용접법

해설 텅스텐 스터드 용접법은 없다.

★ **23** 아크 용접부에 기공이 발생하는 원인과 가장 관련이 없는 것은?

① 이음강도 설계가 부적당할 때
② 용착부가 급랭될 때
③ 용접봉에 습기가 많을 때
④ 아크길이, 전류값 등이 부적당할 때

해설 기공의 주 원인은 습기이며, 가스 배출이 불량할 때 발생한다.

정답 14. ② 15. ② 16. ① 17. ② 18. ③ 19. ① 20. ② 21. ② 22. ② 23. ①

24 전자빔 용접의 종류 중 고전압 소전류형의 가속전압은?

① 20~40KV ② 50~70KV
③ 70~150KV ④ 150~300KV

해설 고전압 소전류형 전자빔 용접의 가속전압은 70~150KV이다.

★
25 다음 중 TIG 용접기의 주요장치 및 기구가 아닌 것은?

① 보호가스 공급장치
② 와이어 공급장치
③ 냉각수 순환장치
④ 제어장치

해설 수동 TIG 용접기는 와이어 송급장치가 없다.

26 MIG 용접 제어장치의 기능으로 크레이터 처리 기능에 의해 낮아진 전류가 서서히 줄어들면서 아크가 끊어지며 이면 용접부가 녹아내리는 것을 방지하는 것을 의미하는 것은?

① 예비가스 유출시간
② 스타트 시간
③ 크레이터 충전시간
④ 버언 백 시간

해설 예비가스 유출시간 : 아크 발생 전 가스가 먼저 불출되는 시간

★
27 일반적으로 안전을 표시하는 색채 중 특정 행위의 지시 및 사실의 고지 등을 나타내는 색은?

① 노란색 ② 녹색
③ 파란색 ④ 흰색

해설 녹색 : 안전

28 산소-프로판가스 절단에서 프로판가스 1에 대하여 얼마 비율의 산소를 필요로 하는가?

① 8 ② 6
③ 4.5 ④ 2.5

해설 산소-프로판가스 절단 시 프로판보다 산소가 4.5배 더 필요하다.

29 용접설계에 있어서 일반적인 주의사항 중 틀린 것은?

① 용접에 적합한 구조 설계를 할 것
② 용접길이는 될 수 있는 대로 길게 할 것
③ 결함이 생기기 쉬운 용접방법은 피할 것
④ 구조상의 노치부를 피할 것

해설 용접설계 시 용접길이는 가능한 짧은 것이 좋다.

30 가스 용접에서 양호한 용접부를 얻기 위한 조건으로 틀린 것은?

① 모재 표면에 기름, 녹 등을 용접 전에 제거하여 결함을 방지하여야 한다.
② 용착금속의 용입상태가 불균일해야 한다.
③ 과열의 흔적이 없어야 하며, 용접부에 첨가된 금속의 성질이 양호해야 한다.
④ 슬래그, 기공 등의 결함이 없어야 한다.

해설 용착금속의 용입상태가 균일해야 양호한 용접부가 된다.

★
31 직류 아크 용접에서 역극성의 특징으로 맞는 것은?

① 용입이 깊어 후판 용접에 사용된다.
② 박판, 주철, 고탄소강, 합금강 등에 사용된다.
③ 봉의 녹음이 느리다.
④ 비드 폭이 좁다.

해설 직류역극성은 봉의 녹음이 빨라 넓고 얕은 용입이 이루어진다.

★
32 직류 아크 용접기와 비교한 교류 아크 용접기의 설명에 해당되는 것은?

① 아크의 안정성이 우수하다.
② 자기쏠림 현상이 있다.
③ 역률이 매우 양호하다.
④ 무부하 전압이 높다.

해설 직류 아크 용접기의 무부하 전압은 54~60V, 교류 아크 용접기는 80V이다.

정답 24. ③ 25. ② 26. ④ 27. ③ 28. ③ 29. ② 30. ② 31. ② 32. ④

33 피복금속 아크 용접봉은 습기의 영향으로 기공(blow hole)과 균열(crack)의 원인이 된다. 보통 용접봉(1)과 저수소계 용접봉(2)의 온도와 건조시간은? (단, 보통 용접봉은 (1)로, 저수소계 용접봉은 (2)로 나타냈다.)

① (1) 70~100℃, 30~60분
(2) 100~150℃, 1~2시간
② (1) 70~100℃, 2~3시간
(2) 100~150℃, 20~30분
③ (1) 70~100℃, 30~60분
(2) 300~350℃, 1~2시간
④ (1) 70~100℃, 2~3시간
(2) 300~350℃, 20~30분

해설 저수소계 용접봉은 300~350℃로 1~2시간 건조 후 70~120℃로 유지되는 보온통에 넣어 두고 사용해야 된다.

34 피복 아크 용접봉에서 피복 배합제인 아교는 무슨 역할을 하는가?

① 아크 안정제 ② 합금제
③ 탈산제 ④ 환원가스 발생제

해설 아교는 고착제로 쓰이며 연소하면 환원가스를 발생한다.

35 가스가공에서 강재 표면의 흠, 탈탄층 등의 결함을 제거하기 위해 얇게 그리고 타원형 모양으로 표면을 깎아내는 가공법은?

① 가스 가우징 ② 분말 절단
③ 산소창 절단 ④ 스카핑

해설 강재의 표면 흠 등의 제거 시는 스카핑 토치를 사용한다.

★
36 용접법을 융접, 압접, 납땜으로 분류할 때 압접에 해당하는 것은?

① 피복 아크 용접 ② 전자빔 용접
③ 테르밋 용접 ④ 심 용접

해설 ①, ②, ③ : 융접에 속한다.

37 가스 용접 시 사용하는 용제에 대한 설명으로 틀린 것은?

① 용제의 융점은 모재의 융점보다 낮은 것이 좋다.
② 용제는 용융금속의 표면에 떠올라 용착금속의 성질을 양호하게 한다.
③ 용제는 용접 중에 생기는 금속의 산화물 또는 비금속 개재물을 용해하여 용융온도가 높은 슬래그를 만든다.
④ 연강에는 용제를 일반적으로 사용하지 않는다.

해설 용제는 산화물, 비금속 개재물을 용해하여 용융온도가 낮은 슬래그를 만든다.

★
38 A는 병 전체 무게(빈병+아세틸렌가스)이고, B는 빈병의 무게이며, 또한 15℃ 1기압에서의 아세틸렌가스 용적을 905리터라고 할 때, 용해 아세틸렌가스의 양 C(리터)를 계산하는 식은?

① $C=905(B-A)$ ② $C=905+(B-A)$
③ $C=905(A-B)$ ④ $C=905+(A-B)$

해설 용해 아세틸렌량은 실병무게-빈병 무게에서 나온 값에 905를 곱하면 된다.

39 저용융점 합금이 아닌 것은?

① 아연과 그 합금 ② 금과 그 합금
③ 주석과 그 합금 ④ 납과 그 합금

해설 저융점 합금은 용융점이 주석의 용융점(232℃)보다 낮은 금속을 말한다.

★
40 내용적 40.7리터의 산소병에 150kgf/cm^{2}의 압력이 게이지에 표시되었다면 산소병에 들어 있는 산소량은 몇 리터인가?

① 3,400 ② 4,055
③ 5,055 ④ 6,105

해설 $40.7 \times 150 = 6,015$

부록 1

정답 33. ③ 34. ④ 35. ④ 36. ④ 37. ③ 38. ③ 39. ② 40. ④

41 주철의 편상흑연 결함을 개선하기 위하여 마그네슘, 세륨, 칼슘 등을 첨가한 것으로 기계적 성질이 우수하여 자동차 주물 및 특수 기계의 부품용 재료에 사용되는 것은?

① 미하나이트 주철 ② 구상흑연 주철
③ 칠드 주철 ④ 가단 주철

해설 구상흑연 주철 : 주철에 마그네슘 등으로 접종처리하여 인성을 증가시킨 주철

★
42 18-8 스테인리스강의 조직으로 맞는 것은?

① 페라이트 ② 오스테나이트
③ 펄라이트 ④ 마텐자이트

해설 18-8강 : 18% Cr - 8% Ni, 오스테나이트 스테인리스강, 비자성체, 불수강

43 특수 주강 중 주로 롤러 등으로 사용되는 것은?

① Ni 주강 ② Ni-Cr 주강
③ Mn 주강 ④ Mo 주강

해설 Mn 주강 : 고망간강으로 내마모성이 매우 커 롤러 등을 제조한다.

44 탄소가 0.25%인 탄소강이 0~500℃의 온도 범위에서 일어나는 기계적 성질의 변화 중 온도가 상승함에 따라 증가되는 성질은?

① 항복점 ② 탄성한계
③ 탄성계수 ④ 연신율

해설 대부분의 금속은 온도가 높아지면 강도가 낮아지고 연신율은 증가한다.

★
45 용접할 때 예열과 후열이 필요한 재료는?

① 15mm 이하 연강판
② 중탄소강
③ 순철판
④ 18℃일 때 18mm 연강판

해설 중탄소강 이상, 연강도 두께 25mm 이상은 예열이 필요하다.

46 다음 중 알루미늄 합금(alloy)의 종류가 아닌 것은?

① 실루민(silumin) ② Y 합금
③ 로엑스(Lo-Ex) ④ 인코넬(inconel)

해설 인코넬 : 니켈과 크롬의 합금

47 철강에서 펄라이트 조직으로 구성되어 있는 강은?

① 경질강 ② 공석강
③ 강인강 ④ 고용체강

해설 공석강 : 철에 0.8% 정도의 탄소가 들어 있는 합금으로 723℃에서 펄라이트 조직이 된다.

★
48 Ni-Cu계 합금에서 60~70% Ni 합금은?

① 모넬메탈(monel-metal)
② 어드밴스(advance)
③ 콘스탄탄(constantan)
④ 알민(almin)

해설 모넬메탈 : Ni-Cu계 합금에서 60~70% Ni 합금

49 가스 침탄법의 특징에 대한 설명으로 틀린 것은?

① 침탄온도, 기체혼합비 등의 조절로 균일한 침탄층을 얻을 수 있다.
② 열효율이 좋고 온도를 임의로 조절할 수 있다.
③ 대량 생산에 적합하다.
④ 침탄 후 직접 담금질이 불가능하다.

해설 침탄 후 담금질해야 경도가 증가한다.

50 다음 중 풀림의 목적이 아닌 것은?

① 결정립을 조대화시켜 내부응력을 상승시킨다.
② 가공경화 현상을 해소시킨다.
③ 경도를 줄이고 조직을 연화시킨다.
④ 내부응력을 제거한다.

해설 풀림 : 결정립 미세화, 내부응력 감소

정답 41. ② 42. ② 43. ③ 44. ④ 45. ② 46. ④ 47. ② 48. ① 49. ④ 50. ①

51 기계제도에서 도면에 치수를 기입하는 방법에 대한 설명으로 틀린 것은?

① 길이는 원칙으로 mm의 단위로 기입하고, 단위기호는 붙이지 않는다.
② 치수의 자릿수가 많을 경우 세 자리마다 콤마(,)를 붙인다.
③ 관련 치수는 되도록 한 곳에 모아서 기입한다.
④ 치수는 되도록 주투상도에 집중하여 기입한다.

해설 제도에서 숫자가 많더라도 콤마는 붙이지 않는다.

52 단면도의 표시방법에 관한 설명 중 틀린 것은?

① 단면을 표시할 때에는 해칭 또는 스머징을 한다.
② 인접한 단면의 해칭은 선의 방향 또는 각도를 변경하든지 그 간격을 변경하여 구별한다.
③ 절단했기 때문에 이해를 방해하는 것이나 절단하여도 의미가 없는 것은 원칙적으로 긴 쪽 방향으로는 절단하여 단면도를 표시하지 않는다.
④ 가스킷같이 얇은 제품의 단면은 투상선을 한 개의 가는 실선으로 표시한다.

해설 얇은 물체는 굵은 실선으로 표시한다.

★
53 2종류 이상의 선이 같은 장소에서 중복될 경우 다음 중 가장 우선적으로 그려야 할 선은?

① 중심선　② 숨은선
③ 무게중심선　④ 치수보조선

해설 선의 우선순위 : 숨은선 > 무게중심선 > 중심선 > 치수보조선

★
54 도면에 리벳의 호칭이 "KS B 1102 보일러용 둥근 머리 리벳 13×30 SV 400"로 표시된 경우 올바른 설명은?

① 리벳의 수량 13개
② 리벳의 길이 30mm
③ 최대 인장강도 400kPa
④ 리벳의 호칭지름 30mm

해설 둥근 머리 리벳 13 × 30 SV 400
리벳종류　지름 × 길이　재질

55 전개도는 대상물을 구성하는 면을 평면 위에 전개한 그림을 의미하는데, 원기둥이나 각기둥의 전개에 가장 적합한 전개도법은?

① 평행선 전개도법　② 방사선 전개도법
③ 삼각형 전개도법　④ 사각형 전개도법

해설 원뿔 전개 : 방사선 전개법 적용

56 다음 중 일반 구조용 탄소강관의 KS 재료기호는?

① SPP　② SPS
③ SKH　④ STK

해설 SPP : 배관용 탄소강관

★
57 배관도에 사용된 밸브표시가 올바른 것은?

① 밸브 일반 :
② 게이트 밸브 :
③ 나비 밸브 :
④ 체크 밸브 :

해설
: 게이트 밸브
: 글로브 밸브
: 앵글 밸브

★
58 용접 보조기호 중 현장용접을 나타내는 기호는?

① 　② ○
③　④ ◉

해설 ○ : 전(온)둘레 용접

★
59 그림은 투상법의 기호이다. 몇 각법을 나타내는 기호인가?

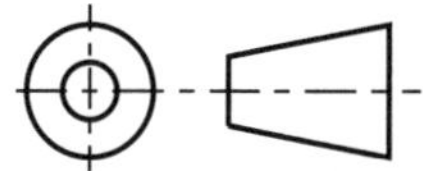

① 제1각법　② 제2각법
③ 제3각법　④ 제4각법

정답 51. ②　52. ④　53. ②　54. ②　55. ①　56. ④　57. ④　58. ①　59. ③

해설 • 제1각법으로 투상도를 얻는 원리 : 눈 – 물체 – 투상면
• 제3각법으로 투상도를 얻는 원리 : 눈 – 투상면 – 물체

60 다음 그림과 같은 정면도와 우측면도에 가장 적합한 평면도는?

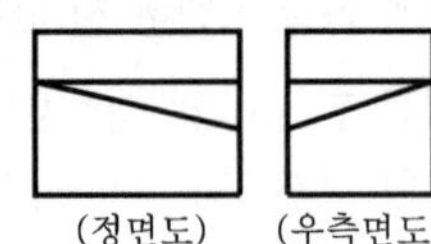

(정면도) (우측면도)

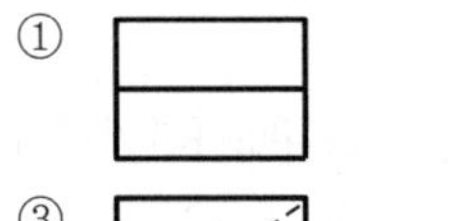

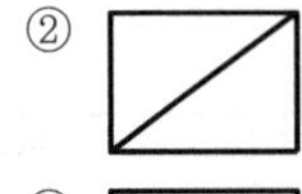

③ ④

해설 홈 있는 부분이 대각선 점선으로 표시

정답 60. ③

제 2 회 용접기능사

01 가연성 가스로 스파크 등에 의한 화재에 대하여 가장 주의해야 할 가스는?

① C_3H_8 ② CO_2
③ He ④ O_2

해설 ②, ③, ④ : 환원성, 불활성, 조연성 가스로 스파크에 의해 연소되지 않는다.

★
02 서브머지드 아크 용접기에서 다전극 방식에 의한 분류에 속하지 않는 것은?

① 푸시 풀식 ② 텐덤식
③ 횡병렬식 ④ 횡직렬식

해설 푸시 풀식은 반자동 용접기 등의 송급방식의 일종이다.

03 용접기의 구비조건에 해당되는 사항으로 옳은 것은?

① 사용 중 용접기 온도 상승이 커야 한다.
② 용접 중 단락되었을 경우 대전류가 흘러야 된다.
③ 소비전력이 큰 역률이 좋은 용접기를 구비한다.
④ 무부하 전압을 최소로 하여 전격의 위험을 줄인다.

해설 ② 용접 중 단락되었을 경우 전류가 낮아야 된다.

04 가스 중에서 최소의 밀도로 가장 가볍고 확산속도가 빠르며, 열전도가 가장 큰 가스는?

① 수소 ② 메탄
③ 프로판 ④ 부탄

해설 가스 중 수소가 가장 가볍다.

05 CO_2 가스 아크 용접장치 중 용접전원에서 박판 아크전압을 구하는 식은? (단, I는 용접전류의 값이다.)

① $V = 0.04 \times I + 15.5 \pm 1.5$
② $V = 0.004 \times I + 155.5 \pm 11.5$
③ $V = 0.05 \times I + 111.5 \pm 2$
④ $V = 0.005 \times I + 1111.5 \pm 2$

해설 ① 200A 이하에서 적용한다.

★
06 다음과 같은 용착법은?

① 대칭법 ② 전진법
③ 후진법 ④ 스킵법

해설 스킵법은 비석법이라고도 하며, 박판의 변형 방지에 효과가 있다.

07 용접이음을 설계할 때 주의사항으로 틀린 것은?

① 구조상의 노치부를 피한다.
② 용접 구조물의 특성 문제를 고려한다.
③ 맞대기 용접보다 필릿 용접을 많이 하도록 한다.
④ 용접성을 고려한 사용재료의 선정 및 열 영향 문제를 고려한다.

해설 여러 이음부 중 맞대기 용접을 먼저 한 후 필릿 용접을 나중에 한다.

정답 01. ① 02. ① 03. ④ 04. ① 05. ④ 06. ① 07. ③

부록 1

08 불활성 아크 용접에 관한 설명으로 틀린 것은?

① 아크가 안정되어 스패터가 적다.
② 피복제나 용제가 필요하다.
③ 열 집중성이 좋아 능률적이다.
④ 철 및 비철금속의 용접이 가능하다.

해설 불활성 가스 아크 용접의 경우 피복제나 용제가 불필요하다.

09 용접 후 인장 또는 굴곡시험으로 파단시켰을 때 은점을 발견할 수 있는데 이 은점을 없애는 방법은?

① 수소함유량이 많은 용접봉을 사용한다.
② 용접 후 실온으로 수개월 간 방치한다.
③ 용접부를 염산으로 세척한다.
④ 용접부를 망치로 두드린다.

해설 은점은 고기 눈처럼 생긴 하얀 반점으로, 수소가 원인이라는 설이 있다.

10 초음파 탐상법에서 널리 사용되며 초음파의 펄스를 시험체의 한쪽 면으로부터 송신하여 결함 에코의 형태로 결함을 판정하는 방법은?

① 투과법 ② 공진법
③ 침투법 ④ 펄스 반사법

해설 초음파 탐상법에는 투과법, 공진법, 펄스 반사법(수직, 사각 탐상법)이 있다.

11 이산화탄소의 특징이 아닌 것은?

① 색, 냄새가 없다.
② 공기보다 가볍다.
③ 상온에서도 쉽게 액화한다.
④ 대기 중에서 기체로 존재한다.

해설 이산화탄산가스는 공기보다 무겁다.

★
12 용접전류가 낮거나 운봉 및 유지각도가 불량할 때 발생하는 용접결함은?

① 용락 ② 언더컷
③ 오버랩 ④ 선상조직

해설 용접전류가 낮은 경우 오버랩, 용입 불량 등이 발생한다.

13 알루미늄 분말과 산화철 분말을 1 : 3의 비율로 혼합하고 점화제로 점화하면 일어나는 화학반응은?

① 테르밋반응 ② 용융반응
③ 포정반응 ④ 공석반응

해설 테르밋 용접은 테르밋제의 화학반응(테르밋반응)을 이용한 용접법이다.

14 주성분이 은, 구리, 아연의 합금인 경납으로 인장강도, 전연성 등의 성질이 우수하여 구리, 구리합금, 철강, 스테인리스강 등에 사용되는 납재는?

① 양은납 ② 알루미늄납
③ 은납 ④ 내열납

해설 경납은 용융점이 450℃ 이상인 납으로 주성분에 따라 은납, 양은납 등으로 부른다.

★
15 용접부의 검사법 중 기계적 시험이 아닌 것은?

① 인장시험 ② 부식시험
③ 굽힘시험 ④ 피로시험

해설 부식시험은 금속학적 시험이다.

★
16 전기저항 점 용접작업 시 용접기에서 조정할 수 있는 3대 요소에 해당하지 않는 것은?

① 용접전류
② 전극 가압력
③ 용접전압
④ 통전시간

해설 저항(점) 용접의 3요소 : 용접전류, 전극 가압력, 통전시간.

17 다음 중 비용극식 불활성 가스 아크 용접은?

① GMAW ② GTAW
③ MMAW ④ SMAW

해설 비용극식 : 비소모식이라고도 하며 가스 텅스텐 아크 용접(GTAW)법이 있다.

정답 08. ② 09. ② 10. ④ 11. ② 12. ③ 13. ① 14. ③ 15. ② 16. ③ 17. ②

18 CO_2 가스 아크 용접에서 일반적으로 용접전류를 높게 할 때의 사항을 열거한 것 중 옳은 것은?

① 용접입열이 작아진다.
② 와이어의 녹아내림이 빨라진다.
③ 용착률과 용입이 감소한다.
④ 우수한 비드 형상을 얻을 수 있다.

해설 용접입열은 전류와 밀접한 관계가 있다.

19 불활성 가스 금속 아크 용접에서 가스 공급계통의 확인순서로 가장 적합한 것은?

① 용기 → 감압밸브 → 유량계 → 제어장치 → 용접토치
② 용기 → 유량계 → 감압밸브 → 제어장치 → 용접토치
③ 감압밸브 → 용기 → 유량계 → 제어장치 → 용접토치
④ 용기 → 제어장치 → 감압밸브 → 유량계 → 용접토치

해설 보호가스는 가스용기를 열고 압력계에서 감압밸브, 유량계, 제어장치, 용접토치로 이동된다.

20 용접 현장에서 지켜야 할 안전사항 중 잘못 설명한 것은?

① 탱크 내에서는 혼자 작업한다.
② 인화성 물체 부근에서는 작업을 하지 않는다.
③ 좁은 장소에서의 작업 시는 통풍을 실시한다.
④ 부득이 가연성 물체 가까이서 작업 시는 화재발생 예방조치를 한다.

해설 밀폐된 탱크 등에서 작업할 경우 반드시 2인 1조가 되어야 한다.

★
21 수소함유량이 타 용접봉에 비해서 1/10 정도 현저하게 적고 특히 균열의 감수성이나 탄소, 황의 함유량이 많은 강의 용접에 적합한 용접봉은?

① E4301 ② E4313
③ E4316 ④ E4324

해설 E4316 : 저수소계 용접봉, 내균열성이 좋음

★
22 용접을 크게 분류할 때 압접에 해당되지 않는 것은?

① 저항 용접 ② 초음파 용접
③ 마찰 용접 ④ 전자빔 용접

해설 전자빔 용접은 융접에 속한다.

23 용접 시 냉각속도에 관한 설명 중 틀린 것은?

① 예열을 하면 냉각속도가 완만하게 된다.
② 얇은 판보다는 두꺼운 판이 냉각속도가 크다.
③ 알루미늄이나 구리는 연강보다 냉각속도가 느리다.
④ 맞대기 이음보다는 T형 이음이 냉각속도가 크다.

해설 열전도도가 큰 알루미늄, 구리 등은 연강보다 냉각속도가 빠르다.

24 다음 중 주철 용접 시 주의사항으로 틀린 것은?

① 용접봉은 가능한 한 지름이 굵은 용접봉을 사용한다.
② 보수 용접을 행하는 경우는 결함부분을 완전히 제거한 후 용접한다.
③ 균열의 보수는 균열의 성장을 방지하기 위해 균열의 양 끝에 정지 구멍을 뚫는다.
④ 용접전류는 필요 이상 높이지 말고 직선비드를 배치하며, 지나치게 용입을 깊게 하지 않는다.

해설 주철 용접은 가급적 가는 봉을 사용하여 용접 가능한 낮은 전류로 용접해야 한다.

25 교류 아크 용접기의 종류 중 조작이 간단하고 원격 조정이 가능한 용접기는?

① 가동 코일형 용접기
② 가포화 리액터형 용접기
③ 가동 철심형 용접기
④ 탭 전환형 용접기

해설 탭 전환형 : 탭을 바꾸므로서 전류가 달라지는 용접기

정답 18. ② 19. ① 20. ① 21. ③ 22. ④ 23. ③ 24. ① 25. ②

26 다음 중 아크에어 가우징에 사용되지 않는 것은?

① 가우징 토치 ② 가우징 봉
③ 압축공기 ④ 열교환기

해설 아크에어 가우징에는 열교환기가 필요없다.

27 가연성 가스에 대한 설명 중 가장 옳은 것은?

① 가연성 가스는 CO_2와 혼합하면 더욱 잘 탄다.
② 가연성 가스는 혼합 공기가 적은 만큼 완전연소한다.
③ 산소, 공기 등과 같이 스스로 연소하는 가스를 말한다.
④ 가연성 가스는 혼합한 공기와의 비율이 적절한 범위 안에서 잘 연소한다.

해설 가연성 가스는 산소와 혼합하면 잘 연소한다.

28 수중 절단작업을 할 때에는 예열가스의 양을 공기 중의 몇 배로 하는가?

① 0.5~1배 ② 1.5~2배
③ 4~8배 ④ 9~16배

해설 수중 절단의 경우 예열가스가 육상보다 4~8배 더 필요하다.

29 고체상태에 있는 두 개의 금속재료를 융접, 압접, 납땜으로 분류하여 접합하는 방법은?

① 기계적인 접합법 ② 화학적 접합법
③ 전기적 접합법 ④ 야금적 접합법

해설 용접법의 대분류를 야금학적 접합법이라고 한다.

★
30 헬멧이나 핸드실드의 차광유리 앞에 보호유리를 끼우는 가장 타당한 이유는?

① 시력 보호 ② 가시광선 차단
③ 적외선 차단 ④ 차광유리 보호

해설 보호유리는 일반 하얀 유리로서 가격이 비싼 차광유리를 보호하기 위해 사용한다.

31 가스 용접용 토치의 팁 중 표준불꽃으로 1시간 용접 시 아세틸렌 소모량이 100L인 것은?

① 고압식 200번 팁
② 중압식 200번 팁
③ 가변압식 100번 팁
④ 불변압식 100번 팁

해설 가변압식은 1시간에 소비되는 아세틸렌양(리터)을 번호로 표시한다.

32 아크 용접기의 구비조건으로 틀린 것은?

① 구조 및 취급이 간단해야 한다.
② 사용 중에 온도 상승이 커야 한다.
③ 전류 조정이 용이하고, 일정한 전류가 흘러야 한다.
④ 아크 발생 및 유지가 용이하고 아크가 안정되어야 한다.

해설 모든 용접기는 사용 중에 온도 상승이 적어야 된다.

33 철강을 가스 절단하려고 할 때 절단조건으로 틀린 것은?

① 슬래그의 이탈이 양호하여야 한다.
② 모재에 연소되지 않은 물질이 적어야 한다.
③ 생성된 산화물의 유동성이 좋아야 한다.
④ 생성된 금속 산화물의 용융온도는 모재의 용융점보다 높아야 한다.

해설 가스 절단 시 생성된 산화물은 모재의 용융점보다 낮아야 된다.

★
34 직류 아크 용접기의 음(−)극에 용접봉을, 양(+)극에 모재를 연결한 상태의 극성을 무엇이라 하는가?

① 직류정극성 ② 직류역극성
③ 직류음극성 ④ 직류용극성

해설 직류 용접기에서 극성은 모재를 기준으로 모재가 (+)이면 정극성, (−)이면 역극성이라 한다.

정답 26. ④ 27. ④ 28. ③ 29. ④ 30. ④ 31. ③ 32. ② 33. ④ 34. ①

35 수동 가스 절단작업 중 절단면의 윗 모서리가 녹아 둥글게 되는 현상이 생기는 원인과 거리가 먼 것은?

① 팁과 강판 사이의 거리가 가까울 때
② 절단가스의 순도가 높을 때
③ 예열불꽃이 너무 강할 때
④ 절단속도가 너무 느릴 때

해설 절단가스의 순도와 절단부의 윗모서리의 둥그름과는 무관하다.

36 두 개의 모재를 강하게 맞대어 놓고 서로 상대 운동을 주어 발생되는 열을 이용하는 방식은?

① 마찰 용접
② 냉간압접
③ 가스압접
④ 초음파 용접

해설 두 재료의 상대 운동에 의한 마찰열을 이용한 용접을 마찰 압접, 마찰 용접이라 한다.

★
37 18-8형 스테인리스강의 특징을 설명한 것 중 틀린 것은?

① 비자성체이다.
② 18-8에서 18은 Cr%, 8은 Ni%이다.
③ 결정구조는 면심입방격자를 갖는다.
④ 500~800℃로 가열하면 탄화물이 입계에 석출하지 않는다.

해설 18-8강은 500~800℃로 가열하면 탄화물이 입계에 석출하여 입계부식이 생긴다.

★
38 아크 용접에서 피복제의 역할이 아닌 것은?

① 전기 절연작용을 한다.
② 용착금속의 응고와 냉각속도를 빠르게 한다.
③ 용착금속에 적당한 합금원소를 첨가한다.
④ 용적(globule)을 미세화하고, 용착효율을 높인다.

해설 피복제는 용착금속의 응고와 냉각속도를 느리게 한다.

★
39 직류 용접에서 발생되는 아크쏠림의 방지대책 중 틀린 것은?

① 큰 가접부 또는 이미 용접이 끝난 용착부를 향하여 용접할 것
② 용접부가 긴 경우 후퇴 용접법(back step welding)으로 할 것
③ 용접봉 끝을 아크가 쏠리는 방향으로 기울일 것
④ 되도록 아크를 짧게 하여 사용할 것

해설 아크쏠림이 생길 경우 용접봉 끝을 아크가 쏠리는 반대 방향으로 기울여 작업한다.

40 산소-아세틸렌가스 불꽃 중 일반적인 가스용접에는 사용하지 않고 구리, 황동 등의 용접에 주로 이용되는 불꽃은?

① 탄화불꽃　② 중성불꽃
③ 산화불꽃　④ 아세틸렌불꽃

해설 구리합금의 용접에는 산화불꽃을 사용한다.

41 용접금속의 용융부에서 응고과정의 순서로 옳은 것은?

① 결정핵 생성 → 결정경계 → 수지상정
② 결정핵 생성 → 수지상정 → 결정경계
③ 수지상정 → 결정핵 생성 → 결정경계
④ 수지상정 → 결정경계 → 결정핵 생성

해설 액체의 응고 순서 : 결정핵 생성 → 수지상정(결정 성장) → 결정경계

42 질량의 대소에 따라 담금질 효과가 다른 현상을 질량 효과라고 한다. 탄소강에 니켈, 크롬, 망간 등을 첨가하면 질량 효과는 어떻게 변하는가?

① 질량 효과가 커진다.
② 질량 효과는 변하지 않는다.
③ 질량 효과가 작아지다가 커진다.
④ 질량 효과가 작아진다.

해설 특수 원소가 첨가될수록 질량 효과는 작아진다(경화능이 좋아진다).

부록 1

정답 35. ② 36. ① 37. ④ 38. ② 39. ③ 40. ③ 41. ② 42. ④

43 강재부품에 내마모성이 좋은 금속을 용착시켜 경질의 표면층을 얻는 방법은?

① 브레이징(brazing)
② 숏 피닝(shot peening)
③ 하드 페이싱(hard facing)
④ 질화법(nitriding)

해설 하드 페이싱 : 표면을 단단하게 하는 방법의 하나

44 주철에 관한 설명으로 틀린 것은?

① 주철은 백주철, 반주철, 회주철 등으로 나눈다.
② 인장강도가 압축강도보다 크다.
③ 주철은 메짐(취성)이 연강보다 크다.
④ 흑연은 인장강도를 약하게 한다.

해설 주철 : 압축강도는 인장강도보다 훨씬 크다.

45 Mg(마그네슘)의 융점은 약 몇 ℃인가?

① 650℃ ② 1,538℃
③ 1,670℃ ④ 3,600℃

해설 ② 철의 용융점

46 합금강이 탄소강에 비하여 좋은 성질이 아닌 것은?

① 기계적 성질 향상
② 결정입자의 조대화
③ 내식성, 내마멸성 향상
④ 고온에서 기계적 성질 저하 방지

해설 합금강은 결정입자가 탄소강보다 미세하다.

47 산소나 탈산제를 품지 않으며, 유리에 대한 봉착성이 좋고 수소취성이 없는 시판동은?

① 무산소동 ② 전기동
③ 전련동 ④ 탈산동

해설 무산소동 : 전기동을 완전 탈산시킨 동

48 용해 시 흡수한 산소를 인(P)으로 탈산하여 산소를 0.01% 이하로 한 것이며, 고온에서 수소 취성이 없고 용접성이 좋아 가스관, 열교환관 등으로 사용되는 구리는?

① 탈산구리 ② 정련구리
③ 전기구리 ④ 무산소구리

해설 탈산동(구리) : 산소를 0.01% 이하로 함유한 동

★
49 저합금강 중에서 연강에 비하여 고장력강의 사용 목적으로 틀린 것은?

① 재료가 절약된다.
② 구조물이 무거워진다.
③ 용접공수가 절감된다.
④ 내식성이 향상된다.

해설 고장력강 : 연강보다 강도, 경도가 커서 두께를 줄일 수 있어 구조물의 무게가 가벼워진다.

50 다음 중 주조상태의 주강품 조직이 거칠고 취약하기 때문에 반드시 실시해야 하는 열처리는?

① 침탄 ② 풀림
③ 질화 ④ 금속침투

해설 주강은 주로 불림을 하며, 풀림을 하는 경우도 있다.

51 기계제도 도면에서 "t120"이라는 치수가 있을 경우 "t"가 의미하는 것은?

① 모떼기 ② 재료의 두께
③ 구의 지름 ④ 정사각형의 변

해설 모떼기 : C, 구의 지름 : SØ

52 기계제도에서 사용하는 선의 굵기 기준이 아닌 것은?

① 0.9mm ② 0.25mm
③ 0.18mm ④ 0.7mm

해설 굵은 실선 : 0.5~0.8mm

정답 43. ③ 44. ② 45. ① 46. ② 47. ① 48. ① 49. ② 50. ② 51. ② 52. ①

53 배관용 아크 용접 탄소강 강관의 KS 기호는?

① PW　　② WM
③ SCW　　④ SPW

해설 SCW : 용접 구조용 주강품

54 기계제작 부품 도면에서 도면의 윤곽선 오른쪽 아래 구석에 위치하는 표제란을 가장 올바르게 설명한 것은?

① 품번, 품명, 재질, 주서 등을 기재한다.
② 제작에 필요한 기술적인 사항을 기재한다.
③ 제조 공정별 처리방법, 사용공구 등을 기재한다.
④ 도번, 도명, 제도 및 검도 등 관련자 서명, 척도 등을 기재한다.

해설 ① 부품표에 기재해야 하는 사항

★
55 다음 그림은 배관용 밸브의 도시기호이다. 어떤 밸브의 도시기호인가?

① 앵글 밸브　　② 체크 밸브
③ 게이트 밸브　　④ 안전 밸브

해설 체크 밸브 : 역지 밸브라고도 한다.

56 다음 그림과 같은 원추를 전개하였을 경우 전개면의 꼭지각이 180°가 되려면 ϕD의 치수는 얼마가 되어야 하는가?

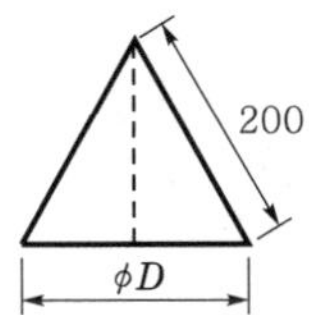

① $\phi100$　　② $\phi120$
③ $\phi180$　　④ $\phi200$

해설 $\frac{180}{180} \times 200 = 200$

57 도면에 아래와 같이 리벳이 표시되었을 경우 올바른 설명은?

KS B 1101 둥근 머리 리벳 25×36 SWRM 10

① 호칭 지름은 25mm이다.
② 리벳이음의 피치는 400mm이다.
③ 리벳의 재질은 황동이다.
④ 둥근 머리부의 바깥지름은 36mm이다.

해설 리벳 표시

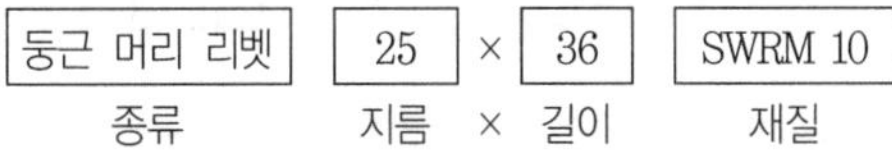

58 다음 도면에서의 지시한 용접법으로 바르게 짝지어진 것은?

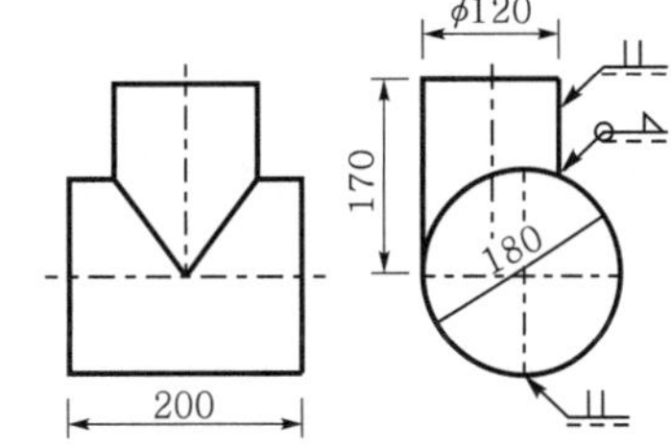

① 이면 용접, 필릿 용접
② 겹치기 용접, 플러그 용접
③ 평형 맞대기 용접, 필릿 용접
④ 심 용접, 겹치기 용접

해설 우측면도의 우측은 I(평형) 맞대기 용접, 하단은 필릿 용접을 의미한다.

59 단면을 나타내는 해칭선의 방향이 가장 적합하지 않은 것은?

① 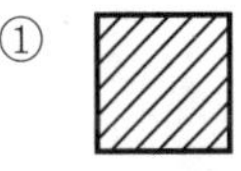
② 
③ 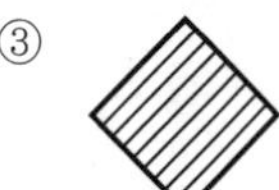
④ 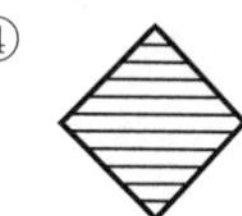

해설 해칭선은 외형선과 평행으로 나타내지 않는다.

부록 1

정답 53. ④　54. ④　55. ②　56. ④　57. ①　58. ③　59. ③

60 다음 그림과 같이 제3각법으로 정면도와 우측면도를 작도할 때 누락된 평면도로 적합한 것은?

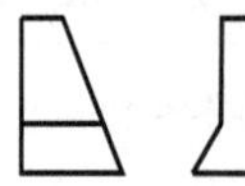

① 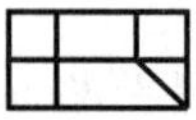 ②

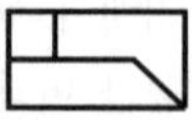

③ 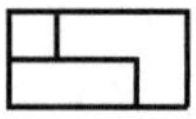 ④

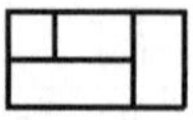

해설 정면도와 우측면도 하단을 보면 평면도상 하단 우측 부분이 경사형으로 나타난다.

정답 60. ②

제 4 회 용접기능사

01 MIG 용접의 용적이행 중 단락 아크 용접에 관한 설명으로 맞는 것은?

① 용적이 안정된 스프레이 형태로 용접된다.
② 고주파 및 저전류 펄스를 활용한 용접이다.
③ 임계전류 이상의 용접전류에서 많이 적용된다.
④ 저전류, 저전압에서 나타나며 박판 용접에 사용된다.

해설 MIG 용접 시 단락이행형은 200A 이하의 저전류 시, 솔리드 와이어 사용 시 나타난다.

02 용접용 용제는 성분에 의해 용접작업성, 용착금속의 성질이 크게 변화하는데 다음 중 원료와 제조방법에 따른 서브머지드 아크 용접의 용접용 용제에 속하지 않는 것은?

① 고온 소결형 용제
② 저온 소결형 용제
③ 용융형 용제
④ 스프레이형 용제

해설 용제는 용융형, 제조온도에 따라 고온 소결형, 저온 소결형으로 분류한다.

03 다음 중 불활성 가스 텅스텐 아크 용접에서 중간 형태의 용입과 비드 폭을 얻을 수 있으며, 청정효과가 있어 알루미늄이나 마그네슘 등의 용접에 사용되는 전원은?

① 직류정극성 ② 직류역극성
③ 고주파 교류 ④ 교류 전원

해설 TIG 알루미늄 용접은 고주파 중첩 교류를 사용한다.

★
04 용접결함 중 내부에 생기는 결함은?

① 언더컷 ② 오버랩
③ 크레이터 균열 ④ 기공

해설 내부 결함 : 기공, 슬래그 섞임, 균열

05 용접 시 발생하는 변형을 적게 하기 위하여 구속하고 용접하였다면 잔류응력은 어떻게 되는가?

① 잔류응력이 작게 발생한다.
② 잔류응력이 크게 발생한다.
③ 잔류응력은 변함없다.
④ 잔류응력과 구속 용접과는 관계없다.

해설 구속 용접은 변형이 적어질 수 있으나, 잔류응력은 크게 된다.

★
06 용접결함 중 균열의 보수방법으로 가장 옳은 방법은?

① 작은 지름의 용접봉으로 재용접한다.
② 굵은 지름의 용접봉으로 재용접한다.
③ 전류를 높게 하여 재용접한다.
④ 정지구멍을 뚫어 균열부분은 홈을 판 후 재용접한다.

해설 ④는 주로 주철 균열의 보수 용접에 적용한다.

07 안전·보건 표지의 색채, 색도기준 및 용도에서 문자 및 빨간색 또는 노란색에 대한 보조색으로 사용되는 색채는?

① 파란색 ② 녹색
③ 흰색 ④ 검은색

정답 01. ④ 02. ④ 03. ③ 04. ④ 05. ② 06. ④ 07. ④

해설 검은색은 글씨 등의 표시에 사용한다.

08 감전의 위험으로부터 용접작업자를 보호하기 위해 교류 용접기에 설치하는 것은?

① 고주파 발생장치 ② 전격 방지장치
③ 원격 제어장치 ④ 시간 제어장치

해설 전격 방지기 : 아크 발생 전에는 무부하 전압을 30V 이하로 유지하다가 아크 발생 순간 전압이 상승하여 아크 발생을 시키는 장치

09 산화하기 쉬운 알루미늄을 용접할 경우에 가장 적합한 용접법은?

① 서브머지드 아크 용접
② 불활성 가스 아크 용접
③ 아크 용접
④ 피복 아크 용접

해설 알루미늄은 TIG 용접이나 MIG 용접법을 적용하는 것이 가장 좋다.

10 납땜 시 강한 접합을 위한 틈새는 어느 정도가 가장 적당한가?

① 0.02~0.10mm ② 0.20~0.30mm
③ 0.30~0.40mm ④ 0.40~0.50mm

해설 납땜은 모세관 현상을 이용하므로 ①이 적합하다.

★
11 다음 용접법 중 저항용접이 아닌 것은?

① 스폿 용접 ② 심 용접
③ 프로젝션 용접 ④ 스터드 용접

해설 스터드 용접은 아크 용접의 일종으로 심기 용접이라고도 한다.

12 아크 용접의 재해라 볼 수 없는 것은?

① 아크광선에 의한 전안염
② 스패터의 비산으로 인한 화상
③ 역화로 인한 화재
④ 전격에 의한 감전

해설 역화는 가스 용접, 가스 절단 등에서 발생한다.

13 다음 중 전자빔 용접의 장점과 거리가 먼 것은?

① 고진공 속에서 용접을 하므로 대기와 반응되기 쉬운 활성재료도 용이하게 용접된다.
② 두꺼운 판의 용접이 불가능하다.
③ 용접을 정밀하고 정확하게 할 수 있다.
④ 에너지 집중이 가능하기 때문에 고속으로 용접이 된다.

해설 전자빔 용접은 고밀도 용접의 하나로 후판 용접이 용이하다.

14 대상물에 감마선(γ-선), 엑스선(X-선)을 투과시켜 필름에 나타나는 상으로 결함을 판별하는 비파괴 검사법은?

① 초음파 탐상검사 ② 침투 탐상검사
③ 와전류 탐상검사 ④ 방사선 투과검사

해설 RT 검사 : X선 등을 사용하여 검사하는 방법

15 다음 그림 중에서 용접열량의 냉각속도가 가장 큰 것은?

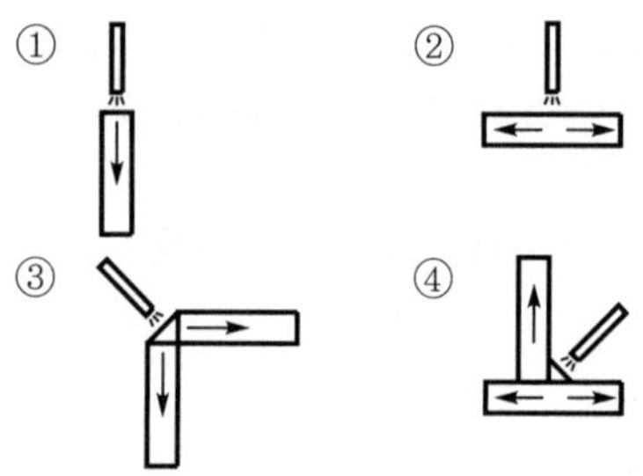

해설 필릿 용접부가 냉각방향이 3곳으로 냉각속도가 가장 크다.

16 용접 홈의 형식 중 두꺼운 판의 양면 용접을 할 수 없는 경우에 가공하는 방법으로 한쪽 용접에 의해 충분한 용입을 얻으려고 할 때 사용되는 홈은?

① I형 홈 ② V형 홈
③ U형 홈 ④ H형 홈

해설 U형은 홈가공이 어려우나 V형보다 변형이 적다.

정답 08. ② 09. ② 10. ① 11. ④ 12. ③ 13. ② 14. ④ 15. ④ 16. ③

17 다음 중 맞대기 저항용접의 종류가 아닌 것은?

① 업셋 용접
② 프로젝션 용접
③ 퍼커션 용접
④ 플래시 버트 용접

해설 프로젝션 용접은 겹치기 저항용접의 일종이다.

18 다음 그림과 같이 각 층마다 전체의 길이를 용접하면서 쌓아 올리는 가장 일반적인 방법을 주로 사용하는 용착법은?

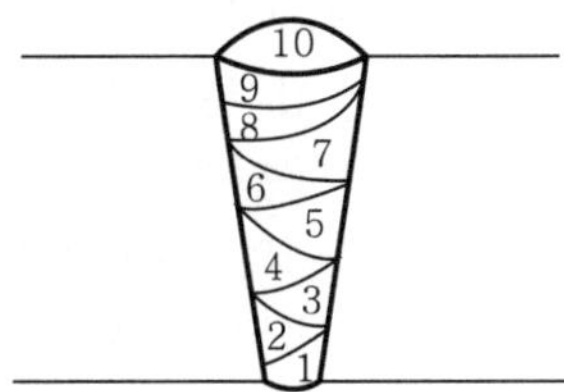

① 교호법 ② 덧살올림법
③ 캐스케이드법 ④ 전진블록법

해설 캐스케이드법 : 한 부분의 몇 층을 용접하다가 이것을 다음 부분의 층으로 연속시켜 전체가 계단 형태의 단계를 이루도록 용착시키는 방법

19 MIG 용접에서 가장 많이 사용되는 용적이행 형태는?

① 단락이행 ② 스프레이 이행
③ 입상이행 ④ 글로뷸러 이행

해설 저전류의 경우 단락이행이 일어난다.

20 CO_2 가스 아크 용접에서 솔리드 와이어에 비교한 복합 와이어의 특징을 설명한 것으로 틀린 것은?

① 양호한 용착금속을 얻을 수 있다.
② 스패터가 많다.
③ 아크가 안정된다.
④ 비드 외관이 깨끗하여 아름답다.

해설 복합 와이어는 솔리드 와이어보다 스패터 발생이 적다.

21 다음 중 용접부의 검사방법에 있어 비파괴 검사법이 아닌 것은?

① X선 투과시험 ② 형광침투시험
③ 피로시험 ④ 초음파시험

해설 피로시험 : 기계적 동적 시험의 일종

★
22 금속산화물이 알루미늄에 의하여 산소를 빼앗기는 반응에 의해 생성되는 열을 이용하여 금속을 접합시키는 용접법은?

① 스터드 용접
② 테르밋 용접
③ 원자수소 용접
④ 일렉트로 슬래그 용접

해설 테르밋 용접 : 테르밋제의 화학반응을 이용한 용접

23 용접에 의한 이음을 리벳이음과 비교했을 때, 용접이음의 장점이 아닌 것은?

① 이음구조가 간단하다.
② 판 두께에 제한을 거의 받지 않는다.
③ 용접 모재의 재질에 대한 영향이 작다.
④ 기밀성과 수밀성을 얻을 수 있다.

해설 용접은 모재 재질에 영향이 크다.

★
24 다음 중 연강용 피복금속 아크 용접봉에서 피복제의 염기성이 가장 높은 것은?

① 저수소계 ② 고산화철계
③ 고셀룰로스계 ④ 티탄계

해설 저수소계 : 염기도가 가장 높아 내균열성이 가장 좋다.

25 연강용 가스 용접봉의 용착금속의 기계적 성질 중 시험편의 처리에서 '용접한 그대로 응력을 제거하지 않은 것'을 나타내는 기호는?

① NSR ② SR
③ GA ④ GB

해설 SR : 응력 제거

정답 17. ② 18. ② 19. ② 20. ② 21. ③ 22. ② 23. ③ 24. ① 25. ①

★
26 용접 중에 아크가 전류의 자기작용에 의해서 한쪽으로 쏠리는 현상을 아크쏠림(arc blow)이라 한다. 다음 중 아크쏠림의 방지법이 아닌 것은?

① 직류 용접기를 사용한다.
② 아크의 길이를 짧게 한다.
③ 보조판(엔드탭)을 사용한다.
④ 후퇴법을 사용한다.

해설 직류 용접기 : 자력에 의해 아크쏠림이 생긴다.

27 피복 아크 용접회로의 순서가 올바르게 연결된 것은?

① 용접기 - 전극케이블 - 용접봉 홀더 - 피복 아크 용접봉 - 아크 - 모재 - 접지케이블
② 용접기 - 용접봉 홀더 - 전극케이블 - 모재 - 아크 - 피복 아크 용접봉 - 접지케이블
③ 용접기 - 피복 아크 용접봉 - 아크 - 모재 - 접지케이블 - 전극케이블 - 용접봉 홀더
④ 용접기 - 전극케이블 - 접지케이블 - 용접봉 홀더 - 피복 아크 용접봉 - 아크 - 모재

해설 용접회로 순서 : 용접기 → 전극케이블 → 용접봉 홀더 → 피복 아크 용접봉 → 아크 발생 → 모재 용융 → 접지케이블 → 용접기

28 가스 절단에서 양호한 절단면을 얻기 위한 조건으로 맞지 않는 것은?

① 드래그가 가능한 한 클 것
② 절단면 표면의 각이 예리할 것
③ 슬래그 이탈이 양호할 것
④ 경제적인 절단이 이루어질 것

해설 양호한 절단면을 얻으려면 드래그가 가능한 작아야 된다.

★
29 피복 아크 용접봉에서 피복제의 가장 중요한 역할은?

① 변형 방지 ② 인장력 증대
③ 모재강도 증가 ④ 아크 안정

해설 피복제 역할 : 아크 안정, 탈산 정련, 합금제 첨가, 냉각속도 감소

30 용접봉의 용융금속이 표면장력의 작용으로 모재에 옮겨가는 용적 이행으로 맞는 것은?

① 스프레이형 ② 핀치효과형
③ 단락형 ④ 용적형

해설 스프레이형 : 분무형으로 작은 입자로 분산하여 이행하는 형식

★
31 저수소계 용접봉의 특징이 아닌 것은?

① 용착금속 중의 수소량이 다른 용접봉에 비해서 현저하게 적다.
② 용착금속의 취성이 크며 화학적 성질도 좋다.
③ 균열에 대한 감수성이 특히 좋아서 두꺼운 판 용접에 사용된다.
④ 고탄소강 및 황의 함유량이 많은 쾌삭강 등의 용접에 사용되고 있다.

해설 저수소계 : 인성이 커서 내균열성이 우수하다.

★
32 폭발 위험성이 가장 큰 산소와 아세틸렌의 혼합비(%)는?

① 40 : 60 ② 15 : 85
③ 60 : 40 ④ 85 : 15

해설 아세틸렌에 비해 산소가 현저히 많으면 폭발 위험이 있다.

★
33 35℃에서 150kgf/cm^{2}으로 압축하여 내부용적 45.7리터의 산소용기에 충전하였을 때, 용기 속의 산소량은 몇 리터인가?

① 6,855 ② 5,250
③ 6,105 ④ 7,005

해설 $150 \times 45.7 = 6,855$

34 발전(모터, 엔진형)형 직류 아크 용접기와 비교하여 정류기형 직류 아크 용접기를 설명한 것 중 틀린 것은?

① 고장이 적고 유지보수가 용이하다.
② 취급이 간단하고 가격이 싸다.
③ 초소형 경량화 및 안정된 아크를 얻을 수 있다.
④ 완전한 직류를 얻을 수 있다.

정답 26. ① 27. ① 28. ① 29. ④ 30. ③ 31. ② 32. ④ 33. ① 34. ④

해설 정류형 용접기는 완전한 직류는 아니다.

35 산소-프로판가스 절단 시 산소 : 프로판가스의 혼합비로 가장 적당한 것은?

① 1 : 1 ② 2 : 1
③ 2.5 : 1 ④ 4.5 : 1

해설 프로판 절단 시 프로판 1에 대해 산소가 4.5배 더 소요된다.

36 교류 피복 아크 용접기에서 아크 발생 초기에 용접전류를 강하게 흘려보내는 장치를 무엇이라고 하는가?

① 원격 제어장치 ② 핫 스타트 장치
③ 전격 방지기 ④ 고주파 발생장치

해설 핫 스타트 장치 : 아크 발생 초기에 고전류를 통하여 용입 불량을 방지하는 장치

37 아크 절단법의 종류가 아닌 것은?

① 플라스마 제트 절단
② 탄소 아크 절단
③ 스카핑
④ 티그 절단

해설 스카핑 : 소재의 돌기 등을 제거하는 가스가공법

38 부탄가스의 화학기호로 맞는 것은?

① C_4H_{10} ② C_3H_8
③ C_5H_{12} ④ C_2H_6

해설 C_3H_8 : 프로판, C_2H_2 : 아세틸렌

39 아크 에어 가우징에 가장 적합한 홀더 전원은?

① DCRP
② DCSP
③ DCRP, DCSP 모두 좋다.
④ 대전류의 DCSP가 가장 좋다.

해설 아크 가우징에는 직류역극성이 적합하다.

40 고장력강(HT)의 용접성을 가급적 좋게 하기 위해 줄여야 할 합금원소는?

① C ② Mn
③ Si ④ Cr

해설 탄소량이 증가하면 용접부에 균열이 발생할 수 있다.

41 열간가공이 쉽고 다듬질 표면이 아름다우며 용접성이 우수한 강으로 몰리브덴 첨가로 담금질성이 높아 각종 축, 강력볼트, 아암, 레버 등에 많이 사용되는 강은?

① 크롬 - 몰리브덴강
② 크롬 - 바나듐강
③ 규소 - 망간강
④ 니켈 - 구리 - 코발트강

해설 SCM(크롬-몰리브덴강) : 강인성이 우수한 강

42 내식강 중에서 가장 대표적인 특수 용도용 합금강은?

① 주강 ② 탄소강
③ 스테인리스강 ④ 알루미늄강

해설 스테인리스강 : 철에 Cr이 12% 이상 함유한 강으로 여기에 니켈이 다량 함유하면 오스테나이트계 스테인리스강이 된다.

43 아공석강의 기계적 성질 중 탄소함유량이 증가함에 따라 감소하는 성질은?

① 연신율 ② 경도
③ 인장강도 ④ 항복강도

해설 탄소량이 증가하면 경도와 강도가 증가하고 연신율은 감소한다.

44 금속침투법에서 칼로라이징이란 어떤 원소로 사용하는 것인가?

① 니켈 ② 크롬
③ 붕소 ④ 알루미늄

해설 크로마이징 : 크롬

부록 1

정답 35. ④ 36. ② 37. ③ 38. ① 39. ① 40. ① 41. ① 42. ③ 43. ① 44. ④

45 주조 시 주형에 냉금을 삽입하여 주물표면을 급랭시키는 방법으로 제조되어 금속 압연용 롤 등으로 사용되는 주철은?

① 가단 주철 ② 칠드 주철
③ 고급 주철 ④ 페라이트 주철

해설 칠드 주철 : 냉경 주철, 표면의 경도가 높음

46 알루마이트법이라 하여, Al 제품을 2% 수산 용액에서 전류를 흘려 표면에 단단하고 치밀한 산화막을 만드는 방법은?

① 통산법 ② 황산법
③ 수산법 ④ 크롬산법

해설 수산법 : 알루미늄 방식법의 하나

47 주위의 온도에 의하여 선팽창 계수나 탄성률 등의 특정한 성질이 변하지 않는 불변강이 아닌 것은?

① 인바 ② 엘린바
③ 슈퍼인바 ④ 베빗메탈

해설 베빗메탈 : 베어링용 합금으로 불변강이 아니다.

48 다음 가공법 중 소성가공법이 아닌 것은?

① 주조 ② 압연
③ 단조 ④ 인발

해설 소성가공 : 소성을 이용한 가공법으로 ②, ③, ④ 외에 프레스, 전조, 압출이 있다.

49 그림과 같은 치수 기입방법은?

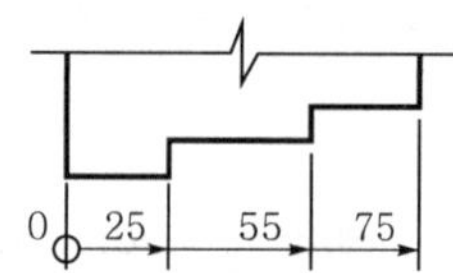

① 직렬 치수 기입법
② 병렬 치수 기입법
③ 조합 치수 기입법
④ 누진 치수 기입법

해설 누진 치수 기입법 : 치수를 한쪽에서 계속 더해가는 방법

50 일반적으로 강에 S, Pb, P 등을 첨가하여 절삭성을 향상시킨 강은?

① 구조용강 ② 쾌삭강
③ 스프링강 ④ 탄소공구강

해설 쾌삭강 : 절삭가공이 쉽게 만든 강

51 KS 재료기호에서 고압 배관용 탄소강관을 의미하는 것은?

① SPP ② SPS
③ SPPA ④ SPPH

해설 일반 구조용 탄소강관 : SPS

52 용도에 의한 명칭에서 선의 종류가 모두 가는 실선인 것은?

① 치수선, 치수보조선, 지시선
② 중심선, 지시선, 숨은선
③ 외형선, 치수보조선, 해칭선
④ 기준선, 피치선, 수준면선

해설 중심선 : 가는 1점 쇄선, 외형선 : 굵은 실선

★ **53** 리벳의 호칭방법으로 옳은 것은?

① 규격번호, 종류, 호칭지름×길이, 재료
② 명칭, 등급, 호칭지름×길이, 재료
③ 규격번호, 종류, 부품 등급, 호칭, 재료
④ 명칭, 다듬질 정도, 호칭, 등급, 강도

해설 둥근머리 리벳 20×40 SV 20

54 도면에서 표제란과 부품란으로 구분할 때 다음 중 일반적으로 표제란에만 기입하는 것은?

① 부품번호 ② 부품기호
③ 수량 ④ 척도

해설 ①, ②, ③ : 부품표 기제 항목

55 다음 중 담금질에서 나타나는 조직으로 경도와 강도가 가장 높은 조직은?

① 시멘타이트 ② 오스테나이트
③ 소르바이트 ④ 마텐자이트

정답 45. ② 46. ③ 47. ④ 48. ① 49. ④ 50. ② 51. ④ 52. ① 53. ① 54. ④ 55. ④

해설 • 담금질 후 경도 높은 순서 : 마텐자이트 > 투루스타이트 > 소르바이트 > 펄라이트
• 일반 조직상은 시멘타이트가 가장 높음

56 다음 그림과 같이 파단선을 경계로 필요로 하는 요소의 일부만을 단면으로 표시하는 단면도는?

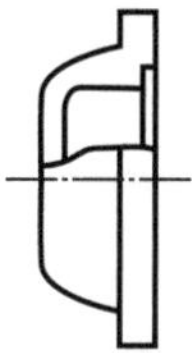

① 온 단면도 ② 부분 단면도
③ 한쪽 단면도 ④ 회전 도시 단면도

해설 한쪽(반) 단면도 : 수평 중심선을 경계로 하단에 단면을 배치

57 관의 구배를 표시하는 방법 중 틀린 것은?

① 1/200 ② 0.2%
③ 5° ④ 0.5

해설 구배는 소수점으로 나타낼 수 없다.

58 다음 그림과 같은 용접이음 방법의 명칭으로 가장 적합한 것은?

① 연속 필릿 용접
② 플랜지형 겹치기 용접
③ 연속 모서리 용접
④ 플랜지형 맞대기 용접

해설 ④ J형으로 굽혀 그 끝을 이음한 용접

59 다음 그림과 같은 원뿔을 전개하였을 경우 나타난 부채꼴의 전개각(전개된 물체의 꼭지각)이 150°가 되려면 l의 치수는?

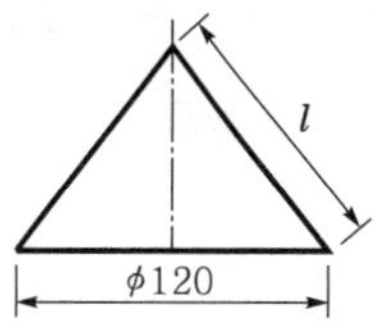

① 100 ② 122
③ 144 ④ 150

해설 $\frac{180}{150} \times 120 = 144$

60 다음 그림과 같은 제3각 정투상도의 3면도를 기초로 한 입체도로 가장 적합한 것은?

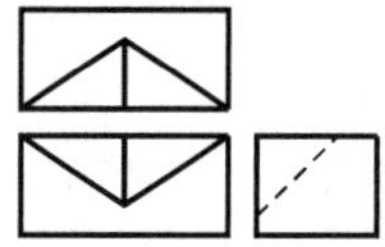

① ②
③ ④

해설 정면도의 다이어몬드 꼴 중심 하단이 밑까지 오지 않았으므로 ②가 정답이다.

부록 1

정답 56. ② 57. ④ 58. ④ 59. ③ 60. ②

제 5 회 용접기능사

01 화재의 폭발 및 방지조치 중 틀린 것은?

① 필요한 곳에 화재를 진화하기 위한 발화설비를 설치할 것
② 배관 또는 기기에서 가연성 증기가 누출되지 않도록 할 것
③ 대기 중에 가연성 가스를 누설 또는 방출시키지 말 것
④ 용접작업 부근에 점화원을 두지 않도록 할 것

해설 화재 폭발 방지를 위해 필요한 곳에 화재 진화 방화설비를 설치해야 한다.

★
02 용접변형에 대한 교정방법이 아닌 것은?

① 가열법
② 가압법
③ 절단에 의한 정형과 재용접
④ 역변형법

해설 역변형법 : 용접 전 변형을 예상하여 용접 반대방향으로 적당히 변형을 주는 방법

03 서브머지드 아크 용접에서 다전극 방식에 의한 분류가 아닌 것은?

① 유니언식 ② 횡병렬식
③ 횡직렬식 ④ 탠덤식

해설 다전극 방식에 유니온식은 없다.

★
04 다음 전기저항 용접 중 맞대기 용접이 아닌 것은?

① 업셋 용접 ② 버트 심 용접
③ 프로젝션 용접 ④ 퍼커션 용접

해설 겹치기 저항 용접 : 프로젝션 용접, 점 용접, 심 용접

05 토륨 텅스텐 전극봉에 대한 설명으로 맞는 것은?

① 전자 방사 능력이 떨어진다.
② 아크 발생이 어렵고 불순물 부착이 많다.
③ 직류정극성에는 좋으나 교류에는 좋지 않다.
④ 전극의 소모가 많다.

해설 토륨 함유 텅스텐 전극 : 전자 방사능력이 뛰어나 많이 사용되었으나, 요즘 방사능 출현 문제로 사용이 자제되고 있다.

06 현미경 조직 시험순서 중 가장 알맞은 것은?

① 시험편 채취－마운팅－샌드 페이퍼 연마－폴리싱－부식－현미경 검사
② 시험편 채취－폴리싱－마운팅－샌드 페이퍼 연마－부식－현미경 검사
③ 시험편 채취－마운팅－폴리싱－샌드 페이퍼 연마－부식－현미경 검사
④ 시험편 채취－마운팅－부식－샌드 페이퍼 연마－폴리싱－현미경 검사

해설 현미경 조직 시험순서 : 시험편 채취 후 작은 것은 연마가 편하도록 마운팅한 후 연마한다.

07 일렉트로 슬래그 용접의 단점에 해당되는 것은?

① 용접 능률과 용접 품질이 우수하므로 후판 용접 등에 적당하다.
② 용접진행 중에 용접부를 직접 관찰할 수 없다.
③ 최소한의 변형과 최단시간의 용접법이다.
④ 다전극을 이용하면 더욱 능률을 높일 수 있다.

정답 01. ① 02. ④ 03. ① 04. ③ 05. ③ 06. ① 07. ②

해설 일렉트로 슬래그 용접의 단점 : 용접 전 설치에 시간이 많이 걸린다.

08 다음 중 용접 결함의 보수용접에 관한 사항으로 가장 적절하지 않은 것은?

① 재료의 표면에 있는 얕은 결함은 덧붙임 용접으로 보수한다.
② 언더컷이나 오버랩 등은 그대로 보수용접을 하거나 정으로 따내기 작업을 한다.
③ 결함이 제거된 모재 두께가 필요한 치수보다 얇게 되었을 때에는 덧붙임 용접으로 보수한다.
④ 덧붙임 용접으로 보수할 수 있는 한도를 초과할 때에는 결함 부분을 잘라내어 맞대기 용접으로 보수한다.

해설 결함 보수 시 재료의 표면의 얕은 결함은 가는 용접봉으로 보수한다.

★
09 용착금속의 극한 강도가 30kg/mm^{2}에 안전율이 6이면 허용응력은?

① 3kg/mm^2　② 4kg/mm^2
③ 5kg/mm^2　④ 6kg/mm^2

해설 $S = \frac{\text{극한강도}}{\text{허용응력}}$, 허용응력$= \frac{30}{6} = 5$

10 용접 시 두통이나 뇌빈혈을 일으키는 이산화탄소 가스의 농도는?

① 1~2%　② 3~4%
③ 10~15%　④ 20~30%

해설 이산화탄소 가스의 농도가 30% 이상이면 치사할 수 있다.

★
11 TIG 용접 및 MIG 용접에 사용되는 불활성 가스로 가장 적합한 것은?

① 수소가스　② 아르곤가스
③ 산소가스　④ 질소가스

해설 불활성 가스 아크 용접(TIG, MIG)에 아르곤이나 헬륨이 보호가스로 사용된다.

12 불활성 가스 금속 아크 용접의 용적 이행방식 중 용융 이행상태는 아크 기류 중에서 용가재가 고속으로 용융, 미입자의 용적으로 분사되어 모재에 용착되는 용적 이행은?

① 용락 이행　② 단락 이행
③ 스프레이 이행　④ 글로뷸러 이행

해설 단락 이행 : 용접봉의 용적이 표면장력의 작용으로 1초에 수십번의 단락을 하며 이행하는 형식

★
13 차축, 레일의 접합, 선박의 프레임 등 비교적 큰 단면을 가진 주조나 단조품의 맞대기 용접과 보수 용접에 주로 사용되는 용접법은?

① 서브머지드 아크 용접
② 테르밋 용접
③ 원자 수소 아크 용접
④ 오토콘 용접

해설 테르밋 용접 : 테르밋제(알루미늄 분말과 산화철 분말)의 화학반응에 의해 용융된 용탕을 용접부에 주입하여 용접하는 방법

14 CO_2 가스 아크 용접 시 저전류 영역에서 가스 유량은 약 몇 L/min 정도가 가장 적당한가?

① 1~5　② 6~10
③ 10~15　④ 16~20

해설 CO_2 가스 아크 용접 시 저전류 영역에서 가스 유량은 10~15L/min 정도가 적당하다.

15 상온에서 강하게 압축함으로써 경계면을 국부적으로 소성 변형시켜 접합하는 것은?

① 냉간압접
② 플래시 버트 용접
③ 업셋 용접
④ 가스압접

해설 플래시 버트 용접 : 접합물을 가까이 한 후 큰 전류를 흘려 전기저항 열로 불꽃을 일으켜 단면을 용융시킨 후 가압하여 접합하는 방법

정답 08. ① 09. ③ 10. ② 11. ② 12. ③ 13. ② 14. ③ 15. ①

부록 1

16 모재두께 9mm, 용접길이 150mm인 맞대기 용접의 최대 인장하중(kg)은 얼마인가? (단, 용착금속의 인장강도는 43kg/mm^{2}이다.)

① 716kg ② 4,450kg
③ 40,635kg ④ 58,050kg

해설 $\sigma = \frac{P}{A}$, $P = \sigma A = 43 \times 150 \times 9 = 58,050\text{kgf}$

17 용접에서 예열에 관한 설명 중 틀린 것은?

① 용접작업에 의한 수축 변형을 감소시킨다.
② 용접부의 냉각속도를 느리게 하여 결함을 방지한다.
③ 고급 내열 합금도 용접균열을 방지하기 위하여 예열을 한다.
④ 알루미늄 합금, 구리합금은 50~70℃의 예열이 필요하다.

해설 알루미늄의 예열온도 : 200~400℃ 이하로 예열 후 용접하는 것이 좋다.

18 용접부의 연성 결함의 유무를 조사하기 위하여 실시하는 시험법은?

① 경도시험 ② 인장시험
③ 초음파시험 ④ 굽힘시험

해설 굽힘시험 : 연성 유무를 조사하기 위한 시험

★
19 용접부 시험 중 비파괴 시험방법이 아닌 것은?

① 피로시험 ② 누설시험
③ 자기적 시험 ④ 초음파시험

해설 피로시험 : 기계적 파괴시험(동적 시험)에 해당된다.

20 하중의 방향에 따른 필릿 용접의 종류가 아닌 것은?

① 전면 필릿 ② 측면 필릿
③ 연속 필릿 ④ 경사 필릿

해설 용접진행에 따른 필릿 용접의 종류 : 연속 필릿, 단속 필릿 용접

21 불활성 가스 금속 아크 용접의 제어장치로서 크레이터 처리 기능에 의해 낮아진 전류가 서서히 줄어들면서 아크가 끊어지는 기능으로, 이면 용접 부위가 녹아내리는 것을 방지하는 것은?

① 예비가스 유출시간
② 스타트 시간
③ 크레이터 충전시간
④ 버언 백 시간

해설 예비가스 유출시간 : 아크 발생 전에 전극이나 용접부를 보호하기 위해 가스를 유출하는 시간

22 경납용 용가재에 대한 각각의 설명이 틀린 것은?

① 은납 : 구리, 은, 아연이 주성분으로 구성된 합금으로 인장강도, 전연성 등의 성질이 우수하다.
② 황동납 : 구리와 니켈의 합금으로 값이 저렴하여 공업용으로 많이 쓰인다.
③ 인동납 : 구리가 주성분이며 소량의 은, 인을 포함한 합금으로 되어 있다. 일반적으로 구리 및 구리합금의 땜납으로 쓰인다.
④ 알루미늄납 : 일반적으로 알루미늄에 규소, 구리를 첨가하여 사용하며 융점은 600℃ 정도이다.

해설 황동납 : 구리와 아연의 합금으로 값이 저렴하여 공업용으로 많이 쓰인다.

★
23 용접법을 크게 융접, 압접, 납땜으로 분류할 때 압접에 해당되는 것은?

① 전자빔 용접
② 초음파 용접
③ 원자 수소 용접
④ 일렉트로 슬래그 용접

해설 융접 : ①, ③, ④

정답 16. ④ 17. ④ 18. ④ 19. ① 20. ③ 21. ④ 22. ② 23. ②

24 산소 아크 절단을 설명한 것 중 틀린 것은?

① 가스 절단에 비해 절단면이 거칠다.
② 직류정극성이나 교류를 사용한다.
③ 중실(속이 찬) 원형봉의 단면을 가진 강(steel) 전극을 사용한다.
④ 절단속도가 빨라 철강 구조물 해체, 수중 해체작업에 이용된다.

해설 산소 아크 절단 : 속 빈 전극봉을 사용해서 피절단물에 아크를 발생시켜 예열하고 산소를 중심 구멍으로 분출시켜 절단하는 방법

★
25 피복 아크 용접봉은 피복제가 연소한 후 생성된 물질이 용접부를 보호한다. 용접부의 보호방식에 따른 분류가 아닌 것은?

① 가스 발생식 ② 스프레이형
③ 반가스 발생식 ④ 슬래그 생성식

해설 스프레이형 : 용접봉의 이행형식임

26 가스 용접작업에서 후진법의 특징이 아닌 것은?

① 열 이용률이 좋다.
② 용접속도가 빠르다.
③ 용접변형이 작다.
④ 얇은 판의 용접에 적당하다.

해설 후진법 : 전진법(좌진법)에 비해 후판 용접에 적당하다.

27 다음 ( ) 안에 알맞은 용어는?

용접의 원리는 금속과 금속을 서로 충분히 접근시키면 금속 원자 간에 ( )이 작용하여 스스로 결합하게 된다.

① 인력 ② 기력
③ 자력 ④ 응력

해설 용접 : 금속 원자끼리 10^{-8}(1/1억)cm 이상 접근시키면 인력에 의해 접합이 가능하다.

★
28 다음 가스 중 가연성 가스로만 되어 있는 것은?

① 아세틸렌, 헬륨 ② 수소, 프로판
③ 아세틸렌, 아르곤 ④ 산소, 이산화탄소

해설 헬륨, 아르곤, 이산화탄소는 가연성 가스가 아니다.

29 가스 가우징용 토치의 본체는 프랑스식 토치와 비슷하나 팁은 비교적 저압으로 대용량의 산소를 방출할 수 있도록 설계되어 있는데, 이는 어떤 설계 구조인가?

① 초코 ② 인젝트
③ 오리피스 ④ 슬로우 다이버전트

해설 다이버전트 노즐 : 노즐의 중심부분을 잘록하게 하여 유속을 증가시킨 것으로 절단 효율이 높다.

30 가스 용접 시 양호한 용접부를 얻기 위한 조건에 대한 설명 중 틀린 것은?

① 용착금속의 용입상태가 균일해야 한다.
② 슬래그, 기공 등의 결함이 없어야 한다.
③ 용접부에 첨가된 금속의 성질이 양호하지 않아도 된다.
④ 용접부에는 기름, 먼지, 녹 등을 완전히 제거하여야 한다.

해설 양호한 용접부가 되려면 용접부에 첨가된 금속의 성질이 양호해야 된다.

★
31 가스 용접에 대한 설명 중 옳은 것은?

① 아크 용접에 비해 불꽃의 온도가 높다.
② 열 집중성이 좋아 효율적인 용접이 가능하다.
③ 전원 설비가 있는 곳에서만 설치가 가능하다.
④ 가열할 때 열량 조절이 비교적 자유롭기 때문에 박판 용접에 적합하다.

해설 가스 용접 : 아크 용접에 비해 열원이 낮고, 열집중성이 낮아 박판 용접에 적당하다.

32 연강용 피복 아크 용접봉의 피복 배합제 중 아크 안정제 역할을 하는 종류로 묶어 놓은 것 중 옳은 것은?

① 적철강, 알루미나, 붕산
② 붕산, 구리, 마그네슘
③ 알루미나, 마그네슘, 탄산나트륨
④ 산화티탄, 규산나트륨, 석회석, 탄산나트륨

정답 24. ③ 25. ② 26. ④ 27. ① 28. ② 29. ④ 30. ③ 31. ④ 32. ④

해설 • 알루미나, 봉산 : 슬래그 생성제
• 마그네슘 : 탈산제
• 구리 : 합금제
• 탄산나트륨 : 아크 안정, 슬래그 생성제

★
33 연강 피복 아크 용접봉인 E4316의 계열은 어느 계열인가?

① 저수소계 ② 고산화티탄계
③ 철분 저수소계 ④ 일미나이트계

해설 • 고산화티탄계 : E4313
• 철분 저수소계 : E4326
• 일미나이트계 : E4301

34 가스 절단 시 양호한 절단면을 얻기 위한 품질 기준이 아닌 것은?

① 슬래그 이탈이 양호할 것
② 절단면의 표면각이 예리할 것
③ 절단면이 평활하여 노치 등이 없을 것
④ 드래그의 홈이 높고 가능한 클 것

해설 ④ 드래그의 홈이 낮고 가능한 작아야 한다.

★
35 정격 2차 전류 200A, 정격사용률 40%, 아크 용접기로 150A의 용접전류 사용 시 허용사용률은 약 얼마인가?

① 51% ② 61%
③ 71% ④ 81%

해설 허용사용률 $= \frac{200^2}{150^2} \times 40 = 71.1$

36 피복 아크 용접봉의 피복 배합제의 성분 중에서 탈산제에 해당하는 것은?

① 산화티탄(TiO_2)
② 규소철(Fe−Si)
③ 셀룰로오스(Cellulose)
④ 일미나이트($TiO_2 \cdot FeO$)

해설 • 산화티탄(TiO_2) : 아크 안정과 슬래그 생성
• 셀룰로오스 : 가스 발생
• 일미나이트 : 슬래그 생성

37 다음 중 탄소량이 가장 적은 강은?

① 연강 ② 반경강
③ 최경강 ④ 탄소 공구강

해설 ① 연강 : 0.2% C ② 반경강 : 0.3% C
③ 최경강 : 0.8% C ④ 탄소공구강 : 0.8~1.5% C

★
38 교류 아크 용접기 종류 중 AW-500의 정격 부하전압은 몇 V인가?

① 28V ② 32V
③ 36V ④ 40V

해설 AW-500 리액턴스 강하 40V

39 직류 아크 용접에서 정극성의 특징으로 맞는 것은?

① 비드 폭이 넓다.
② 주로 박판 용접에 쓰인다.
③ 모재의 용입이 깊다.
④ 용접봉의 녹음이 빠르다.

해설 직류정극성 : 비드 폭이 좁고 용입이 깊어 주로 후판 용접에 쓰인다.

★
40 용해 아세틸렌가스는 각각 몇 ℃, 몇 kgf/cm^2으로 충전하는 것이 가장 적합한가?

① 40℃, $160kgf/cm^2$
② 35℃, $150kgf/cm^2$
③ 20℃, $30kgf/cm^2$
④ 15℃, $15kgf/cm^2$

해설 ② 고압산소 충전

41 보통 주강에 3% 이하의 Cr을 첨가하여 강도와 내마멸성을 증가시켜 분쇄 기계, 석유화학 공업용 기계부품 등에 사용되는 합금 주강은?

① Ni 주강 ② Cr 주강
③ Mn 주강 ④ Ni-Cr 주강

해설 주강에 함유 성분에 따라 붙여진 명칭

정답 33. ① 34. ④ 35. ③ 36. ② 37. ① 38. ④ 39. ③ 40. ④ 41. ②

★
42 열간가공과 냉간가공을 구분하는 온도로 옳은 것은?

① 재결정 온도 ② 재료가 녹는 온도
③ 물의 어는 온도 ④ 고온 취성 발생 온도

해설 재결정 온도 : 새로운 결정이 생성되는 온도로 이 온도점을 기준으로 열간, 냉간가공을 구분하며 가공도와 입자의 밀도에 따라 온도는 달라진다.

43 조성이 2.0~3.0% C, 0.6~1% Si 범위인 것으로 백주철을 열처리로 넣어 가열해서 탈탄 또는 흑연화 방법으로 제조한 주철은?

① 가단 주철 ② 칠드 주철
③ 구상흑연 주철 ④ 고력 합금 주철

해설 구상흑연 주철 : 용탕에 Mg 등으로 접종하여 편상흑연을 구상화시켜 연성을 높인 주철

44 구리(Cu)에 대한 설명으로 옳은 것은?

① 구리는 체심입방격자이며, 변태점이 있다.
② 전기 구리는 O_2나 탈산제를 품지 않는 구리이다.
③ 구리의 전기 전도율은 금속 중에서 은(Ag)보다 높다.
④ 구리는 CO_2가 들어 있는 공기 중에서 염기성 탄산구리가 생겨 녹청색이 된다.

해설 구리 : 면심입방격자이며, 변태점이 없고, 은 다음으로 전기 전도율이 높다.

45 담금질에 대한 설명으로 옳은 것은?

① 위험 구역에서는 급랭한다.
② 임계 구역에서는 서냉한다.
③ 강을 경화시킬 목적으로 실시한다.
④ 정지된 물속에서 냉각 시 대류단계에서 냉각속도가 최대가 된다.

해설 담금질 시 위험 구역에서는 서냉해야 되며, 대류 단계에서 냉각속도가 최저가 된다.

46 금속 침투법 중 칼로나이징은 어떤 금속을 침투시킨 것인가?

① B ② Cr
③ Al ④ Zn

해설
- 칼로나이징 : 내화성이 요구되는 부품에 Fe-Al 합금층이 형성되게 Al을 침투
- 크로마이징 : Cr 침투
- 세라다이징 : Zn 침투
- 보로나이징 : B 침투

47 강의 표준 조직이 아닌 것은?

① 페라이트(ferrite)
② 펄라이트(pearlite)
③ 시멘타이트(cementite)
④ 소르바이트(sorbite)

해설 소르바이트 조직은 열처리한 2차 조직이다.

48 마그네슘(Mg)의 특성을 설명한 것 중 틀린 것은?

① 비강도가 Al 합금보다 떨어진다.
② 구상흑연 주철의 첨가제로 사용된다.
③ 비중이 약 1.74 정도로 실용금속 중 가볍다.
④ 항공기, 자동차 부품, 전기 기기, 선박, 광학 기계, 인쇄 제판 등에 사용된다.

해설 마그네슘 : 비강도가 Al 합금보다 크다.

49 스테인리스강의 종류에 해당되지 않는 것은?

① 페라이트계 스테인리스강
② 레데뷰라이트계 스테인리스강
③ 석출 경화형 스테인리스강
④ 마텐자이트계 스테인리스강

해설 스테인리스강에는 ①, ③, ④ 외에 오스테나이트계가 있으며, 레데뷰라이트계 스테인리스강은 없다.

50 Al-Si계 합금의 조대한 공정 조직을 미세화하기 위하여 나트륨(Na), 수산화나트륨(NaOH), 알칼리염류 등을 합금 용량에 첨가하여 10~15분간 유지하는 처리는?

① 시효처리 ② 폴링처리
③ 개량처리 ④ 응력제거 풀림처리

해설 개량처리 : Al-Si계 합금의 조대한 공정 조직을 나트륨(Na), 수산화나트륨(NaOH), 알칼리염류 등으로 처리하여 미세화시키는 처리

부록 1

정답 42. ① 43. ① 44. ④ 45. ③ 46. ③ 47. ④ 48. ① 49. ② 50. ③

51 다음 그림과 같이 지름이 같은 원기둥과 원기둥이 직각으로 만날 때의 상관선은 어떻게 나타내는가?

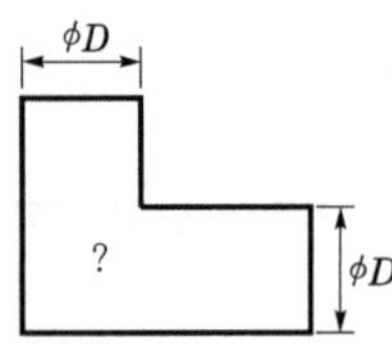

① 점선 형태의 직선
② 실선 형태의 직선
③ 실선 형태의 포물선
④ 실선 형태의 하이포이드 곡선

해설 그림과 같은 상관선은 굵은 실선 형태의 직선으로 나타낸다.

52 KS 재료기호 중 기계 구조용 탄소강재의 기호는?

① SM 35C ② SS 490B
③ SF 340A ④ STKM 20A

해설 ② 일반구조용 압연강재, ③ 단조강

53 다음 중 지시선 및 인출선을 잘못 나타낸 것은?

①
②
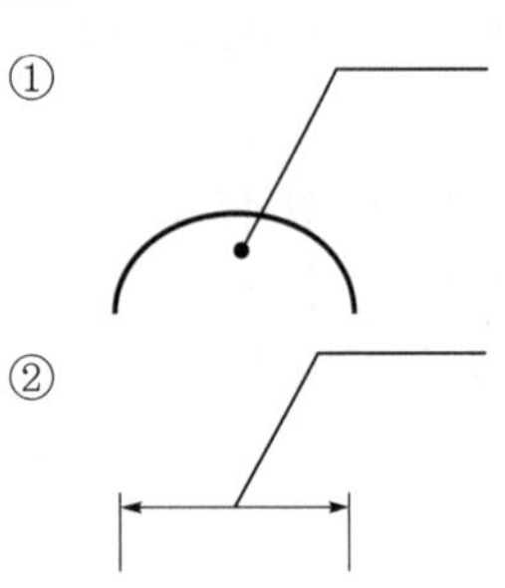

③
④
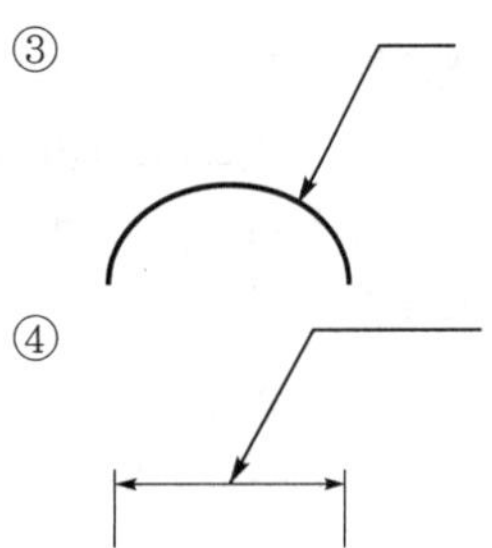

해설 화살표에 지시선으로 또 화살표가 붙으면 안된다.

54 다음 중 치수 기입의 원칙에 대한 설명으로 가장 적절한 것은?

① 주요한 치수는 중복하여 기입한다.
② 치수는 되도록 주투상도에 집중하여 기입한다.
③ 계산하여 구한 치수는 되도록 식을 같이 기입한다.
④ 치수 중 참고치수에 대하여는 네모 상자 안에 치수 수치를 기입한다.

해설 치수 기입의 원칙 : 치수는 중복하지 않으며, 계산하여 구한 치수라도 식을 나타내지 않으며, 참고 치수는 ( )안에 기입한다.

55 리벳 이음(rivet joint) 단면의 표시법으로 가장 올바르게 투상된 것은?

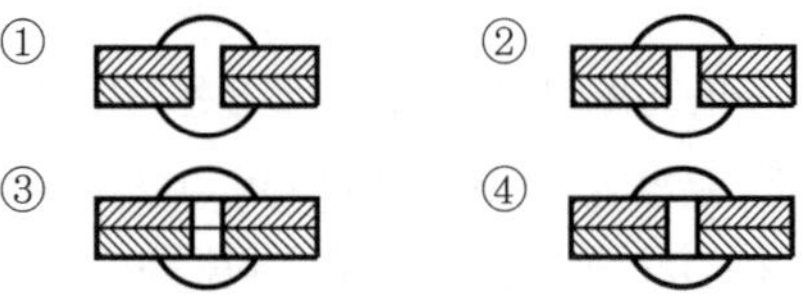

해설 둥근 머리 리벳 머리와 소재의 경계선은 실선으로 나타낸다.

56 다음 그림과 같이 제3각 점투상법으로 투상한 투상도의 우측면도로 가장 적합한 것은?

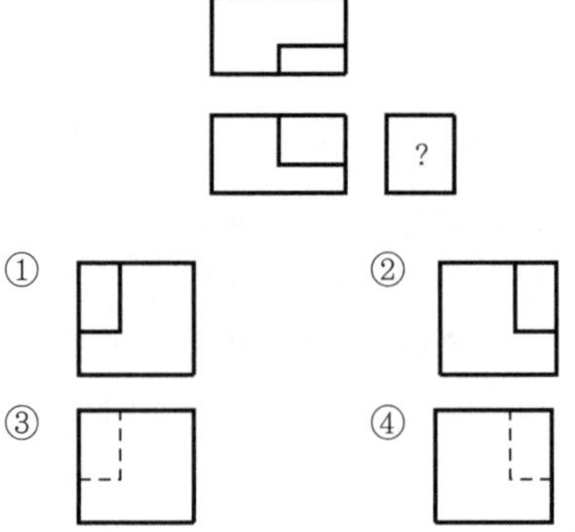

해설 정면도를 그대로 두고 평면도와 우측면도를 입체형상으로 경사지게 그려 해당 위치에 붙여보면 답이 나온다.

정답 51. ② 52. ① 53. ④ 54. ② 55. ④ 56. ①

★
57 기계제도에서의 척도에 대한 설명으로 잘못된 것은?

① 척도는 표제란에 기입하는 것이 원칙이다.
② 축척의 표시는 2 : 1, 5 : 1, 10 : 1 등과 같이 나타낸다.
③ 척도란 도면에서의 길이와 대상물의 실제 길이의 비이다.
④ 도면을 정해진 척도값으로 그리지 못하거나 비례하지 않을 때에는 척도를 'NS'로 표시할 수 있다.

해설 • 척도 표시
㉠ 축척-1 : 2, 1 : 5, 1 : 10
㉡ 현척-1 : 1
㉢ 배척-2 : 1, 5 : 1, 10 : 1

58 다음 용접기호에서 "3"의 의미로 올바른 것은?

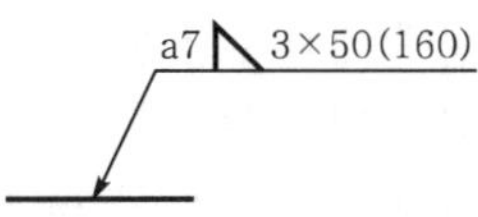

① 용접부 수 ② 용접부 간격
③ 용접의 길이 ④ 필릿 용접 목 두께

해설 a : 목 두께, 50 : 용접길이, (160) : 용접부 간격

★
59 배관의 집합 기호 중 프랜지 연결을 나타내는 것은?

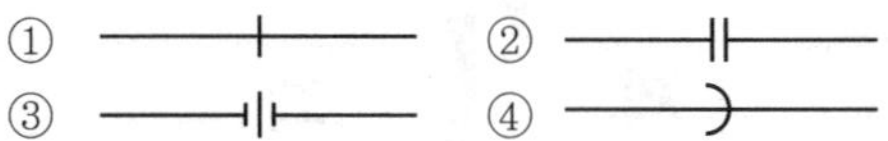

해설 배관의 접합 기호 중 ① 일반, ② 플랜지, ③ 유니온, ④ 턱걸이식 등을 나타낸다.

60 다음 배관 도면에 포함되어 있는 요소로 볼 수 없는 것은?

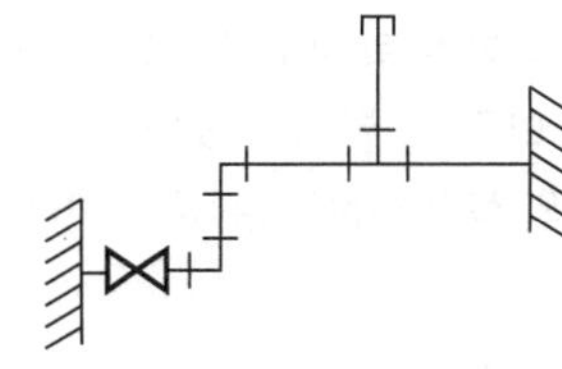

① 엘보 ② 티
③ 캡 ④ 체크 밸브

해설 ┘ : 엘보, ┳ : 캡, ┼┼ : 티

정답 57. ② 58. ① 59. ② 60. ③

제 1 회 용접기능사

01 불활성 가스 텅스텐 아크 용접(TIG)의 KS 규격이나 미국용접협회(AWS)에서 정하는 텅스텐 전극봉의 식별 색상이 황색이면 어떤 전극봉인가?

① 순 텅스텐
② 지르코늄 텅스텐
③ 1% 토륨 텅스텐
④ 2% 토륨 텅스텐

해설 ① 순 텅스텐 전극 : 녹색
② 지르코늄 텅스텐 전극 : 갈색
④ 2% 토륨 텅스텐 전극 : 적색

★
02 서브머지드 아크 용접의 다전극 방식에 의한 분류가 아닌 것은?

① 푸시식 ② 텐덤식
③ 횡병렬식 ④ 횡직렬식

해설 푸시식은 GMAW의 와이어 송급방식으로 다전극 방식에 푸시식은 없다.

03 다음 중 정지구멍(stop hole)을 뚫어 결함부분을 깎아내고 재용접해야 하는 결함은?

① 균열 ② 언더컷
③ 오버랩 ④ 용입부족

해설 • 언더컷 : 가는 용접봉으로 재용접
• 오버랩 : 깎아내고 재용접

★
04 다음 중 비파괴 시험에 해당하는 시험법은?

① 굽힘시험 ② 현미경조직시험
③ 파면시험 ④ 초음파시험

해설 굽힘시험 : 연성 유무 파악, 기계적 파괴시험

05 용접 후 변형 교정 시 가열온도 500~600℃, 가열시간 약 30초, 가열지름 20~30mm로 하여, 가열한 후 즉시 수냉하는 변형교정법을 무엇이라 하는가?

① 박판에 대한 수냉 동판법
② 박판에 대한 살수법
③ 박판에 대한 수냉 석면포법
④ 박판에 대한 점 수축법

해설 박판에 대한 점 수축법 : 박판의 변형 교정에 가장 많이 사용

★
06 산업용 로봇 중 직각좌표계 로봇의 장점에 속하는 것은?

① 오프라인 프로그래밍이 용이하다.
② 로봇 주위에 접근이 가능하다.
③ 1개의 선형축과 2개의 회전축으로 이루어졌다.
④ 작은 설치공간에 큰 작업영역이다.

해설 • 장점
㉠ 오프라인 프로그래밍 용이
㉡ 강성구조
㉢ 3개 선형축(직선운동)
㉣ 시각화가 용이
• 단점
㉠ 로봇 자체 앞에서만 접근 가능
㉡ 큰 설치 공간 필요
㉢ 밀봉(seal)이 필요

정답 01. ③ 02. ① 03. ① 04. ④ 05. ④ 06. ①

07 용접 전의 일반적인 준비사항이 아닌 것은?

① 사용재료를 확인하고 작업내용을 검토한다.
② 용접전류, 용접순서를 미리 정해둔다.
③ 이음부에 대한 불순물을 제거한다.
④ 예열 및 후열처리를 실시한다.

해설 후열처리는 용접 후에 하는 처리이다.

08 불활성 가스 금속 아크 용접(MIG)에서 크레이터 처리에 의해 전류가 서서히 줄어들면서 아크가 끊어지는 기능으로 용접부가 녹아내리는 것을 방지하는 제어기능은?

① 스타트 시간 ② 예비가스 유출시간
③ 버언 백 시간 ④ 크레이터 충전시간

해설 예비가스 유출시간 : 아크 발생 전에 보호가스를 먼저 분출시켜 용접부와 전극을 보호하기 위해 가스를 유출시키는 시간

★
09 금속 간의 원자가 접합되는 인력 범위는?

① 10^{-4}cm ② 10^{-6}cm
③ 10^{-8}cm ④ 10^{-10}cm

해설 금속 간의 원자가 접합되는 인력 범위 : 10^{-8}(1억분의 1)cm

10 다음 중 용접설계상 주의해야 할 사항으로 틀린 것은?

① 국부적으로 열이 집중되도록 할 것
② 용접에 적합한 구조의 설계를 할 것
③ 결함이 생기기 쉬운 용접방법은 피할 것
④ 강도가 약한 필릿 용접은 가급적 피할 것

해설 용접설계 시 국부적으로 열이 집중되지 않도록 할 것

★
11 다음 중 테르밋 용접의 특징에 관한 설명으로 틀린 것은?

① 전기가 필요 없다.
② 용접작업이 단순하다.
③ 용접시간이 길고 용접 후 변형이 크다.
④ 용접기구가 간단하고 작업장소의 이동이 쉽다.

해설 테르밋 용접은 용접시간이 짧고 용접 후 변형이 적다.

12 다음 중 용접용 지그 선택의 기준으로 적절하지 않은 것은?

① 물체를 튼튼하게 고정시켜 줄 크기와 힘이 있을 것
② 변형을 막아줄 만큼 견고하게 잡아줄 수 있을 것
③ 물품의 고정과 분해가 어렵고 청소가 편리할 것
④ 용접 위치를 유리한 용접자세로 쉽게 움직일 수 있을 것

해설 용접 지그는 물품의 고정과 분해가 쉽고 청소가 편리할 것

13 서브머지드 아크 용접에 대한 설명으로 틀린 것은?

① 가시 용접으로 용접 시 용착부를 육안으로 식별이 가능하다.
② 용융속도와 용착속도가 빠르며 용입이 깊다.
③ 용착금속의 기계적 성질이 우수하다.
④ 개선각을 작게 하여 용접 패스 수를 줄일 수 있다.

해설 서브머지드 아크 용접 : 불가시 용접으로 용착부를 육안으로 식별이 곤란하다.

14 용접시공 시 발생하는 용접변형이나 잔류응력의 발생을 줄이기 위해 용접시공 순서를 정한다. 다음 중 용접시공 순서에 대한 사항으로 틀린 것은?

① 제품의 중심에 대하여 대칭으로 용접을 진행시킨다.
② 같은 평면 안에 이음이 있을 때에는 수축은 가능한 자유단으로 보낸다.
③ 수축이 적은 이음을 가능한 먼저 용접하고 수축이 큰 이음을 나중에 용접한다.
④ 리벳작업과 용접을 같이 할 때는 용접을 먼저 실시하여 용접열에 의해서 리벳의 구멍이 늘어남을 방지한다.

해설 용접 우선순위 : 수축이 큰 이음을 가능한 먼저 용접하고 수축이 적은 이음을 나중에 용접한다.

부록 1

정답 07. ④ 08. ③ 09. ③ 10. ① 11. ③ 12. ③ 13. ① 14. ③

★
15 이산화탄소 아크 용접법에서 이산화탄소(CO_2)의 역할을 설명한 것 중 틀린 것은?

① 아크를 안정시킨다.
② 용융금속 주위를 산성 분위기로 만든다.
③ 용융속도를 빠르게 한다.
④ 양호한 용착금속을 얻을 수 있다.

해설 이산화탄소(CO_2)의 역할과 용융속도는 무관하다.

16 이산화탄소 아크 용접에 관한 설명으로 틀린 것은?

① 팁과 모재 간의 거리는 와이어의 돌출길이에 아크길이를 더한 것이다.
② 와이어 돌출길이가 짧아지면 용접 와이어의 예열이 많아진다.
③ 와이어의 돌출길이가 짧아지면 스패터가 부착되기 쉽다.
④ 약 200A 미만의 저전류를 사용할 경우 팁과 모재 간의 거리는 10~15mm 정도 유지한다.

해설 와이어 돌출길이가 길어지면 용접 와이어의 예열이 많아진다.

17 단면적이 $10cm^2$의 평판을 완전 용입 맞대기 용접한 경우의 하중은 얼마인가? (단, 재료의 허용응력을 $1,600kgf/cm^2$로 한다.)

① 160kgf ② 1,600kgf
③ 16,000kgf ④ 16kgf

해설 $P = \sigma A = 1,600 \times 10 = 16,000$

★
18 다음 중 아세틸렌(C_2H_2) 가스의 폭발성에 해당되지 않는 것은?

① 406~408℃가 되면 자연 발화한다.
② 마찰, 진동, 충격 등의 외력이 작용하면 폭발위험이 있다.
③ 아세틸렌 90%, 산소 10%의 혼합 시 가장 폭발위험이 크다.
④ 은, 수은 등과 접촉하면 이들과 화합하여 120℃ 부근에서 폭발성이 있는 화합물을 생성한다.

해설 아세틸렌 15%, 산소 85%의 혼합 시 가장 폭발위험이 크다.

19 용접작업 시의 전격에 대한 방지대책으로 올바르지 않은 것은?

① TIG 용접 시 텅스텐 전극봉을 교체할 때는 전원 스위치를 차단하지 않고 해야 한다.
② 습한 장갑이나 작업복을 입고 용접하면 감전의 위험이 있으므로 주의한다.
③ 절연홀더의 절연부분이 균열이나 파손되었으면 곧바로 보수하거나 교체한다.
④ 용접작업이 끝났을 때나 장시간 중지할 때에는 반드시 스위치를 차단시킨다.

해설 텅스텐 전극봉의 교체 등 점검, 수리 시에는 전원 스위치를 차단하고 해야 한다.

20 강구조물 용접에서 맞대기 이음의 루트 간격의 차이에 따라 보수용접을 하는데 보수방법으로 틀린 것은?

① 맞대기 루트 간격 6mm 이하일 때에는 이음부의 한쪽 또는 양쪽을 덧붙임 용접한 후 절삭하여 규정 간격으로 개선 홈을 만들어 용접한다.
② 맞대기 루트 간격 15mm 이상일 때에는 판을 전부 또는 일부(대략 300mm 이상의 폭)를 바꾼다.
③ 맞대기 루트 간격 6~15mm일 때에는 이음부에 두께 6mm 정도의 뒷댐판을 대고 용접한다.
④ 맞대기 루트 간격 15mm 이상일 때에는 스크랩을 넣어서 용접한다.

해설 보수 방법은 ④가 아니고 ②가 된다.

★
21 산소-아세틸렌가스 용접의 장점이 아닌 것은?

① 용접기의 운반이 비교적 자유롭다.
② 아크 용접에 비해서 유해광선의 발생이 적다.
③ 열의 집중성이 높아서 용접이 효율적이다.
④ 가열할 때 열량 조절이 비교적 자유롭다.

해설 산소-아세틸렌가스 용접은 아크 용접보다 열의 집중성이 낮아서 용접이 비효율적이다.

정답 15. ③ 16. ② 17. ③ 18. ③ 19. ① 20. ④ 21. ③

22 용접길이가 짧거나 변형 및 잔류응력의 우려가 적은 재료를 용접할 경우 가장 능률적인 용착법은?

① 전진법 ② 후진법
③ 비석법 ④ 대칭법

해설 비석법 : 박판의 변형 방지에 효과가 크며, 드문 드문 용접 후 다시 그 사이를 용접하는 용착법

23 스터드 용접의 특징 중 틀린 것은?

① 긴 용접시간으로 용접변형이 크다.
② 용접 후의 냉각속도가 비교적 빠르다.
③ 알루미늄, 스테인리스강 용접이 가능하다.
④ 탄소 0.2%, 망간 0.7% 이하 시 균열 발생이 없다.

해설 스터드 용접 : 용접시간이 짧아 용접변형도 적다.

24 연강용 피복 아크 용접봉 중 저수소계 용접봉을 나타내는 것은?

① E4301 ② E4311
③ E4316 ④ E4327

해설 ① 일미나이트계
② 고셀룰로오스계
④ 철분 산화철계

25 직류 피복 아크 용접기와 비교한 교류 피복 아크 용접기의 설명으로 옳은 것은?

① 무부하 전압이 낮다.
② 아크의 안정성이 우수하다.
③ 아크쏠림이 거의 없다.
④ 전격의 위험이 적다.

해설 직류 피복 아크 용접기는 교류 피복 아크 용접기에 비해 아크쏠림이 심하다.

★
26 다음 중 산소용기의 각인사항에 포함되지 않은 것은?

① 내용적 ② 내압시험압력
③ 가스충전일시 ④ 용기 중량

해설 산소 용기의 각인사항에 가스충전일은 각인하지 않으며, 용기 검사 년월은 각인한다.

★
27 정류기형 직류 아크 용접기에서 사용되는 셀렌 정류기는 80℃ 이상이면 파손되므로 주의하여야 하는데 실리콘 정류기는 몇 ℃ 이상에서 파손되는가?

① 120℃ ② 150℃
③ 80℃ ④ 100℃

해설 실리콘 정류기는 150℃ 이상에서 파손된다.

28 가스용접 작업 시 후진법의 설명으로 옳은 것은?

① 용접속도가 빠르다.
② 열 이용률이 나쁘다.
③ 얇은 판의 용접에 적합하다.
④ 용접변형이 크다.

해설 후진법은 전진법에 비해 열 이용률이 좋고 변형이 적다.

29 절단의 종류 중 아크 절단에 속하지 않는 것은?

① 탄소 아크 절단
② 금속 아크 절단
③ 플라스마 제트 절단
④ 수중 절단

해설 일반적으로 수중 절단은 산소-수소가스를 사용한다.

★
30 강재의 표면에 개재물이나 탈탄층 등을 제거하기 위하여 비교적 얇고 넓게 깎아내는 가공법은?

① 스카핑
② 가스 가우징
③ 아크 에어 가우징
④ 워트 제트 절단

해설 스카핑(scarfing)은 강괴, 강편, 슬래그, 기타 표면의 균열이나 주름, 주조 결함, 탈탄층 등의 표면 결함을 불꽃 가공에 의해서 제거하는 방법이다.

정답 22. ① 23. ① 24. ③ 25. ③ 26. ③ 27. ② 28. ① 29. ④ 30. ①

★
31 다음 중 용접기에서 모재를 (+)극에, 용접봉을 (−)극에 연결하는 아크 극성을 옳은 것은?

① 직류정극성 ② 직류역극성
③ 용극성 ④ 비용극성

해설 극성 : 모재를 기준으로 모재가 +이면 정극성, −이면 역극성이라 한다.

★
32 야금적 접합법의 종류에 속하는 것은?

① 납땜 이음 ② 볼트 이음
③ 코터 이음 ④ 리벳 이음

해설 야금학적 접합법은 융접, 압접, 납접이 있다.

33 수중 절단작업에 주로 사용되는 연료가스는?

① 아세틸렌 ② 프로판
③ 벤젠 ④ 수소

해설 수중 절단용 가스는 아세틸렌보다 폭발 위험이 적은 수소를 주로 사용한다.

★
34 탄소 아크 절단에 압축공기를 병용하여 전극 홀더의 구멍에서 탄소 전극봉에 나란히 분출하는 고속의 공기를 분출시켜 용융금속을 불어내어 홈을 파는 방법은?

① 아크에어 가우징 ② 금속 아크 절단
③ 가스 가우징 ④ 가스 스카핑

해설 가스 가우징 : 아크 에어 가우징과 같은 역할을 하나 가스를 열원으로 한다.

35 가스 용접 시 팁 끝이 순간적으로 막혀 가스분출이 나빠지고 혼합실까지 불꽃이 들어가는 현상을 무엇이라고 하는가?

① 인화 ② 역류
③ 점화 ④ 역화

해설 역화 : 팁 끝이 모재에 닿는 순간 순간적으로 팁 끝이 막혀 팁 속에서 폭발음이 나면서 불꽃이 꺼졌다가 다시 나타나는 현상

★
36 피복배합제의 종류에서 규산나트륨, 규산칼륨 등의 수용액이 주로 사용되며 심선에 피복제를 부착하는 역할을 하는 것은 무엇인가?

① 탈산제 ② 고착제
③ 슬래그 생성제 ④ 아크 안정제

해설 고착제 : 용접봉 심선에 피복제를 붙이는 재료

37 판의 두께(T)가 3.2mm인 연강판을 가스 용접으로 보수하고자 할 때 사용할 용접봉의 지름(mm)은?

① 1.6mm ② 2.0mm
③ 2.6mm ④ 3.0mm

해설 $D=\frac{3.2}{2}+1=2.6$

38 가스절단 시 예열불꽃의 세기가 강할 때의 설명으로 틀린 것은?

① 절단면이 거칠어진다.
② 드래그가 증가한다.
③ 슬래그 중의 철 성분의 박리가 어려워진다.
④ 모서리가 용융되어 둥글게 된다.

해설 가스절단 시 예열불꽃의 세기가 강할 때 드래그가 짧아진다.

39 황(S)이 적은 선철을 용해하여 구상흑연 주철을 제조 시 주로 첨가하는 원소가 아닌 것은?

① Al ② Ca
③ Ce ④ Mg

해설 구상흑연 주철 접종제는 Mg, Ca, Ce가 주로 쓰인다.

40 해드필드(hadfield)강은 상온에서 오스테나이트 조직을 가지고 있다. Fe 및 C 이외의 주요 성분은?

① Ni ② Mn
③ Cr ④ Mo

해설 해드필드(hadfield)강 : 고망간강의 다른 이름이다.

정답 31. ① 32. ① 33. ④ 34. ① 35. ① 36. ② 37. ③ 38. ② 39. ① 40. ②

41 조밀육방격자의 결정구조로 옳게 나타낸 것은?

① FCC ② BCC
③ FOB ④ HCP

해설 FCC : 면심입방격자, BCC : 체심입방격자

42 전극재료의 선택 조건을 설명한 것 중 틀린 것은?

① 비저항이 작아야 한다.
② Al과의 밀착성이 우수해야 한다.
③ 산화 분위기에서 내식성이 커야 한다.
④ 금속 규화물의 용융점이 웨이퍼 처리온도보다 낮아야 한다.

해설 전극 재료 : 금속 규화물의 용융점이 웨이퍼 처리온도보다 높아야 한다.

43 7-3황동에 주석을 1% 첨가한 것으로 전연성이 좋아 관 또는 판을 만들어 증발기, 열교환기 등에 사용되는 것은?

① 문쯔 메탈 ② 네이벌 황동
③ 카트리지 브라스 ④ 애드미럴티 황동

해설 네이벌 황동 : 6-4황동에 주석을 1% 첨가한 것

44 탄소강의 표준조직을 검사하기 위해 A_3, Acm 선보다 30~50℃ 높은 온도로 가열한 후 공기 중에 냉각하는 열처리는?

① 노멀라이징 ② 어닐링
③ 템퍼링 ④ 퀜칭

해설 노멀라이징 : 불림이라고 하며, 공랭하여 표준조직을 얻거나 결정립 미세화를 목적으로 한다.

45 소성변형이 일어나면 금속이 경화하는 현상을 무엇이라 하는가?

① 탄성경화 ② 가공경화
③ 취성경화 ④ 자연경화

해설 가공경화 : 냉간가공 시 가공에 따라 경도가 증가하는 현상

46 납황동은 황동에 납을 첨가하여 어떤 성질을 개선한 것인가?

① 강도 ② 절삭성
③ 내식성 ④ 전기전도도

해설 납황동 : 황동에 연한 납을 첨가하여 쾌삭성을 증가시킨 합금

47 마우러 조직도에 대한 설명으로 옳은 것은?

① 주철에서 C와 P 양에 따른 주철의 조직관계를 표시한 것이다.
② 주철에서 C와 Mn 양에 따른 주철의 조직관계를 표시한 것이다.
③ 주철에서 C와 Si 양에 따른 주철의 조직관계를 표시한 것이다.
④ 주철에서 C와 S 양에 따른 주철의 조직관계를 표시한 것이다.

해설 마우러 조직도 : 주철에서 탄소와 규소의 양에 따라 회주철, 백주철 등 조직의 종류를 파악할 수 있는 조직도

48 순 구리(Cu)와 철(Fe)의 용융점은 약 몇 ℃인가?

① Cu : 660℃, Fe : 890℃
② Cu : 1,063℃, Fe : 1,050℃
③ Cu : 1,083℃, Fe : 1,539℃
④ Cu : 1,455℃, Fe : 2,200℃

해설 순구리는 철보다 용융점은 낮으나 비중은 더 크다(구리 비중 8.9, 철 : 7.89).

49 게이지용 강이 갖추어야 할 성질로 틀린 것은?

① 담금질에 의한 변형이 없어야 한다.
② HRC 55 이상의 경도를 가져야 한다.
③ 열팽창 계수가 보통 강보다 커야 한다.
④ 시간에 따른 치수 변화가 없어야 한다.

해설 게이지용 강은 열팽창 계수가 보통 강보다 작아야 한다.

부록 1

정답 41. ④ 42. ④ 43. ④ 44. ① 45. ② 46. ② 47. ③ 48. ③ 49. ③

50 다음 그림에서 마텐자이트 변태가 가장 빠른 것은?

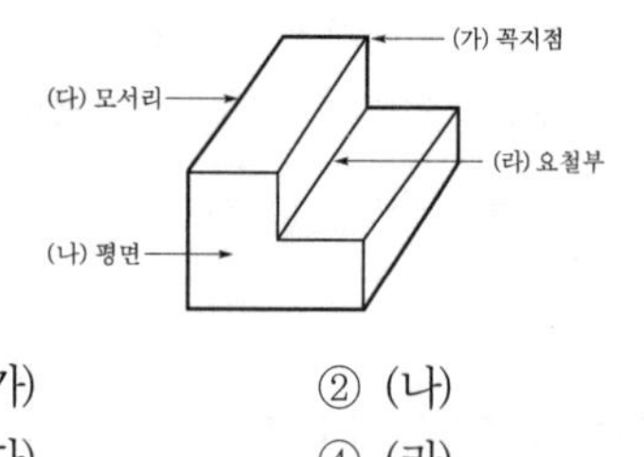

① (가) ② (나)
③ (다) ④ (라)

해설 냉각속도는 꼭지점 > 평면 > 모서리 > 요철부 순으로 빠르다.

51 다음 그림과 같은 입체도의 제3각 정투상도로 적합한 것은?

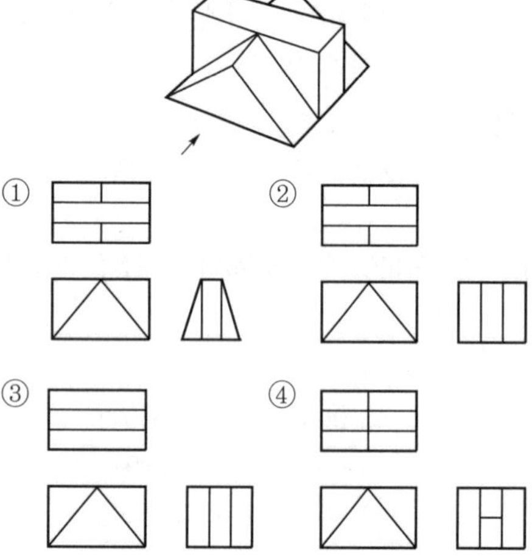

해설 화살표 방향을 정면도로 위쪽의 평면도와 우측의 우측면도를 투상

52 다음 중 이면 용접기호는?

① ○ ② |/
③ ◡ ④ |/

해설 ○ : 점용접, |/ : 한면이음

53 다음 중 저온 배관용 탄소강관 기호는?

① SPPS ② SPLT
③ SPHT ④ SPA

해설 • SPPS : 압력 배관용 탄소강관
• SPHT : 고온 배관용 탄소강관

54 다음 중 현의 치수기입을 올바르게 나타낸 것은?

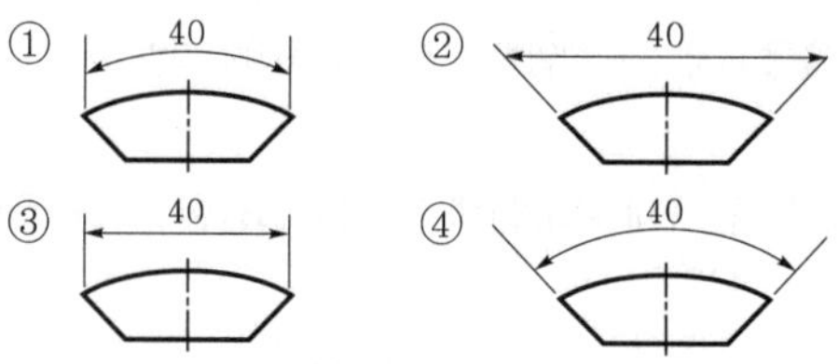

해설 현의 길이는 현에 수직으로 치수보조선을 그리고 현에 평행하게 치수선을 그린 다음 치수를 기입한다.

★
55 다음 중 도면에서 단면도의 해칭에 대한 설명으로 틀린 것은?

① 해칭선은 반드시 주된 중심선에 45°로만 경사지게 긋는다.
② 해칭선은 가는 실선으로 규칙적으로 줄을 늘어놓는 것을 말한다.
③ 단면도에 재료 등을 표시하기 위해 특수한 해칭(또는 스머징)을 할 수 있다.
④ 단면 면적이 넓을 경우에는 그 외형선에 따라 적절한 범위에 해칭(또는 스머징)을 할 수 있다.

해설 해칭의 원칙
• 중심선 또는 기선에 대하여 45° 기울기로 등간격(2~3mm)의 사선으로 표시한다.
• 근접한 단면의 해칭은 방향이나 간격을 다르게 한다.
• 부품도에는 해칭을 생략하지만 조립도에는 부품 관계를 확실하게 하기 위하여 해칭을 한다.
※ 45° 기울기로 판단하기 어려울 때는 30°, 60°로 한다.

56 배관의 간략도시방법 중 환기계 및 배수계의 끝장치 도시방법의 평면도에서 다음 그림과 같이 도시된 것의 명칭은?

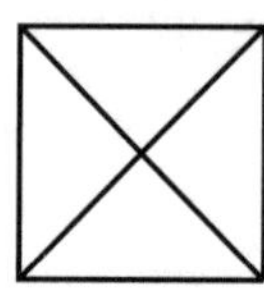

① 배수구 ② 환기관
③ 벽붙이 환기 삿갓 ④ 고정식 환기 삿갓

정답 50. ① 51. ② 52. ③ 53. ② 54. ③ 55. ① 56. ④

해설 고정식 환기 삿갓은 사각형에 대각선으로 나타낸다.

57 다음 그림 중 대상물을 한쪽 단면도로 올바르게 나타낸 것은?

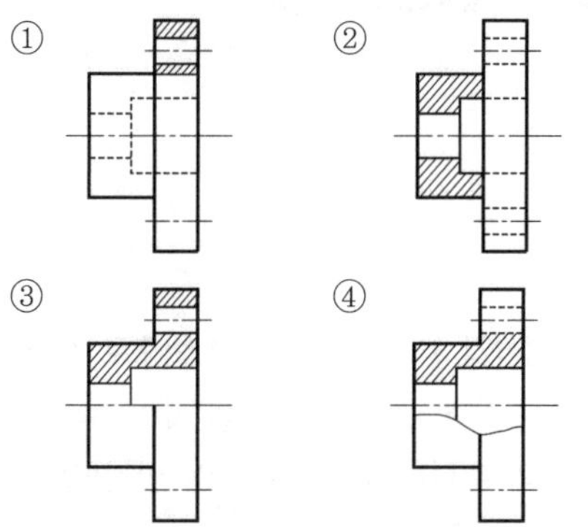

해설 한쪽 단면도 : 상하 대칭인 경우 중심선에 대하여 상부에는 단면을 하단에는 외형으로 나타낸다.

58 나사 표시가 "L 2N M50×2-4h"로 나타날 때 이에 대한 설명으로 틀린 것은?

① 왼 나사이다.
② 2줄 나사이다.
③ 미터 가는 나사이다.
④ 암나사 등급이 4h이다.

해설 나사 표시에서 소문자 h는 수나사 등급을 의미한다.

59 무게중심선과 같은 선의 모양을 가진 것은?

① 가상선　　② 기준선
③ 중심선　　④ 피치선

해설 가상선 : 가는 2점 쇄선으로 물체 무게의 중심을 나타낸다.

60 다음 그림과 같은 입체도에서 화살표 방향에서 본 투상을 정면으로 할 때 평면도로 가장 적합한 것은?

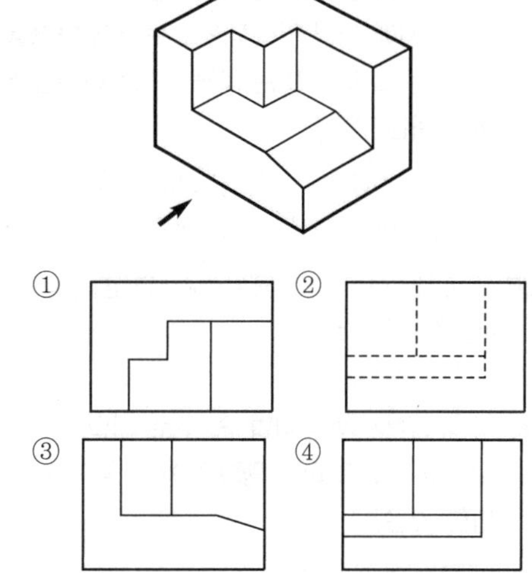

해설 화살표 방향을 정면도로 위쪽에서 물체 투상

정답 57. ③　58. ④　59. ①　60. ①

제 2 회 용접기능사

01 불활성 가스를 이용한 용가재인 전극 와이어를 송급장치에 의해 연속적으로 보내어 아크를 발생시키는 소모식 또는 용극식 용접방식을 무엇이라 하는가?

① TIG 용접　② MIG 용접
③ 피복 아크 용접　④ 서브머지드 아크 용접

해설 서브머지드 아크 용접 : 용제 속에서 아크를 일으켜 이음하는 잠호 용접법

02 다음 전기저항 용접법 중 주로 기밀, 수밀, 유밀성을 필요로 하는 탱크의 용접 등에 가장 적합한 것은?

① 점(spot) 용접법
② 심(seam) 용접법
③ 프로젝션(projection) 용접법
④ 플래시(flash) 용접법

해설 심 용접 : 회전하는 전극과 모재 사이의 저항열을 이용하여 연속으로 점용접하는 겹치기 저항 용접법이다.

★ **03** 용접부의 중앙으로부터 양끝을 향해 용접해 나가는 방법으로, 이음의 수축에 의한 변형이 서로 대칭이 되게 할 경우에 사용되는 용착법을 무엇이라 하는가?

① 전진법　② 비석법
③ 캐스케이드법　④ 대칭법

해설 캐스케이드법 : 한 부분의 몇 층을 용접하다가 이것을 다음 부분의 층으로 연속시켜 전체 모양이 계단형태를 이루는 용착법

04 용접작업 시 안전에 관한 사항으로 틀린 것은?

① 높은 곳에서 용접작업할 경우 추락, 낙하 등의 위험이 있으므로 항상 안전벨트와 안전모를 착용한다.
② 용접작업 중에 여러 가지 유해가스가 발생하기 때문에 통풍 또는 환기장치가 필요하다.
③ 가연성의 분진, 화약류 등 위험물이 있는 곳에서는 용접을 해서는 안된다.
④ 가스 용접은 강한 빛이 나오지 않기 때문에 보안경을 착용하지 않아도 괜찮다.

해설 가스 용접의 경우도 적당한 차광도의 보안경을 착용해야 한다.

05 용접할 때 용접 전 적당한 온도로 예열을 하면 냉각속도를 느리게 하여 결함을 방지할 수 있다. 예열온도 설명 중 옳은 것은?

① 고장력강의 경우는 용접 홈을 50~350℃로 예열
② 저합금강의 경우는 용접 홈을 200~500℃로 예열
③ 연강을 0℃ 이하에서 용접할 경우는 이음의 양쪽 폭 100mm 정도를 40~250℃로 예열
④ 주철의 경우는 용접 홈을 40~75℃로 예열

해설 연강을 0℃ 이하에서 용접할 경우에는 이음의 양쪽 폭 100mm 정도를 40~75℃로 예열한다.

정답 01. ② 02. ② 03. ④ 04. ④ 05. ①

06 서브머지드 아크 용접에 관한 설명으로 틀린 것은?

① 장비의 가격이 고가이다.
② 홈 가공의 정밀을 요하지 않는다.
③ 불가시 용접이다.
④ 주로 아래보기 자세로 용접한다.

해설 서브머지드 아크 용접은 고입열 용접으로 홈 가공이 정밀해야 된다.

07 용접부에 결함 발생 시 보수하는 방법 중 틀린 것은?

① 기공이나 슬래그 섞임 등이 있는 경우는 깎아내고 재용접한다.
② 균열이 발견되었을 경우 균열 위에 덧살올림 용접을 한다.
③ 언더컷일 경우 가는 용접봉을 사용하여 보수한다.
④ 오버랩일 경우 일부분을 깎아내고 재용접한다.

해설 균열 보수 : 균열 끝부분에 스톱홀을 뚫은 후 균열 부분을 파내고 재용접한다.

★
08 안전표지 색채 중 방사능 표지의 색상은 어느 색인가?

① 빨강 ② 노랑
③ 자주 ④ 녹색

해설 방사능 안전 표시색은 노랑색을 사용한다.

09 용접시공 시 발생하는 용접변형이나 잔류응력 발생을 최소화하기 위하여 용접순서를 정할 때 유의사항으로 틀린 것은?

① 동일평면 내에 많은 이음이 있을 때 수축은 가능한 자유단으로 보낸다.
② 중심선에 대하여 대칭으로 용접한다.
③ 수축이 적은 이음은 가능한 먼저 용접하고, 수축이 큰 이음은 나중에 한다.
④ 리벳작업과 용접을 같이 할 때에는 용접을 먼저 한다.

해설 용접 우선순위 : 수축이 큰 이음을 먼저 용접하고, 수축이 작은 이음은 나중에 한다.

★
10 용접부의 시험에서 비파괴 검사로만 짝지어진 것은?

① 인장시험 – 외관시험
② 피로시험 – 누설시험
③ 형광시험 – 충격시험
④ 초음파시험 – 방사선투과시험

해설 비파괴 시험 : 초음파시험, 방사선투과시험, 침투탐상시험, 외관시험

11 다음 중 용접부 검사방법에 있어 비파괴 시험에 해당하는 것은?

① 피로시험 ② 화학분석시험
③ 용접균열시험 ④ 침투탐상시험

해설 10번 문제 참조

★
12 다음 중 불활성 가스(inert gas)가 아닌 것은?

① Ar ② He
③ Ne ④ CO_2

해설 CO_2는 환원가스이다.

★
13 납땜에서 경납용 용제에 해당하는 것은?

① 염화아연 ② 인산
③ 염산 ④ 붕산

해설 경납용 용제 : 주로 붕사, 붕산이 쓰인다.

14 논 가스 아크 용접의 장점으로 틀린 것은?

① 보호가스나 용제를 필요로 하지 않는다.
② 피복 아크 용접봉의 저수소계와 같이 수소의 발생이 적다.
③ 용접비드가 좋지만 슬래그 박리성은 나쁘다.
④ 용접장치가 간단하며 운반이 편리하다.

해설 논 가스 아크 용접 : FCAW 용접과 유사하나 다량의 탈산제가 함유된 와이어를 사용하여 다른 보호가스를 사용하지 않고 용접하는 방법

부록 1

정답 06. ② 07. ② 08. ② 09. ③ 10. ④ 11. ④ 12. ④ 13. ④ 14. ③

15 용접선과 하중의 방향이 평행하게 작용하는 필릿 용접은?

① 전면　② 측면
③ 경사　④ 변두리

해설 전면 필릿 용접 : 용접선과 하중의 방향이 직각으로 작용하는 필릿 용접

16 납땜 시 용제가 갖추어야 할 조건이 아닌 것은?

① 모재의 불순물 등을 제거하고 유동성이 좋을 것
② 청정한 금속면의 산화를 쉽게 할 것
③ 땜납의 표면장력에 맞추어 모재와의 친화도를 높일 것
④ 납땜 후 슬래그 제거가 용이할 것

해설 납땜 용제 : 청정한 금속면의 산화를 방지할 것

17 맞대기 이음에서 판 두께 100mm, 용접길이 300cm, 인장하중이 9,000kgf일 때 인장응력은 몇 kgf/cm^2인가?

① 0.3　② 3
③ 30　④ 300

해설 $\sigma = \frac{P}{A} = \frac{9,000}{10 \times 300} = 3$

★
18 피복 아크 용접 시 전격을 방지하는 방법으로 틀린 것은?

① 전격방지기를 부착한다.
② 용접홀더에 맨손으로 용접봉을 갈아 끼운다.
③ 용접기 내부에 함부로 손을 대지 않는다.
④ 절연성이 좋은 장갑을 사용한다.

해설 용접봉 교체 시 반드시 보호장갑을 끼고 해야 된다.

★
19 다음은 용접 이음부의 홈의 종류이다. 박판 용접에 가장 적합한 것은?

① K형　② H형
③ I형　④ V형

해설 I형 맞대기 : 1~6mm의 박판 용접에 적당하다.

★
20 주철의 보수 용접방법에 해당되지 않는 것은?

① 스터드링　② 비녀장법
③ 버터링법　④ 백킹법

해설 백킹법은 주철 보수방법이 아니고 이면 비드 용락을 방지하는 방법의 하나다.

21 MIG 용접이나 탄산가스 아크 용접과 같이 전류밀도가 높은 자동이나 반자동 용접기가 갖는 특성은?

① 수하 특성과 정전압 특성
② 정전압 특성과 상승 특성
③ 수하 특성과 상승 특성
④ 맥동 전류 특성

해설 자동 또는 반자동 용접에는 정전압 특성이나 상승 특성을 적용한다.

22 CO_2 가스 아크 용접에서 아크전압에 대한 설명으로 옳은 것은?

① 아크전압이 높으면 비드 폭이 넓어진다.
② 아크전압이 높으면 비드가 볼록해진다.
③ 아크전압이 높으면 용입이 깊어진다.
④ 아크전압이 높으면 아크길이가 짧다.

해설 아크 전압이 낮으면 비드 폭이 좁아진다.

23 다음 중 가스 용접에서 산화불꽃으로 용접할 경우 가장 적합한 용접재료는?

① 황동　② 모넬메탈
③ 알루미늄　④ 스테인리스

해설 산화불꽃 : 황동 등 동합금 용접 시 사용

★
24 용접기의 사용률이 40%인 경우 아크시간과 휴식시간을 합한 전체시간이 10분을 기준으로 했을 때 발생시간은 몇 분인가?

① 4　② 6
③ 8　④ 10

해설 정격 사용률은 10분을 기준으로 한다.

정답 15. ② 16. ② 17. ② 18. ② 19. ③ 20. ④ 21. ② 22. ① 23. ① 24. ①

25 얇은 철판을 쌓아 포개어 놓고 한꺼번에 절단하는 방법으로 가장 적합한 것은?

① 분말 절단 ② 산소창 절단
③ 포갬 절단 ④ 금속 아크 절단

해설 포갬 절단 : 박판을 다수 겹쳐 놓고 절단하는 방법으로 밀착도가 높아야 된다.

★
26 용접봉의 용융속도는 무엇으로 표시하는가?

① 단위시간당 소비되는 용접봉의 길이
② 단위시간당 형성되는 비드의 길이
③ 단위시간당 용접입열의 양
④ 단위시간당 소모되는 용접전류

해설 용융속도 : 단위시간당 소비되는 용접봉의 길이로, 아크전류×용접봉 쪽 전압강하로 구한다.

27 전류조정을 전기적으로 하기 때문에 원격조정이 가능한 교류 용접기는?

① 가포하 리액터형 ② 가동 코일형
③ 가동 철심형 ④ 탭 전환형

해설 가동 코일형 : 1차 코일과 2차 코일의 거리를 조정함으로써 전류가 조절되는 용접기

28 35℃에서 150kgf/cm^{2}으로 압축하여 내부용적 40.7리터의 산소용기에 충전하였을 때, 용기속의 산소량은 몇 리터인가?

① 4,470 ② 5,291
③ 6,105 ④ 7,000

해설 대기 중 환산량 $=150\times40.7=6,105$

29 다음 중 가스 절단에 있어 양호한 절단면을 얻기 위한 조건으로 옳은 것은?

① 드래그가 가능한 클 것
② 절단면 표면의 각이 예리할 것
③ 슬래그 이탈이 이루어지지 않을 것
④ 절단면이 평활하며 드래그의 홈이 깊을 것

해설 양호한 절단면 : 드래그가 가능한 작고 드래그 홈이 낮으며, 슬래그 이탈이 좋을 것

★
30 다음 중 산소-아세틸렌 용접법에서 전진법과 비교한 후진법의 설명으로 틀린 것은?

① 용접속도가 느리다.
② 열 이용률이 좋다.
③ 용접변형이 작다.
④ 홈 각도가 작다.

해설 후진법 : 우진법이라고도 하며, 전진법에 비해 용접속도가 빠르다.

31 아크전류가 일정할 때 아크전압이 높아지면 용융속도가 늦어지고, 아크전압이 낮아지면 용융속도는 빨라진다. 이와 같은 아크 특성은?

① 부저항 특성
② 절연회복 특성
③ 전압회복 특성
④ 아크길이 자기제어 특성

해설 부저항 특성 : 전류가 커지면 저항이 작아져서 전압도 낮아지는 특성

32 피복 아크 용접봉의 피복배합제 성분 중 가스 발생제는?

① 산화티탄 ② 규산나트륨
③ 규산칼륨 ④ 탄산바륨

해설 가스 발생제 : 탄산바륨, 석회석, 녹말, 톱밥, 셀룰로오스 등

33 가스 절단에 대한 설명으로 옳은 것은?

① 강의 절단원리는 예열 후 고압산소를 불어내면 강보다 용융점이 낮은 산화철이 생성되고 이때 산화철은 용융과 동시 절단된다.
② 양호한 절단면을 얻으려면 절단면이 평활하며 드래그의 홈이 높고 노치 등이 있을수록 좋다.
③ 절단산소의 순도는 절단속도와 절단면에 영향이 없다.
④ 가스 절단 중에 모래를 뿌리면서 절단하는 방법을 가스분말절단이라 한다.

해설 절단산소의 순도는 절단속도와 절단면에 영향이 크다.

부록 1

정답 25. ③ 26. ① 27. ① 28. ③ 29. ② 30. ① 31. ④ 32. ④ 33. ①

★
34 피복 아크 용접 결함 중 기공이 생기는 원인으로 틀린 것은?

① 용접 분위기 가운데 수소 또는 일산화탄소 과잉
② 용접부의 급속한 응고
③ 슬래그의 유동성이 좋고 냉각하기 쉬울 때
④ 과대 전류와 용접속도가 빠를 때

해설 기공 원인 : 슬래그의 유동성이 나쁘고 냉각하기 쉬울 때 생긴다.

35 다음 중 아크 발생 초기에 모재가 냉각되어 있어 용접입열이 부족한 관계로 아크가 불안정하기 때문에 아크 초기에만 용접전류를 특별히 크게 하는 장치를 무엇이라 하는가?

① 원격 제어장치 ② 핫스타트 장치
③ 고주파발생 장치 ④ 전격 방지장치

해설 원격 제어장치 : 용접기와 멀리 떨어진 곳에서 용접전류 또는 전압을 조절할 수 있는 장치

36 납땜 용제가 갖추어야 할 조건으로 틀린 것은?

① 모재의 산화 피막과 같은 불순물을 제거하고 유동성이 좋을 것
② 청정한 금속면의 산화를 방지할 것
③ 납땜 후 슬래그의 제거가 용이할 것
④ 침지 땜에 사용되는 것은 젖은 수분을 함유할 것

해설 납땜 용제 구비조건 : 침지 땜에 사용되는 용제는 수분이 있어서는 절대 안된다.

★
37 직류 아크 용접 시 정극성으로 용접할 때의 특징이 아닌 것은?

① 박판, 주철, 합금강, 비철금속의 용접에 이용된다.
② 용접봉의 녹음이 느리다.
③ 비드 폭이 좁다.
④ 모재의 용입이 깊다.

해설 직류역극성 : 박판, 주철, 합금강, 비철금속의 용접에 이용된다.

38 금속재료의 경량화와 강인화를 위하여 섬유 강화금속 복합재료가 많이 연구되고 있다. 강화섬유 중에서 비금속계로 짝지어진 것은?

① K, W ② W, Ti
③ W, Be ④ SiC, Al_2O_3

해설 비금속계 강화섬유 : 탄화규소(SiC), 알루미나(Al_2O_3)

★
39 가스 용접에 사용되는 가스의 화학식을 잘못 나타낸 것은?

① 아세틸렌 : C_2H_2 ② 프로판 : C_3H_8
③ 에탄 : C_4H_7 ④ 부탄 : C_4H_{10}

해설 에탄 : C_2H_6

40 상자성체 금속에 해당되는 것은?

① Al ② Fe
③ Ni ④ Co

해설 강자성체 : 자성의 성질이 강한 도체, 철, 니켈, 코발트

41 구리(Cu)합금 중에서 가장 큰 강도와 경도를 나타내며 내식성, 도전성, 내피로성 등이 우수하여 베어링, 스프링 및 전극재료 등으로 사용되는 재료는?

① 인(P) 청동 ② 규소(Si) 동
③ 니켈(Ni) 청동 ④ 베릴륨(Be) 동

해설 베릴륨(Be) 동 : 강도, 경도가 매우 크며, 내피로성이 우수하여 베어링, 점 용접용 전극 등에 쓰인다.

★
42 고Mn강으로 내마멸성과 내충격성이 우수하고, 특히 인성이 우수하기 때문에 파쇄장치, 기차 레일, 굴착기 등의 재료로 사용되는 것은?

① 엘린바(elinvar)
② 디디뮴(didymium)
③ 스텔라이트(stellite)
④ 하드필드(hadfield)강

해설 스텔라이트(stellite) : 대표적인 주조 경질 합금

정답 34. ③ 35. ② 36. ④ 37. ① 38. ④ 39. ③ 40. ① 41. ④ 42. ④

43 시험편의 지름이 15mm, 최대하중이 5,200kgf 일 때 인장강도는?

① 16.8kgf/mm^2　② 29.4kgf/mm^2
③ 33.8kgf/mm^2　④ 55.8kgf/mm^2

해설 $\sigma = \frac{P}{A} = \frac{5,200}{\frac{\pi \times 15^2}{4}} = 29.4$

44 다음의 금속 중 경금속에 해당하는 것은?

① Cu　② Be
③ Ni　④ Sn

해설 경금속과 중금속의 구분 : 비중 4.5(4.0)를 경계로 4.5 이하는 경(가벼운)금속, 이상은 중(무거운)금속이라 한다.

★
45 순철의 자기변태(A_2)점 온도는 약 몇 ℃인가?

① 210℃　② 768℃
③ 910℃　④ 1,400℃

해설 시멘타이트의 자기변태 온도는 210℃이다.

46 주철의 일반적인 성질을 설명한 것 중 틀린 것은?

① 용탕이 된 주철은 유동성이 좋다.
② 공정 주철의 탄소량은 4.3% 정도이다.
③ 강보다 용융온도가 높아 복잡한 형상이라도 주조하기 어렵다.
④ 주철에 함유하는 전탄소(total carbon)는 흑연+화합탄소로 나타낸다.

해설 주철 : 강보다 용융온도가 낮아 복잡한 형상이라도 주조하기 쉽다.

47 건축용 철골, 볼트, 리벳 등에 사용되는 것으로 연신율이 약 22%이고, 탄소함량이 약 0.15%인 강재는?

① 연강　② 경강
③ 최경강　④ 탄소공구강

해설 • 극연강 : 0.025~0.12% C의 강
• 연강 : 0.12~0.2% C의 강

48 다음 그림과 같은 배관의 등각투상도(isometric drawing)를 평면도로 나타낸 것으로 맞는 것은?

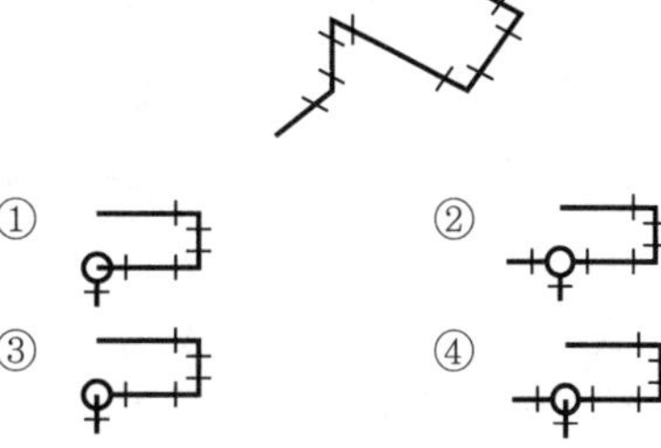

①　②
③　④

해설 아래로 향한 엘보의 표시는 원의 중심까지 실선이 그려진다.

49 포금(gun metal)에 대한 설명으로 틀린 것은?

① 내해수성이 우수하다.
② 성분은 8~12% Sn 청동에 1~2% Zn을 첨가한 합금이다.
③ 용해주조 시 탈산제로 사용되는 P의 첨가량을 많이 하여 합금 중에 P를 0.05~0.5% 정도 남게 한 것이다.
④ 수압, 수증기에 잘 견디므로 선박용 재료로 널리 사용된다.

해설 ③ 인청동에 대한 설명이다.

50 저용융점(fusible) 합금에 대한 설명으로 틀린 것은?

① Bi를 55% 이상 함유한 합금은 응고 수축을 한다.
② 용도로는 화재통보기, 압축공기용 탱크 안전밸브 등에 사용된다.
③ 33~66% Pb를 함유한 Bi합금은 응고 후 시효 진행에 따라 팽창현상을 나타낸다.
④ 저용융점 합금은 약 250℃ 이하의 용융점을 갖는 것이며 Pb, Bi, Sn, In 등의 합금이다.

해설 Bi를 55% 이상 함유한 합금은 응고 수축을 거의 하지 않는다.

부록 1

정답 43. ② 44. ② 45. ② 46. ③ 47. ① 48. ④ 49. ③ 50. ③

51 다음 중 치수 기입방법이 틀린 것은?

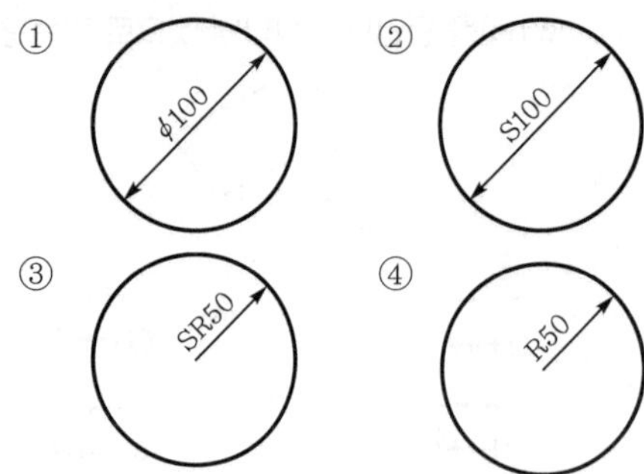

해설 구의 표시이므로 S100이 아니라 'SØ100' 으로 해야 된다.

52 황동은 도가니로, 전기로 또는 반사로 중에서 용해하는데, Zn의 증발로 손실이 있기 때문에 이를 억제하기 위해서는 용탕 표면에 어떤 것을 덮어 주는가?

① 소금 ② 석회석
③ 숯가루 ④ Al 분말가루

해설 황동 용탕의 증발 방지를 위해 숯가루로 덮어 주면 효과적이다.

53 표제란에 표시하는 내용이 아닌 것은?

① 재질 ② 척도
③ 각법 ④ 제품명

해설 부품표에 기제사항 : 품번, 제품명, 수량, 재질

54 다음 그림과 같은 용접기호의 설명으로 옳은 것은?

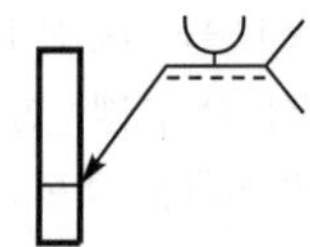

① U형 맞대기 용접, 화살표쪽 용접
② V형 맞대기 용접, 화살표쪽 용접
③ U형 맞대기 용접, 화살표 반대쪽 용접
④ V형 맞대기 용접, 화살표 반대쪽 용접

해설 U형 맞대기이며, 기호가 실선에 있으므로 화살표쪽 용접을 의미한다.

55 전기아연도금 강판 및 강대의 KS기호 중 일반용 기호는?

① SECD ② SECE
③ SEFC ④ SECC

해설
- 전기아연도금 강판 및 강대 : SECD(드로잉용), SECE(딥드로잉용), SECC(일반용)
- 냉간 압연 강판 및 강대 : SEFC(가공용)

56 다음 도면은 정면도와 우측면도만이 올바르게 도시되어 있다. 평면도로 가장 적합한 것은?

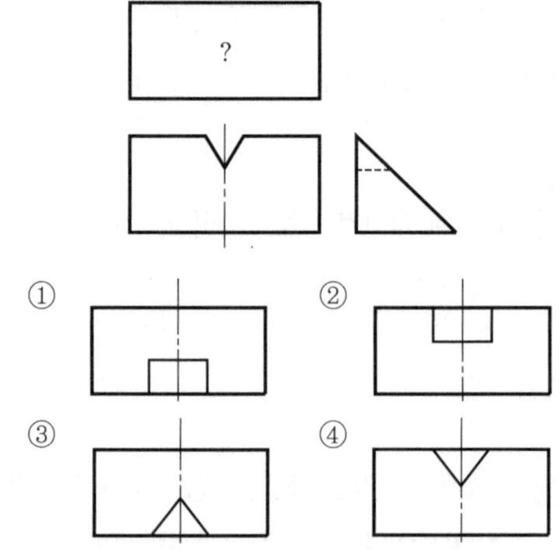

해설 정면도의 상단과 우측면도를 비교하였을 때 ③이 답이 된다.

★
57 선의 종류와 용도에 대한 설명의 연결이 틀린 것은?

① 가는 실선 : 짧은 중심을 나타내는 선
② 가는 파선 : 보이지 않는 물체의 모양을 나타내는 선
③ 가는 1점 쇄선 : 기어의 피치원을 나타내는 선
④ 가는 2점 쇄선 : 중심이 이동한 중심궤적을 표시하는 선

해설 가는 2점 쇄선 : 가상선

정답 51. ② 52. ④ 53. ① 54. ① 55. ④ 56. ③ 57. ④

58 KS에서 규정하는 체결부품의 조립 간략표시방법에서 구멍에 끼워맞추기 위한 구멍, 볼트, 리벳의 기호 표시 중 공장에서 드릴 가공 및 끼워맞춤을 하는 것은?

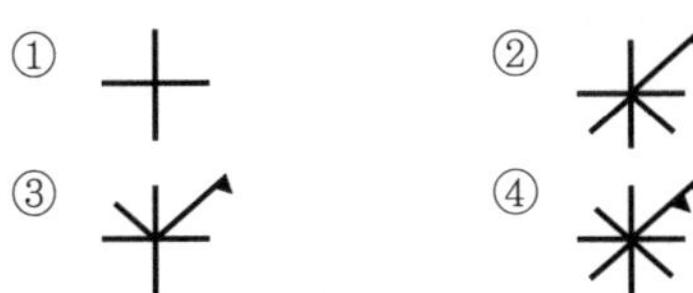

해설 드릴 끼워맞춤 표시는 ①이다.

59 다음 그림과 같은 단면도에서 "A"가 나타내는 것은?

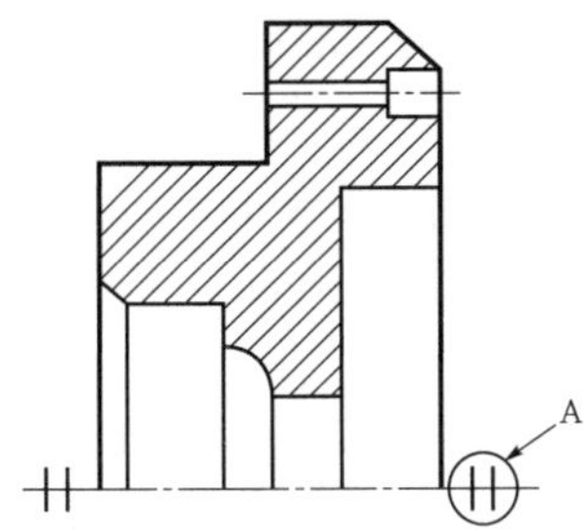

① 바닥 표시기호
② 대칭 도시기호
③ 반복 도형 생략기호
④ 한쪽 단면도 표시기호

해설 반 단면도를 나타낸 것으로 A부분은 대칭을 의미한다.

60 다음 그림의 입체도를 제3각법으로 올바르게 투상한 투상도는?

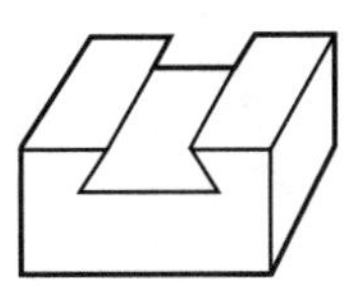

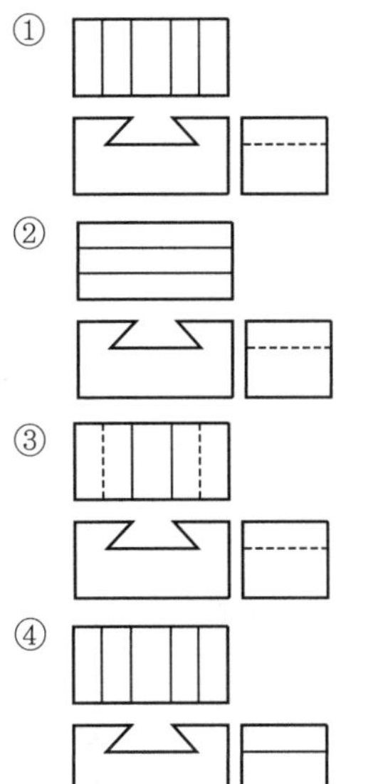

해설 평면도에서 더브테일 홈 안쪽은 보이지 않으므로 파선으로 표시해야 된다.

부록 1

정답 58. ① 59. ② 60. ③

제 4 회 용접기능사

01 다음 중 텅스텐과 몰리브덴 재료 등을 용접하기에 가장 적합한 용접은?

① 전자 빔 용접
② 일렉트로 슬래그 용접
③ 탄산가스 아크 용접
④ 서브머지드 아크 용접

해설 전자 빔 용접 : 고융점 재료 용접에 적합함

02 서브머지드 아크 용접 시, 받침쇠를 사용하지 않을 경우 루트 간격을 몇 mm 이하로 하여야 하는가?

① 0.2 ② 0.4
③ 0.6 ④ 0.8

해설 SAW에서 받침쇠 없는 루트 간격은 0.8mm 이하로 한다.

03 연납땜 중 내열성 땜납으로 주로 구리, 황동용에 사용되는 것은?

① 인동납 ② 황동납
③ 납-은납 ④ 은납

해설 구리, 황동용 연납 : 납(Pb)-은납을 사용한다.

04 텅스텐 전극봉 중에서 전자 방사능력이 현저하게 뛰어난 장점이 있으며 불순물이 부착되어도 전자 방사가 잘 되는 전극은?

① 순텅스텐 전극
② 토륨 텅스텐 전극
③ 지르코늄 텅스텐 전극
④ 마그네슘 텅스텐 전극

해설 토륨 텅스텐 전극 : 전자 방사능력이 뛰어나나 요즘은 방사능 유출문제로 사용이 제한되고 있다.

05 일렉트로 가스 아크 용접의 특징 설명 중 틀린 것은?

① 판 두께에 관계없이 단층으로 상진 용접한다.
② 판 두께가 얇을수록 경제적이다.
③ 용접속도는 자동으로 조절된다.
④ 정확한 조립이 요구되며, 이동용 냉각 동판에 급수장치가 필요하다.

해설 일렉트로 가스 아크 용접 : 일렉트로 슬래그 용접과 같이 후판 용접에 적합하다.

★
06 용접부 검사법 중 기계적 시험법이 아닌 것은?

① 굽힘시험 ② 경도시험
③ 인장시험 ④ 부식시험

해설 부식시험 : 금속학적 파괴 시험

★
07 다음 중 표면 피복 용접을 올바르게 설명한 것은?

① 연강과 고장력강의 맞대기 용접을 말한다.
② 연강과 스테인리스강의 맞대기 용접을 말한다.
③ 금속 표면에 다른 종류의 금속을 용착시키는 것을 말한다.
④ 스테인리스 강판과 연강판재를 접합 시 스테인리스 강판에 구멍을 뚫어 용접하는 것을 말한다.

정답 01. ① 02. ④ 03. ③ 04. ② 05. ② 06. ④ 07. ③

해설 표면 피복 용접 : 보통 오버레이에 의해 표면에 경화나 내식성 향상을 위해 용접한다.

★
08 산업용 용접 로봇의 기능이 아닌 것은?

① 작업기능 ② 제어기능
③ 계측인식기능 ④ 감정기능

해설 로봇에 감정기능은 없다.

09 용접에 있어 모든 열적 요인 중 가장 영향을 많이 주는 요소는?

① 용접입열 ② 용접재료
③ 주위 온도 ④ 용접 복사열

해설 용접에 가장 중요한 것은 입열이다.

10 다음 중 일렉트로 슬래그 용접의 특징으로 틀린 것은?

① 박판 용접에는 적용할 수 없다.
② 장비 설치가 복잡하며 냉각장치가 요구된다.
③ 용접시간이 길고 장비가 저렴하다.
④ 용접진행 중 용접부를 직접 관찰할 수 없다.

해설 일렉트로 슬래그 용접 : 용접시간이 짧고 장비가 고가이다.

11 불활성 가스 금속 아크 용접(MIG)의 용착효율은 얼마 정도인가?

① 58% ② 78%
③ 88% ④ 98%

해설 MIG 용접 : 용착효율이 매우 높다.

★
12 안전·보건표지의 색채, 색도기준 및 용도에서 색채에 따른 용도를 올바르게 나타낸 것은?

① 빨간색 : 안내
② 파란색 : 지시
③ 녹색 : 경고
④ 노란색 : 금지

해설 안전 색채 : 적색-금지, 녹색-안내, 노란색-경고

★
13 TIG 용접에서 직류정극성을 사용하였을 때 용접효율을 올릴 수 있는 재료는?

① 알루미늄 ② 마그네슘
③ 마그네슘 주물 ④ 스테인리스강

해설 직류정극성 : 스테인리스강, 강 용접에 적용한다.

★
14 재료의 인장시험방법으로 알 수 없는 것은?

① 인장강도 ② 단면수축률
③ 피로강도 ④ 연신율

해설 피로강도 : 피로시험에 의해 알 수 있다.

15 용접변형 방지법의 종류에 속하지 않는 것은?

① 억제법 ② 역변형법
③ 도열법 ④ 취성파괴법

해설 취성파괴법 : 재료시험법의 하나이다.

16 솔리드 와이어와 같이 단단한 와이어를 사용할 경우 적합한 용접토치 형태로 옳은 것은?

① Y형 ② 커브형
③ 직선형 ④ 피스톨형

해설 커브형 토치는 단단한 와이어 송급에 적당하다.

17 사고의 원인 중 인적 사고 원인에서 선천적 원인은?

① 신체의 결함 ② 무지
③ 과실 ④ 미숙련

해설 ②, ③, ④는 후천적 원인이다.

★
18 용접금속의 구조상의 결함이 아닌 것은?

① 변형 ② 기공
③ 언더컷 ④ 균열

해설 변형, 형상불량 : 치수상 결함

부록 1

정답 08. ④ 09. ① 10. ③ 11. ④ 12. ② 13. ④ 14. ③ 15. ④ 16. ② 17. ① 18. ①

19 금속재료의 미세조직을 금속현미경을 사용하여 광학적으로 관찰하고 분석하는 현미경시험의 진행순서로 맞는 것은?

① 시료 채취 → 연마 → 세척 및 건조 → 부식 → 현미경 관찰
② 시료 채취 → 연마 → 부식 → 세척 및 건조 → 현미경 관찰
③ 시료 채취 → 세척 및 건조 → 연마 → 부식 → 현미경 관찰
④ 시료 채취 → 세척 및 건조 → 부식 → 연마 → 현미경 관찰

해설 현미경 조직시험 순서 ; 먼저 시험할 시료 채취 후 연마, 세척, 건조, 부식시켜 현미경으로 관찰한다.

20 강판의 두께가 12mm, 폭 100mm인 평판을 V형 홈으로 맞대기 용접 이음할 때, 이음효율 $\eta=0.8$로 하면 인장력 P는? (단, 재료의 최저인장강도는 40N/mm^{3}이고, 안전율은 4로 한다.)

① 960N ② 9,600N
③ 860N ④ 8,600N

해설 $S=\frac{\text{극한강동}}{\text{허용능력}}$, 허용응력$=\frac{40}{4}=10$

$P=10\times12\times100\times0.8=9,600$

21 다음 중 목재, 섬유류, 종이 등에 의한 화재의 급수에 해당하는 것은?

① A급 ② B급
③ C급 ④ D급

해설 A급 화재 : 일반화재, 종이나 나무 등에 의한 화재

22 용접부의 시험 중 용접성 시험에 해당하지 않는 시험법은?

① 노치취성 시험 ② 열특성 시험
③ 용접연성 시험 ④ 용접균열 시험

해설 용접성 시험 : 용접부에 대한 노치, 연성, 균열 등의 특성을 알기 위한 시험

★
23 다음 중 가스 용접의 특징으로 옳은 것은?

① 아크 용접에 비해서 불꽃의 온도가 높다.
② 아크 용접에 비해 유해광선의 발생이 많다.
③ 전원 설비가 없는 곳에서는 쉽게 설치할 수 없다.
④ 폭발의 위험이 크고 금속이 탄화 및 산화될 가능성이 많다.

해설 가스 용접 : 아크 용접에 비해 불꽃 온도가 낮고 유해광선은 적으나, 전원이 없는 곳에서 용접이 가능하다.

24 산소-아세틸렌 용접에서 표준불꽃으로 연강판 두께 2mm를 60분간 용접하였더니 200L의 아세틸렌가스가 소비되었다면, 다음 중 가장 적당한 가변압식 팁의 번호는?

① 100번 ② 200번
③ 300번 ④ 400번

해설 가변압식 팁은 1시간당 소비되는 아세틸렌의 양(리터)을 번호로 나타낸다.

25 연강용 가스 용접봉의 시험편 처리 표시기호 중 NSR의 의미는?

① 625±25℃로써 용착금속의 응력을 제거한 것
② 용착금속의 인장강도를 나타낸 것
③ 용착금속의 응력을 제거하지 않은 것
④ 연신율을 나타낸 것

해설 SR : 용착금속의 응력을 제거한 것

★
26 피복 아크 용접에서 사용하는 아크 용접용 기구가 아닌 것은?

① 용접 케이블
② 접지 클램프
③ 용접 홀더
④ 팁 클리너

해설 팁 클리너 : 가스 용접 팁의 구멍이 막히거나 불량할 때 청소하는 도구

정답 19. ① 20. ② 21. ① 22. ② 23. ④ 24. ② 25. ③ 26. ④

27 피복 아크 용접봉의 피복제의 주된 역할로 옳은 것은?

① 스패터의 발생을 많게 한다.
② 용착금속에 필요한 합금원소를 제거한다.
③ 모재 표면에 산화물이 생기게 한다.
④ 용착금속의 냉각속도를 느리게 하여 급랭을 방지한다.

해설 피복제 역할 : 스패터 발생 적게 하고 용착금속에 합금원소를 첨가하며, 탈산 정련, 아크 안정 등의 역할을 한다.

28 용접의 특징에 대한 설명으로 옳은 것은?

① 복잡한 구조물 제작이 어렵다.
② 기밀, 수밀, 유밀성이 나쁘다.
③ 변형의 우려가 없어 시공이 용이하다.
④ 용접사의 기량에 따라 용접부의 품질이 좌우된다.

해설 용접 특징 : 기계적 접합에 비해 복잡한 구조물 제작이 쉽고, 기밀・수밀・유밀성이 우수하나, 변형의 우려가 있다.

★
29 AW-300, 무부하 전압 80V, 아크전압 20V인 교류 용접기를 사용할 때, 다음 중 역률과 효율을 올바르게 계산한 것은? (단, 내부손실을 4kW라 한다.)

① 역률 : 80.0%, 효율 : 20.6%
② 역률 : 20.6%, 효율 : 80.8%
③ 역률 : 60.0%, 효율 : 41.7%
④ 역률 : 41.7%, 효율 : 60.6%

해설 $역률 = \frac{20\times300+4,000}{80\times300}\times100=41.741.7$

$효율 = \frac{20\times300}{20\times300+4,000}\times100=60$

★
30 스카핑 작업에서 냉간재의 스카핑 속도로 가장 적합한 것은?

① 1~3m/min　② 5~7m/min
③ 10~15m/min　④ 20~25m/min

해설 냉간재의 스카핑 속도는 분당 5~7m 정도가 적당하다.

31 가스 절단에서 팁(tip)의 백심 끝과 강판 사이의 간격으로 가장 적당한 것은?

① 0.1~0.3mm　② 0.4~1mm
③ 1.5~2mm　④ 4~5mm

해설 가스 절단 팁과 모재 간 거리 : 1.5~2mm가 가장 온도가 높고 절단면이 양호하다.

★
32 가스 용접에서 후진법에 대한 설명으로 틀린 것은?

① 전진법에 비해 용접변형이 작고 용접속도가 빠르다.
② 전진법에 비해 두꺼운 판의 용접에 적합하다.
③ 전진법에 비해 열 이용률이 좋다.
④ 전진법에 비해 산화의 정도가 심하고 용착금속 조직이 거칠다.

해설 후진법은 전진법에 비해 산화의 정도가 적고 용착금속 조직이 미세하다.

33 피복 아크 용접에 관한 사항으로 다음 그림의 (　)에 들어가야 할 용어는?

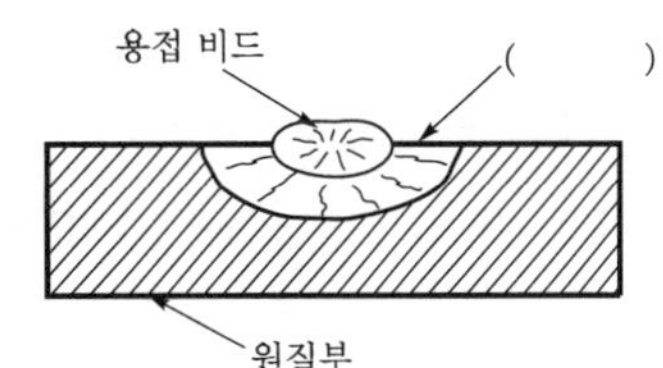

① 용락부　② 용융지
③ 용입부　④ 열 영향부

해설 열 영향부 : 모재와 용착금속의 경계선 부근의 열의 영향을 많이 받은 부분

★
34 용접봉에서 모재로 용융금속이 옮겨가는 이행형식이 아닌 것은?

① 단락형　② 글로뷸러형
③ 스프레이형　④ 철심형

해설 용접봉 이행형식 : 크게 단락형, 스프레이형, 글로뷸러형이 있다.

정답 27. ④　28. ④　29. ④　30. ②　31. ③　32. ④　33. ④　34. ④

부록 1

★
35 아세틸렌가스의 성질로 틀린 것은?

① 순수한 아세틸렌가스는 무색무취이다.
② 금, 백금, 수은 등을 포함한 모든 원소와 화합 시 산화물을 만든다.
③ 각종 액체에 잘 용해되며, 물에는 1배, 알코올에는 6배 용해된다.
④ 산소와 적당히 혼합하여 연소시키면 높은 열을 발생한다.

해설 아세틸렌가스 : 금, 백금 등은 왕수 외 다른 원소와 화합 시 산화되지 않는다.

★
36 직류 아크 용접에서 용접봉의 용융이 늦고, 모재의 용입이 깊어지는 극성은?

① 직류정극성　② 직류역극성
③ 용극성　④ 비용극성

해설 직류역극성 : 용접봉 용융이 빠르고 모재의 용입이 얕으며, 비드 폭이 넓다.

★
37 아크 용접기에서 부하전류가 증가하여도 단자 전압이 거의 일정하게 되는 특성은?

① 절연 특성　② 수하 특성
③ 정전압 특성　④ 보존 특성

해설 수하 특성 : 용접기의 특성 중에서 부하전류가 증가하면 단자전압이 저하하는 특성

38 피복제 중에 산화티탄을 약 35% 정도 포함하였고 슬래그의 박리성이 좋아 비드의 표면이 고우며 작업성이 우수한 특징을 지닌 연강용 피복 아크 용접봉은?

① E4301　② E4311
③ E4313　④ E4316

해설
- E4301 : 일미나이트계
- E4311 : 고셀룰로오스계

39 상률(phase rule)과 무관한 인자는?

① 자유도　② 원소 종류
③ 상의 수　④ 성분 수

해설 자유도(F)=성분수(C)−상의 수(P)+2

40 공석조성을 0.80% C라고 하면, 0.2% C 강의 상온에서의 초석페라이트와 펄라이트의 비는 약 몇 %인가?

① 초석페라이드 75% : 펄라이트 25%
② 초석페라이드 25% : 펄라이트 75%
③ 초석페라이드 80% : 펄라이트 20%
④ 초석페라이드 20% : 펄라이트 80%

해설 초석 페라이트 양 $= \frac{0.8-0.2}{0.8-0.025} \times 100 = 76.9$

41 금속의 물리적 성질에서 자성에 관한 설명 중 틀린 것은?

① 연철(鍊鐵)은 잔류자기는 작으나 보자력이 크다.
② 영구자석재료는 쉽게 자기를 소실하지 않는 것이 좋다.
③ 금속을 자석에 접근시킬 때 금속에 자석의 극과 반대의 극이 생기는 금속을 상자성체라 한다.
④ 자기장의 강도가 증가하면 자화되는 강도도 증가하나 어느 정도 진행되면 포화점에 이르는 이 점을 퀴리점이라 한다.

해설 연철(鍊鐵)은 잔류자기가 크고 보자력이 크다.

42 주요 성분이 Ni-Fe 합금인 불변강의 종류가 아닌 것은?

① 인바　② 모넬메탈
③ 엘린바　④ 플래티나이트

해설 모넬메탈 : Ni-Cu계 합금에서 60~70% Ni 합금

43 다음 중 탄소강의 표준 조직이 아닌 것은?

① 페라이트　② 펄라이트
③ 시멘타이트　④ 마텐자이트

해설 마텐자이트 : 담금질 열처리 조직

정답 35. ② 36. ① 37. ③ 38. ③ 39. ② 40. ① 41. ① 42. ② 43. ④

44 탄소강 중에 함유된 규소의 일반적인 영향 중 틀린 것은?

① 경도의 상승 ② 연신율의 감소
③ 용접성의 저하 ④ 충격값의 증가

해설 탄소강 중에 함유된 규소는 충격치를 감소시킨다.

45 다음 중 이온화 경향이 가장 큰 것은?

① Cr ② K
③ Sn ④ H

해설 이온화 경향 : 금속이 액체와 접촉할 경우 전자를 잃고 산화되어 양이온이 되려는 현상으로 이온화 경향은 K > Cr > Sn > H 순이다.

46 실온까지 온도를 내려 다른 형상으로 변형시켰다가 다시 온도를 상승시키면 어느 일정한 온도 이상에서 원래의 형상으로 변화하는 합금은?

① 제진합금 ② 방진합금
③ 비정질합금 ④ 형상기억합금

해설 형상기억합금 : 처음 가공되었을 때의 온도와 형상을 기억하고 있어 변형되었을 때 처음 온도로 상승시키면 원래의 상태로 되돌아가는 합금

47 금속에 대한 설명으로 틀린 것은?

① 리튬(Li)은 물보다 가볍다.
② 고체상태에서 결정구조를 가진다.
③ 텅스텐(W)은 이리듐(Ir)보다 비중이 크다.
④ 일반적으로 용융점이 높은 금속은 비중도 큰 편이다.

해설 텅스텐(W) 비중 : 19.3, 이리듐(Ir) 비중 : 22.42

★ **48** 7 : 3 황동에 1% 내외의 Sn을 첨가하여 열교환기, 증발기 등에 사용되는 합금은?

① 코슨 황동 ② 네이벌 황동
③ 애드미럴티 황동 ④ 에버듀어 메탈

해설 네이벌 황동 : 6 : 4 황동에 주석을 1% 첨가한 황동

49 구리에 5~20% Zn을 첨가한 황동으로, 강도는 낮으나 전연성이 좋고 색깔이 금색에 가까워 모조금이나 판 및 선 등에 사용되는 것은?

① 톰백 ② 켈밋
③ 포금 ④ 문쯔메탈

해설 켈밋 : 동에 납을 30~40% 첨가한 합금으로 베어링 재료에 쓰인다.

50 열간 성형 리벳의 종류별 호칭길이(L)를 표시한 것 중 잘못 표시된 것은?

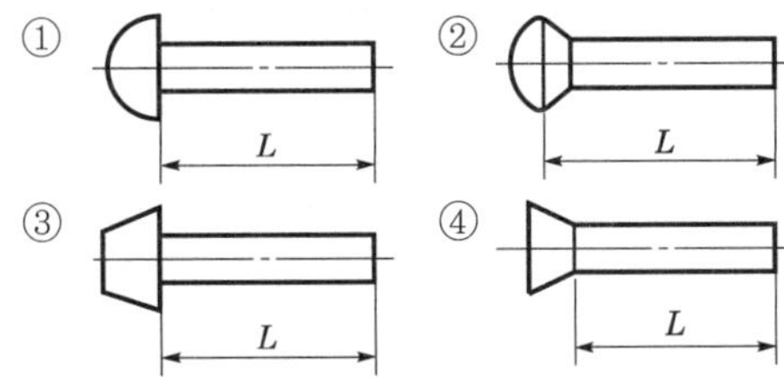

해설 접시 머리 리벳의 길이 표시는 전체 길이로 나타낸다.

51 다음 그림과 같은 KS 용접 보조기호의 설명으로 옳은 것은?

① 필릿 용접부 토우를 매끄럽게 함
② 필릿 용접 끝단부를 볼록하게 다듬질
③ 필릿 용접 끝단부에 영구적인 덮개 판을 사용
④ 필릿 용접 중앙부에 제거 가능한 덮개 판을 사용

해설 필릿 기호 옆에 양방향 갈고리 모양은 용접부 토우를 매끄럽게 하라는 의미이다.

52 다음 중 배관용 탄소강관의 재질기호는?

① SPA ② STK
③ SPP ④ STS

해설 SPA : 배관용 합금강 강관, STS : 합금 공구강

정답 44. ④ 45. ② 46. ④ 47. ③ 48. ③ 49. ① 50. ④ 51. ① 52. ③

부록 1

53 고강도 Al 합금으로 조성이 Al-Cu-Mg-Mn인 합금은?

① 라우탈 ② Y-합금
③ 두랄루민 ④ 하이드로날륨

해설 Y합금 : Al-Cu-Ni-Mg 합금

54 다음 그림과 같은 ㄷ 형강의 치수 기입방법으로 옳은 것은? (단, L은 형강의 길이를 나타낸다.)

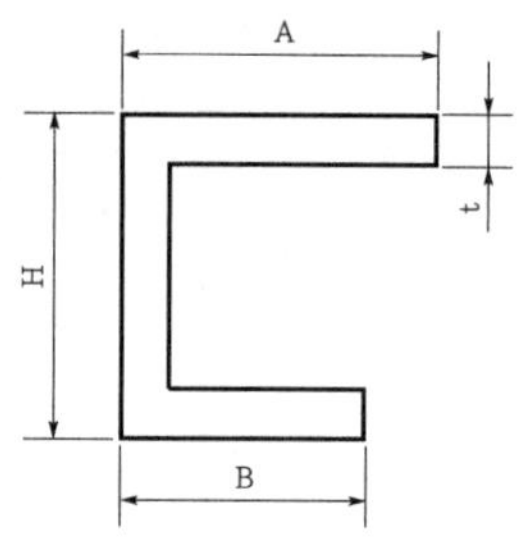

① ㄷ A×B×H×t-L
② ㄷ H×A×B×t-L
③ ㄷ B×A×H×t-L
④ ㄷ H×B×A×L-t

해설 형강의 치수 기입 : 형강모양 기호 세로치수×가로치수×두께-길이로 표시한다.

55 도면에서 반드시 표제란에 기입해야 하는 항목으로 틀린 것은?

① 재질 ② 척도
③ 투상법 ④ 도명

해설 부품표에 기재사항 : 품번, 품명, 수량, 재질 등

★
56 선의 종류와 명칭이 잘못된 것은?

① 가는 실선 – 해칭선
② 굵은 실선 – 숨은선
③ 가는 2점 쇄선 – 가상선
④ 가는 1점 쇄선 – 피치선

해설 물체 외형을 나타내는 선을 외형선이라 하며 굵은 실선으로 그린다.

57 그림과 같은 입체도에서 화살표 방향을 정면으로 할 때 평면도로 가장 적합한 것은?

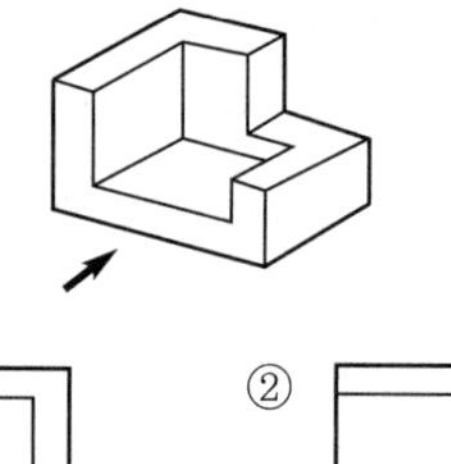

① 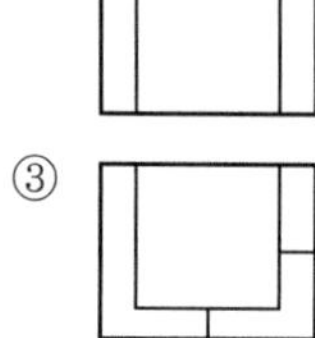 ② 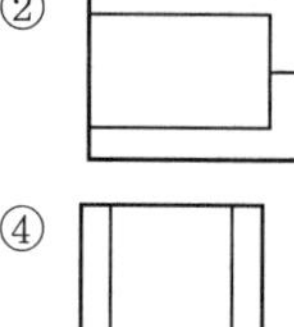

③ ④

해설 평면도는 양쪽 ㄱ자 모양을 한 도면이 답이다.

58 도면의 밸브 표시방법에서 안전밸브에 해당하는 것은?

① 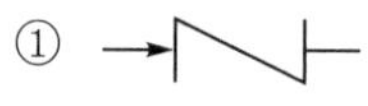 ② 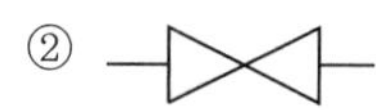
③ 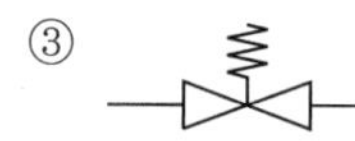 ④ 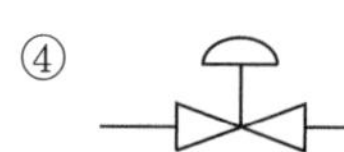

해설 ① 체크 밸브

59 일반적으로 치수선을 표시할 때, 치수선 양 끝에 치수가 끝나는 부분임을 나타내는 형상으로 사용하는 것이 아닌 것은?

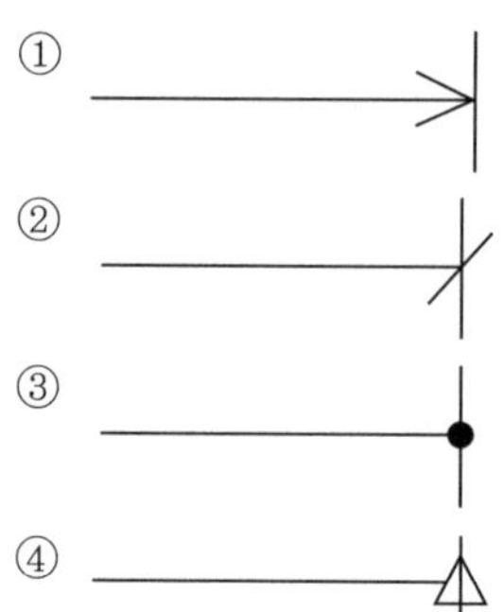

해설 치수 표시선에 ④와 같은 것은 사용하지 않는다.

정답 53. ③ 54. ② 55. ① 56. ② 57. ① 58. ③ 59. ④

★
60 제1각법과 제3각법에 대한 설명 중 틀린 것은?

① 제3각법은 평면도를 정면도의 위에 그린다.
② 제1각법은 저면도를 정면도의 아래에 그린다.
③ 제3각법의 원리는 눈 → 투상면 → 물체의 순서가 된다.
④ 제1각법에서 우측면도는 정면도를 기준으로 본 위치와는 반대쪽인 좌측에 그려진다.

해설 저면도를 정면도의 아래에 그리는 것은 제3각법이다.

정답 60. ②

제 5 회 용접기능사

★
01 초음파 탐상법의 종류에 속하지 않는 것은?

① 투과법 ② 펄스반사법
③ 공진법 ④ 극간법

해설 극간법은 자분 탐상법의 일종이다.

02 CO_2 가스 아크 용접에서 기공의 발생원인으로 틀린 것은?

① 노즐에 스패터가 부착되어 있다.
② 노즐과 모재 사이의 거리가 짧다.
③ 모재가 오염(기름, 녹, 페인트)되어 있다.
④ CO_2 가스의 유량이 부족하다.

해설 노즐과 모재 사이의 거리가 짧은 경우 기공 발생이 적다.

★
03 연납과 경납을 구분하는 온도는?

① 550℃ ② 450℃
③ 350℃ ④ 250℃

해설 납의 용융점이 450℃를 기준으로 이하면 연납, 이상이면 경납이라 한다.

04 전기저항 용접 중 플래시 용접과정의 3단계를 순서대로 바르게 나타낸 것은?

① 업셋→플래시→예열
② 예열→업셋→플래시
③ 예열→플래시→업셋
④ 플래시→업셋→예열

해설 플래시 업셋 과정은 소재를 가까이 한 후 예열하고, 통전하면 양끝이 가열되어 플래시가 생기며 용융된다. 이때 업셋하여 접합한다.

05 용접작업 중 지켜야 할 안전사항으로 틀린 것은?

① 보호장구를 반드시 착용하고 작업한다.
② 훼손된 케이블은 사용 후에 보수한다.
③ 도장된 탱크 안에서의 용접은 충분히 환기시킨 후 작업한다.
④ 전격방지기가 설치된 용접기를 사용한다.

해설 용접작업 중 케이블이 훼손된 경우 전원을 차단하고 즉시 보수해야 된다.

★
06 전격의 방지대책으로 적합하지 않는 것은?

① 용접기의 내부는 수시로 열어서 점검하거나 청소한다.
② 홀더나 용접봉은 절대로 맨손으로 취급하지 않는다.
③ 절연 홀더의 절연부분이 파손되면 즉시 보수하거나 교체한다.
④ 땀, 물 등에 의해 습기찬 작업복, 장갑, 구두 등은 착용하지 않는다.

해설 용접기 내부는 정기적으로 해야지 수시로 열어서 청소나 점검을 할 필요가 없다.

07 다음 중 CO_2 가스 아크 용접의 장점으로 틀린 것은?

① 용착금속의 기계적 성질이 우수하다.
② 슬래그 혼입이 없고, 용접 후 처리가 간단하다.
③ 전류밀도가 높아 용입이 깊고, 용접속도가 빠르다.
④ 풍속 2m/s 이상의 바람에도 영향을 받지 않는다.

정답 01. ④ 02. ② 03. ② 04. ③ 05. ② 06. ① 07. ④

해설 CO_2 가스 아크 용접은 풍속 2m/s 이상이면 방풍막을 해야 된다.

★
08 다음 중 용접 후 잔류응력 완화법에 해당하지 않는 것은?

① 기계적 응력 완화법
② 저온응력 완화법
③ 피닝법
④ 화염경화법

해설 화염경화법 : 소재 표면을 화염으로 가열과 냉각을 통해 담금질하는 방법

09 용접 지그나 고정구의 선택 기준에 대한 설명 중 틀린 것은?

① 용접하고자 하는 물체의 크기를 튼튼하게 고정시킬 수 있는 크기와 강성이 있어야 한다.
② 용접응력을 최소화할 수 있도록 변형이 자유스럽게 일어날 수 있는 구조이어야 한다.
③ 피용접물의 고정과 분해가 쉬워야 한다.
④ 용접간극을 적당히 받쳐주는 구조이어야 한다.

해설 지그나 고정구 선택 : 변형이 일어나지 않게 하는 구조일 것

10 용접 홈 이음 형태 중 U형은 루트 반지름을 가능한 크게 만드는데 그 이유로 가장 알맞은 것은?

① 큰 개선각도　② 많은 용착량
③ 충분한 용입　④ 큰 변형량

해설 U형 홈은 개선 각이 거의 없기 때문에 밑부분의 원형이 크게 되도록 반지름을 크게 하는 것이 좋다.

11 다음 중 다층용접 시 적용하는 용착법이 아닌 것은?

① 빌드업법　② 캐스케이드법
③ 스킵법　④ 전진 블록법

해설 스킵법 : 한쪽에서 일정 거리만큼 차례로 드문드문 용접한 후 다시 그 사이를 용접하는 방법

★
12 다음 중 용접작업 전에 예열을 하는 목적으로 틀린 것은?

① 용접작업성의 향상을 위하여
② 용접부의 수축 변형 및 잔류응력을 경감시키기 위하여
③ 용접금속 및 열 영향부의 연성 또는 인성을 향상시키기 위하여
④ 고탄소강이나 합금강의 열 영향부 경도를 높게 하기 위하여

해설 예열 목적 : 고탄소강 등의 열영향부의 경도를 낮게 하기 위하여

13 다음 중 용접자세 기호로 틀린 것은?

① F　② V
③ H　④ OS

해설 용접자세 기호로 OS는 없다.
O는 위보기 자세의 기호이다.

14 피복 아크 용접 시 지켜야 할 유의사항으로 적합하지 않은 것은?

① 작업 시 전류는 적정하게 조절하고 정리정돈을 잘하도록 한다.
② 작업을 시작하기 전에는 메인 스위치를 작동시킨 후에 용접기 스위치를 작동시킨다.
③ 작업이 끝나면 항상 메인 스위치를 먼저 끈 후에 용접기 스위치를 꺼야 한다.
④ 아크 발생 시 항상 안전에 신경을 쓰도록 한다.

해설 용접작업이 끝나면 용접기 스위치를 끈 후 메인 스위치를 끈다.

15 자동화 용접장치의 구성요소가 아닌 것은?

① 고주파 발생장치
② 칼럼
③ 트랙
④ 갠트리

해설 고주파 발생장치 : 안정한 아크를 얻기 위하여 상용주파의 아크전류에 고전압의 고주파를 중첩시키는 방법

부록 1

정답 08. ④ 09. ② 10. ③ 11. ③ 12. ④ 13. ④ 14. ③ 15. ①

16 주철 용접 시 주의사항으로 옳은 것은?

① 용접전류는 약간 높게 하고 운봉하여 곡선 비드 배치하며 용입을 깊게 한다.
② 가스 용접 시 중성불꽃 또는 산화불꽃을 사용하고 용제는 사용하지 않는다.
③ 냉각되어 있을 때 피닝작업을 하여 변형을 줄이는 것이 좋다.
④ 용접봉의 지름은 가는 것을 사용하고, 비드의 배치는 짧게 하는 것이 좋다.

해설 주철 용접은 전류는 가급적 낮게, 봉은 가는 것으로 하며, 가열되었을 때 피닝하는 것이 좋다.

★
17 전기저항 용접의 발열량을 구하는 공식으로 옳은 것은? (단, H : 발열량(cal), I : 전류(A), R : 저항(Ω), t : 시간(sec)이다.)

① $H=0.24IRt$　　② $H=0.24IR^2t$
③ $H=0.24I^2Rt$　　④ $H=0.24IRt^2$

해설 전기 저항열$=0.24I^2Rt$, 전류 자승에 비례하므로 전류가 매우 중요하다.

18 다음 중 테르밋 용접의 특징에 관한 설명으로 틀린 것은?

① 용접작업이 단순하다.
② 용접기구가 간단하고, 작업장소의 이동이 쉽다.
③ 용접시간이 길고, 용접 후 변형이 크다.
④ 전기가 필요 없다.

해설 테르밋 용접 : 용접시간이 짧고 용접 후 변형이 적다.

19 용접 진행방향과 용착방향이 서로 반대가 되는 방법으로 잔류응력은 다소 적게 발생하나 작업의 능률이 떨어지는 용착법은?

① 전진법　　② 후진법
③ 대칭법　　④ 스킵법

해설 후진법은 작업 능률은 전진법에 비해 떨어지나 후판 용접에 적당하다.

★
20 비용극식, 비소모식 아크 용접에 속하는 것은?

① 피복 아크 용접
② TIG 용접
③ 서브머지드 아크 용접
④ CO_2 용접

해설 TIG 용접 : 전극으로 텅스텐 전극을 사용하며 전극이 녹지 않고 소모가 거의 안된다.

21 TIG 용접에서 직류역극성에 대한 설명이 아닌 것은?

① 용접기의 음극에 모재를 연결한다.
② 용접기의 양극에 토치를 연결한다.
③ 비드 폭이 좁고 용입이 깊다.
④ 산화 피막을 제거하는 청정작용이 있다.

해설 DCRP : 비드 폭이 넓고 용입이 얕다.

★
22 재료의 접합방법은 기계적 접합과 야금적 접합으로 분류하는데 야금적 접합에 속하지 않는 것은?

① 리벳　　② 융접
③ 압접　　④ 납땜

해설 리벳팅은 기계적 접합법에 해당된다.

23 서브머지드 아크 용접의 특징으로 틀린 것은?

① 콘택트 팁에서 통전되므로 와이어 중에 저항열이 적게 발생되어 고전류 사용이 가능하다.
② 아크가 보이지 않으므로 용접부의 적부를 확인하기가 곤란하다.
③ 용접길이가 짧을 때 능률적이며 수평 및 위보기 자세 용접에 주로 이용된다.
④ 일반적으로 비드 외관이 아름답다.

해설 SAW : 용접길이가 길 때 능률적이며, 주로 아래보기 자세에 적용된다.

정답 16. ④ 17. ③ 18. ③ 19. ② 20. ② 21. ③ 22. ① 23. ③ 24. ③

★
24 다음 중 알루미늄을 가스 용접할 때 가장 적절한 용제는?

① 붕사 ② 탄산나트륨
③ 염화나트륨 ④ 중탄산나트륨

해설 알루미늄 용접이나 납땜은 염화물계통이 적합하다.

★
25 다음 중 연강용 가스용접봉의 종류인 “GA43”에서 “43”이 의미하는 것은?

① 가스 용접봉
② 용착금속의 연신율 구분
③ 용착금속의 최소 인장강도 수준
④ 용착금속의 최대 인장강도 수준

해설 GA43 : 최소 인장강도가 43kgf/mm^{2}인 A종 가스 용접봉

26 일반적인 용접의 장점으로 옳은 것은?

① 재질 변형이 생긴다.
② 작업공정이 단축된다.
③ 잔류응력이 발생한다.
④ 품질검사가 곤란하다.

해설 용접은 기밀, 수밀, 유밀성이 우수하다는 장점이 있고 ①, ③, ④는 용접의 단점이다.

★
27 아크 용접에서 아크쏠림 방지대책으로 옳은 것은?

① 용접봉 끝을 아크쏠림 방향으로 기울인다.
② 접지점을 용접부에 가까이 한다.
③ 아크길이를 길게 한다.
④ 직류 용접 대신 교류 용접을 사용한다.

해설 아크쏠림 방지 : 접지점을 멀리 하고, 아크길이 짧게 하며 쏠림 반대방향으로 기울인다.

28 환원가스 발생 작용을 하는 피복 아크 용접봉의 피복제 성분은?

① 산화티탄 ② 규산나트륨
③ 탄산칼륨 ④ 당밀

해설 가스 발생제 : 당밀, 석회석, 녹말, 톱밥, 셀룰로오스 등

★
29 가스절단 시 예열불꽃이 약할 때 일어나는 현상으로 틀린 것은?

① 드래그가 증가한다.
② 절단면이 거칠어진다.
③ 역화를 일으키기 쉽다.
④ 절단속도가 느려지고, 절단이 중단되기 쉽다.

해설 예열불꽃이 약하면 절단이 안될 수 있다.

30 토치를 사용하여 용접부분의 뒷면을 따내거나 U형, H형으로 용접 홈을 가공하는 것으로 일명 가스 파내기라고 부르는 가공법은?

① 산소창 절단 ② 선삭
③ 가스 가우징 ④ 천공

해설 가우징 : 가스나 아크 에어 가우징이 있으며, 홈파기, 천공 등에 사용된다.

★
31 용접작업을 하지 않을 때는 무부하 전압을 20~30V 이하로 유지하고 용접봉을 작업물에 접촉시키면 릴레이(relay) 작동에 의해 전압이 높아져 용접작업이 가능하게 하는 장치는?

① 아크부스터 ② 원격 제어장치
③ 전격방지기 ④ 용접봉 홀더

해설 원격 제어장치 : 용접기와 머리 떨어진 곳에서 용접조건 등을 조절할 수 있는 장치

32 직류 아크 용접기와 비교하여 교류 아크 용접기에 대한 설명으로 가장 올바른 것은?

① 무부하 전압이 높고 감전의 위험이 많다.
② 구조가 복잡하고 극성 변화가 가능하다.
③ 자기쏠림 방지가 불가능하다.
④ 아크 안정성이 우수하다.

해설 교류 아크 용접기 : 직류에 비해 구조가 간단하고 극성 변화가 안되며, 자기 쏠림이 거의 없으나 아크가 불안정하다.

부록 1

정답 25. ③ 26. ② 27. ④ 28. ④ 29. ② 30. ③ 31. ③ 32. ①

★
33 가스 용접에 사용되는 가연성 가스의 종류가 아닌 것은?

① 프로판가스 ② 수소가스
③ 아세틸렌가스 ④ 산소

해설 산소는 지연(조연)성 가스이다.

34 다음 중 아세틸렌가스의 관으로 사용할 경우 폭발성 화합물을 생성하게 되는 것은?

① 순구리관 ② 스테인리스강관
③ 알루미늄합금관 ④ 탄소강관

해설 구리가 62% 이상 함유된 동합금을 사용할 경우 폭발성 화합물을 만들 수 있다.

★
35 가스 용접 모재의 두께가 3.2mm일 때 가장 적당한 용접봉의 지름을 계산식으로 구하면 몇 mm인가?

① 1.6 ② 2.0
③ 2.6 ④ 3.2

해설 가스 용접봉 지름 $= \frac{3.2}{2} + 1 = 2.6$

36 피복 아크 용접에서 직류역극성(DCRP) 용접의 특징으로 옳은 것은?

① 모재의 용입이 깊다.
② 비드 폭이 좁다.
③ 봉의 용융이 느리다.
④ 박판, 주철, 고탄소강의 용접 등에 쓰인다.

해설 직류역극성 : 정극성에 비해 용입이 얕고 비드 폭이 넓으며, 봉의 녹음은 빠르다.

★
37 피복 아크 용접기를 사용하여 아크 발생을 8분간 하고 2분간 쉬었다면, 용접기 사용률은 몇 %인가?

① 25 ② 40
③ 65 ④ 80

해설 정격 사용률은 10분을 기준으로 한다.

38 피복제 중에 산화티탄(TiO_2)을 약 35% 정도 포함한 용접봉으로서 아크는 안정되고 스패터는 적으나, 고온 균열(hot crack)을 일으키기 쉬운 결점이 있는 용접봉은?

① E4301 ② E4313
③ E4311 ④ E4316

해설 • E4301 : 일미나이트계 • E4311 : 고셀룰로오스계
• E4316 : 저수소계

39 열과 전기의 전도율이 가장 좋은 금속은?

① Cu ② Al
③ Ag ④ Au

해설 전기전도율 순서 : Ag > Cu > Au > Al

40 섬유강화금속 복합재료의 기지금속으로 가장 많이 사용되는 것으로 비중이 약 2.7인 것은?

① Na ② Fe
③ Al ④ Co

해설 Al : 알루미늄으로 비중이 매우 가벼워 대표적인 경금속이며, 섬유강화금속 소재로 사용된다.

41 비파괴 검사가 아닌 것은?

① 자기탐상시험 ② 침투탐상시험
③ 샤르피충격시험 ④ 초음파탐상시험

해설 샤르피충격시험 : 기계적(파괴), 동적 시험, 아이조드 충격시험도 있다.

42 주철의 유동성을 나쁘게 하는 원소는?

① Mn ② C
③ P ④ S

해설 황(S) : 적열취성의 원인이 된다.

43 다음 금속 중 용융상태에서 응고할 때 팽창하는 것은?

① Sn ② Zn
③ Mo ④ Bi

해설 대부분의 금속은 응고할 때 수축한다.

정답 33. ④ 34. ① 35. ③ 36. ④ 37. ④ 38. ② 39. ③ 40. ③ 41. ③ 42. ④ 43. ④

44 알루미늄과 마그네슘의 합금으로 바닷물과 알칼리에 대한 내식성이 강하고 용접성이 매우 우수하여 주로 선박용 부품, 화학 장치용 부품 등에 쓰이는 것은?

① 실루민　② 하이드로날륨
③ 알루미늄 청동　④ 애드미럴티 황동

해설 애드미럴티 황동 : 7-3 황동에 주석을 1% 첨가한 것으로 전연성이 좋다.

45 강자성체 금속에 해당되는 것은?

① Bi, Sn, Au　② Fe, Pt, Mn
③ Ni, Fe, Co　④ Co, Sn, Cu

해설 강자성체 : 자성의 성질이 강한 물체로 철, 니켈 코발트가 있다.

46 강에서 상온 메짐(취성)의 원인이 되는 원소는?

① P　② S
③ Al　④ Co

해설 S(황) : 고온(적열) 메짐의 원인이 되는 원소

★
47 60% Cu-40% Zn 황동으로 복수기용 판, 볼트, 너트 등에 사용되는 합금은?

① 톰백(tombac)
② 길딩메탈(gilding metal)
③ 문쯔메탈(muntz metal)
④ 애드미럴티메탈(admiralty metal)

해설 길딩메탈 : 95~97% Cu와 3~5% Zn으로 이루어진 톰백의 일종

48 시편의 표점거리가 125mm, 늘어난 길이가 145mm이었다면 연신율은?

① 16%　② 20%
③ 26%　④ 30%

해설 $\frac{145-125}{125}\times 100=16$

49 구상흑연 주철에서 그 바탕조직이 펄라이트이면서 구상흑연의 주위를 유리된 페라이트가 감싸고 있는 조직의 명칭은?

① 오스테나이트(austenite) 조직
② 시멘타이트(cementite) 조직
③ 레데뷰라이트(ledeburite) 조직
④ 불스 아이(bull's eye) 조직

해설 구상흑연 주철 : 연성 주철, 닥타일 주철, 흑연의 형상이 불스 아이(황소 눈)와 같다.

50 도면에 물체를 표시하기 위한 투상에 관한 설명 중 잘못된 것은?

① 주투상도는 대상물의 모양 및 기능을 가장 명확하게 표시하는 면을 그린다.
② 보다 명확한 설명을 위해 주투상도를 보충하는 다른 투상도를 많이 나타낸다.
③ 특별한 이유가 없을 경우 대상물을 가로길이로 놓은 상태로 그린다.
④ 서로 관련되는 그림의 배치는 되도록 숨은선을 쓰지 않도록 한다.

해설 투상도는 이해가 가능한 한 가급적 적게 만드는 것이 좋다.

51 다음 그림과 같은 도시기호가 나타내는 것은?

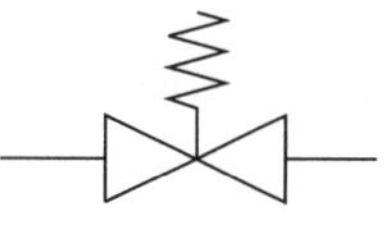

① 안전 밸브　② 전동 밸브
③ 스톱 밸브　④ 슬루스 밸브

해설 안전 밸브 : 삼각형 2개 접촉부 사이에 스프링 형상을 한 것으로 스프링식 안전 밸브를 의미한다.

★
52 주변 온도가 변화하더라도 재료가 가지고 있는 열팽창계수나 탄성계수 등의 특정한 성질이 변하지 않는 강은?

① 쾌삭강　② 불변강
③ 강인강　④ 스테인리스강

해설 불변강은 온도에 따라 길이 불변과 탄성 불변강이 있다.

정답 44. ② 45. ③ 46. ① 47. ③ 48. ① 49. ④ 50. ② 51. ① 52. ②

부록 1

53 치수기입의 원칙에 관한 설명 중 틀린 것은?

① 치수는 필요에 따라 기준으로 하는 점, 선 또는 면을 기준으로 하여 기입한다.
② 대상물의 기능, 제작, 조립 등을 고려하여 필요하다고 생각되는 치수를 명료하게 도면에 지시한다.
③ 치수 입력에 대해서는 중복 기입을 피한다.
④ 모든 치수에는 단위를 기입해야 한다.

해설 미터법 단위의 경우 치수는 mm로 나타내며, 이때 단위는 나타내지 않는다.

54 다음 그림과 같은 입체도의 화살표 방향 투시도로 가장 적합한 것은?

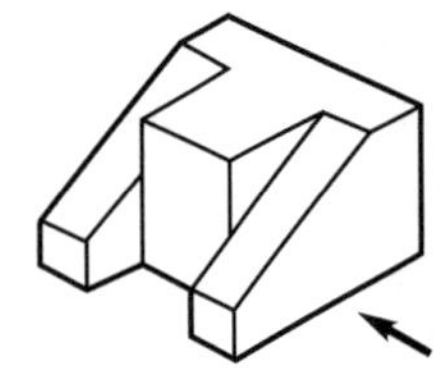

① 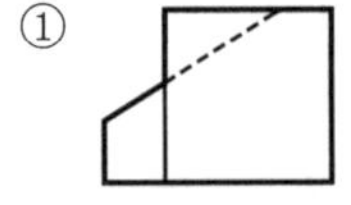
② 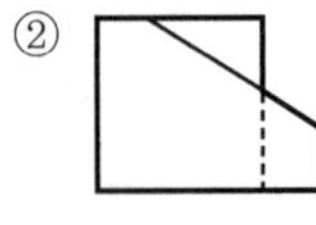
③ 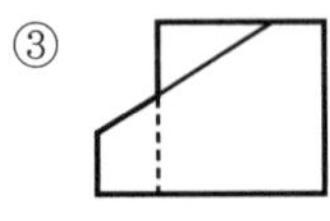
④ 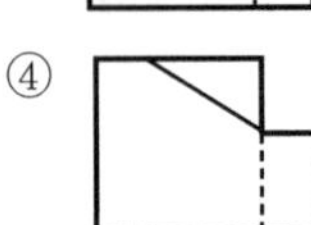

해설 좌측으로 경사저서 돌출된 모양은 외형선으로 나타내야 된다.

55 다음 그림과 같이 기계도면 작성 시 가공에 사용하는 공구 등의 모양을 나타낼 필요가 있을 때 사용하는 선으로 올바른 것은?

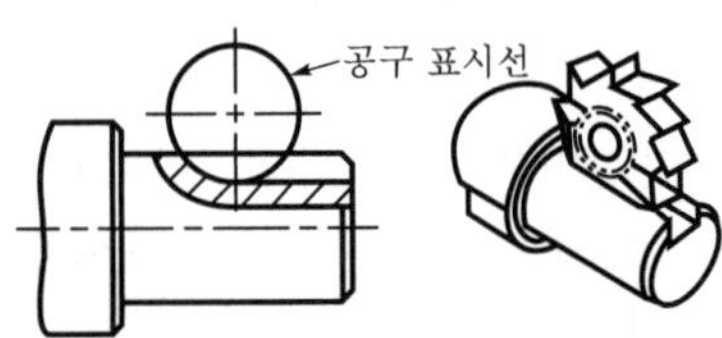

① 가는 실선 ② 가는 1점 쇄선
③ 가는 2점 쇄선 ④ 가는 파선

해설 가공을 나타내는 공구 등을 표시할 때 가상선을 사용한다.

★
56 다음 그림과 같은 KS 용접기호의 해석으로 올바른 것은?

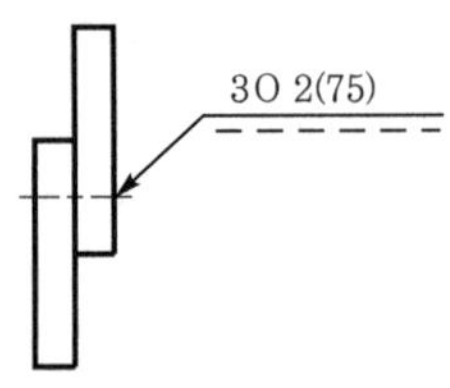

① 지름이 2mm이고, 피치가 75mm인 플러그 용접이다.
② 지름이 2mm이고, 피치가 75mm인 심 용접이다.
③ 용접 수는 2개이고, 피치가 75mm인 슬롯 용접이다.
④ 용접 수는 2개이고, 피치가 75mm인 스폿(점) 용접이다.

해설 실선 위에 있는 ○은 점(스폿) 용접이며, ( )안의 치수는 피치를 뜻한다.

57 KS 기계재료 표시기호 "SS 400"의 400은 무엇을 나타내는가?

① 경도 ② 연신율
③ 탄소함유량 ④ 최저 인장강도

해설 SS 400은 SS 41과 같은 재질로 $41kgf/mm^2$를 SI 단위로 환산하여 41×9.8=401.8을 SS 400으로 나타낸 것이다.

58 기호를 기입한 위치에서 먼 면에 카운터 싱크가 있으며, 공장에서 드릴가공 및 현장에서 끼워맞춤을 나타내는 리벳의 기호 표시는?

① 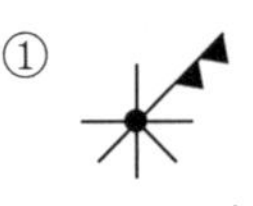
② 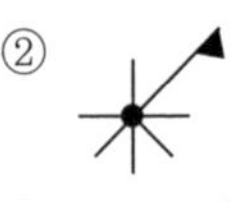
③
④ 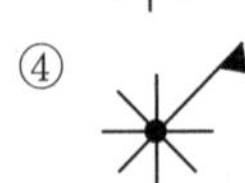

해설 ② 양쪽 면에 카운터 싱크가 있고 현장에서 드릴가공 및 끼워맞춤
③ 먼 면에 카운터 싱크가 있고 현장에서 드릴가공 및 끼워맞춤

정답 53. ④ 54. ③ 55. ③ 56. ④ 57. ④ 58. ②

★
59 그림과 같은 입체도를 3각법으로 올바르게 도시한 것은?

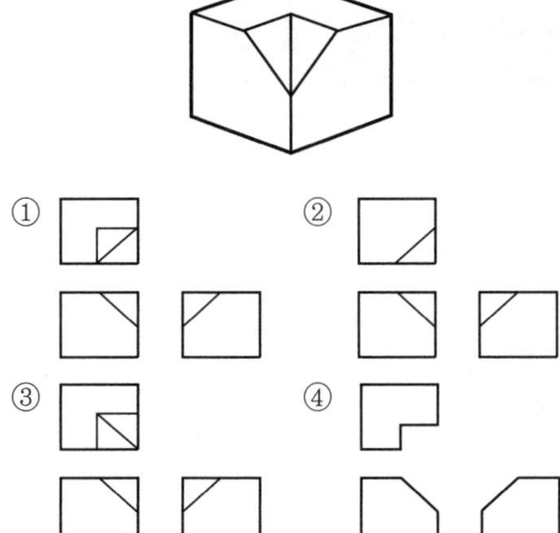

해설 우측 앞쪽이 경사진 V홈이므로 평면도에서 좌상 우하의 대각선으로 표시해야 된다.

60 도면의 척도 값 중 실제 형상을 확대하여 그리는 것은?

① 2 : 1
② 1 : $\sqrt{2}$
③ 1 : 1
④ 1 : 2

해설 배척-대 : 소, 축척-소 : 대

부록 1

정답 59. ③ 60. ①

제 1 회 용접기능사

01 지름이 10cm인 단면에 8,000kgf의 힘이 작용할 때 발생하는 응력은 약 몇 kgf/cm²인가?

① 89 ② 102
③ 121 ④ 158

해설 $\sigma = \frac{8,000}{\frac{\pi \times 10^2}{4}} = 101.9$

★
02 화재의 분류 중 C급 화재에 속하는 것은?

① 전기화재 ② 금속화재
③ 가스화재 ④ 일반화재

해설 • 일반화재 : A급
• 유류화재 : B급
• 금속화재 : D급

03 다음 중 귀마개를 착용하고 작업하면 안되는 작업자는?

① 조선소의 용점 및 취부작업자
② 자동차 조립공장의 조립작업자
③ 강재 하역장의 크레인 신호자
④ 판금작업장의 타출 판금작업자

해설 신호수는 소리와 손짓 등이 중요한 신호 수단이다.

★
04 기계적 접합으로 볼 수 없는 것은?

① 볼트 이음 ② 리벳 이음
③ 접어 잇기 ④ 압접

해설 압접은 야금학적 접합법이다.

05 용접 열원을 외부로부터 공급받는 것이 아니라, 금속산화물과 알루미늄 간의 분말에 점화제를 넣어 점화제의 화학반응에 의하여 생성되는 열을 이용한 금속 용접법은?

① 일렉트로 슬래그 용접
② 전자 빔 용접
③ 테르밋 용접
④ 저항 용접

해설 저항 용접 : 전기 저항열을 이용한 압접

06 용접작업 시 전격 방지대책으로 틀린 것은?

① 절연 홀더의 절연부분이 노출, 파손되면 보수하거나 교체한다.
② 홀더나 용접봉은 맨손으로 취급한다.
③ 용접기의 내부에 함부로 손을 대지 않는다.
④ 땀, 물 등에 의한 습기찬 작업복, 장갑, 구두 등을 착용하지 않는다.

해설 홀더나 용접봉 등을 맨손으로 잡으면 감전 위험이 크다.

07 서브머지드 아크 용접봉 와이어 표면에 구리를 도금한 이유는?

① 접촉 팁과의 전기 접촉을 원활히 한다.
② 용접시간이 짧고 변형을 적게 한다.
③ 슬래그 이탈성을 좋게 한다.
④ 용융금속의 이행을 촉진시킨다.

해설 와이어에 구리 도금을 하면 전기 접촉을 원활히 하고 녹슴을 방지할 수 있다.

정답 01. ② 02. ① 03. ③ 04. ④ 05. ③ 06. ② 07. ①

08 플래시 용접(flash welding)법의 특징으로 틀린 것은?

① 가열 범위가 좁고 열 영향부가 적으며 용접 속도가 빠르다.
② 용접면에 산화물의 개입이 적다.
③ 종류가 다른 재료의 용접이 가능하다.
④ 용접면의 끝맺음 가공이 정확하여야 한다.

해설 플래시 용접법 특징 : 용접면의 끝맺음이 나빠도 용접 가능하다.

09 서브머지드 아크 용접부의 결함으로 가장 거리가 먼 것은?

① 기공 ② 균열
③ 언더컷 ④ 용착

해설 용착 : 결함의 명칭이 아니고 모재와 용가재가 녹아 부착됨을 의미한다.

10 다음이 설명하고 있는 현상은?

> 알루미늄 용접에서 사용 전류에 한계가 있어 용접전류가 어느 정도 이상이 되면 청정작용이 일어나지 않아 산화가 심하게 생기며 아크길이가 불안정하게 변동되어 비드 표면이 거칠게 주름이 생기는 현상

① 번백(burn back)
② 퍼커링(puckering)
③ 버터링(buttering)
④ 멜트백킹(melt backing)

해설 번백 : 반자동 아크 용접 등에서 와이어가 콘택트팁에 달라 붙는 현상

★ **11** 현미경시험을 하기 위해 사용되는 부식제 중 철강용에 해당되는 것은?

① 왕수 ② 염화제2철용액
③ 피크린산 ④ 플루오르화수소액

해설 현미경 부식시험에 사용하는 부식액
- 철강 및 주철용 : 5% 초산 또는 피크린산 알코올용액
- 탄화철용 : 피크린산 가성소다용액
- 동 및 동합금용 : 염화제2철용액
- 알루미늄 및 그 합금용 : 불화수소용액

12 CO_2 가스 아크 용접 결함에 있어서 다공성이란 무엇을 의미하는가?

① 질소, 수소, 일산화탄소 등에 의한 기공을 말한다.
② 와이어 선단부에 용적이 붙어 있는 것을 말한다.
③ 스패터가 발생하여 비드의 외관에 붙어 있는 것을 말한다.
④ 노즐과 모재 간 거리가 지나치게 적어서 와이어 송급 불량을 의미한다.

해설 다공성 : 물질의 내부나 표면에 작은 구멍이 많이 있는 성질

★ **13** 아크쏠림의 방지대책에 관한 설명으로 틀린 것은?

① 교류 용접으로 하지 말고 직류 용접으로 한다.
② 용접부가 긴 경우는 후퇴법으로 용접한다.
③ 아크길이는 짧게 한다.
④ 접지부를 될 수 있는 대로 용접부에서 멀리 한다.

해설 아크쏠림은 직류 용접을 할 경우에 일어날 수 있다.

14 박판의 스테인리스강의 좁은 홈의 용접에서 아크 교란 상태가 발생할 때 적합한 용접방법은?

① 고주파 펄스 티그 용접
② 고주파 펄스 미그 용접
③ 고주파 펄스 일렉트로 슬래그 용접
④ 고주파 펄스 이산화탄소 아크 용접

해설 박판 스테인리스강 용접에는 고주파 발생장치가 부착된 펄스 TIG 용접이 적합하다.

★ **15** 용접자동화의 장점을 설명한 것으로 틀린 것은?

① 생산성 증가 및 품질을 향상시킨다.
② 용접조건에 따른 공정을 늘일 수 있다.
③ 일정한 전류값을 유지할 수 있다.
④ 용접와이어의 손실을 줄일 수 있다.

해설 용접자동화는 용접공정을 줄일 수 있다.

정답 08. ④ 09. ④ 10. ② 11. ③ 12. ① 13. ① 14. ① 15. ②

★
16 용접부의 연성결함을 조사하기 위하여 사용되는 시험법은?

① 브리넬시험 ② 비커스시험
③ 굽힘시험 ④ 충격시험

해설 브리넬, 비커스시험 : 경도 조사

17 서브머지드 아크 용접에 관한 설명으로 틀린 것은?

① 아크발생을 쉽게 하기 위하여 스틸 울(steel wool)을 사용한다.
② 용융속도와 용착속도가 빠르다.
③ 홈의 개선각을 크게 하여 용접효율을 높인다.
④ 유해광선이나 흄(fume) 등이 적게 발생한다.

해설 서브머지드 아크 용접 : 홈의 개선각을 적게 해야 된다.

18 가용접에 대한 설명으로 틀린 것은?

① 가용접 시에는 본용접보다 지름이 큰 용접봉을 사용하는 것이 좋다.
② 가용접은 본용접과 비슷한 기량을 가진 용접사에 의해 실시되어야 한다.
③ 강도상 중요한 것과 용접의 시점 및 종점이 되는 끝 부분은 가용접을 피한다.
④ 가용접은 본용접을 실시하기 전에 좌우의 홈 또는 이음부분을 고정하기 위한 짧은 용접이다.

해설 본용접보다 지름이 가는 용접봉을 사용하는 것이 좋다.

19 용접 이음의 종류가 아닌 것은?

① 겹치기 이음 ② 모서리 이음
③ 라운드 이음 ④ T형 필릿 이음

해설 용접 이음에 라운드 이음은 없다.

20 플라스마 아크 용접의 특징으로 틀린 것은?

① 용접부의 기계적 성질이 좋으며 변형도 적다.
② 용입이 깊고 비드 폭이 좁으며 용접속도가 빠르다.
③ 단층으로 용접할 수 있으므로 능률적이다.
④ 설비비가 적게 들고 무부하 전압이 낮다.

해설 플라스마 아크 용접 : 설비비가 고가이며, 무부하 전압이 높다.

21 용접자세를 나타내는 기호가 틀리게 짝지어진 것은?

① 위보기 자세 : O ② 수직 자세 : V
③ 아래보기 자세 : U ④ 수평 자세 : H

해설 아래보기 자세 : F

22 이산화탄소 아크 용접의 보호가스 설비에서 저전류 영역의 가스유량은 약 몇 l/min 정도가 가장 적당한가?

① 1~5 ② 6~9
③ 10~15 ④ 20~25

해설 CO_2 용접에서 저전류 영역에 가스 유량은 10~15 l/min 정도가 적당하다.

23 가스 용접의 특징으로 틀린 것은?

① 응용범위가 넓으며 운반이 편리하다.
② 전원 설비가 없는 곳에서도 쉽게 설치할 수 있다.
③ 아크 용접에 비해서 유해광선의 발생이 적다.
④ 열 집중성이 좋아 효율적인 용접이 가능하여 신뢰성이 높다.

해설 가스 용접은 아크 용접보다 열 집중성이 낮아 효율적인 용접이 곤란하여 신뢰성이 낮다.

★
24 규격이 AW 300인 교류 아크 용접기의 정격 2차 전류 조정범위는?

① 0~300A ② 20~220A
③ 60~330A ④ 120~430A

해설 교류 아크 용접기의 전류 조정 범위 : 용접기 정격 전류의 20~110%

★
25 가스 용접에서 모재의 두께가 6mm일 때 사용되는 용접봉의 직경은 얼마인가?

① 1mm ② 4mm
③ 7mm ④ 9mm

정답 16. ③ 17. ③ 18. ① 19. ③ 20. ④ 21. ③ 22. ③ 23. ④ 24. ③ 25. ②

해설 용접봉 지름 = $\frac{6}{2}+1=4$

26 아세틸렌가스의 성질 중 15℃ 1기압에서의 아세틸렌 1리터의 무게는 약 몇 g인가?

① 0.151 ② 1.176
③ 3.143 ④ 5.117

해설 아세틸렌가스 : 카바이드와 물의 반응에 의해 생성되며, 1리터의 무게는 1.176g 정도 된다.

★
27 피복 아크 용접 시 아크열에 의하여 용접봉과 모재가 녹아서 용착금속이 만들어지는데 이때 모재가 녹은 깊이를 무엇이라 하는가?

① 용융지 ② 용입
③ 슬래그 ④ 용적

해설 용입 : 가장 큰 영향을 주는 사항은 전류, 전압, 용접속도 등이다.

28 직류 아크 용접기로 두께가 15mm이고, 길이가 5m인 고장력 강판을 용접하는 도중에 아크가 용접봉 방향에서 한쪽으로 쏠리었다. 다음 중 이러한 현상을 방지하는 방법이 아닌 것은?

① 이음의 처음과 끝에 엔드탭을 이용한다.
② 용량이 더 큰 직류 용접기로 교체한다.
③ 용접부가 긴 경우에는 후퇴용접법으로 한다.
④ 용접봉 끝을 아크쏠림 반대방향으로 기울인다.

해설 아크쏠림 방지 : 직류를 교류 용접기로 바꾸면 쏠림은 방지된다.

★
29 피복 아크 용접봉은 금속심선의 겉에 피복제를 발라서 말린 것으로 한쪽 끝은 홀더에 물려 전류를 통할 수 있도록 심선길이의 얼마만큼을 피복하지 않고 남겨두는가?

① 3mm ② 10mm
③ 15mm ④ 25mm

해설 피복 아크 용접봉은 홀더에 물려 사용해야 되므로 약 25mm 정도는 피복하지 않는다.

30 가스용기를 취급할 때 주의사항으로 틀린 것은?

① 가스용기의 이동 시는 밸브를 잠근다.
② 가스용기에 진동이나 충격을 가하지 않는다.
③ 가스용기의 저장은 환기가 잘되는 장소에 한다.
④ 가연성 가스용기는 눕혀서 보관한다.

해설 가연성 가스용기는 눕혀서 사용하거나 보관해서는 안된다.

31 강재 표면의 흠이나 개재물, 탈탄층 등을 제거하기 위해 얇고, 타원형 모양으로 표면으로 깎아내는 가공법은?

① 가스 가우징 ② 너깃
③ 스카핑 ④ 아크 에어 가우징

해설 가우징 : 홈을 파거나 천공 등을 하는 가공법

★
32 다음 중 두꺼운 강판, 주철, 강괴 등의 절단에 이용되는 절단법은?

① 산소창 절단 ② 수중 절단
③ 분말 절단 ④ 포갬 절단

해설 산소창 절단 : 토치의 팁 대신에 가는 강관에 산소를 공급하여 그 강관이 산화 연소할 때의 반응열로 금속을 절단하는 방법

33 피복 배합제의 성분 중 탈산제로 사용되지 않는 것은?

① 규소철 ② 망간철
③ 알루미늄 ④ 유황

해설 유황은 적열취성의 원인이 되는 원소로 피복제로 거의 쓰이지 않는다.

34 고셀룰로오스계 용접봉은 셀룰로오스를 몇 % 정도 포함하고 있는가?

① 0~5 ② 6~15
③ 20~30 ④ 30~40

해설 피복 아크 용접봉은 대부분 주성분이 20~30% 이상 함유된 성분의 명칭을 붙여 부르고 있다.

부록 1

정답 26. ② 27. ② 28. ② 29. ④ 30. ④ 31. ③ 32. ① 33. ④ 34. ③

35 용접법의 분류 중 압접에 해당하는 것은?

① 테르밋 용접 ② 전자 빔 용접
③ 유도가열 용접 ④ 탄산가스 아크 용접

해설 압접 : 압력을 가해 접합하는 방법으로 냉간압접, 고주파 압접, 전기 저항용접 등이 있다.

36 피복 아크 용접에서 일반적으로 가장 많이 사용되는 차광유리의 차광도 번호는?

① 4~5 ② 7~8
③ 10~11 ④ 14~15

해설 차광유리 : 빛의 밝기 정도(보통 전류)에 따라 사용하며 10~11번이 많이 쓰인다.

37 가스 절단에 이용되는 프로판가스와 아세틸렌가스를 비교하였을 때 프로판가스의 특징으로 틀린 것은?

① 절단면이 미세하며 깨끗하다.
② 포갬 절단속도가 아세틸렌보다 느리다.
③ 절단 상부 기슭이 녹은 것이 적다.
④ 슬래그의 제거가 쉽다.

해설 프로판가스 절단은 아세틸렌가스 절단에 비해 후판, 포갬 절단능력이 우수하다.

★
38 교류 아크 용접기의 종류에 속하지 않는 것은?

① 가동코일형 ② 탭전환형
③ 정류기형 ④ 가포화 리액터형

해설 정류기형 : 교류를 정류해서 직류로 변환한 직류 용접기

39 Mg 및 Mg합금의 성질에 대한 설명으로 옳은 것은?

① Mg의 열전도율은 Cu와 Al보다 높다.
② Mg의 전기전도율은 Cu와 Al보다 높다.
③ Mg합금보다 Al합금의 비강도가 우수하다.
④ Mg는 알칼리에 잘 견디나, 산이나 염수에는 침식된다.

해설 Mg : Cu, Al보다 전기 및 열전도율이 낮다.

40 금속 간 화합물의 특징을 설명한 것 중 옳은 것은?

① 어느 성분 금속보다 용융점이 낮다.
② 어느 성분 금속보다 경도가 낮다.
③ 일반 화합물에 비하여 결합력이 약하다.
④ Fe_3C는 금속 간 화합물에 해당되지 않는다.

해설 금속간 화합물 : 비금속적 성질을 띠며, 비교적 경도, 용융점이 높다.

41 철에 Al, Ni, Co를 첨가한 합금으로 잔류자속 밀도가 크고 보자력이 우수한 자성재료는?

① 퍼멀로이 ② 센더스트
③ 알니코 자석 ④ 페라이트 자석

해설 자석강의 종류 중 문제의 성분은 알니코(alnico)이다.

42 니켈-크롬 합금 중 사용한도가 1,000℃까지 측정할 수 있는 합금은?

① 망가닌 ② 우드메탈
③ 배빗메탈 ④ 크로멜-알루멜

해설 ① 망가닌 : 현미경 사진기 등의 아크등, 저항선 등의 용도로 사용
② 우드메탈 : Bi-Cd-Pb-Sn계 융점이 68℃인 저용점 합금
③ 배빗메탈 : Pb-Sn계 베어링용 합금
※ Ni-Cr계 합금 중 열전대로 사용되는 합금의 종류
- 크로멜-알루멜 : 최소 측정 온도 1,200℃
- Fe-콘스탄탄 : 최소 측정 온도 800℃
- Cu-콘스탄탄 : 최소 측정 온도 800℃
- Pt-Pt. Ph : 최소 측정 온도 1,600℃

43 주철에 대한 설명으로 틀린 것은?

① 인장강도에 비해 압축강도가 높다.
② 회주철은 편상 흑연이 있어 감쇠능이 좋다.
③ 주철 절삭 시에는 절삭유를 사용하지 않는다.
④ 액상일 때 유동성이 나쁘며, 충격저항이 크다.

해설 주철은 주조성(유동성)이 우수하며, 충격저항은 작고 깨지기 쉽다.

정답 35. ③ 36. ③ 37. ② 38. ③ 39. ④ 40. ③ 41. ③ 42. ④ 43. ④

44 물과 얼음, 수증기가 평형을 이루는 3중점상태에서의 자유도는?

① 0 ② 1
③ 2 ④ 3

해설 F = C−P+2 = 1−3+2 = 0

45 황동의 종류 중 순 Cu와 같이 연하고 코이닝하기 쉬우므로 동전이나 메달 등에 사용되는 합금은?

① 95% Cu−5% Zn 합금
② 70% Cu−30% Zn 합금
③ 60% Cu−40% Zn 합금
④ 50% Cu−50% Zn 합금

해설 95% Cu−5% Zn 합금 : 톰백의 일종, 길딩 메탈

46 금속재료의 표면에 강이나 주철의 작은 입자(ϕ 0.5mm~1.0mm)를 고속으로 분사시켜, 표면의 경도를 높이는 방법은?

① 침탄법 ② 질화법
③ 폴리싱 ④ 숏피닝

해설 피닝 : 작은 강 등의 입자를 고속 임펠러를 통해서 소재 표면에 분사시켜 소성경화성을 주는 작업

★
47 탄소강은 200~300℃에서 연신율과 단면수축률이 상온보다 저하되어 단단하고 깨지기 쉬우며, 강의 표면이 산화되는 현상은?

① 적열메짐 ② 상온메짐
③ 청열메짐 ④ 저온메짐

해설 적열(고온)메짐(취성) : 황이 철과 화합하여 황화철이 되어 열처리 등을 할 때 800℃ 이상에서 취성이 생기는 성질

48 강에 S, Pb 등의 특수 원소를 첨가하여 절삭할 때 칩을 잘게 하고 피삭성을 좋게 만든 강은 무엇인가?

① 불변강 ② 쾌삭강
③ 베어링강 ④ 스프링강

해설 불변강 : 온도에 따라 길이나 탄성이 변하지 않는 강

49 주위의 온도 변화에 따라 선팽창 계수나 탄성률 등의 특정한 성질이 변하지 않는 불변강이 아닌 것은?

① 인바 ② 엘린바
③ 코엘린바 ④ 스텔라이트

해설 스텔라이트 : 대표적인 주조 경질 합금은

50 Al의 비중과 용융점(℃)은 약 얼마인가?

① 2.7, 660℃ ② 4.5, 390℃
③ 8.9, 220℃ ④ 10.5, 450℃

해설 Al : 비중 2.7, 용융점 660℃

51 다음 그림과 같은 입체도의 화살표 방향을 정면도로 표현할 때 실제와 동일한 형상으로 표시되는 면을 모두 고른 것은?

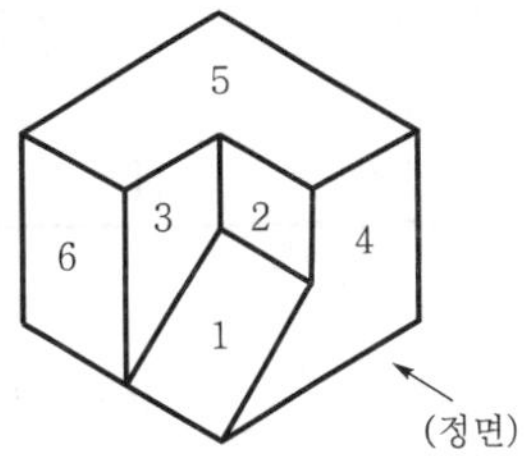

① 3과 4 ② 4와 6
③ 2와 6 ④ 1과 5

해설 정투상도는 물체와 보는 방향에서의 눈과 직각으로 투상되는 상이므로 3과 4만 보인다.

52 다음 중 한쪽단면도를 올바르게 도시한 것은?

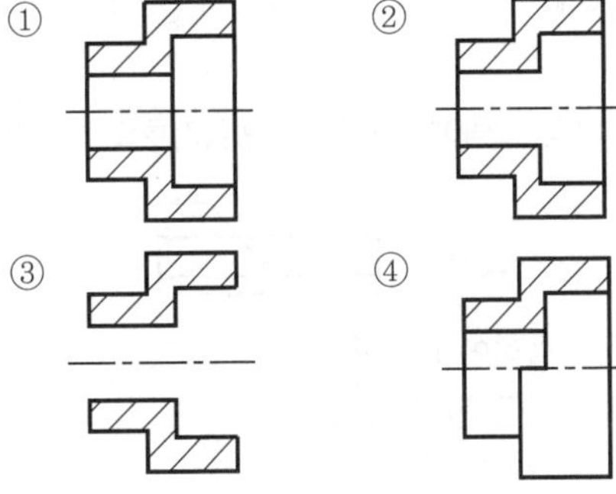

해설 수평 중심선에 대한 한쪽 단면은 중심선 상부에 단면을, 하단에 외형을 도시한다.

정답 44. ① 45. ① 46. ④ 47. ③ 48. ② 49. ④ 50. ① 51. ① 52. ④

53 기계제도에서 물체의 보이지 않는 부분의 형상을 나타내는 선은?

① 외형선 ② 가상선
③ 절단선 ④ 숨은선

해설 물체의 보이지 않는 부분은 파선(용도로는 숨은선)으로 표시한다.

54 다음 재료기호 중 용접구조용 압연강재에 속하는 것은?

① SPPS 380 ② SPCC
③ SCW 450 ④ SM 400C

해설 SPPS : 압력 배관용 탄소강관

55 다음 그림의 도면에서 X의 거리는?

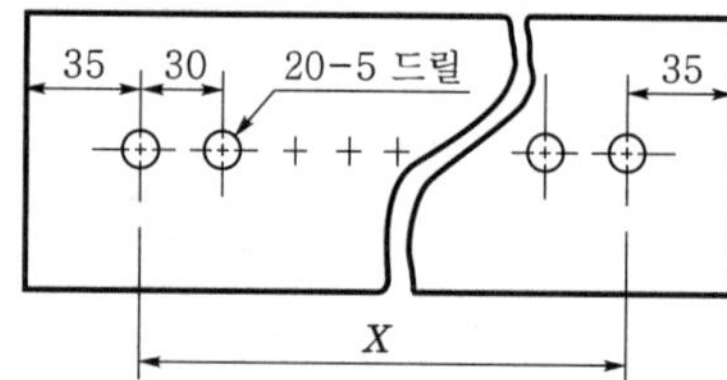

① 510mm ② 570mm
③ 600mm ④ 630mm

해설 (20−1)×30=570

56 다음 치수 중 참고치수를 나타내는 것은?

① (50) ② □50
③ 50 (테두리) ④ 50

해설 □50 : 한변의 길이가 50mm인 정사각형

★
57 다음 그림에서 나타난 용접기호의 의미는?

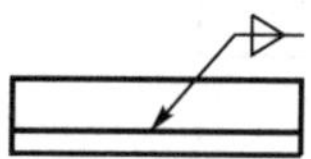

① 플래어 K형 용접
② 양쪽 필릿 용접
③ 플러그 용접
④ 프로젝션 용접

해설 기준선 양쪽에 필릿 용접기호가 있으므로 ②가 답이다.

58 주투상도를 나타내는 방법에 관한 설명으로 옳지 않은 것은?

① 조립도 등 주로 기능을 나타내는 도면에서는 대상물을 사용하는 상태로 표시한다.
② 주투상도를 보충하는 다른 투상도는 되도록 적게 표시한다.
③ 특별한 이유가 없을 경우 대상물을 세로 길이로 놓은 상태로 표시한다.
④ 부품도 등 가공하기 위한 도면에서는 가공에 있어서 도면을 가장 많이 이용하는 공정에서 대상물을 놓은 상태로 표시한다.

해설 주투상도 : 정투상도, 특별한 이유가 없을 경우 대상물을 세로 길이로 놓은 상태로 표시하지 않는다.

59 그림의 입체도에서 화살표 방향을 정면으로 하여 제3각법으로 그린 정투상도는?

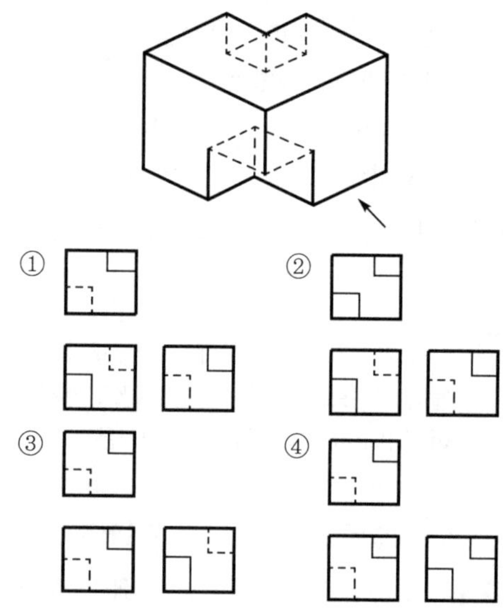

해설 화살표 방향으로 볼 때 정면도의 경우 좌측 하단은 실선, 우측 상단은 은선으로 표시되어야 한다. 그러한 ①, ② 중 평면도의 경우 우측 상단은 실선, 좌측 하단은 은선으로 그려야 하므로 ①이 정답이 된다.

정답 53. ④ 54. ④ 55. ② 56. ① 57. ② 58. ③ 59. ①

★
60 다음 그림과 같은 배관도면에서 도시기호 S는 어떤 유체를 나타내는 것인가?

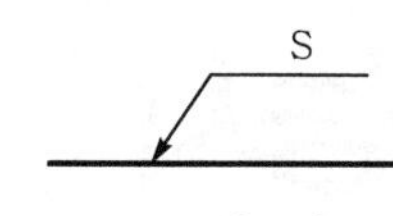

① 공기 ② 가스
③ 유류 ④ 증기

해설 • 증기 : S(steam) • 공기 : A(air)
• 가스 : G(gas) • 유류 : O(oil)

부록 1

정답 60. ④

2016. 4. 2. 시행

제 2 회 용접기능사

★
01 서브머지드 아크 용접에서 사용하는 용제 중 흡습성이 가장 적은 것은?

① 용융형 ② 혼성형
③ 고온소결형 ④ 저온소결형

해설 용융형 : 화학적 균일성이 양호하며, 반복 사용성이 좋고 비드 외관이 아름답다.

02 고주파 교류 전원을 사용하여 TIG 용접을 할 때 장점으로 틀린 것은?

① 긴 아크 유지가 용이하다.
② 전극봉의 수명이 길어진다.
③ 비접촉에 의해 융착금속과 전극의 오염을 방지한다.
④ 동일한 전극봉 크기로 사용할 수 있는 전류 범위가 작다.

해설 고주파 교류 전원 사용 시 동일한 전극봉 크기로 사용할 수 있는 전류 범위가 넓다.

★
03 맞대기 용접 이음에서 판 두께가 9mm, 용접선 길이 120mm, 하중이 7,560N일 때, 인장응력은 몇 N/mm^2인가?

① 5 ② 6
③ 7 ④ 8

해설 $\sigma = \frac{7,560}{9 \times 120} = 7$

★
04 샤르피식의 시험기를 사용하는 시험방법은?

① 경도시험 ② 인장시험
③ 피로시험 ④ 충격시험

해설 샤르피식 충격시험 : 시험편을 단순보 상태로 고정하고 충격시험을 한다.

05 용접 설계상 주의사항으로 틀린 것은?

① 용접에 적합한 설계를 할 것
② 구조상의 노치부가 생성되게 할 것
③ 결함이 생기기 쉬운 용접방법은 피할 것
④ 용접이음이 한곳으로 집중되지 않도록 할 것

해설 용접 구조상의 노치부가 생기지 않게 해야 한다.

06 납땜에 사용되는 용제가 갖추어야 할 조건으로 틀린 것은?

① 청정한 금속면의 산화를 방지할 것
② 납땜 후 슬래그의 제거가 용이할 것
③ 모재나 땜납에 대한 부식작용이 최소한일 것
④ 전기저항 납땜에 사용되는 것은 부도체일 것

해설 납땜 용제 : 전기저항 납땜에 사용되는 것은 도체일 것

07 용접이음부에 예열하는 목적을 설명한 것으로 틀린 것은?

① 수소의 방출을 용이하게 하여 저온균열을 방지한다.
② 모재의 열 영향부와 용착금속의 연화를 방지하고, 경화를 증가시킨다.
③ 용접부의 기계적 성질을 향상시키고, 경화조직의 석출을 방지시킨다.
④ 온도분포가 완만하게 되어 열응력의 감소로 변형과 잔류응력의 발생을 적게 한다.

정답 01. ① 02. ④ 03. ③ 04. ④ 05. ② 06. ④ 07. ②

해설 예열 목적 : 모재의 열 영향부와 용착금속의 경화 방지, 연화 증가

08 전자 빔 용접의 특징으로 틀린 것은?

① 정밀 용접이 가능하다.
② 용접부의 열 영향부가 크고 설비비가 적게 든다.
③ 용입이 깊어 다층용접도 단층용접으로 완성할 수 있다.
④ 유해가스에 의한 오염이 적고 높은 순도의 용접이 가능하다.

해설 전자 빔 용접 : 용접부의 열 영향부가 적어 좋으나, 설비비가 많이 든다.

★
09 다음 중 서브머지드 아크 용접의 다른 명칭이 아닌 것은?

① 잠호 용접
② 헬리 아크 용접
③ 유니언 멜트 용접
④ 불가시 아크 용접

해설 헬리 아크 용접은 TIG 용접의 다른 명칭이다.

10 용접제품을 조립하다가 V홈 맞대기 이음 홈의 간격이 5mm 정도 멀어졌을 때 홈의 보수 및 용접방법으로 가장 적합한 것은?

① 그대로 용접한다.
② 뒷댐판을 대고 용접한다.
③ 덧살올림 용접 후 가공하여 규정 간격을 맞춘다.
④ 치수에 맞는 재료로 교환하여 루트 간격을 맞춘다.

해설 간격이 5mm 정도는 뒷댐판을 대고 용접하면 된다.

11 한 부분의 몇 층을 용접하다가 이것을 다음 부분의 층으로 연속시켜 전체 모양이 계단형태를 이루는 용착법은?

① 스킵법　② 덧살올림법
③ 전진블록법　④ 캐스케이드법

해설 스킵법 : 드문드문 용접하다가 다시 그 사이를 용접하는 용착법으로 다층 쌓기법은 아니다.

12 산소와 아세틸렌용기의 취급상의 주의사항으로 옳은 것은?

① 직사광선이 잘 드는 곳에 보관한다.
② 아세틸렌병은 안전상 눕혀서 사용한다.
③ 산소병은 40℃ 이하 온도에서 보관한다.
④ 산소병 내에 다른 가스를 혼합해도 상관없다.

해설 가스용기 취급 : 직사광선이 없는 곳에 40℃ 이하로 보관하며, 가연성 가스는 눕혀 보관해서는 안된다.

13 CO_2 가스 아크 편면 용접에서 이면비드의 형성은 물론 뒷면 가우징 및 뒷면 용접을 생략할 수 있고, 모재의 중량에 따른 뒤업기(turn over) 작업을 생략할 수 있도록 홈 용접부 이면에 부착하는 것은?

① 스캘롭　② 엔드탭
③ 뒷댐재　④ 포지셔너

해설 뒷댐재 : 세라믹이나 금속판으로 이면에 대고 용접하여 이면 비드의 가우징을 피하기 위해 사용한다.

14 피복 아크 용접의 필릿 용접에서 루트 간격이 4.5mm 이상일 때의 보수 요령은?

① 규정대로의 각장으로 용접한다.
② 두께 6mm 정도의 뒤판을 대서 용접한다.
③ 라이너를 넣든지 부족한 판을 300mm 이상 잘라내서 대체하도록 한다.
④ 그대로 용접하여도 좋으나 넓혀진 만큼 각장을 증가시킬 필요가 있다.

해설 필릿 용접에서 루트 간격이 1.5~4.5mm일 때 : 그대로 용접하여도 좋으나 넓혀진 만큼 각장을 증가시킬 필요가 있다.

★
15 다음 중 초음파 탐상법의 종류가 아닌 것은?

① 극간법　② 공진법
③ 투과법　④ 펄스반사법

해설 극간법은 자분 탐상법의 일종이다.

정답 08. ② 09. ② 10. ② 11. ④ 12. ③ 13. ③ 14. ③ 15. ①

16 탄산가스 아크 용접의 장점이 아닌 것은?

① 가시 아크이므로 시공이 편리하다.
② 적용되는 재질이 철계통으로 한정되어 있다.
③ 용착금속의 기계적 성질 및 금속학적 성질이 우수하다.
④ 전류 밀도가 높아 용입이 깊고 용접속도를 빠르게 할 수 있다.

해설 ②는 탄산가스 아크 용접의 단점이다.

17 현상제(MgO, $BaCO_3$)를 사용하여 용접부의 표면 결함을 검사하는 방법은?

① 침투탐상법 ② 자분탐상법
③ 초음파탐상법 ④ 방사선투과법

해설 위의 설명은 형광침투 탐상법에 대한 것이다.

★
18 미세한 알루미늄 분말과 산화철 분말을 혼합하여 과산화바륨과 알루미늄 등의 혼합분말로 된 점화제를 넣고 연소시켜 그 반응열로 용접하는 방법은?

① MIG 용접 ② 테르밋 용접
③ 전자 빔 용접 ④ 원자 수소 용접

해설 테르밋 용접 : 테르밋제의 화학반응열을 이용한 용접법

19 용접결함에서 언더컷이 발생하는 조건이 아닌 것은?

① 전류가 너무 낮을 때
② 아크길이가 너무 길 때
③ 부적당한 용접봉을 사용할 때
④ 용접속도가 적당하지 않을 때

해설 언더컷 : 과대 전류나 용접속도가 빠를 때, 운봉 불량 시 생길 수 있는 결함

★
20 플라스마 아크 용접장치에서 아크 플라스마의 냉각가스로 쓰이는 것은?

① 아르곤과 수소의 혼합가스
② 아르곤과 산소의 혼합가스
③ 아르곤과 메탄의 혼합가스
④ 아르곤과 프로판의 혼합가스

해설 플라스마 아크 용접 작동가스나 보호가스로 아르곤과 수소의 혼합가스가 사용된다.

21 기체를 수천도의 높은 온도로 가열하면 그 속도의 가스원자가 원자핵과 전자로 분리되어 양(+)과 음(−) 이온상태로 된 것을 무엇이라 하는가?

① 전자빔 ② 레이저
③ 테르밋 ④ 플라스마

해설 테르밋제 : 알루미늄 분말과 산화철 분말, 발화 촉진제로 마그네슘의 혼합물

22 피복 아크 용접작업 시 감전으로 인한 재해의 원인으로 틀린 것은?

① 1차측과 2차측 케이블의 피복 손상부에 접촉되었을 경우
② 피용접물에 붙어 있는 용접봉을 떼려다 몸에 접촉되었을 경우
③ 용접기기의 보수 중에 입출력 단자가 절연된 곳에 접촉되었을 경우
④ 용접작업 중 홀더에 용접봉을 물릴 때나 홀더가 신체에 접촉되었을 경우

해설 용접기기의 보수 중에 입출력 단자가 절연이 안된 곳에 접촉되었을 경우 감전 위험이 있다.

★
23 정격 2차 전류 300A, 정격 사용률 40%인 아크 용접기로 실제 200A 용접전류를 사용하여 용접하는 경우 전체시간을 10분으로 하였을 때 다음 중 용접시간과 휴식시간을 올바르게 나타낸 것은?

① 10분 동안 계속 용접한다.
② 5분 용접 후 5분간 휴식한다.
③ 7분 용접 후 3분간 휴식한다.
④ 9분 용접 후 1분간 휴식한다.

해설
허용 사용률 $= \frac{300^2}{200^2} \times 40 = 90\%$

10분 기준으로 9분 용접, 1분 휴식

정답 16. ② 17. ① 18. ② 19. ① 20. ① 21. ④ 22. ③ 23. ④

24 다음에서 설명하는 서브머지드 아크 용접에 사용되는 용제는?

> • 화학적 균일성이 양호하다.
> • 반복 사용성이 좋다.
> • 비드 외관이 아름답다.
> • 용접전류에 따라 입자의 크기가 다른 용제를 사용해야 한다.

① 소결형 ② 혼성형
③ 혼합형 ④ 용융형

해설 용융형 용제는 합금 첨가가 곤란하다.

25 용해 아세틸렌 취급 시 주의사항으로 틀린 것은?

① 저장장소는 통풍이 잘 되어야 된다.
② 저장장소에는 화기를 가까이 하지 말아야 한다.
③ 용기는 진동이나 충격을 가하지 말고 신중히 취급해야 한다.
④ 용기는 아세톤의 유출을 방지하기 위해 눕혀서 보관한다.

해설 용해 아세틸렌 용기는 아세톤의 유출을 방지하기 위해 세워서 보관해야 한다.

26 다음 중 아크절단법이 아닌 것은?

① 스카핑 ② 금속 아크 절단
③ 아크 에어 가우징 ④ 플라스마 제트

해설 스카핑 : 가스 가공법의 하나로 돌기나 흠집 제거에 사용된다.

★
27 피복 아크 용접봉의 피복제 작용을 설명한 것 중 틀린 것은?

① 스패터를 많게 하고, 탈탄 정련작용을 한다.
② 용융금속의 용적을 미세화하고, 용착효율을 높인다.
③ 슬래그 제거를 쉽게 하며, 파형이 고운 비드를 만든다.
④ 공기로 인한 산화, 질화 등의 해를 방지하여 용착금속을 보호한다.

해설 피복제 : 스패터 발생을 적게 하고 탈탄 정련작용을 하며, 아크 안정을 한다.

★
28 용접법의 분류 중에서 융접에 속하는 것은?

① 심 용접 ② 테르밋 용접
③ 초음파 용접 ④ 플래시 용접

해설 압접 : ①, ③, ④

29 산소 용기의 윗부분에 각인되어 있는 표시 중 최고충전압력의 표시는 무엇인가?

① TP ② FP
③ WP ④ LP

해설 TP : 내압시험 압력

30 2개의 모재에 압력을 가해 접촉시킨 다음 접촉에 압력을 주면서 상대운동을 시켜 접촉면에서 발생하는 열을 이용하는 용접법은?

① 가스압접 ② 냉간압접
③ 마찰 용접 ④ 열간 압접

해설 냉간압접 : 냉간 상태에서 충격 등을 주어 압착시키는 접합법

★
31 사용률이 60%인 교류 아크 용접기를 사용하여 정격전류로 6분 용접하였다면 휴식시간은 얼마인가?

① 2분 ② 3분
③ 4분 ④ 5분

해설 정격 사용률은 10분을 기준으로 한다.

$\frac{6}{10} \times 100 = 60\%$

32 모재의 절단부를 불활성 가스로 보호하고 금속 전극에 대전류를 흐르게 하여 절단하는 방법으로 알루미늄과 같이 산화에 강한 금속에 이용되는 절단방법은?

① 산소 절단 ② TIG 절단
③ MIG 절단 ④ 플라스마 절단

부록 1

정답 24. ④ 25. ④ 26. ① 27. ① 28. ② 29. ② 30. ③ 31. ③ 32. ③

해설 MIG 절단 : 아르곤가스로 보호하며 용융하는 금속 전극에 대전류를 통해 절단하는 방법

★
33 용접기의 특성 중에서 부하전류가 증가하면 단자전압이 저하하는 특성은?

① 수하 특성 ② 상승 특성
③ 정전압 특성 ④ 자기제어 특성

해설 정전압 특성 : 부하전류가 증가하여도 단자전압이 거의 일정하게 되는 특성

34 산소-아세틸렌불꽃의 종류가 아닌 것은?

① 중성불꽃 ② 탄화불꽃
③ 산화불꽃 ④ 질화불꽃

해설 질화불꽃은 없다.

35 리벳 이음과 비교하여 용접 이음의 특징을 열거한 중 틀린 것은?

① 구조가 복잡하다.
② 이음 효율이 높다.
③ 공정의 수가 절감된다.
④ 유밀, 기밀, 수밀이 우수하다.

해설 용접법은 리벳이음보다 구조가 간단하다.

36 아크에어 가우징 작업에 사용되는 압축공기의 압력으로 적당한 것은?

① 1~3kgf/cm^2 ② 5~7kgf/cm^2
③ 9~12kgf/cm^2 ④ 14~156kgf/cm^2

해설 아크에어 가우징 작업에 적합한 압력은 5~7kgf/cm^2 정도이다.

37 탄소 전극봉 대신 절단 전용의 특수 피복을 입힌 전극봉을 사용하여 절단하는 방법은?

① 금속 아크 절단 ② 탄소 아크 절단
③ 아크에어 가우징 ④ 플라스마 제트 절단

해설 아크 에어 가우징 : 중공의 피복 용접봉과 모재 사이에 아크를 발생시키고 중심에서 산소를 분출시키면서 절단하는 방법

38 산소 아크 절단에 대한 설명으로 가장 적합한 것은?

① 전원은 직류역극성이 사용된다.
② 가스 절단에 비하여 절단속도가 느리다.
③ 가스 절단에 비하여 절단면이 매끄럽다.
④ 철강구조물 해체나 수중 해체작업에 이용된다.

해설 산소 아크 절단 : 직류정극성을 사용하며, 가스 절단에 비해 절단면이 거칠다.

★
39 다이캐스팅 주물품, 단조품 등의 재료로 사용되며 용점이 약 660℃이고, 비중이 약 2.7인 원소는?

① Sn ② Ag
③ Al ④ Mn

해설 • Sn : 232℃, 7.26 • Ag : 960℃, 10.5
• Mn : 1,247℃, 10.5

40 다음 중 주철에 관한 설명으로 틀린 것은?

① 비중은 C와 Si 등이 많을수록 작아진다.
② 용융점은 C와 Si 등이 많을수록 낮아진다.
③ 주철을 600℃ 이상의 온도에서 가열 및 냉각을 반복하면 부피가 감소한다.
④ 투자율을 크게 하기 위해서는 화합탄소를 적게 하고 유리탄소를 균일하게 분포시킨다.

해설 주철의 성장 : 주철을 600℃ 이상의 온도에서 가열 및 냉각을 반복하면 부피가 팽창한다.

41 다음 중 Ni-Cu 합금이 아닌 것은?

① 어드밴스 ② 콘스탄탄
③ 모넬메탈 ④ 니칼로이

해설 니칼로이 : 50% Ni-50% Fe 합금으로 초투자율, 포화자기, 전기 저항이 크다.

42 금속의 소성변형을 일으키는 원인 중 원자 밀도가 가장 큰 격자면에서 잘 일어나는 것은?

① 슬립 ② 쌍정
③ 전위 ④ 편석

해설 슬립(silp)에 대한 설명이다.

정답 33. ① 34. ④ 35. ① 36. ② 37. ① 38. ④ 39. ③ 40. ③ 41. ④ 42. ①

43 침탄법에 대한 설명으로 옳은 것은?

① 표면을 용융시켜 연화시키는 것이다.
② 망상 시멘타이트를 구상화시키는 방법이다.
③ 강재의 표면에 아연을 피복시키는 방법이다.
④ 강재의 표면에 탄소를 침투시켜 경화시키는 것이다.

해설 침탄법 : 표면 경화법의 하나로 연강 등의 저탄소강에 탄소를 확산 침투시킨 후 담금질하면 탄소가 확산된 부분은 경화되고 내부는 그대로 남는 열처리이다.

44 다음 그림과 같은 결정격자의 금속원소는?

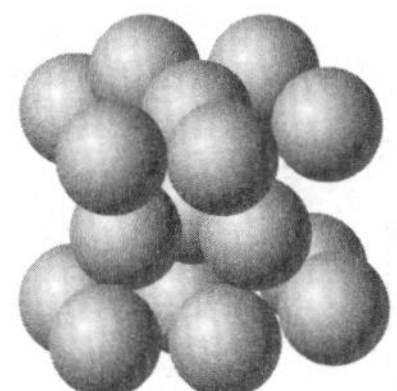
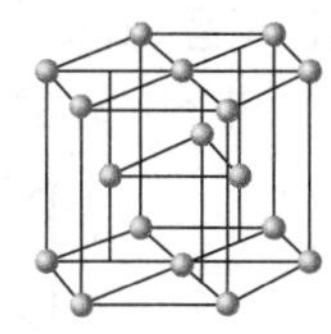

① Mi　　② Mg
③ Al　　④ Au

해설 조밀육방격자 : Zn, Cd, Mg

45 구상흑연 주철은 주조성, 가공성 및 내마멸성이 우수하다. 이러한 구상흑연 주철 제조 시 구상화제로 첨가되는 원소로 옳은 것은?

① P, S　　② O, N
③ Pb, Zn　　④ Mg, Ca

해설 구상흑연 주철 : 용탕에 Mg, Ca 등으로 접종처리하여 편상흑연을 구상화시킨 주철

46 전해 인성 구리는 약 400℃ 이상의 온도에서 사용하지 않는 이유로 옳은 것은?

① 풀림취성을 발생시키기 때문이다.
② 수소취성을 발생시키기 때문이다.
③ 고온취성을 발생시키기 때문이다.
④ 상온취성을 발생시키기 때문이다.

해설 전해 인성 구리 : 99.9% Cu 이상, 0.02~0.05% O 함유, 400℃ 이상에서 산화구리가 수소와 작용하여 수소 취성이 발생한다.

47 형상기억효과를 나타내는 합금이 일으키는 변태는?

① 펄라이트 변태　　② 마텐자이트 변태
③ 오스테나이트 변태　　④ 레데뷰라이트 변태

해설 형상기억 효과 : 소성 변형시킨 재료를 그 재료의 고유한 임계점 이상으로 가열했을 때 재료나 변형 전의 형상으로 되돌아가는 현상

★
48 Y합금의 일종으로 Ti과 Cu를 0.2% 정도씩 첨가한 것으로 피스톤에 사용되는 것은?

① 두랄루민　　② 코비탈륨
③ 로엑스 합금　　④ 하이드로날륨

해설 코비탈륨 : Al+Cu+Ni에 Ti, Cu 0.2% 첨가한 것으로 내연기관의 피스톤용 재료로 사용된다.

★
49 Fe–C 평형상태도에서 공정점의 C%는?

① 0.02%　　② 0.8%
③ 4.3%　　④ 6.67%

해설 Fe–C 평형상태도상 공정점 : 1,130℃, 4.3% C 점에서 액체에서 레데부라이트라는 공정조직이 정출되는 점

★
50 시험편을 눌러 구부리는 시험방법으로 굽힘에 대한 저항력을 조사하는 시험방법은?

① 충격시험　　② 굽힘시험
③ 전단시험　　④ 인장시험

해설 굽힘시험 : 재료의 연성 정도를 파악하는 시험

51 다음 용접기호 중 표면 육성을 의미하는 것은?

① 
② 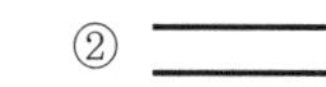
③ 
④ 

해설 ① 표면 육성
② 표면(surface) 접합부
③ 경사 접합부
④ 겹침 접합부

부록 1

정답 43. ④　44. ②　45. ④　46. ②　47. ②　48. ②　49. ③　50. ②　51. ①

★

52 배관의 간략 도시방법에서 파이프의 영구 결합부(용접 또는 다른 공법에 의한다) 상태를 나타내는 것은?

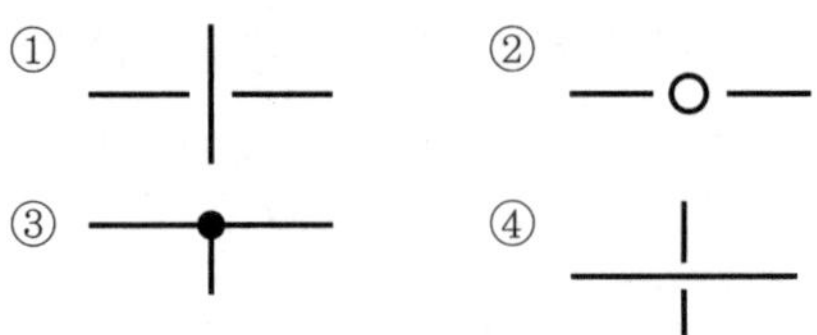

해설 ①, ④는 접속하지 않을 때를 나타낸다.
관의 결합방식의 표기는 다음과 같다.

결합방식	그림 기호
일반	
용접식	
플랜지식	
접수구방식	
유니온식	

53 도면에 대한 호칭방법이 다음과 같이 나타날 때 이에 대한 설명으로 틀린 것은?

KS B ISO 5457-A1t-TP 112.5-R-TBL

① 도면은 KS B ISO 5457을 따른다.
② A1 용지 크기이다.
③ 재단하지 않은 용지이다.
④ 112.5g/m^2 사양의 트레이싱지이다.

해설 KS B ISO 5457에 의하면 '트레이싱 종이를 재단한 것이 A1이고, 단위면적당 질량이 112.5g/m^{2}이다. 뒷면(R)에 인쇄한 것이 TBL(적용 가능한 형식) 형식에 따르는 표제란을 가진 도면으로 해석된다.

54 다음 그림과 같은 도면에서 나타난 "□40" 치수에서 "□"가 뜻하는 것은?

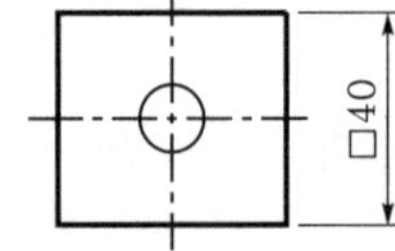

① 정사각형의 변
② 이론적으로 정확한 치수
③ 판의 두께
④ 참고치수

해설 □40 : 한변의 길이가 40mm인 정사각형을 나타낸 치수 표시

★

55 제3각법의 투상도에서 도면의 배치 관계는?

① 평면도를 중심하여 정면도는 위에, 우측면도는 우측에 배치된다.
② 정면도를 중심하여 평면도는 밑에, 우측면도는 우측에 배치된다.
③ 정면도를 중심하여 평면도는 위에, 우측면도는 우측에 배치된다.
④ 정면도를 중심하여 평면도는 위에, 우측면도는 좌측에 배치된다.

해설 제3각법 : 정면도를 기준으로 보는 방향의 도면을 평면도는 위에, 우측면도는 정면도 우측에 배치한다.

56 다음 그림과 같이 제3각법으로 정투상한 각뿔의 전개도 형상으로 적합한 것은?

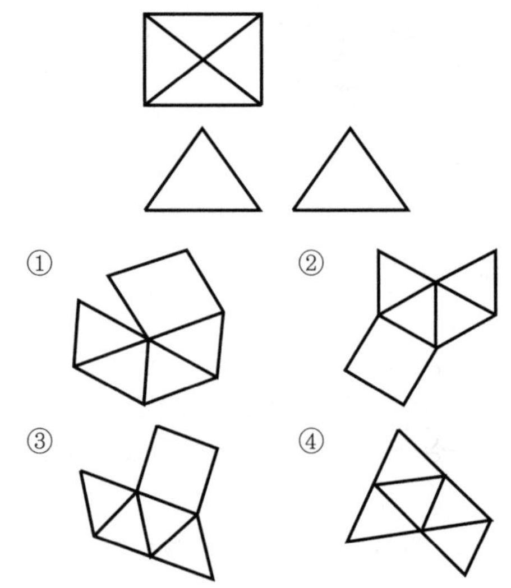

해설 사각형 바닥에 전후좌우 삼각형 각뿔임을 알 수 있다. 이에 대한 전개도는 보기 ②가 정답이 된다.

57 다음 중 일반구조용 탄소강관의 KS 재료기호는?

① SPP
② SPS
③ SKH
④ STK

해설 SPP : 배관용 탄소강관, SKH : 고속도 공구강

정답 52. ③ 53. ③ 54. ① 55. ③ 56. ② 57. ②

58 다음 중 가는 실선으로 나타내는 경우가 아닌 것은?

① 시작점과 끝점을 나타내는 치수선
② 소재의 굽은 부분이나 가공 공정의 표시선
③ 상세도를 그리기 위한 틀의 선
④ 금속구조 공학 등의 구조를 나타내는 선

해설 가는 실선 : 해칭선, 치수선, 치수보조선, 지시선

59 다음 그림과 같은 도면에서 괄호 안의 치수는 무엇을 나타내는가?

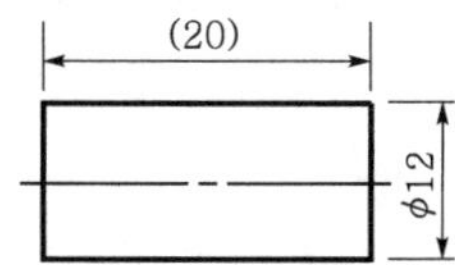

① 완성치수 ② 참고치수
③ 다듬질치수 ④ 비례척이 아닌 치수

해설 (30) : 괄호 안의 치수를 참고하라는 의미

★
60 다음 그림과 같이 원통을 경사지게 절단한 제품을 제작할 때, 다음 중 어떤 전개법이 가장 적합한가?

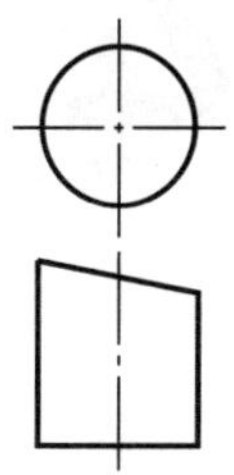

① 사각형법 ② 평행선법
③ 삼각형법 ④ 방사선법

해설 평행선 전개법 : 경사진 원통 파이프 등의 전개에 적합

부록 1

정답 58. ④ 59. ② 60. ②

제 4 회 용접기능사

★
01 다음 중 용접 시 수소의 영향으로 발생하는 결함과 가장 거리가 먼 것은?

① 기공　② 균열
③ 은점　④ 설퍼

해설 설퍼 : 황(S)에 의한 결함을 의미, 설퍼벤트, 설퍼크렉

02 가스 중에서 최소의 밀도로 가장 가볍고 확산속도가 빠르며, 열전도가 가장 큰 가스는?

① 수소　② 메탄
③ 프로판　④ 부탄

해설 수소 : 기체 중에서 가장 가벼운 가스

★
03 용착금속의 인장강도가 55N/m^2, 안전율이 6이라면 이음의 허용응력은 약 몇 N/m^{2}인가?

① 0.92　② 9.2
③ 92　④ 920

해설

$$안전율 = \frac{극한강도}{허용응력}$$

$$허용응력 = \frac{극한강도}{안전율} = \frac{55}{6} = 9.16$$

04 팁 끝이 모재에 닿는 순간 순간적으로 팁 끝이 막혀 팁 속에서 폭발음이 나면서 불꽃이 꺼졌다가 다시 나타나는 현상은?

① 인화　② 역화
③ 역류　④ 선화

해설 인화 : 가스 용접 시 팁 끝이 순간적으로 막혀 가스분출이 나빠지고 혼합실까지 불꽃이 들어가는 현상

★
05 다음 중 파괴시험 검사법에 속하는 것은?

① 부식시험　② 침투시험
③ 음향시험　④ 와류시험

해설 부식시험 : 금속학적 파괴시험

★
06 TIG 용접 토치의 분류 중 형태에 따른 종류가 아닌 것은?

① T형 토치　② Y형 토치
③ 직선형 토치　④ 플렉시블형 토치

해설 TIG 용접 토치에 Y형 토치는 없다.

07 용접에 의한 수축 변형에 영향을 미치는 인자로 가장 거리가 먼 것은?

① 가접
② 용접입열
③ 판의 예열온도
④ 판 두께에 따른 이음 형상

해설 가접 : 가용접, 치수, 각도, 형상 등을 맞추기 위해 일부분만 용접

08 전자동 MIG 용접과 반자동 용접을 비교했을 때 전자동 MIG 용접의 장점으로 틀린 것은?

① 용접속도가 빠르다.
② 생산단가를 최소화할 수 있다.
③ 우수한 품질의 용접이 얻어진다.
④ 용착효율이 낮아 능률이 매우 좋다.

해설 전자동 용접은 반자동 용접보다 용착효율이 높고 능률이 매우 우수하다.

정답 01. ④ 02. ① 03. ② 04. ② 05. ① 06. ② 07. ① 08. ④

09 다음 중 탄산가스 아크 용접의 자기쏠림 현상을 방지하는 대책으로 틀린 것은?

① 엔드 탭을 부착한다.
② 가스 유량을 조절한다.
③ 어스의 위치를 변경한다.
④ 용접부의 틈을 적게 한다.

해설 가스 유량과 자기쏠림 현상 방지와는 무관하다.

★
10 다음 용접법 중 비소모식 아크 용접법은?

① 논 가스 아크 용접
② 피복 금속 아크 용접
③ 서브머지드 아크 용접
④ 불활성 가스 텅스텐 아크 용접

해설 비소모식을 비용극식이라고도 하며, 텅스텐 전극을 사용하는 용접법이 여기에 해당된다.

11 용접부를 끝이 구면인 해머로 가볍게 때려 용착금속부의 표면에 소성변형을 주어 인장응력을 완화시키는 잔류응력 제거법은?

① 피닝법 ② 노내 풀림법
③ 저온응력 완화법 ④ 기계적 응력 완화법

해설 저온응력 완화법 : 용접선의 양측을 정속도로 이용하는 가스불꽃에 의해 폭이 약 150mm에 걸쳐 150~200℃로 가열 한 후에 즉시 수냉함으로써 용접선 방향의 인장 응력을 완화시키는 방법

12 용접 변형의 교정법에서 점 수축법의 가열온도와 가열시간으로 가장 적당한 것은?

① 100~200℃, 20초 ② 300~400℃, 20초
③ 500~600℃, 30초 ④ 700~800℃, 30초

해설 박판에 대한 점 수축법 : 지름 20~30mm를 500~600℃로 30초 정도 가열 후 곧 수냉

13 수직판 또는 수평면 내에서 선회하는 회전영역이 넓고 팔이 기울어져 상하로 움직일 수 있어 주로 스폿 용접, 중량물 취급 등에 많이 이용되는 로봇은?

① 다관절 로봇 ② 극좌표 로봇
③ 원통 좌표 로봇 ④ 직각 좌표계 로봇

해설 다관절 로봇 : 작업 동작이 3종류 이상이고 3개 이상의 회전운동기구를 결합시켜 만든 로봇

★
14 서브머지드 아크 용접시 발생하는 기공의 원인이 아닌 것은?

① 직류역극성 사용
② 용제의 건조 불량
③ 용제의 산포량 부족
④ 와이어 녹, 기름, 페인트

해설 극성과 기공 발생과는 무관하다.

15 안전 보건표지의 색채, 색도기준 및 용도에서 지시의 용도 색채는?

① 검은색 ② 노란색
③ 빨간색 ④ 파란색

해설 안전 색채 : 적색-금지, 녹색-안내, 노란색-경고

16 X선이나 γ선을 재료에 투과시켜 투과된 빛의 강도에 따라 사진 필름에 감광시켜 결함을 검사하는 비파괴 시험법은?

① 자분탐상검사 ② 침투탐상검사
③ 초음파탐상검사 ④ 방사선투과검사

해설 자분탐상검사 : 자성체를 자화시켜 표면 부근의 결함을 판별하는 검사

17 다음 중 전자 빔 용접에 관한 설명으로 틀린 것은?

① 용입이 낮아 후판 용접에는 적용이 어렵다.
② 성분 변화에 의하여 용접부의 기계적 성질이나 내식성의 저하를 가져올 수 있다.
③ 가공재나 열처리에 대하여 소재의 성질을 저하시키지 않고 용접할 수 있다.
④ 10^{-4}~10^{-6}mmHg 정도의 높은 진공실 속에서 음극으로부터 방출된 전자를 고전압으로 가속시켜 용접을 한다.

해설 전자 빔 용접 : 용입이 깊어 후판 용접에 적합하다.

부록 1

정답 09. ② 10. ④ 11. ① 12. ③ 13. ② 14. ① 15. ④ 16. ④ 17. ①

★
18 다음 중 용접봉의 용융속도를 나타낸 것은?

① 단위시간당 용접입열의 양
② 단위시간당 소모되는 용접전류
③ 단위시간당 형성되는 비드의 길이
④ 단위시간당 소비되는 용접봉의 길이

해설 용융속도 : 단위시간당 소비되는 용접봉의 길이로 아크전류×용접봉 쪽 전압강하로 구한다.

19 물체와의 가벼운 충돌 또는 부딪침으로 인하여 생기는 손상으로 충격 부위가 부어 오르고 통증이 발생되며 일반적으로 피부 표면에 창상이 없는 상처를 뜻하는 것은?

① 출혈 ② 화상
③ 찰과상 ④ 타박상

해설 찰과상 : 마찰에 의하여 피부의 표면에 입는 외상

★
20 일명 비석법이라고도 하며, 용접길이를 짧게 나누어 간격을 두면서 용접하는 용착법은?

① 전진법 ② 후진법
③ 대칭법 ④ 스킵법

해설 대칭법 : 길이가 길 때 중심을 기준으로 좌우로 용접하는 방법

★
21 금속 산화물이 알루미늄에 의하여 산소를 빼앗기는 반응에 의해 생성되는 열을 이용한 용접법은?

① 마찰 용접
② 테르밋 용접
③ 일렉트로 슬래그 용접
④ 서브머지드 아크 용접

해설 테르밋 용접 : 테르밋제의 화학 반응을 이용한 용접

22 저항 용접의 장점이 아닌 것은?

① 대량 생산에 적합하다.
② 후열 처리가 필요하다.
③ 산화 및 변질부분이 적다.
④ 용접봉, 용제가 불필요하다.

해설 후열 처리는 저항 용접의 단점이다.

23 정격2차전류 200A, 정격사용률 40%인 아크 용접기로 실제 아크전압 30V, 아크전류 130A로 용접을 수행한다고 가정할 때 허용사용률은 약 얼마인가?

① 70% ② 75%
③ 80% ④ 95%

해설 허용사용률$=\frac{200^2}{130^2}\times 40 = 94.67$

★
24 다음 중 야금적 접합법에 해당되지 않는 것은?

① 융접(fusion welding)
② 접어 잇기(seam)
③ 압접(pressure welding)
④ 납땜(brazing and soldering)

해설 접어 잇기는 원통 말기 판금작업 등에 쓰이는 기계적 접합법의 하나이다.

★
25 아크전류가 일정할 때 아크 전압이 높아지면 용접봉의 용융속도가 늦어지고 아크전압이 낮아지면 용융속도가 빨라지는 특성을 무엇이라 하는가?

① 부저항 특성
② 절연회복 특성
③ 전압회복 특성
④ 아크길이 자기제어 특성

해설 부저항 특성 : 전류가 커지면 저항이 작아져서 전압도 낮아지는 특성

26 강재 표면의 흠이나 개재물, 탈탄층 등을 제거하기 위하여 될 수 있는 대로 얇게 그리고 타원형 모양으로 표면을 깎아내는 가공법은?

① 분말 절단 ② 가스 가우징
③ 스카핑 ④ 플라스마 절단

해설 분말 절단 : 스테인리스강 등 일반 가스 절단이 곤란한 금속에 가스 절단에 분말을 혼합하여 절단하는 방법

27 다음 중 불꽃의 구성 요소가 아닌 것은?

① 불꽃심 ② 속불꽃
③ 겉불꽃 ④ 환원불꽃

정답 18. ④ 19. ④ 20. ④ 21. ② 22. ② 23. ④ 24. ② 25. ④ 26. ③ 27. ④

해설 중성불꽃, 산화불꽃, 환원불꽃 등은 불꽃의 종류이다.

28 피복 아크 용접봉에서 피복제의 주된 역할이 아닌 것은?

① 용융금속의 용적을 미세화하여 용착효율을 높인다.
② 용착금속의 응고와 냉각속도를 빠르게 한다.
③ 스패터의 발생을 적게 하고 전기 절연작용을 한다.
④ 용착금속에 적당한 합금원소를 첨가한다.

해설 피복제 : 용착금속의 응고와 냉각속도를 느리게 한다.

★
29 교류 아크 용접기에서 안정한 아크를 얻기 위하여 상용주파의 아크전류에 고전압의 고주파를 중첩시키는 방법으로 아크 발생과 용접작업을 쉽게 할 수 있도록 하는 부속장치는?

① 전격 방지장치 ② 고주파 발생장치
③ 원격 제어장치 ④ 핫 스타트장치

해설 원격 제어장치 : 용접기와 멀리 떨어진 곳에서 용접전류나 전압 등을 제어할 수 있는 장치

30 피복 아크 용접봉의 피복제 중에서 아크를 안정시켜 주는 성분은?

① 붕사 ② 페로 망간
③ 니켈 ④ 산화 티탄

해설 • 붕사 : 슬래그 생성제
• 페로 망간 : 탈산제
• 니켈 : 합금제

31 산소용기의 취급 시 주의사항으로 틀린 것은?

① 기름이 묻은 손이나 장갑을 착용하고는 취급하지 않아야 한다.
② 통풍이 잘되는 야외에서 직사광선에 노출시켜야 한다.
③ 용기의 밸브가 얼었을 경우에는 따뜻한 물로 녹여야 한다.
④ 사용 전에는 비눗물 등을 이용하여 누설 여부를 확인한다.

해설 산소용기 : 통풍이 잘되는 실내에 직사광선을 피하여 보관한다.

★
32 피복 아크 용접봉의 기호 중 고산화티탄계를 표시한 것은?

① E4301 ② E4303
③ E4311 ④ E4313

해설 • E4301 : 일미나이트계
• E4311 : 고셀룰로오스계
• E4303 : 라임티타니아계

33 가스 절단에서 프로판가스와 비교한 아세틸렌가스의 장점에 해당되는 것은?

① 후판 절단의 경우 절단속도가 빠르다.
② 박판 절단의 경우 절단속도가 빠르다.
③ 중첩 절단을 할 때에는 절단속도가 빠르다.
④ 절단면이 거칠지 않다.

해설 프로판가스 절단은 후판 절단의 경우 절단속도가 빠르다.

34 용접기의 구비조건이 아닌 것은?

① 구조 및 취급이 간단해야 한다.
② 사용 중에 온도 상승이 적어야 한다.
③ 전류 조정이 용이하고 일정한 전류가 흘러야 한다.
④ 용접효율과 상관없이 사용유지비가 적게 들어야 한다.

해설 용접기 용접효율이 좋고, 사용유지비가 적게 들어야 한다.

35 다음 중 용융금속의 이행형태가 아닌 것은?

① 단락형 ② 스프레이형
③ 연속형 ④ 글로뷸러형

해설 용접봉 이행형식에 연속형은 없다.

36 강자성을 가지는 은백색의 금속으로 화학반응용 촉매, 공구 소결재로 널리 사용되고 바이탈륨의 주성분 금속은?

① Ti ② Co
③ Al ④ Pt

부록 1

정답 28. ② 29. ② 30. ④ 31. ② 32. ④ 33. ② 34. ④ 35. ③ 36. ②

해설 Co는 코발트로 강자성체이다. CO(일산화탄소)로 표기해서는 안된다.

★
37 연강을 가스 용접할 때 사용하는 용제는?

① 붕사
② 염화나트륨
③ 사용하지 않는다.
④ 중탄산소다 + 탄산소다

해설 연강의 용접에는 용제가 필요없다.

38 프로판가스의 특징으로 틀린 것은?

① 안전도가 높고 관리가 쉽다.
② 온도 변화에 따른 팽창률이 크다.
③ 액화하기 어렵고 폭발 한계가 넓다.
④ 상온에서는 기체상태이고 무색·투명하다.

해설 프로판가스 : 액화가 쉽고 폭발 한계가 좁다.

39 피복 아크 용접봉에서 아크길이와 아크전압의 설명으로 틀린 것은?

① 아크길이가 너무 길면 불안정하다.
② 양호한 용접을 하려면 짧은 아크를 사용한다.
③ 아크전압은 아크길이에 반비례한다.
④ 아크길이가 적당할 때 정상적인 작은 입자의 스패터가 생긴다.

해설 아크전압은 아크길이에 비례한다.

40 금속의 결정구조에서 조밀육방격자(HCP)의 배위수는?

① 6 ② 8
③ 10 ④ 12

해설 • 체심입방격자 배위수 : 8
• 면심입방격자 배위수 : 12

41 주석 청동의 용해 및 주조에서 1.5~1.7%의 아연을 첨가할 때의 효과로 옳은 것은?

① 수축률 감소 ② 침탄 촉진
③ 취성 향상 ④ 가스 흡입

해설 주석 청동 용해 시 아연을 첨가하면 수축률이 낮아진다.

42 재료에 어떤 일정한 하중을 가하고 어떤 온도에서 긴 시간 동안 유지하면 시간이 경과함에 따라 스트레인이 증가하는 것을 측정하는 시험 방법은?

① 피로시험 ② 충격시험
③ 비틀림시험 ④ 크리프시험

해설 크리프시험 : 일정 온도에서 일정 하중을 시험편에 가해 파단에 이르기까지의 크리프 변형과 크리프 파단시간을 측정하는 시험

43 Al의 표면을 적당한 전해액 중에서 양극 산화 처리하면 표면에 방식성이 우수한 산화 피막층이 만들어진다. 알루미늄의 방식방법에 많이 이용되는 것은?

① 규산법 ② 수산법
③ 탄화법 ④ 질화법

해설 알루미늄 방식법 : 황산법, 수산법, 크롬산법 등이 있다.

44 강의 표면경화법이 아닌 것은?

① 풀림 ② 금속용사법
③ 금속침투법 ④ 하드 페이싱

해설 풀림 : 냉간가공한 강재를 적당히 가열한 후 서냉하여 연화하는 열처리

45 금속의 결정구조에 대한 설명으로 틀린 것은?

① 결정입자의 경계를 결정입계라 한다.
② 결정체를 이루고 있는 각 결정을 결정입자라 한다.
③ 체심입방격자는 단위격자 속에 있는 원자수가 3개이다.
④ 물질을 구성하고 있는 원자가 입체적으로 규칙적인 배열을 이루고 있는 것을 결정이라 한다.

해설 체심입방격자 : 단위격자 속에 있는 원자수는 1/8×8(8개의 모서리의 원자는 인접 원자)+1(내부 원자) =2개이다.

정답 37. ③ 38. ③ 39. ③ 40. ④ 41. ① 42. ④ 43. ② 44. ① 45. ③

46 비금속 개재물이 강에 미치는 영향이 아닌 것은?

① 고온메짐의 원인이 된다.
② 인성은 향상시키나 경도를 떨어뜨린다.
③ 열처리 시 개재물로 인한 균열을 발생시킨다.
④ 단조나 압연작업 중에 균열의 원인이 된다.

해설 비금속 개재물 : 인성, 경도 등 기계적 성질을 떨어뜨린다.

47 해드 필드강(hadfield steel)에 대한 설명으로 옳은 것은?

① Ferrite계 고Ni강이다.
② Pearlite계 고Co강이다.
③ Cementite계 고Cr강이다.
④ Austenite계 고Mn강이다.

해설 고망간강 : 11~14% Mn을 함유한 강으로 1,000~1,100℃로 가열해서 수냉하여 오스테나이트 조직이 얻어지고 연성, 인성을 개선시킨 강

48 잠수함, 우주선 등 극한 상태에서 파이프의 이음쇠에 사용되는 기능성 합금은?

① 초전도합금　② 수소저장합금
③ 아모퍼스합금　④ 형상기억합금

해설 초전도 합금 : 전기 전도성이 매우 높은 강

49 탄소강에서 탄소의 함량이 높아지면 낮아지는 것은?

① 경도　② 항복강도
③ 인장강도　④ 단면수축률

해설 탄소량이 증가하면 경도, 강도는 높아지고, 연신율, 단면수축률은 낮아진다.

50 3~5% Ni, 1% Si을 첨가한 Cu합금으로 C합금이라고도 하며, 강력하고 전도율이 좋아 용접봉이나 전극재료로 사용되는 것은?

① 톰백　② 문쯔메탈
③ 길딩메탈　④ 코슨합금

해설 길딩메탈 : 95~97% Cu와 3~5% Zn으로 이루어진 톰백의 일종

51 인접부분을 참고로 표시하는 데 사용하는 것은?

① 숨은선　② 가상선
③ 외형선　④ 피치선

해설 가상선 : 가는 2점쇄선으로 표시

★
52 보기와 같은 KS 용접기호의 해독으로 틀린 것은?

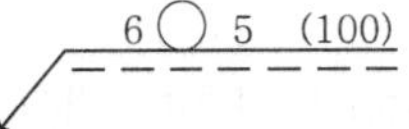

① 화살표 반대쪽 점용접
② 점 용접부의 지름 6mm
③ 용접부의 개수(용접 수) 5개
④ 점 용접한 간격은 100mm

해설 용접기호 등이 실선에 표기되어 있으므로 화살표 방향으로 용접하고, 점선에 있으면 화살표 반대쪽에서 용접한다.

53 좌우, 상하 대칭인 그림과 같은 형상을 도면화하려고 할 때 이에 관한 설명으로 틀린 것은? (단, 물체에 뚫린 구멍의 크기는 같고 간격은 6mm로 일정하다.)

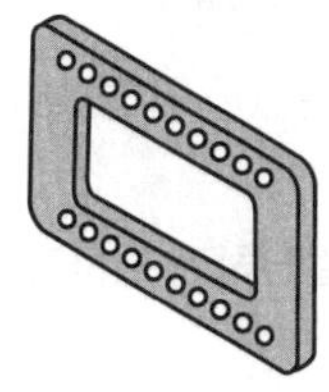
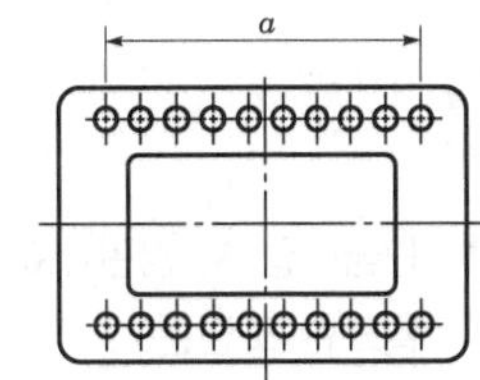

① 치수 a는 9×6(=54)으로 기입할 수 있다.
② 대칭기호를 사용하여 도형을 1/2로 나타낼 수 있다.
③ 구멍은 동일 형상일 경우 대표 형상을 제외한 나머지 구멍은 생략할 수 있다.
④ 구멍은 크기가 동일하더라도 각각의 치수를 모두 나타내야 한다.

해설 구멍 크기가 같고 일정한 간격일 경우 치수를 모두 나타낼 필요가 없다.

부록 1

정답 46. ② 47. ④ 48. ④ 49. ④ 50. ④ 51. ② 52. ① 53. ④

54 3각기둥, 4각기둥 등과 같은 각기둥 및 원기둥을 평행하게 펼치는 전개방법의 종류는?

① 삼각형을 이용한 전개도법
② 평행선을 이용한 전개도법
③ 방사선을 이용한 전개도법
④ 사다리꼴을 이용한 전개도법

해설 방사선 전개법 : 원뿔 등의 전개에 적합하다.

55 치수기입법에서 지름, 반지름, 구의 지름 및 반지름, 모떼기, 두께 등을 표시할 때 사용하는 보조기호 표시가 잘못된 것은?

① 두께 : D6
② 반지름 : R3
③ 모떼기 : C3
④ 구의 지름 : Sϕ6

해설 두께를 나타낼 때는 t를 사용한다(예 t6 : 두께 6mm).

56 SF-340A는 탄소강 단강품이며, 340은 최저 인장강도를 나타낸다. 이때 최저 인장강도의 단위로 가장 옳은 것은?

① N/m^2 ② kgf/m^2
③ N/mm^2 ④ kgf/mm^2

해설 최저 인장강도가 3자리수인 경우 N/mm^{2}를 나타낸다.

★
57 판금작업 시 강판재료를 절단하기 위하여 가장 필요한 도면은?

① 조립도 ② 전개도
③ 배관도 ④ 공정도

해설 조립도 : 물체를 조립한 모양을 나타낸 도면

58 배관도면에서 그림과 같은 기호의 의미로 가장 적합한 것은?

① 체크 밸브 ② 볼 밸브
③ 콕 일반 ④ 안전 밸브

해설 체크 밸브 : 역지 밸브로 N자 옆에 실선으로 나타낸 기호

59 다음 그림과 같은 제3각법 정투상도에 가장 적합한 입체도는?

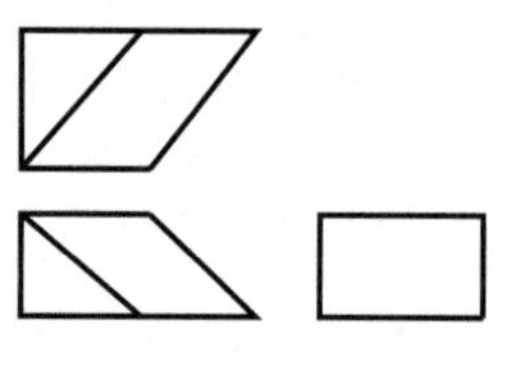

① 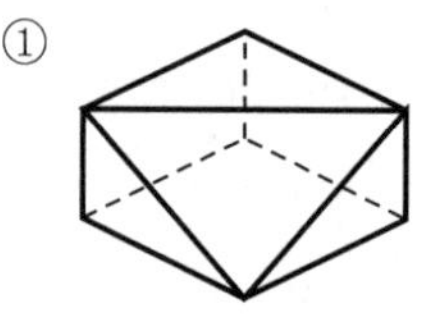
② 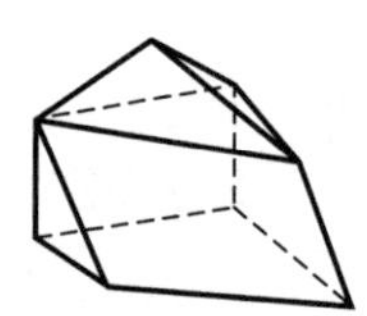
③ 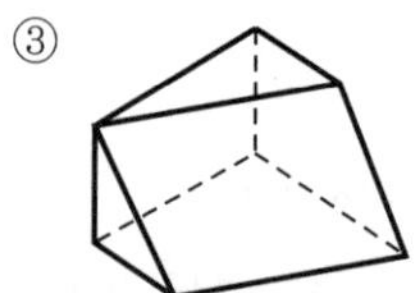
④ 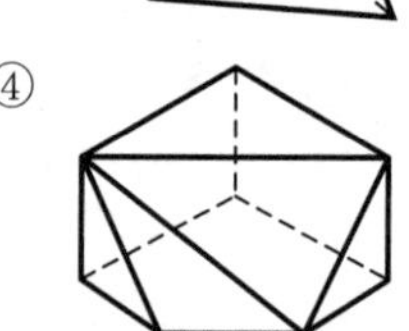

해설 입체도의 정면은 지정된 방향이 없는 경우 좌측 하단에서 우측 상단 방향을 정면도로 본다.

60 한쪽 단면도에 대한 설명으로 올바른 것은?

① 대칭형의 물체를 중심선을 경계로 하여 외형도의 절반과 단면도의 절반을 조합하여 표시한 것이다.
② 부품도의 중앙 부위의 전후를 절단하여 단면을 90° 회전시켜 표시한 것이다.
③ 도형 전체가 단면으로 표시된 것이다.
④ 물체의 필요한 부분만 단면으로 표시한 것이다.

해설 한쪽 단면 : 대칭 물체를 1/4로 절단하여 나타낸 도면으로, 한쪽은 단면도로, 다른 한쪽은 외형으로 표시한 도면

정답 54. ② 55. ③ 56. ① 57. ② 58. ① 59. ③ 60. ①

부 록

02

특수용접기능사 과년도 기출문제

제1회 특수용접기능사(2014. 1. 26.)
제2회 특수용접기능사(2014. 4. 6.)
제4회 특수용접기능사(2014. 7. 20.)
제5회 특수용접기능사(2014. 10. 11.)

제1회 특수용접기능사(2015. 1. 25.)
제2회 특수용접기능사(2015. 4. 4.)
제4회 특수용접기능사(2015. 7. 19.)
제5회 특수용접기능사(2015. 10. 10.)

제1회 특수용접기능사(2016. 1. 24.)
제2회 특수용접기능사(2016. 4. 2.)
제4회 특수용접기능사(2016. 7. 10.)

CRAFTSMAN WELDING

CRAFTSMAN WELDING 

2014. 1. 26. 시행

제 1 회 특수용접기능사

01 다음 중 고속분출을 얻는 데 적합하고, 보통의 팁에 비하여 산소의 소비량이 같을 때 절단속도를 20~25% 증가시킬 수 있는 절단 팁은?

① 직선형 팁 ② 산소-LP형 팁
③ 보통형 팁 ④ 다이버전트형 팁

해설 다이버전트형 팁 : 가운데가 좁아진 팁으로 유속이 빨라 절단속도를 25%까지 증가시킬 수 있는 팁

★
02 다음 중 직류 아크 용접의 극성에 관한 설명으로 틀린 것은?

① 전자의 충격을 받는 양극이 음극보다 발열량이 작다.
② 정극성일 때는 용접봉의 용융이 늦고 모재의 용입은 깊다.
③ 역극성일 때는 용접봉의 용융속도는 빠르고 모재의 용입이 얕다.
④ 얇은 판의 용접에는 용락(burn through)을 피하기 위해 역극성을 사용하는 것이 좋다.

해설 전자의 충격을 받는 양극이 음극보다 발열량이 크다.

★
03 다음 중 정격 2차 전류가 200A, 정격사용률이 40%의 아크 용접기로 150A의 용접전류를 사용하여 용접하는 경우 허용사용률은 약 몇 % 인가?

① 33% ② 40%
③ 50% ④ 71%

해설 허용사용률 $= \frac{200^2}{150^2} \times 40 = 71.1$

04 다음 중 연강 용접봉에 비해 고장력강 용접봉의 장점이 아닌 것은?

① 재료의 취급이 간단하고 가공이 용이하다.
② 동일한 강도에서 판의 두께를 얇게 할 수 있다.
③ 소요강재의 중량을 상당히 무겁게 할 수 있다.
④ 구조물의 하중을 경감시킬 수 있어 그 기초공사가 단단해진다.

해설 고장력강은 소요강재의 중량을 상당히 가볍게 할 수 있다.

★
05 다음 중 아크 에어 가우징 시 압축공기의 압력으로 가장 적합한 것은?

① $1\sim3kgf/cm^2$ ② $5\sim7kgf/cm^2$
③ $9\sim15kgf/cm^2$ ④ $11\sim20kgf/cm^2$

해설 아크 에어 가우징 시 압축공기의 압력은 5~7기압(kgf/cm^2)이 적당하다.

★
06 다음 중 가스불꽃의 온도가 가장 높은 것은?

① 산소-메탄불꽃 ② 산소-프로판불꽃
③ 산소-수소불꽃 ④ 산소-아세틸렌불꽃

해설 • 산소-아세틸렌불꽃 : 최고 3,420℃
• 다른 가스 : 2,600~2,900℃

07 다음 중 가연성 가스가 가져야 할 성질과 가장 거리가 먼 것은?

① 발열량이 클 것
② 연소속도가 느릴 것
③ 불꽃의 온도가 높을 것
④ 용융금속과 화학반응을 일으키지 않을 것

정답 01. ④ 02. ① 03. ④ 04. ③ 05. ② 06. ④ 07. ②

해설 가연성 가스는 연소속도가 빨라야 된다.

08 다음 수중 절단(underwater cutting)에 관한 설명으로 틀린 것은?

① 일반적으로 수중 절단은 수심 45m 정도까지 작업이 가능하다.
② 수중작업 시 절단 산소의 압력은 공기 중에서의 1.5~2배로 한다.
③ 수중작업 시 예열가스의 양은 공기 중에서의 4~8배 정도로 한다.
④ 연료가스로는 수소, 아세틸렌, 프로판, 벤젠 등이 사용되나 그 중 아세틸렌이 가장 많이 사용된다.

해설 연료가스로는 수소, 아세틸렌, 프로판, 벤젠 등이 있으나 그 중 수소가 가장 많이 사용된다.

09 강재의 가스 절단 시 팁 끝과 연강판 사이의 거리는 백심에서 1.5~2.0mm 정도 떨어지게 하며, 절단부를 예열하여 약 몇 ℃ 정도가 되었을 때 고압산소를 이용하여 절단을 시작하는 것이 좋은가?

① 300~450℃ ② 500~600℃
③ 650~750℃ ④ 800~900℃

해설 강재 절단은 철의 연소온도(800~900℃) 정도 예열 후 고압 산소를 분출하여 절단한다.

10 다음 중 원판상의 롤러 전극 사이에 용접할 2장의 판을 두고 가압, 통전하여 전극을 회전시키며 연속적으로 점 용접을 반복하는 용접법은?

① 심 용접 ② 프로젝션 용접
③ 전자빔 용접 ④ 테르밋 용접

해설 프로젝션 용접 : 판 두께가 다른 두 판을 용접할 때 두꺼운 판에 적당한 돌기를 만들어 저항열에 의해 점 용접하는 법

★
11 다음 중 산소-아세틸렌가스 용접에서 주철에 사용하는 용제에 해당하지 않는 것은?

① 붕사 ② 탄산나트륨
③ 염화나트륨 ④ 중탄산나트륨

해설 염화나트륨은 연납 용제이다.

12 다음 중 저용점 합금에 대하여 설명한 것 중 틀린 것은?

① 납(Pb : 용융점 327℃)보다 낮은 융점을 가진 합금을 말한다.
② 가용 합금이라 한다.
③ 2원 또는 다원계의 공정 합금이다.
④ 전기 퓨즈, 화재경보기, 저온 땜납 등에 이용된다.

해설 저용점 합금 : 주석(Sn : 용융점 232℃)보다 낮은 융점을 가진 합금을 말한다.

13 금속의 공통적 특성이 아닌 것은?

① 상온에서 고체이며 결정체이다(단, Hg은 제외).
② 열과 전기의 양도체이다.
③ 비중이 크고 금속적 광택을 갖는다.
④ 소성 변형이 없어 가공하기 쉽다.

해설 금속 : 전연성이 좋아 소성 변형성이 우수하므로 가공하기 쉽다.

★
14 내용적이 40L, 충전압력이 150kgf/cm^{2}인 산소 용기의 압력이 50kgf/cm^{2}까지 내려갔다면 소비한 산소의 양은 몇 L인가?

① 2,000L ② 3,000L
③ 4,000L ④ 5,000L

해설 40(150−50)=4,000

★
15 다음 중 연강용 피복 아크 용접봉 피복제의 역할과 가장 거리가 먼 것은?

① 아크를 안정하게 한다.
② 전기를 잘 통하게 한다.
③ 용착금속의 급랭을 방지한다.
④ 용착금속의 탈산 및 정련작용을 한다.

해설 피복제 : 전기 절연작용이 있다.

정답 08. ④ 09. ④ 10. ① 11. ③ 12. ① 13. ④ 14. ③ 15. ②

★
16 정전압 특성에 관한 설명으로 옳은 것은?

① 부하전압이 변화하면 단자전압이 변하는 특성
② 부하전류가 증가하면 단자전압이 저하하는 특성
③ 부하전류가 변화하여도 단자전압이 변하지 않는 특성
④ 부하전류가 변화하지 않아도 단자전압이 변하는 특성

해설 수하 특성과 반대의 성질을 갖는 것으로 부하 전류가 변하여도 단자 전압은 거의 변하지 않는 특성으로 CP 특성이라고도 한다.

★
17 피복 아크 용접에서 용접속도(welding speed)에 영향을 미치지 않는 것은?

① 모재의 재질　② 이음 모양
③ 전류값　④ 전압값

해설 피복 아크 용접에서는 전압과 용접속도는 관계가 적다.

18 다음 중 대표적인 주조 경질 합금은?

① HSS　② 스텔라이트
③ 콘스탄탄　④ 켈멧

해설 HSS : 고속도강

★
19 다음 중 피복 아크 용접에 있어 위빙 운봉 폭은 용접봉 심선 지름의 얼마로 하는 것이 가장 적절한가?

① 1배 이하　② 약 2~3배
③ 약 4~5배　④ 약 6~7배

해설 피복 아크 용접 시 위빙 폭은 심선 지름의 2~3배가 적당하다.

★
20 다음 중 전기 용접에 있어 전격방지기가 기능하지 않을 경우 2차 무부하 전압은 어느 정도가 가장 적합한가?

① 20~30V　② 40~50V
③ 60~70V　④ 90~100V

해설 피복 아크 용접 시 용접을 하지 않을 경우 무부하 전압은 20~30V가 적합하다.

21 구리는 비철재료 중에 비중을 크게 차지한 재료이다. 다른 금속재료와의 비교 설명 중 틀린 것은?

① 철에 비해 용융점이 높아 전기제품에 많이 사용된다.
② 아름다운 광택과 귀금속적 성질이 우수하다.
③ 전기 및 열의 전도도가 우수하다.
④ 전연성이 좋아 가공이 용이하다.

해설 구리 : 철(용융점 1,538℃)에 비해 용융점(1,083℃)이 낮아 전기제품에 많이 사용된다.

22 크롬강의 특징을 잘못 설명한 것은?

① 크롬강은 담금질이 용이하고 경화층이 깊다.
② 탄화물이 형성되어 내마모성이 크다.
③ 내식 및 내열강으로 사용한다.
④ 구조용은 W, V, Co를 첨가하고 공구용은 Ni, Mn, Mo을 첨가한다.

해설 공구용은 W, V, Co를 첨가하고 구조용은 Ni, Mn, Mo을 첨가한다.

23 고Ni의 초고장력강이며 1,370~2,060Mpa의 인장강도와 높은 인성을 가진 석출경화형 스테인리스강의 일종은?

① 마르에이징(maraging)강
② 18% Cr-8% Ni의 스테인리스강
③ 13% Cr강의 마텐자이트계 스테인리스강
④ 12~17% Cr-0.2% C의 페라이트계 스테인리스강

해설 18% Cr-8% Ni의 스테인리스강 : 오스테나이트계 스테인리스강

24 담금질 가능한 스테인리스강으로 용접 후 경도가 증가하는 것은?

① STS 316　② STS 304
③ STS 202　④ STS 410

해설 STS 410 : 마텐자이트계 스테인리스강

부록 2

정답 16. ③ 17. ④ 18. ② 19. ② 20. ① 21. ① 22. ④ 23. ① 24. ④

25 열처리방법에 따른 효과로 옳지 않은 것은?

① 불림 – 미세하고 균일한 표준조직
② 풀림 – 탄소강의 경화
③ 담금질 – 내마멸성 향상
④ 뜨임 – 인성 개선

해설 풀림 : 탄소강의 연화, 잔류응력 제거

26 다음 중 테르밋 용접의 점화제가 아닌 것은?

① 과산화바륨 ② 망간
③ 알루미늄 ④ 마그네슘

해설 테르밋 용접의 점화제로 마그네슘이 많이 쓰이며 망간은 점화제가 아니고 합금제, 탈산제이다.

27 용접결함 방지를 위한 관리기법에 속하지 않는 것은?

① 설계도면에 따른 용접시공 조건의 검토와 작업순서를 정하여 시공한다.
② 용접구조물의 재질과 형상에 맞는 용접장비를 사용한다.
③ 작업 중인 시공상황을 수시로 확인하고 올바르게 시공할 수 있게 관리한다.
④ 작업 후에 시공상황을 확인하고 올바르게 시공할 수 있게 관리한다.

해설 ④는 결함 방지 관리기법이 아니고 시공 관리기법이다.

28 침탄법을 침탄제의 종류에 따라 분류할 때 해당되지 않는 것은?

① 고체 침탄법 ② 액체 침탄법
③ 가스 침탄법 ④ 화염 침탄법

해설 화염 침탄법은 침탄방법을 나타낸 것이다.

★
29 청동은 다음 중 어느 합금을 의미하는가?

① Cu–Zn ② Fe–Al
③ Cu–Sn ④ Zn–Sn

해설 ① 황동

★
30 TIG 용접의 전원 특성 및 사용법에 대한 설명이 틀린 것은?

① 역극성을 사용하면 전극의 소모가 많아진다.
② 알루미늄 용접 시 교류를 사용하면 용접이 잘된다.
③ 정극성은 연강, 스테인리스강 용접에 적당하다.
④ 정극성을 사용할 때 전극은 둥글게 가공하여 사용하는 것이 아크가 안정된다.

해설 TIG 용접 : 역극성을 사용할 때 전극은 둥글게 가공하여 사용하는 것이 아크가 안정된다.

31 서브머지드 아크 용접에 사용되는 용융형 용제에 대한 특징 설명 중 틀린 것은?

① 흡습성이 거의 없으므로 재건조가 불필요하다.
② 미용융 용제는 다시 사용이 가능하다.
③ 고속 용접성이 양호하다.
④ 합금원소의 첨가가 용이하다.

해설 용융형 용제는 합금 첨가가 곤란하다.

32 이산화탄소 가스 아크 용접에서 아크전압이 높을 때 비드 형상으로 맞는 것은?

① 비드가 넓어지고 납작해진다.
② 비드가 좁아지고 납작해진다.
③ 비드가 넓어지고 볼록해진다.
④ 비드가 좁아지고 볼록해진다.

해설 전압이 낮으면 비드 폭이 좁고 볼록해진다.

33 비자성이고 상온에서 오스테나이트 조직인 스테인리스강은? (단, 숫자는 %를 의미한다.)

① 18 Cr–8 Ni 스테인리스강
② 13 Cr 스테인리스강
③ Cr계 스테인리스강
④ 13 Cr–Al 스테인리스강

해설 18 Cr–8 Ni 스테인리스강 : 불수강

정답 25. ② 26. ② 27. ④ 28. ④ 29. ③ 30. ④ 31. ④ 32. ① 33. ①

34 파장이 같은 빛을 렌즈로 집광하면 매우 작은 점으로 집중이 가능하고 높은 에너지로 집속하면 높은 열을 얻을 수 있다. 이것을 열원으로 하여 용접하는 방법은?

① 레이저 용접
② 일렉트로 슬래그 용접
③ 테르밋 용접
④ 플라스마 아크 용접

해설 레이저 용접은 고밀도 용접으로 열 영향부가 좁다.

★ **35** 보통화재와 기름화재의 소화기로는 적합하나 전기 화재의 소화기로는 부적합한 것은?

① 포말소화기 ② 분말소화기
③ CO_2 소화기 ④ 물소화기

해설 전기화재는 포말 소화기, 물소화기가 부적합하며, 기름화재에는 물이 부적합하다.

36 다음 중 용접성 시험이 아닌 것은?

① 노치취성시험 ② 용접연성시험
③ 파면시험 ④ 용접균열시험

해설 용접성 시험 : 파면시험은 용접성 시험이 아니다.

★ **37** 용접부의 표면이 좋고 나쁨을 검사하는 것으로 가장 많이 사용하며 간편하고 경제적인 검사방법은?

① 자분검사 ② 외관검사
③ 초음파검사 ④ 침투검사

해설 외관(육안)검사 : 가장 경제적이고 쉬운 검사법으로 내부결함은 판별할 수 없다.

38 불활성 가스 금속 아크 용접의 용접토치 구성부품 중 와이어가 송출되면서 전류를 통전시키는 역할을 하는 것은?

① 가스 분출기(gas diffuser)
② 팁(tip)
③ 인슐레이터(insulator)
④ 플렉시블 콘딧(flexible conduit)

해설 팁 : 토치의 끝 노즐 안에 있는 부품으로 와이어에 통전하는 역할을 한다.

39 화재 및 폭발의 방지 조치사항으로 틀린 것은?

① 용접작업 부근에 점화원을 두지 않는다.
② 인화성 액체의 반응 또는 취급은 폭발 한계 범위 이내의 농도로 한다.
③ 아세틸렌이나 LP가스 용접 시에는 가연성 가스가 누설되지 않도록 한다.
④ 대기 중에 가연성 가스를 누설 또는 방출시키지 않는다.

해설 인화성 액체의 반응 또는 취급은 폭발 한계범위 이상의 농도로 한다.

40 경납용 용제의 특징으로 틀린 것은?

① 모재와 친화력이 있어야 한다.
② 용융점이 모재보다 낮아야 한다.
③ 모재와의 전위차가 가능한 한 커야 한다.
④ 모재와 야금적 반응이 좋아야 한다.

해설 경납용 용제 : 모재와의 전위차가 가능한 한 적어야 한다.

41 아크 용접작업에 관한 사항으로서 올바르지 않은 것은?

① 용접기는 항상 환기가 잘되는 곳에 설치할 것
② 전류는 아크를 발생하면서 조절할 것
③ 용접기는 항상 건조되어 있을 것
④ 항상 정격에 맞는 전류로 조절할 것

해설 아크를 발생하면서 전류를 조절해서는 안된다.

★ **42** 이산화탄소 아크 용접에서 일반적인 용접작업(약 200A 미만)에서의 팁과 모재 간 거리는 몇 mm 정도가 가장 적합한가?

① 0~5mm ② 10~15mm
③ 40~50mm ④ 30~40mm

해설 GMAW에서 팁과 모재 간 적정거리는 10~15mm이다.

★ **43** 점 용접 조건의 3대 요소가 아닌 것은?

① 고유저항 ② 가압력
③ 전류의 세기 ④ 통전시간

정답 34. ① 35. ① 36. ③ 37. ② 38. ② 39. ② 40. ③ 41. ② 42. ② 43. ①

해설 점(저항) 용접의 3요소 : 전류, 가압력, 통전시간

44 다음 중 용접부에 언더컷이 발생했을 경우 결함 보수방법으로 가장 적당한 것은?

① 드릴로 정지 구멍을 뚫고 다듬질한다.
② 절단작업을 한 다음 재용접한다.
③ 가는 용접봉을 사용하여 보수용접한다.
④ 일부분을 깎아내고 재용접한다.

해설 ④ 오버랩 보수

45 액체 이산화탄소 25kg 용기는 대기 중에서 가스량이 대략 12,700L이다. 20L/min의 유량으로 연속 사용할 경우 사용 가능한 시간(hour)은 약 얼마인가?

① 60시간 ② 6시간
③ 10시간 ④ 1시간

해설 12,700/20×60=10.6

46 용접부의 인장응력을 완화하기 위하여 특수 해머로 연속적으로 용접부 표면층을 소성변형 주는 방법은?

① 피닝법 ② 저온응력 완화법
③ 응력제거 어닐링법 ④ 국부가열 어닐링법

해설 • 피닝 : 잔류응력 완화
• 숏피닝도 같은 효과이다.

★
47 용접에서 변형 교정방법이 아닌 것은?

① 얇은 판에 대한 점 수축법
② 롤러에 거는 방법
③ 형재에 대한 직선 수축법
④ 노내풀림법

해설 노내 풀림법은 응력제거 등의 열처리법이다.

48 일반적으로 표면의 결 도시기호에서 표시하지 않는 것은?

① 표면재료 종류
② 줄무늬 방향의 기호
③ 표면의 파상도
④ 컷오프값, 평가길이

해설 표면의 결 도시기호와 표면재료의 종류는 무관하다.

49 가스 용접작업 시 주의사항으로 틀린 것은?

① 반드시 보호안경을 착용한다.
② 산소 호스와 아세틸렌 호스는 색깔 구분 없이 사용한다.
③ 불필요한 긴 호스를 사용하지 말아야 한다.
④ 용기 가까운 곳에서는 인화물질의 사용을 금한다.

해설 산소 호스는 녹색 또는 검정색, 아세틸렌 호스는 적색 호스를 사용한다.

50 플러그 용접에서 전단강도는 일반적으로 구멍의 면적당 용착금속 인장강도의 몇 % 정도로 하는가?

① 20~30% ② 40~50%
③ 60~70% ④ 80~90%

해설 플러그 용접의 전단강도는 인장강도의 60~70%이다.

51 용접재 예열의 목적으로 옳지 않은 것은?

① 변형 방지 ② 잔류응력 감소
③ 균열발생 방지 ④ 수소이탈 방지

해설 예열을 하면 용접부의 냉각속도가 느리므로 가스 배출이 좋아진다.

52 다음 중 도면의 일반적인 구비조건으로 거리가 먼 것은?

① 대상물의 크기, 모양, 자세, 위치의 정보가 있어야 한다.
② 대상물을 명확하고 이해하기 쉬운 방법으로 표현해야 한다.
③ 도면의 보존, 검색 이용이 확실히 되도록 내용과 양식을 구비해야 한다.
④ 무역과 기술의 국제 교류가 활발하므로 대상물의 특징을 알 수 없도록 보안성을 유지해야 한다.

해설 도면은 무역과 기술의 국제 교류가 활발하므로 어느 나라나 누구나 알 수 있어야 한다.

정답 44. ③ 45. ③ 46. ① 47. ④ 48. ① 49. ② 50. ③ 51. ④ 52. ④

53 다음 중 일반구조용 압연강재의 KS 재료기호는?

① SS 490 ② SSW 41
③ SBC 1 ④ SM 400A

해설 SS 490 : 최소 인장강도가 490N/mm^{2}인 일반구조용 압연강재

★
54 다음 그림과 같은 용접기호에서 a7이 의미하는 뜻으로 알맞은 것은?

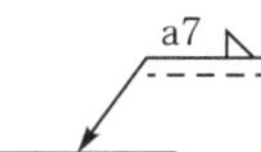

① 용접부 목 길이가 7mm이다.
② 용접간격이 7mm이다.
③ 용접모재의 두께가 7mm이다.
④ 용접부 목 두께가 7mm이다.

해설 필릿 용접기호 왼쪽에 a7은 목 두께가 7mm, Z7인 경우는 목 길이(각장)가 7mm를 의미한다.

55 치수 숫자와 함께 사용되는 기호가 바르게 연결된 것은?

① 지름 : P ② 정사각형 : □
③ 구면의 지름 : ϕ ④ 구의 반지름 : C

해설 ϕ : 지름, C : 모떼기, Sϕ : 구의 반지름

56 배관의 접합기호 중 플랜지 연결을 나타내는 것은?

①
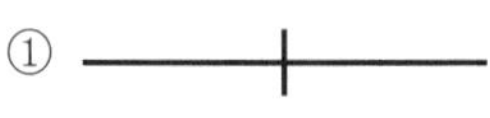

②
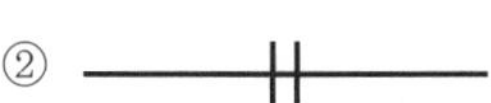

③ ④
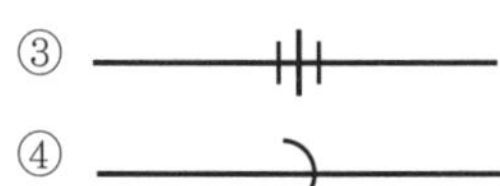

해설 ① 나사이음
③ 유니언
④ 턱걸이 이음

57 다음 그림과 같은 도면에서 지름 3mm 구멍의 수는 모두 몇 개인가?

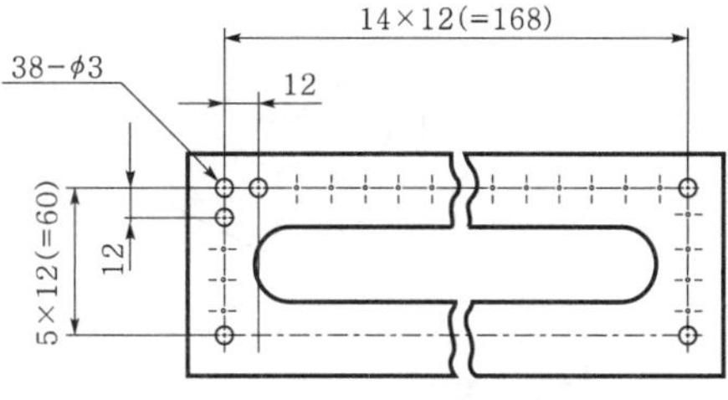

① 24 ② 38
③ 48 ④ 60

해설 좌측 상단 68-ϕ3 : 지름 3mm 구멍이 38개를 의미한다.

58 다음 그림에서 '6.3' 선이 나타내는 선의 명칭으로 옳은 것은?

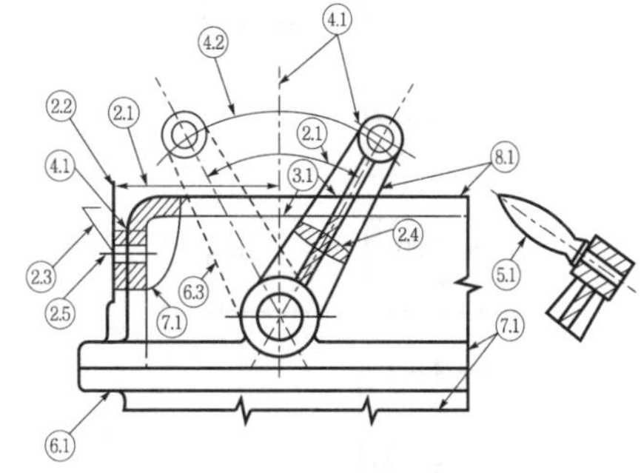

① 가상선 ② 절단선
③ 중심선 ④ 무게중심선

해설 가상선 : 가는 2점 쇄선으로 나타낸 선

59 다음 중 직원뿔 전개도의 형태로 가장 적합한 형상은?

①
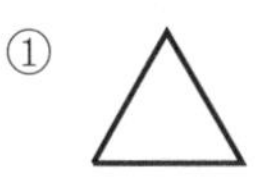
②

③

④

해설 원뿔의 전개도는 방사상 원의 형태로 전개된다.

정답 53. ① 54. ④ 55. ② 56. ② 57. ② 58. ① 59. ②

부록 2

60 다음 그림과 같은 입체도에서 화살표 방향을 정면으로 할 때 제3각법으로 올바르게 정투상한 것은?

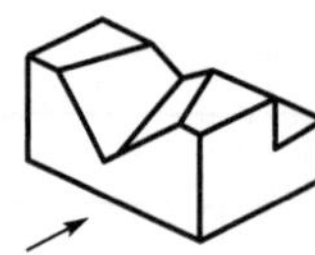

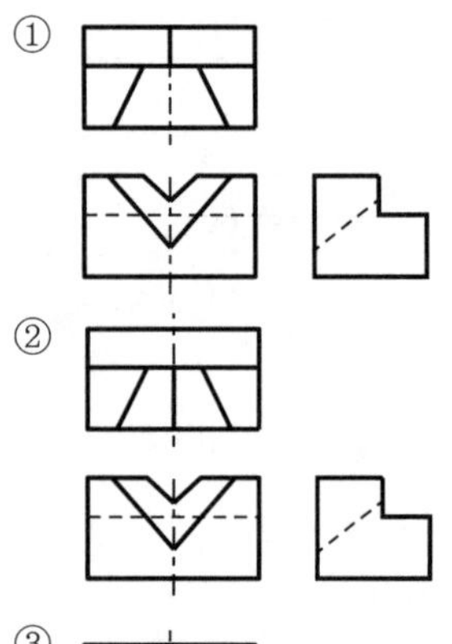

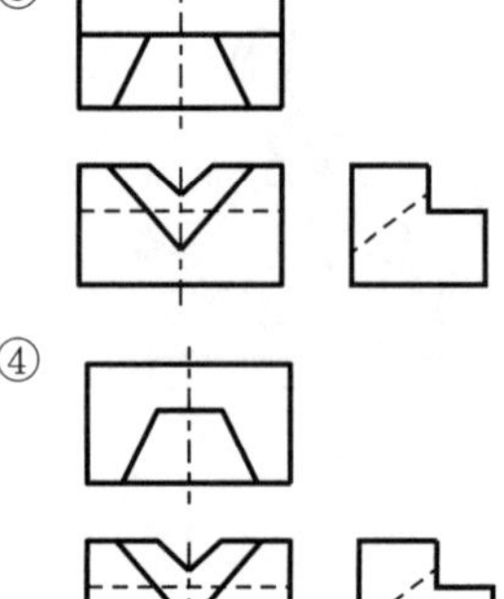

해설 제3각법으로 올바르게 정투상한 것은 ②이다.

정답 60. ②

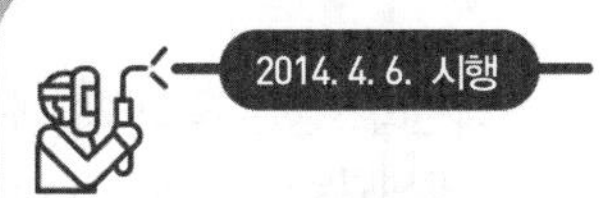

제 2 회 특수용접기능사

01 절단용 산소 중의 불순물이 증가되면 나타나는 결과가 아닌 것은?

① 절단속도가 늦어진다.
② 산소의 소비량이 적어진다.
③ 절단 개시시간이 길어진다.
④ 절단 홈의 폭이 넓어진다.

해설 절단가스에 불순물이 혼입되면 산소 소비량이 많아지며, 절단속도가 늦어진다.

★
02 가스 용접 시 전진법과 후진법을 비교 설명한 것 중 틀린 것은?

① 전진법은 용접속도가 느리다.
② 후진법은 열 이용률이 좋다.
③ 후진법은 용접변형이 크다.
④ 전진법은 개선 홈의 각도가 크다.

해설 후진법은 전진법에 비해 변형이 적다.

03 피복 아크 용접봉에서 피복 배합제인 아교의 역할은?

① 고착제 ② 합금제
③ 탈산제 ④ 아크 안정제

해설 아크 안정제 : 산화티탄, 규산나트륨, 석회석 등

★
04 교류 아크 용접기 부속장치 중 용접봉 홀더의 종류(KS)가 아닌 것은?

① 400호 ② 300호
③ 200호 ④ 100호

해설 용접봉 홀더에 100호는 없다.

05 균열에 대한 감수성이 좋아 구속도가 큰 구조물의 용접이나 탄소가 많은 고탄소강 및 황의 함유량이 많은 쾌삭강 등의 용접에 사용되는 용접봉의 계통은?

① 고산화티탄계 ② 일미나이트계
③ 라임티탄계 ④ 저수소계

해설 저수소계 : 수소함유량을 1/10로 줄인 봉으로 내균열성이 매우 좋다.

06 탄소 아크 절단에 압축공기를 병용하여 전극 홀더의 구멍에서 탄소 전극봉에 나란히 분출하는 고속의 공기를 분출시켜 용융금속을 불어내어 홈을 파는 방법은?

① 금속 아크 절단
② 아크 에어 가우징
③ 플라스마 아크 절단
④ 불활성 가스 아크 절단

해설 가우징 : 홈을 파는 가공으로 가스를 사용하면 가스 가우징, 아크와 공기를 사용하면 아크 에어 가우징이라 한다.

★
07 서브머지드 아크 용접법에서 다전극 방식의 종류에 해당되지 않는 것은?

① 텐덤식 방식 ② 횡병렬식 방식
③ 횡직렬식 방식 ④ 종직렬식 방식

해설 다전극 방식에 종직렬식은 없다.

부록 2

정답 01. ② 02. ③ 03. ① 04. ④ 05. ④ 06. ② 07. ④

08 스테인리스강을 용접하면 용접부가 입계부식을 일으켜 내식성을 저하시키는 원인으로 가장 적합한 것은?

① 자경성 때문이다.
② 적열취성 때문이다.
③ 탄화물의 석출 때문이다.
④ 산화에 의한 취성 때문이다.

해설 오스테나이트계 스테인리스강은 500~800℃ 사이에서 서냉이나 장시간 가열 시 크롬 탄화물이 석출하여 입계부식을 일으킨다.

★
09 라우탈(Lautal) 합금의 주성분은?

① Al－Cu－Si ② Al－Si－Ni
③ Al－Cu－Mn ④ Al－Si－Mn

해설 라우탈 : Al-4% Cu-5% Si를 함유한 주조용 Al 합금으로, 490~510℃로 담금질 후 120~145℃에서 16~48시간 뜨임을 하면 기계적 성질이 향상된다.

10 아세틸렌가스의 성질에 대한 설명으로 옳은 것은?

① 수소와 산소가 화합된 매우 안정된 기체이다.
② 1리터의 무게는 1기압 15℃에서 117g이다.
③ 가스 용접용 가스이며, 카바이드로부터 제조된다.
④ 공기를 1로 했을 때의 비중은 1.91이다.

해설 아세틸렌 : 1리터의 무게는 1기압 15℃에서 1.176g이다.

11 금속의 접합법 중 야금학적 접합법이 아닌 것은?

① 융접 ② 압접
③ 납땜 ④ 볼트 이음

해설 볼트 이음 : 기계적 접합법

★
12 다음의 열처리 중 항온열처리 방법에 해당되지 않는 것은?

① 마퀜칭 ② 마템퍼링
③ 오스템퍼링 ④ 인상 담금질

해설 인상 담금질 : 연속 담금질, 일반 열처리법의 일종

13 오스테나이트계 스테인리스강은 용접 시 냉각되면서 고온 균열이 발생되는데 주원인이 아닌 것은?

① 아크길이가 짧을 때
② 모재가 오염되어 있을 때
③ 크레이터 처리를 하지 않을 때
④ 구속력이 가해진 상태에서 용접할 때

해설 오스테나이트계 스테인리스강은 아크길이가 짧으면 길 때보다 고온 균열 발생이 적다.

14 다음 중 가스압접의 특징으로 틀린 것은?

① 이음부의 탈탄층이 전혀 없다.
② 작업이 거의 기계적이어서 숙련이 필요하다.
③ 용가재 및 용제가 불필요하고 용접시간이 빠르다.
④ 장치가 간단하여 설비비, 보수비가 싸고 전력이 불필요하다.

해설 가스압접은 숙련이 필요없다.

★
15 직류 아크 용접의 극성에 관한 설명으로 옳은 것은?

① 직류정극성에서는 용접봉의 녹음 속도가 빠르다.
② 직류역극성에서는 용접봉에 30%의 열 분배가 되기 때문에 용입이 깊다.
③ 직류정극성에서는 용접봉에 70%의 열 분배가 되기 때문에 모재의 용입이 얕다.
④ 직류역극성은 박판, 주철, 고탄소강, 비철금속의 용접에 주로 사용된다.

해설 직류정극성 : 역극성에 비해 용접봉 녹음이 느리고 용입은 깊으며 비드 폭은 좁다.

16 가스 절단 시 예열불꽃이 약할 때 나타나는 현상으로 틀린 것은?

① 절단속도가 늦어진다.
② 역화 발생이 감소된다.
③ 드래그가 증가한다.
④ 절단이 중단되기 쉽다.

정답 08. ③ 09. ① 10. ③ 11. ④ 12. ④ 13. ① 14. ② 15. ④ 16. ②

해설 예열불꽃이 약하면 역화 발생 우려가 있다.

★
17 직류 용접기와 비교하여 교류 용접기의 특징을 틀리게 설명한 것은?

① 유지가 쉽다.
② 아크가 불안정하다.
③ 감전의 위험이 적다.
④ 고장이 적고 값이 싸다.

해설 교류 아크 용접기는 직류에 비해 무부하 전압이 높으므로 감전의 위험이 높다.

★
18 피복 아크 용접작업에서 아크길이에 대한 설명 중 틀린 것은?

① 아크길이는 일반적으로 3mm 정도가 적당하다.
② 아크전압은 아크길이에 반비례한다.
③ 아크길이가 너무 길면 아크가 불안정하게 된다.
④ 양호한 용접은 짧은 아크(short arc)를 사용한다.

해설 아크전압은 아크길이에 비례한다.

19 가스 절단에 영향을 미치는 인자가 아닌 것은?

① 후열불꽃 ② 예열불꽃
③ 절단속도 ④ 절단조건

해설 가스 절단에 후열불꽃은 영향이 없다.

★
20 피복 아크 용접에서 아크열에 의해 모재가 녹아 들어간 깊이는?

① 용적 ② 용입
③ 용락 ④ 용착금속

해설 용적 : 용접봉에서 녹은 쇳물 방울

21 시험재료의 전성, 연성 및 균열의 유무 등 용접부위를 시험하는 시험법은?

① 굴곡시험 ② 경도시험
③ 압축시험 ④ 조직시험

해설 굴곡시험 : 굽힘시험으로 재료의 연성 유무를 시험한다.

22 탄소강의 담금질 중 고온의 오스테나이트 영역에서 소재를 냉각하면 냉각속도의 차이에 따라 마텐자이트, 페라이트, 펄라이트, 소르바이트 등의 조직으로 변태되는데 이들 조직 중에서 강도와 경도가 가장 높은 것은?

① 소르바이트 ② 페라이트
③ 펄라이트 ④ 마텐자이트

해설 경도 크기 순서 : 마텐자이트 > 투르스타이트 > 소르바이트 > 펄라이트 > 페라이트

23 산소-아세틸렌가스를 사용하여 담금질성이 있는 강재의 표면만을 경화시키는 방법은?

① 질화법 ② 가스 침탄법
③ 화염 경화법 ④ 고주파 경화법

해설 화염 경화 : 가스불꽃을 사용하여 강재 표면을 가열함과 동시에 수냉하여 표면을 담금질하는 방법

24 Mg-Al에 소량의 Zn과 Mn을 첨가한 합금은?

① 엘린바(elinvar)
② 엘렉트론(elektron)
③ 퍼멀로이(permalloy)
④ 모넬메탈(monel metal)

해설 엘렉트론 : 90% Mg-Al+Zn(10% 이하)계 합금에 소량의 Mn을 첨가한 합금

25 납땜 시 사용하는 용제가 갖추어야 할 조건이 아닌 것은?

① 사용재료의 산화를 방지할 것
② 전기저항 납땜에는 부도체를 사용할 것
③ 모재와의 친화력을 좋게 할 것
④ 산화피막 등의 불순물을 제거하고 유동성이 좋을 것

해설 전기저항 납땜에는 전기가 통하는 도체를 사용할 것

정답 17. ③ 18. ② 19. ① 20. ② 21. ① 22. ④ 23. ③ 24. ② 25. ②

26 불활성 가스 텅스텐 아크 용접의 장점으로 틀린 것은?

① 용제가 불필요하다.
② 용접 품질이 우수하다.
③ 전자세 용접이 가능하다.
④ 후판 용접에 능률적이다.

해설 TIG 용접은 대체로 6mm 이하의 박판 용접에 적합하다.

27 제품을 제작하기 위한 조립순서에 대한 설명으로 틀린 것은?

① 대칭으로 용접하여 변형을 예방한다.
② 리벳작업과 용접을 같이 할 때는 리벳작업을 먼저 한다.
③ 동일 평면 내에 많은 이음이 있을 때는 수축은 가능한 자유단으로 보낸다.
④ 용접선의 직각 단면 중심축에 대하여 용접의 수축력의 합이 0(zero)이 되도록 용접순서를 취한다.

해설 리벳작업과 용접을 같이 할 때는 용접을 먼저 한다.

★
28 언더컷의 원인이 아닌 것은?

① 전류가 높을 때 ② 전류가 낮을 때
③ 빠른 용접속도 ④ 운봉각도의 부적합

해설 용접전류가 낮으면 오버랩, 용입 불량 등이 생길 수 있다.

29 반자동 CO_2 가스 아크 편면(one side) 용접 시 뒷댐재료로 가장 많이 사용되는 것은?

① 세라믹 제품 ② CO_2 가스
③ 테프론 테이프 ④ 알루미늄 판재

해설 세라믹 뒷댐판은 이면 비드의 용락, 산화방지를 위해 사용한다.

30 서브머지드 아크 용접에서 맞대기 용접 이음 시 받침쇠가 없을 경우 루트 간격은 몇 mm 이하가 가장 적합한가?

① 0.8mm ② 1.5mm
③ 2.0mm ④ 2.5mm

해설 SAW 용접 시 뒷댐판을 사용하지 않을 경우 루트 간격은 0.8mm 이하를 요한다.

★
31 금속의 공통적 특성에 대한 설명으로 틀린 것은?

① 열과 전기의 부도체이다.
② 금속 특유의 광택을 갖는다.
③ 소성변형이 있어 가공이 가능하다.
④ 수은을 제외하고 상온에서 고체이며, 결정체이다.

해설 금속의 공통 성질 : 열과 전기의 양도체이며, 전연성이 매우 우수하고, 비중과 용융점이 높다.

32 베어링에 사용되는 대표적인 구리합금으로 70% Cu-30% Pb 합금은?

① 톰백(tombac)
② 다우메탈(dow metal)
③ 켈밋(kelmet)
④ 배빗메탈(babbit metal)

해설 켈밋 : 구리에 납을 다량 함유시킨 대표적인 베어링 합금

33 구리(Cu)와 그 합금에 대한 설명 중 틀린 것은?

① 가공하기 쉽다.
② 전연성이 우수하다.
③ 아름다운 색을 가지고 있다.
④ 비중이 약 2.7인 경금속이다.

해설 구리 : 비중이 8.96인 중금속이다.

34 주강에 대한 설명으로 틀린 것은?

① 주조조직 개선과 재질 균일화를 위해 풀림처리를 한다.
② 주철에 비해 기계적 성질이 우수하고, 용접에 의한 보수가 용이하다.
③ 주철에 비해 강도는 작으나 용융점이 낮고 유동성이 커서 주조성이 좋다.
④ 탄소함유량에 따라 저탄소 주강, 중탄소 주강, 고탄소 주강으로 분류한다.

정답 26. ④ 27. ② 28. ② 29. ① 30. ① 31. ① 32. ③ 33. ④ 34. ③

해설 주강은 주철에 비해 강도는 크나 용융점이 높고 유동성이 나빠서 주조성이 불량하다.

35 주철에서 탄소와 규소의 함유량에 의해 분류한 조직의 분포를 나타낸 것은?

① T.T.T 곡선
② Fe-C 상태도
③ 공정반응 조직도
④ 마우러(maurer) 조직도

해설 마우러 조직도 : 주철에서 탄소-규소 함유량에 따라 조직의 상태를 나타내는 조직도

36 논 가스 아크 용접(non gas arc welding)의 장점에 대한 설명으로 틀린 것은?

① 바람이 있는 옥외에서도 작업이 가능하다.
② 용접장치가 간단하며 운반이 편리하다.
③ 융착금속의 기계적 성질은 다른 용접법에 비해 우수하다.
④ 피복 아크 용접봉의 저수소계와 같이 수소의 발생이 적다.

해설 논 가스 아크 용접 : 융착금속의 기계적 성질은 다른 용접법에 비해 불량하다.

★
37 전기저항 점 용접작업 시 용접기 조작에 대한 3대 요소가 아닌 것은?

① 가압력 ② 통전시간
③ 전극봉 ④ 전류세기

해설 전기저항 용접의 3요소 : 전류, 가압력, 통전시간

38 용접 후 잔류응력이 있는 제품에 하중을 주어 용접부에 약간의 소성 변형을 일으키게 한 다음 하중을 제거하는 잔류응력 경감방법은?

① 노내풀림법
② 국부풀림법
③ 기계적 응력 완화법
④ 저온응력 완화법

해설 ①, ②, ④는 가열에 의해 응력 제거하는 열처리법

★
39 용접부의 내부 결함으로써 슬래그 섞임을 방지하는 것은?

① 용접전류를 최대한 낮게 한다.
② 루트 간격을 최대한 좁게 한다.
③ 저층의 슬래그는 제거하지 않고 용접한다.
④ 슬래그가 앞지르지 않도록 운봉속도를 유지한다.

해설 슬래그 섞임 방지 : 전류를 높게, 루트 간격은 크게, 전층 슬래그 제거 후 용접한다.

40 수냉 동판을 용접부의 양면에 부착하고 용융된 슬래그 속에서 전극 와이어를 연속적으로 송급하여 용융슬래그 내를 흐르는 저항열에 의하여 전극 와이어 및 모재를 용융접합시키는 용접법은?

① 초음파 용접
② 플라스마 제트 용접
③ 일렉트로 가스 용접
④ 일렉트로 슬래그 용접

해설 일렉트로 가스 용접 : 일렉트로 슬래그 용접과 유사하나 용제를 사용하지 않고 보호가스를 분출하며 상진 용접한다.

★
41 전격에 의한 사고를 입을 위험이 있는 경우와 거리가 가장 먼 것은?

① 옷이 습기에 젖어 있을 때
② 케이블의 일부가 노출되어 있을 때
③ 홀더의 통전부분이 절연되어 있을 때
④ 용접 중 용접봉 끝에 몸이 닿았을 때

해설 홀더의 통전부분이 절연되어 있을 때는 감전 위험이 적다.

★
42 연강용 피복 용접봉에서 피복제의 역할이 아닌 것은?

① 아크를 안정시킨다.
② 스패터(spatter)를 많게 한다.
③ 파형이 고운 비드를 만든다.
④ 용착금속의 탈산정련 작용을 한다.

해설 피복제는 스패터의 발생을 적게 한다.

부록 2

정답 35. ④ 36. ③ 37. ③ 38. ③ 39. ④ 40. ④ 41. ③ 42. ②

43 전기누전에 의한 화재의 예방대책으로 틀린 것은?

① 금속과 내에 접속점이 없도록 해야 한다.
② 금속관의 끝에는 캡이나 절연 부싱을 하여야 한다.
③ 전선공사 시 전선피복의 손상이 없는지를 점검한다.
④ 전기기구의 분해조립을 쉽게 하기 위하여 나사의 조임을 헐겁게 해 놓는다.

해설 전기기구의 분해조립을 쉽게 하기 위하여 나사의 조임을 헐겁게 하면 저항열이 발생하여 연결부가 녹거나 화재가 날 수 있다.

44 솔리드 이산화탄소 아크 용접의 특징에 대한 설명으로 틀린 것은?

① 바람의 영향을 전혀 받지 않는다.
② 용제를 사용하지 않아 슬래그의 혼입이 없다.
③ 용접금속의 기계적·야금적 성질이 우수하다.
④ 전류밀도가 높아 용입이 깊고 용융속도가 빠르다.

해설 GMAW(MIG/MAG/CO_2) 용접은 바람의 영향이 크므로 풍속 2m/s 이상이면 방풍막을 설치해야 된다.

45 화상에 의한 응급조치로서 적절하지 않은 것은?

① 냉찜질을 한다.
② 붕산수에 찜질한다.
③ 전문의의 치료를 받는다.
④ 물집을 터트리고 수건으로 감싼다.

해설 화상 발생 시 물집을 터뜨리면 감염의 위험이 있다.

46 서브머지드 아크 용접에 사용되는 용접용 용제 중 용융형 용제에 대한 설명으로 옳은 것은?

① 화학적 균일성이 양호하다.
② 미용융 용제는 다시 사용이 불가능하다.
③ 흡습성이 있어 재건조가 필요하다.
④ 용융 시 분해되거나 산화되는 원소를 첨가할 수 있다.

해설 용융형 용제 : 합금 원소 첨가나 재건조가 안된다.

★
47 아크 발생시간이 3분, 아크 발생 정지시간이 7분일 경우 사용률(%)은?

① 100% ② 70%
③ 50% ④ 30%

해설 정격사용률 $= \frac{3}{10} \times 100 = 30$

★
48 용접부의 결함 검사법에서 초음파 탐상법의 종류에 해당되지 않는 것은?

① 공진법 ② 투과법
③ 스테레오법 ④ 펄스반사법

해설 초음파 탐상법에 스테리오법은 없다. 펄스반사법에는 수직 탐상, 사각 탐상법이 있다.

49 서브머지드 아크 용접용 재료 중 와이어의 표면에 구리를 도금한 이유에 해당되지 않는 것은?

① 콘텐트 텁과의 전기적 접촉을 좋게 한다.
② 와이어에 녹이 발생하는 것을 방지한다.
③ 전류의 통전효과를 높게 한다.
④ 용착금속의 강도를 높게 한다.

해설 와이어에 구리 도금하는 이유는 전기 접촉 촉진과 녹슴 방지를 위해서이다.

★
50 공랭식 MIG 용접토치의 구성요소가 아닌 것은?

① 와이어 ② 공기 호스
③ 보호가스 호스 ④ 스위치 케이블

해설 MIG 용접기에 공기 호스는 필요없다.

51 냉간압연 강판 및 강대에서 일반용으로 사용되는 종류의 KS 재료기호는?

① SPSC ② SPHC
③ SSPC ④ SPCC

해설
- SPCC : 냉간 압연 강판(일반용)
- SPCD : 냉간 압연 강판(드로잉용)
- SPCE : 냉간 압연 강판(딥드로잉용)
- SPCF : 냉간 압연 강판(비시효성 드로잉용)

정답 43. ④ 44. ① 45. ④ 46. ① 47. ④ 48. ③ 49. ④ 50. ② 51. ④

52 용기 모양의 대상물 도면에서 아주 굵은 실선을 외형선으로 표시하고 치수 표시가 ϕint34로 표시된 경우 가장 올바르게 해독한 것은?

① 도면에서 int로 표시된 부분의 두께 치수
② 화살표로 지시된 부분의 폭방향 치수가 ϕ34mm
③ 화살표로 지시된 부분의 안쪽 치수가 ϕ34mm
④ 도면에서 int로 표시된 부분만 인치단위 치수

해설 용기의 표시 치수는 화살표로 지시된 부분의 안쪽치수

53 미터 나사의 호칭지름은 수나사의 바깥지름을 기준으로 정한다. 이에 결합되는 암나사의 호칭지름은 무엇이 되는가?

① 암나사의 골지름
② 암나사의 안지름
③ 암나사의 유효지름
④ 암나사의 바깥지름

해설 미터 나사와 결합되는 암나사의 호칭 지름은 암나사의 골지름으로 정한다.

★
54 바퀴의 암(arm), 림(rim), 축(shaft), 훅(hook) 등을 나타낼 때 주로 사용하는 단면도로서, 단면의 일부를 90° 회전하여 나타낸 단면도는?

① 부분 단면도 ② 회전 도시 단면도
③ 계단 단면도 ④ 곡면 단면도

해설 암, 림 등은 길이 방향으로 단면을 나타낼 수 없고, 회전 단면으로 표시한다.

55 배관의 간략도시방법 중 환기계 및 배수계의 끝부분 장치 도시방법의 평면도에서 그림과 같이 도시된 것의 명칭은?

① 회전식 환기삿갓 ② 고정식 환기삿갓
③ 벽붙이 환기삿갓 ④ 콕이 붙은 배수구

해설 • ⊕ : 콕이 붙은 배수구
• ⊠ : 고정식 환기삿갓

56 도면의 마이크로필름 촬영, 복사할 때 등의 편의를 위해 만든 것은?

① 중심마크 ② 비교눈금
③ 도면구역 ④ 재단마크

해설 도면 복사 시 중심마크가 있어야 위치 등을 판단할 수 있다.

57 원호의 길이치수 기입에서 원호를 명확히 하기 위해서 치수에 사용되는 치수 보조기호는?

① (20) ② C20
③ 20 (테두리) ④ $\overset{\frown}{20}$

해설 ① : 참고치수

★
58 용접부의 도시기호가 "a4◺ 3×25(7)"일 때의 설명으로 틀린 것은?

① ◺ – 필릿 용접
② 3 – 용접부의 폭
③ 25 – 용접부의 길이
④ 7 – 인접한 용접부의 간격

해설 3 : 3군데, 3개

59 다음 그림과 같은 입체도에서 화살표 방향이 정면일 경우 좌측면도로 가장 적합한 것은?

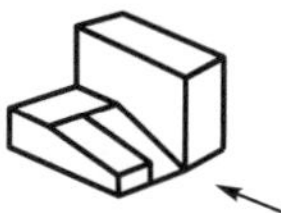

①  ② 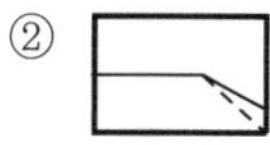
③ 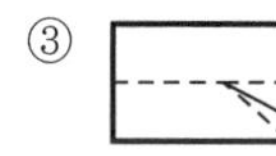 ④ 

해설 입체도의 우측 앞쪽의 수직기둥과 경사진 부분은 정면에서 보이지 않으므로 파선으로 나타내야 된다.

부록 2

정답 52. ③ 53. ① 54. ② 55. ④ 56. ① 57. ② 58. ④ 59. ②

★
60 다음 그림과 같은 입체를 제3각법으로 나타낼 때 가장 적합한 투상도는? (단, 화살표 방향을 정면으로 한다.)

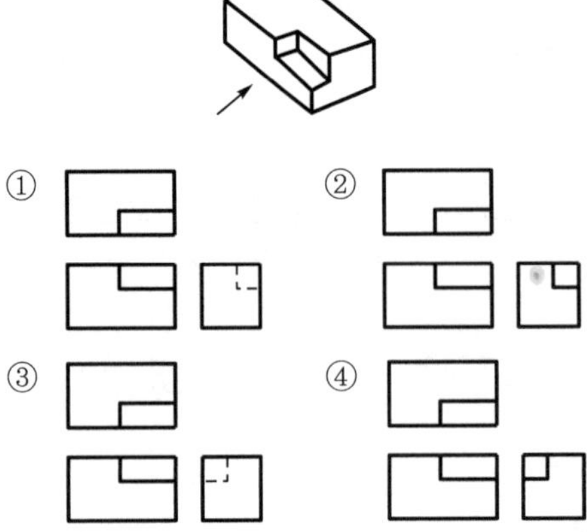

해설 3각법의 경우 정면도를 그대로 두고 우측면도와 평면도를 찌그러뜨려 붙여보면 입체 모양을 알 수 있다.

정답 60. ④

제 4 회 특수용접기능사

★
01 금속 산화물이 알루미늄에 의하여 산소를 빼앗기는 반응에 의해 생성되는 열을 이용하여 금속을 접합하는 용접방법은?

① 일렉트로 슬래그 용접
② 테르밋 용접
③ 불활성 가스 금속 아크 용접
④ 스폿 용접

해설 테르밋 용접 : 테르밋 반응에 의해 생성되는 열을 이용하여 금속을 용접하는 방법

★
02 맞대기 용접에서 판 두께가 대략 6mm 이하의 경우에 사용되는 홈의 형상은?

① I형 ② X형
③ U형 ④ H형

해설 I형 : 6mm 이하의 판에 한쪽 또는 양면에서 I형 맞대기 용접을 할 수 있다.

03 다음 중 안전모의 일반구조에 대한 설명으로 틀린 것은?

① 안전모는 모체, 착장체 및 턱끈을 가질 것
② 착장체의 구조는 착용자의 머리 부위에 균등한 힘이 분배되도록 할 것
③ 안전모의 내부 수직거리는 25mm 이상 50mm 미만일 것
④ 착장체의 머리 고정대는 착용자의 머리 부위에 고정하도록 조절할 수 없을 것

해설 안전모 착장체의 머리 고정대는 착용자의 머리 부위를 조정할 수 있어야 한다.

★
04 TIG 용접에서 청정작용이 가장 잘 발생하는 용접전원은?

① 직류역극성일 때 ② 직류정극성일 때
③ 교류 정극성일 때 ④ 극성에 관계없음

해설 청정작용은 직류역극성이나 교류(고주파 중첩 교류)에서 일어난다.

05 다음 중 서브머지드 아크 용접에서 기공의 발생 원인과 거리가 가장 먼 것은?

① 용제의 건조 불량
② 용접속도의 과대
③ 용접부의 구속이 심할 때
④ 용제 중에 불순물의 혼입

해설 용접 시 용접부의 구속이 심할 때는 응력이 크게 되며, 균열이 발생할 수 있다.

★
06 아크전류가 일정할 때 아크전압이 높아지면 용접봉의 용융속도가 늦어지고, 아크전압이 낮아지면 용융속도가 빨라지는 특성은?

① 부저항 특성
② 전압회복 특성
③ 절연회복 특성
④ 아크길이 자기제어 특성

해설 아크길이 자기제어 특성은 전류밀도가 클 때 잘 나타난다.

★
07 저온메짐을 일으키는 원소는?

① 인(P) ② 황(S)
③ 망간(Mn) ④ 니켈(Ni)

정답 01. ② 02. ① 03. ④ 04. ① 05. ③ 06. ④ 07. ①

해설 황(S) : 고온(적열)메짐(취성)의 원인이 되며, 망간은 고온 메짐 방지원소이다.

08 시중에서 시판되는 구리제품의 종류가 아닌 것은?

① 전기동 ② 산화동
③ 정련동 ④ 무산소동

해설 산화동은 시판되지 않는다.

09 암모니아(NH_3)가스 중에서 500℃ 정도로 장시간 가열하여 강제품의 표면을 경화시키는 열처리는?

① 침탄 처리 ② 질화 처리
③ 화염 경화 처리 ④ 고주파 경화 처리

해설 질화 : 강재 표면에 질소를 침투시켜 질화철을 만드는 열처리

★
10 냉간가공을 받은 금속의 재결정에 대한 일반적인 설명으로 틀린 것은?

① 가공도가 낮을수록 재결정 온도는 낮아진다.
② 가공시간이 길수록 재결정 온도는 낮아진다.
③ 철의 재결정 온도는 330~450℃ 정도이다.
④ 재결정 입자의 크기는 가공도가 낮을수록 커진다.

해설 가공도가 높을수록 재결정 온도는 낮아진다.

11 황동의 화학적 성질에 해당되지 않는 것은?

① 질량 효과 ② 자연 균열
③ 탈아연 부식 ④ 고온 탈아연

해설 질량 효과 : 열처리 시 부피(질량효과)가 크면 열처리가 잘 안된다는 효과이며, 황동의 화학 성질과는 무관하다.

12 저온 뜨임의 목적이 아닌 것은?

① 치수의 경년변화 방지
② 담금질 응력 제거
③ 내마모성의 향상
④ 기공의 방지

해설 저온 뜨임은 기공을 방지하기 위한 처리가 아니다.

13 주강제품에는 기포, 기공 등이 생기기 쉬우므로 제강작업 시에 쓰이는 탈산제는?

① P.S ② Fe-Mn
③ SO_2 ④ Fe_2O_3

해설 Fe-Mn : 페로망간은 탈산 효과가 커서 탈산제로 많이 쓰인다.

★
14 Fe-C 상태도에서 아공석강의 탄소함량으로 옳은 것은?

① 0.025~0.8% C ② 0.80~2.0% C
③ 2.0~4.3% C ④ 4.3~6.67% C

해설 아공석강 : 탄소량이 0.8% 이하인 강

15 일반적으로 피복 아크 용접 시 운봉폭은 심선 지름의 몇 배인가?

① 1~2배 ② 2~3배
③ 5~6배 ④ 7~8배

해설 피복 아크 용접 시 위빙 폭은 심선지름의 2~3배가 적당하다.

16 피복 아크 용접 시 용접회로의 구성순서가 바르게 연결된 것은?

① 용접기 → 접지케이블 → 용접봉 홀더 → 용접봉 → 아크 → 모재 → 헬멧
② 용접기 → 전극케이블 → 용접봉 홀더 → 용접봉 → 아크 → 접지케이블 → 모재
③ 용접기 → 접지케이블 → 용접봉 홀더 → 용접봉 → 아크 → 전극케이블 → 모재
④ 용접기 → 전극케이블 → 용접봉 홀더 → 용접봉 → 아크 → 모재 → 접지케이블

해설 용접회로 : 용접기에서 전극 케이블, 용접봉 홀더, 용접봉, 아크, 모재, 접지케이블, 용접기 순으로 움직인다.

★
17 18% Cr-8% Ni계 스테인리스강의 조직은?

① 페라이트계 ② 마텐자이트계
③ 오스테나이트계 ④ 시멘타이트계

해설 18% Cr-8% Ni계 스테인리스강 : 비자성체이며, 면심입방격자이다.

정답 08. ② 09. ② 10. ① 11. ① 12. ④ 13. ② 14. ① 15. ② 16. ④ 17. ③

18 가스 용접봉의 성분 중에서 인(P)이 모재에 미치는 영향을 올바르게 설명한 것은?

① 기공을 막을 수도 있으나 강도가 떨어지게 된다.
② 강의 강도를 증가시키나 연신율, 굽힘성 등이 감소된다.
③ 용접부의 저항력을 감소시키고, 기공 발생의 원인이 된다.
④ 강에 취성을 주며 가연성을 잃게 하는데 특히 암적색으로 가열한 경우는 대단히 심하다.

해설 인(P) : 저온취성의 원인이 되는 원소

19 탄소강의 종류 중 탄소함유량이 0.3~0.5%이고, 탄소량이 증가함에 따라서 용접부에서 저온 균열이 발생될 위험성이 커지기 때문에 150~250℃로 예열을 실시할 필요가 있는 탄소강은?

① 저탄소강　② 중탄소강
③ 고탄소강　④ 대탄소강

해설 • 저탄소강 : 0.025~0.3% C강
• 고탄소강 : 0.5~0.8% C강

20 텅스텐(W)의 용융점은 약 몇 ℃인가?

① 1,538℃　② 2,610℃
③ 3,410℃　④ 4,310℃

해설 ① 철의 용융점

★
21 정류기형 직류 아크 용접기의 특성에 관한 설명으로 틀린 것은?

① 보수와 점검이 어렵다.
② 취급이 간단하고, 가격이 싸다.
③ 고장이 적고, 소음이 나지 않는다.
④ 교류를 정류하므로 완전한 직류를 얻지 못한다.

해설 정류기형 직류 용접기는 다른 직류 용접기에 비해 보수와 점검이 쉽다.

22 동일한 용접조건에서 피복 아크 용접할 경우 용입이 가장 깊게 나타나는 것은?

① 교류(AC)
② 직류역극성(DCRP)
③ 직류정극성(DCSP)
④ 고주파 교류(ACHF)

해설 DCSP 특성 : 비드 폭이 좁고 용입이 깊어 후판 용접에 적당하다.

23 오스테나이트계 스테인리스강을 용접 시 냉각과정에서 고온 균열이 발생하게 되는 원인으로 틀린 것은?

① 아크의 길이가 너무 길 때
② 모재가 오염되어 있을 때
③ 크레이터 처리를 하였을 때
④ 구속력이 가해진 상태에서 용접할 때

해설 고온 균열 방지 : 크레이터 처리를 하였을 때

24 현미경 시험용 부식제 중 알루미늄 및 그 합금용에 사용되는 것은?

① 초산 알코올 용액　② 피크린산 용액
③ 왕수　④ 수산화나트륨 용액

해설 왕수 : 금의 부식제

★
25 전기에 감전되었을 때 체내에 흐르는 전류가 몇 mA일 때 근육 수축이 일어나는가?

① 5mA　② 20mA
③ 50mA　④ 100mA

해설 20~50mA : 고통을 느끼고 강한 근육 수축이 일어나며 호흡이 곤란하다.

★
26 아크 용접에서 피복제의 작용을 설명한 것 중 틀린 것은?

① 전기절연 작용을 한다.
② 아크(arc)를 안정하게 한다.
③ 스패터링(spattering)을 많게 한다.
④ 용착금속의 탈산정련 작용을 한다.

정답 18. ④　19. ②　20. ③　21. ①　22. ③　23. ③　24. ④　25. ②　26. ③

해설 피복제 : 스패터링(spattering)을 적게 한다.

27 플라스마 아크 절단법에 관한 설명이 틀린 것은?

① 알루미늄 등의 경금속에는 작동가스로 아르곤과 수소의 혼합가스가 사용된다.
② 가스 절단과 같은 화학반응은 이용하지 않고, 고속의 플라스마를 사용한다.
③ 텅스텐 전극과 수냉 노즐 사이에 아크를 발생시키는 것을 비이행형 절단법이라 한다.
④ 기체의 원자가 저온에서 음(−)이온으로 분리된 것을 플라스마라 한다.

해설 플라스마 아크 절단법에는 이행형, 비이행형, 중간형이 있다.

28 강의 인성을 증가시키며, 특히 노치인성을 증가시켜 강의 고온 가공을 쉽게 할 수 있도록 하는 원소는?

① P ② Si
③ Pb ④ Mn

해설 망간 : 강도, 인성이 증가되므로 듀콜강 제조에 쓰인다.

★
29 AW 220, 무부하 전압 80V, 아크전압이 30V인 용접기의 효율은? (단, 내부손실은 2.5kW이다.)

① 71.5% ② 72.5%
③ 73.5% ④ 74.5%

해설 $효율=\frac{220\times30}{220\times30+2500}\times100=72.5$

30 가스 절단작업을 할 때 양호한 절단면을 얻기 위하여 예열 후 절단을 실시하는데 예열불꽃이 강할 경우 미치는 영향 중 잘못 표현된 것은?

① 절단면이 거칠어진다.
② 절단면이 매우 양호하다.
③ 모서리가 용융되어 둥글게 된다.
④ 슬래그 중의 철 성분의 박리가 어려워진다.

해설 절단 시 예열불꽃이 강할 경우에는 ①, ③, ④와 같은 현상이 발생한다.

31 예열용 연소가스로는 주로 수소가스를 이용하며, 침몰선의 해체, 교량의 교각 개조 등에 사용되는 절단법은?

① 스카핑 ② 산소창 절단
③ 분말 절단 ④ 수중 절단

해설 수중 절단용 가스는 아세틸렌보다 폭발성이 적은 수소가 많이 쓰인다.

★
32 피복 아크 용접봉의 보관과 건조방법으로 틀린 것은?

① 건조하고 진동이 없는 곳에 보관한다.
② 저수소계는 100~150℃에서 30분 건조한다.
③ 피복제의 계통에 따라 건조조건이 다르다.
④ 일미나이트계는 70~100℃에서 30~60분 건조한다.

해설 저수소계 피복 아크 용접봉의 건조는 300~350℃에서 1~2시간 건조하여 사용한다.

33 아크 용접기에 사용하는 변압기는 어느 것이 가장 적합한가?

① 누설 변압기 ② 단권 변압기
③ 계기용 변압기 ④ 전압 조정용 변압기

해설 교류용 피복 아크 용접기에는 누설 변압기가 쓰인다.

34 산소에 대한 설명으로 틀린 것은?

① 가연성 가스이다.
② 무색, 무취, 무미이다.
③ 물의 전기분해로도 제조한다.
④ 액체 산소는 보통 연한 청색을 띤다.

해설 산소는 연소를 돕는 지연(조연)성 가스이다.

★
35 가스 용접에서 전진법과 비교한 후진법의 설명으로 맞는 것은?

① 열 이용률이 나쁘다.
② 용접속도가 느리다.
③ 용접변형이 크다.
④ 두꺼운 판의 용접에 적합하다.

정답 27. ④ 28. ④ 29. ② 30. ② 31. ④ 32. ② 33. ① 34. ① 35. ④

해설 후진법은 전진법에 비해 열 이용율이 좋고, 용접속도가 빠르며 변형이 적다.

36 모재의 열 변형이 거의 없으며, 이종 금속의 용접이 가능하고 정밀한 용접을 할 수 있으며, 비접촉식 방식으로 모재에 손상을 주지 않는 용접은?

① 레이저 용접
② 테르밋 용접
③ 스터드 용접
④ 플라스마 제트 아크 용접

해설 레이저 용접은 고밀도 용접으로 열 영향부가 좁다.

37 납땜에 관한 설명 중 맞는 것은?

① 경납땜은 주로 납과 주석의 합금용제를 많이 사용한다.
② 연납땜은 450℃ 이상에서 하는 작업이다.
③ 납땜은 금속 사이에 융점이 낮은 별개의 금속을 용융 첨가하여 접합한다.
④ 은납의 주성분은 은, 납, 탄소 등의 합금이다.

해설 연납땜은 주로 납과 주석의 합금용제를 많이 사용한다.

★
38 용접부의 비파괴 시험에 속하는 것은?

① 인장시험
② 화학분석시험
③ 침투시험
④ 용접균열시험

해설 ①, ④는 기계적 파괴 시험, ②는 금속학적 파괴시험이다.

39 용접 시 발생되는 아크광선에 대한 재해원인이 아닌 것은?

① 차광도가 낮은 차광유리를 사용했을 때
② 사이드에 아크 빛이 들어 왔을 때
③ 아크 빛을 직접 눈으로 보았을 때
④ 차광도가 높은 차광유리를 사용했을 때

해설 차광도가 높은 차광유리를 사용하면 아크광선에 대한 재해는 일어나지 않으나 너무 높은 경우 용접부가 잘 보이지 않을 수 있다.

40 용접 전의 일반적인 준비사항이 아닌 것은?

① 용접재료 확인 ② 용접사 선정
③ 용접봉의 선택 ④ 후열과 풀림

해설 후열, 풀림은 용접 후의 사항이다.

★
41 TIG 용접에서 보호가스로 주로 사용하는 가스는?

① Ar, He ② CO, Ar
③ He, CO_2 ④ CO, He

해설 불활성 가스 아크 용접(TIG, MIG)의 보호가스로 아르곤과 헬륨이 사용된다.

42 이산화탄소 아크 용접의 시공법에 대한 설명으로 맞는 것은?

① 와이어의 돌출길이가 길수록 비드가 아름답다.
② 와이어의 용융속도는 아크전류에 정비례하여 증가한다.
③ 와이어의 돌출길이가 길수록 늦게 용융된다.
④ 와이어의 돌출길이가 길수록 아크가 안정된다.

해설 와이어의 돌출길이가 길수록 비드가 거칠고 기공이 생기기 쉽다.

43 서브머지드 아크 용접에서 루트 간격이 0.8mm 보다 넓을 때 누설방지 비드를 배치하는 가장 큰 이유로 맞는 것은?

① 기공을 방지하기 위하여
② 크랙을 방지하기 위하여
③ 용접변형을 방지하기 위하여
④ 용락을 방지하기 위하여

해설 루트 간격이 클 경우 누설 방지 비드나 뒷받침을 사용한다.

★
44 MIG 용접 시 와이어 송급방식의 종류가 아닌 것은?

① 풀 방식 ② 푸시 방식
③ 푸시 풀 방식 ④ 푸시 언더 방식

해설 MIG 용접 시 와이어 송급방식에 푸시 언더 방식은 없고 더블 푸시 풀 방식이 있다.

정답 36. ① 37. ③ 38. ③ 39. ④ 40. ④ 41. ① 42. ② 43. ④ 44. ④ 45. ②

★
45 다음 중 심 용접의 종류가 아닌 것은?

① 맞대기 심 용접　② 슬롯 심 용접
③ 매시 심 용접　④ 포일 심 용접

해설 슬롯 심 용접은 없다.

★
46 매크로 조직시험에서 철강재의 부식에 사용되지 않는 것은?

① 염산 1 : 물 1의 액
② 염산 3.8 : 황산 1.2 : 물 5.0의 액
③ 소금 1 : 물 1.5의 액
④ 초산 1 : 물 3의 액

해설 철강재 매크로 조직시험 부식제로 ③은 사용하지 않는다.

47 서브머지드 아크 용접의 용제에서 광물성 원료를 고온(1,300℃ 이상)으로 용융한 후 분쇄하여 적합한 입도로 만드는 용제는?

① 용융형 용제　② 소결형 용제
③ 첨가형 용제　④ 혼성형 용제

해설 소결형 용제는 페로실리콘, 페로망간 등에 의해 강력한 탈산작용이 된다.

★
48 다음 중 CO_2 가스 아크 용접에 적용되는 금속으로 맞는 것은?

① 알루미늄　② 황동
③ 연강　④ 마그네슘

해설 CO_2 가스 아크 용접은 주로 연강(탄소강) 용접에 사용된다.

49 용접작업을 할 때 발생한 변형을 가열하여 소성변형을 시켜서 교정하는 방법으로 틀린 것은?

① 박판에 대한 점수축법
② 형재에 대한 직선수축법
③ 가열 후 해머질하는 법
④ 피닝법

해설 피닝법 : 용접부를 끝이 구면인 해머로 가볍게 때려 용착금속부의 표면에 소성변형을 주어 잔류응력을 완화시키는 법

★
50 용접결함과 그 원인을 조합한 것으로 틀린 것은?

① 선상조직 – 용착금속의 냉각속도가 빠를 때
② 오버랩 – 전류가 너무 낮을 때
③ 용입 불량 – 전류가 너무 높을 때
④ 슬래그 섞임 – 전층의 슬래그 제거가 불완전할 때

해설 용입 불량 : 전류가 너무 낮을 때

51 다음 중 기계제도 분야에서 가장 많이 사용되며, 제3각법에 의하여 그리므로 모양을 엄밀, 정확하게 표시할 수 있는 도면은?

① 캐비닛도　② 등각투상도
③ 투시도　④ 정투상도

해설 등각투상도 : 입체도를 그릴 때 수평선에 대해 좌우 각이 동일하게 표시하는 그림

52 다음 중 치수 보조기호를 적용할 수 없는 것은?

① 구의 지름치수
② 단면이 정사각형인 면
③ 판재의 두께치수
④ 단면이 정삼각형인 면

해설 ① 구의 지름치수 : Ø20
② 단면이 정사각형인 면 : □20
③ 판재의 두께치수 : t20
④ 단면이 정삼각형인 면은 표시방법이 없다.

53 다음 그림에서 축 끝에 도시된 센터 구멍기호가 뜻하는 것은?

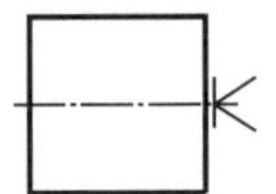

① 센터 구멍이 남아 있어도 좋다.
② 센터 구멍이 필요하지 않다.
③ 센터 구멍을 반드시 남겨둔다.
④ 센터 구멍이 필요하다.

해설 그림 우측의 표시는 센터 구멍이 필요하지 않음을 의미한다.

정답 46. ③　47. ①　48. ③　49. ④　50. ③　51. ④　52. ④　53. ②

54 다음 중 단독 형체로 적용되는 기하공차로만 짝지어진 것은?

① 평면도, 진원도　② 진직도, 직각도
③ 평행도, 경사도　④ 위치도, 대칭도

해설 단독 형체의 기하공차는 진직도, 평면도, 진원도, 원통도이다.

55 기계제도에서 도면의 크기 및 양식에 대한 설명 중 틀린 것은?

① 도면 용지는 A형 사이즈를 사용할 수 있으며, 연장하는 경우에는 연장 사이즈를 사용한다.
② A4~A0 도면 용지는 반드시 긴 쪽을 좌우 방향으로 놓고서 사용해야 한다.
③ 도면에는 반드시 윤곽선 및 중심마크를 그린다.
④ 복사한 도면을 접을 때 그 크기는 원칙적으로 A4 크기로 한다.

해설 A4~A0 도면 용지는 방향에 관계없이 사용한다.

56 다음 중 용접구조용 압연강재의 KS 기호는?

① SS 400　② SCW 450
③ SM 400 C　④ SCM 415 M

해설 SS 400 : 일반 구조용 압연강재

★
57 그림과 같은 용접이음을 용접기호로 옳게 표시한 것은?

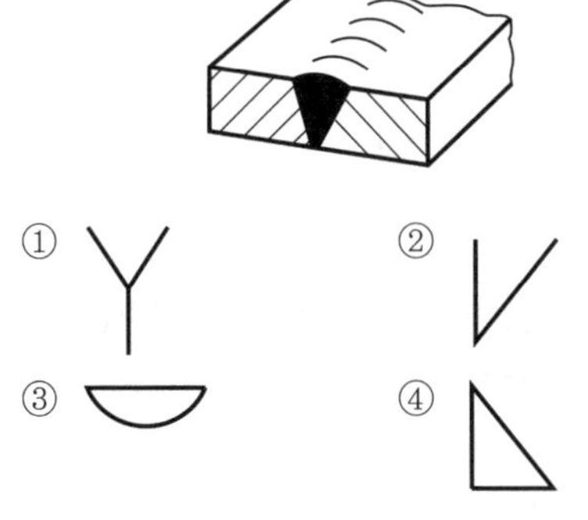

해설 ① 넓은 루트면이 있는 V형 맞대기 이음
② 일면 개선형 맞대기 이음
③ 이면 이음
④ 필릿 이음

58 물체의 정면도를 기준으로 하여 뒤쪽에서 본 투상도는?

① 정면도　② 평면도
③ 저면도　④ 배면도

해설 정면도 : 물체의 정면(특징적인 면)을 보고 나타낸 도면

59 배관 도시기호 중 체크 밸브를 나타내는 것은?

①　②
③　④

해설 ① 밸브 일반　② 글로브밸부
③ 전동밸브　④ 체크밸브

60 다음 겨냥도를 제3각법으로 제도했을 때 정면도로 옳은 투상법은?

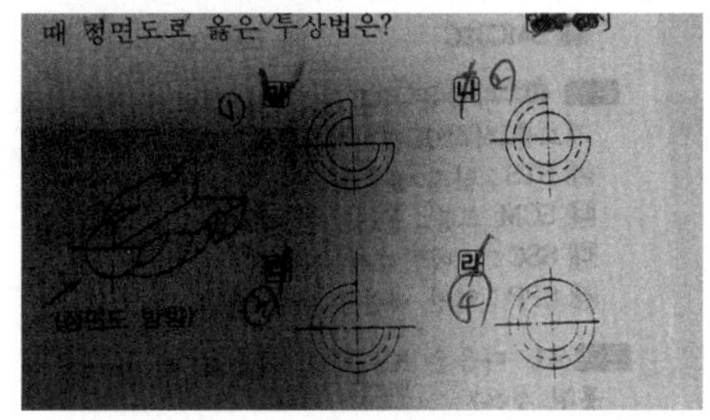

①　②
③　④

해설 중심선과 외형선이 겹칠 때는 외형선으로 표시한다.

정답 54. ①　55. ②　56. ③　57. ②　58. ④　59. ④　60. ①

2014. 10. 11. 시행

제 5 회 특수용접기능사

★

01 피복 아크 용접에서 아크 안정제에 속하는 피복 배합제는?

① 산화티탄 ② 탄산마그네슘
③ 페로망간 ④ 알루미늄

해설 페로망간 : 탈산제, 합금제

02 연강용 피복 아크 용접봉 심선의 4가지 화학성분 원소는?

① C, Si, P, S ② C, Si, Fe, S
③ C, Si, Ca, P ④ Al, Fe, Ca, P

해설 탄소강의 5원소 : C, Si, Mn, P, S

03 아크 에어 가우징법으로 절단을 할 때 사용되어지는 장치가 아닌 것은?

① 가우징 토치 ② 가우징 봉
③ 컴프레셔 ④ 냉각장치

해설 아크 에어 가우징에 냉각장치는 거의 필요없다.

★

04 직류 아크 용접의 정극성과 역극성의 특징에 대한 설명으로 옳은 것은?

① 정극성은 용접봉의 용융이 느리고 모재의 용입이 깊다.
② 역극성은 용접봉의 용융이 빠르고 모재의 용입이 깊다.
③ 모재에 음극(-), 용접봉에 양극(+)을 연결하는 것을 정극성이라 한다.
④ 역극성은 일반적으로 비드 폭이 좁고 두꺼운 모재의 용접에 적당하다.

해설 역극성 : 용접봉의 용융이 빠르고 모재의 용입이 얕으며, 비드 폭이 넓다.

05 산소용기의 내용적이 33.7리터(L)인 용기에 120kgf/cm^{2}이 충전되어 있을 때, 대기압 환산 용적은 몇 리터인가?

① 2,803 ② 4,044
③ 28,030 ④ 40,440

해설 $33.7 \times 120 = 4,044$

06 용접전류에 의한 아크 주위에 발생하는 자장이 용접봉에 대해서 비대칭으로 나타나는 현상을 방지하기 위한 방법 중 옳은 것은?

① 직류 용접에서 극성을 바꿔 연결한다.
② 접지점을 될 수 있는 대로 용접부에서 가까이 한다.
③ 용접봉 끝을 아크가 쏠리는 방향으로 기울인다.
④ 피복제가 모재에 접촉할 정도로 짧은 아크를 사용한다.

해설 자기(아크)쏠림 방지 : 교류 사용, 아크길이 짧게, 아크 쏠리는 반대 방향으로 봉 기울임

★

07 아크 용접에서 부하전류가 증가하면 단자전압이 저하하는 특성을 무슨 특성이라 하는가?

① 상승 특성 ② 수하 특성
③ 정전류 특성 ④ 정전압 특성

해설 정전류 특성 : 수하 특성의 급경사 부분에서 아크길이에 따라 전류가 거의 일정한 특성

정답 01. ① 02. ① 03. ④ 04. ① 05. ② 06. ④ 07. ②

08 일반적으로 가스 용접봉의 지름이 2.6mm일 때 강판의 두께는 몇 mm 정도가 적당한가?

① 1.6mm ② 3.2mm
③ 4.5mm ④ 6.0mm

해설 $\frac{x}{2}+1=2.6$, $x=(2.6-1)\times2=3.2$

★
09 피복 아크 용접봉의 용융금속 이행형태에 따른 분류가 아닌 것은?

① 스프레이형 ② 글로뷸러형
③ 슬래그형 ④ 단락형

해설 용접봉 이행형식에 슬래그형은 없다.

10 가스 실드계의 대표적인 용접봉으로 유기물을 20~30% 정도 포함하고 있는 용접봉은?

① E4303 ② E4311
③ E4313 ④ E4324

해설 E4311 : 고셀룰로오스계

11 다음 중 용접작업에 영향을 주는 요소가 아닌 것은?

① 용접봉 각도 ② 아크길이
③ 용접속도 ④ 용접비드

해설 용접작업에 용접비드는 무관하다.

12 수중 절단에 주로 사용되는 가스는?

① 부탄가스 ② 아세틸렌가스
③ LPG ④ 수소가스

해설 아세틸렌가스는 수압이 걸려 2기압 이상이면 폭발 위험이 있다.

★
13 아세틸렌은 각종 액체에 잘 용해된다. 그러면 1기압 아세톤 2L에는 몇 L의 아세틸렌이 용해되는가?

① 2 ② 10
③ 25 ④ 50

해설 25×2 = 50

★
14 아크가 발생하는 초기에 용접봉과 모재가 냉각되어 있어 용접입열이 부족하여 아크가 불안정하기 때문에 아크 초기에만 용접전류를 특별히 크게 해주는 장치는?

① 전격 방지장치 ② 원격 제어장치
③ 핫 스타트 장치 ④ 고주파 발생장치

해설 핫 스타트 장치 : 아크 발생 시 높은 전류를 사용하여 시점의 용입 불량을 방지하기 위한 장치

15 산소 용기에 각인되어 있는 TP와 FP는 무엇을 의미하는가?

① TP : 내압 시험압력, FP : 최고 충전압력
② TP : 최고 충전압력, FP : 내압 시험압력
③ TP : 내용적(실측), FP : 용기 중량
④ TP : 용기 중량, FP : 내용적(실측)

해설 V : 내용적, W : 용기의 무게

16 가스 절단에서 절단하고자 하는 판의 두께가 25.4mm일 때, 표준 드래그의 길이는?

① 2.4mm ② 5.2mm
③ 6.4mm ④ 7.2mm

해설 표준 드래그 길이 = 25.4×0.2 = 5.2

★
17 교류 아크 용접기의 규격 AW-300에서 300이 의미하는 것은?

① 정격 사용률 ② 정격2차전류
③ 무부하 전압 ④ 정격 부하전압

해설 AW-300에서 300은 교류 아크 용접기의 정격2차전류가 300A임을 의미한다.

18 열처리된 탄소강의 현미경 조직에서 경도가 가장 높은 것은?

① 소르바이트 ② 오스테나이트
③ 마텐자이트 ④ 트루스타이트

해설 경도가 높은 순서 : 마텐자이트 > 트루스타이트 > 소르바이트 > 이스테나이트

정답 08. ② 09. ③ 10. ② 11. ④ 12. ④ 13. ④ 14. ③ 15. ① 16. ② 17. ② 18. ③

19 알루미늄 합금재료가 가공된 후 시간의 경과에 따라 합금이 경화하는 현상은?

① 재결정 ② 시효 경화
③ 가공 경화 ④ 인공 시효

해설 대표적인 시효 경화 합금으로는 두랄루민이 있다.

20 합금강의 분류에서 특수 용도용으로 게이지, 시계추 등에 사용되는 것은?

① 불변강 ② 쾌삭강
③ 규소강 ④ 스프링강

해설 불변강 : 온도에 따라 길이나 탄성계수가 불변하는 강

21 인장강도가 98~196MPa 정도이며, 기계 가공성이 좋아 공작기계의 베드, 일반 기계부품, 수도관 등에 사용되는 주철은?

① 백주철 ② 회주철
③ 반주철 ④ 흑주철

해설 회주철 : 보통 주철이며, 인장강도가 98~196MPa(10~20 kgf/mm^2)인 주철

22 구리에 40~50% Ni를 첨가한 합금으로서 전기 저항이 크고 온도계수가 일정하므로 통신 기자재, 저항선, 전열선 등에 사용하는 니켈 합금은?

① 인바 ② 엘린바
③ 모넬메탈 ④ 콘스탄탄

해설 ①, ②는 불변강

23 경금속(light metal) 중에서 가장 가벼운 금속은?

① 리튬(Li) ② 베릴륨(Be)
③ 마그네슘(Mg) ④ 티타늄(Ti)

해설 비중 : 리튬(Li)-0.53, 마그네슘(Mg)-1.74, 티타늄(Ti)-4.5

24 스테인리스강의 금속 조직학상 분류에 해당하지 않는 것은?

① 마텐자이트계 ② 페라이트계
③ 시멘타이트계 ④ 오스테나이트계

해설 스테인리스강에 시멘타이트계는 없다.

★
25 용접 부품에서 일어나기 쉬운 잔류응력을 감소시키기 위한 열처리 방법은?

① 완전 풀림(full annealing)
② 연화 풀림(softening annealing)
③ 확산 풀림(diffusion annealing)
④ 응력제거 풀림(stress relief annealing)

해설 응력제거 풀림 : 냉간가공, 용접 등에서 생긴 잔류응력 제거를 위해 적당한 온도로 가열 유지한 뒤 서냉하는 처리

26 강의 표면에 질소를 침투시켜 경화시키는 표면 경화법은?

① 침탄법 ② 질화법
③ 세러다이징 ④ 고주파 담금질

해설 침탄법 : 연강 등의 표면에 탄소를 침투시킨 후 담금질하여 표면을 경화시키는 열처리

27 합금 공구강을 나타내는 한국산업표준(KS)의 기호는?

① SKH 2 ② SCr 2
③ STS 11 ④ SNCM

해설 SKH : 고속도강, SNCM : 니켈-크롬-몰리브덴강

28 정련된 용강을 노 내에서 Fe-Mn, Fe-Si, Al 등으로 완전히 탈산시킨 강은?

① 킬드강 ② 캡드강
③ 림드강 ④ 세미킬드강

해설 림드강 : 탈산을 거의 하지 않은 강

29 다음 중 화재 및 폭발의 방지조치가 아닌 것은?

① 가연성 가스는 대기 중에 방출시킨다.
② 용접작업 부근에 점화원을 두지 않도록 한다.
③ 가스 용접 시에는 가연성 가스가 누설되지 않도록 한다.
④ 배관 또는 기기에서 가연성 가스의 누출 여부를 철저히 점검한다.

정답 19. ② 20. ① 21. ② 22. ④ 23. ① 24. ③ 25. ④ 26. ② 27. ③ 28. ① 29. ①

해설 가연성 가스는 대기 중에 방출시켜서는 절대 안된다.

30 CO_2 가스 아크 용접에서 복합 와이어의 구조에 해당하지 않는 것은?

① C관상 와이어 ② 아코스 와이어
③ S관상 와이어 ④ NCG 와이어

해설 플럭스 코어드 와이어의 구조에 C관상 와이어는 없다.

31 초음파 탐상법의 특징으로 틀린 것은?

① 초음파의 투과능력이 작아 얇은 판의 검사에 적합하다.
② 결함의 위치와 크기를 비교적 정확히 알 수 있다.
③ 검사 시험체의 한 면에서도 검사가 가능하다.
④ 감도가 높으므로 미세한 결함을 검출할 수 있다.

해설 초음파의 투과능력이 커서 두꺼운 판의 검사에 적합하다.

32 연납과 경납을 구분하는 용융점은 몇 ℃인가?

① 200℃ ② 300℃
③ 450℃ ④ 500℃

해설 연납과 경납을 구분 : 납의 용융점 450℃

33 교류 아크 용접기의 종류가 아닌 것은?

① 가동 철심형 ② 가동 코일형
③ 가포화 리액터형 ④ 정류기형

해설 정류기형은 직류 아크 용접기의 일종이다.

34 다음 그림과 같이 용접선의 방향과 하중의 방향이 직교한 필릿 용접은?

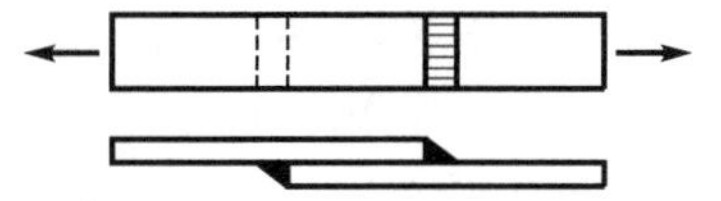

① 측면 필릿 용접 ② 경사 필릿 용접
③ 전면 필릿 용접 ④ T형 필릿 용접

해설 측면 필릿 용접 : 용접선의 방향과 하중의 방향이 같은 필릿 용접

35 일렉트로 슬래그 아크 용접에 대한 설명 중 맞지 않는 것은?

① 일렉트로 슬래그 용접은 단층 수직 상진 용접을 하는 방법이다.
② 일렉트로 슬래그 용접은 아크를 발생시키지 않고 와이어와 용융 슬래그, 그리고 모재 내에 흐르는 전기 저항열에 의하여 용접한다.
③ 일렉트로 슬래그 용접의 홈 형상은 I형 그대로 사용한다.
④ 일렉트로 슬래그 용접전원으로는 정전류형의 직류가 적합하고, 용융금속의 용착량은 90% 정도이다.

해설 일렉트로 슬래그 용접전원으로는 정전류형의 교류가 적합하고, 용융금속의 용착량은 100% 정도이다.

★
36 TIG 용접 시 텅스텐 전극의 수명을 연장시키기 위하여 아크를 끊은 후 전극의 온도가 얼마일 때까지 불활성 가스를 흐르게 하는가?

① 100℃ ② 300℃
③ 500℃ ④ 700℃

해설 TIG 용접 시 후류 가스를 보내어 용접부를 보호하기도 하지만 전극의 냉각도 돕는다.

37 용접부에 은점을 일으키는 주요 원소는?

① 수소 ② 인
③ 산소 ④ 탄소

해설 은점, 선상조직의 주 원인이 되는 원소는 수소라는 설이 있다.

★
38 본용접의 용착법 중 각 층마다 전체 길이를 용접하면서 쌓아 올리는 방법으로 용접하는 것은?

① 전진블록법 ② 캐스케이드법
③ 빌드업법 ④ 스킵법

해설 덧살올림법을 빌드업법이라고도 한다.

부록 2

정답 30. ① 31. ① 32. ③ 33. ④ 34. ③ 35. ④ 36. ② 37. ① 38. ③

39 피복 아크 용접기를 설치해도 되는 장소는?

① 먼지가 매우 많고 옥외의 비바람이 치는 곳
② 수증기 또는 습도가 높은 곳
③ 폭발성 가스가 존재하지 않는 곳
④ 진동이나 충격을 받는 곳

해설 용접기 설치장소 : 먼지가 적고 비바람이 없는 곳, 진동이나 충격이 없는 곳

40 다음 중 비파괴 시험이 아닌 것은?

① 초음파시험 ② 피로시험
③ 침투시험 ④ 누설시험

해설 피로시험 : 기계적 파괴시험, 동적 시험에 해당된다.

41 불활성 가스 금속 아크(MIG) 용접의 특징으로 옳은 것은?

① 바람의 영향을 받지 않아 방풍대책이 필요 없다.
② TIG 용접에 비해 전류밀도가 높아 용융속도가 빠르고 후판 용접에 적합하다.
③ 각종 금속용접이 불가능하다.
④ TIG 용접에 비해 전류밀도가 낮아 용접속도가 느리다.

해설 MIG 용접은 바람의 영향을 받으므로 방풍대책이 필요하다.

★
42 용제와 와이어가 분리되어 공급되고 아크가 용제 속에서 일어나며 잠호 용접이라 불리는 용접은?

① MIG 용접
② 시임 용접
③ 서브머지드 아크 용접
④ 일렉트로 슬래그 용접

해설 서브머지드 아크 용접 : 유니온 멜트 용접, 불가시 아크 용접

43 안전 보호구의 구비요건 중 틀린 것은?

① 착용이 간편할 것
② 재료의 품질이 양호할 것
③ 구조와 끝마무리가 양호할 것
④ 위험, 위해 요소에 대한 방호 성능이 나쁠 것

해설 안전 보호구는 위험, 위해 요소에 대한 방호 성능이 좋아야 된다.

44 가스 절단작업 시 주의사항이 아닌 것은?

① 가스 누설점검은 수시로 해야 하며, 간단히 라이터로 할 수 있다.
② 가스 호스가 꼬여 있거나 막혀 있는지를 확인한다.
③ 가스 호스가 용융금속이나 산화물의 비산으로 인해 손상되지 않도록 한다.
④ 절단 진행 중에 시선은 절단면을 떠나서는 안된다.

해설 가스 누설점검은 수시로 해야 하며, 간단히 비눗물로 할 수 있다.

45 아크 플라스마는 고전류가 되면 방전전류에 의하여 생기는 자장과 전류의 작용으로 아크의 단면이 수축된다. 그 결과 아크 단면이 수축하여 가늘게 되고 전류밀도가 증가한다. 이와 같은 성질을 무엇이라고 하는가?

① 열적 핀치 효과
② 자기적 핀치 효과
③ 플라스마 핀치 효과
④ 동적 핀치 효과

해설 열 핀치 효과 : 플라스마에 외부에서 기류 등을 불어넣어 식히려고 하면 그 부분의 전류밀도가 상승하고 온도도 동시에 올라가는 현상

★
46 TIG 용접에서 전극봉의 마모가 심하지 않으면서 청정작용이 있고 알루미늄이나 마그네슘 용접에 가장 적합한 전원 형태는?

① 직류정극성(DCSP)
② 직류역극성(DCRP)
③ 고주파 교류(ACHF)
④ 일반 교류(AC)

해설 알루미늄 TIG 용접 시 고주파 교류를 쓰면 반은 역극성이므로 청정효과가 일어나며, 교류는 아크가 불안정하므로 아크가 끊어지는 부분을 고주파로 보강해 주어 용접이 잘되게 한다.

정답 39. ③ 40. ② 41. ② 42. ③ 43. ④ 44. ① 45. ② 46. ③

47 용접이음 준비 중 홈 가공에 대한 설명으로 틀린 것은?

① 홈 가공의 정밀 또는 용접능률과 이음의 성능에 큰 영향을 준다.
② 홈 모양은 용접방법과 조건에 따라 다르다.
③ 용접균열은 루트 간격이 넓을수록 적게 발생한다.
④ 피복 아크 용접에서는 54~70° 정도의 홈 각도가 적합하다.

해설 용접균열은 루트 간격이 넓을수록 많이 발생한다.

★
48 용접전압이 25V, 용접전류가 350A, 용접속도가 40cm/min인 경우 용접 입열량은 몇 J/cm인가?

① 10,500J/cm ② 11,500J/cm
③ 12,125J/cm ④ 13,125J/cm

해설 용접입열 $= \frac{60 \times 25 \times 350}{40} = 13,125$

49 용접 후 변형을 교정하는 방법이 아닌 것은?

① 박판에 대한 점 수축법
② 형재(形材)에 대한 직선 수축법
③ 가스 가우징법
④ 롤러에 거는 방법

해설 가스 가우징 : 홈을 파거나 구멍을 뚫는 가스 가공법

50 용접결함 종류가 아닌 것은?

① 기공 ② 언더컷
③ 균열 ④ 용착금속

해설 용착금속 : 모재와 용가재가 용융되어 융착한 금속으로 결함이 아니다.

51 기계제도의 치수 보조기호 중에서 Sϕ는 무엇을 나타내는 기호인가?

① 구의 지름 ② 원통의 지름
③ 판의 두께 ④ 원호의 길이

해설 SR : 구의 반지름, t : 판 두께

52 다음 그림은 원뿔을 경사지게 자른 경우이다. 잘린 원뿔의 전개 형태로 가장 올바른 것은?

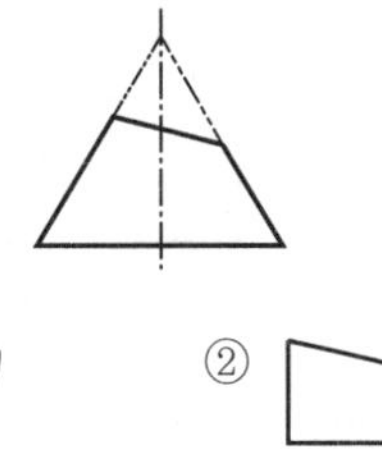

① ②
③ ④

해설 ③은 경사진 원통을 전개한 것이다.

53 회전 도시 단면도에 대한 설명으로 틀린 것은?

① 절단할 곳의 전·후를 끊어서 그 사이에 그린다.
② 절단선의 연장선 위에 그린다.
③ 도형 내의 절단한 곳에 겹쳐서 도시할 경우 굵은 실선을 사용하여 그린다.
④ 절단면은 90° 회전하여 표시한다.

해설 회전 도시 단면도 : 도형 내의 절단한 사이에 도시할 경우 굵은 실선을 사용하여 그린다.

54 다음 그림과 같은 양면 용접부 조합기호의 명칭으로 옳은 것은?

① 양면 V형 맞대기 용접
② 넓은 루트면이 있는 양면 V형 용접
③ 넓은 루트면이 있는 K형 맞대기 용접
④ 양면 U형 맞대기 용접

해설 양면 U형 맞대기 용접을 H형 맞대기 용접이라고도 한다.

★
55 대상물의 보이는 부분의 모양을 표시하는 데 사용하는 선은?

① 치수선 ② 외형선
③ 숨은선 ④ 기준선

해설 외형선 : 굵은 실선으로 나타내며, 가장 우선되는 선이다.

정답 47. ③ 48. ④ 49. ③ 50. ④ 51. ① 52. ① 53. ③ 54. ④ 55. ②

★
56 3각법으로 정투상한 다음 도면에서 정면도와 우측면도에 가장 적합한 평면도는?

(정면도) (우측면도)

①　　　②

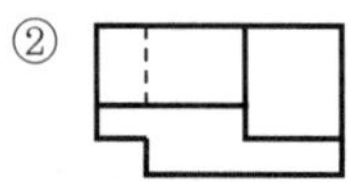

③　　　④

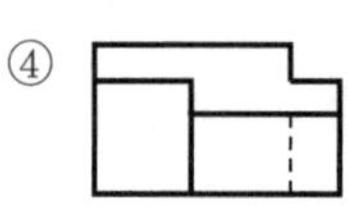

해설 도면의 정면도와 우측면도에서 위쪽 평면도를 투상

57 다음 그림과 같은 관 표시기호의 종류는?

① 크로스　② 리듀서
③ 디스트리뷰터　④ 휨 관 조인트

해설 : 크로스, : 리듀서

58 재료 기호가 "SM 400 C"로 표시되어 있을 때 이는 무슨 재료인가?

① 일반구조용 압연강재
② 용접구조용 압연강재
③ 스프링 강재
④ 탄소 공구강 강재

해설 SM 400 C : 최저 인장강도가 400N/mm^{2}인 용접구조용 압연강재

59 도면에 그려진 길이가 실제 대상물의 길이보다 큰 경우 사용한 척도의 종류인 것은?

① 현척　② 실척
③ 배척　④ 축척

해설 척도에는 현척(실척), 축척, 배척이 있다.

60 다음 그림은 경유 서비스 탱크 지지 철물의 정면도와 측면도이다. 모두 동일한 ㄱ 형강일 경우 중량은 약 몇 kg인가? (단, ㄱ 형강(L−50×50×6)의 단위 m당 중량은 4.43kg/m이고, 정면도와 측면도에서 좌우대칭이다.)

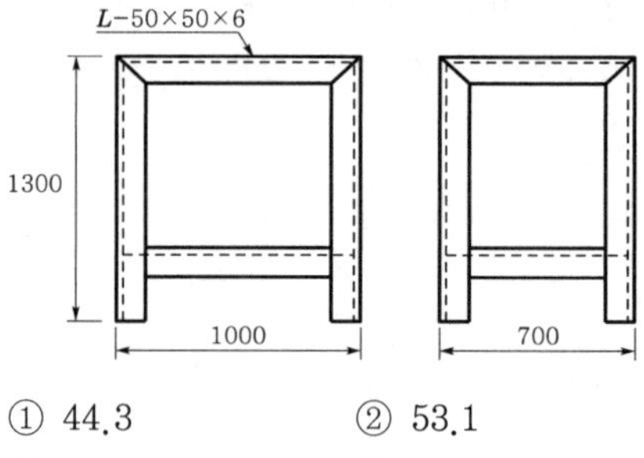

① 44.3　② 53.1
③ 55.4　④ 76.1

해설 무게 = 전체길이×무게/m
= (1.3×4+1×4+0.7×4)×4.43
= 53.16

정답 56. ①　57. ④　58. ②　59. ③　60. ②

2015. 1. 25. 시행

제 1 회 특수용접기능사

★
01 용접봉에서 모재로 용융금속이 옮겨가는 용적 이행 상태가 아닌 것은?

① 글로뷸러형 ② 스프레이형
③ 단락형 ④ 핀치효과형

해설 용적 이행형태는 크게 ①, ②, ③이 있다.

★
02 피복 아크 용접 시 일반적으로 언더컷을 발생시키는 원인으로 가장 거리가 먼 것은?

① 용접전류가 너무 높을 때
② 아크길이가 너무 길 때
③ 부적당한 용접봉을 사용했을 때
④ 홈 각도 및 루트 간격이 좁을 때

해설 홈 각도 및 루트 간격이 좁을 때는 용입 불량이 생기기 쉽다.

03 일반적으로 사람의 몸에 얼마 이상의 전류가 흐르면 순간적으로 사망할 위험이 있는가?

① 5mA ② 15mA
③ 25mA ④ 50mA

해설 • 1mA : 감전을 조금 느낄 정도
• 5mA : 상당히 아픔

04 다음에서 용극식 용접방법을 모두 고른 것은?

> ㉠ 서브머지드 아크 용접
> ㉡ 불활성 가스 금속 아크 용접
> ㉢ 불활성 가스 텅스텐 아크 용접
> ㉣ 솔리드 와이어 이산화탄소 아크 용접

① ㉠, ㉡ ② ㉢, ㉣
③ ㉠, ㉡, ㉢ ④ ㉠, ㉡, ㉣

해설 ㉢은 비용극식 또는 비소모식이라고 한다.

★
05 납땜을 연납땜과 경납땜으로 구분할 때 구분 온도는?

① 350℃ ② 450℃
③ 550℃ ④ 650℃

해설 경납, 연납 구분은 납의 용융점인 450℃를 기준으로 한다.

06 전기저항 용접의 특징에 대한 설명으로 틀린 것은?

① 산화 및 변질 부분이 적다.
② 다른 금속 간의 접합이 쉽다.
③ 용제나 용접봉이 필요 없다.
④ 접합 강도가 비교적 크다.

해설 전기저항 용접은 이종금속(다른 금속) 간의 접합이 어렵다.

★
07 직류정극성(DCSP)에 대한 설명으로 옳은 것은?

① 모재의 용입이 얕다.
② 비드 폭이 넓다.
③ 용접봉의 녹음이 느리다.
④ 용접봉에 (+)극을 연결한다.

해설 직류정극성(DCSP)은 비드 폭이 좁고 용입이 깊다.

★
08 다음 용접법 중 압접에 해당되는 것은?

① MIG 용접
② 서브머지드 아크 용접
③ 점 용접
④ TIG 용접

부록 2

정답 01. ④ 02. ④ 03. ④ 04. ④ 05. ② 06. ② 07. ③ 08. ③

해설 ①, ②, ④는 융접에 속한다.

09 로크웰 경도시험에서 C스케일의 다이아몬드의 압입자 꼭지각 각도는?

① 100° ② 115°
③ 120° ④ 150°

해설 HRC의 압입자는 꼭지각이 120°인 원추형 다이아몬드이다.

10 아크타임을 설명한 것 중 옳은 것은?

① 단위기간 내의 작업 여유시간이다.
② 단위시간 내의 용도 여유시간이다.
③ 단위시간 내의 아크발생 시간을 백분율로 나타낸 것이다.
④ 단위시간 내의 시공한 용접길이를 백분율로 나타낸 것이다.

해설 아크타임 : 단위시간당 실제 아크를 발생하여 용접한 시간의 비

11 용접부에 오버랩의 결함이 발생했을 때, 가장 올바른 보수방법은?

① 작은 지름의 용접봉을 사용하여 용접한다.
② 결함 부분을 깎아내고 재용접한다.
③ 드릴로 구멍을 뚫고 재용접한다.
④ 결함부분을 절단한 후 덧붙임 용접을 한다.

해설 ①은 언더컷 보수법이다.

12 용접설계상 주의점으로 틀린 것은?

① 용접하기 쉽도록 설계할 것
② 결함이 생기기 쉬운 용접방법을 피할 것
③ 용접이음이 한 곳으로 집중되도록 할 것
④ 강도가 약한 필릿 용접은 가급적 피할 것

해설 용접이음이 한 곳으로 집중될 경우 균열, 응력 과다 등이 생기므로 피해야 된다.

13 TIG 용접에 사용되는 전극의 재질은?

① 탄소 ② 망간
③ 몰리브덴 ④ 텅스텐

해설 TIG 용접용 전극 : 용융점이 가장 높은 텅스텐 사용

14 저온균열에 일어나기 쉬운 재료에 용접 전에 균열을 방지할 목적으로 피용접물의 전체 또는 이음부 부근의 온도를 올리는 것을 무엇이라고 하는가?

① 잠열 ② 예열
③ 후열 ④ 발열

해설 예열 : 용접 전에 일정한 온도로 가열하는 작업

★
15 용접의 장점으로 틀린 것은?

① 작업공정이 단축되며 경제적이다.
② 기밀, 수밀, 유밀성이 우수하며 이음 효율이 높다.
③ 용접사의 기량에 따라 용접부의 품질이 좌우된다.
④ 재료의 두께에 제한이 없다.

해설 ③은 단점에 해당된다.

16 이산화탄소 아크 용접의 솔리드와이어 용접봉의 종류 표시는 YGA-50W-1.2-20형식이다. 이때 Y가 뜻하는 것은?

① 가스 실드 아크 용접
② 와이어 화학성분
③ 용접 와이어
④ 내후성 강용

해설
• 50W : 용착금속의 최소 인장강도
• 1.2 : 와이어의 지름
• 20 : 와이어의 무게

17 용접선 양측을 일정 속도로 이동하는 가스불꽃에 의하여 너비 약 150mm를 150~200℃로 가열한 다음 곧 수냉하는 방법으로서 주로 용접선 방향의 응력을 완화시키는 잔류응력 제거법은?

① 저온응력 완화법 ② 기계적 응력 완화법
③ 노내 풀림법 ④ 국부 풀림법

해설 저온응력 완화법 : 150~200℃의 낮은 온도로 가열 후 수냉하는 방법

정답 09. ③ 10. ③ 11. ② 12. ③ 13. ④ 14. ② 15. ③ 16. ③ 17. ①

★
18 용접 자동화 방법에서 정성적 자동제어의 종류가 아닌 것은?

① 피드백 제어
② 유접점 시퀀스 제어
③ 무접점 시퀀스 제어
④ PLC 제어

해설 피드백 제어 : 제어량의 값을 입력측으로 되돌려 목표값과 비교하면서 제어량이 목표값과 일치하도록 정정하는 제어

19 지름 13mm, 표점거리 150mm인 연강재 시험편을 인장시험한 후의 거리가 154mm가 되었다면 연신율은?

① 3.89%　② 4.56%
③ 2.67%　④ 8.45%

해설 $\frac{154-150}{150} \times 100 = 2.67$

20 용접균열에서 저온균열은 일반적으로 몇 ℃ 이하에서 발생하는 균열을 말하는가?

① 200~300℃ 이하　② 301~400℃ 이하
③ 401~500℃ 이하　④ 501~600℃ 이하

해설 저온 균열 : 낮은 온도, 보통 200~300℃ 이하에서 일어나는 균열

21 스테인리스강을 TIG 용접할 시 적합한 극성은?

① DCSP　② DCRP
③ AC　④ ACRP

해설 TIG 용접 시 스테인리스강, 탄소강은 직류정극성으로 용접한다.

22 다음 중 수중 절단에 가장 적합한 가스로 짝지어진 것은?

① 산소-수소가스
② 산소-이산화탄소가스
③ 산소-암모니아가스
④ 산소-헬륨가스

해설 수중 절단에는 산소-수소가스 절단이 가장 적합하다.

23 직류 아크 용접의 설명 중 옳은 것은?

① 용접봉을 양극, 모재를 음극에 연결하는 경우를 정극성이라고 한다.
② 역극성은 용입이 깊다.
③ 역극성은 두꺼운 판의 용접에 적합하다.
④ 정극성은 용접 비드의 폭이 좁다.

해설 직류정극성은 용접 비드의 폭이 좁고 용입이 깊다.

24 피복 아크 용접작업 시 전격에 대한 주의사항으로 틀린 것은?

① 무부하 전압이 필요 이상으로 높은 용접기는 사용하지 않는다.
② 전격을 받은 사람을 발견했을 때는 즉시 스위치를 꺼야 한다.
③ 작업종료 시 또는 장시간 작업을 중지할 때는 반드시 용접기의 스위치를 끄도록 한다.
④ 낮은 전압에서는 주의하지 않아도 되며, 습기찬 구두는 착용해도 된다.

해설 전압이 낮더라도 상황에 따라 감전 위험이 있으니 반드시 주의해야 된다

★
25 피복 아크 용접봉의 심선의 재질로서 적당한 것은?

① 고탄소 림드강　② 고속도강
③ 저탄소 림드강　④ 반 연강

해설 피복 아크 용접봉은 저탄소 림드강이 적합하다.

26 피복 아크 용접봉의 간접 작업성에 해당되는 것은?

① 부착 슬래그의 박리성
② 용접봉 용융상태
③ 아크상태
④ 스패터

해설 간접 작업성이란 작업 편의 정도에 간접 영향을 미치는 성질이다.

부록 2

정답 18. ①　19. ③　20. ①　21. ①　22. ①　23. ④　24. ④　25. ③　26. ①

27 가스 용접의 특징에 대한 설명으로 틀린 것은?

① 가열 시 열량조절이 비교적 자유롭다.
② 피복금속 아크 용접에 비해 후판 용접에 적당하다.
③ 전원 설비가 없는 곳에서도 쉽게 설치할 수 있다.
④ 피복 금속 아크 용접에 비해 유해광선의 발생이 적다.

해설 가스 용접은 열원이 약하므로 피복 금속 아크 용접보다 박판 용접에 적당하다.

★
28 피복 아크 용접봉 중에서 피복제 중에 석회석이나 형석을 주성분으로 하고, 피복제에서 발생하는 수소량이 적어 인성이 좋은 용착금속을 얻을 수 있는 용접봉은?

① 일미나이트계(E4301)
② 고셀룰로이스계(E4311)
③ 고산화탄소계(E4313)
④ 저수소계(E4316)

해설 저수소계(E4316) : 용접봉 중 가장 인성(내균열성)이 좋은 용접봉

29 가스 절단에서 양호한 절단면을 얻기 위한 조건으로 틀린 것은?

① 드래그(drag)가 가능한 클 것
② 드래그(drag)의 홈이 낮고 노치가 없을 것
③ 슬래그 이탈이 양호할 것
④ 절단면 표면의 각이 예리할 것

해설 양호한 절단면은 드래그(drag)가 가능한 작아야 된다.

★
30 용접기의 2차 무부하 전압을 20~30V로 유지하고, 용접 중 전격 재해를 방지하기 위해 설치하는 용접기의 부속장치는?

① 과부하 방지장치 ② 전격 방지장치
③ 원격 제어장치 ④ 고주파 발생장치

해설 전격 방지장치 : 아크 발생 전에는 무부하 전압을 30V 이하로 유지하여 감전을 방지하는 장치

31 가스 가우징이나 치핑에 비교한 아크 에어 가우징의 장점이 아닌 것은?

① 작업 능률이 2~3배 높다.
② 장비 조작이 용이하다.
③ 소음이 심하다.
④ 활용 범위가 넓다.

해설 가스 가우징에서 소음이 심한 것이 단점이다.

32 피복 아크 용접에서 용접봉의 용융속도와 관련이 큰 것은?

① 아크전압 ② 용접봉 지름
③ 용접기의 종류 ④ 용접봉 쪽 전압강하

해설 용융속도 : 단위시간당 소비되는 용접봉의 길이

★
33 피복 아크 용접에서 아크전압이 30V, 아크전류가 150A, 용접속도가 20cm/min일 때, 용접입열은 몇 Joule/cm인가?

① 27,000 ② 22,500
③ 15,000 ④ 13,500

해설 $\frac{60 \times 30 \times 150}{20} = 13,500$

34 다음 가연성 가스 중 산소와 혼합하여 연소할 때 불꽃온도가 가장 높은 가스는?

① 수소 ② 메탄
③ 프로판 ④ 아세틸렌

해설 ④ 3,420℃
①, ②, ③ 2,600~2,900℃

35 피복 아크 용접기로서 구비해야 할 조건 중 잘못된 것은?

① 구조 및 취급이 간편해야 한다.
② 전류 조정이 용이하고 일정하게 전류가 흘러야 한다.
③ 아크 발생과 유지가 용이하고 아크가 안정되어야 한다.
④ 용접기가 빨리 가열되어 아크 안정을 유지해야 한다.

정답 27. ② 28. ④ 29. ① 30. ② 31. ③ 32. ④ 33. ④ 34. ④ 35. ④

해설 용접기 구비조건 : 용접기가 가열안되고 아크가 안정해야 한다.

★
36 피복 아크 용접봉의 피복제의 작용에 대한 설명으로 틀린 것은?

① 산화 및 질화를 방지한다.
② 스패터가 많이 발생한다.
③ 탈산 정련작용을 한다.
④ 합금원소를 첨가한다.

해설 피복제 작용 : 스패터가 적게 발생한다.

★
37 부하 전류가 변화하여도 단자전압은 거의 변하지 않는 특성은?

① 수하 특성 ② 정전류 특성
③ 정전압 특성 ④ 전기저항 특성

해설 정전압 특성 : 주로 반자동, 자동 용접기에 적용한다.

★
38 용접기의 명판에 사용률이 40%로 표시되어 있을 때, 다음 설명으로 옳은 것은?

① 아크 발생시간이 40%이다.
② 휴식시간이 40%이다.
③ 아크 발생시간이 60%이다.
④ 휴식시간이 4분이다.

해설 정격사용률은 10분 단위로 하며, 순수 아크 발생시간이 4분임을 의미한다.

39 포금의 주성분에 대한 설명으로 옳은 것은?

① 구리에 8~12% Zn을 함유한 합금이다.
② 구리에 8~12% Sn을 함유한 합금이다.
③ 6-4황동에 1% Pb을 함유한 합금이다.
④ 7-3황동에 1% Mg을 함유한 합금이다.

해설 포금 : 신주라고도 하며 구리에 8~12% Sn을 함유한 청동의 종류이다.

40 다음 중 완전 탈산시켜 제조한 강은?

① 킬드강 ② 림드강
③ 고망간강 ④ 세미킬드강

해설 • 킬드강 : 완전 탈산 강
• 세미 킬드강 : 반 탈산 강
• 림드강 : 탈산을 거의 하지 않은 강

★
41 Al-Cu-Si 합금으로 실리콘(Si)을 넣어 주조성을 개선하고 Cu를 첨가하여 절삭성을 좋게 한 알루미늄 합금으로 시효 경화성이 있는 합금은?

① Y합금 ② 라우탈
③ 코비탈륨 ④ 로-엑스 합금

해설 Y합금 : 내열성이 좋은 Al-Cu-Ni-Mg 합금

42 주철 중 구상흑연과 편상흑연의 중간 형태의 흑연으로 형성된 조직을 갖는 주철은?

① CV 주철 ② 에시큘라 주철
③ 니크로 실랄 주철 ④ 미해나이트 주철

해설 미하나이트 주철 : 접종처리하여 인장강도를 35~45 kg/mm^2로 향상시키고 담금질이 가능하며 내마멸성이 큰 주철

43 연질 자성재료에 해당하는 것은?

① 페라이트 자석 ② 알니코 자석
③ 네오디뮴 자석 ④ 퍼멀로이

해설 자성 재료는 연질과 경질이 있다.

44 다음 중 황동과 청동의 주성분으로 옳은 것은?

① 황동 : Cu+Pb, 청동 : Cu+Sb
② 황동 : Cu+Sn, 청동 : Cu+Zn
③ 황동 : Cu+Sb, 청동 : Cu+Pb
④ 황동 : Cu+Zn, 청동 : Cu+Sn

해설 • 황동 : 구리에 아연을 함유한 동합금
• 청동 : 구리에 아연 이외의 금속을 함유한 동합금

45 다음 중 담금질에 의해 나타난 조직 중에서 경도와 강도가 가장 높은 것은?

① 오스테나이트 ② 소르바이트
③ 마텐자이트 ④ 트루스타이트

해설 담금질 조직 경도 순서 : 마텐자이트 > 트루스타이트 > 소르바이트 > 오스테나이트

정답 36. ② 37. ③ 38. ① 39. ② 40. ① 41. ② 42. ① 43. ④ 44. ④ 45. ③

46 다음 중 재결정 온도가 가장 낮은 금속은?

① Al ② Cu
③ Ni ④ Zn

해설 아연(Zn)의 재결정 온도 : 상온 이하

47 다음 중 상온에서 구리(Cu)의 결정격자 형태는?

① HCT ② BCC
③ FCC ④ CPH

해설 구리 : 면심입방격자(FCC)

48 Ni-Fe 합금으로서 불변강이라 불리우는 합금이 아닌 것은?

① 인바 ② 모넬메탈
③ 엘린바 ④ 슈퍼인바

해설 모넬메탈 : 니켈-구리합금으로 내식성, 내열성이 우수하나 불변강은 아니다.

49 고주파 담금질의 특징을 설명한 것 중 옳은 것은?

① 직접 가열하므로 열효율이 높다.
② 열처리 불량은 적으나 변형 보정이 필요하다.
③ 열처리 후의 연삭과정을 생략 또는 단축시킬 수 없다.
④ 간접 부분 담금질법으로 원하는 깊이만큼 경화하기 힘들다.

해설 고주파 담금질 : 주로 표면 경화에 이용되며 온도 조절이 좋다.

50 다음 중 Fe-C 평형상태도에 대한 설명으로 옳은 것은?

① 공정점의 온도는 약 723℃이다.
② 포정점은 약 4.30% C를 함유한 점이다.
③ 공석점은 약 0.80% C를 함유한 점이다.
④ 순철의 자기변태 온도는 210℃이다.

해설 공석 반응 : 0.8% C 723℃에서 일어난다.

51 다음 입체도의 화살표 방향 투상도로 가장 적합한 것은?

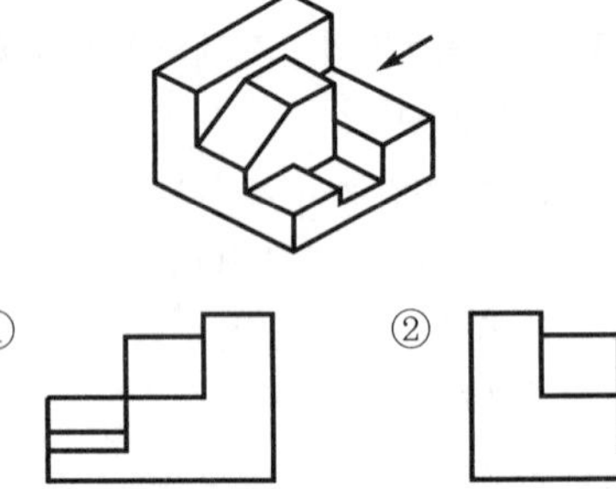

① ②
③ ④

해설 화살표 방향에서 보면 좌측 하단이 낮은 모양이며 홈부분은 보이지 않으므로 파선으로 나타낸 ③이 정답이다.

★
52 다음 그림과 같은 용접방법 표시로 맞는 것은?

① 삼각 용접 ② 현장 용접
③ 공장 용접 ④ 수직 용접

해설 검게 칠한 깃발은 현장에서 용접하라는 의미이다.

53 다음 밸브 기호는 어떤 밸브를 나타내는가?

① 풋 밸브 ② 볼 밸브
③ 체크 밸브 ④ 버터플라이 밸브

해설 삼각형 위에 역 T 모양은 풋 밸브 표시기호이다.

★
54 제3각법에 대하여 설명한 것으로 틀린 것은?

① 저면도는 정면도 밑에 도시한다.
② 평면도는 정면도의 상부에 도시한다.
③ 좌측면도는 정면도의 좌측에 도시한다.
④ 우측면도는 평면도의 우측에 도시한다.

해설 3각법에서 우측면도는 정면도 우측(보는 방향)에 도시한다.

정답 46. ④ 47. ③ 48. ② 49. ① 50. ③ 51. ③ 52. ② 53. ① 54. ④

55 대상물의 일부를 떼어낸 경계를 표시하는 데 사용하는 선의 굵기는?

① 굵은 실선 ② 가는 실선
③ 아주 굵은 실선 ④ 아주 가는 실선

해설 아주 굵은 실선 : 열처리, 표면처리를 표시할 때 사용하는 선

56 다음 그림과 같은 배관 도시기호가 있는 관에는 어떤 종류의 유체가 흐르는가?

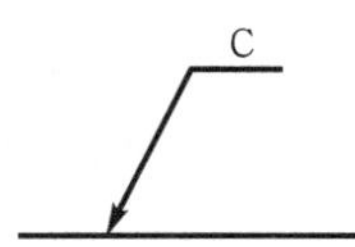

① 온수 ② 냉수
③ 냉온수 ④ 증기

해설 지시선 위에 C는 냉수를 의미한다.

57 다음 중 리벳용 원형강의 KS 기호는?

① SV ② SC
③ SB ④ PW

해설 SC : 주강

58 다음 치수 표현 중에서 참고치수를 의미하는 것은?

① Sϕ24 ② t=24
③ (24) ④ □24

해설 참고치수는 ( ) 안에 표시한다.

59 구멍에 끼워 맞추기 위한 구멍, 볼트, 리벳의 기호 표시에서 현장에서 드릴가공 및 끼워맞춤을 하고 양쪽면에 카운터 싱크가 있는 기호는?

① ②
③ ④

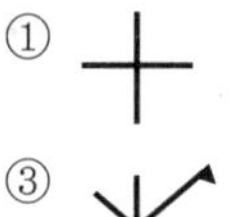
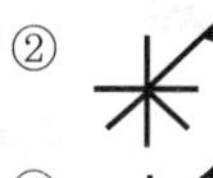

해설 양쪽 면에 카운터 싱크가 있고 현장에서 드릴가공 및 끼워맞춤에 대한 것은 ④이다.

★
60 도면을 용도에 따른 분류와 내용에 따른 분류로 구분할 때, 다음 중 내용에 따라 분류한 도면인 것은?

① 제작도 ② 주문도
③ 견적도 ④ 부품도

해설 용도에 따른 분류 : 계획도, 제작도, 주문도, 승인도, 견적도, 설명도

부록 2

정답 55. ② 56. ② 57. ① 58. ③ 59. ④ 60. ④

2015. 4. 4. 시행

제 2 회 특수용접기능사

★
01 피복 아크 용접 후 실시하는 비파괴 검사방법이 아닌 것은?

① 자분탐상법 ② 피로시험법
③ 침투탐상법 ④ 방사선투과 검사법

해설 피로시험 : 항복강도 이하의 작은 하중을 일정회만큼 작용시켜 피로 한도를 찾는 시험

02 다음 중 용접이음에 대한 설명으로 틀린 것은?

① 필릿 용접에서는 형상이 일정하고, 미용착부가 없어 응력분포상태가 단순하다.
② 맞대기 용접이음에서 시점과 크레이터 부분에서는 비드가 급랭하여 결함을 일으키기 쉽다.
③ 전면 필릿 용접이란 용접선의 방향이 하중의 방향과 거의 직각인 필릿 용접을 말한다.
④ 겹치기 필릿 용접에서는 루트부에 응력이 집중되기 때문에 보통 맞대기 이음에 비하여 피로강도가 낮다.

해설 필릿 용접부는 미용착부가 있어 응력 분포상태가 복잡하고 응력 집중이 생기기 쉽다.

★
03 변형과 잔류응력을 최소로 해야 할 경우 사용되는 용착법으로 가장 적합한 것은?

① 후진법 ② 전진법
③ 스킵법 ④ 덧살올림법

해설 스킵법 : 드문드문 용접 후 다시 그 사이를 용접하는 방법

04 이산화탄소 용접에 사용되는 복합 와이어(flux cored wire)의 구조에 따른 종류가 아닌 것은?

① 아코스 와이어 ② T관상 와이어
③ Y관상 와이어 ④ S관상 와이어

해설 CO_2 용접 와이어에 T관상 와이어는 없다.

★
05 불활성 가스 아크 용접에 주로 사용되는 가스는?

① CO_2 ② CH_4
③ Ar ④ C_2H_2

해설 불활성 가스 : 아르곤(Ar), 헬륨(He)

06 다음 중 용접 결함에서 구조상 결함에 속하는 것은?

① 기공 ② 인장강도의 부족
③ 변형 ④ 화학적 성질 부족

해설 ②, ④ 성질상 결함, ③ 치수상 결함

07 다음 TIG 용접에 대한 설명 중 틀린 것은?

① 박판 용접에 적합한 용접법이다.
② 교류나 직류가 사용된다.
③ 비소모식 불활성 가스 아크 용접법이다.
④ 전극봉은 연강봉이다.

해설 TIG 용접 시 사용하는 전극 재질은 금속 중 용융점이 가장 높은 텅스텐이다.

정답 01. ② 02. ① 03. ③ 04. ② 05. ③ 06. ① 07. ④

★
08 아르곤(Ar) 가스는 1기압 하에서 6,500L 용기에 몇 기압으로 충전하는가?

① 100기압 ② 120기압
③ 140기압 ④ 160기압

해설 아르곤 가스용기는 140기압으로 충전한다.

09 불활성 가스 텅스텐(TIG) 아크 용접에서 용착금속의 용락을 방지하고 용착부 뒷면의 용착금속을 보호하는 것은?

① 포지셔너(psitioner)
② 지그(zig)
③ 뒷받침(backing)
④ 앤드탭(end tap)

해설 맞대기 용접 등에서 용락 방지에 사용되는 것을 뒷받침이라 한다.

10 구리합금 용접 시험편을 현미경시험할 경우 시험용 부식재로 주로 사용되는 것은?

① 왕수 ② 피크린산
③ 수산화나트륨 ④ 염화철액

해설 • 왕수 : 질산(HNO_3) + 염산($HC\ell$) = 1 : 3 비율로 혼합 – 금이나 백금을 녹임
• 피크린산 : 철강부식용
• 염화철액 : 청동부식용

11 용접 결함 중 치수상의 결함에 대한 방지대책과 가장 거리가 먼 것은?

① 역변형법 적용이나 지그를 사용한다.
② 습기, 이물질 제거 등 용접부를 깨끗이 한다.
③ 용접 전이나 시공 중에 올바른 시공법을 적용한다.
④ 용접조건과 자세, 운봉법을 적정하게 한다.

해설 습기 등에 의한 기공은 구조상 결함이다.

12 플라스마 아크의 종류 중 모재가 전도성 물질이어야 하며, 열효율이 높은 아크는?

① 이행형 아크 ② 비이행형 아크
③ 중간형 아크 ④ 피복 아크

해설 비이행형은 모재가 전도체건 비전도체건 관계없이 이행되는 방법이다.

★
13 철도 레일 이음 용접에 적합한 용접법은?

① 테르밋 용접
② 서브머지드 용접
③ 스터드 용접
④ 그래비티 및 오토콘 용접

해설 테르밋 용접은 테르밋제의 화학 반응열을 이용한 용접법이다.

14 통행과 운반관련 안전조치로 가장 거리가 먼 것은?

① 뛰지 말아야 하며 한눈을 팔거나 주머니에 손을 넣고 걷지 말 것
② 기계와 다른 시설물과의 사이의 통행로 폭은 30cm 이상으로 할 것
③ 운반차는 규정속도를 지키고 운반 시 시야를 가리지 않게 할 것
④ 통행로와 운반차, 기타 시설물에는 안전 표지색을 이용한 안전표지를 할 것

해설 기계와 다른 시설물과의 사이의 통행로 폭은 80cm 이상으로 해야 한다.

15 TIG 용접에 사용되는 전극봉의 조건으로 틀린 것은?

① 고융용점의 금속
② 전자방출이 잘되는 금속
③ 전기저항률이 많은 금속
④ 열전도성이 좋은 금속

해설 TIG 전극에 전기저항률이 많은 금속은 안된다.

★
16 TIG 용접에서 전극봉은 세라믹 노즐의 끝에서부터 몇 mm 정도 돌출시키는 것이 가장 적당한가?

① 1~2mm ② 3~6mm
③ 7~9mm ④ 10~12mm

해설 이음의 종류에 따라 다르므로 애매하다.
모서리 이음 : 1~3mm

정답 08. ③ 09. ③ 10. ④ 11. ② 12. ① 13. ① 14. ② 15. ③ 16. ②

★
17 다음 파괴시험 방법 중 충격 시험방법은?

① 전단시험 ② 샤르피시험
③ 크리프시험 ④ 응력부식 균열시험

해설 충격 시험 : 인성을 알기 위한 시험으로 샤르피식과 아이죠드식이 있다.

★
18 초음파 탐상 검사방법이 아닌 것은?

① 공진법 ② 투과법
③ 극간법 ④ 펄스반사법

해설 극간법은 자분 탐상법의 일종이다.

19 레이저빔 용접에 사용되는 레이저의 종류가 아닌 것은?

① 고체 레이저 ② 액체 레이저
③ 기체 레이저 ④ 도체 레이저

해설 레어저 상태에 따라 고체, 액체, 기체 레이저가 있다.

20 다음 중 저탄소강의 용접에 관한 설명으로 틀린 것은?

① 용접균열의 발생 위험이 크기 때문에 용접이 비교적 어렵고, 용접법의 적용에 제한이 있다.
② 피복 아크 용접의 경우 피복 아크 용접봉은 모재와 강도 수준이 비슷한 것을 선정하는 것이 바람직하다.
③ 판의 두께가 두껍고 구속이 큰 경우에는 저수소계 계통의 용접봉이 사용된다.
④ 두께가 두꺼운 강재일 경우 적절한 예열을 할 필요가 있다.

해설 저탄소강은 용접균열의 발생 위험이 적기 때문에 용접이 쉽고, 용접법의 적용에 제한이 적다.

21 15℃, 1kgf/cm^2 하에서 사용 전 용해 아세틸렌병의 무게가 50kgf이고, 사용 후 무게가 47kgf일 때 사용한 아세틸렌의 양은 몇 리터(L)인가?

① 2,915 ② 2,815
③ 3,815 ④ 2,715

해설 $905(50-47) = 2,715$

★
22 다음 용착법 중 다층쌓기 방법인 것은?

① 전진법 ② 대칭법
③ 스킵법 ④ 캐스케이드법

해설 ①, ②, ③은 비드쌓기 방향에 따른 용착법이다.

★
23 다음 중 두께 20mm인 강판을 가스 절단하였을 때 드래그(drag)의 길이가 5mm이었다면 드래그 양은 몇 %인가?

① 5 ② 20
③ 25 ④ 100

해설 $\frac{5}{20} \times 100 = 25$

24 가스 용접에 사용되는 용접용 가스 중 불꽃온도가 가장 높은 가연성 가스는?

① 아세틸렌 ② 메탄
③ 부탄 ④ 천연가스

해설 용접용 가스의 불꽃 온도
- 아세틸렌 : 3,230℃
- 메탄 : 2,760℃
- 부탄 : 2,926℃
- 천연가스 : 2,537℃

★
25 가스 용접에서 전진법과 후진법을 비교하여 설명한 것으로 옳은 것은?

① 용착금속의 냉각속도는 후진법이 서냉된다.
② 용접변형은 후진법이 크다.
③ 산화의 정도가 심한 것은 후진법이다.
④ 용접속도는 후진법보다 전진법이 더 빠르다.

해설 ②, ③, ④ : 전진법의 특징이다.

26 가스 절단 시 절단면에 일정한 간격의 곡선이 진행방향으로 나타나는데 이것을 무엇이라 하는가?

① 슬래그(slag) ② 태핑(tapping)
③ 드래그(drag) ④ 가우징(gouging)

해설 표준 드래그는 판 두께의 20% 이하가 적당하다.

정답 17. ② 18. ③ 19. ④ 20. ① 21. ④ 22. ④ 23. ③ 24. ① 25. ① 26. ③

27 피복 금속 아크 용접봉의 피복제가 연소한 후 생성된 물질이 용접부를 보호하는 방식이 아닌 것은?

① 가스 발생식 ② 슬래그 생성식
③ 스프레이 발생식 ④ 반가스 발생식

해설 스프레이 발생식은 용접봉의 이행형식이다.

28 용해 아세틸렌용기 취급 시 주의사항으로 틀린 것은?

① 아세틸렌 충전구가 동결 시는 50℃ 이상의 온수로 녹여야 한다.
② 저장장소는 통풍이 잘되어야 한다.
③ 용기는 반드시 캡을 씌워 보관한다.
④ 용기는 진동이나 충격을 가하지 말고 신중히 취급해야 한다.

해설 아세틸렌 충전구가 동결 시는 40℃ 이하의 물로 녹여야 한다.

★
29 AW300, 정격사용률이 40%인 교류 아크 용접기를 사용하여 실제 150A의 전류 용접을 한다면 허용사용률은?

① 80% ② 120%
③ 140% ④ 160%

해설 허용사용률 $= \frac{300^2}{150^2} \times 40 = 160$

30 용접 용어와 그 설명이 잘못 연결된 것은?

① 모재 : 용접 또는 절단되는 금속
② 용융풀 : 아크열에 의해 용융된 쇳물 부분
③ 슬래그 : 용접봉이 용융지에 녹아 들어가는 것
④ 용입 : 모재가 녹은 깊이

해설 이행 : 용접봉이 용융지에 녹아 들어가는 것

31 직류 아크 용접에서 용접봉을 용접기의 음극(−)에, 모재를 양극(+)에 연결한 경우의 극성은?

① 직류정극성 ② 직류역극성
③ 용극성 ④ 비용극성

해설 모재 기준으로 모재가 +이면 정극성, −이면 역극성이라 한다.

32 강제 표면의 흠이나 개재물, 탈탄층 등을 제거하기 위하여 얇고 타원형 모양으로 표면을 깎아내는 가공법은?

① 산소창 절단 ② 스카핑
③ 탄소 아크 절단 ④ 가우징

해설 가우징 : 절단이나 홈을 파는 가스가공법

33 가동 철심형 용접기를 설명한 것으로 틀린 것은?

① 교류 아크 용접기의 종류에 해당한다.
② 미세한 전류 조정이 가능하다.
③ 용접작업 중 가동 철심의 진동으로 소음이 발생할 수 있다.
④ 코일의 감긴 수에 따라 전류를 조정한다.

해설 탭 전환형 : 코일의 감긴 수에 따라 전류를 조정한다.

34 용접 중 전류를 측정할 때 전류계(클램프 미터)의 측정위치로 적합한 것은?

① 1차측 접지선 ② 피복 아크 용접봉
③ 1차측 케이블 ④ 2차측 케이블

해설 전류 측정은 전류계를 2차측 하나의 선에 걸고 측정한다.

★
35 저수소계 용접봉은 용접시점에서 기공이 생기기 쉬운데 해결방법으로 가장 적당한 것은?

① 후진법 사용
② 용접봉 끝에 페인트 도색
③ 아크길이를 길게 사용
④ 접지점을 용접부에 가깝게 물림

해설 저수소계 봉으로 용접 시 시점은 후진법을 사용하면 기공이 적어진다.

★
36 다음 중 가스 용접의 특징으로 틀린 것은?

① 전기가 필요 없다.
② 응용범위가 넓다.
③ 박판 용접에 적당하다.
④ 폭발의 위험이 없다.

해설 가스 용접은 폭발의 위험이 크다.

정답 27. ③ 28. ① 29. ④ 30. ③ 31. ① 32. ② 33. ④ 34. ④ 35. ① 36. ④

부록 2

★
37 다음 중 피복 아크 용접에 있어 용접봉에서 모재로 용융금속이 옮겨가는 상태를 분류한 것이 아닌 것은?

① 폭발형 ② 스프레이형
③ 글로뷸러형 ④ 단락형

해설 용접봉 이행형식에 폭발형은 없다.

38 주철의 용접 시 예열 및 후열온도는 얼마 정도가 가장 적당한가?

① 100~200℃ ② 300~400℃
③ 500~600℃ ④ 700~800℃

해설 주철은 경도가 매우 높으나 연성이 없으므로 예열과 후열이 필요하다.

39 융점이 높은 코발트(Co) 분말과 1~5μm 정도의 세라믹, 탄화 텅스텐 등의 입자들을 배합하여 확산과 소결공정을 거쳐서 분말야금법으로 입자강화 금속 복합재료를 제조한 것은?

① FRP
② FRS
③ 서멧(cermet)
④ 진공청정구리(OFHC)

해설 서멧, 초경합금 등은 분말 야금법에 의해 제조한다.

★
40 황동에 납(Pb)을 첨가하여 절삭성을 좋게 한 황동으로 스크류, 시계용 기어 등의 정밀가공에 사용되는 합금은?

① 리드 브라스(lead brass)
② 문츠메탈(munts metal)
③ 틴 브라스(tin brass)
④ 실루민(silumin)

해설 리드는 납을 뜻하며 브레스는 황동을 의미한다.

★
41 탄소강에 함유된 원소 중에서 고온메짐(hot shortness)의 원인이 되는 것은?

① Si ② Mn
③ P ④ S

해설 고온(적열) 메짐(취성)의 원인이 되는 원소는 황이며, 이를 방지하는 원소는 망간이다.

42 재료 표면상에 일정한 높이로부터 낙하시킨 추가 반발하여 튀어 오르는 높이로부터 경도값을 구하는 경도기는?

① 쇼어 경도기 ② 로크웰 경도기
③ 비커즈 경도기 ④ 브리넬 경도기

해설 ②, ③, ④는 압입자의 압입 자국에 따라 경도를 측정한다.

43 알루미늄의 표면 방식법이 아닌 것은?

① 수산법 ② 염산법
③ 황산법 ④ 크롬산법

해설 알루미늄 방식법에 염산법은 없다.

★
44 Fe-C 평형상태도에서 나타날 수 없는 반응은?

① 포정반응 ② 편정반응
③ 공석반응 ④ 공정반응

해설 Fe-C 평형상태도에서는 편정반응은 일어나지 않으며, 기름과 물의 경우에 일어난다.

45 강의 담금질 깊이를 깊게 하고 크리프 저항과 내식성을 증가시키며 뜨임 메짐을 방지하는 데 효과가 있는 합금원소는?

① Mo ② Ni
③ Cr ④ Si

해설 몰리브덴(Mo) : 뜨임 취성 방지 원소

46 2~10% Sn, 0.6% P 이하의 합금이 사용되며 탄성률이 높아 스프링 재로로 가장 적합한 청동은?

① 알루미늄 청동 ② 망간 청동
③ 니켈 청동 ④ 인 청동

해설 인 청동 : 탄성이 커서 스프링 재료로 사용된다.

정답 37. ① 38. ③ 39. ③ 40. ① 41. ④ 42. ① 43. ② 44. ② 45. ① 46. ④

★

47 알루미늄 합금 중 대표적인 단련용 Al 합금으로 주요 성분이 Al–Cu–Mg–Mn인 것은?

① 알민 ② 알드레리
③ 두랄루민 ④ 하이드로날륨

해설 알루미늄 합금 중에서 단련용 알루미늄 합금의 주요 성분이 Al–Cu–Mg–Mn인 것은 두랄루민의 합금 원소이다.

48 인장시험에서 표점거리가 50mm의 시험편을 시험 후 절단된 표점거리를 측정하였더니 65mm가 되었다. 이 시험편의 연신율은 얼마인가?

① 20% ② 23%
③ 30% ④ 33%

해설 $\frac{65-50}{50} \times 100 = 30$

49 면심입방격자 구조를 갖는 금속은?

① Cr ② Cu
③ Fe ④ Mo

해설 면심입방격자 : Ni, Al, Ag, Au, 감마철

50 노멀라이징(normalizing) 열처리의 목적으로 옳은 것은?

① 연화를 목적으로 한다.
② 경도 향상을 목적으로 한다.
③ 인성 부여를 목적으로 한다.
④ 재료의 표준화를 목적으로 한다.

해설 노멀라이징 : 불림, 조직의 표준화, 결정립 미세화

51 치수선상에서 인출선을 표시하는 방법으로 옳은 것은?

① 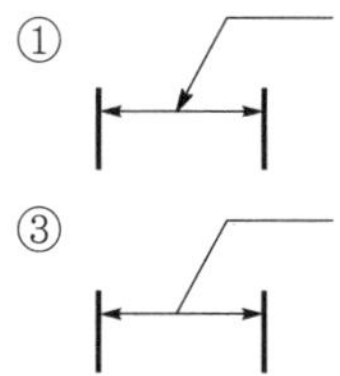 ② 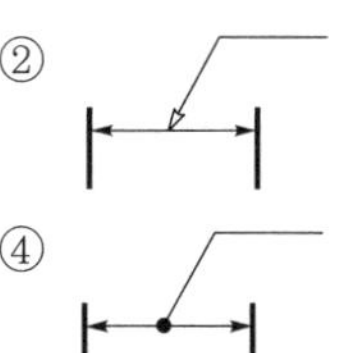

③ ④

해설 치수선에 인출선을 나타낼 때는 화살을 붙이지 않는다.

52 일면 개선형 맞대기 용접의 기호로 맞는 것은?

① 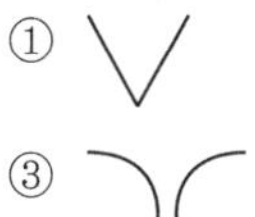 ② 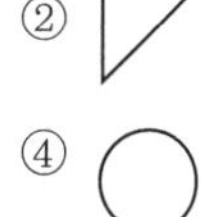

③ ④

해설 ① : V형 맞대기, ③ : 플레어 V형 맞대기, ④ : 점 용접

53 다음 배관도면에 없는 배관요소는?

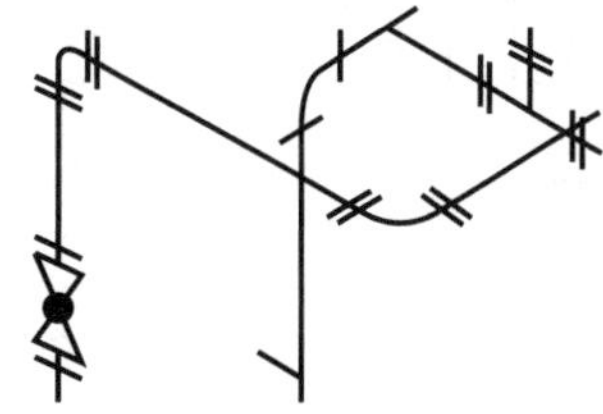

① 티 ② 엘보
③ 플랜지 이음 ④ 나비 밸브

해설 각진 부분은 엘보, T자 모양 부분은 티이음, 좌측 하단 밸브와 연결부는 플랜지 이음을 나타낸다.

54 물체를 수직단면으로 절단하여 그림과 같이 조합하여 그릴 수 있는데, 이러한 단면도를 무슨 단면도라고 하는가?

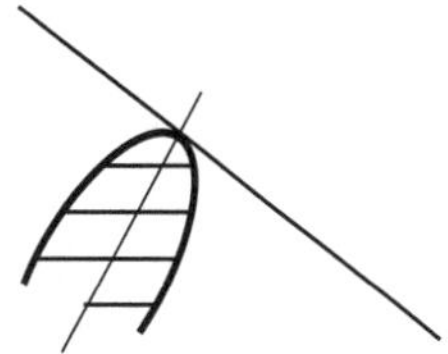

① 온 단면도 ② 한쪽 단면도
③ 부분 단면도 ④ 회전 도시 단면도

해설 온 단면도 : 물체를 1/2로 절단하여 전체를 단면으로 나타낸 단면도

55 KS 재료기호 "SM10C"에서 10C는 무엇을 뜻하는가?

① 일련번호 ② 항복점
③ 탄소함유량 ④ 최저 인장강도

해설 SM10C : 탄소함유량이 0.07~0.13% 범위

정답 47. ③ 48. ③ 49. ② 50. ④ 51. ③ 52. ② 53. ④ 54. ④ 55. ③

56 다음 그림과 같이 정투상도의 제3각법으로 나타낸 정면도와 우측면도를 보고 평면도를 올바르게 도시한 것은?

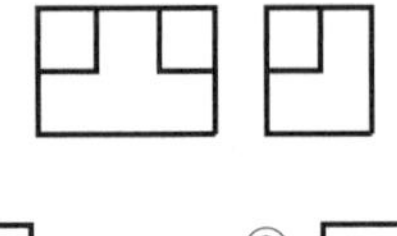

① 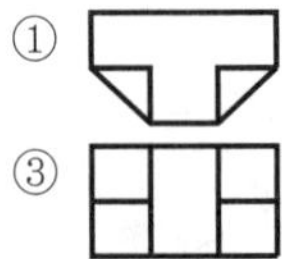
② 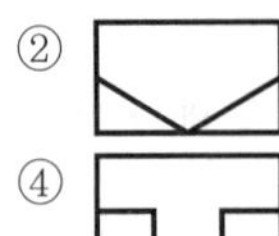
③
④

해설 도면의 정면도와 우측면도에서 위쪽 평면도를 투상

57 도면을 축소 또는 확대했을 경우, 그 정도를 알기 위해서 설정하는 것은?

① 중심마크 ② 비교눈금
③ 도면의 구역 ④ 재단마크

해설 비교눈금 : 확대나 축소의 정도를알기 위한 눈금

★
58 다음 중 선의 종류와 용도에 의한 명칭 연결이 틀린 것은?

① 가는 1점 쇄선 : 무게중심선
② 굵은 1점 쇄선 : 특수지정선
③ 가는 실선 : 중심선
④ 아주 굵은 실선 : 특수한 용도의 선

해설 가는 실선 : 무게중심선

59 다음 중 원기둥의 전개에 가장 적합한 전개도법은?

① 평행선 전개도법 ② 방사선 전개도법
③ 삼각형 전개도법 ④ 타출 전개도법

해설 원뿔 전개 : 방사선 전개법

60 나사의 단면도에서 수나사와 암나사의 골밑(골지름)을 도시하는 데 적합한 선은?

① 가는 실선 ② 굵은 실선
③ 가는 파선 ④ 가는 1점 쇄선

해설 수나사의 골지름은 가는 실선, 외경은 굵은 선으로 나타낸다.

정답 56. ④ 57. ② 58. ① 59. ① 60. ①

2015. 7. 19. 시행

제 4 회 특수용접기능사

★
01 CO_2 용접에서 발생되는 일산화탄소와 산소 등의 가스를 제거하기 위해 사용되는 탈산제는?

① Mn ② Ni
③ W ④ Cu

해설 니켈, 텅스텐은 합금제이다.

★
02 용접부의 균열 발생의 원인 중 틀린 것은?

① 이음의 강성이 큰 경우
② 부적당한 용접봉 사용 시
③ 용접부의 서냉
④ 용접전류 및 속도 과대

해설 용접부가 예열, 후열로 서냉될 경우 균열 발생 위험이 적다.

03 다음 중 플라스마 아크 용접의 장점이 아닌 것은?

① 용접속도가 빠르다.
② 1층으로 용접할 수 있으므로 능률적이다.
③ 무부하 전압이 높다.
④ 각종 재료의 용접이 가능하다.

해설 플라스마 아크 용접은 무부하 전압이 높아 감전 위험성이 높다.

★
04 MIG 용접 시 와이어 송급 방식의 종류가 아닌 것은?

① 풀(pull) 방식
② 푸시(push) 방식
③ 푸시언더(push–under) 방식
④ 푸시풀(push–pull) 방식

해설 와이어 송급방식에 푸시언더(push–under) 방식은 없다.

05 다음 용접 이음부 중에서 냉각속도가 가장 빠른 이음은?

① 맞대기 이음 ② 변두리 이음
③ 모서리 이음 ④ 필릿 이음

해설 열분산 방향이 많은 필릿 용접이 가장 냉각속도가 빠르다.

★
06 CO_2 용접 시 저전류 영역에서의 가스유량으로 가장 적당한 것은?

① 5~10ℓ/min ② 10~15ℓ/min
③ 15~20ℓ/min ④ 20~25ℓ/min

해설 CO_2 용접 시 저전류 영역에서의 가스유량은 10~15ℓ/min가 적당하다.

07 비소모성 전극봉을 사용하는 용접법은?

① MIG 용접
② TIG 용접
③ 피복 아크 용접
④ 서브머지드 아크 용접

해설 TIG 용접 : 텅스텐봉을 전극으로 사용하여 아크를 발생시킨 후 용접봉을 용융시켜 용접하는 법

★
08 용접부 비파괴 검사법인 초음파 탐상법의 종류가 아닌 것은?

① 투과법 ② 펄스반사법
③ 형광 탐상법 ④ 공진법

해설 형광 탐상법은 침투 탐상법의 일종이다.

정답 01. ① 02. ③ 03. ③ 04. ③ 05. ④ 06. ② 07. ② 08. ③

09 공기보다 약간 무거우며 무색, 무미, 무취의 독성이 없는 불활성 가스로 용접부의 보호 능력이 우수한 가스는?

① 아르곤 ② 질소
③ 산소 ④ 수소

해설 질소, 산소, 수소는 불활성 가스가 아니다.

10 예열방법 중 국부 예열의 가열범위는 용접선 양쪽에 몇 mm 정도로 하는 것이 가장 적합한가?

① 0~50mm ② 50~100mm
③ 100~150mm ④ 150~200mm

해설 용접부 국부 예열 범위는 용접선 양쪽 약 50~100mm 범위이다.

11 인장강도가 750MPa인 용접 구조물의 안전율은? (단, 허용응력은 250MPa이다.)

① 3 ② 5
③ 8 ④ 12

해설 $S=\frac{\text{극한강도}}{\text{허용응력}}=\frac{750}{250}=3$

12 용접부의 결함은 치수상 결함, 구조상 결함, 성질상 결함으로 구분된다. 구조상 결함들로만 구성된 것은?

① 기공, 변형, 치수불량
② 기공, 용입 불량, 용접균열
③ 언더컷, 연성부족, 표면결함
④ 표면결함, 내식성 불량, 융합 불량

해설 변형은 치수상 결함, 연성부족, 내식성 불량은 성질상 결함이다.

13 다음 중 연납땜(Sn+Pb)의 최저 용융온도는 몇 ℃인가?

① 327℃ ② 250℃
③ 232℃ ④ 183℃

해설 Sn과 Pb의 성분 차에 따라 최저 온도는 183℃이다.

14 용접부의 연성결함을 조사하기 위하여 사용되는 시험은?

① 인장시험 ② 경도시험
③ 피로시험 ④ 굽힘시험

해설 • 굽힘시험 : 소재의 연성 유무 판단
• 피로시험 : 피로 한계(강도) 판단

★ **15** 맴돌이 전류를 이용하여 용접부를 비파괴 검사하는 방법으로 옳은 것은?

① 자분 탐상검사
② 와류 탐상검사
③ 침투 탐상검사
④ 초음파 탐상검사

해설 와류 탐상 : 맴돌이 전류를 이용하여 내외부 결함 판별

16 레이저 용접의 특징으로 틀린 것은?

① 루비 레이저와 가스 레이저의 두 종류가 있다.
② 광선이 용접의 열원이다.
③ 열 영향 범위가 넓다.
④ 가스 레이저로는 주로 CO_2 가스 레이저가 사용된다.

해설 레이저 용접은 레이저 빔이 열원이며, 고밀도 용접으로 열 영향부가 좁다.

17 용융 슬래그와 용융금속이 용접부로부터 유출되지 않게 모재의 양측에 수냉식 동판을 대어 용융 슬래그 속에서 전극 와이어를 연속적으로 공급하여 주로 용융 슬래그의 저항열로 와이어와 모재 용접부를 용융시키는 것으로 연속 주조형식의 단층 용접법은?

① 일렉트로 슬래그 용접
② 논 가스 아크 용접
③ 그래비트 용접
④ 테르밋 용접

해설 일렉트로 슬래그 용접 : 수직 상진법의 일종이다.

정답 09. ① 10. ② 11. ① 12. ② 13. ④ 14. ④ 15. ② 16. ③ 17. ①

18 화재 및 폭발의 방지조치로 틀린 것은?

① 대기 중에 가연성 가스를 방출시키지 말 것
② 필요한 곳에 화재 진화를 위한 방화설비를 설치할 것
③ 배관에서 가연성 증기의 누출 여부를 철저히 점검할 것
④ 용접작업 부근에 점화원을 둘 것

해설 용접작업 근처에 점화가 가능한 가연성 물질을 두어서는 안된다.

★
19 연납땜의 용제가 아닌 것은?

① 붕산 ② 염화아연
③ 인산 ④ 염화암모늄

해설 붕산은 경납땜용 용제이며, 붕사와 같이 사용한다.

20 점 용접에서 용접점이 앵글재와 같이 용접위치가 나쁠 때, 보통 팁으로는 용접이 어려운 경우에 사용하는 전극의 종류는?

① P형 팁 ② E형 팁
③ R형 팁 ④ F형 팁

해설 점 용접 팁은 용접물의 형상에 따라 적합한 것을 사용해야 된다.

21 용접작업의 경비를 절감시키기 위한 유의사항으로 틀린 것은?

① 용접봉의 적절한 선정
② 용접사의 작업능률의 향상
③ 용접 지그를 사용하여 위보기 자세의 시공
④ 고정구를 사용하여 능률 향상

해설 용접 지그는 작업을 용이하게 하기 위한 것으로 지그를 사용하여 작업 능률이 좋은 아래보기 자세로 시공할 수 있다.

22 다음 중 표준 홈 용접에 있어 한쪽에서 용접으로 완전 용입을 얻고자 할 때 V형 홈 이음의 판 두께로 가장 적합한 것은?

① 1~10mm ② 5~15mm
③ 20~30mm ④ 35~50mm

해설 판 두께 35~50mm에 적합한 홈 형상 : U형 홈

23 프로판(C_3H_8)의 성질을 설명한 것으로 틀린 것은?

① 상온에서 기체상태이다.
② 쉽게 기화하며 발열량이 높다.
③ 액화하기 쉽고 용기에 넣어 수송이 편리하다.
④ 온도변화에 따른 팽창률이 작다.

해설 프로판은 온도 변화에 따른 팽창률이 크다.

24 용접기의 사용률이 40%일 때, 아크 발생시간과 휴식시간의 합이 10분이면 아크 발생시간은?

① 2분 ② 4분
③ 6분 ④ 8분

해설 정격사용률은 정격전류로 용접 시 10분 중 몇 분을 용접할 수 있느냐로 나타낸다.

25 다음 중 용접기의 특성에 있어 수하특성의 역할로 가장 적합한 것은?

① 열량의 증가 ② 아크의 안정
③ 아크전압의 상승 ④ 개로전압의 증가

해설 수하 특성 : 수동 용접에서 아크길이 변화에 따른 아크 안정상 적합하다.

26 다음 중 가스 용접에서 용제를 사용하는 주된 이유로 적합하지 않은 것은?

① 재료 표면의 산화물을 제거한다.
② 용융금속의 산화·질화를 감소하게 한다.
③ 청정작용으로 용착을 돕는다.
④ 용접봉 심선의 유해성분을 제거한다.

해설 용제는 모재나 봉의 유해성분을 제거한다.

★
27 피복 아크 용접에서 아크쏠림 방지대책이 아닌 것은?

① 접지점을 될 수 있는 대로 용접부에서 멀리 할 것
② 용접봉 끝을 아크쏠림 방향으로 기울일 것
③ 접지점 2개를 연결할 것
④ 직류 용접으로 하지 말고 교류 용접으로 할 것

해설 아크쏠림 방지를 위해서는 용접봉 끝을 아크쏠림 반대 방향으로 기울여야 된다.

부록 2

정답 18. ④ 19. ① 20. ④ 21. ③ 22. ② 23. ④ 24. ② 25. ② 26. ④ 27. ②

28 교류 아크 용접기 종류 중 코일의 감긴 수에 따라 전류를 조정하는 것은?

① 탭 전환형 ② 가동철 심형
③ 가동 코일형 ④ 가포화 리액터형

해설 가동 코일형 : 1차 코일과 2차 코일의 거리에 따라 전류가 달라지는 형

★
29 다음 중 피복제의 역할이 아닌 것은?

① 스패터의 발생을 많게 한다.
② 중성 또는 환원성 분위기를 만들어 질화, 산화 등의 해를 방지한다.
③ 용착금속의 탈산 정련작용을 한다.
④ 아크를 안정하게 한다.

해설 피복제는 스패터의 발생을 적게 한다.

★
30 용접봉을 여러 가지 방법으로 움직여 비드를 형성하는 것을 운봉법이라 하는데, 위빙비드 운봉 폭은 심선지름의 몇 배가 적당한가?

① 0.5~1.5배 ② 2~3배
③ 4~5배 ④ 6~7배

해설 피복 아크 용접 시 위빙 폭은 심선 지름의 2~3배가 적당하다.

★
31 수중 절단작업 시 절단 산소의 압력은 공기 중에서의 몇 배 정도로 하는가?

① 1.5~2배 ② 3~4배
③ 5~6배 ④ 8~10배

해설 수중 절단은 공기 중보다 1.5~2배의 높은 압력이 필요하다.

32 산소병의 내용적이 40.7리터인 용기에 압력이 100kgf/cm^{2}로 충전되어 있다면 프랑스식 팁 100번을 사용하여 표준불꽃으로 약 몇 시간까지 용접이 가능한가?

① 16시간 ② 22시간
③ 31시간 ④ 41시간

해설 $40.7 \times 100/100 = 41$

★
33 가스 용접토치 취급상 주의사항이 아닌 것은?

① 토치를 망치나 갈고리 대용으로 사용하여서는 안 된다.
② 점화되어 있는 토치를 아무 곳에나 함부로 방치하지 않는다.
③ 팁 및 토치를 작업장 바닥이나 흙 속에 함부로 방치하지 않는다.
④ 작업 중 역류나 역화 발생 시 산소의 압력을 높여서 예방한다.

해설 가스 용접작업 중 역류나 역화 발생 시 산소의 압력을 낮추어야 한다.

★
34 용접기의 특성 중 부하전류가 증가하면 단자전압이 저하되는 특성은?

① 수하 특성 ② 동전류 특성
③ 정전압 특성 ④ 상승 특성

해설 수하 특성 : 전류와 전압이 반대인 특성으로 수동 용접에 적합한 특성이다.

35 다음 중 가스 절단 시 예열불꽃이 강할 때 생기는 현상이 아닌 것은?

① 드래그가 증가한다.
② 절단면이 거칠어진다.
③ 모서리가 용융되어 둥글게 된다.
④ 슬래그 중의 철 성분의 박리가 어려워진다.

해설 예열불꽃이 강하면 드래그는 감소한다.

★
36 다음은 연강용 피복 아크 용접봉을 표시하였다. 설명으로 틀린 것은?

E4316

① E : 전기 용접봉
② 43 : 용착금속의 최저 인장강도
③ 16 : 피복제의 계통 표시
④ E4316 : 일미나이트계

해설 E4316 : 저수소계

정답 28. ① 29. ① 30. ② 31. ① 32. ④ 33. ④ 34. ① 35. ① 36. ④

37 가스 절단에서 고속 분출을 얻는 데 가장 적합한 다이버전트 노즐은 보통의 팁에 비하여 산소소비량이 같을 때 절단속도를 몇 % 정도 증가시킬 수 있는가?

① 5~10% ② 10~15%
③ 20~25% ④ 30~35%

해설 다이버전트 노즐은 가스 통로의 중간 부분이 좁은 형으로 절단 속도는 20~25% 증가한다.

38 직류 아크 용접에서 정극성(DCSP)에 대한 설명으로 옳은 것은?

① 용접봉의 녹음이 느리다.
② 용입이 얕다.
③ 비드 폭이 넓다.
④ 모재를 음극(-)에 용접봉을 양극(+)에 연결한다.

해설 직류정극성(DCSP)은 용입이 깊고 비드 폭이 좁다.

39 게이지용 강이 갖추어야 할 성질에 대한 설명 중 틀린 것은?

① HRC 55 이하의 경도를 가져야 한다.
② 팽창계수가 보통 강보다 작아야 한다.
③ 시간이 지남에 따라 치수변화가 없어야 한다.
④ 담금질에 의하여 변형이나 담금질 균열이 없어야 한다.

해설 게이지용 공구강은 HRC 55 이상 경도를 가져야 한다.

40 알루미늄에 대한 설명으로 옳지 않은 것은?

① 비중이 2.7로 낮다.
② 용융점은 1,067℃이다.
③ 전기 및 열전도율이 우수하다.
④ 고강도 합금으로 두랄루민이 있다.

해설 Al의 용융점은 660℃이다.

41 강의 표면경화 방법 중 화학적 방법이 아닌 것은?

① 침탄법 ② 질화법
③ 침탄 질화법 ④ 화염 경화법

해설 화염 경화법은 물리적 표면 경화법이다.

42 황동합금 중에서 강도는 낮으나 전연성이 좋고 금색에 가까워 모조금이나 판 및 선에 사용되는 합금은?

① 톰백(tombac)
② 7-3 황동(cartridge brass)
③ 6-4 황동(muntz metal)
④ 주석 황동(tin brass)

해설 톰백(tombac) : 구리에 아연을 5~20% 함유시킨 합금이다.

43 다음 중 비중이 가장 작은 것은?

① 청동 ② 주철
③ 탄소강 ④ 알루미늄

해설 • Al 비중 : 2.67
• 비중 크기는 Al > 주철 > 탄소강 > 청동 순이다.

44 냉간가공 후 재료의 기계적 성질을 설명한 것 중 옳은 것은?

① 항복강도가 감소한다.
② 인장강도가 감소한다.
③ 경도가 감소한다.
④ 연신율이 감소한다.

해설 냉간가공하면 경도 강도는 증가하고 연신율은 감소한다.

45 금속 간 화합물에 대한 설명으로 옳은 것은?

① 자유도가 5인 상태의 물질이다.
② 금속과 비금속 사이의 혼합물질이다.
③ 금속이 공기 중의 산소와 화합하여 부식이 일어난 물질이다.
④ 두 가지 이상의 금속원소가 간단한 원자비로 결합되어 있으며, 원래 원소와는 전혀 다른 성질을 갖는 물질이다.

해설 금속 간 화합물은 비금속적 성질을 띠며, 취성이 크다.

46 물과 얼음의 상태도에서 자유도가 "0(zero)"일 경우 몇 개의 상이 공존하는가?

① 0 ② 1
③ 2 ④ 3

해설 F = C−P+2 = 1−3(고체, 액체, 기체)+2 = 0

정답 37. ③ 38. ① 39. ① 40. ② 41. ④ 42. ① 43. ④ 44. ④ 45. ④ 46. ④

47 변태 초소성의 조건과 원칙에 대한 설명 중 틀린 것은?

① 재료에 변태가 있어야 한다.
② 변태 진행 중에 작은 하중에도 변태 초소성이 된다.
③ 감도지수(m)의 값은 거의 0(zero)의 값을 갖는다.
④ 한 번의 열사이클로 상당한 초소성 변형이 발생한다.

해설 변형속도 감수성 지수 m이 0.3~1의 조건 하에서 결정립 지름이 매우 작은 것을 고온과 저변형 속도에서 인장할 때에 초소성과 변태가 일어난다.

48 Mg-희토류계 합금에서 희토류원소를 첨가할 때 미시메탈(Micsh-metal)의 형태로 첨가한다. 미시메탈에서 세륨(Ce)을 제외한 합금원소를 첨가한 합금의 명칭은?

① 탈타뮴 ② 디디뮴
③ 오스뮴 ④ 갈바늄

해설 디디뮴 : 란타늄에서 분리한 새로운 원소에 붙인 이름으로, 프라세오디뮴과 네오디뮴의 혼합물

49 화살표가 가리키는 용접부의 반대쪽 이음의 위치로 옳은 것은?

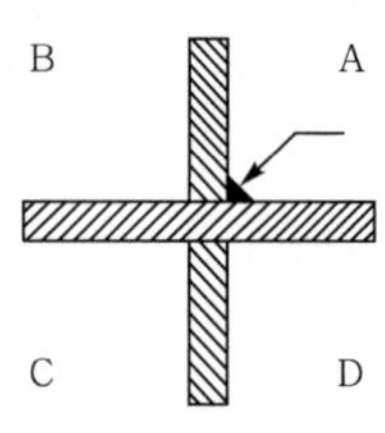

① A ② B
③ C ④ D

해설 수평 판에 대해 수직으로 세워진 판에서 A 용접부의 반대편은 B가 된다.

★
50 인장시험에서 변형량을 원표점 거리에 대한 백분율로 표시한 것은?

① 연신율 ② 항복점
③ 인장강도 ④ 단면수축률

해설 연신율 $= \dfrac{\text{늘어난 길이}-\text{표점거리}}{\text{표점거리}} \times 100$

51 강에 인(P)이 많이 함유되면 나타나는 결함은?

① 적열 메짐 ② 연화 메짐
③ 저온 메짐 ④ 고온 메짐

해설 황은 고온(적열) 메짐(취성)의 원인이 된다.

52 재료기호에 대한 설명 중 틀린 것은?

① SS 400은 일반구조용 압연강재이다.
② SS 400의 400은 최고 인장강도를 의미한다.
③ SM 45C는 기계구조용 탄소강재이다.
④ SM 45C의 45C는 탄소함유량을 의미한다.

해설 SS 400의 400은 최저(소) 인장강도가 400N/mm^{2}을 의미한다.

53 다음 입체도의 화살표 방향이 정면일 때 평면도로 적합한 것은?

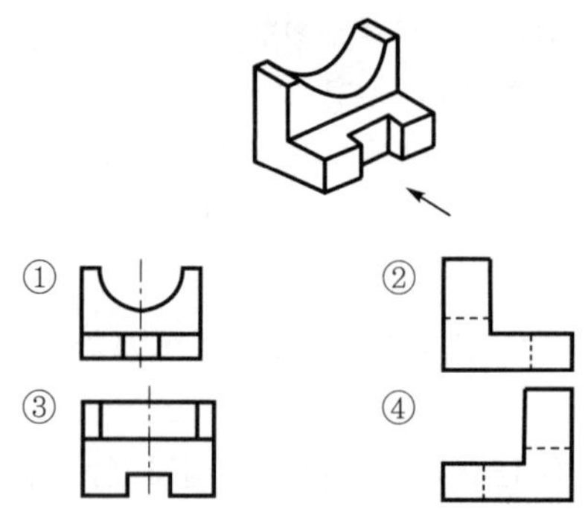

해설 입체도를 위에서 보았을 때 앞쪽이 ㄷ형이 되는 도면이 답이다.

54 보조투상도의 설명으로 가장 적합한 것은?

① 물체의 경사면을 실제 모양으로 나타낸 것
② 특수한 부분을 부분적으로 나타낸 것
③ 물체를 가상해서 나타낸 것
④ 물체를 90° 회전시켜서 나타낸 것

해설 보조 투상도 : 물체의 경사면을 실제 모양으로 나타기 위해 경사면과 직각 방향에 나타낸 투상도

정답 47. ③ 48. ② 49. ② 50. ① 51. ③ 52. ② 53. ③ 54. ①

55 기계나 장치 등의 실체를 보고 프리핸드(freehand)로 그린 도면은?

① 배치도　　② 기초도
③ 조립도　　④ 스케치도

해설 스케치도 : 프리핸드로 그린다.

56 용접부의 보조기호에서 제거 가능한 이면 판재를 사용하는 경우의 표시기호는?

① M　　② P
③ MR　　④ PR

해설 ①은 제거 불가능한 영구 이면판을 나타낸다.

57 다음 그림과 같이 상하면의 절단된 경사각이 서로 다른 원통의 전개도 형상으로 가장 적합한 것은?

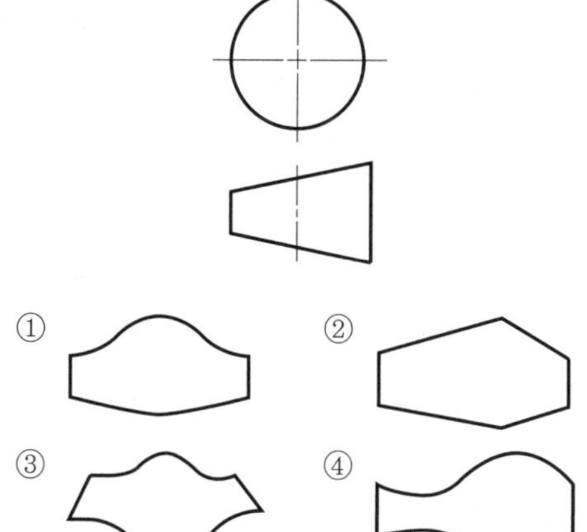

해설 양쪽이 경사진 원통은 전개시 가운데 부분이 볼록한 곡선을 이룬다.

58 도면에서 2종류 이상의 선이 겹쳤을 때, 우선하는 순위를 바르게 나타낸 것은?

① 숨은선 > 절단선 > 중심선
② 중심선 > 숨은선 > 절단선
③ 절단선 > 중심선 > 숨은선
④ 무게중심선 > 숨은선 > 절단선

해설 선의 우선순위 : 외형선 > 숨은선 > 절단선 > 중심선 > 치수보조선 > 치수선

59 관용 테이퍼 나사 중 평행 암나사를 표시하는 기호는? (단, ISO 표준에 있는 기호로 한다.)

① G　　② R
③ Rc　　④ Rp

해설 R : 관용 테이퍼 수나사, Rc : 관용 평행 암나사,

60 현의 치수기입 방법으로 옳은 것은?

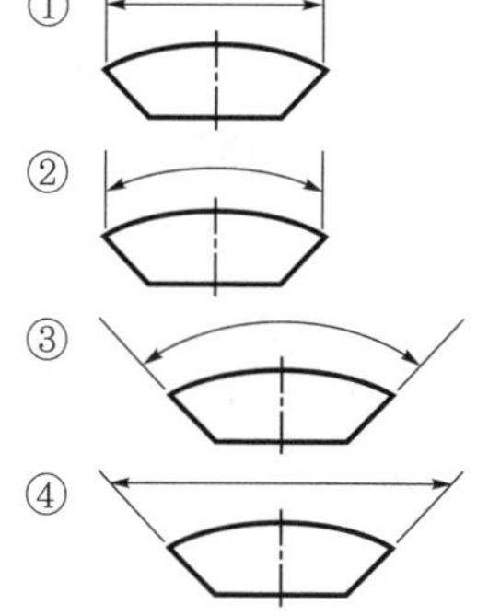

해설 현의 표시는 원호에 활줄을 한 형상이므로 치수선도 원호 사이에 평행으로 나타낸다.

부록 2

정답 55. ④ 56. ③ 57. ④ 58. ① 59. ④ 60. ①

제 5 회 특수용접기능사

★
01 CO_2 용접작업 중 가스의 유량은 낮은 전류에서 얼마가 적당한가?

① 10~15ℓ/min ② 20~25ℓ/min
③ 30~35ℓ/min ④ 40~45ℓ/min

해설 CO_2 용접 가스 유량 : 낮은 전류에서는 10~15ℓ/min, 높은 전류에서는 15~20ℓ/min가 적합하다.

★
02 피복 아크 용접 결함 중 용착금속의 냉각속도가 빠르거나, 모재의 재질이 불량할 때 일어나기 쉬운 결함으로 가장 적당한 것은?

① 용입 불량 ② 언더컷
③ 오버랩 ④ 선상조직

해설 용입 불량 : 전류가 너무 낮거나 용접속도가 빠를 때, 운봉방법 불량 시

03 다음 각종 용접에서 전격 방지대책으로 틀린 것은?

① 홀더나 용접봉은 맨손으로 취급하지 않는다.
② 어두운 곳이나 밀폐된 구조물에서 작업 시 보조자와 함께 작업한다.
③ CO_2 용접이나 MIG 용접작업 도중에 와이어를 2명이 교대로 교체할 때는 전원은 차단하지 않아도 된다.
④ 용접작업을 하지 않을 때에는 TIG 전극봉은 제거하거나 노즐 뒤쪽에 밀어 넣는다.

해설 용접기 수리나 와이어 교체 시는 반드시 전원을 차단한 후 실시해야 된다.

04 각종 금속의 용접부 예열온도에 대한 설명으로 틀린 것은?

① 고장력강, 저합금강, 주철의 경우 용접 홈을 50~350℃로 예열한다.
② 연강을 0℃ 이하에서 용접할 경우 이음의 양쪽 폭 100mm 정도를 40~75℃로 예열한다.
③ 열전도가 좋은 구리합금은 200~400℃의 예열이 필요하다.
④ 알루미늄 합금은 500~600℃ 정도의 예열 온도가 적당하다.

해설 • 알루미늄의 예열온도 : 200~400℃
• 0℃ 이하로 예열 후 용접하는 것이 좋다.

★
05 다음 중 초음파 탐상법의 종류에 해당하지 않는 것은?

① 투과법 ② 펄스반사법
③ 관통법 ④ 공진법

해설 관통법은 자분 탐상법의 종류이다.

★
06 납땜에서 경납용 용제가 아닌 것은?

① 붕사 ② 붕산
③ 염산 ④ 알칼리

해설 염산은 연납용 용제이다.

07 플라스마 아크의 종류가 아닌 것은?

① 이행형 아크 ② 비이행형 아크
③ 중간형 아크 ④ 텐덤형 아크

해설 텐덤형 아크는 다전극 서브머지드 아크 용접의 하나이다.

정답 01. ① 02. ④ 03. ③ 04. ④ 05. ③ 06. ③ 07. ④

08 피복 아크 용접작업의 안전사항 중 전격방지 대책이 아닌 것은?

① 용접기 내부는 수시로 분해·수리하고 청소를 하여야 한다.
② 절연 홀더의 절연부분이 노출되거나 파손되면 교체한다.
③ 장시간 작업을 하지 않을 시는 반드시 전기 스위치를 차단한다.
④ 젖은 작업복이나 장갑, 신발 등을 착용하지 않는다.

해설 전격 방지와 ①과는 무관하다.

09 서브머지드 아크 용접에서 동일한 전류, 전압의 조건에서 사용되는 와이어 지름의 영향에 대한 설명 중 옳은 것은?

① 와이어의 지름이 크면 용입이 깊다.
② 와이어의 지름이 작으면 용입이 깊다.
③ 와이어의 지름과 상관이 없이 같다.
④ 와이어의 지름이 커지면 비드 폭이 좁아진다.

해설 동일 전류에서 와이어 지름이 작으면 전류 밀도가 높아져 용입이 깊어진다.

10 맞대기 용접 이음에서 모재의 인장강도는 40kgf/mm^{2}이며, 용접 시험편의 인장강도가 45kgf/mm^{2}일 때 이음효율은 몇 %인가?

① 88.9 ② 104.4
③ 112.5 ④ 125.0

해설 이음효율 $= \frac{45}{40} \times 100 = 112.5$

11 용접입열이 일정한 경우에는 열전도율이 큰 것일수록 냉각속도가 빠른데 다음 금속 중 열전도율이 가장 높은 것은?

① 구리 ② 납
③ 연강 ④ 스테인리스강

해설 구리는 은 다음으로 열전도도가 높다.

12 전자렌즈에 의해 에너지를 집중시킬 수 있고, 고용융 재료의 용접이 가능한 용접법은?

① 레이저 용접 ② 피복 아크 용접
③ 전자빔 용접 ④ 초음파 용접

해설 전자빔 용접은 전자빔을 이용한 고밀도 용접법의 하나이다.

13 다음 중 연납의 특성에 관한 설명으로 틀린 것은?

① 연납땜에 사용하는 용가제를 말한다.
② 주석-납계 합금이 가장 많이 사용된다.
③ 기계적 강도가 낮으므로 강도를 필요로 하는 부분에는 적당하지 않다.
④ 은납, 황동납 등이 이에 속하고 물리적 강도가 크게 요구될 때 사용된다.

해설 은납, 황동납 등은 경납으로 물리적 강도가 크게 요구될 때 사용된다.

14 일렉트로 슬래그 용접에서 사용되는 수냉식 판의 재료는?

① 연강 ② 동
③ 알루미늄 ④ 주철

해설 동판은 열전도도가 매우 높아 수냉판으로 사용된다.

15 용접부의 균열 중 모재의 재질 결함으로서 강괴일 때 기포가 압연되어 생기는 것으로 설퍼 밴드와 같은 층상으로 편재해 있어 강재 내부에 노치를 형성하는 균열은?

① 라미네이션(Lamination) 균열
② 루트(Root) 균열
③ 응력제거 풀림(Stress Relief) 균열
④ 크레이터(Crater) 균열

해설 라미네이션 균열 : 압연판 내부에 생기는 층상 균열이다.

16 심(Seam) 용접법에서 용접전류의 통전방법이 아닌 것은?

① 직·병렬 통전법 ② 단속 통전법
③ 연속 통전법 ④ 맥동 통전법

해설 심 용접에서 직·병렬 통전법은 없다. 단속 통전법이 가장 많이 사용된다.

정답 08. ① 09. ② 10. ③ 11. ① 12. ③ 13. ④ 14. ② 15. ① 16. ①

17 용접부의 결함이 오버랩일 경우 보수방법은?

① 가는 용접봉을 사용하여 보수한다.
② 일부분을 깎아내고 재용접한다.
③ 양단에 드릴로 정지 구멍을 뚫고 깎아내고 재용접한다.
④ 그 위에 다시 재용접한다.

해설 ① 언더컷 보수, ③ 주철 균열 보수

18 다음 중 용접열원을 외부로부터 가하는 것이 아니라 금속분말의 화학반응에 의한 열을 사용하여 용접하는 방식은?

① 테르밋 용접 ② 전기저항 용접
③ 잠호 용접 ④ 플라스마 용접

해설 테르밋 용접 : 테르밋제인 알루미늄 분말과 철분의 화학반응열을 이용한 용접법

19 논 가스 아크 용접의 설명으로 틀린 것은?

① 보호가스나 용제를 필요로 한다.
② 바람이 있는 옥외에서 작업이 가능하다.
③ 용접장치가 간단하며 운반이 편리하다.
④ 용접 비드가 아름답고 슬래그 박리성이 좋다.

해설 논 가스 아크 용접 : 논 가스(non gas), 즉 보호가스를 사용하지 않는 용접법

★ **20** 로봇 용접의 분류 중 동작 기구로부터의 분류 방식이 아닌 것은?

① PTB 좌표 로봇 ② 직각좌표 로봇
③ 극좌표 로봇 ④ 관절 로봇

해설 PTB 좌표 로봇은 없다.

★ **21** 가스 용접에서 토치를 오른손에 용접봉을 왼손에 잡고 오른쪽에서 왼쪽으로 용접을 해나가는 용접법은?

① 전진법 ② 후진법
③ 상진법 ④ 병진법

해설 전진법을 좌진법이라고도 하며, 이 반대는 우(후)진법이다.

22 용접기의 점검 및 보수 시 지켜야 할 사항으로 옳은 것은?

① 정격사용률 이상으로 사용한다.
② 탭전환은 반드시 아크 발생을 하면서 시행한다.
③ 2차측 단자의 한쪽과 용접기 케이스는 반드시 어스(earth)하지 않는다.
④ 2차측 케이블이 길어지면 전압강하가 일어나므로 가능한 한 지름이 큰 케이블을 사용한다.

해설 용접기는 정격사용률 이하로 사용해야 된다.

23 가스 용접에서 프로판가스의 성질 중 틀린 것은?

① 증발 잠열이 작고, 연소할 때 필요한 산소의 양은 1 : 1 정도이다.
② 폭발한계가 좁아 다른 가스에 비해 안전도가 높고 관리가 쉽다.
③ 액화가 용이하여 용기에 충전이 쉽고 수송이 편리하다.
④ 상온에서 기체상태이고 무색·투명하며 약간의 냄새가 난다.

해설 프로판가스는 증발 잠열이 크고, 연소할 때 필요한 산소의 양은 1 : 4.5 정도이다.

24 가변압식의 팁 번호가 200일 때 10시간 동안 표준불꽃으로 용접할 경우 아세틸렌가스의 소비량은 몇 리터인가?

① 20 ② 200
③ 2,000 ④ 20,000

해설 $200 \times 10 = 2{,}000$

★ **25** 아크 용접에서 피닝을 하는 목적으로 가장 알맞은 것은?

① 용접부의 잔류응력을 완화시킨다.
② 모재의 재질을 검사하는 수단이다.
③ 응력을 강하게 하고 변형을 유발시킨다.
④ 모재 표면의 이물질을 제거한다.

해설 피닝 : 용접부 등에 구면의 해머 등으로 적당히 두드려 소성변형을 줌으로서 잔류응력을 줄이는 법

정답 17. ② 18. ① 19. ① 20. ① 21. ① 22. ④ 23. ① 24. ③ 25. ①

26 다음 중 용접봉의 내균열성이 가장 좋은 것은?

① 셀룰로오스계　② 티탄계
③ 일미나이트계　④ 저수소계

해설 내균열성 크기 : 저수소계 > 일미나이트계 > 셀룰로오스계 > 티탄계

27 수중 절단작업을 할 때 가장 많이 사용하는 가스로 기포 발생이 적은 연료가스는?

① 아르곤　② 수소
③ 프로판　④ 아세틸렌

해설 수소는 수압에서 다른 가스보다 폭발 위험이 적어 많이 사용한다.

★
28 정격2차전류가 200A, 아크출력 60kW인 교류 용접기를 사용할 때 소비전력은 얼마인가? (단, 내부 손실이 4kW이다.)

① 64kW　② 104kW
③ 264kW　④ 804kW

해설 소비전력=아크출력(정격2차전류×아크전압)+내부손실
= 60+4 = 64

29 아크에어 가우징법의 작업능률은 가스 가우징법보다 몇 배 정도 높은가?

① 2~3배　② 4~5배
③ 6~7배　④ 8~9배

해설 아크에어 가우징법이 가스 가우징법보다 2~3배 능률이 좋다.

30 피복 아크 용접에서 홀더로 잡을 수 있는 용접봉 지름(mm)이 5.0~8.0일 경우 사용하는 용접봉 홀더의 종류로 옳은 것은?

① 125호　② 160호
③ 300호　④ 400호

해설 봉 지름이 5.0~8.0mm일 경우 가장 번호가 큰 것이 좋다.

31 다음 중 경질 자성재료가 아닌 것은?

① 센더스트　② 알니코 자석
③ 페라이트 자석　④ 네오디뮴 자석

해설 선더스트 : 4~8% Al, 6~11% Si, 나머지가 철로 조성된 고투자율 합금으로 연성 자성재료이다.

★
32 아크가 보이지 않는 상태에서 용접이 진행된다고 하여 일명 잠호 용접이라 부르기도 하는 용접법은?

① 스터드 용접
② 레이저 용접
③ 서브머지드 아크 용접
④ 플라스마 용접

해설 서브머지드 아크 용접 : SAW, 유니온 멜트 용접, 불가시 아크 용접

33 용접기의 규격 AW 500의 설명 중 옳은 것은?

① AW은 직류 아크 용접기라는 뜻이다.
② 500은 정격2차전류의 값이다.
③ AW은 용접기의 사용률을 말한다.
④ 500은 용접기의 무부하 전압값이다.

해설 AW 500 : 교류 아크 용접기의 정격전류가 500A이다.

★
34 피복 아크 용접봉에서 피복제의 주된 역할로 틀린 것은?

① 전기 절연작용을 하고 아크를 안정시킨다.
② 스패터의 발생을 적게 하고 용착금속에 필요한 합금원소를 첨가시킨다.
③ 용착금속의 탈산정련 작용을 하며 용융점이 높고, 높은 점성의 무거운 슬래그를 만든다.
④ 모재 표면의 산화물을 제거하고, 양호한 용접부를 만든다.

해설 피복제 : 용착금속의 탈산정련 작용을 하며 용융점이 낮고, 점성이 적은 가벼운 슬래그를 만든다.

★
35 다음 중 부하전류가 변하여도 단자전압은 거의 변화하지 않는 용접기의 특성은?

① 수하 특성　② 하향 특성
③ 정전압 특성　④ 정전류 특성

해설 정전압 특성 : 반자동 용접기에 주로 적용된다.

부록 2

정답 26. ④ 27. ② 28. ① 29. ① 30. ④ 31. ① 32. ③ 33. ② 34. ③ 35. ③

★
36 용접기와 멀리 떨어진 곳에서 용접전류 또는 전압을 조절할 수 있는 장치는?

① 원격 제어장치 ② 핫스타트 장치
③ 고주파 발생장치 ④ 수동전류 조정장치

해설 핫스타트 장치 : 용접 초기에 높은 전류를 통전하여 시작 부분의 용입 불량을 방지하는 장치

37 직류 용접기 사용 시 역극성(DCRP)과 비교한 정극성(DCSP)의 일반적인 특징으로 옳은 것은?

① 용접봉의 용융속도가 빠르다.
② 비드 폭이 넓다.
③ 모재의 용입이 깊다.
④ 박판, 주철, 합금강 비철금속의 접합에 쓰인다.

해설 정극성(DCSP) : 비드 폭이 좁고 용입이 깊어 후판, 탄소강 용접에 적용한다.

★
38 가스 절단면의 표준 드래그(drag) 길이는 판 두께의 몇 % 정도가 가장 적당한가?

① 10% ② 20%
③ 30% ④ 40%

해설 표준 드래그(drag) 길이 : 판 두께의 20%가 적당하며, 길이가 작을수록 좋다.

39 다음의 조직 중 경도값이 가장 낮은 것은?

① 마텐자이트 ② 베이나이트
③ 소르바이트 ④ 오스테나이트

해설 경도 크기 순서 : 마텐자이트 > 베이나이트 > 소르바이트 > 오스테나이트

40 알루미늄과 알루미늄 가루를 압축 성형하고 약 500~600℃로 소결하여 압출 가공한 분산 강화형 합금의 기호에 해당하는 것은?

① DAP ② ACD
③ SAP ④ AMP

해설 SAP(Sintered Aluminum Powder : 소결알루미늄분말) : 알루미늄의 산화피막을 증가시키기 위하여 알루미나 8~15%를 함유한 알루미늄분말을 가압성형, 소결 후 압출한 것

41 컬러 텔레비전의 전자총에서 나온 광선의 영향을 받아 섀도 마스크가 열팽창하면 엉뚱한 색이 나오게 된다. 이를 방지하기 위해 섀도 마스크의 제작에 사용되는 불변강은?

① 인바 ② Ni-Cr강
③ 스테인리스강 ④ 플래티나이트

해설 인바 : 니켈-철 합금으로, 온도에 따른 길이 불변강의 일종이다.

42 아크길이가 길 때 일어나는 현상이 아닌 것은?

① 아크가 불안정해진다.
② 용융금속의 산화 및 질화가 쉽다.
③ 열 집중력이 양호하다.
④ 전압이 높고 스패터가 많다.

해설 아크길이가 길면 열이 퍼져 집중성이 낮아진다.

43 스테인리스강 중 내식성이 제일 우수하고 비자성이나 염산, 황산, 염소가스 등에 약하고 결정입계 부식이 발생하기 쉬운 것은?

① 석출경화계 스테인리스강
② 페라이트계 스테인리스강
③ 마텐자이트계 스테인리스강
④ 오스테나이트계 스테인리스강

해설 표준 오스테나이트계 스테인리스강 : 18% Cr-8% Ni 합금

44 열처리의 종류 중 항온열처리 방법이 아닌 것은?

① 마칭 ② 어닐링
③ 마템퍼링 ④ 오스템퍼링

해설 어닐링(풀림) : 일반 열처리법

★
45 자기 변태가 일어나는 점을 자기 변태점이라 하며, 이 온도를 무엇이라고 하는가?

① 상점 ② 이슬점
③ 퀴리점 ④ 동소점

해설 자기 변태점을 일명 퀴리 포인트라고도 하며, 순철의 자기 변태점은 768℃이다.

정답 36. ① 37. ③ 38. ② 39. ④ 40. ③ 41. ① 42. ③ 43. ④ 44. ② 45. ③

★
46 문쯔메탈(muntz metal)에 대한 설명으로 옳은 것은?

① 90% Cu−10% Zn 합금으로 톰백의 대표적인 것이다.
② 70% Cu−30% Zn 합금으로 가공용 황동의 대표적인 것이다.
③ 70% Cu−30% Zn 황동에 주석(Sn)을 1% 함유한 것이다.
④ 60% Cu−40% Zn 합금으로 황동 중 아연 함유량이 가장 높은 것이다.

해설 문쯔메탈 : 전연성이 낮으나 강도가 큰 합금

47 탄소함량 3.4%, 규소함량 2.4% 및 인함량 0.6%인 주철의 탄소당량(CE)은?

① 4.0　② 4.2
③ 4.4　④ 4.6

해설 보통 주철의 탄소당량
Ceq = C%+1/3(Si+P) = 3.4+1/3(2.4+0.6) = 4.4

★
48 라우탈은 Al−Cu−Si 합금이다. 이중 3~8% Si를 첨가하여 향상되는 성질은?

① 주조성　② 내열성
③ 피삭성　④ 내식성

해설 알루미늄 합금으로 Al에 Si를 넣어 주조성을 개선하고 Cu를 넣어 절삭성을 향상시킨 것이다.

49 면심입방격자의 어떤 성질이 가공성을 좋게 하는가?

① 취성　② 내석성
③ 전연성　④ 전기전도성

해설 면심입방격자 : 체심입방격자에 비해 전연성이 좋고 용융점이 낮다.

50 금속의 조직검사로서 측정이 불가능한 것은?

① 결함　② 결정입도
③ 내부응력　④ 비금속개재물

해설 내부응력은 잔류응력 측정에 의해 알 수 있다.

51 다음 냉동장치의 배관 도면에서 팽창 밸브는?

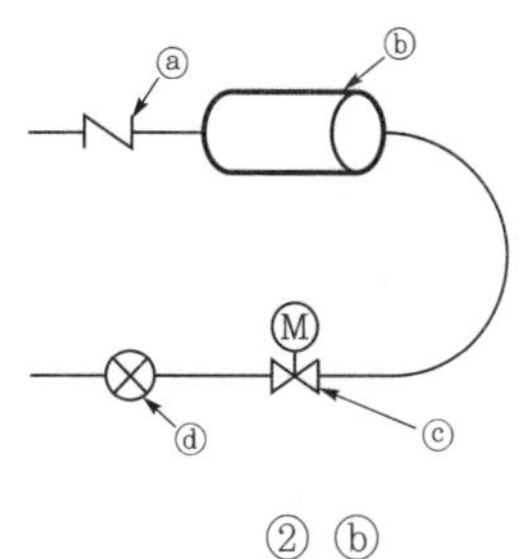

① ⓐ　② ⓑ
③ ⓒ　④ ⓓ

해설 ① ⓐ : 체크 밸브

52 나사의 감김방향의 지시방법 중 틀린 것은?

① 오른나사는 일반적으로 감김 방향을 지시하지 않는다.
② 왼나사는 나사의 호칭방법에 약호 "LH"를 추가하여 표시한다.
③ 동일 부품에 오른나사와 왼나사가 있을 때는 왼나사에만 약호 "LH"를 추가한다.
④ 오른나사는 필요하면 나사의 호칭 방법에 약호 "RH"를 추가하여 표시할 수 있다.

해설 동일 부품에 오른나사와 왼나사가 있을 때는 오른나사에만 약호 "LH"를 추가한다.

★
53 그림과 같이 제3각법으로 정투상한 도면에 적합한 입체도는?

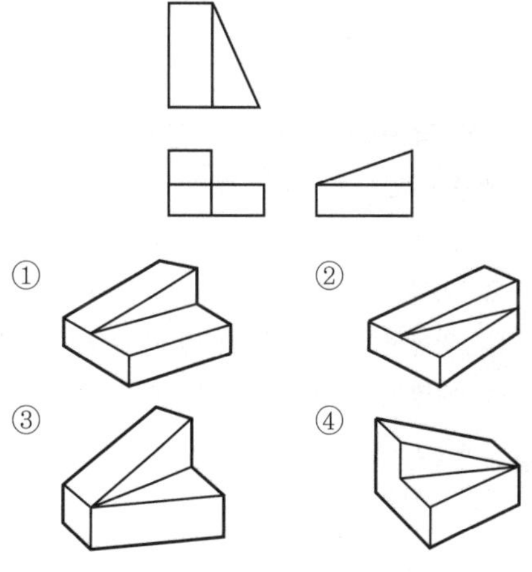

해설 평면도상 우측 하단으로 경사지고, 우측면도로 보아 좌측이 낮으므로 ②번이 답이다.

정답 46. ④ 47. ③ 48. ① 49. ③ 50. ③ 51. ④ 52. ③ 53. ③

54 제3각법으로 그린 투상도 중 잘못된 투상이 있는 것은?

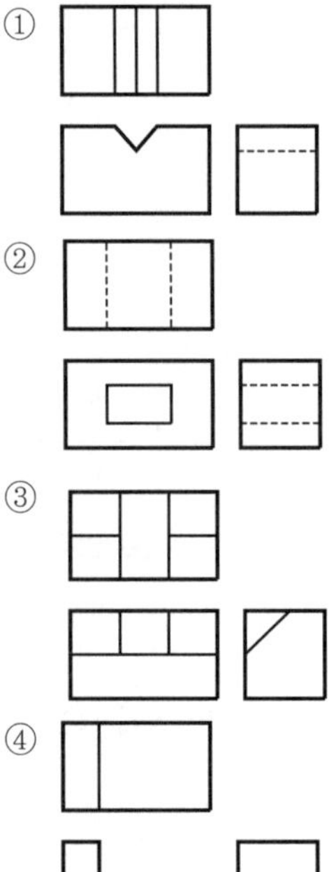

해설 우측면도의 좌상 경사선이 잘못된 것이다.

55 다음 중 열간 압연 강판 및 강대에 해당하는 재료 기호는?

① SPCC ② SPHC
③ STS ④ SPB

해설 SPCC : 냉간 압연 강판

56 동일 장소에서 선이 겹칠 경우 나타내야 할 선의 우선순위를 옳게 나타낸 것은?

① 외형선 > 중심선 > 숨은선 > 치수보조선
② 외형선 > 치수보조선 > 중심선 > 숨은선
③ 외형선 > 숨은선 > 중심선 > 치수보조선
④ 외형선 > 중심선 > 치수보조선 > 숨은선

해설 선의 우선순위 : 외형선 > 숨은선 > 중심선 > 치수보조선 > 치수선 순이다.

57 일반적인 판금 전개도의 전개법이 아닌 것은?

① 다각전개법 ② 평행선법
③ 방사선법 ④ 삼각형법

해설 전개도법에 다각전개법은 없다.

58 다음 중 치수 보조기호로 사용되지 않는 것은?

① π ② Sϕ
③ R ④ □

해설 π : 파이는 치수와 같이 쓰지 않는다.

59 다음 단면도에 대한 설명으로 틀린 것은?

① 부분 단면도는 일부분을 잘라내고 필요한 내부 모양을 그리기 위한 방법이다.
② 조합에 의한 단면도는 축, 핀, 볼트, 너트류의 절단면의 이해를 위해 표시한 것이다.
③ 한쪽 단면도는 대칭형 대상물의 외형 절반과 온단면의 절반을 조합하여 표시한 것이다.
④ 회전 도시 단면도는 핸들이나 바퀴 등의 암, 림, 훅, 구조물 등의 절단면을 90도 회전시켜서 표시한 것이다.

해설 조합에 의한 단면도는 축, 핀, 볼트, 너트류의 절단면을 표시하지 않는다.

60 다음 그림과 같은 도면의 해독으로 잘못된 것은?

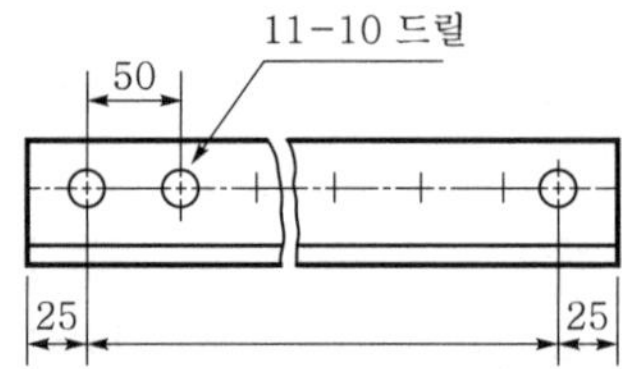

① 구멍 사이의 피치는 50mm
② 구멍의 지름은 10mm
③ 전체 길이는 600mm
④ 구멍의 수는 11개

해설 전체 길이 : 구멍의 수가 11개 이므로 칸 수는 10개이다.
10×50+25+25 = 550

정답 54. ④ 55. ② 56. ③ 57. ① 58. ① 59. ② 60. ③

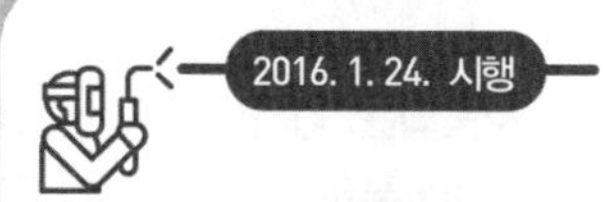

제 1 회 특수용접기능사

01 용접이음 설계 시 충격하중을 받는 연강의 안전율은?

① 12 ② 8
③ 5 ④ 3

해설 • 충격하중 : 강-12, 주철-15
• 정하중 안전율 : 3

02 다음 중 기본 용접 이음 형식에 속하지 않는 것은?

① 맞대기 이음 ② 모서리 이음
③ 마찰 이음 ④ T자 이음

해설 마찰 이음은 이음형식이 아니라 이음을 위한 열을 받는 방법이다.

★
03 화재의 분류는 소화 시 매우 중요한 역할을 한다. 서로 바르게 연결된 것은?

① A급 화재 – 유류화재
② B급 화재 – 일반화재
③ C급 화재 – 가스화재
④ D급 화재 – 금속화재

해설 A급 화재 – 일반화재, B급 화재 – 유류화재, C급 화재 – 전기화재

★
04 불활성 가스가 아닌 것은?

① C_2H_2 ② Ar
③ Ne ④ He

해설 C_2H_2는 아세틸렌이라는 가연성 가스이다.

05 서브머지드 아크 용접장치 중 전극형상에 의한 분류에 속하지 않는 것은?

① 와이어(wire) 전극
② 테이프(tape) 전극
③ 대상(hoop) 전극
④ 대차(carriage) 전극

해설 대차 전극은 없다.

06 용접시공 계획에서 용접이음 준비에 해당되지 않는 것은?

① 용접 홈의 가공 ② 부재의 조립
③ 변형 교정 ④ 모재의 가용접

해설 변형 교정은 용접 후의 후처리, 후가공에 속한다.

07 다음 중 서브머지드 아크 용접(submerged arc welding)에서 용제의 역할과 가장 거리가 먼 것은?

① 아크 안정
② 용락 방지
③ 용접부의 보호
④ 용착금속의 재질 개선

해설 용락 방지를 위해서는 뒷받침이 필요하다.

★
08 다음 중 전기저항 용접의 종류가 아닌 것은?

① 점 용접 ② MIG 용접
③ 프로젝션 용접 ④ 플래시 용접

해설 MIG 용접 : 금속 불활성 가스 아크 용접

부록 2

정답 01. ① 02. ③ 03. ④ 04. ① 05. ④ 06. ③ 07. ② 08. ②

09 다음 중 용접금속에 가공을 형성하는 가스에 대한 설명으로 틀린 것은?

① 응고 온도에서의 액체와 고체의 용해도 차에 의한 가스 방출
② 용접금속 중에서의 화학반응에 의한 가스 방출
③ 아크 분위기에서의 기체의 물리적 혼입
④ 용접 중 가스 압력의 부적당

해설 기공의 원인은 가스 유량의 부적당할 때도 발생한다.

10 가스용접 시 안전조치로 적절하지 않는 것은?

① 가스의 누설검사는 필요할 때만 체크하고 점검은 수돗물로 한다.
② 가스용접 장치는 화기로부터 5m 이상 떨어진 곳에 설치해야 한다.
③ 작업 종료 시 메인 밸브 및 콕 등을 완전히 잠가준다.
④ 인화성 액체 용기의 용접을 할 때는 증기 열탕물로 완전히 세척 후 통풍구멍을 개방하고 작업한다.

해설 누설검사는 수시로 해야 되며, 검사는 비눗물이 적합하다.

11 TIG 용접에서 가스이온이 모재에 충돌하여 모재 표면에 산화물을 제거하는 현상은?

① 제거 효과 ② 청정 효과
③ 용융 효과 ④ 고주파 효과

해설 청정 효과 : 산화물이나 불순물을 깨끗하게 하는 효과

12 연강의 인장시험에서 인장시험편의 지름이 10mm이고, 최대하중이 5,500kgf일 때 인장강도는 약 몇 kgf/mm^{2}인가?

① 60 ② 70
③ 80 ④ 90

해설 $\sigma = \frac{P}{A} = \frac{5,500}{\frac{\pi \times 10^2}{4}} = 70$

★
13 용접부의 표면에 사용되는 검사법으로 비교적 간단하고 비용이 싸며, 특히 자기탐상 검사가 되지 않는 금속재료에 주로 사용되는 검사법은?

① 방사선 비파괴 검사
② 누수검사
③ 침투 비파괴 검사
④ 초음파 비파괴 검사

해설 침투탐상 : 자성, 비자성 불문하고 표면 결함검사에 적용

14 이산화탄소 아크 용접방법에서 전진법의 특징으로 옳은 것은?

① 스패터의 발생이 적다.
② 깊은 용입을 얻을 수 있다.
③ 비드 높이가 낮고 평탄한 비드가 형성된다.
④ 용접선이 잘 보이지 않아 운봉을 정확하게 하기 어렵다

해설 전진법 : 후진법보다 스패터가 많고 용입이 얕으나 용접선이 잘 보여 운봉이 쉽다.

15 용접에 의한 변형을 미리 예측하여 용접하기 전에 용접 반대방향으로 변형을 주고 용접하는 방법은?

① 억제법 ② 역변형법
③ 후퇴법 ④ 비석법

해설 억제법 : 용접 전에 지그 등으로 변형하지 못하도록 고정하는 법

★
16 다음 중 플라스마 아크 용접에 적합한 모재가 아닌 것은?

① 텅스텐, 백금
② 티탄, 니켈 합금
③ 티탄, 구리
④ 스테인리스강, 탄소강

해설 텅스텐, 백금 등은 플라스마 용접이 적합하지 않다.

정답 09. ④ 10. ① 11. ② 12. ② 13. ③ 14. ③ 15. ② 16. ①

17 용접 지그를 사용했을 때의 장점이 아닌 것은?

① 구속력을 크게 하여 잔류응력 발생을 방지한다.
② 동일 제품을 다량 생산할 수 있다.
③ 제품의 정밀도를 높인다.
④ 작업을 용이하게 하고 용접능률을 높인다.

해설 구속을 할 경우 잔류응력은 더 커진다.

18 일종의 피복 아크 용접법으로 피더(feeder)에 철분계 용접봉을 장착하여 수평 필릿 용접을 전용으로 하는 일종의 반자동 용접장치로서 모재와 일정한 경사를 갖는 금속지주를 용접 홀더가 하강하면서 용접되는 용접법은?

① 그래비트 용접 ② 용사
③ 스터드 용접 ④ 테르밋 용접

해설 그래비트 용접 : 중력 용접이라고도 하며, 장척봉으로 수평 필릿 용접 시 적용

19 피복 아크 용접에 의한 맞대기 용접에서 개선 홈과 판 두께에 관한 설명으로 틀린 것은?

① I형 : 판 두께 6mm 이하 양쪽 용접에 적용
② V형 : 판 두께 20mm 이하 한쪽 용접에 적용
③ U형 : 판 두께 40~60mm 양쪽 용접에 적용
④ X형 : 판 두께 15~40mm 양쪽 용접에 적용

해설 U형 : 판 두께 40~60mm, 한쪽 용접에 적용

★ **20** 일렉트로 슬래그 용접에서 주로 사용되는 전극 와이어의 지름은 보통 몇 mm인가?

① 1.2~1.5 ② 1.7~2.3
③ 2.5~3.2 ④ 3.5~4.0

해설 일렉트로 슬래그 용접 : 지름 2.5~3.2mm의 와이어 사용

★ **21** 피복 아크 용접에서 피복제의 성분에 포함되지 않는 것은?

① 피복 안정제 ② 가스 발생제
③ 피복 이탈제 ④ 슬래그 생성제

해설 피복제 성분에 피복 이탈제는 사용하지 않는다.

22 용접 결함과 그 원인에 대한 설명 중 잘못 짝지어진 것은?

① 언더컷 – 전류가 너무 높은 때
② 기공 – 용접봉이 흡습되었을 때
③ 오버랩 – 전류가 너무 낮을 때
④ 슬래그 섞임 – 전류가 과대되었을 때

해설 슬래그 섞임 : 전류가 낮을 때, 전층 슬래그 제거 불량 시 발생

★ **23** 피복 아크 용접봉의 용융속도를 결정하는 식은?

① 용융속도=아크전류×용접봉 쪽 전압강하
② 용융속도=아크전류×모재 쪽 전압강하
③ 용융속도=아크전압×용접봉 쪽 전압강하
④ 용융속도=아크전압×모재 쪽 전압강하

해설 용융속도 결정 : ①, 단위시간당 소비되는 용접봉의 길이

24 볼트나 환봉을 피스톤형의 홀더에 끼우고 모재와 볼트 사이에 순간적으로 아크를 발생시켜 용접하는 방법은?

① 서브머지드 아크 용접
② 스터드 용접
③ 테르밋 용접
④ 불활성 가스 아크 용접

해설 스터드 용접 : 건설 공사장 등에서 사용하며 심기 용접이라고도 한다.

★ **25** 용접법의 분류에서 아크 용접에 해당되지 않는 것은?

① 유도가열 용접 ② TIG 용접
③ 스터드 용접 ④ MIG 용접

해설 유도가열 용접은 압접의 일종이다.

26 피복 아크 용접 시 용접선 상에서 용접봉을 이동시키는 조작을 말하며 아크의 발생, 중단, 재아크, 위빙 등이 포함된 작업을 무엇이라 하는가?

① 용입 ② 운봉
③ 키홀 ④ 용융지

해설 용입 : 열에 의해 모재가 녹아들어간 깊이

정답 17. ① 18. ① 19. ③ 20. ③ 21. ③ 22. ④ 23. ① 24. ② 25. ① 26. ②

27 다음 중 산소 및 아세틸렌 용기의 취급방법으로 틀린 것은?

① 산소 용기의 밸브, 조정기, 도관, 취부구는 반드시 기름이 묻은 천으로 깨끗이 닦아야 한다.
② 산소용기의 운반 시에는 충돌, 충격을 주어서는 안 된다.
③ 사용이 끝난 용기는 실병과 구분하여 보관한다.
④ 아세틸렌용기는 세워서 사용하며 용기에 충격을 주어서는 안 된다.

해설 가스기기 취급 : 산소용기, 부속기 등에 기름이 묻을 경우 폭발성 화합물을 만들어 폭발 위험이 있다.

28 다음 중 가변저항의 변화를 이용하여 용접전류를 조정하는 교류 아크 용접기는?

① 탭 전환형 ② 가동 코일형
③ 가동 철심형 ④ 가포화 리액터형

해설 가동 철심형 : 가동 철심이 고정 철심 내를 움직임에 따라 전류가 조정된다.

29 가스 용접이나 절단에 사용되는 가연성 가스의 구비조건으로 틀린 것은?

① 발열량이 클 것
② 연소속도가 느릴 것
③ 불꽃의 온도가 높을 것
④ 용융금속과 화학반응이 일어나지 않을 것

해설 가스 용접 시 가연성 가스는 연소속도가 빨라야 된다.

30 혼합가스 연소에서 불꽃온도가 가장 높은 것은?

① 산소 – 수소불꽃
② 산소 – 프로판불꽃
③ 산소 – 아세틸렌불꽃
④ 산소 – 부탄불꽃

해설 ① 2,900℃
② 2,820℃
③ 3,420℃

★
31 AW–250, 무부하전압 80V, 아크전압 20V인 교류 용접기를 사용할 때 역률과 효율은 각각 얼마인가? (단, 내부 손실은 4kW이다.)

① 역률 : 45%, 효율 : 56%
② 역률 : 48%, 효율 : 69%
③ 역률 : 54%, 효율 : 80%
④ 역률 : 69%, 효율 : 72%

해설 • 역률 $= \dfrac{20\times250+4,000}{80\times250}\times100 = 45$

• 효율 $= \dfrac{20\times250}{20\times250+4,000}\times100 = 55.5$

32 연강용 피복 아크 용접봉의 종류와 피복제 계통으로 틀린 것은?

① E4303 : 라임티타니아계
② E4311 : 고산화티탄계
③ E4316 : 저수소계
④ E4327 : 철분산화철계

해설 E4327 : 철분저수소계

33 산소–아세틸렌가스 절단과 비교한 산소–프로판가스 절단의 특징으로 옳은 것은?

① 절단면이 미세하며 깨끗하다.
② 절단 개시시간이 빠르다.
③ 슬래그 제거가 어렵다.
④ 중성불꽃을 만들기가 쉽다.

해설 산소–프로판가스 절단이 산소–아세틸렌가스 절단보다 깨끗하게 절단된다.

★
34 피복 아크 용접에서 "모재의 일부가 녹은 쇳물 부분"을 의미하는 것은?

① 슬래그 ② 용융지
③ 피복부 ④ 용착부

해설 용융지 : 녹아 있는 쇳물 부분

정답 27. ① 28. ④ 29. ② 30. ③ 31. ① 32. ② 33. ① 34. ②

35 가스 압력 조정기 취급사항으로 틀린 것은?

① 압력용기의 설치구 방향에는 장애물이 없어야 한다.
② 압력 지시계가 잘 보이도록 설치하며 유리가 파손되지 않도록 주의한다.
③ 조정기를 견고하게 설치한 다음 조정나사를 잠그고 밸브를 빠르게 열어야 한다.
④ 압력 조정기 설치구에 있는 먼지를 털어내고 연결부에 정확하게 연결한다.

해설 조정기의 조정나사는 풀려 있을 때 닫힌 것이며, 밸브를 서서히 열어야 한다.

★
36 연강용 가스 용접봉에서 "625±25℃에서 1시간 동안 응력을 제거한 것"을 뜻하는 영문자 표시에 해당되는 것은?

① NSR ② GB
③ SR ④ GA

해설 NSR : 응력을 제거 안한 것

★
37 피복 아크 용접에서 위빙(weaving) 폭은 심선 지름의 몇 배로 하는 것이 가장 적당한가?

① 1배 ② 2~3배
③ 5~6배 ④ 7~8배

해설 피복 아크 용접봉의 위빙 폭은 심선 지름의 2~3배가 적당하다.

★
38 전격방지기는 아크를 끊음과 동시에 자동적으로 릴레이가 차단되어 용접기의 2차 무부하 전압을 몇 V 이하로 유지시키는가?

① 20~30 ② 35~45
③ 50~60 ④ 65~75

해설 전격방지기는 감전 방지기로서 무부하시에는 30V 이하로 유지된다.

39 Au의 순도를 나타내는 단위는?

① K(carat) ② P(pound)
③ %(percent) ④ μm(micron)

해설 금의 순도는 캐럿(K)로 나타내며, 24K가 가장 순도가 높다.

★
40 30% Zn을 포함한 황동으로 연신율이 비교적 크고, 인장강도가 매우 높아 판, 막대, 관, 선 등으로 널리 사용되는 것은?

① 톰백(tombac)
② 네이벌 황동(naval brass)
③ 6 : 4 황동(muntz metal)
④ 7 : 3 황동(cartidge brass)

해설 구리 70%, 아연 30%일 때 가장 연신율이 높다.

41 다음 상태도에서 액상선을 나타내는 것은?

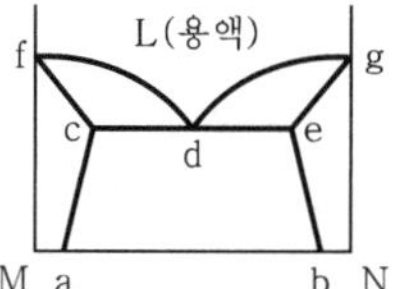

① acf ② cde
③ fdg ④ beg

해설 액상선 : 합금의 용해시 성분에 따라 이 선을 기준으로 가열되면 액체가, 냉각되면 고체가 된다.

42 금속 표면에 스텔라이트, 초경합금 등의 금속을 용착시켜 표면경화층을 만드는 것은?

① 금속 용사법
② 하드 페이싱
③ 숏 피이닝
④ 금속 침투법

해설 금속 침투법 : 금속 표면에 다른 금속을 확산 침투시켜 내식성, 내마모성 등을 향상시키는 법

★
43 다음 중 용접법의 분류에서 초음파 용접은 어디에 속하는가?

① 납땜 ② 압접
③ 융접 ④ 아크 용접

해설 압접 : 초음파 용접, 고주파 용접, 냉간압접 등

정답 35. ③ 36. ③ 37. ② 38. ① 39. ① 40. ④ 41. ③ 42. ② 43. ②

44 주철의 조직은 C와 Si의 양과 냉각속도에 의해 좌우된다. 이들의 요소와 조직의 관계를 나타낸 것은?

① C.C.T 곡선 ② 탄소 당량도
③ 주철의 상태도 ④ 마우러 조직도

해설 CCT 곡선 : 연속 냉각 변태 곡선

★
45 Al-Cu-Si계 합금의 명칭으로 옳은 것은?

① 알민 ② 라우탈
③ 알드리 ④ 코오슨 합금

해설 • 라우탈 : 주조성이 좋고 시효경화성이 있다. Si 첨가로 주조성이 개선되고 Cu 첨가로 실루민의 결점인 절삭성이 향상된다.
• 알민 : Al-Mn 합금

46 Al 표면에 방식성이 우수하고 치밀한 산화 피막이 만들어지도록 하는 방식방법이 아닌 것은?

① 산화법 ② 수산법
③ 황산법 ④ 크롬산법

해설 알루미늄 방식법에는 수산법, 황산법, 크롬산법 등이 있음

47 다음 중 하드필드(hadfield)강에 대한 설명으로 틀린 것은?

① 오스테나이트 조직의 Mn강이다.
② 성분은 10~14% Mn, 0.9~1% 3C 정도이다.
③ 이 강은 고온에서 취성이 생기므로 600~800℃에서 공랭한다.
④ 내마멸성과 내충격성이 우수하고 인성이 우수하기 때문에 파쇄장치, 임펠러 플레이트 등에 사용한다.

해설 하드필드강 : 고온에서 취성이 생기므로 1,000~1,100℃에서 수중 담금질하여 인성을 부여한 강

★
48 다음 중 재결정온도가 가장 낮은 것은?

① Sn ② Mg
③ Cu ④ Ni

해설 Sn의 재결정 온도 : 상온 이하

49 Fe-C 상태도에서 A_3와 A_4 변태점 사이에서의 결정구조는?

① 체심정방격자 ② 체심입방격자
③ 조밀육방격자 ④ 면심입방격자

해설 A_3 이하에서는 체심입방격자

50 열팽창계수가 다른 두 종류의 판을 붙여서 하나의 판으로 만든 것으로 온도 변화에 따라 휘거나 그 변형을 구속하는 힘을 발생하며 온도 감응소자 등에 이용되는 것은?

① 서멧 재료
② 바이메탈 재료
③ 형상기억 합금
④ 수소저장 합금

해설 바이메탈 : 열챙창계수가 다른 두 금속을 붙여 만든 것으로 자동 온도 조절 스위치 등에 사용된다.

51 ★ 기계제도에서 가는 2점 쇄선을 사용하는 것은?

① 중심선 ② 지시선
③ 피치선 ④ 가상선

해설 가는 2점 쇄선 : 물체의 일부나 활동 범위 등을 가상해서 나타낼 때 사용하는 선

52 나사의 종류에 따른 표시기호가 옳은 것은?

① M – 미터 사다리꼴 나사
② UNC – 미니추어 나사
③ Rc – 관용 테이퍼 암나사
④ G – 전구나사

해설 M : 미터 나사, UNC : 유니파이 보통 나사

★
53 배관용 탄소강관의 종류를 나타내는 기호가 아닌 것은?

① SPPS 380 ② SPPH 380
③ SPCD 390 ④ SPLT 390

해설 SPLT 390 ; 저온배관용 탄소강관

정답 44. ④ 45. ② 46. ① 47. ③ 48. ① 49. ④ 50. ② 51. ④ 52. ③ 53. ③

54 기계제도에서 도형의 생략에 관한 설명으로 틀린 것은?

① 도형이 대칭 형식인 경우에는 대칭 중심선의 한쪽 도형만을 그리고, 그 대칭 중심선의 양 끝 부분에 대칭 그림기호를 그려서 대칭임을 나타낸다.
② 대칭 중심선의 한쪽 도형을 대칭 중심선을 조금 넘는 부분까지 그려서 나타낼 수도 있으며, 이때 중심선 양끝에 대칭 그림기호를 반드시 나타내야 한다.
③ 같은 종류, 같은 모양의 것이 다수 줄지어 있는 경우에는 실형 대신 그림기호를 피치선과 중심선과의 교점에 기입하여 나타낼 수 있다.
④ 축, 막대, 관과 같은 동일 단면형의 부분은 지면을 생략하기 위하여 중간부분을 파단선으로 잘라내서 그 긴요한 부분만을 가까이 하여 도시할 수 있다.

해설 대칭 중심선의 한쪽 도형을 중심선을 조금 넘는 부분까지 그려 포시할 수 있으며, 이때 중심선 양끝에 대칭 그림기호를 생략해도 된다.

55 모떼기의 치수가 2mm이고 각도가 45°일 때 올바른 치수기입 방법은?

① C2　② 2C
③ 2-45°　④ 45°×2

해설 C2 : '모서리의 가로 세로 각 2mm를 모떼기한다'는 의미

56 도형의 도시방법에 관한 설명으로 틀린 것은?

① 소성가공 때문에 부품의 초기 윤곽선을 도시해야 할 필요가 있을 때는 가는 2점 쇄선으로 도시한다.
② 필릿이나 둥근 모퉁이와 같은 가상의 교차선은 윤곽선과 서로 만나지 않은 가는 실선으로 투상도에 도시할 수 있다.
③ 널링부는 굵은 실선으로 전체 또는 부분적으로 도시한다.
④ 투명한 재료로 된 모든 물체는 기본적으로 투명한 것처럼 도시한다.

해설 투명한 재료의 물체라도 형상대로 도시한다.

57 다음 그림과 같은 제3각 정투상도에 가장 적합한 입체도는?

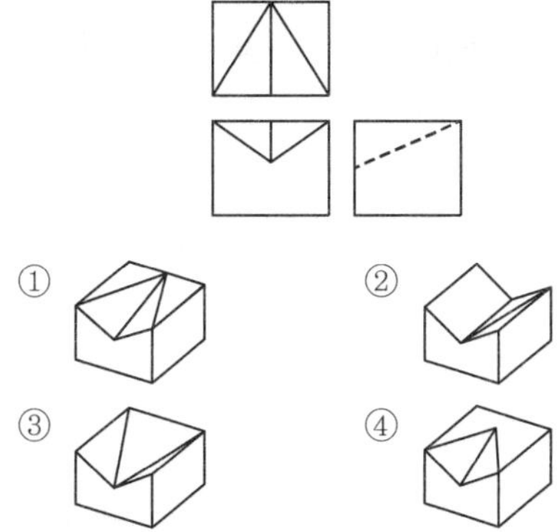

해설 3면도를 비교할 때 상부가 경사진 V홈 형상인 도면이 답이다.

58 제3각법으로 정투상한 그림에서 누락된 정면도로 가장 적합한 것은?

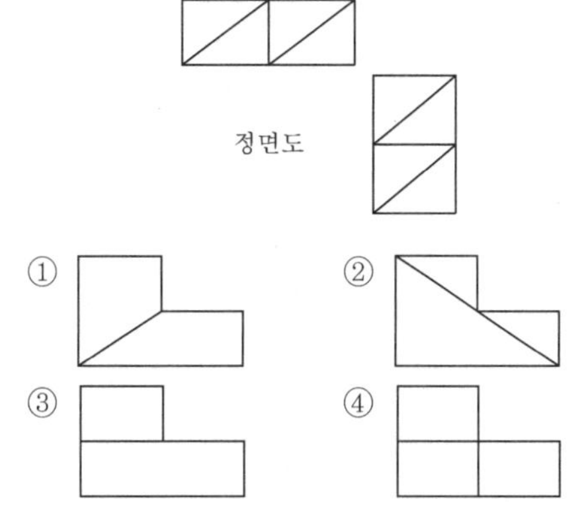

해설 평면도와 우측면도의 경사선과 맞춰지는 도형은 ②이다.

59 다음 중 게이트 밸브를 나타내는 기호는?

①　②
③　④

해설 ②는 체크 벨브이다.

정답 54. ② 55. ① 56. ④ 57. ① 58. ② 59. ①

★
60 다음 그림과 같은 용접기호는 무슨 용접을 나타내는가?

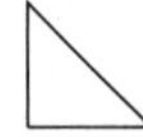

① 심 용접　　② 비드 용접
③ 필릿 용접　　④ 점 용접

해설 삼각형 용접기호는 필릿 용접기호이다.

정답 60. ③

제 2 회 특수용접기능사

01 가스 용접 시 안전사항으로 적당하지 않는 것은?

① 호스는 길지 않게 하며 용접이 끝났을 때는 용기밸브를 잠근다.
② 작업자 눈을 보호하기 위해 적당한 차광유리를 사용한다.
③ 산소병은 60℃ 이상 온도에서 보관하고 직사광선을 피하여 보관한다.
④ 호스 접속부는 호스밴드로 조이고 비눗물 등으로 누설 여부를 검사한다.

해설 산소병은 40℃ 이하 온도에서 직사광선을 피하여 보관한다.

02 다음 중 일반적으로 모재의 용융선 근처의 열영향부에서 발생되는 균열이며 고탄소강이나 저합금강을 용접할 때 용접열에 의한 열영향부의 경화와 변태응력 및 용착금속 속의 확산성 수소에 의해 발생되는 균열은?

① 루트 균열 ② 설퍼 균열
③ 비드 밑 균열 ④ 크레이터 균열

해설 비드 밑 균열 : 언더 비드 크랙이라 하며 수소가 원인인 저온 균열의 일종이다.

03 플라스마 아크 용접의 특징으로 틀린 것은?

① 비드 폭이 좁고 용접속도가 빠르다.
② 1층으로 용접할 수 있으므로 능률적이다.
③ 용접부의 기계적 성질이 좋으며 용접변형이 적다.
④ 핀치 효과에 의해 전류밀도가 작고 용입이 얕다.

해설 플라스마 아크 용접은 핀치 효과에 의해 전류밀도가 크고 용입이 깊다.

03 다음 중 지그나 고정구의 설계 시 유의사항으로 틀린 것은?

① 구조가 간단하고 효과적인 결과를 가져와야 한다.
② 부품의 고정과 이완은 신속히 이루어져야 한다.
③ 모든 부품의 조립은 어렵고 눈으로 볼 수 없어야 한다.
④ 한번 부품을 고정시키면 차후 수정 없이 정확하게 고정되어 있어야 한다.

해설 지그는 쉽게 작업이 가능하고 고정이 쉬워야 한다.

★
05 다음 용접결함 중 구조상의 결함이 아닌 것은?

① 기공 ② 변형
③ 용입 불량 ④ 슬래그 섞임

해설 변형은 치수상 결함이다.

★
06 다음 금속 중 냉각속도가 가장 빠른 금속은?

① 구리 ② 연강
③ 알루미늄 ④ 스테인리스강

해설 냉각속도 큰 순서 : 구리 > 알루미늄 > 연강 > 스테인리스강 순이며, 열전도도가 큰 것이 냉각속도도 크다.

★
07 다음 중 인장시험에서 알 수 없는 것은?

① 항복점 ② 연신율
③ 비틀림 강도 ④ 단면수축률

해설 비틀림 강도는 비틀림 시험으로 알 수 있다.

부록 2

정답 01. ③ 02. ③ 03. ④ 04. ③ 05. ② 06. ① 07. ③

08 서브머지드 아크 용접에서 와이어 돌출길이는 보통 와이어 지름을 기준으로 정한다. 적당한 와이어 돌출길이는 와이어 지름의 몇 배가 가장 적합한가?

① 2배　② 4배
③ 6배　④ 8배

해설 SAW 와이어 돌출길이는 와이어 지름의 8배 정도가 적당하다.

★
09 용접봉의 습기가 원인이 되어 발생하는 결함으로 가장 적절한 것은?

① 기공　② 변형
③ 용입 불량　④ 슬래그 섞임

해설 기공 방지 : 용접봉 건조, 모재 청정

10 저항 용접의 특징으로 틀린 것은?

① 산화 및 변질부분이 적다.
② 용접봉, 용제 등이 불필요하다.
③ 작업속도가 빠르고 대량생산에 적합하다.
④ 열손실이 많고, 용접부에 집중열을 가할 수 없다.

해설 저항 용접 : 열손실이 적고, 용접부에 집중열을 가할 수 있다.

★
11 다음 중 불활성 가스인 것은?

① 산소　② 헬륨
③ 탄소　④ 이산화탄소

해설 불활성 가스 : 아르곤, 헬륨, 네온 등이 있으며, 용접에는 주로 아르곤과 헬륨이 사용된다.

12 은 납땜이나 황동 납땜에 사용되는 용제(Flux)는?

① 붕사　② 송진
③ 염산　④ 염화암모늄

해설 동합금 용접에 붕사가 많이 사용되며, ②, ③, ④는 연납용 용제이다.

13 아크 용접기의 사용에 대한 설명으로 틀린 것은?

① 사용률을 초과하여 사용하지 않는다.
② 무부하 전압이 높은 용접기를 사용한다.
③ 전격방지기가 부착된 용접기를 사용한다.
④ 용접기 케이스는 접지(earth)를 확실히 해 둔다.

해설 가급적 무부하 전압이 낮은 것이 좋다.

14 용접순서에 관한 설명으로 틀린 것은?

① 중심선에 대하여 대칭으로 용접한다.
② 수축이 적은 이음을 먼저하고 수축이 큰 이음은 후에 용접한다.
③ 용접선의 직각 단면 중심축에 대하여 용접의 수축력의 합이 0이 되도록 한다.
④ 동일 평면 내에 많은 이음이 있을 때는 수축은 가능한 자유단으로 보낸다.

해설 용접 우선 순위 : 수축이 큰 이음을 먼저하고 수축이 작은 이음은 후에 용접한다.

★
15 다음 중 TIG 용접 시 주로 사용되는 가스는?

① CO_2　② O_2
③ O_2　④ Ar

해설 TIG 용접 : 텅스텐 불활성 가스 아크 용접으로 사용하는 불활성 가스는 아르곤(Ar), 헬륨(He)이다.

★
16 서브머지드 아크 용접법에서 두 전극 사이의 복사열에 의한 용접은?

① 텐덤식　② 횡직렬식
③ 횡병렬식　④ 종병렬식

해설 다전극 방식은 ①, ②, ③이며, 종병렬식은 없다.

17 다음 중 유도방사에 의한 광의 증폭을 이용하여 용융하는 용접법은?

① 맥동 용접　② 스터드 용접
③ 레이저 용접　④ 피복 아크 용접

해설 레이저(LASER) 용접은 Light Amplification Stimulated Emission of Radiation(유도방사에 의한 광의 증폭)의 첫 글자를 의미한다.

정답 08. ④ 09. ① 10. ④ 11. ② 12. ① 13. ② 14. ② 15. ④ 16. ② 17. ③

18 심 용접의 종류가 아닌 것은?

① 횡 심 용접(circular seam welding)
② 매시 심 용접(mash seam welding)
③ 포일 심 용접(foil seam welding)
④ 맞대기 심 용접(butt seam welding)

해설 횡 심용접은 없다.

19 맞대기 용접 이음에서 판 두께가 6mm, 용접선 길이가 120mm, 인장응력이 9.5N/mm^{2}일 때 모재가 받는 하중은 몇 N인가?

① 5,680 ② 5,860
③ 6,480 ④ 6,840

해설 $P=\sigma A=9.5\times6\times120=6,840$

20 제품을 용접한 후 일부분이 언더컷이 발생하였을 때 보수방법으로 가장 적당한 것은?

① 홈을 만들어 용접한다.
② 결함부분을 절단하고 재용접한다.
③ 가는 용접봉을 사용하여 재용접한다.
④ 용접부 전체 부분을 가우징으로 따낸 후 재용접한다.

해설 언더컷 보수는 가는 봉을 사용하여 재용접한다.

21 다음 중 일렉트로 가스 아크 용접의 특징으로 옳은 것은?

① 용접속도는 자동으로 조절된다.
② 판 두께가 얇을수록 경제적이다.
③ 용접장치가 복잡하여 취급이 어렵고 고도의 숙련을 요한다.
④ 스패터 및 가스의 발생이 적고, 용접작업 시 바람의 영향을 받지 않는다.

해설 일렉트로 가스 아크 용접 : 판 두께가 두꺼울수록 경제적이다.

★
22 다음 중 연소의 3요소에 해당하지 않는 것은?

① 가연물 ② 부촉매
③ 산소공급원 ④ 점화원

해설 연소의 3요소 : 가연물, 산소, 점화원

23 일미나이트계 용접봉을 비롯하여 대부분의 피복 아크 용접봉을 사용할 때 많이 볼 수 있으며, 미세한 용적이 날려서 옮겨 가는 용접이행 방식은?

① 단락형 ② 누적형
③ 스프레이형 ④ 글로뷸러형

해설 스프레이(분무)형 : 고산화티탄계, 일미나이트계

★
24 가스 절단작업에서 절단속도에 영향을 주는 요인과 가장 관계가 먼 것은?

① 모재의 온도 ② 산소의 압력
③ 산소의 순도 ④ 아세틸렌 압력

해설 아세틸렌 압력은 절단속도에 영향을 미치지 않는다.

25 산소-프로판가스 절단에서 프로판가스 1에 대하여 얼마의 비율로 산소를 필요로 하는가?

① 1.5 ② 2.5
③ 4.5 ④ 6

해설 산소-프로판가스 절단에서 프로판가스 1에 산소가 4.5배 소요된다.

26 산소용기를 취급할 때 주의사항으로 가장 적합한 것은?

① 산소밸브의 개폐는 빨리 해야 한다.
② 운반 중에 충격을 주지 말아야 한다.
③ 직사광선이 쬐이는 곳에 두어야 한다.
④ 산소용기의 누설시험에는 순수한 물을 사용해야 한다.

해설 산소용기는 직사광선이 없는 곳, 40℃ 이하인 곳에 보관한다.

27 산소-아세틸렌가스 용접기로 두께가 3.2mm인 연강판을 V형 맞대기 이음을 하려면 이에 적합한 연강용 가스 용접봉의 지름(mm)을 계산식에 의해 구하면 얼마인가?

① 2.6 ② 3.2
③ 3.6 ④ 4.6

정답 18. ① 19. ④ 20. ③ 21. ② 22. ② 23. ③ 24. ④ 25. ③ 26. ② 27. ①

해설 가스용접봉 지름 $= \frac{3.2}{2}+1=2.6$

★
28 아세틸렌(C_2H_2)가스의 성질로 틀린 것은?

① 비중이 1.906으로 공기보다 무겁다.
② 순수한 것은 무색, 무취의 기체이다.
③ 구리, 은, 수은과 접촉하면 폭발성 화합물을 만든다.
④ 매우 불안전한 기체이므로 공기 중에서 폭발 위험성이 크다.

해설 아세틸렌가스의 비중은 0.906으로 공기보다 가볍다.

29 아크 용접기의 구비조건으로 틀린 것은?

① 효율이 좋아야 한다.
② 아크가 안정되어야 한다.
③ 용접 중 온도상승이 커야 한다.
④ 구조 및 취급이 간단해야 한다.

해설 모든 용접기는 사용 중 온도 상승이 적어야 된다.

30 아크가 발생될 때 모재에서 심선까지의 거리를 아크길이라 한다. 아크길이가 짧을 때 일어나는 현상은?

① 발열량이 작다.
② 스패터가 많아진다.
③ 기공 균열이 생긴다.
④ 아크가 불안정해 진다.

해설 아크길이가 짧으면 스패터, 기공이 적으나 발열량이 적다.

★
31 피복 아크 용접 중 용접봉의 용융속도에 관한 설명으로 옳은 것은?

① 아크전압×용접봉쪽 전압강하로 결정된다.
② 단위시간당 소비되는 전류값으로 결정된다.
③ 동일 종류 용접봉인 경우 전압에만 비례하여 결정된다.
④ 용접봉 지름이 달라도 동일 종류 용접봉인 경우 용접봉 지름에는 관계가 없다.

해설 용융속도 : 아크전류×용접봉쪽 전압강하로 결정된다.

32 용접용 2차측 케이블의 유연성을 확보하기 위하여 주로 사용하는 캡 타이어 전선에 대한 설명으로 옳은 것은?

① 가는 구리선을 여러 개로 꼬아 얇은 종이로 싸고 그 위에 니켈 피복을 한 것
② 가는 구리선을 여러 개로 꼬아 튼튼한 종이로 싸고 그 위에 고무 피복을 한 것
③ 가는 알루미늄선을 여러 개로 꼬아 튼튼한 종이로 싸고 그 위에 니켈 피복을 한 것
④ 가는 알루미늄선을 여러 개로 꼬아 얇은 종이로 싸고 그 위에 고무 피복을 한 것

해설 용접기의 2차 케이블 : 작업 시 부드럽게 하기 위해 가는 구리선을 여러 개로 꼬아 튼튼한 종이로 싸고 고무 피복을 한 것을 사용한다.

★
33 피복 아크 용접에서 아크의 특성 중 정극성에 비교하여 역극성의 특징으로 틀린 것은?

① 용입이 얕다.
② 비드 폭이 좁다.
③ 용접봉의 용융이 빠르다.
④ 박판, 주철 등 비철금속의 용접에 쓰인다.

해설 직류역극성은 비드 폭이 넓고 용입이 낮다.

34 아크 용접에 속하지 않는 것은?

① 스터드 용접
② 프로젝션 용접
③ 불활성 가스 아크 용접
④ 서브머지드 아크 용접

해설 프로젝션 용접은 전기저항 용접의 일종이다.

35 프로판가스의 성질에 대한 설명으로 틀린 것은?

① 기화가 어렵고 발열량이 낮다.
② 액화하기 쉽고 용기에 넣어 수송이 편리하다.
③ 온도 변화에 따른 팽창률이 크고 물에 잘 녹지 않는다.
④ 상온에서는 기체상태이고 무색, 투명하며 약간의 냄새가 난다.

해설 프로판가스는 기화가 쉽고 발열량이 높다.

정답 28. ① 29. ③ 30. ① 31. ④ 32. ② 33. ② 34. ② 35. ①

36 가스 용접에서 용제(flux)를 사용하는 가장 큰 이유는?

① 모재의 용융온도를 낮게 하여 가스 소비량을 적게 하기 위해
② 산화작용 및 질화작용을 도와 용착금속의 조직을 미세화하기 위해
③ 용접봉의 용융속도를 느리게 하여 용접봉 소모를 적게 하기 위해
④ 용접 중에 생기는 금속의 산화물 또는 비금속 개재물을 용해하여 용착금속의 성질을 양호하게 하기 위해

해설 용제 : 용접 중에 산화물, 비금속 개재물을 용해하여 용착금속의 성질을 양호하게 한다.

★
37 피복 아크 용접봉에서 피복제의 역할로 틀린 것은?

① 용착금속의 급랭을 방지한다.
② 모재 표면의 산화물을 제거한다.
③ 용착금속의 탈산정련 작용을 방지한다.
④ 중성 또는 환원성 분위기로 용착금속을 보호한다.

해설 피복제는 용착금속의 탈산정련 작용을 하여 용탕을 깨끗하게 한다.

38 가스 용접봉 선택조건으로 틀린 것은?

① 모재와 같은 재질일 것
② 용융온도가 모재보다 낮을 것
③ 불순물이 포함되어 있지 않을 것
④ 기계적 성질에 나쁜 영향을 주지 않을 것

해설 가스 용접봉의 용융온도는 모재와 같은 것이 좋다.

39 담금질한 강을 뜨임 열처리하는 이유는?

① 강도를 증가시키기 위하여
② 경도를 증가시키기 위하여
③ 취성을 증가시키기 위하여
④ 인성을 증가시키기 위하여

해설 뜨임 : 담금질한 강의 경도를 낮추고 인성을 증가시킨다(고온 뜨임의 경우).

40 금속의 공통적 특성으로 틀린 것은?

① 열과 전기의 양도체이다.
② 금속 고유의 광택을 갖는다.
③ 이온화하면 음(−) 이온이 된다.
④ 소성 변형성이 있어 가공하기 쉽다.

해설 금속의 공통적 특성
- 열과 전기의 양도체이다.
- 금속 고유의 광택을 갖는다.
- 소성 변형성이 있어 가공하기 쉽다.
- 전연성이 풍부하다.
- 수은을 제외하고 상온에서 고체이다.
- 비중과 용융점이 높다.

★
41 다음 중 Fe−C 평형상태도에서 가장 낮은 온도에서 일어나는 반응은?

① 공석반응 ② 공정반응
③ 포석반응 ④ 포정반응

해설 공석반응 : 723℃, 공정반응 : 1,130℃

42 다음 그림과 같은 결정격자는?

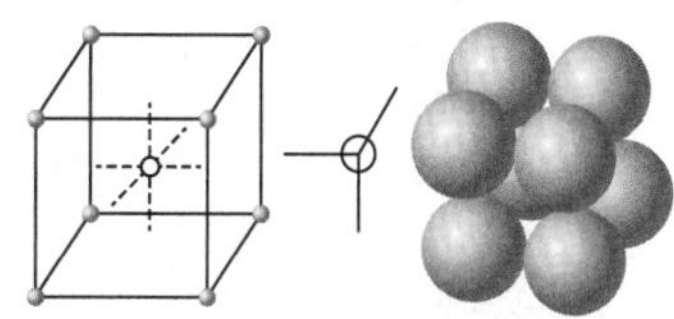

① 면심입방격자 ② 조밀육방격자
③ 저심면방격자 ④ 체심입방격자

해설 체심입방격자 : 육면체의 각 모서리에 원자 1개 그 중심에 원자 하나가 있는 단위 격자의 모양이다.

43 미세한 결정립을 가지고 있으며, 응력 하에서 파단에 이르기까지 수백 % 이상의 연신율을 나타내는 합금은?

① 제진 합금 ② 초소성 합금
③ 비정질 합금 ④ 형상기억 합금

해설 초소성 합금 : 소성의 성질이 매우 높은 합금

정답 36. ④ 37. ③ 38. ② 39. ④ 40. ③ 41. ① 42. ④ 43. ②

부록 2

44 인장시험편의 단면적이 $50mm^2$이고, 하중이 500kgf일 때 인장강도는 얼마인가?

① $10kgf/mm^2$ ② $50kgf/mm^2$
③ $100kgf/mm^2$ ④ $250kgf/mm^2$

해설 $\sigma = \frac{P}{A} = \frac{500}{50} = 10$

45 합금 공구강 중 게이지용 강이 갖추어야 할 조건으로 틀린 것은?

① 경도는 HRC 45 이하를 가져야 한다.
② 팽창계수가 보통강보다 작아야 한다.
③ 담금질에 의한 변형 및 균열이 없어야 한다.
④ 시간이 지남에 따라 치수의 변화가 없어야 한다.

해설 게이지용 합금 공구강 : 경도는 HRC 55 이상을 가져야 한다.

46 상온에서 방치된 황동 가공재나, 저온 풀림 경화로 얻은 스프링재가 시간이 지남에 따라 경도 등 여러 가지 성질이 악화되는 현상은?

① 자연 균열 ② 경년 변화
③ 탈아연 부식 ④ 고온 탈아연

해설 ① 자연 균열 : 황동을 부식분위기(암모니아, O_2, CO_2, 습기, 수은 등)에서 사용 또는 보관하였을 때 입계에 응력부식균열의 모양으로 균열이 생기는 현상
③ 탈아연 부식 : 불순한 물질 또는 부식성 물질이 녹아 있는 수용액(예 해수 등)의 작용에 의해 황동의 표면 또는 깊은 곳까지 탈아연이 되는 현상으로 방지책으로는 아연판을 도선에 연결하든지 전류에 의한 방식법을 이용한다.
④ 고온 탈아연 현상 : 높은 온도에서 증발에 의해 황동 표면으로부터 아연이 탈출되는 현상으로, 방지책으로는 표면에 산화물 피막을 형성시키면 효과가 있다.

47 Mg의 비중과 용융점(℃)은 약 얼마인가?

① 0.8, 350℃ ② 1.2, 550℃
③ 1.74, 650℃ ④ 2.7, 780℃

해설 마그네슘은 비중이 매우 작다.

48 Al–Si계 합금을 개량처리하기 위해 사용되는 접종처리제가 아닌 것은?

① 금속나트륨 ② 염화나트륨
③ 불화알칼리 ④ 수산화나트륨

해설 접종처리한 대표적인 합금으로 실루민이 있다.

49 다음 중 소결 탄화물 공구강이 아닌 것은?

① 듀콜(Ducole)강
② 미디아(Midia)
③ 카볼로이(Carboloy)
④ 텅갈로이(Tungalloy)

해설 듀콜강 : 망간 1~2% 함유한 저망간강

★
50 Cu 4%, Ni 2%, Mg 1.5% 등을 알루미늄에 첨가한 Al 합금으로 고온에서 기계적 성질이 매우 우수하고, 금형 주물 및 단조용으로 이용될 뿐만 아니라 자동차 피스톤용에 많이 사용되는 합금은?

① Y합금 ② 슈퍼인바
③ 코슨 합금 ④ 두랄루민

해설 Y합금 : 내열성이 우수한 알루미늄 합금

51 판을 접어서 만든 물체를 펼친 모양으로 표시할 필요가 있는 경우 그리는 도면을 무엇이라 하는가?

① 투상도 ② 개략도
③ 입체도 ④ 전개도

해설 전개도 : 판금 작업 등에서 많이 사용되며, 판을 접어서 만든 물체를 펼친 모양으로 표시할 때 사용한다.

52 재료기호 중 SPHC의 명칭은?

① 배관용 탄소강
② 열간압연 연강판 및 강대
③ 용접구조용 압연강재
④ 냉간압연 강판 및 강대

해설 • 배관용 탄소강 : SPP
• 용접구조용 압연강재 : SM400A

정답 44. ① 45. ① 46. ② 47. ③ 48. ② 49. ① 50. ① 51. ④ 52. ②

53 그림과 같이 기점기호를 기준으로 하여 연속된 치수선으로 치수를 기입하는 방법은?

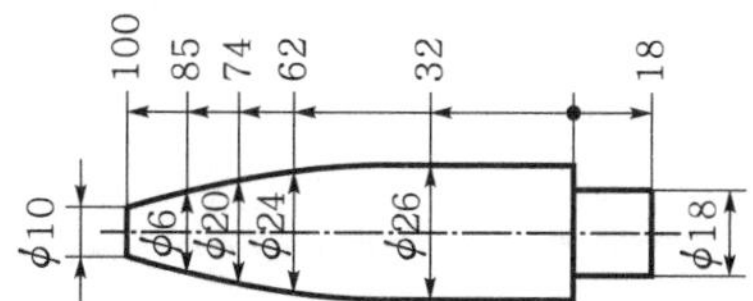

① 직렬치수 기입법 ② 병렬치수 기입법
③ 좌표치수 기입법 ④ 누진치수 기입법

해설 누진치수 기입법 : 기준점을 기준으로 치수를 더하여 기입하는 법

★
54 나사의 표시방법에 관한 설명으로 옳은 것은?

① 수나사의 골지름은 가는 실선으로 표시한다.
② 수나사의 바깥지름은 가는 실선으로 표시한다.
③ 암나사의 골지름은 아주 굵은 실선으로 표시 한다.
④ 완전 나사부와 불완전 나사부의 경계선은 가는 실선으로 표시한다.

해설 수나사의 바깥지름은 굵은 실선으로 표시한다.

55 아주 굵은 실선의 용도로 가장 적합한 것은?

① 특수 가공하는 부분의 범위를 나타내는 데 사용
② 얇은 부분의 단면도시를 명시하는 데 사용
③ 도시된 단면의 앞쪽을 표현하는 데 사용
④ 이동한계의 위치를 표시하는 데 사용

해설 아주 굵은 실선 : 박판의 단면을 나타낼 때 사용

56 배관 도시기호에서 유량계를 나타내는 기호는?

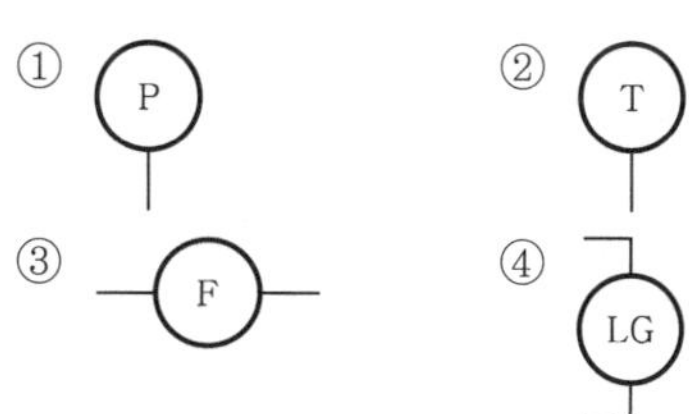

해설 ① 압력계(P), ② 온도계(T)

57 다음 그림과 같은 입체도의 정면도로 적합한 것은?

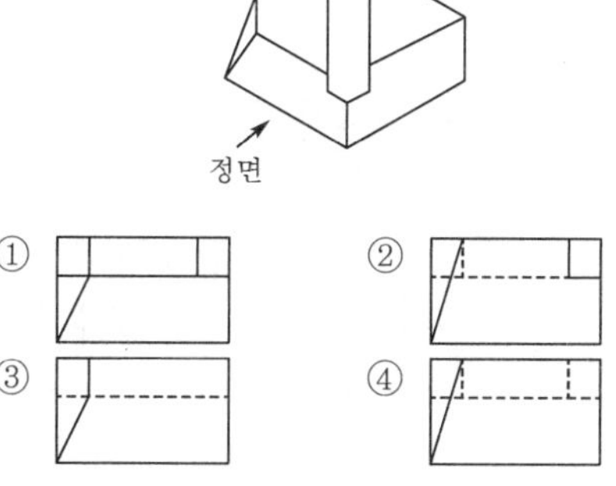

해설 입체도에서 경사 홈 부분이 좌측은 파선으로 우측 수직은 보이므로 실선으로 표시한다.

58 용접 보조기호 중 "제거 가능한 이면 판재 사용" 기호는?

해설 ④ 제거 불가능한 이면판재 사용

59 기계제도에서 사용하는 척도에 대한 설명으로 틀린 것은?

① 척도의 표시방법에는 현척, 배척, 축척이 있다.
② 도면에 사용한 척도는 일반적으로 표제란에 기입한다.
③ 한 장의 도면에 서로 다른 척도를 사용할 필요가 있는 경우에는 해당되는 척도를 모두 표제란에 기입한다.
④ 척도는 대상물과 도면의 크기로 정해진다.

해설 다중 도면에서 표제란에는 주된 척도 한가지만 나타내며, 척도가 다른 경우 해당 도면에 나타낸다.

정답 53. ④ 54. ① 55. ② 56. ③ 57. ② 58. ① 59. ③

60 다음 입체도의 화살표 방향을 정면으로 한다면 좌측면도로 적합한 투상도는?

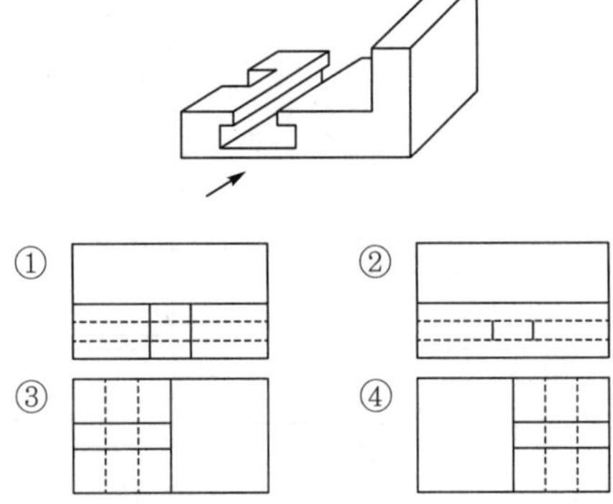

해설 입체도에서 더브테일 홈은 전체 파선, 하단 ㄷ홈의 수직선은 실선으로 표시한 도면이 답이다.

정답 60. ①

제 4 회 특수용접기능사

★
01 다음 중 MIG 용접에서 사용하는 와이어 송급 방식이 아닌 것은?

① 풀(pull) 방식
② 푸시(push) 방식
③ 푸시 풀(push-pull) 방식
④ 푸시 언더(push-under) 방식

해설 MIG 용접 와이어 송급 방식 : ①, ②, ③ 외에 더블 푸시 풀 방식이 있다.

★
02 용접 결함과 그 원인의 연결이 틀린 것은?

① 언더컷 - 용접전류가 너무 낮을 경우
② 슬래그 섞임 - 운봉속도가 느릴 경우
③ 기공 - 용접부가 급속하게 응고될 경우
④ 오버랩 - 부적절한 운봉법을 사용했을 경우

해설 언더컷 : 전류가 너무 높을 때

03 일반적으로 용접순서를 결정할 때 유의해야 할 사항으로 틀린 것은?

① 용접물의 중심에 대하여 항상 대칭으로 용접한다.
② 수축이 작은 이음을 먼저 용접하고 수축이 큰 이음은 나중에 용접한다.
③ 용접 구조물이 조립되어감에 따라 용접작업이 불가능한 곳이나 곤란한 경우가 생기지 않도록 한다.
④ 용접 구조물의 중립축에 대하여 용접 수축력의 모멘트 합이 0이 되게 하면 용접선 방향에 대한 굽힘을 줄일 수 있다.

해설 용접 우선순위 : 수축이 큰 이음을 먼저 용접하고 수축이 작은 이음은 나중에 용접한다.

★
04 용접부에 생기는 결함 중 구조상의 결함이 아닌 것은?

① 기공 ② 균열
③ 변형 ④ 용입 불량

해설 치수상 결함 : 변형, 치수 불량, 형상 불량

05 스터드 용접에서 내열성의 도기로 용융금속의 산화 및 유출을 막아 주고 아크열을 집중시키는 역할을 하는 것은?

① 페룰 ② 스터드
③ 용접토치 ④ 제어장치

해설 페룰 : 스터드 아크 용접 시 용융금속 유출 방지, 아크열 집중

★
06 다음 중 저항 용접의 3요소가 아닌 것은?

① 가압력 ② 통전시간
③ 용접토치 ④ 전류의 세기

해설 저항(점) 용접 3요소 : 가압력, 통전시간, 전류의 세기

07 다음 중 용접 이음의 종류가 아닌 것은?

① 십자 이음 ② 맞대기 이음
③ 변두리 이음 ④ 모따기 이음

해설 용접 이음에 모따기 이음은 없다.

정답 01. ④ 02. ① 03. ② 04. ③ 05. ① 06. ③ 07. ④

부록 2

08 일렉트로 슬래그 용접의 장점으로 틀린 것은?

① 용접능률과 용접품질이 우수하다.
② 최소한의 변형과 최단시간의 용접법이다.
③ 후판을 단일층으로 한번에 용접할 수 있다.
④ 스패터가 많으며 80%에 가까운 용착 효율을 나타낸다.

해설 일렉트로 슬래그 용접 : 스패터가 없으며 용착 효율이 100%에 가깝다.

09 선박, 보일러 등 두꺼운 판의 용접 시 용융 슬래그와 와이어의 저항열을 이용하여 연속적으로 상진하는 용접법은?

① 테르밋 용접
② 넌실드 아크 용접
③ 일렉트로 슬래그 용접
④ 서브머지드 아크 용접

해설 일렉트로 슬래그 용접 : 후판의 수직 용접법의 일종

10 다음 중 스터드 용접법의 종류가 아닌 것은?

① 아크 스터드 용접법
② 저항 스터드 용접법
③ 충격 스터드 용접법
④ 텅스텐 스터드 용접법

해설 스터드 용접에 텅스텐 스터드법은 없다.

11 탄산가스 아크 용접에서 용착속도에 관한 내용으로 틀린 것은?

① 용접속도가 빠르면 모재의 입열이 감소한다.
② 용착률은 일반적으로 아크전압이 높은 쪽이 좋다.
③ 와이어 용융속도는 와이어의 지름과는 거의 관계가 없다.
④ 와이어 용융속도는 아크전류에 거의 정비례하며 증가한다.

해설 용착률은 일반적으로 아크전류가 높은 쪽이 좋다.

★
12 용접결함 중 은점의 원인이 되는 주된 원소는?

① 헬륨　② 수소
③ 아르곤　④ 이산화탄소

해설 은점 : 수소가 주원인이라는 설이 있으며, 조직 결함의 일종이다.

13 플래시 버트 용접과정의 3단계는?

① 업셋, 예열, 후열
② 예열, 검사, 플래시
③ 예열, 플래시, 업셋
④ 업셋, 플래시, 후열

해설 플래시 버트 용접과정 : 초기 예열한 후 플래시가 발생하여 용융되면 업셋한다.

★
14 다음 중 제품별 노내 및 국부 풀림의 유지온도와 시간이 올바르게 연결된 것은?

① 탄소강 주강품 : 625±25℃, 판 두께 25mm에 대하여 1시간
② 기계구조용 연강재 : 725±25℃, 판 두께 25mm에 대하여 1시간
③ 보일러용 압연강재 : 625±25℃, 판 두께 25mm에 대하여 4시간
④ 용접구조용 연강재 : 725±25℃, 판 두께 25mm에 대하여 2시간

해설 탄소강 주강품 예열 : 600~650℃

15 용접 시공에서 다층 쌓기로 작업하는 용착법이 아닌 것은?

① 스킵법
② 빌드업법
③ 전진 블록법
④ 캐스케이드법

해설 스킵법 : 드문드문 용접 후 다시 그사이를 용접하는 법으로 박판 변형을 방지한다.

정답 08. ④ 09. ③ 10. ④ 11. ② 12. ② 13. ③ 14. ① 15. ①

16 예열의 목적에 대한 설명으로 틀린 것은?

① 수소의 방출을 용이하게 하여 저온 균열을 방지한다.
② 열영향부와 용착금속의 경화를 방지하고 연성을 증가시킨다.
③ 용접부의 기계적 성질을 향상시키고 경화조직의 석출을 촉진시킨다.
④ 온도 분포가 완만하게 되어 열응력의 감소로 변형과 잔류응력의 발생을 적게 한다.

해설 예열 목적 : 경화조직 연화, 조직 미세화

17 용접작업에서 전격의 방지대책으로 틀린 것은?

① 땀, 물 등에 의해 젖은 작업복, 장갑 등은 착용하지 않는다.
② 텅스텐봉을 교체할 때 항상 전원 스위치를 차단하고 작업한다.
③ 절연홀더의 절연부분이 노출, 파손되면 즉시 보수하거나 교체한다.
④ 가죽 장갑, 앞치마, 발 덮게 등 보호구를 반드시 착용하지 않아도 된다.

해설 전격 방지 : 습기 없는 보호구 반드시 착용

18 MIG 용접의 전류밀도는 TIG 용접의 약 몇 배 정도인가?

① 2　　② 4
③ 6　　④ 8

해설 MIG 용접의 전류밀도 : 피복 아크 용접보다 5~8배 크다.

★
19 화재 및 소화기에 관한 내용으로 틀린 것은?

① A급 화재란 일반화재를 뜻한다.
② C급 화재란 유류화재를 뜻한다.
③ A급 화재에는 포말소화기가 적합하다.
④ C급 화재에는 CO_2 소화기가 적합하다.

해설 C급 화재 : 전기화재

20 서브머지드 아크 용접에서 용제의 구비조건에 대한 설명으로 틀린 것은?

① 용접 후 슬래그(Slag)의 박리가 어려울 것
② 적당한 입도를 갖고 아크 보호성이 우수할 것
③ 아크 발생을 안정시켜 안정된 용접을 할 수 있을 것
④ 적당한 합금성분을 첨가하여 탈황, 탈산 등의 정련작용을 할 것

해설 모든 용접은 슬래그 박리(제거)가 쉬워야 된다.

21 다음 중 초음파 탐상법에 속하지 않는 것은?

① 공진법　　② 투과법
③ 프로드법　　④ 펄스반사법

해설 프로드법은 자분 탐상법의 일종이다.

22 TIG 절단에 관한 설명으로 틀린 것은?

① 전원은 직류역극성을 사용한다.
② 절단면이 매끈하고 열효율이 좋으며 능률이 대단히 높다.
③ 아크 냉각용 가스에는 아르곤과 수소의 혼합가스를 사용한다.
④ 알루미늄, 마그네슘, 구리와 구리합금, 스테인리스강 등 비철금속의 절단에 이용한다.

해설 TIG 절단에는 직류정극성이 적합하다.

★
23 다음 중 파괴시험에서 기계적 시험에 속하지 않는 것은?

① 경도시험　　② 굽힘시험
③ 부식시험　　④ 충격시험

해설 부식시험 : 금속학적 파괴시험이다.

★
24 다음 중 기계적 접합법에 속하지 않는 것은?

① 리벳　　② 용접
③ 접어 잇기　　④ 볼트 이음

해설 용접 : 야금학적 접합법의 일종

부록 2

정답 16. ③ 17. ④ 18. ① 19. ② 20. ① 21. ③ 22. ① 23. ③ 24. ②

★
25 다음 중 아크 절단에 속하지 않는 것은?

① MIG 절단
② 분말 절단
③ TIG 절단
④ 플라스마 제트 절단

해설 분말 절단 : 스테인리스강 등 일반 가스 절단이 곤란한 금속에 가스 절단에 분말을 혼합하여 절단하는 방법

26 가스 절단 작업 시 표준 드래그 길이는 일반적으로 모재 두께의 몇 % 정도인가?

① 5　　② 10
③ 20　　④ 30

해설 표준 드래그 길이 : 판 두께의 20%

27 용접 중에 아크를 중단시키면 중단된 부분이 오목하거나 납작하게 파진 모습으로 남게 되는 것은?

① 피트　　② 언더컷
③ 오버랩　　④ 크레이터

해설 언더컷 : 과대 전류 사용 시 모재와 비드 경계 사이가 오목하게 파이는 결함

28 10,000~30,000℃의 높은 열에너지를 가진 열원을 이용하여 금속을 절단하는 절단법은?

① TIG 절단법
② 탄소 아크 절단법
③ 금속 아크 절단법
④ 플라스마 제트 절단법

해설 플라스마 제트 절단 : 플라스마의 고열과 고압 공기 등을 이용하여 절단하는 법

29 일반적인 용접의 특징으로 틀린 것은?

① 재료의 두께에 제한이 없다.
② 작업공정이 단축되며 경제적이다.
③ 보수와 수리가 어렵고 제작비가 많이 든다.
④ 제품의 성능과 수명이 향상되며 이종 재료도 용접이 가능하다.

해설 용접의 장점 : 기계적 접합법에 비해 보수가 쉽고 제작비가 저렴하다.

30 연강용 피복 아크 용접봉의 종류에 따른 피복제 계통이 틀린 것은?

① E4340 : 특수계
② E4316 : 저수소계
③ E4327 : 철분산화철계
④ E4313 : 철분산화티탄계

해설 E4313 : 고산화티탄계

★
31 다음 중 아크쏠림 방지대책으로 틀린 것은?

① 접지점 2개를 연결할 것
② 용접봉 끝은 아크쏠림 반대방향으로 기울일 것
③ 접지점을 될 수 있는 대로 용접부에서 가까이 할 것
④ 큰 가접부 또는 이미 용접이 끝난 용착부를 향하여 용접할 것

해설 아크쏠림 방지 : 접지점을 될 수 있는 대로 용접부에서 멀리 할 것

32 일반적으로 두께가 3.2mm인 연강판을 가스 용접하기에 가장 적합한 용접봉의 직경은?

① 약 2.6mm　　② 약 4.0mm
③ 약 5.0mm　　④ 약 6.0mm

해설 가스 용접봉 지름 = $\frac{3.2}{2}+1=2.6$

33 양호한 절단면을 얻기 위한 조건으로 틀린 것은?

① 드래그가 가능한 클 것
② 슬래그 이탈이 양호할 것
③ 절단면 표면의 각이 예리할 것
④ 절단면이 평활하고 드래그의 홈이 낮을 것

해설 양호한 절단면은 드래그가 가능한 작아야 된다.

정답 25. ② 26. ③ 27. ④ 28. ④ 29. ③ 30. ④ 31. ③ 32. ① 33. ①

34 산소-아세틸렌가스 절단과 비교하여 산소-프로판가스 절단의 특징으로 틀린 것은?

① 슬래그 제거가 쉽다.
② 절단면 윗 모서리가 잘 녹지 않는다.
③ 후판 절단 시에는 아세틸렌보다 절단속도가 느리다.
④ 포갬 절단 시에는 아세틸렌보다 절단속도가 빠르다.

해설 후판 절단 시 산소-프로판가스 절단이 산소-아세틸렌가스보다 절단속도가 빠르다.

★
35 용접기의 사용률(duty cycle)을 구하는 공식으로 옳은 것은?

① 사용률(%) = 휴식시간/(휴식시간+아크 발생시간)×100
② 사용률(%) = 아크 발생시간/(아크 발생시간+휴식시간)×100
③ 사용률(%) = 아크 발생시간/(아크 발생시간-휴식시간)×100
④ 사용률(%) = 휴식시간/(아크 발생시간-휴식시간)×100

해설 용접기 정격사용률은 10분 단위로 하며 총작업 시간 중 실제 아크 발생시간의 비를 말한다.

36 가스 절단에서 예열불꽃의 역할에 대한 설명으로 틀린 것은?

① 절단산소 운동량 유지
② 절단산소 순도 저하 방지
③ 절단개시 발화점 온도 가열
④ 잘단재의 표면 스케일 등의 박리성 저하

해설 가스 절단 시 예열불꽃은 스케일 박리성을 향상시킨다.

★
37 용접기 설치 시 1차 입력이 10kVA이고 전원전압이 200V이면 퓨즈 용량은?

① 50A ② 100A
③ 150A ④ 200A

해설 $\frac{10,000}{200} = 50$

38 가스 용접작업에서 양호한 용접부를 얻기 위해 갖추어야 할 조건으로 틀린 것은?

① 용착금속의 용접상태가 균일해야 한다.
② 용접부에 첨가된 금속의 성질이 양호해야 한다.
③ 기름, 녹 등을 용접 전에 제거하여 결함을 방지한다.
④ 과열의 흔적이 있어야 하고 슬래그나 기공 등도 있어야 한다.

해설 양호한 가스 용접부는 과열 흔적이 없고 슬래그 등 결함이 없어야 한다.

39 다음의 희토류 금속원소 중 비중이 약 16.6, 용융점은 약 2,996℃이고, 150℃ 이하에서 불활성 물질로서 내식성이 우수한 것은?

① Se ② Te
③ In ④ Ta

해설 Ta(탄탈) : 밀도가 크며 녹는점이 대단히 높고, 산에 대한 내성이 뛰어나다.

40 압입체의 대면각이 136°인 다이아몬드 피라미드에 하중 1~120kg을 사용하여 특히 얇은 물건이나 표면 경화된 재료의 경도를 측정하는 시험법은 무엇인가?

① 로크웰 경도시험법
② 비커스 경도시험법
③ 쇼어 경도시험법
④ 브리넬 경도시험법

해설 비커스 경도시험법(Hv) : 대체로 경화강의 경도를 측정

★
41 T.T.T 곡선에서 하부 임계 냉각속도란?

① 50% 마텐자이트를 생성하는 데 요하는 최대의 냉각속도
② 100% 오스테나이트를 생성하는 데 요하는 최소의 냉각속도
③ 최초의 소르바이트가 나타나는 냉각속도
④ 최초의 마텐자이트가 나타나는 냉각속도

해설 • T.T.T 곡선 : 시간-온도-변태 곡선
• 항온 변태 곡선 = C 곡선

정답 34. ③ 35. ② 36. ④ 37. ① 38. ④ 39. ④ 40. ② 41. ④

42 1,000~1,100℃에서 수중 냉각함으로써 오스테나이트 조직으로 되고, 인성 및 내마멸성 등이 우수하여 광석 파쇄기, 기차 레일, 굴삭기 등의 재료로 사용되는 것은?

① 고Mn강 ② Ni-Cr강
③ Cr-Mo강 ④ Mo계 고속도강

해설 고망간강 : 하드필드강이라고도 하며, 내마모성이 매우 우수한 강

★
43 게이지용 강이 갖추어야 할 성질로 틀린 것은?

① 담금질에 의해 변형이나 균열이 없을 것
② 시간이 지남에 따라 치수변화가 없을 것
③ HRC55 이상의 경도를 가질 것
④ 팽창계수가 보통 강보다 클 것

해설 게이지 강 : 온도에 따른 팽창계수가 불변하는 불변강이 적합하다.

44 두 종류 이상의 금속 특성을 복합적으로 얻을 수 있고 바이메탈 재료 등에 사용되는 합금은?

① 제진 합금 ② 비정질 합금
③ 클래드 합금 ④ 형상기억 합금

해설 클래드 합금 : 합판, 스테인리스강+탄소강 등

45 알루미늄을 주성분으로 하는 합금이 아닌 것은?

① Y합금 ② 라우탈
③ 인코넬 ④ 두랄루민

해설 인코넬 : 크롬과 니켈의 합금, 내열성이 매우 좋음

46 가단 주철의 일반적인 특징이 아닌 것은?

① 담금질 경화성이 있다.
② 주조성이 우수하다.
③ 내식성, 내충격성이 우수하다.
④ 경도는 Si량이 적을수록 좋다.

해설 주철에서 규소는 탄소와 비슷한 역할을 한다.

★
47 황동 중 60% Cu+40% Zn 합금으로 조직이 $\alpha+\beta$이므로 상온에서 전연성이 낮으나 강도가 큰 합금은?

① 길딩메탈(gilding metal)
② 문쯔메탈(muntz metal)
③ 듀라나메탈(durana metal)
④ 애드미럴티메탈(admiralty metal)

해설 애드미럴티메탈 : 7 : 3 황동에 주석을 1~2% 함유시킨 동 합금

48 금속에 대한 성질을 설명한 것으로 틀린 것은?

① 모든 금속은 상온에서 고체상태로 존재한다.
② 텅스텐(W)의 용융점은 약 3,410℃이다.
③ 이리듐(Ir)의 비중은 약 22.5이다.
④ 열 및 전기의 양도체이다.

해설 수은(용융점 : -38.8℃)을 제외한 대부분의 금속은 상온에서 고체이다.

49 순철이 910℃에서 Ac_3 변태를 할 때 결정격자의 변화로 옳은 것은?

① BCT → FCC
② BCC → FCC
③ FCC → BCC
④ FCC → BCT

해설 순철의 Ac_3 변태 : c는 가열을 뜻하며, 체심입방격자(BCC)에서 면심입방격자(FCC)로 변한다.

50 압력이 일정한 Fe-C 평형상태도에서 공정점의 자유도는?

① 0 ② 1
③ 2 ④ 3

해설 자유도 F=C-P+1
=2(철, 탄소)-3(액체, 감마고용체, 시멘타이트)+1
=0
여기서, C : 구성물질의 성분수
P : 존재하는 상의 수
F : 자유도

정답 42. ① 43. ④ 44. ③ 45. ③ 46. ④ 47. ② 48. ① 49. ② 50. ①

51 다음 중 도면의 일반적인 구비조건으로 관계가 가장 먼 것은?

① 대상물의 크기, 모양, 자세, 위치의 정보가 있어야 한다.
② 대상물을 명확하고 이해하기 쉬운 방법으로 표현해야 한다.
③ 도면의 보존, 검색 이용이 확실히 되도록 내용과 양식을 구비해야 한다.
④ 무역과 기술의 국제 교류가 활발하므로 대상물의 특징을 알 수 없도록 보안성을 유지해야 한다.

해설 도면은 누구나 규칙을 알면 이해할 수 있도록 한 규칙도이다.

★
52 다음 보기 입체도를 제3각법으로 올바르게 투상한 것은?

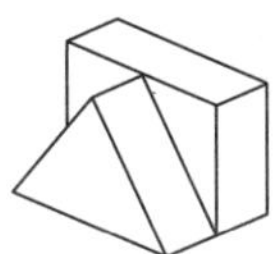

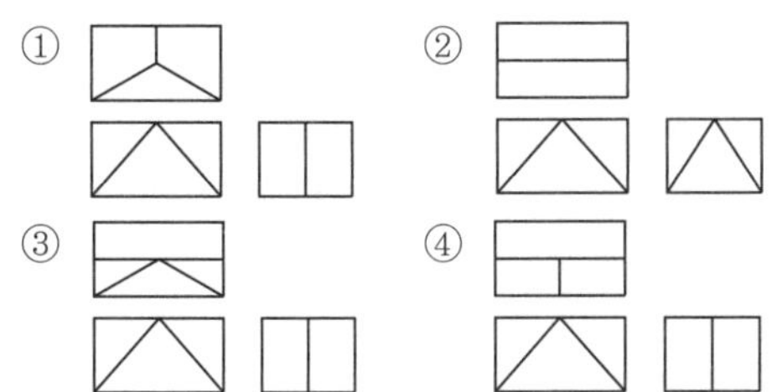

해설 우선 입체를 우측에서 본 우측면도를 보면, 도형 가운데 수직선상이 있어야 하므로 보기 ②는 제외된다. 그리고 입체를 위에서 본 평면도를 보면 위 사각형에 직선으로 아래로 내려오는 직선이 있어야 하므로 보기 ④가 정답이 된다.

★
53 배관도에서 유체의 종류와 문자기호를 나타내는 것 중 틀린 것은?

① 공기 : A
② 연료 가스 : G
③ 증기 : W
④ 연료유 또는 냉동기유 : O

해설 증기 : S(steam), W : 물

★
54 리벳의 호칭 표기법을 순서대로 나열한 것은?

① 규격번호, 종류, 호칭지름×길이, 재료
② 종류, 호칭지름×길이, 규격번호, 재료
③ 규격번호, 종류, 재료, 호칭지름×길이
④ 규격번호, 호칭지름×길이, 종류, 재료

해설 둥근 머리 리벳, 20×40, SV20

55 다음 중 일반적으로 긴 쪽 방향으로 절단하여 도시할 수 있는 것은?

① 리브 ② 기어의 이
③ 바퀴의 암 ④ 하우징

해설 기어의 이, 바퀴의 암 등은 길이 방향으로 절단할 수 없다. 회전 단면이 가능하다.

56 단면의 무게 중심을 연결한 선을 표시하는 데 사용하는 선의 종류는?

① 가는 1점 쇄선 ② 가는 2점 쇄선
③ 가는 실선 ④ 굵은 파선

해설 물체의 무게 중심을 표시 : 가는 실선

★
57 다음 용접 보조기호에 현장 용접기호는?

① ② 
③ ④

해설 현장 용접기호는 검게 칠해진 삼각 깃발로 표시한다.

58 다음 입체도의 화살표 방향 투상 도면으로 가장 적합한 것은?

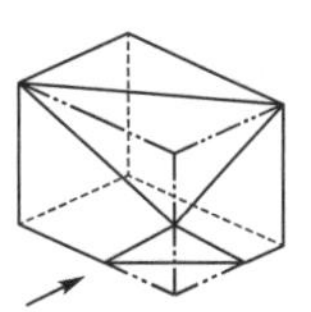

① 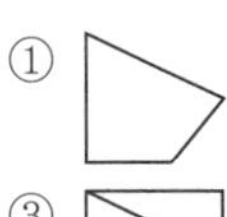 ② 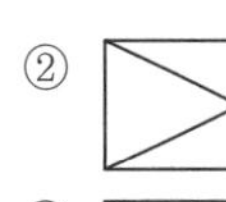
③ ④ 

정답 51. ④ 52. ④ 53. ③ 54. ① 55. ④ 56. ② 57. ② 58. ③

59 탄소강 단강품의 재료 표시기호 "SF 490A"에서 "490"이 나타내는 것은?

① 최저 인장강도　② 강재 종류번호
③ 최대 항복강도　④ 강재 분류번호

해설 490 : 최저(소) 인장강도가 490N/mm^{2}를 의미한다.

60 다음 중 호의 길이치수를 나타내는 것은?

① 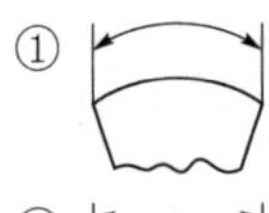
② 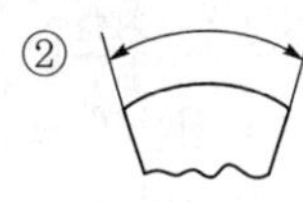
③ 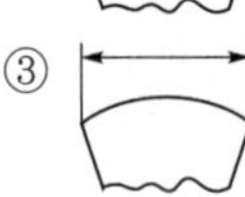
④ 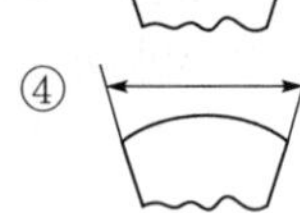

해설 원호는 치수보조선 사이에 동일한 원호 크기의 화살표가 붙은 원호로 표시한다.

정답 59. ① 60. ①

부 록

03

실전 모의고사

제1회 용접기능사
제2회 용접기능사
제3회 용접기능사

제1회 특수용접기능사
제2회 특수용접기능사
제3회 특수용접기능사

CRAFTSMAN WELDING

CRAFTSMAN WELDING

실전 모의고사

제 1 회 용접기능사

★
01 아크 용접할 때 아크 열에 의해 모재가 녹은 깊이를 무엇이라 하는가?

① 용적지 ② 용착
③ 용융지 ④ 용입

해설 ① 용적지 : 아크의 강한 열에 의해 용접봉이 녹아 물방울처럼 떨어지는 곳
② 용착 : 용접봉이 녹아 모재에 합류되는 것
③ 용융지 : 아크 열에 의하여 용융된 모재 부분이 오목하게 들어간 곳

02 아크에서 온도가 가장 높은 부분은?

① 아크 스트림 ② 아크 프레임
③ 심선 ④ 아크 코어

해설 아크의 온도가 높은 순서 : 아크 코어 > 아크 스트림 > 아크 프레임

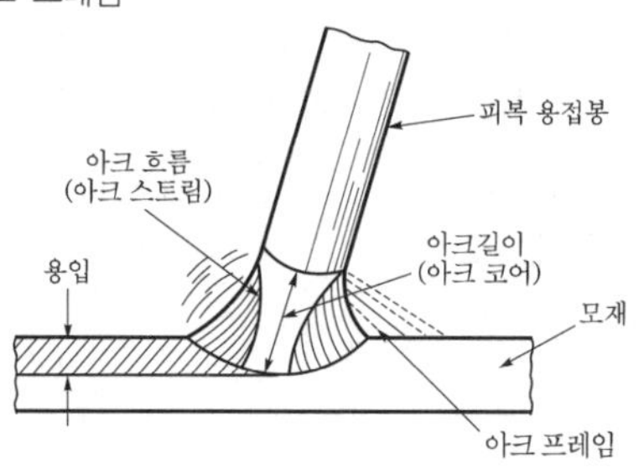

★
03 아크의 색은?

① 백색 ② 회색
③ 청백색 ④ 적색

해설 용접봉과 모재와의 사이에 전원을 걸고 용접봉 끝을 모재에 살짝 접촉시켰다 떼면 청백색의 강한 빛을 내면서 아크가 발생하며, 이 아크를 통하여 10~500A의 큰 전류가 흐른다.

04 아크(arc)를 필터 렌즈를 통하여 보면 다음과 같은 부분으로 구분되지 않는 것은?

① 아크 코어 ② 아크 흐름
③ 아크불꽃 ④ 아크길이

해설 아크를 필터 렌즈로 보면 아크 코어, 아크 흐름(stream), 아크불꽃으로 구분된다.

★
05 정격2차전류 200A, 정격사용률 40%의 아크 용접기로 150A의 용접전류를 사용하여 용접할 경우 허용사용률(%)은?

① 약 49% ② 약 52%
③ 약 68% ④ 약 71%

해설

$$허용사용률 = \frac{(정격2차전류)^2}{(실제\ 용접전류)^2} \times 정격사용률(\%)$$

$$= \frac{200^2}{150^2} \times 40 = 71.1\%$$

06 탭 전환형의 단점이 아닌 것은?

① 탭 절환부의 소손이 많다.
② 적은 전류 조정이 어렵다.
③ 무부하 전압이 높다.
④ 소형 용접기에 좋다.

해설 탭 전환형은 적은 전류 조정 시 무부하 전압이 높아진다.

07 가포화 리액터형의 장점이 아닌 것은?

① 기계 마멸이 적다.
② 전기적으로 전류 조정을 한다.
③ 원격 제어가 가능하다.
④ 용접기 고장이 많다.

정답 01. ④ 02. ④ 03. ③ 04. ④ 05. ④ 06. ② 07. ④

부록 3

해설 전기적인 전류 조정이므로 용접기 고장이 적다.

08 다음은 직류 용접기의 형식을 나타낸 것이다. 옳지 않은 것은?

① 전동 발전기형 ② 정류기형
③ 변압기형 ④ 엔진 구동형

해설 직류 용접기의 종류로는 전동 발전형, 엔진 구동형, 셀렌 정류기형, 실리콘 정류기형, 게르마늄 정류기형 등이 있다.

09 아크 용접기에 과전류 아크 발생(hot start)장치를 사용함으로써 얻어지는 장점 중 맞지 않는 것은?

① 기공 발생을 방지한다.
② 아크 발생이 쉽다.
③ 비드 이음부를 개선한다.
④ 크레이터 처리가 용이하다.

해설 과전류 아크 발생장치는 용접 초기에만 용접전류를 특별히 크게 하는 장치로서 크레이터 처리와는 무관하다.

★
10 다음 중 원격 조정이 가능한 용접기는?

① 가동 철심형 용접기
② 가동 코일형 용접기
③ 가포화 리액터형 용접기
④ 탭 전환형 용접기

해설 가포화 리액터형 용접기는 전류 조정을 정기적으로 하기 때문에 가동형 철심형이나 가동 코일형과 같이 이동부분이 없으며, 원격 조정이 가능하다.

★
11 서브머지드 아크 용접에서 홈의 정밀도를 높이기 위한 용접 요구조건으로 적합하지 않은 것은?

① 홈의 깊이 : 12~13mm
② 홈의 각도 : ±5°
③ 루트 간격(받침쇠가 없는 경우) : 0.8mm 이하
④ 루트 면 : ±1mm

해설 홈의 정밀도의 요구사항
- 홈의 각도 : ±5°
- 루트 간격 : 0.8mm 이하 받침쇠가 없는 경우
- 루트 면 : ±1mm

12 아세틸렌에 대한 설명 중 틀린 것은 어느 것인가?

① 공기보다 무겁다.
② 무색무취이다.
③ 여러 가지 액체에 잘 용해된다.
④ 폭발 위험성이 있다.

해설 아세틸렌의 비중은 0.906으로 공기보다 가볍다.

★
13 다음은 아세틸렌에 대한 설명이다. 옳지 않은 것은 어느 것인가?

① 분자식은 C_2H_2이다.
② 금속을 접합하는 데 사용한다.
③ 각종 액체에 잘 용해된다.
④ 산소와 화합하여 2,000℃의 열을 낸다.

해설 산소와 화합. 연소하면 2,800~3,400℃의 열을 낸다.

★
14 다음 중 아크쏠림 현상이 발생되는 경우는?

① 직류 사용 시
② 교류 사용 시
③ 초음파 전류 사용 시
④ 고주파 전류 사용 시

해설 직류는 시간의 경과에 따라 전압 또는 전류가 일정값을 유지하고 그 방향이 일정하므로 쏠림 현상이 발생한다.

15 서브머지드 아크 용접에서 용착금속의 화학성분이 변화하는 요인과 관계없는 것은?

① 용접 층수 ② 용접전류
③ 용접속도 ④ 용접봉의 건조

해설 용착금속의 화학성분에 영향을 주는 요인 : 용접전류, 아크전압, 용접속도, 용접 층수

★
16 다음 중 서브머지드 아크 용접에 사용되는 용제의 종류가 아닌 것은?

① 용융형 ② 소결형
③ 혼성형 ④ 화합형

해설 용제의 종류에는 용융형, 소결형, 혼성형의 3가지가 있다.

정답 08. ③ 09. ④ 10. ③ 11. ① 12. ① 13. ④ 14. ③ 15. ④ 16. ④

★
17 서브머지드 아크 용접에 사용되는 컴포지션의 입도를 표시할 때, 8×200이라고 하는 것은?

① 8메시보다 거칠고, 200메시보다 가는 것을 표시한다.
② 8메시보다 가늘고, 200메시보다 거치른 것을 말한다.
③ 1,600메시임을 표시한다.
④ 200메시 이상 가는 것을 표시한다.

해설 메시(mesh) : 입자의 크기(입도)를 나타내는 단위로 1인치(inch)의 가로 세로의 길이를 가진 정사각형의 면적에 한 변을 등분한 눈금의 수로 나타내며, 각 변을 200등분한 채로 걸러낸 용제의 입도를 200메시라 한다.

18 일렉트로 슬래그 용접에서 전극 와이어가 2개일 때 용접이 가능한 판 두께는?

① 120mm까지
② 100~250mm
③ 250mm 이상
④ 60mm 까지

해설 일반적으로 전극 와이어가 1개인 경우 120mm까지, 2개인 경우 230mm, 3개인 경우 대략 500mm까지 용접이 가능하다.

19 다음 서브머지드 아크 용접법(submerged arc welding)에 관한 사항 중 틀린 것은?

① 링컨 용접법(lincoln welding)이라고도 부른다.
② 용접기를 전류 용량으로 분류하면 1,000A, 800A, 600A, 500A 등의 종류가 있다.
③ 와이어의 지름은 2.4~12.7mm까지 있으며 일반적으로 2.4~7.9mm까지의 것이 많이 쓰인다.
④ 용제는 제조방법에 따라 용융형 용제(fused flux), 소결형 용제(sintered flux)로 분류되며, 용융형 용제는 조성이 균일하고 흡습성이 작고 소결형 용제는 페로실리콘(ferro-silicon) 등을 함유시켜 탈산 작용을 가능하게 하였다.

해설 용접기를 전류 용량으로 분류하면 4,000A, 2,000A, 1,200A, 900A 등이 있다.

20 다리 길이 f=10mm의 전면 필릿 용접에서 용접선에 직각인 방향으로 5,000kg의 힘을 가해 인장시킬 경우에 용접부에 발생하는 응력은 몇 kg/mm²인가? (한 면만 용접한 것임. 단, 용접 길이 100mm로 한다.)

① 7.1　　② 12.3
③ 13.8　　④ 15.2

해설 양면 필릿 용접의 경우

$$\sigma = \frac{P}{2htl} = \frac{0.707P}{hl}$$

한면 필릿 용접의 경우

$$\sigma = \frac{P}{htl} = \frac{P}{0.707hl} = \frac{5,000}{0.707 \times 10 \times 100} = 7.1$$

21 용접 시공에서 용접 이음 준비에 해당되지 않는 것은?

① 홈 가공
② 조립
③ 모재 재질의 확인
④ 이음부의 청소

해설

일반준비	이음 준비
• 모재 재질의 확인 • 용접봉 및 용접기의 선택 • 지그의 결정 • 용접공의 선임	• 홈 가공 • 가접 • 조립 • 이음부의 청소

22 침입형 고용체에 용해되는 원소가 아닌 것은?

① Si　　② C
③ Cr　　④ H

해설 침입형 고용체에 용해되는 원소로는 Si, C, H, N, B가 있다.

23 텅스텐의 용융온도는?

① 3,804℃　　② 1,800℃
③ 1,966℃　　④ 3,400℃

해설 텅스텐(tungsten) : 비중 19.24℃, 융점 3,400℃인 중금속으로 회백색이다. 초경합금의 주요 성분이며, 내열강과 고속도강에도 없어서는 안될 요소이다. 전구의 필라멘트 제조 등에 널리 쓰인다.

정답 17. ② 18. ② 19. ② 20. ① 21. ③ 22. ③ 23. ④

24 조립도를 그릴 때의 주의사항이 아닌 것은?

① 부품번호는 개개의 부품에 전부 기입하고 부품도에 표시해 서로의 관계를 알게 한다.
② 전부품의 상호 관계 및 구조를 명시해야 한다.
③ 치수는 조립을 위해 필요한 치수만 기입한다.
④ 은선은 도면을 확실히 하기 위해 명확하고 철저하게 표시하도록 한다.

해설 도면에 나타나는 은선은 도면의 이해에 지장이 없는 한 생략한다.

25 KS 재료기호 중 기계 구조용 탄소강재의 기호는 어느 것인가?

① SM ② SS
③ SB ④ STKM

해설 STKM : 기계 구조용 탄소강 강관(KS D 3517)
SM : 기계 구조용 탄소강재(KS D 3752)

26 다음은 주강품에 대하여 설명한 것이다. 잘못된 것은 어느 것인가?

① 형상이 복잡하여 단조로는 만들기 곤란할 때 주강품을 사용한다.
② 주강은 수축률이 주철의 약 5배이다.
③ 주강품은 주조 상태로는 조직이 억세고 메지다.
④ 주철로써 강도가 부족한 경우에는 주강품을 사용한다.

해설 주강 수축률은 주철의 2배이다.

27 연강용 가스 용접봉의 성분 중 강의 강도를 증가시키나 연신율, 굽힘성 등을 감소시키는 것은?

① 규소(Si) ② 인(P)
③ 탄소(C) ④ 유황(S)

해설 탄소가 증가하면 강도 및 경도는 증가하나 연신율, 단면 수축률은 감소한다.

28 용접봉에서 모재로 용융금속이 옮겨가는 상태를 용적 이행이라 한다. 다음 중 용적 이행이 아닌 것은?

① 단락형 ② 스프레이형
③ 글로뷸러형 ④ 불림이행형

해설 용접봉에서 모재로 용융금속이 옮겨가는 상태는 단락형, 스프레이형, 글로뷸러형 등으로 구분된다.

29 유체를 한 쪽 방향으로만 흐르게 하고 역류를 방지하는 밸브는 어느 것인가?

① 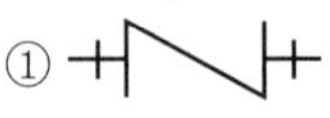 ② 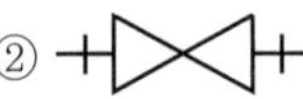
③ 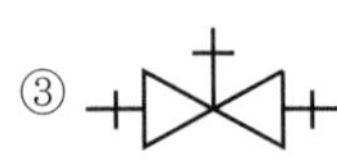 ④ 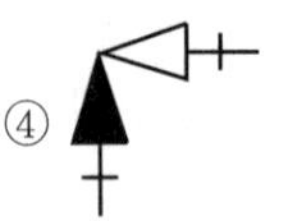

해설 역류 방지용 밸브 : 첵 밸브

★
30 가스 용접에서 전진법과 비교한 후진법의 특성을 설명한 것으로 틀린 것은?

① 열 이용률이 나쁘다.
② 용접속도가 빠르다.
③ 용접 변형이 작다.
④ 산화 정도가 약하다.

해설 후진법은 전진법에 비해 기계적 성질이 우수하고 용입이 깊다.

★
31 가변 저항기로 용접전류를 원격 조정하는 교류 용접기는?

① 가포화 리액터형
② 가동 철심형
③ 가동 코일형
④ 탭 전환형

해설 교류 용접기 종류에는 가동 철심형, 가동 코일형, 탭 전환형, 가포화 리액터형 등 4가지가 있다.

★
32 다음 중 배빗 메탈(babbit metal)이란?

① Pb를 기지로 한 화이트 메탈
② Sn을 기지로 한 화이트 메탈
③ Sb를 기지로 한 화이트 메탈
④ Zn을 기지로 한 화이트 메탈

정답 24. ④ 25. ① 26. ② 27. ② 28. ④ 29. ④ 30. ① 31. ① 32. ②

해설 배빗 메탈(75~90% Sn, 3~15% Sb, 3~10% Cu) : 압축 강도 4~16kg/mm^2, 항복점 5~6kg/mm^2, H_B 28~34 정도로 Pb를 주로 하는 합금보다 경도가 크고 중하중에 견디며 인성이 있어 충격과 진동에도 잘 견딘다. 비열이 적고 열전도도가 크며 축에 늘어붙는 성질이 없다. 고온에서의 성능이 과히 나쁘지 않고 유동성, 주조성이 좋아 대하중의 기계용에 적합하다.

★
33 Ni-Cr계 합금이 아닌 것은?

① 크로멜 ② 니크롬
③ 인코넬 ④ 두랄루민

해설 두랄루민은 단련용 알루미늄 합금의 대표적인 금속이다.

★
34 다음 용접자세에 사용되는 기호 중 틀리게 나타낸 것은?

① F : 아래보기 자세 ② V : 수직 자세
③ H : 수평 자세 ④ O : 전 자세

해설 용접자세에 사용되는 기호
- F : 아래보기 자세
- V : 수직 자세
- H : 수평 자세
- O : 위 보기 자세

35 다음 그림과 같이 외경 550mm, 두께 6mm, 높이 900mm인 원통을 만들려고 할 때, 소요되는 철판의 크기로 가장 적당한 것은? (양쪽 마구리는 트여진 상태이며, 이음새 부위는 고려하지 않는다.)

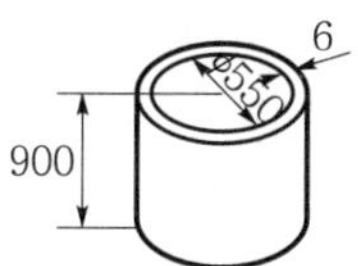

① 900×1709 ② 900×1727
③ 900×1747 ④ 900×1765

해설 소요 길이 $l = \pi(D-t)$
$= \pi(550-6)$
$\therefore\ l = 3.14(550-4) \fallingdotseq 1709\text{mm}$

36 냉간 압연 강판 및 강대 1종을 나타내는 KS 재료기호는?

① STS1 ② SPP
③ SCP1 ④ STC1

해설 ① STS1은 합금 공구강 S1종
② SPP는 일반 배관용 탄소 강판
④ STC1은 탄소 공구강 1종

★
37 일반적으로 냉간 가공 경화된 탄소강 재료를 600~650℃에서 중간 풀림하는 방법은?

① 확산 풀림 ② 연화 풀림
③ 항온 풀림 ④ 완전 풀림

해설 풀림은 가공경화된 재료의 연화를 위해 노 내에서 서냉하여 내부 응력을 제거하기 위한 열처리 방법이다. 풀림의 종류는 고온 및 저온 풀림으로 나뉘며 고온 풀림에는 완전 풀림, 확산 풀림, 항온 풀림 등이 있다.

★
38 담금질된 Al(알루미늄) 재료를 어느 온도로 가열하면 시효현상을 촉진시킬 수 있는가?

① 160℃ 정도 ② 250~300℃ 정도
③ 350℃ 정도 ④ 400℃ 정도

해설 석출경화 현상이 상온에서 일어나는 것을 시효경화라 한다. 대기 중에서 일어나는 것을 자연시효, 담금질된 재료를 160℃로 가열·시효하는 것을 인공시효라고 한다.

★
39 용접용 가스의 불꽃 온도 중 가장 높은 것은?

① 산소 - 수소불꽃
② 산소 - 아세틸렌불꽃
③ 도시가스 불꽃
④ 천연가스 불꽃

해설 용접용 가스 불꽃온도는 산소-아세틸렌불꽃의 온도가 3,430℃로 가장 높고 가스 용접용으로 많이 사용되고 있다.

40 주철의 여린 성질을 개선하기 위하여 합금 주철에 첨가하는 특수 원소 중 크롬(Cr)이 미치는 영향으로 잘못된 것은?

① 내마모성을 향상시킨다.
② 흑연의 구상화를 방해하지 않는다.
③ 크롬 0.2~1.5% 정도 포함시키면 기계적 성질을 향상시킨다.
④ 내열성과 내식성을 감소시킨다.

해설 탄화물 안정화와 내열성, 내부식성을 향상시킨다.

부록 3

정답 33. ④ 34. ④ 35. ① 36. ③ 37. ② 38. ① 39. ② 40. ④

41 다음 중 티탄과 그 합금에 관한 설명으로 틀린 것은?

① 티탄은 비중에 비해서 강도가 크며, 고온에서 내식성이 좋다.
② 티탄에 Mo, V 등을 첨가하면 내식성이 더욱 향상된다.
③ 티탄 합금은 인장강도가 작고 또 고온에서 크리프(creep) 한계가 낮다.
④ 티탄은 가스 터빈 재료로서 사용된다.

해설 티탄(Ti)은 해수와 염산·황산의 내식성이 크며 강도가 크고 용융점이 높아 고온 저항, 즉 크리프 강도가 크다.

42 치수선에 쓰이는 일반적인 화살표의 길이와 폭의 비율은?

① 2 : 1　② 3 : 1
③ 4 : 1　④ 5 : 1

해설 화살표의 폭과 길이의 비율은 1 : 3 또는 1 : 4로 하나, 일반적으로 길이와 폭의 비율이 3 : 1로 된 것이 가장 좋다.

43 다음 그림 원뿔 전개도에서 원호의 반지름 l은 얼마인가?

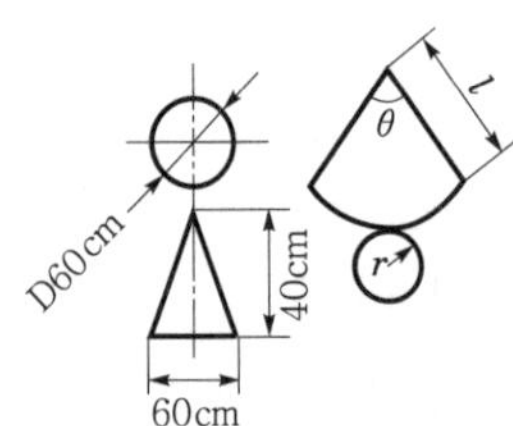

① 50cm　② 60cm
③ 45cm　④ 55cm

해설 그림에서 l의 길이는 빗변이 되며 직각삼각형은 피타고라스 정리에 의해
$l^2 = 30^2 + 40^2$
$\therefore\ l = \sqrt{(900+1,600)\text{cm}^2} = \sqrt{2,500\text{cm}^2} = 50\text{cm}$

★
44 교류 아크 용접기의 사용상 주의사항이다. 용접기의 2차측에 아크가 발생하고 있는 시간의 비율은 몇 % 정도가 알맞은가?

① 40% 정도　② 60% 정도
③ 80% 정도　④ 100% 정도

해설 아크시간율은 수동 용접일 때 평균 35~45%, 자동 용접일 때 평균 40~50%로 하고 있다.

45 가상선의 용도를 나타낸 것이다. 틀린 것은?

① 도시된 물체의 앞면을 표시하는 선
② 가공 전후의 모양을 표시하는 선
③ 특수가공 지시를 표시하는 선
④ 이동하는 부분의 이동위치를 표시하는 선

해설 가상선은 일점 쇄선으로 표시하며 용도로는 ①, ②, ④ 외에도 인접부분을 참고로 표시하거나 공구, 지그 등의 위치를 참고로 표시할 때 쓰인다.

★
46 AW 300 용접기로 200A를 이용하여 용접한다면 1시간 작업 중 몇 분간 아크를 발생해도 괜찮은가? (단, 정격사용률은 40% 이하이다.)

① 54분 이하　② 40분 이하
③ 36분 이하　④ 16분 이하

해설
허용사용률(%)$=\dfrac{300^2}{200^2}\times 40 = 90\%$

60(분)$\times\dfrac{90}{100}=54$분

★
47 정격2차전류 300A, 정격사용률 50%인 아크 용접기를 이용 실제 용접전류 200A를 사용하였다. 이때 용접기 사용상의 주의사항으로 올바른 것은?

① 5분 용접 후 5분간 휴식하여야 한다.
② 1시간 용접 후 30분간 휴식하여야 한다.
③ 1시간 용접 후 5분 휴식하여 사용한다.
④ 용접기를 연속 사용하여도 지장이 없다.

해설
허용사용률(%) $=\dfrac{300^2}{200^2}\times 50\% = 112.5\%$

허용사용률이 112.5%이므로 연속 사용하여도 지장이 없다.

48 굵은 일점 쇄선으로 표시되어 있을 경우 다음 중 우선적으로 검토해야 할 사항은?

① 기어의 피치선인가의 여부
② 인접 부분을 참고로 표시하였나의 여부
③ 특수 가공을 지시하는 선인가의 여부
④ 이동 위치를 표시하고 있는가의 여부

정답 41. ③　42. ②　43. ①　44. ①　45. ③　46. ①　47. ④　48. ③

해설 ①, ②, ④ 모두 가는 일점 쇄선(0.3mm 이하)으로 표시한다.

49 다음 기계 작업 중 보호안경이 필요 없는 것은?

① 핸드 리머 작업
② 선반 작업
③ 밀링 작업
④ 드릴 작업

해설 선반 작업, 밀링 작업, 드릴 작업, 연삭 작업 등은 칩(chip)이 비산하므로 보호안경을 착용해야 한다.

50 다음 그림과 같은 맞대기 용접에서 $P=3,000$kg의 하중으로 당겼을 때 용접부의 인장응력은 얼마인가?

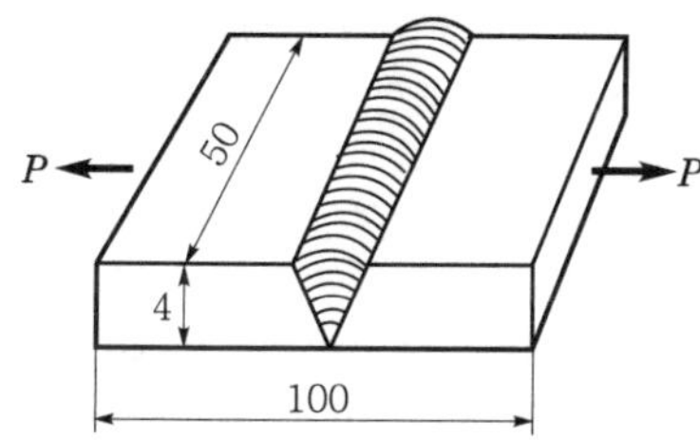

① 5kg/mm^2 ② 8kg/mm^2
③ 10kg/mm^2 ④ 15kg/mm^2

해설 $\sigma_w = \frac{P}{t \cdot l} = \frac{3,000}{4 \times 50} = 15\text{kg/mm}^2$

51 고탄소강이나 합금강은 전기 저항이 크다. 용접 전류는 연강 용접 전류의 얼마 정도로 하는가?

① 40% ② 60%
③ 90% ④ 120%

해설 저항이 커서 저항열이 쉽게 발생하므로 연강의 90% 정도 전류이면 되고, 그 대신 가압력은 10% 증가시켜야 한다.

★
52 다음은 서브머지드 아크 용접의 용제이다. 틀린 것은?

① 용융형 용제 ② 소결용 용제
③ 혼성용 용제 ④ 첨가형 용제

해설 • 용융형 용제 : 광물성 원료를 고온(1,300℃)에서 용융한 것, 흡수성이 작다.
• 소결형 용제 : 광물성 원료를 용융되기 전 800~1,000℃ 고온에서 소결한 것, 흡수성이 크다.
• 혼성형 용제 : 분말성 원료에 고착제를 넣어 300~400℃에서 건조한 것

53 다음 중 가장 작은 원이나 원호를 그릴 수 있는 것은 어느 것인가?

① 빔 컴퍼스
② 자유 곡선자
③ 스프링 컴퍼스
④ 드롭 컴퍼스

해설 가장 큰 원이나 원호를 그릴 수 있는 것부터 작은 원을 그릴 수 있는 것은 빔 컴퍼스 – 대형 컴퍼스 – 중형 컴퍼스 – 스프링 컴퍼스 – 드롭 컴퍼스의 순이다.

★
54 이음부에 납땜재의 용제를 발라 가열하는 방법으로 저항 용접이 곤란한 금속의 납땜이나 작은 이종 금속의 납땜에 적당한 방법은?

① 담금 납땜
② 저항 납땜
③ 노내 납땜
④ 유도 가열 납땜

해설 ① 담금 납땜 : 담금 납땜(dip brazing)에는 납땜부를 용해된 땜납 중에 접합할 금속을 담가 납땜하는 방법과 이음 부분에 납재를 고정시켜 납땜 온도로 가열 용융시켜 화학 약품에 담가 침투시키는 방법이 있다.
② 저항 납땜 : 저항 납땜(resistance brazing)은 이음부에 납땜재의 용제를 발라 저항열로 가열하는 방법이다. 이 방법에서는 저항 용접이 곤란한 금속의 납땜이나 작은 이종 금속의 납땜에 적당하다.
③ 노내 납땜 : 노내 납땜(furnace brazing)은 가스불꽃이나 전열 등으로 가열시켜 노내에서 납땜하는 방법이다. 이 방법은 온도 조정이 정확해야 하고 비교적 작은 부품의 대량 생산에 적당하다.
④ 유도 가열 납땜 : 유도 가열 납땜(induction brazing)은 고주파 유도 전류를 이용하여 가열하는 납땜법이다. 이 납땜법은 가열시간이 짧고 작업이 용이하여 능률적이다.

부록 3

정답 49. ① 50. ④ 51. ③ 52. ④ 53. ④ 54. ②

★
55 다음 도면의 KS 용접기호를 옳게 설명한 것은?

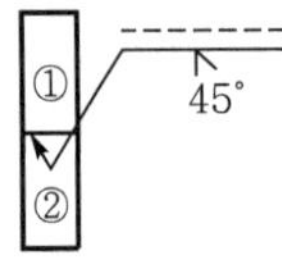

① 화살표 반대쪽 또는 건너쪽 ①번 부품을 홈의 각도 45°로 개선하여 용접한다.
② 화살표 또는 앞쪽에서 ①번 판을 홈의 각도 45°로 개선하여 용접한다.
③ 화살표쪽 또는 양쪽 용접으로 ②번 판을 홈의 각도 45°로 하여 용접한다.
④ 화살표쪽 또는 양쪽 용접으로 홈의 각도는 90°이다.

해설 V형, K형, J형의 홈이 파여진 부재의 면 또는 플래어(flare)가 있는 부재의 면을 지시할 때는 화살을 절선으로 한다.

★
56 냉간 압연 강판 및 강대 1종을 나타내는 KS 재료기호는?

① STS1 ② SPP
③ SCP1 ④ STC1

해설
- STS1 : 합금 공구강 S1종
- SPP : 일반 배관용 탄소 강판
- STC1 : 탄소 공구강 1종

★
57 황동(아연 40%)에 철 1~2%를 첨가한 것으로 강도가 크고 내식성도 좋아 광산기계, 선박용 기계, 화학기계 등에 사용되는 것은?

① 톰백(tombac)
② 주석 황동
③ 델타메탈(delta metal)
④ 강력 황동

해설 ① Cu%+10% Zn
② 황동+1% Sn
④ 6 : 4황동+Mn Al Fe Ni Sn

58 제관작업 시 재료를 전달하기 위하여 가장 필요한 것은?

① 조립도 ② 전개도
③ 배관도 ④ 공정도

해설 파이프의 절단, 구멍 뚫기 작업 등을 표시할 경우에 배관도를 사용한다.

★
59 다음 중 플래시 용접의 특징이 아닌 것은?

① 가열 범위가 좁고 열 영향부가 좁다.
② 용접면에 산화물 개입이 많다.
③ 용접면의 끝맺음 가공을 정확하게 할 필요가 없다.
④ 종류가 다른 재료의 용접이 가능하다.

해설 플래시 용접의 특징
- 가열 범위가 좁고 열 영향부가 좁다.
- 용접면에 산화물의 개입이 적다.
- 용접면의 끝맺음 가공을 정확하게 할 필요가 없다.
- 신뢰도가 높고 이음 강도가 좋다.
- 동일한 전기 용량에 큰 물건의 용접이 가능하다.
- 종류가 다른 재료의 용접이 가능하다.
- 용접시간이 적고 소비전력도 적다.
- 능률이 극히 높고 강재, 니켈, 니켈 합금에서 좋은 용접 결과를 얻을 수 있다.

★
60 주철, 고합금강, 비철 금속 등은 절단이 가능한 성질을 가지고 있지 않아 산소절단을 할 수가 없다. 그래서 철분 또는 용제 분말을 자동적으로 또 연속적으로 절단산소에 혼입하여 그 산화열 또는 용제작용을 이용한 절단방법은?

① 산소창 절단 ② 가스 가우징
③ 분말 절단 ④ 스카핑

해설 분말절단은 주철, 비철 금속, 스테인리스강과 같은 산소절단이 곤란한 것을 철분, 용제를 절단가스에 공급하여 산화열 또는 용제의 화학작용을 이용한 절단법이다. 철, 비철 금속뿐만 아니라 콘크리트 절단에도 이용되나 절단면이 거칠다.

정답 55. ② 56. ③ 57. ③ 58. ③ 59. ② 60. ③

제 2 회 용접기능사

★
01 아크쏠림(arc blow)에 관한 다음 사항 중 틀린 것은?

① 용접전류에 의한 아크 주위에 발생하는 자장이 용접봉에 대하여 비대칭일 때 일어나는 현상이다.
② 자기불림이라고도 하며, 아크전류에 의한 자장에 원인이 있다.
③ 교류 아크 용접에서 발생하는 현상으로 짧은 용접성으로 작은 물건을 용접할 때 나타난다.
④ 용접 중에 아크가 용접봉 방향에서 한쪽 방향으로 쏠리는 현상이다.

해설 아크쏠림 현상은 직류 아크 용접에서 일어난다.

02 다음 중 아크쏠림을 방지하는 방법으로서 틀린 것은?

① 접지점을 바꾼다.
② 가접을 크게 한다.
③ 아크길이를 길게 유지한다.
④ 교류 용접기를 사용한다.

해설 아크쏠림 방지법
- 교류 용접기를 사용한다.
- 아크길이를 짧게 한다.
- 접지를 용접부로부터 멀리 한다.
- 긴 용접선에서는 후퇴법을 사용한다.
- 용접부의 시종단에 엔드 탭(end tap)을 설치한다.

★
03 수직 용접의 상진법에 적합한 운봉법은?

① 원형 ② 부채꼴 모양
③ 타원형 ④ 백스텝

해설 운봉법

원형	(그림)	부채꼴 모양	(그림)
타원형	(그림)	백스텝	(그림)

04 다음 그림은 피복 아크 용접의 아크 분포를 나타낸 것이다. 아크전압을 나타낸 것은?

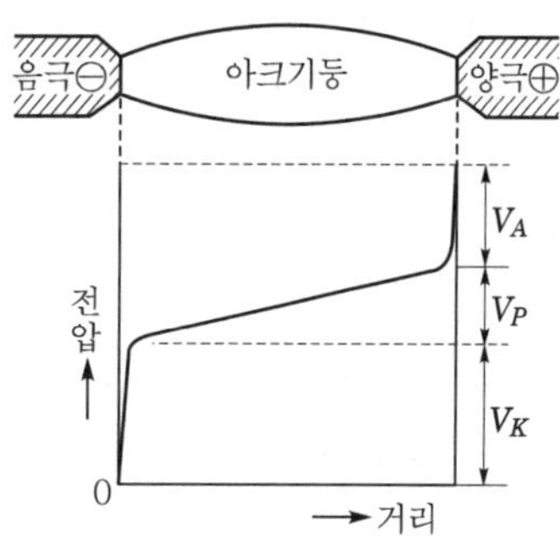

① $V_K+V_P-V_A$ ② $V_K+V_P+V_A$
③ $V_K-V_A-V_P$ ④ $V_K+V_A-V_P$

해설 아크전압(V_a) = 음극 전압 강하(V_K) + 아크기둥 전압 강하(V_P) + 양극 전압 강하(V_A)

05 용접부에 주어지는 열량이 20,000Joule/cm, 아크전압이 40V, 용접속도가 20cm/min로 용접했을 때 아크전류는?

① 약 167A ② 약 180A
③ 약 192A ④ 약 200A

해설 $H=\frac{60EI}{V}$에서 $I=\frac{HV}{60E}=\frac{20,000\times20}{60\times40}\fallingdotseq 167\text{A}$

정답 01. ③ 02. ③ 03. ④ 04. ② 05. ①

부록 3

★
06 피복 아크 용접봉에서 피복제의 작용으로 틀린 것은?

① 용융부를 산소나 질소의 분위기로 만들어 용융금속을 보호한다.
② 아크를 안정하게 한다.
③ 용적(globule)을 미세화하고 용착 효율을 높인다.
④ 전기 절연작용을 한다.

해설 피복제는 아크열에 의하여 연소하여 용융부를 중성 또는 화원성 분위기로 만들어 용융금속을 보호한다.

★
07 저항 용접의 용접과정 중에서 전류가 증가하면 전류 통로를 증가시켜 전류 밀도를 일정하게 유지하려는 작용, 즉 온도를 일정하게 유지하고자 하는 작용은?

① 저항 용접의 자율 작용
② 접촉 저항
③ 너깃의 형성
④ 용접부의 팽창과 전극 운동

해설
$$\text{전류밀도} = \frac{\text{통전전류}(I)}{\text{저항체의 단면적}(A\text{cm}^2)}$$

08 저항 용접의 특징이 아닌 것은?

① 줄의 법칙을 응용하였다.
② 후판 용접에 매우 좋다.
③ 용접봉 및 용제가 필요 없다.
④ 강한 전류가 사용되나 전압은 약간이면 된다.

해설 0.4~3.2mm 정도의 박판 용접에 좋으며, 국부가열이므로 변형이 없다.

09 고탄소강이나 합금강은 전기저항이 크다. 용접전류는 연강 용접전류의 얼마 정도로 하는가?

① 40% ② 60%
③ 90% ④ 120%

해설 저항이 커서 저항열이 쉽게 발생하므로 연강의 90% 정도의 전류이면 되고, 그 대신 가압력은 10% 증가시켜야 한다.

★
10 연강용 피복 아크 용접봉의 E 43 △ □에 대한 설명이다. 틀린 것은?

① 43 : 전 용착금속의 최대 인장강도(kg/mm^2)
② △ : 용접자세
③ E : 전기 용접봉(electrode)의 약자
④ □ : 피복제의 종류

해설
- E : 전기 용접봉(electrode)의 약자
- 43 : 용착금속의 최저 인장강도(kg/mm^2)
- △ : 용접자세(0.1 : 전자세, 2 : 아래보기 및 수평 필릿 용접, 3 : 아래보기, 4 : 전자세 또는 특정 자세의 용접)
- □ : 피복제의 종류

우리나라	일본	미국
E4301 F 316	D4301 D4316	E6001 E7016

11 연강용 피복 아크 용접봉 심선을 저탄소 림드강으로 만드는 가장 적합한 이유는?

① 기포 방지 ② 균열 방지
③ 경화 방지 ④ 인장력 증가

해설 균열 방지를 하기 위하여 용접봉 심선으로 저탄소인 림드강을 주로 사용한다.

★
12 탄소 아크 용접봉의 용접전류가 200A일 경우 전극봉 크기는 몇 mm를 사용하는가?

① 6.4mm ② 9.5mm
③ 16mm ④ 22.2mm

해설 6.4mm – 100A
16mm – 300A
22.2mm – 500~600A

★
13 교류 아크 용접기로 두께 5mm의 모재를 지름 4mm의 용접봉으로 용접할 경우 다음 전류 중 어느 것을 사용하는 것이 적당한가?

① 230~260A ② 170~200A
③ 110~130A ④ 200~230A

해설 용접에 알맞은 전류의 세기는 용접봉의 단면적 1mm^{2}당 10~11A로 한다. 그러므로 4mm의 용접봉 단면적은 12.56mm^{2}이므로 알맞은 전류의 세기는 120A이다.

정답 06. ① 07. ① 08. ② 09. ③ 10. ① 11. ② 12. ② 13. ③

★
14 일반적인 피복 아크 용접봉의 건조시간은?

① 70~100℃에서 1시간
② 100~150℃에서 1시간
③ 150~250℃에서 1시간
④ 300~350℃에서 2시간

해설 저수소계 용접봉 건조 : 300~350℃에서 2시간

15 아크 용접 시 용입 부족의 원인이 아닌 것은?

① 운봉속도가 너무 빠를 때
② 용접전류가 낮을 때
③ 홈의 각도가 너무 좁을 때
④ 루트 간격이 클 때

해설 용접봉 선택이 불량할 때도 용입 부족 현상이 생긴다.

★
16 용접 결함과 그 원인을 조합한 것 중 틀린 것은?

① 변형 – 홈 각도의 과대
② 기공 – 용접봉의 습기
③ 슬래그 섞임 – 전층의 언더컷
④ 용입 부족 – 홈 각도의 과대

해설 용입은 모재가 녹아 들어간 깊이를 말하므로 홈 각도와 관계없고 용접전류, 운봉속도 등에 관계가 있다.

17 피트(Pit)가 생기는 원인이 아닌 것은?

① 모재 과열 시
② 모재 가운데 타 합금 원소가 많을 때
③ 모재 표면에 이물질이 묻었을 때
④ 후판 또는 급랭되는 용접의 경우

해설 용접 비드 표면층에 스패터로 인한 흠집을 피트라 하며, 모재 과열 시 언더컷이 생긴다.

18 피복 아크 용접회로를 이루는 구성물이 아닌 것은?

① 용접봉 홀더 ② 토치 라이터
③ 모재 ④ 접지 케이블

해설 토치 라이터는 가스 용접에서 토치에 점화하는 데 사용되는 라이터이며, 용접회로는 용접기→전극 케이블→홀더→용접봉→아크→모재→접지 케이블→용접기 순으로 되어 있다.

19 용접기의 보수 및 수리 시의 주의사항으로 옳지 않은 것은?

① 용접기의 설치는 습기나 먼지 등이 적고 환기가 잘되는 곳을 선택한다.
② 전환 탭 및 전환 나이프 끝 등 전기적 접촉부는 자주 샌드 페이퍼 등으로 다듬질한다.
③ 용접기는 밀폐되지 않아 내부에 먼지가 쌓이므로 걸레를 잘 빨아 수시로 청소한다.
④ 용접 케이블 등이 파손된 부분은 즉시 절연 테이프로 감아 절연시킨다.

해설 용접기에 쌓인 먼지는 압축공기를 이용하여 청소해야 한다.

20 다음 중 로봇의 장점이 아닌 것은?

① 인건비 절감 ② 티칭의 간략화
③ 안전사고 방지 ④ 생산성 향상

해설 로봇을 활용하면 인건비 절감, 정밀도와 생산성 향상, 인적 안전사고 방지, 작업환경 개선 등의 장점이 있다.

21 다음 중 경납땜에 해당되지 않는 것은?

① 은납 ② 주석납
③ 황동납 ④ 인동납

해설 경납은 연납에 비하여 강력하다. 경납 중 중요한 것은 은납과 놋쇠납 등이 있다.

22 다음 홈 맞대기 용접의 용접부의 명칭 중 틀린 것은?

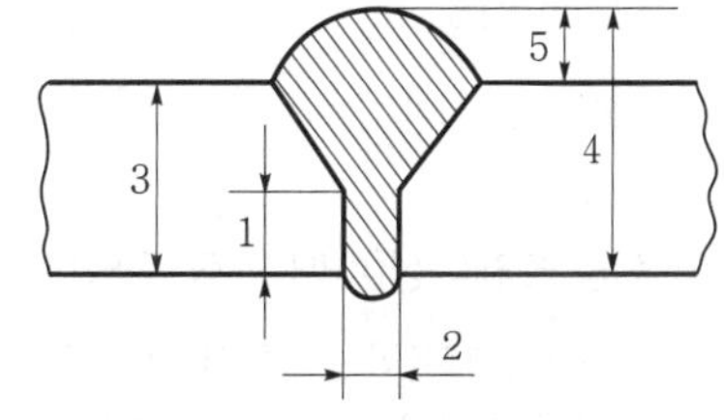

① 루트 면 – 1 ② 루트 간격 – 2
③ 판의 두께 – 3 ④ 살올림 – 4

해설 1 : 루트면
2 : 루트 간격
3 : 판 두께
4 : 살 올림(덧살 두께)

정답 14. ① 15. ④ 16. ④ 17. ① 18. ② 19. ③ 20. ② 21. ② 22. ④

★
23 금속의 결정격자는 규칙적으로 배열되어 있는 것이 정상적이지만, 불완전한 것 또는 결함이 있을 때 외력이 작용하면 불완전한 곳 및 결함이 있는 곳에서부터 이동이 생기는 현상은?

① 쌍정 ② 전위
③ 슬립 ④ 가공

해설 ① 쌍정(twin) : 슬립 중의 한 개의 양상에 속하는 것으로 변형 후에 어떤 경계선을 기준으로 하여 대칭으로 놓이게 되는 현상을 말한다.
② 전위(dislocation) : 금속의 결정격자 중 결함이 있는 상태에서 외력을 가했을 때, 결함이 있는 곳으로부터 격자의 이동이 생기는 현상이다.
③ 슬립(slip) : 외력이 작용하여 탄성한도를 초과하며, 소성변형을 할 때 금속이 갖고 있는 고유의 방향으로 결정 내부에서 미끄럼 이동이 생기는 현상을 말한다.

24 아공석강 중에서 탄소가 0.4%의 압연된 탄소강의 경도는? (단, 공식에 의해서 구할 것)

① $148kg/mm^2(H_B)$
② $168kg/mm^2(H_B)$
③ $132kg/mm^2(H_B)$
④ $102kg/mm^2(H_B)$

해설 $\sigma = 20 + 100 \times C\%$, $H_B = 2.8\sigma$이므로
$\sigma = 20 + 100 \times 0.4 = 60$, $H_B = 60 \times 2.8 = 168$

25 다음 중 강의 표준 조직이 아닌 것은 어느 것인가?

① 트루스타이트 ② 페라이트
③ 시멘타이트 ④ 펄라이트

해설 ①은 열처리 조직이다.

26 다음 중 트레이싱할 때 가장 적당한 순서는?

① 원호-외형선(직선)-은선-치수선
② 외형선(직선)-은선-원호-치수선
③ 외형선(직선)-은선-치수선-원호
④ 원호-은선-치수선-외형선(직선)

해설 원도를 그린 후 트레이싱을 할 때에는 중심선-원호, 원-외형선-은선-치수선-문자 순으로 한다.

★
27 Y합금에 대한 설명으로 틀린 것은?

① 시효경화성이 있어 모래형 및 금형 주물에 사용된다.
② Y합금은 공랭 실린더 헤드 및 피스톤 등에 많이 이용된다.
③ 알루미늄에 규소를 첨가하여 주조성과 절삭성을 향상시킨 것이다.
④ Y합금은 내열기관의 부품재료로 사용된다.

해설 Y합금은 Al-Cu-Mg-Ni의 합금이다.

★
28 다음 중 교류 아크 용접기의 1차측 입력을 나타낸 것은?

① 2차 무부하 전압×2차 부하전류
② 2차 무부하 전압×아크전압
③ 아크전압×2차 전압
④ 2차 무부하 전압×1차 전압

해설 1차측은 200V의 동력선에 접속하고, 2차측의 무부하 전압은 70~80V로 되었다.

29 150A의 용접전류, 30V의 전압일 때 전력(용접기의 용량)은 몇 kW인가?

① 4.5kW ② 5kW
③ 15kW ④ 0kW

해설 P(전력) = V(아크전압) × I(아크전류)
= 30 × 150 = 4,500W = 4.5kW

30 다음은 각종 교류 아크 용접기에 대한 것이다. 틀린 것은?

① 교류 아크 용접기는 용접봉의 품질 개선에 의하여 수요가 격증하고 있다.
② 교류 아크 용접기는 보통 1차측을 100V, 2차측의 무부하 전압은 감전을 피하기 위하여 50V 이하로 만들어져 있다.
③ 구조는 변압기와 같고 리액턴스에 의하여 수하특성, 누설 자속(leakage magnetic flux)에 의하여 전류를 조절한다.
④ 교류 아크 용접기는 가격이 싸고 구조도 비교적 간단하다.

정답 23. ② 24. ② 25. ① 26. ① 27. ③ 28. ① 29. ① 30. ②

해설 교류 아크 용접기는 보통 1차측을 200V의 동력선에 접속하고, 2차측의 무부하 전압은 70~80V가 되도록 만들어져 있다.

31 재해와 숙련도 관계에서 사고가 가장 많이 발생하는 근로자는?

① 경험이 1년 미만인 근로자
② 경험이 3년인 근로자
③ 경험이 5년인 근로자
④ 경험이 10년인 근로자

해설 숙련도가 적은 근로자에게 사고가 많이 발생한다.

32 셀렌 정류기의 온도 상승에 따른 파괴온도는?

① 80℃ ② 150℃
③ 200℃ ④ 250℃

해설 정류기는 어느 온도 이상이면 파괴하는데, 이 한계는 셀렌 정류기에서 80℃, 실리콘 정류기에서 150℃이다.

★
33 변압기 철심에 쓰이는 강은?

① Mo강 ② Cr강
③ Ni강 ④ Si강

해설 Si강은 1~4% Si 함유한 강으로 자기 감응도가 크고 전류자기 및 항자력이 적다.

34 아세틸렌이 불순물이 있는가 없는가를 확인하는 방법으로 가장 좋은 방법은?

① 가스의 색깔 ② 가스의 무게
③ 가스의 냄새 ④ 가스의 연소 상태

해설 아세틸렌은 무색, 무미, 무취이며 불순물 포함 시 악취가 난다.

35 아세틸렌가스는 탄소와 수소의 매우 불안정한 화합물로 구성되어 있는 가연성 가스이다. 이 가스는 일정 온도 이상에서는 산소가 없어도 자연 폭발을 하는데 다음 중 이 온도에 제일 가까운 것은?

① 250℃ 이상 ② 500℃ 이상
③ 680℃ 이상 ④ 780℃ 이상

해설 406~ 408℃는 자연 발화하고, 500~515℃는 폭발하며, 780℃ 이상이 될 경우 산소가 없더라도 자연 폭발한다.

★
36 SM10C에서 10C는 무엇을 뜻하는가?

① 제작방법 ② 종별 번호
③ 탄소함유량 ④ 최저 인장강도

해설
• S – 강 • M – 기계 구조용
• 10 – 탄소함유량 0.10% • C – 화학 성분 표시

37 오스테나이트계 크롬–니켈 스테인리스강 중 가장 일반적인 것은?

① 18–8 스테인리스강
② 19–9 스테인리스강
③ 20–10 스테인리스강
④ 23–12 스테인리스강

해설 18% Cr, 8% Ni 스테인리스강이다.

38 다음 중 크롬–몰리브덴강의 특징이 아닌 것은?

① 담금질이 쉽고 뜨임 메짐이 크다.
② 일간 가공이 쉽다.
③ 다듬질 표면이 아름답다.
④ 용접성이 좋고 고온 강도가 크다.

해설 Cr–Mo강은 뜨임 메짐이 적다.

39 플라스마 아크 용접법의 특징에 대한 설명 중 틀린 것은?

① 플라스마 아크에 의하여 천공 현상이 생긴 후 아크의 이동과 더불어 키홀도 이동하므로 용접부에는 스타팅탭과 엔드탭이 필요하다.
② 에너지는 전자 용접에 비해 약 1/2 정도이지만 에너지 밀도가 높으므로 용접속도가 빠르다.
③ 용접 홈은 모재의 두께에 영향을 받지 않고 V형 홈으로 단층 용접을 한다.
④ 용접속도를 크게 하면 가스 보호가 불충분하며, 용접부에 경화 현상이 일어나기 쉽다.

해설 용접 홈은 I형으로 맞대기 용접을 하고, 모재의 두께는 25mm 이하로 제한된다.

정답 31. ① 32. ① 33. ④ 34. ③ 35. ④ 36. ③ 37. ① 38. ① 39. ③

부록 3

40 절단 홈 가공 시 홈면에서의 오차 한계는?

① 2~3° ② 3~4°
③ 5° ④ 10° 이하

해설 루트면에서는 2~3°이면 양호하다.

★
41 LP가스를 절단용으로 사용하는 장점이 아닌 것은?

① 이동 수송이 편리하다.
② 안전도가 높으며 관리가 용이하다.
③ 폭발 한계가 높다.
④ 발열량이 높다.

해설 폭발 한계가 낮으므로 진동, 충격을 주면 안된다.

42 자동 절단이 곤란한 형태는?

① 긴 물체의 직선 절단
② V형 홈
③ X형 홈
④ 불규칙한 곡선

해설 짧은선, 불규칙한 곡선절단은 비경제적이며 자동 절단이 곤란하다.

43 절단불꽃에서 예열불꽃이 지나치게 압력이 높아 불꽃이 세어지면 어떤 결과가 생기는가?

① 절단면이 깨끗하다.
② 절단면이 아주 거칠다.
③ 기슭이 녹아 둥글게 된다.
④ 절단속도를 느리게 할 수 있다.

해설 모재가 과열되어 기류에 의해 모서리가 둥글게 녹아내린다.

★
44 다음 중 테르밋 용접의 특징이 아닌 것은?

① 전원을 필요로 하지 않는다.
② 용접시간이 짧다.
③ 특이한 모양의 홈을 요구한다.
④ 발열제의 작용으로 용접이 가능하다.

해설 특이한 모양의 홈을 요구하지 않으며 용접결과가 매우 좋다.

★
45 가스 절단에서 절단속도와 관계 없는 것은?

① 팁의 구멍 ② 절단 산소 압력
③ 산소 순도 ④ 병 속의 압력

해설 병 속의 압력은 조정할 수 없으므로 속도와 관계가 없다.

46 이론적으로 아세틸렌을 완전 연소시킬려면 아세틸렌과 산소의 비율이 얼마면 되는가?

① 2 : 1 ② 1 : 1
③ 1 : $2\frac{1}{2}$ ④ 2 : 3

해설 산소와 아세틸렌이 혼합되어 완전 연소를 하려면 다음과 같아야 한다.
$2C_2H_2 + 5O_2 = 4CO_2 + 2H_2O + 193.7\text{kcal}$
그러므로 이론적인 혼합비는 O_2 : C_2H = 5 : 2이다.
그러나 실제로 연소시는 공기 중에 산소가 있기 때문에 1 : 1로 혼합시키면 된다.

47 다음은 피복 아크 용접작업에 관한 사항이다. 틀린 것은?

① 용접설비 점검 시 회전부나 마찰부에 윤활유가 알맞게 주유되었는지 점검한다.
② 적정 전류보다 큰 전류를 사용하면 비드면이 곱고 오버랩 기공(blow hole) 등이 발생한다.
③ 용접속도(welding speed)는 운봉속도(travel speed) 또는 아크속도라고도 한다.
④ 용입의 대소는 $\frac{I(\text{용접전류})}{v(\text{용접속도})}$에 따라 결정되므로 전류가 클 때에는 용접속도가 증가한다.

해설 적정 전류는 용접봉의 지름, 종류, 모재의 두께, 이음의 종류, 용접자세 등에 따라 달라지며 적정 전류보다 큰 전류를 사용하면 비드면이 거칠고, 언더컷(under cut), 블로 홀(blow hole) 등이 발생한다.

★
48 테르밋 용접에서 사용되는 테르밋이란 무엇인가?

① 산화철과 알루미늄의 분말
② 알루미늄과 아연의 분말
③ 마그네슘과 산화철의 분말
④ 단소와 규소의 분발

정답 40. ① 41. ③ 42. ④ 43. ③ 44. ③ 45. ④ 46. ① 47. ② 48. ①

해설 테르밋 용접은 금속 산화물이 알루미늄에 의해 산소를 빼앗기는 반응이다. 즉 테르밋 반응을 이용한 것으로 테르밋제의 혼합비는 산화철 3~4에 알루미늄 1의 비율이고, 점화제는 과산화바륨, 마그네슘 등의 혼합 분말을 사용한다.

★
49 테르밋제의 발화에 필요한 온도는?

① 300℃ 이상 ② 600℃ 이상
③ 800℃ 이상 ④ 1,000℃ 이상

해설 테르밋제의 발화에는 1,000℃ 이상이 필요하고 점화제(과산화바륨, 마그네슘 등의 혼합 분말)를 알루미늄 가루에 혼합하여 반응을 일으키게 한다.

50 금속을 용융 상태에서 서냉했을 때 응고하면서 나타나는 결정의 형태는?

① 구상 ② 판상
③ 주상 ④ 수지상

해설 용융금속을 서냉하면 나뭇가지 모양의 수지상 결정이 되어 규칙적인 배열을 갖지만 금형 내에서 급랭하면 금형면에 대하여 직각으로 결정이 성장하여 기둥모양인 주상 결정이 된다.

51 기어의 표면만을 경화시키는 경우 어느 열처리가 적당한가?

① 불림 ② 담금질
③ 뜨임 ④ 고주파 경화

해설 기어의 표면은 내마모성이 커야 한다. 그러나 내부까지 단단하면 깨지기 쉬우므로 겉은 경도, 내부는 인성이 필요하다.

52 제도의 역할을 설명한 것으로 가장 적합한 것은?

① 기계의 제작 및 조립에 필요하며, 설계의 밑바탕이 된다.
② 그리는 사람만 알고 있고 작업자에게는 의문이 생겼을 때에만 가르쳐 주면 된다.
③ 알기 쉽고 간단하게 그림으로써 대량 생산의 밑바탕이 된다.
④ 계획자의 뜻을 작업자에게 틀림없이 이해시켜 작업을 정확·신속·능률적으로 하게 한다.

해설 설계된 기계가 설계대로 공작, 조립되려면 설계자의 의도한 사항이 도면에 의하여 제작자에게 빠짐없이 전달되어야 한다.

★
53 주철의 용접에 관한 설명으로 틀린 것은?

① 용접 후에는 풀림 처리를 한다.
② 가스 용접으로 용접 시공할 때에는 대체로 주철 용접봉을 사용한다.
③ 수축이 적어 균열이 생기지 않는다.
④ 용접 응력이 작게 되도록 용접한다.

해설 주철은 수축이 크고, 균열 발생이 쉽다.

54 TTT(time, temperature, transformation) 곡선과 관계있는 것은 어느 곡선인가?

① Fe-C 곡선 ② 탄성 곡선
③ 항온 변태 곡선 ④ 인장 곡선

해설 강을 일정한 온도의 용융액(금속액) 속에 넣어 열처리를 하면 조직이 일정하게 변한다. 이때 변태점 이하의 온도에서 항온 변태를 시켜 변태의 시작 시간과 끝나는 시간을 구하여 온도와 시간의 관계를 나타낸 그림을 항온 변태 곡선(TTT 곡선)이라고 한다.

★
55 제3각법에서 좌측면도는 정면도의 어느 쪽에 위치하는가?

① 좌측 ② 우측
③ 상부 ④ 하부

해설 제3각법에서는 눈 → 투상 → 물체의 순으로 나타나므로 좌측에는 좌측면도를, 우측에는 우측면도를, 상부에는 평면도를, 중앙에는 정면도를, 하부에는 저면도를 나타내며, 우측면도의 우측에 배면도가 나타난다.

56 다음 투상도법 중 기계제도에서는 어떤 방법을 쓰는가?

① 정투상도 ② 회화식 투상도
③ 등각 투상도 ④ 투시도

해설 투상도법은 정투상도법과 회화식 투상도법으로 크게 나누며 회화식 투상도법에는 사투상도, 등각 투상도, 부등각 투상도, 투시도 등이 있다.

정답 49. ④ 50. ④ 51. ④ 52. ② 53. ③ 54. ③ 55. ① 56. ①

★
57 18-8형 스테인리스강에서는 입계 부식에 의한 입계 균열이 발생하는데 다음 중 입계부식의 원인이라 할 수 없는 것은?

① 크롬탄화물(Cr_4C)의 석출
② Cr량이 결정 입계 부근에서 증가
③ 500~850℃로 재가열시 고용된 오스테나이트의 결정 입계로 이동
④ Cr량이 결정입계 부근에서 감소

해설 18-8 스테인리스강에서는 고온으로부터 급랭한 것을 500~850℃로 재가열하면 고용되었던 오스테나이트가 결정 입계로 이동하여 Cr_4C라는 탄화물이 석출된다. 이로 인하여 결정 입계 부근의 Cr량이 감소하게 된다. 따라서 내식성이 감소되어 부식이 쉽게 되는데 이를 입계 부식(boundary corrosion)이라 한다. 그 방지법으로는 다음과 같다.
① 탄소함유량은 적게 하여 탄화물 Cr_4C의 생성을 억제시킨다.
② Ti, V, Nb 등을 첨가하여 크롬탄화물의 생성을 억제한다.
③ 고온도에서 Cr탄화물을 오스테나이트 중에 고용하여 기름 중에 급랭시키는 용체화 처리 등을 한다.

58 열팽창 계수가 유리나 백금과 같고 전구의 도입선, 진공관 도선용으로 사용되는 불변강은?

① 인바 ② 코엘린바
③ 퍼멀로이 ④ 플래티나이트

해설 플래티나이트(platinite)는 44~47.5% Ni이고, 나머지는 철(Fe)을 함유하는 불변강으로 열팽창 계수가 유리, 백금과 같다.

★
59 합금강(slloy steel)이란 무엇인가?

① 탄소강과 특수 원소의 합금
② 특수 비철 금속과 특수 원소의 합금
③ C와 Fe의 합금에 Si, Mn, P, S 등을 첨가시킨 합금
④ 비자성체인 소결 합금

해설 합금강은 특수강이라고도 하며, 탄소강의 본래의 성질을 현저하게 개선하고 또 많은 새로운 특성을 갖게 하기 위해 탄소강에 Ni, Cr, W, Mo, V, Co, Si, Mn, Ti, B 등을 첨가한 합금강이다.

60 산소 아크 절단법에 대한 설명 중 틀린 것은?

① 직류역극성을 사용한다.
② 상당한 두꺼운 연강판에도 적용될 수 있다.
③ 비금속류의 절단도 가능하다.
④ 전극과 모재 사이에 아크를 발생시키고, 중심에서 산소를 분출시켜 절단한다.

해설 전원은 보통 직류정극성이 이용되나 교류로서도 절단된다. 또 절단봉에는 아크의 안전성, 절단할 때의 용제 작용을 목적으로 한 피복을 입힌 것도 있다.

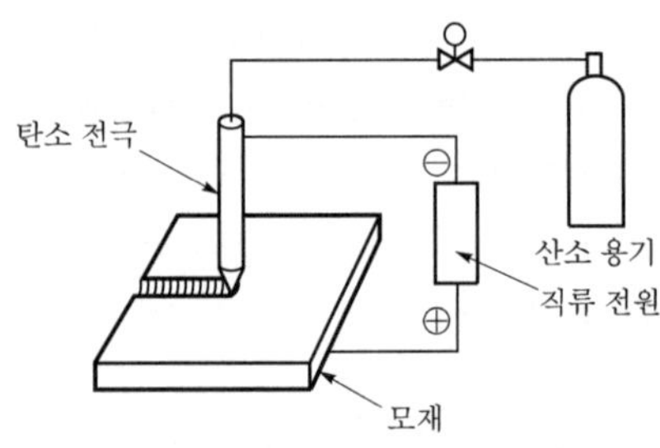

[산소 아크 절단]

정답 57. ② 58. ④ 59. ① 60. ②

제 3 회 용접기능사

★
01 2개의 물체를 충분히 접근시키면 그들 사이에 원자 간의 인력이 작용하여 서로 결합하여 이들의 결합을 위해 보통 ( )cm 정도 접근시켰을 때 원자가 결합한다. 이것은 넓은 의미의 용접이다. ( ) 속에 적당한 숫자는?

① 10^{-4}　② 10^{-6}
③ 10^{-8}　④ 10^{-10}

해설 원자 간에 인력이 있는 거리는 10^{-8}cm이다.

02 다음은 용접작업을 구성하는 주요 요소이다. 틀린 것은?

① 용접 대상이 되는 용접 모재
② 열원
③ 용가재
④ 용접 잔류응력 발생

해설 용접작업의 주요 구성요소

구성 요소	구성 요소의 설명	구성 요소의 예	쓰이는 곳
용접 모재	용접 대상이 되는 재료	철강, 비철 금속 등	모든 용접에 사용됨
열원	용접 모재 및 용가재를 용융시키는 데 필요한 열을 발생	산소-아세틸렌 아크 열	가스 용접, 아크 용접
용가재	용접 모재를 접합시키는 재료	용접봉, 납	아크 용접, 납땜
용접 기구	용접에 사용되는 기구	아크 용접기 토치, 팁 인두	아크 용접, 가스 용접, 납땜

03 다음 중 허용사용률(%) 식으로 옳은 것은?

① $\frac{(\text{전격2차전류})^2}{(\text{실재의 용접전류})^2} \times \text{정격사용률}$

② $\frac{\text{아크시간}}{\text{아크시간} + \text{휴식시간}} \times 100$

③ $\frac{\text{소비전력}}{\text{전원입력}} \times 100$

④ $\frac{\text{아크전력}}{\text{소비전력}} \times 100$

해설 ② 사용률 공식
③ 역률 공식
④ 효율 공식

04 저항 용접이 아크 용접에 비하여 좋은 점이 아닌 것은?

① 용접 정밀도가 높다.
② 열에 의한 변형이 작다.
③ 용접시간이 짧다.
④ 용접전류가 낮다.

해설 저항 용접의 장점으로는 재료 절약, 작업 신속, 숙련 불필요 등이 있으며, 용접전류는 대단히 높다.

05 다음 사항 중 맞는 것은?

① 전류가 크면 통전시간은 길어진다.
② 전류가 크면 통전시간은 짧아진다.
③ 발생 열량과 통전시간은 직접 관계가 없다.
④ 가압력이 작을 경우 통전시간은 길어진다.

해설 전류 소모는 통전시간이 길 때 많아진다.

부록 3

정답 01. ③　02. ④　03. ①　04. ④　05. ②

06 땜 인두의 온도가 알맞을 경우 녹은 땜납의 색깔은 어떻게 변하는가?

① 은백색 ② 회색
③ 검정색 ④ 적색

해설 땜 인두의 온도가 알맞으면 녹은 땜납의 색깔은 은백색이 되며, 온도가 높은 경우에는 납땜의 색깔은 회색이 되면서 작업이 안된다.

07 피복제에 습기가 있을 경우 용접 결과는?

① 설파 밴드가 생긴다.
② 크레이터가 발생한다.
③ 슬래그가 형성된다.
④ 기공이 생긴다.

해설 피복제에 습기가 있을 경우 건조기에다 충분히 건조시킨 후 사용한다.

08 다음은 피복 아크 용접 작업 시 용접봉 각도(angle of electrode)에 대한 사항이다. 틀린 것은?

① 용접봉 각도란 용접봉이 모재와 이루는 각도를 말한다.
② 용접봉 각도는 진행각(lead angle)과 작업각(work angle)으로 나눈다.
③ 진행각은 용접봉과 이음방향에 나란하게 세워진 수직 평면과의 각도로 표시한다.
④ 용접봉 각도(angle of electrode)에 따라 용접 품질이 좌우되는 수가 있다.

해설 진행각(lead angle)이란 용접봉과 용접선이 이루는 각도로서 용접봉과 수직선 사이의 각도로 표시한다.

★
09 다음 중 어느 것에 아세틸렌이 가장 많이 용해되는가?

① 물 ② 석유
③ 벤젠 ④ 아세톤

해설

물	석유	벤젠	알코올	아세톤	염분
같은 양	2배	4배	6배	25배	용해되지 않음

10 순수한 기체 산소에 대한 것이다. 부적합한 것은?

① 냄새가 없다.
② 가연성 기체이다.
③ 색이 없다.
④ 공기보다 약간 무거운 기체이다.

해설 산소는 지연성(조연성) 기체로 가연성 기체가 연소하는 것을 돕는 역할을 한다.

★
11 주철, 고합금강, 비철금속 등은 절단이 가능한 성질을 가지고 있지 않아 산소 절단을 할 수가 없다. 그래서 철분 또는 용제 분말을 자동적으로 또 연속적으로 절단 산소에 혼입하여 그 산화열 또는 용제작용을 이용한 절단방법은?

① 산소창 절단 ② 가스 가우징
③ 분말 절단 ④ 스카핑

해설 분말 절단은 주철, 비철금속, 스테인리스강과 같은 산소 절단이 곤란한 것을 철분, 용제를 절단 가스에 공급하여 산화열 또는 용제의 화학작용을 이용한 절단법이다. 철, 비철금속뿐만 아니라 콘크리트 절단에도 이용되나 절단면이 거칠다.

★
12 이음의 표면에 쌓아 올린(용제 속에) 미세한 와이어를 집어 넣고 모재와의 사이에 생기는 아크열로 용접하는 방법이며 피복제에는 용융형, 소결형 등이 있는 용접은?

① 서브머지드 아크 용접
② 불활성 가스 아크 용접
③ 원자 수소 용접
④ 아크 점 용접

해설 서브머지드 아크 용접의 원리는 모재의 용접부에 쌓아 올린 용제 속에 연속적으로 공급되는 와이어를 넣고 와이어 끝과 모재 사이에서 아크를 발생시켜 용접하는 방법으로 자동 아크 용접법이며 아크가 용제 속에서 발생되어 보이지 않아 잠호 용접법이라고도 한다. 문제의 “용제 속에”는 저자 임의로 삽입한 것이다.

정답 06. ① 07. ④ 08. ③ 09. ④ 10. ② 11. ③ 12. ①

★
13 보통 중공의 강전극을 사용하여 전극과 모재 사이에 아크를 발생시키고 중심에서 산소를 분출시키면서 하는 절단법은?

① 탄소 아크 절단
② 아크 에어 가우징
③ 플라스마 제트 절단
④ 산소 아크 절단

해설 산소 아크 절단은 중공의 피복 용접봉과 모재 사이에 아크를 발생시키고 중공으로 고압 산소를 분출하여 절단하는 방법으로 철강 구조물의 해체, 특히 수중해체 작업에 널리 쓰인다. 절단면은 거칠지만 절단속도가 크다.

14 다음은 탄산가스 성질에 관한 사항이다. 틀린 것은?

① 무색 투명하다.
② 공기보다 2.55배, 아르곤보다 3.38배 무겁다.
③ 공기 중 농도가 크면 눈, 코, 입 등에 자극이 느껴진다.
④ 무미 무취이다.

해설 CO_2 가스는 공기보다 1.53배, 아르곤보다 1.38배 무겁다.

15 탄소 아크 절단에 관한 사항 중 틀린 것은?

① 탄소 아크 절단법은 탄소 또는 흑연 전극봉과 모재와의 사이에 아크를 일으켜 절단하는 방법이다.
② 탄소 아크 절단을 실시할 때 전류가 300A 이상의 경우에는 수냉식 홀더를 사용하는 것이 좋다.
③ 직류정극성이 사용되나 교류라도 절단이 안 되는 것은 아니다.
④ 피복제는 발열량이 많고, 산화성이 풍부한 것으로 되어 있다.

해설 ④ 금속 아크 절단의 용접봉에 대한 내용이다.

16 다음 서브머지드 아크 용접에서 용접기를 전류 용량으로 구별할 때 최대 전류(A)에 해당되지 않는 것은?

① 4,000 ② 2,000
③ 1,200 ④ 600

해설 전류 용량에 따라 최대 전류는 4,000A, 2,000A, 1,200A, 900A의 종류가 있다.

17 염화아연을 사용하여 납땜을 하였더니 그 후에 그 부분이 부식되기 시작했다. 다음 중 그 이유는?

① 땜납과 금속판이 화학작용을 일으켰기 때문에
② 땜납과 납(pb)의 양이 많기 때문에
③ 인두의 가열온도가 높기 때문에
④ 납땜 후 염화아연을 닦아내지 않았기 때문에

해설 용제들은 거의가 부식성이 있으므로 납땜 후 물로 깨끗이 세척해야 한다.

18 큰 동판을 납땜할 때 다음 중 어느 방법이 좋은가?

① 인두를 가열하여야 한다.
② 동판을 미리 예열한 후 인두를 가열하여야 한다.
③ 동판을 가열한 후 그 열로 한다.
④ 얇은 동판과 같은 방법으로 한다.

해설 동판은 전도율이 높으므로 납땜 인두의 열이 사방으로 퍼져 접합부의 온도가 오르지 않으므로 미리 예열할 필요가 있다.

19 강 및 청동땜에 사용되는 경납은 무엇인가?

① 양은납 ② 황동납
③ 은납 ④ 금납

해설 ① 양은납 : 청동, 강철
② 황동납 : 구리, 청동, 철
③ 은납 : 은그릇, 양은, 황동, 구리 등
④ 금납 : 금제품 접합

★
20 알루미늄 용접 시 사용하는 용제로서 가장 적당한 것은?

① 염화리튬(LiCl)
② 붕산(H_3BO_3)
③ 탄산마그네슘($MaCO_3$)
④ 중탄산나트륨(Na_2CO_3)

정답 13. ④ 14. ② 15. ④ 16. ④ 17. ④ 18. ② 19. ① 20. ①

해설 알루미늄 용접봉
- 모재와 동일한 화학 조성의 것
- 4~13% Si의 Al-Si 합금선
- Cd, Cu, Mn, Mg 등의 합금 등을 사용

용제는 주로 알칼리 금속의 할로겐 화합물, 유산염 등의 혼합제가 많이 사용되며 가장 주요한 것은 염화리튬(LiCl)이다.

21 다음 중 용접자동화 목적이 아닌 것은?

① 다품종 소량생산에 대응할 수 있다.
② 생산원가를 절약할 수 있다.
③ 재고감소로 인해 집중화를 실현할 수 없다.
④ 위험작업에 따른 작업자를 보호할 수 있다.

해설 재고감소와 정보관리의 집중화를 실현할 수 있다.

22 다음 중 경납용 용제가 아닌 것은?

① 붕사 ② 붕산
③ 염산 ④ 알칼리

해설 경납에 쓰이는 용제는 붕사가 대표적이며 붕산, 식염, 산화제일구리 등이 쓰인다.

23 용접부의 작업검사에 대한 사항 중 가장 올바른 것은?

① 각 층의 융합 상태, 슬래그 섞임, 균열 등은 용접 중의 작업검사이다.
② 용접봉의 건조상태, 용접전류, 용접순서 등은 용접 전의 작업검사이다.
③ 예열, 후열 등은 용접 후의 작업검사이다.
④ 비드의 겉모양, 크레이터 처리 등은 용접 후의 검사이다.

해설
- 용접 전의 작업검사 : 용접 설비, 용접봉, 모재, 용접 시공과 용접공의 기능
- 용접 중의 작업검사 : 용접봉의 건조상태, 청정상 표면, 비드 형상, 융합상태, 용입 부족, 슬래그 섞임, 균열, 비드의 리플, 크레이터의 처리
- 용접 후의 작업검사 : 용접 후의 열처리, 변형 잡기

24 다음 금속 중 비중이 제일 큰 것은?

① Ir ② Ce
③ Ca ④ Li

해설 비중 : 물질의 단위 용적의 무게와 표준 물질(4℃의 물)의 무게와의 비를 말한다. Ir – 22.5, Ce – 6.9, Ca – 1.6, Li – 0.53이다.

★
25 CAD 시스템의 출력 장치 중 도면을 작성할 수 없는 것은 어느 것인가?

① 하드카피(hard copy)
② 플로터(plotter)
③ 프린터(printer)
④ 라이트 펜(light pen)

해설 라이트 펜은 그래픽 스크린상에서 특정 위치나 물체를 지정하고, 자유로운 스케치를 하며, 메뉴를 통하여 명령어나 데이터를 입력할 때 사용한다.

26 아세틸렌 고무 호스의 색깔은?

① 흑색 ② 적색
③ 갈색 ④ 녹색

해설 산소 호스는 흑색 또는 녹색, 아세틸렌용은 적색으로 구별하고 있다.

27 기어의 잇면, 크랭크축, 캠, 스핀들, 펌프, 축, 동력 전달용 체인 등의 표면 경화법으로 가장 적합한 것은?

① 질화법 ② 가스 침탄법
③ 화염 경화법 ④ 청화법

해설 일반적으로 0.4% C 전후의 강에 쓰이며, 산소-아세틸렌 불꽃으로 표면만을 가열하고 물로 급랭하여 담금질하는 조작법으로 경화층의 깊이는 불꽃의 온도, 가열 시간, 불꽃 이동 속도로 조정한다.
- 용도 : 크랭크축, 기어, 선반의 베드, 샤프트, 롤, 레일

28 다음 치수기입법 중 잘못 설명한 것은?

① 치수는 특별한 명기가 없는 한, 제품의 완성 치수이다.
② NS로 표시한 것은 축척에 따르지 않은 치수이다.
③ 현의 길이를 표시하는 치수선은 동심인 원호로 표시한다.
④ 치수신은 가급적 물체를 표시하는 도면의 외부에 표시한다.

정답 21. ③ 22. ③ 23. ① 24. ① 25. ④ 26. ② 27. ③ 28. ③

해설 호의 길이를 표시하는 치수선은 동심인 원호로 표시하고, 현의 길이를 표시하는 치수선은 현과 평행하는 직선으로 표시한다.

29 다음은 구리(copper)의 성질에 대한 사항이다. 틀린 것은?

① 열과 전기의 양도체이다.
② 아연(Zn), 주석(Sn), 니켈(Ni), 은(Ag) 등과 함께 쉽게 합금을 만든다.
③ 상온 가공에서는 인장강도는 줄지만 연신율은 늘어난다.
④ 전연성이 풍부하고 유연하다.

해설 구리를 상온 가공하면 가공률 70% 부근에서 인장강도가 최대이며 연신율, 단면수축률은 감소한다.

★
30 알루미늄 용접 시 사용하는 용제로서 가장 적당한 것은?

① 염화리듐(LiCl)
② 붕산(H_3BO_3)
③ 탄산마그네슘($MaCO_3$)
④ 중탄산나트륨(Na_2CO_3)

해설 알루미늄 용접봉은 모재와 동일한 화학조성인 4~13% Si의 Al-Si 합금선, Cd, Cu, Mn, Mg 등의 합금 등을 사용한다. 용제는 주로 알칼리 금속의 할로겐 화합물, 유산염 등의 혼합제가 많이 사용되며 가장 주요한 것은 염화리듐(LiCl)이다.

31 다음 중 선의 굵기가 다른 것은?

① 치수선 ② 가상선
③ 파단선 ④ 절단선

해설 가상선·파단선·절단선 등은 도면에 사용된 외형선의 약 1/2의 굵기를 갖는다.

★
32 필릿 용접에서 다리길이를 6mm로 용접할 경우 비드의 폭을 얼마로 해야 하는가?

① 약 10.2mm ② 약 8.5mm
③ 약 12mm ④ 약 6.5mm

해설 비드폭(b) = 각장(h)× $\sqrt{2}$ = 1.4142 = 8.5

★
33 서브머지드 아크 용접에 사용되는 컴포지션의 입도를 표시할 때 8×200이라고 하는 것은?

① 8메시보다 거칠고, 200메시보다 가는 것을 표시한다.
② 8메시보다 가늘고, 200메시보다 거치른 것을 말한다.
③ 1,600메시임을 표시한다.
④ 200메시 이상 가는 것을 표시한다.

해설 메시(mesh) : 입자의 크기(입도)를 나타내는 단위로 1인치(inch)의 가로 세로의 길이를 가진 정사각형의 면적에 한 변을 등분한 눈금의 수로 나타내며, 각 변을 200등분한 채로 걸러낸 용제의 입도를 200메시라 한다.

34 다음 중 페킹, 형강, 박판 등 얇은 것의 단면을 한 줄로 표시할 때 이용되는 선은?

① 가는 2중 실선 ② 극이 굵은 실선
③ 굵은 실선 ④ 해칭선

해설 해칭선은 가는 실선(0.3~0.8 이하)으로 그린다.

35 주석의 변태온도는 다음 중 어느 것인가?

① 11.3℃ ② 18.0℃
③ 23.4℃ ④ 28.5℃

해설 주석의 변태점은 18℃로서 그 이상이면 백주석, 이하이면 회주석이 된다.

36 철골 구조물의 용접 설계를 하고자 할 때 안전율을 무시할 수가 없다. 안전율을 구하는 공식은 다음 중 어느 것인가?

① $\text{안전율} = \dfrac{\text{인장강도}}{\text{허용능력}}$

② $\text{안전율} = \dfrac{\text{허용능력}}{\text{최소한도}}$

③ $\text{안전율} = \dfrac{\text{허용능력}}{\text{인장강도}}$

④ $\text{안전율} = \dfrac{\text{최소한도}}{\text{허용능력}}$

부록 3

정답 29. ③ 30. ① 31. ① 32. ② 33. ② 34. ③ 35. ② 36. ①

해설 용접 이음의 안전율(연강) $= \frac{\text{인장세기}}{\text{허용능력}}$

하중의 종류	정하중	동하중		충격 하중
		단진 응력	교번 응력	
안전율	3	5	8	12

37 아크 용접작업을 할 때 차광을 하고 작업하는 이유 중 가장 적당한 것은?

① 필터 렌즈를 통하지 않고는 작업 진행을 관찰할 수 없으므로
② 아크에서 발생되는 자외선과 적외선이 눈을 상하게 하므로
③ 빛이 자주 깜빡이므로
④ 아크빛이 산란되어 시선의 초점을 맞추기 어려우므로

해설 아크의 빛은 가시광선을 방사함과 동시에 자외선과 적외선도 방사한다.

38 다음 용접방법 중 특히 공기의 유통이 잘 안되는 장소에서 하면 안되는 용접은?

① 서브머지드 아크 용접 ② 프로젝션 용접
③ 탄산가스 아크 용접 ④ 원자수소 용접

해설
- CO_2 3~4% : 두통 및 호흡 곤란
- CO_2 15% : 위험
- CO_2 30% 이상 : 생명 위험

39 단접은 잘 되나, 물이나 기름에 높은 온도에서 급히 담가 식혀도 단단해지지 않는 탄소강은?

① 경강 ② 반경강
③ 초경강 ④ 반연강

해설 극연강, 연강, 반연강은 단접은 잘 되나 열처리 효과가 적다.

40 용접부 비파괴 시험기호가 RT로 표기되어 있으면 다음 중 어느 시험인가?

① 초음파시험 ② 육안검사
③ 내압시험 ④ 방사선투과시험

해설 초음파시험은 UT, 육안검사는 VT, 내압시험은 PRT로 표기된다.

41 상온 가공에서 경화된 구리의 완전 풀림방법은?

① 600~700℃ 30분간 풀림 급랭
② 800~900℃ 30분간 풀림 서냉
③ 500~600℃ 1시간 풀림 급랭
④ 600~700℃ 1시간 풀림 서냉

해설 전연성이 크고 인장강도는 가공률 70% 부근에서 최대가 되며, 가공 경화된 것은 600~700℃에서 30분 정도 풀림 또는 수냉하여 연화한다. 열간 가공은 750~850℃에서 행한다.

42 기계재료 표기법 중 첫째 기호는 무엇을 나타내는가?

① 종별 표시
② 규격명
③ 재질을 표시하는 기호
④ 재질의 강, 약

해설
- 첫째 자리 : 재질
- 둘째 자리 : 제품명 또는 규격
- 셋째 자리 : 종별
- 넷째 자리 : 제조법
- 다섯째 자리 : 제품 형상기호

43 적색 황동 주물, 즉 납땜 황동은 Zn이 몇 % 이하여야 하는가?

① 10% ② 20%
③ 30% ④ 40%

해설 경납
- 황동납 : Zn 34~67%
- 은납 : Ag-Cu-Zn
- 금납 : Au-Ag-Cu
- al 및 Al 합금 용납 : 크라운 땜납, 스터링 땜납, 소루미늄 땜납

44 치수선에 쓰이는 화살표의 길이와 폭의 비율은?

① 2 : 1 ② 3 : 1
③ 4 : 1 ④ 5 : 1

해설 화살표의 폭과 길이의 비율은 1 : 3 또는 1 : 4로 하나, 일반적으로 길이와 폭의 비율이 3 : 1로 된 것이 가장 좋다.

정답 37. ② 38. ③ 39. ④ 40. ④ 41. ① 42. ③ 43. ④ 44. ②

★
45 다음 중 배빗 메탈(babbit metal)이란?

① Pb를 기지로 한 화이트 메탈
② Sn을 기지로 한 화이트 메탈
③ Sb를 기지로 한 화이트 메탈
④ Zn을 기지로 한 화이트 메탈

해설 배빗 메탈 : 주석을 주성분으로 하고 구리와 안티몬을 첨가한 것이며 경도가 높고 온도가 상승하여도 성질이 저하되지 않으며 열전도율이 크다(강도가 큰 무급유 베어링용으로 사용).

46 용접기의 사용률의 공식에서 아크시간과 휴식시간을 합한 사용시간 길이는 몇 분을 기준으로 하는가?

① 60분 ② 30분
③ 15분 ④ 10분

해설 $\text{정격사용률} = \dfrac{\text{아크시간}}{\text{아크시간} + \text{휴식시간}} \times 100\%$에서 아크시간+휴식시간은 10분을 기준으로 한다.

★
47 나사의 표시법 중 $W\frac{3}{4}-16$과 관계가 없는 것은?

① 휘트워드 나사이다.
② 호칭 치수 3/4inch이다.
③ 피치가 16mm이다.
④ 1inch당 16산의 나사이다.

해설
- 미터나사 : 나사의 종류 나사의 지름 × 피치
- 휘트워드 나사 : 나사의 종류 나사의 지름 × 산의 수
- 유니파이 나사 : 나사의 지름 – 산의 수, 나사의 종류 기호

48 작업장에서 전기 유해가스 및 위험물이 있는 곳을 식별하기 위하여 다음 중 어느 색으로 표시하는가?

① 청색 ② 흑색
③ 녹색 ④ 적색

해설
- 적색 : 운반차의 밖으로 적재물이 나올 경우 적재물의 끝에 표시
- 주황 : 보호상자 없는 스위치 또는 그 상자 내면, 노출 기어의 내면 등에 위험 표시

49 다음 고장력강용 피복 아크 용접봉에 대한 설명 중 그 내용이 틀린 것은 어느 것인가?

① 인장강도는 50kg/mm^2 이상이다.
② 구조물 용접에 특히 적합하다.
③ 탄소함유량을 적게 하여 노치 인성 저하와 여린 성질을 방지한다.
④ 용착부의 항복점과 인장력을 높이기 위하여 마그네슘, 주석 등의 원소를 첨가시킨다.

해설 고장력강은 연강의 강도를 높이기 위해 Ni, Cr, Si, Mn, Mo 등의 원소를 첨가한 저합금강으로 항복점은 약 32kg/mm^2 이상, 인장강도는 50kg/mm^2 이상이다.

50 교류 아크 용접기의 2차측 무부하 전압은 얼마 정도인가?

① 200~220V ② 150~180V
③ 100~120V ④ 70~80V

해설 1차측은 200V의 동력선에 접속하고 2차측은 70~80V의 전압이 발생한다.

★
51 다음 그림은 용접기호 및 치수기입법이다. 잘못 설명한 것은?

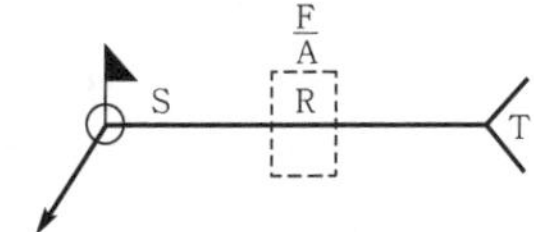

① F : 홈의 각도
② S : 용접부의 치수 또는 강도
③ T : 특별히 지시할 사항
④ (현장 용접 기호) : 온둘레 현장 용접

해설
- F : 다듬질 방법의 기호
- A : 홈의 각도
- R : 루트 간격
- N : 점, 프로젝션 용접의 수
- L : 용접길이
- P : 용접피치
- (n) : 용접수

52 전기 재 소화 시 가장 좋은 소화기는 다음 중 어느 것인가?

① 포말 소화기 ② 분말 소화기
③ 이산화탄소 ④ 모래

정답 45. ② 46. ④ 47. ③ 48. ④ 49. ④ 50. ④ 51. ① 52. ③

부록 3

해설

종류 \ 내용	(A급) 보통 화재	(B급) 기름화재	(C급) 전기화재
포말 소화기	적합	적합	부적합
분말 소화기	양호	적합	양호
CO_2 소화기	양호	양호	적합

53 정류기형 직류 아크 용접기에 관한 설명으로 옳지 않은 것은?

① 직류의 세기는 가변 저항에 의하여 조절된다.
② 2차 회로의 리액턴스에 의한 수하 특성을 갖고 있다.
③ 정류기를 사용하여 교류에서 직류를 얻는 용접기이다.
④ 여자 코일의 기자력에 의해 부하 전압을 조절한다.

해설 발전기형에서 부하전류가 증가하면 여자 코일의 기자력을 감소시켜 부하전압이 저절로 낮아지도록 조절한다.

54 아크의 안정도가 좋으며 전류도 최저 10~15A까지 낮출 수 있으므로 박판 용접에도 좋은 결과를 갖는 용접기는?

① 전지식 직류 아크 용접기
② 발전식 직류 아크 용접기
③ 교류 아크 용접기
④ 정류기형 직류 아크 용접기

해설 정류기형 직류 아크 용접기는 삼상 교류 200V 전원으로 1차측에 접속하고 정류기를 통하여 2차측에서 40~60V의 직류를 얻는 용접기로 아크 안정성이 좋아 전류를 10~15A까지 낮출수 있다.

55 발전기형 직류 아크 용접기에서 주 자극의 자장에 의하여 전기자 코일 내의 발생 전압은?

① 약 200V로 일정하다.
② 약 120V로 일정하다.
③ 약 45V로 일정하다.
④ 약 35V로 일정하다.

해설 주 자극의 자장에 의한 전기자 코일 내의 발생 전압은 약 45V로서 일정하다.

★
56 화이트 메탈(white metal)은 다음 중 어느 합금에 속하는가?

① 내열 재료 합금
② 베어링 재료 합금
③ 내부식 재료 합금
④ 내 마모용 재료 합금

해설 화이트 메탈의 주성분 : 구리, 안티몬, 주석, 아연 등의 합금

57 다음 그림과 같이 양면 단속 필릿 용접을 했을 때 기호 표시법이 정확한 것은?

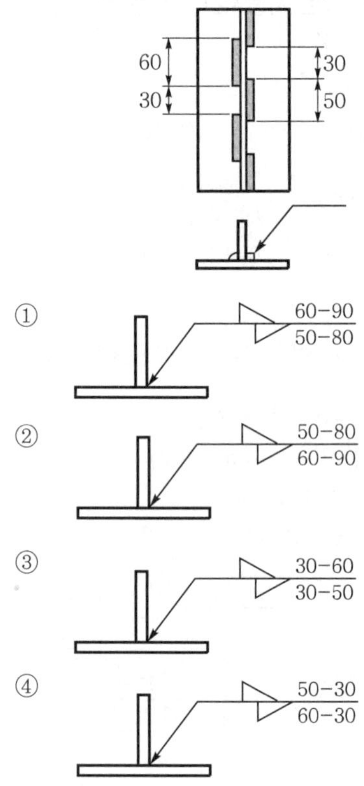

해설 피치(P) : 단속 용접(L-P)에서 용접길이(L) 중심에서 다음 용접길이 중심까지의 길이

58 철도 레일을 일미나이트계 용접봉으로 용접한 결과 파열이 생겼다면 어떤 용접량을 사용하면 되겠는가?

① 고산화티탄계　② 고셀룰로오스계
③ 저수소계　④ 철분 산화철계

정답 53. ④　54. ④　55. ③　56. ②　57. ①　58. ③

해설 저수소계 용접봉은 연신율이 25%로 인성이 좋고 기계적 성질이 좋다.

★
59 다음 피복 아크 용접봉 중에서 이산화탄소가 가장 많이 발생하는 용접봉은?

① E4301 ② E4311
③ E4313 ④ E4316

해설 아크 분위기의 조성은 저수소계에서는 수소가스가 극히 적고, 그 대신 이산화탄소가 상당히 많이 포함되어 있으나, 그 외의 용접봉은 일산화탄소와 수소 가스가 대부분을 차지하고 거기에 이산화탄소와 수증기가 약간 포함되어 있다.

★
60 아크 용접기에서 아크를 계속 일으키는 데 필요한 전압은?

① 20~40V ② 10~20V
③ 50~80V ④ 70~130V

해설 아크가 발생되어 그 아크를 유지하는 전압을 부하전압이라 하는데 부하전압은 보통 20~40V 정도이다.

부록 3

정답 59. ④ 60. ①

실전 모의고사

제 1 회 특수용접기능사

★
01 서브머지드 아크 용접에 사용되는 컴포지션의 입도를 표시할 때 8×200이라고 하는 것은?

① 8메시보다 거치고, 200메시보다 가는 것을 표시한다.
② 8메시보다 가늘고, 200메시보다 거치른 것을 말한다.
③ 1,600메시임을 표시한다.
④ 200메시 이상 가는 것을 표시한다.

해설 메시(maesh) : 입자의 크기(입도)를 나타내는 단위로 1인치(inch)의 가로 세로의 길이를 가진 정사각형의 면적에 한 변을 등분한 눈금의 수로 나타내며, 각 변을 200 등분한 채로 걸러낸 용제의 입도를 200메시라 한다.

02 다음 연납에 대한 설명 중 틀린 것은?

① 연납은 인장강도 및 경도가 낮고, 용융점이 낮으므로 납땜작업이 쉽다.
② 연납의 흡착 작용은 주로 아연의 함량에 의존되며 아연 100%의 것이 유효하다.
③ 연납땜의 용제로는 염화아연을 사용한다.
④ 페이스트라고 하는 것은 유지 염화아연 및 분말 연납땜재 등을 혼합하여 풀모양으로 한 것으로 표면에 발라서 쓴다.

해설 흡착력은 주로 주석의 함유량에 따라 관계되며 함유량이 증가할수록 흡착력이 증가한다.

03 다음 중 서브머지드 아크 용접에 사용되는 용제의 종류가 아닌 것은?

① 용융형 ② 소결형
③ 혼성형 ④ 화합형

해설 용제의 종류에는 용융형, 소결형, 혼성형의 3종류가 있다.

★
04 다음 전기저항 용접법 중 주로 기밀, 수밀, 유밀성을 필요로 하는 탱크의 용접 등에 가장 적합한 용접법은?

① 점 용접법 ② 심 용접법
③ 프로젝션 용접법 ④ 플래시 용접법

해설 심 용접법은 주로 기밀, 유밀, 수밀성을 필요로 하는 곳에 사용되고 용접이 가능한 판 두께는 대체로 0.2~4mm 정도이며 박판에 사용된다. 적용되는 재질은 탄소강, 알루미늄합금, 스테인리스강, 니켈 등이다.

05 일렉트로 슬래그 용접으로 시공하는 것이 가장 적합한 것은?

① 후판 알루미늄 용접
② 박판의 겹침 이음 용접
③ 후판 드럼 및 압력 용기의 세로 이음과 원주 용접
④ 박판의 마그네슘 용접

해설 보일러 드럼, 압력 용기 수직 이음과 원주 이음, 대형 부품, 대형 공작기계, 롤러 등의 후판 용접에 이용된다.

★
06 서브머지드 아크 용접용 용제의 구비조건은 다음과 같다. 틀린 것은?

① 안정한 용접과정을 얻을 것
② 합금 원소 첨가, 탈산 등 야금 반응의 결과로 양질의 용접금속이 얻어질 것
③ 적당한 용융온도 및 점성을 가지고 비드가 양호하게 형성될 것
④ 용제는 사용 전에 250~450℃에서 30~40분간 건조하여 사용한다.

정답 01. ② 02. ② 03. ④ 04. ② 05. ③ 06. ④

해설 용제는 사용 전에 150~250℃에서 30~40분간 건조하여 사용한다.

★
07 용융 용접의 일종으로서 아크열이 아닌 와이어와 용융 슬래그 사이에 통전된 전류의 저항열을 이용하여 용접을 하는 용접법은?

① 이산화탄소의 아크 용접
② 불활성 가스 아크 용접
③ 테르밋 아크 용접
④ 일렉트로 슬래그 용접

해설 일렉트로 슬래그 용접 : 아크열이 아닌 와이어와 용융 슬래그 사이에 통전된 전류의 전기저항열(줄의 열)을 주로 이용하여 모재와 전극 와이어를 용융시키면서 미끄럼판을 서서히 위쪽으로 이동시켜 연속 주조방식에 의해 단층 상진 용접을 하는 것이다.

★
08 아세틸렌 가스 발생기의 분류 중 고압식에 맞는 아세틸렌 가스의 압력에 해당되는 항은?

① 수주 15,000mm까지
② 수주 3,500mm까지
③ 수주 5,000mm까지
④ 수주 7,000mm까지

해설 • 저압식 : 수주 300mm까지
• 중압식 : 수주 2,000mm까지
• 고압식 : 수주 15,000mm까지

09 1차 입력이 24kVA의 용접기에 사용되는 퓨즈는?

① 80A ② 100A
③ 120A ④ 140A

해설 퓨즈 용량을 결정할 때에는 1차 입력(kVA)을 전원 전압(200A)으로 나누면 1차 전류값을 구할 수 있다.

$$\frac{24\text{kVA}}{200\text{V}} = \frac{24,000\text{kVA}}{200} = 120\text{A}$$

10 용접기의 용량을 표시하는 기호는?

① V ② W
③ Ω ④ kVA

해설 V : 전류, W : 전력, Ω : 저항

11 피복 아크 용접에서 피복 배합제의 성질 중 탈산제에 해당되는 것은?

① 석회석 ② 석면
③ 붕사 ④ 소맥분

해설 탈산제 : 소맥분, 탄가루, 종이, 톱밥, 면사, 면포 등

12 다음 중 가동 철심형 교류 용접기의 특징으로 틀린 것은?

① 연속적으로 전류 조정을 할 수 있다.
② 아크가 안정되어 있다.
③ 자기 유도 작용에 의한 것이다.
④ 누설 자속의 변동에 의한 용접기이다.

해설 가동 철심형은 가동 철심을 중간 정도 빼냈을 때 아크가 불안정해지기 쉽다.

★
13 다음 중 아크전류가 200A, 아크전압이 25V, 용접속도가 15cm/min인 경우 용접길이 1cm당 발생되는 용접 입열은?

① 15,000J/cm ② 20,000J/cm
③ 25,000J/cm ④ 30,000J/cm

해설 $H = \frac{60EI}{V}$[J/cm]이므로

$$H = \frac{60 \times 25 \times 200}{15} = 20,000\text{J/cm}$$

14 피복 아크 용접봉의 피복 배합제 중 고착제에 속하지 않는 것은?

① 규산칼륨 ② 소맥분
③ 젤라틴 ④ 탄가루

해설 고착제 : 규산나트륨(물유리), 규산칼륨, 소맥분, 해초, 아교, 카세인, 젤라틴, 아리비아 고무, 당밀

★
15 피복제 아크 용접작업 시 가장 많이 사용하는 차광도 번호는?

① 6~7 ② 8~9
③ 10~12 ④ 13~14

해설 ③항의 용접전류는 100~400A이며 용접봉 지름은 2.6~6.4mm이다.

정답 07. ④ 08. ① 09. ③ 10. ④ 11. ④ 12. ② 13. ② 14. ④ 15. ③

16 다음은 용접법의 전원에 대한 사항이다. 틀린 것은?

① 낮은 전압 대전류를 얻기 위하여 사용하는 변압기의 1차측은 보통 220V, 2차측은 무부하에서 1~10V 정도인 것도 있다.
② 2차 무부하 전압의 대부분은 전선 전극 등의 저항과 리액턴스(reactance) 중의 전압 강하이다.
③ 1차 입력은 2차 부하 전압과 1차 무부하 전류를 곱한 것으로 된다.
④ 2차 무부하 전압을 적게 하여 압력을 적게 할 필요가 있다.

해설 1차 입력은 2차 무부하 전압과 2차 무부하 전류를 곱한 것으로 된다.

17 다음 그림은 피복 아크 용접의 아크 분포를 나타낸 것이다. 아크전압을 나타낸 것은?

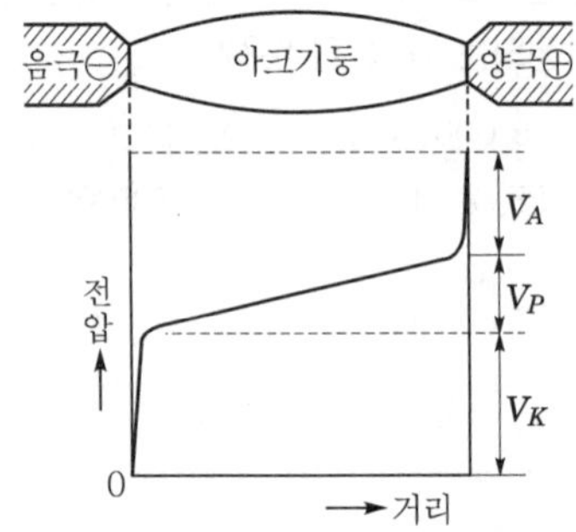

① $V_K+V_P-V_A$ ② $V_K+V_P+V_A$
③ $V_K-V_A-V_P$ ④ $V_K+V_A-V_P$

해설 아크전압(V_a) = 음극 전압 강하(V_K)+아크 기둥 전압 강하(V_P)+양극 전압 강하(V_A)

18 금속의 조직이 성장되면서 불순물은 어느 곳에 모이는가?

① 결정의 중앙 ② 결정립 경계
③ 결정의 모서리 ④ 결정의 표면

해설 금속 중의 불순물은 용융상태에 있어서 금속 중에 잘 녹아 들어가며 결정립 경계에 많이 집합된다.

19 탄소강의 물리적 성질을 설명한 것이다. 이 중 올바른 것은?

① 탄소강의 비중, 열팽창 계수는 탄소량의 증가에 의해 증가한다.
② 비열, 전기저항, 항자력은 탄소량의 증가에 의해 감소한다.
③ 내식성은 탄소량의 증가에 따라 증가한다.
④ 탄소강에 소량의 구리(Cu)를 첨가하면 내식성은 증가한다.

해설 탄소강에서 탄소량의 증가에 따라 비중, 열팽창 계수, 내식성, 열전도도, 온도 계수는 감소하고 비열, 전기저항, 항자력은 증가한다.

20 다음은 압력 조정기(pressure regulator)에 대한 사항이다. 틀린 것은?

① 밸브가 1차측 기밀실에 있는 스템형(stem type)과 밸브가 2차측 기밀실에 있는 노즐형(nozzle type)의 두 종류가 있다.
② 보통 작업을 할 때에는 산소 압력을 5~6kg/cm^2 이하, 아세틸렌가스 압력을 0.4~0.8kg/cm^2 정도로 한다.
③ 압력 조정기의 구조는 용기의 내압을 재는 압력계와 이것을 감압하여 용접하는데 적당한 압력으로 낮은 용접 압력을 지지하는 2개의 압력계로 되어 있다.
④ 압력 조정기 설치 기구나 조정기의 각 부분에는 그리스나 기름기 등을 묻혀서는 안된다.

해설 가스 용접 시 산소 압력을 2~4기압, 아세틸렌은 0.2~0.4 기압으로 조정한다.

21 내열강 중 내열 재료의 구비조건으로 옳지 않은 것은?

① 열팽창 및 열응력이 클 것
② 고온에서 화학적으로 안정성이 있을 것
③ 고온도에서 경도 및 강도 등의 기계적 성질이 좋을 것
④ 주조, 소성 가공, 절삭 가공, 용접 등이 쉬울 것

정답 16. ③ 17. ② 18. ② 19. ④ 20. ② 21. ①

해설 내열강의 필요 조건
- 고온에서 화학적으로 안정되며 기계적 성질이 좋을 것
- 사용 온도에서 변태를 일으키거나 탄화물이 분해되지 말 것
- 열 팽창 및 열에 의한 변형이 적을 것

22 적색 황동 주물, 즉 납땜 황동은 Zn이 몇 % 이하여야 하는가?

① 10% ② 20%
③ 30% ④ 40%

해설 경납
- 황동납 : 34~67% Zn
- 은납 : Ag-Cu-Zn
- 금납 : Au-Ag-Cu
- Al 및 Al 합금 용납 : 크라운 땜납, 스터링 때납, 소루미늄 땜납

23 가공경화와 관계가 없는 작업은?

① 인발 ② 단조
③ 주조 ④ 압연

해설 가공경화(work hardening) : 금속이 가공되면서 더욱 단단해지고 부서지기 쉬운 성질을 갖게 되는 것으로 대부분의 금속은 상온 가공에서 가공경화 현상을 일으킨다.

★
24 다음 중 강의 표준 조직이 아닌 것은 어느 것인가?

① 투루스타이트 ② 페라이트
③ 시멘타이트 ④ 펄라이트

해설 ①은 열처리 조직이다.

25 다음은 주강품에 대하여 설명한 것이다. 잘못된 것은 어느 것인가?

① 형상이 복잡하여 단조로는 만들기 곤란할 때 주강품을 사용한다.
② 주상은 수축률이 주철의 약 5배이다.
③ 주강품은 주조상태로는 조직이 억세로 메지다.
④ 주철로써 강도가 부족한 경우에는 주강품을 사용한다.

해설 주강 수축률은 주철의 2배이다.

★
26 격자상수란?

① 격자를 이루고 있는 분자의 수
② 격자의 단위 체적상의 원자의 수
③ 결정체
④ 단위포 한 모서리의 길이

해설 격자상수(lattice constant) : 결정 내에서 이루어지고 있는 원자배열 중 소수의 원자를 택해서 그 중심을 연결하여 간단한 기하학적 형태를 만드는데 이것을 단위격자 또는 단위포라고 하며, 이것의 한 변의 길이를 격자상수라 한다.

27 금속을 용융상태에서 서냉했을 때 응고하면서 나타나는 결정의 형태는?

① 구상 ② 판상
③ 주상 ④ 수지상

해설 용융금속을 서냉하면 나뭇가지 모양의 수지상 결정이 되어 규칙적인 배열을 갖지만 금형 내에서 급랭하면 금형 면에 대하여 직각으로 결정이 성장하여 기둥 모양인 주상 결정이 된다.

28 다음 중 티탄과 그 합금에 관한 설명으로 틀린 것은?

① 티탄은 비중에 비해서 강도가 크며, 고온에서 내식성이 좋다.
② 티탄에 Mo, V 등을 첨가하면 내식성이 더욱 향상된다.
③ 티탄 합금은 인장강도가 작고 또 고온에서 크리프(creep) 한계가 낮다.
④ 티탄은 가스 터빈 재료로 사용된다.

해설 티탄(Ti)은 해수와 염산·황산의 내식성이 크며 강도가 크고 용융점이 높아 고온 저항, 즉 크리프 강도가 크다.

29 오스테아니트계 크롬-니켈 스테인리스강 중 가장 일반적인 것은?

① 18-8 스테인리스강
② 19-9 스테인리스강
③ 20-10 스테인리스강
④ 23-12 스테인리스강

해설 18% Cr, 8% Ni 스테인리스강이다.

부록 3

정답 22. ④ 23. ③ 24. ① 25. ② 26. ④ 27. ④ 28. ③ 29. ①

30 에루우식은 무슨 제강법에 해당하는가?

① 전기로 제강법 ② 평로 제강법
③ 전로 제강법 ④ 도가니로 제강법

해설 아크식 전기로에서는 3상 전극을 사용하는 에루우식(heroult type) 아크 전기로가 가장 널리 사용된다.

31 아공석강 중에서 탄소가 0.4%의 압연된 탄소강의 경도는? (단, 공식에 의해서 구할 것)

① 148kg/mm^2(H_B)
② 168kg/mm^2(H_B)
③ 132kg/mm^2(H_B)
④ 102kg/mm^2(H_B)

해설 $\sigma = 20 + 100 \times C\%$, $H_B = 2.8\sigma$이므로
$\sigma = 20 + 100 \times 0.4 = 60$, $H_B = 60 \times 2.8 \times 168$

32 스테인리스강 중에서 용접에 의한 경화가 심하므로 예열을 필요로 하는 것은 어느 것인가?

① 시멘타이트계 ② 페라이트계
③ 오스테아니트계 ④ 마텐자이트계

해설 STS 마텐자이트계는 모재와 동일 용접봉 사용 시 편심방지를 위해 200~400℃ 예열을 해준다.

★
33 Y합금에 대한 설명으로 틀린 것은?

① 시효 경화성이 있어서 모래형 및 금형 주물에 사용된다.
② Y합금은 공랭 실린더 헤드 및 피스톤 등에 많이 이용된다.
③ 알루미늄에 규소를 첨가하여 주조성과 절삭성을 향상시킨 것이다.
④ Y합금은 내열 기관의 부품 재료로 사용된다.

해설 Y합금은 Al-Cu-Mg-Ni 의 합금이다.

★
34 다음 금속 중 비중이 제일 큰 것은?

① Ir ② Ce
③ Ca ④ Li

해설 비중 : 물질의 난위 용적의 무게와 표준 물질(4℃의 물)의 무게와의 비를 말한다. Ir – 22.5, Ce – 6.9, Ca – 1.6, Li – 0.53이다.

35 다음 중 크롬-몰리브덴강의 특징이 아닌 것은?

① 담금질이 쉽고 뜨임 메짐이 크다.
② 인발 가공이 쉽다.
③ 다듬질 표면이 아름답다.
④ 용접성이 좋고 고온 강도가 크다.

해설 Cr-Mo강은 뜨임 메짐이 적다.

36 기계재료 표기법 중 첫째 기호는 무엇을 나타내는가?

① 종별 표시
② 규격명
③ 재질을 표시하는 기호
④ 재질의 강, 약

해설
- 첫째 자리 : 재질
- 둘째 자리 : 제품명 또는 규격
- 셋째 자리 : 종별
- 넷째 자리 : 제조법
- 다섯째 자리 : 제품 형상기호

37 피복 아크 용접에서 교류 전원이 없는 곳에서만 사용할 수 있는 용접기는?

① 정류기형 직류 아크 용접기
② 엔진 구동형 직류 아크 용접기
③ AC-DC 아크 용접기
④ 가포화 리액터형 교류 아크 용접기

해설 엔진 구동형은 가솔린 엔진을 가동하여 그 동력으로 직류 발전기를 돌려 전원을 얻으므로 교류 전원이 필요 없음은 물론 완전한 직류를 얻는다.

38 다음 그림 원뿔 전개도에서 원호의 반지름 l은 얼마인가?

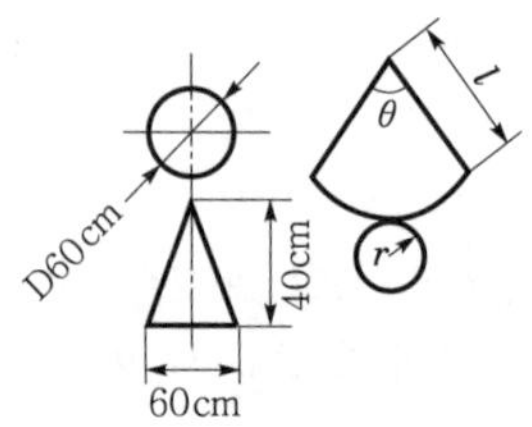

① 50cm ② 60cm
③ 45cm ④ 55cm

정답 30. ① 31. ② 32. ④ 33. ③ 34. ① 35. ① 36. ③ 37. ② 38. ①

해설 그림에서 l의 길이는 빗변이 되며 직각삼각형은 피타고라스 정리에 의해

$l^2 = 30^2 + 40^2$

$\therefore l = \sqrt{(900+1{,}600)\text{cm}^2} = \sqrt{2{,}500\text{cm}^2}$

$= 50\text{cm}$

39 스케치도를 작성하는 경우가 아닌 것은?

① 제작도면이 있으나 급히 만들 필요가 있을 경우
② 기계의 일부를 개조할 때
③ 실물을 모델로 하여 제품을 만들 때
④ 같은 기계를 다시 제작할 때

해설 스케치도의 사용 경우
- 도면이 없는 부품을 만들 경우
- 도면이 없는 부품을 참고로 할 경우
- 도면이 없는 부품의 마멸 또는 파손된 부분의 수리, 제작 시
- 기계의 일부를 개조할 경우
- 실물을 모델로 신제품을 제작할 경우

40 다음 그림과 같이 외경 550mm, 두께 6mm, 높이 900mm인 원통을 만들려고 할 때, 소요되는 철판의 크기로 가장 적당한 것은? (양쪽 마구리는 트여진 상태이며, 이음새 부위는 고려하지 않는다.)

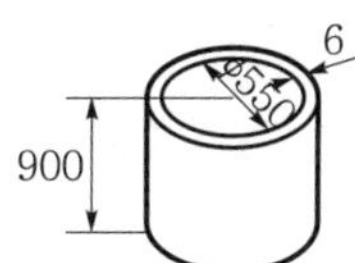

① 900×1709　② 900×1727
③ 900×1747　④ 900×1765

해설 소요 길이 $l = \pi(D-t) = \pi(550-6)$

$\therefore l = 3.14(550-4) \fallingdotseq 1{,}709\text{mm}$

41 KS 재료기호 중 기계 구조용 탄소강재의 기호는 어느 것인가?

① SM　② SS
③ SB　④ STKM

해설 STKM : 기계 구조용 탄소강 강관(KS D 3517)
SM : 기계 구조용 탄소강재(KS D 3572)

42 다음 둥근 머리 리벳 중 공장 리벳 이음 작업을 나타내는 것은?

① ② ③ ④

해설 ① 둥근 머리 현장 리벳
③ 둥근 접시 머리 현장 리벳
④ 둥근 접시 머리 공장 리벳

43 냉간 압연 강판 및 강대 1종을 나타내는 KS 재료기호는?

① STS1　② SPP
③ SCP1　④ STC1

해설 STS1은 합금 공구강 S1종5강 1종

44 일반적인 경우 도면을 접을 때 도면의 어느 것이 겉으로 드러나게 정리해야 하는가?

① 표제란이 있는 부분
② 부품도가 있는 부분
③ 조립도가 있는 부분
④ 어떻게 해도 좋다.

해설 표제란은 도면 오른쪽 아래에 ① 도면번호, ② 척도, ③ 도명, ④ 제도소명, ⑤ 도면 작성 연월일, ⑥ 책임자의 서명을 기재한다.

★
45 다음은 CAD에 사용되고 있는 명령어들이다. 서로 다르다고 생각하는 것은 어느 것인가?

① TRIM　② BREAK
③ RELIMIT　④ ARC

해설 ARC는 도형작성(creation)에 해당하며, TRIM, BREAK, RELIMIT 등은 도형의 편집에 해당된다.

46 전기저항 용접법 중 모재를 맞대어 놓고 이음부에 같은 종류의 얇은 판을 대고 가압하여 심 용접을 하는 용접은?

① 매시 심 용접　② 포일 심 용접
③ 맞대기 심 용접　④ 맥동 심 용접

정답 39. ① 40. ① 41. ① 42. ② 43. ③ 44. ① 45. ④ 46. ②

부록 3

해설 매시 심 용접은 이음부의 겹침을 판 두께 정도로 하고 겹쳐진 전폭을 가압하여 심 용접을 하는 방법이고, 맞대기 심 용접은 심 파이프를 제조하는 방법이다.

47 심 용접의 통전방법이 될 수 없는 것은?

① 단속　② 관동
③ 연속　④ 맥동

해설 통전이란 전류가 통하는 것을 말하며 맥동 통전은 근래에 사용을 안한다.

48 심 용접의 특징 사항이 아닌 것은?

① 기밀, 수밀, 유밀을 요구하는 이음에 사용한다.
② 점 용접에 비해 2.5~4배의 전류, 2.2~2.6배의 가압력을 요구한다.
③ 0.2~4mm 정도의 박판에 사용한다.
④ 점 용접에 비해 판 두께는 얇다.

해설 전류는 1.5~2배이고 가압력은 1.2~1.6배이다.

49 전기저항의 심 용접법에서 연강 용접의 경우 모재의 과열을 방지하기 위해 통전시간과 중지시간의 비율은 얼마 정도로 하는가?

① 1 : 1　② 1 : 2
③ 1 : 3　④ 2 : 3

해설 큰 전류를 계속해서 통전하면 모재에 가해지는 열량이 너무 지나쳐 과열이 될 우려가 있으므로 과열 방지를 위해 잠시 냉각시킨 후 용접을 계속해야 한다. 통전과 중단시간의 비율은 연강 용접의 경우 1 : 1 정도이며, 경합금은 1 : 3 정도로 한다.

★
50 모재를 녹이지 않고 접합시키는 것은?

① 가스 용접　② 전자빔 용접
③ 납땜법　④ 심 용접

해설 납땜법은 용가재만 녹여 접합시킨다.

51 다음 중 연납땜의 방법으로 틀린 것은?

① 노중 가열 납땜　② 불꽃 납땜
③ 가스 노치 납땜　④ 첨지 납땜

해설 ③은 경납땜의 방법에 속한다.

52 땜 인두의 온도가 알맞을 경우 녹은 땜납의 색깔은 어떻게 변하는가?

① 은백색　② 회색
③ 검정색　④ 적색

해설 땜 인두의 온도가 알맞으면 녹은 땜납의 색깔은 은백색이 되며, 온도가 높을 경우에는 납땜의 색깔은 회색이 되면서 작업이 안된다.

53 다음 중 납땜할 모재와 용제의 관계를 나타낸 것이다. 틀린 것은?

① 납과 주석 – 송진
② 함석 – 염화암모니아
③ 철과 구리 – 염화암모니아
④ 구리와 황동 – 염화아연

해설 함석의 용제로는 염화아연을 사용한다.

★
54 B스케일과 C스케일이 있는 경도 시험법은?

① 브리넬　② 쇼어
③ 로크웰　④ 비커즈

해설 로크웰 경도 시험 : 지름 약 1.6mm$\left(\frac{1}{16}\right)^{11}$의 강구를 100kg의 하중으로 밀어넣는 B스케일 방법과 꼭지각 120°의 다이아몬드 원추를 150kg의 하중으로 밀어넣는 C스케일 방법이 있다.

55 점수축법의 가열온도와 가열시간은?

① 500~600℃, 1분
② 200~300℃, 30초
③ 500~600℃, 30초
④ 200~300℃, 1분

해설 점수축법의 시공은 가열온도는 500~600℃, 가열시간은 약 30초, 가열점의 지름은 20~30mm로 하고 가열을 한 다음 곧 수냉한다.

56 다음 중 식기류에서는 어느 정도의 납재 함량이 적당한가?

① 10% 이하　② 20% 이하
③ 30% 이하　④ 상관없다.

정답 47. ② 48. ② 49. ① 50. ③ 51. ③ 52. ① 53. ② 54. ③ 55. ③ 56. ①

해설 납은 독성이 매우 강하므로 식기류의 납재는 10% 이하이어야 한다.

57 다음 중 탈탄제의 작용이 있는 용제는?

① 붕사 ② 붕산
③ 산화제일구리 ④ 빙정석

해설 붕사와 섞어 주철의 경납용에 사용한다.

58 이물질의 용해력이 높아 구리 납땜용의 용제로 사용되는 것은?

① 붕사 ② 붕산
③ 소금 ④ 빙정석

해설 알루미늄, 나트륨의 플루오르 화합물이다.

★
59 다음 중 황동의 용제로서 사용되는 것은?

① 붕사, 붕산 ② 소금
③ 빙정석 ④ 송진

해설 송진은 부식성이 없는 용제이다.

60 다음 중 납땜 인두의 머리 부분을 구리로 만드는 이유는?

① 가열해도 부식되지 않으므로
② 가열이 쉬우므로
③ 땜납과의 친화력이 매우 크므로
④ 비중이 작으므로

해설 납땜 인두는 가스불꽃 및 숯불로 가열하여 사용한다.

정답 57. ③ 58. ④ 59. ① 60. ③

실전 모의고사

제 2 회 특수용접기능사

★
01 녹기 쉬운 합금을 사용하여 가는 파이프, 작은 물품의 접착으로 기밀이나 높은 강도를 필요로 하지 않을 때, 대량 생산으로 높은 용접온도가 곤란한 경우에 적합한 용접은 어느 것인가?

① 테르밋 용접 ② 납땜
③ 저항 용접 ④ 아크 용접

해설 납땜법은 땜납의 온도(450℃)를 기준으로 그 이하에서 녹으면 연납, 그 이상에서 녹으면 경납이라 하며, 이음부를 용융시키지 않고 접합면 사이에 모재보다 용융점이 낮은 금속을 용융 첨가하여 이음하는 방법이다.

★
02 다음은 아크 용접과 가스 용접을 비교한 것이다. 아크 용접의 장점이 아닌 것은 어느 것인가?

① 용접 변형이 적다.
② 모재 가열 시 열량 조절이 비교적 자유롭다.
③ 작업속도가 빠르다.
④ 폭발의 위험성이 없다.

해설 가스 용접의 장점
- 응용 범위가 넓다.
- 전기가 필요없다.
- 가열시 열량 조절이 비교적 자유롭다.
- 박판 용접에 적당하다.
- 유해광선 발생이 적다.
- 용접장치의 설비가 용이하다.

03 다음 중 압접에 해당하는 것은 어느 것인가?

① 레이저 빔 용접 ② 유도 가열 용접
③ 원자 수소 용접 ④ 일렉트로 슬래그 용접

해설 유도 가열 용접은 압점에 해당된다.

04 탄산가스 아크 용접의 원리와 같은 것은?

① 원자 수소 용접
② 테르밋 용접
③ 일렉트로 슬래그 용접
④ 불활성 가스 아크 용접

해설 CO_2가스 아크 용접은 불활성 가스 아크 용접에서 사용되는 아르곤이나 헬륨 가스 대신 탄산가스(CO_2)를 사용하는 용극식 용접법이다.

05 납땜에 대한 설명 중 틀린 것은?

① 전기 부품의 납땜에는 주석 함량이 적은 땜납을 사용한다.
② 음식물 그릇 납땜에는 납의 함량이 적을수록 좋다.
③ 납땜 인두의 가열온도는 높을수록 좋다.
④ 이음부 산화 방지에는 실납을 사용하는 것이 좋다.

해설 납땜 인두의 가열온도는 높을수록 땜납이 산화되며 색이 회색으로 변한다(약 300℃가 적당하다).

★
06 다음 중 교류 아크 용접기의 1차측 입력을 나타낸 것은?

① 2차 무부하 전압×2차 부하전류
② 2차 무부하 전압×아크전압
③ 아크전압×2차 전압
④ 2차 무부하 전압×1차 전압

해설 1차측은 200V의 동력선에 접속하고 2차측의 무부하 전압은 70~80V로 되어 있다.

정답 01. ② 02. ② 03. ② 04. ④ 05. ③ 06. ①

07 용접기의 용량을 나타내는 것이 아닌 것은?

① V ② A
③ kW ④ kVA

해설 용접기의 용량을 나타내는 데는 kW, kVA, A 등이 있다.

★
08 용접기 내부에 장치된 철심은?

① 초경 합금강 ② 특수강
③ 탄소강 ④ 규소강

해설 규소강은 누설 자속 및 자화 성질이 없으므로 주로 전기 제품의 철심으로 사용한다.

09 연강판을 절단할 때 절단 부분의 예열온도는?

① 약 500~600℃
② 약 800~1,000℃
③ 약 1,200~1,400℃
④ 약 1,600~1,800℃

해설 예열불꽃으로 절단부 표면이 약 850~950℃ 정도가 되었을 때 절단하기 시작한다.

10 다음 가스 절단에 대하여 설명한 것 중 잘못된 설명은?

① 팁 끝과 공작물과의 거리는 불꽃 백심 끝에서 3~5mm 정도가 제일 적합하다.
② 가스 절단의 원리는 적열된 강과 산소 사이에서 일어나는 화학작용, 즉 강의 연소를 이용하여 절단하는 것을 말한다.
③ 경강이나 합금강은 절단이 약간 곤란한 금속이다.
④ 곡선 절단에는 독일식 절단기보다 프랑스식 절단기가 유리하다.

해설 팁 끝과 모재와의 거리는 백심 끝에서 약 1.5~2.0mm가 적당하다.

11 MIG 용접의 전류밀도는 피복 아크 용접 전류밀도의 몇 배 정도인가?

① 1~2 ② 2~4
③ 4~6 ④ 6~8

해설 MIG 용접의 전류밀도는 피복 아크 용접법의 4~6배, TIG의 약 2배 정도 높다.

★
12 AW-200, 무부하 전압 70V, 아크전압 30V인 교류 용접기의 역률은? (단, 내부 손실은 3kW이다.)

① 약 57.8% ② 약 60.3%
③ 약 62.5% ④ 약 64.3%

해설

$$역률 = \frac{(아크전압 \times 아크전류) + 손실}{(2차무부하전압 \times 2차\ 전류)}$$

$$= \frac{(30V \times 200A) + 3kW}{(70V \times 200A)} = \frac{6.0 + 3.0}{14} \times 100\%$$

$$= 64.28\%$$

★
13 1차 입력이 24kVA의 용접기에 사용되는 퓨즈는?

① 80A ② 100A
③ 120A ④ 140A

해설 퓨즈 용량을 결정할 때에는 1차 입력(kVA)을 전원 전압(200V)으로 나누면 1차 전류값을 구할 수 있다.

$$\frac{24(kVA)}{200(V)} = \frac{24,000(kVA)}{200(V)} = 120A$$

★
14 AW-200, 무부하 전압 80V, 아크전압 80V, 아크전압 30V인 교류 용접기를 사용할 때 역률과 효율은 얼마인가? (단, 내부 손실은 4kW이다.)

① 역률 62.5%, 효율 60%
② 역률 30%, 효율 25%
③ 역률 75.5%, 효율 55%
④ 역률 80%, 효율 70%

해설

$$역률 = \frac{소비전력(kW)}{전원입력(kVA)} \times 100\%$$

$$효율 = \frac{아크출력(kW)}{소비전력(kVA)} \times 100\%$$

아크출력 $= 30V \times 200A = 6kW$

전원입력 $= 80V \times 200A = 16kVA$

$$\therefore\ 역률 = \frac{6+4}{16} \times 100 = 62.5\%$$

$$\therefore\ 효율 = \frac{6}{6+4} \times 100 = 60\%$$

부록 3

정답 07. ① 08. ④ 09. ② 10. ① 11. ③ 12. ④ 13. ③ 14. ①

15 다음 중 허용사용률[%] 식으로 옳은 것은?

① $\frac{(\text{전격2차전류})^2}{(\text{실제의 용접전류})^2} \times \text{정격사용률}$

② $\frac{\text{아크시간}}{\text{아크시간+휴식시간}} \times 100$

③ $\frac{\text{소비전력}}{\text{전원입력}} \times 100$

④ $\frac{\text{아크전력}}{\text{소비전력}} \times 100$

해설 ② 사용률 공식
③ 역률 공식
④ 효율 공식

★
16 다음 중 아크전류가 200A, 아크전압이 25V, 용접속도가 15cm/min인 경우 용접길이 1cm당 발생되는 용접 입열은?

① 15,000J/cm ② 20,000J/cm
③ 25,000J/cm ④ 30,000J/cm

해설 $H = \frac{60EI}{V}$ [J/cm]이므로

$H = \frac{60 \times 25 \times 200}{15} = 20,000\text{J/cm}$

17 다음 전기저항 용접법 중 주로 기밀, 수밀, 유밀성을 필요로 하는 탱크의 용접 등에 가장 적합한 용접법은?

① 점 용접법 ② 심 용접법
③ 프로젝션 용접법 ④ 플래시 용접법

해설 심 용접법은 주로 기밀, 유밀, 수밀성을 필요로 하는 곳에 사용되고 용접이 가능한 판 두께는 대체로 0.2~4mm 정도이며 박판에 사용된다. 적용되는 재질은 탄소강, 알루미늄합금, 스테인리스강, 니켈 등이다.

18 다음 중 플래시 용접의 특징이 아닌 것은?

① 가열범위가 좁고 열 영향부가 좁다.
② 용접면에 산화물 개입이 많다.
③ 용접면의 끝맺음 가공을 정확하게 할 필요가 없다.
④ 종류가 다른 재료의 용접이 가능하다.

해설 플래시 용접의 특징
- 가열범위가 좁고 열 영향부가 좁다.
- 용접면에 산화물의 개입이 적다.
- 용접면의 끝맺음 가공을 정확하게 할 필요가 없다.
- 신뢰도가 높고 이음 강도가 좋다.
- 동일한 전기 용량에 큰 물건의 용접이 가능하다.
- 종류가 다른 재료의 용접이 가능하다.
- 용접시간이 적고 소비전력도 적다.
- 능률이 극히 높고, 강재, 니켈, 니켈 합금에서 좋은 용접 결과를 얻을 수 있다.

19 저항 용접의 3대 요소가 아닌 것은?

① 통전시간 ② 용접전류
③ 도전율 ④ 전극의 가압력

해설 저항 용접의 3대 요소 : 용접전류, 통전시간, 가압력

20 다음은 전기저항 용접법의 일반 원리이다. 틀린 것은?

① 적당한 기계적 압력과 전류 통전 후 발생되는 저항열을 이용한 용접법이다.
② 가열에 필요한 전류는 두께에 따라 2,000A에서 수만 또는 수십만A에 이른다.
③ 높은 전압의 대전류를 필요로 하는 것은 가열 부분의 금속의 저항이 작기 때문이다.
④ 전류를 통하는 시간은 5~40Hz 정도의 매우 짧은 시간이 좋다.

해설 전기저항 용접에서 실제로 물체 사이에 걸린 전압은 용접기 내의 전압 강하를 제거하면 1V 이하의 작은 값이 되어 낮은 전압의 대전류를 필요로 한다. 이유는 가열 부분의 금속의 저항이 작기 때문이다.

21 다음 중 동판 납땜시 사용하는 용제는?

① 염산 ② 소금
③ 염화암모니아 ④ 붕사

해설 염화암모니아는 단독으로 쓰이지 않으며, 염화아연에 혼합하여 사용한다.

22 다음 중 열전도율이 가장 낮은 것은? (단, 용접 작업에서)

① 구리 ② 알루미늄
③ 연강 ④ 스테인리스강

정답 15. ① 16. ② 17. ② 18. ② 19. ③ 20. ③ 21. ③ 22. ④

해설 열전도율

금속	열전도율 λ(cal/cm·deg·s)
연강	0.13
스테인리스강	0.039
알루미늄	0.49
구리	0.91

23 순철에는 몇 개의 동소체가 있는가?

① 5개 ② 2개
③ 6개 ④ 3개

해설 순철의 동소체로는 α철, γ철, δ철이 있다.

24 금속을 용융상태에서 서냉했을 때 응고하면서 나타나는 결정의 형태는?

① 구상 ② 판상
③ 주상 ④ 수지상

해설 용융금속을 서냉하면 나뭇가지 모양의 수지상 결정이 되어 규칙적인 배열을 갖지만 금형 내에서 급랭하면 금형면에 대하여 직각으로 결정이 성장하여 기둥모양인 주상 결정이 된다.

25 한국공업규격의 제도통칙에 의거한 문자의 설명 중 맞지 않는 것은?

① 한자의 크기는 높이 3.15, 4.5, 6.3, 9, 12.5, 18mm의 6종이 있다.
② 문자의 크기는 높이로 표시하며 10, 8, 6.3, 5, 4, 3.2, 2.5mm의 7종이 있다.
③ 한글, 숫자, 영자의 크기는 높이 2.24, 3.15, 4.5, 6.3, 9mm의 5종이 일반적으로 사용된다.
④ 한글, 숫자, 영자의 크기에는 12.5, 18mm 등도 필요한 경우에 사용된다.

해설 문자의 크기는 높이로 표시하며 한자의 크기는 ①, 한글, 숫자, 영자의 크기는 ③와 ④가 쓰인다. 숫자나 영자는 수직 또는 수직선에 대하여 15° 경사체로 쓴다.

★
26 용접기 내부에 장치된 철심은?

① 초경 합금강 ② 특수강
③ 탄소강 ④ 규소강

해설 규소강은 누설 자속 및 자화 성질이 없으므로 주로 전기제품의 철심으로 사용한다.

27 변형과 잔류응력을 최소로 해야 할 경우 사용되는 용착법으로 가장 적합한 것은?

① 후진법 ② 전진법
③ 스킵법 ④ 덧살 올림법

해설 스킵법(skip method)은 일명 비석법이라고도 하며, 용접길이를 짧게 나누어 간격을 두고 용접하는 방법으로, 피용접물 전체에 변형이나 잔류응력이 작게 발생하도록 하는 용착법이다.

★
28 피복 아크 용접 시 아크가 발생될 때 아크에 다량 포함되어 있어 인체에 큰 피해를 줄 수 있는 광선은?

① 감마선 ② 자외선
③ 방사선 ④ X선

해설 아크 용접 시 유해광선인 자외선이 발생하므로 주의하여야 한다.

29 가스 용접의 토치의 취급상 주의사항으로 틀린 것은?

① 팁 및 토치를 작업장 바닥 등에 방치하지 않는다.
② 역화방지기는 반드시 제거한 후 토치를 점화한다.
③ 팁을 바꿔 끼울 때는 반드시 양쪽 밸브를 모두 닫은 다음에 행한다.
④ 토치를 망치 등 다른 용도로 사용해서는 안 된다.

해설 토치 내부의 청소가 불량할 때 산소보다 압력이 낮은 아세틸렌 통로로 밀면서 흐르는 것을 방지하기 위해 반드시 역화방지기를 설치한 후 점화해야 한다.

★
30 교류 용접기 종류가 아닌 것은?

① 탭전환형 ② 가동 철심형
③ 정류기형 ④ 가포화 리액터형

해설 정류기형은 직류 용접기이다.

정답 23. ④ 24. ④ 25. ② 26. ④ 27. ③ 28. ② 29. ② 30. ③

31 치수 보조기호 중 지름을 표시하는 기호는?

① D　　② ϕ
③ R　　④ SR

해설 치수 보조기호 중 ϕ는 지름, R는 반지름, SR는 구의 반지름을 표시한다.

★
32 교류 아크 용접기 사용상의 주의사항이다. 용접기의 2차측에 아크가 발생하고 있는 시간의 비율은 대략 몇 % 정도가 알맞는가?

① 40% 정도　　② 60% 정도
③ 80% 정도　　④ 100% 정도

해설 아크 시간율은 수동 용접일 때 평균 35~45%, 자동 용접일 때 평균 40~50%로 하고 있다.

33 스케치할 때 필요하지 않은 것은?

① 분해 공구　　② 제도기
③ 측정 기구　　④ 방안지

해설 스케치란 실물을 보면서 제도기를 사용하지 않고 프리핸드로 그리는 것을 말한다.

34 용접작업 시 작업자의 부주의로 발생하는 안염, 각막염, 백내장 등을 일으키는 원인은?

① 용접 흄 가스　　② 아크불빛
③ 전격 재해　　④ 용접 보호가스

해설 아크불빛, 자외선, 적외선, 가시광선에 의해 안염, 각막염, 백내장 등을 일으키는 원인이 되므로 작업자는 항상 차광유리를 이용하여야 한다.

35 필릿 용접부의 보수방법에 대한 설명으로 옳지 않는 것은?

① 간격이 1.5mm 이하일 때에는 그대로 용접하여도 좋다.
② 간격이 1.5~4.5mm일 때에는 넓혀진 만큼 각장을 감소시킬 필요가 있다.
③ 간격이 4.5mm일 때에는 라이너를 넣는다.
④ 간격이 4.5mm 이상일 때에는 300mm 정도의 치수로 판을 잘라낸 후 새로운 판으로 용접한다.

해설 간격이 1.5mm 이하일 때에는 규정대로 각장으로 용접하며, 1.5~4.5mm일 때에는 그대로 용접하여도 좋으나 넓혀진 만큼 각장을 증가시킬 필요가 있고, 4.5mm 이상일 때에는 라이너를 넣든지 또는 부족한 판을 300mm 이상 잘라내서 대체하도록 한다.

36 다음 그림은 정류기형 직류 아크 용접기의 원리에서 정류기를 통하여 얻어진 직류파를 나타낸 것이다. 다음 중 그림에 직류파가 얻어지는 정류기 회로는 어느 것인가?

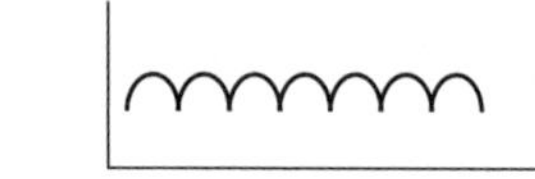

①
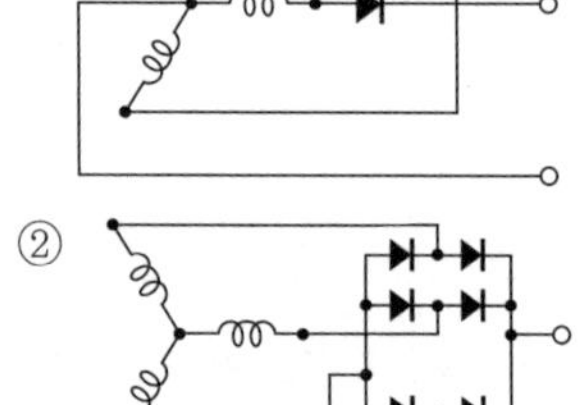

②

③
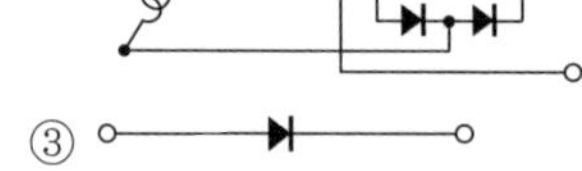

④
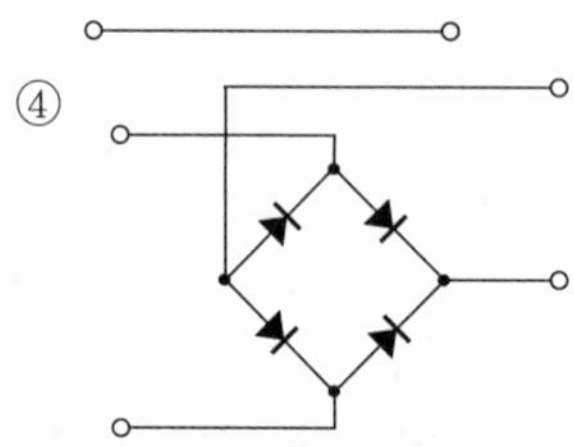

해설 정류기형 직류 아크 용접기에 연결되는 교류 전원에 따르는 정류기 회로 및 얻어지는 직류파는 다음과 같다.

	교류	정류기 회로	직류
단상 전원	단상		
	단상		
3상 전원	3상		
	3상		

정답 31. ② 32. ① 33. ② 34. ② 35. ② 36. ①

37 자동 아크 용접법 중의 하나로서 다음 그림과 같은 원리로 이루어지는 용접법은?

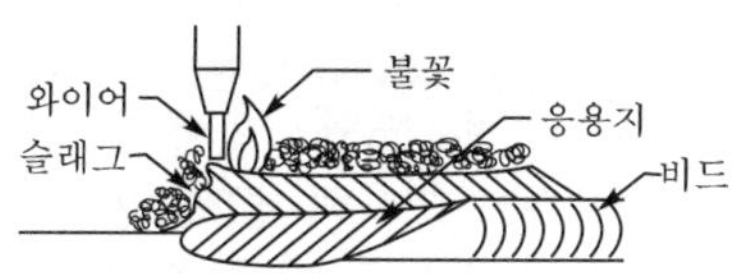

① 전자빔 용접
② 서브머지드 아크 용접
③ 테르밋 용접
④ 불활성 가스 아크 용접

해설 서브머지드 아크 용접은 아크가 보이지 않는 상태에서 용접이 진행된다고 하여 일명 잠호 용접이라고도 부른다.

★
38 7 : 3 황동에 관한 설명이 아닌 것은?

① 풀림 온도는 425~750℃가 적당하다.
② 70% Cu-30% Zn 합금으로 가공용 황동의 대표적인 것이다.
③ 고온 가공온도는 725~850℃가 알맞다.
④ 아연 함유량이 많아 황동 중에서 값이 가장 싸며, 전연성이 낮다.

해설 7 : 3 황동은 연율이 크고 인장강도(30~34kg/mm^2)가 상당하며 봉·선·관, 전구 소켓 등 복잡한 가공용 제작에 사용된다.

39 분말 야금의 장점으로 옳지 않은 것은?

① 합금이 잘 되지 않는 물질도 결합시킬 수 있다.
② 다공질 합금을 만들 수 있다.
③ 극히 메지고 경도가 큰 금속에도 쉽게 성형할 수 있다.
④ 소결성이 나쁜 물질에도 응용할 수 있다.

해설 분말 야금은 금속·비금속에는 산화물, 탄화물, 규화물, 붕화물, 질화물, 화합물을 첨가 용해하지 않고 제품을 만드는 성형법이며 소결성이 좋아야 한다.

★
40 용접전류가 용접하기에 적합한 전류보다 높을 때 가장 발생되기 쉬운 용접 결함은?

① 용입 불량　　② 언더컷
③ 오버랩　　④ 슬래그 섞임

해설 용접전류가 너무 높고 아크길이가 길 때 많이 발생한다.

★
41 아세틸렌 발생기를 사용하여 용접할 경우 아세틸렌가스의 역류나 역화 또는 인화로 발생기가 폭발되는 위험을 방지하기 위해 사용하는 기구는?

① 청정기　　② 안전기
③ 조정기　　④ 차단기

해설 ① 청정기 : 아세틸렌 발생기에서 카바이드로부터 아세틸렌가스를 발생시킬 때 석회분말, 황화수소, 인화수소 등의 불순물이 발생되는데 이것을 제거하는 장치
② 안전기 : 토치로부터 발생되는 역류, 역화, 인화 시의 불꽃 및 가스의 흐름을 차단하는 장치
③ 조정기 : 산소, 아세틸렌 용기의 압력을 용접작업하는 데 적당하도록 조절하는 장치

42 아크를 보호하고 집중시키기 위하여 내열성의 도기로 만든 페룰(ferrule)이라는 기구를 사용하는 용접은?

① 스터드 용접　　② 테르밋 용접
③ 전자빔 용접　　④ 플라스마 용접

해설 스터드 선단에 페룰이라고 불리는 보조링을 끼우고, 용융지에 압력을 가하여 접합하는 스터드 용접의 원리이다.

43 고력 합금의 표면에 내식성이 좋은 합금이나 알루미늄판을 붙여 사용할 수 있는 단련용 알루미늄 합금은?

① 라우탈(lautal)　　② 알민(almin)
③ 실루민(silumin)　　④ 클래드(clad)재

해설 알클래드(alclad) : 강력 Al 합금 표면에 순 Al 또는 내식성 Al 합금을 피복하거나 접착(재료 두께의 5~10% 정도) 또는 샌드위치형으로 한 합판재료이며 내식성과 강도를 증가시키기 위한 것이다.

44 조립도를 그릴 때의 주의사항이 아닌 것은?

① 부품번호는 개개의 부품에 전부 기입하고 부품도에 표시해 서로의 관계를 알게 한다.
② 전부품의 상호 관계 및 구조를 명시해야 한다.
③ 치수는 조립을 위해 필요한 치수만 기입한다.
④ 은선은 도면을 확실히 하기 위해 명확하고 철저하게 표시하도록 한다.

정답 37. ② 38. ④ 39. ② 40. ② 41. ② 42. ① 43. ④ 44. ④

해설 도면에 나타나는 은선은 도면의 이해에 지장이 없는 한 생략한다.

45 다음에서 용접 결함이 아닌 것은?

① 용입 부족 ② 슬래그 잠입
③ 리플 상태 ④ 오버랩

해설 리플(ripple) : 비드의 파형

46 시험편에 V형 또는 U형 등의 노치(notch)를 만들고 충격적인 하중을 주어서 파단시키는 시험법은?

① 화학시험 ② 압력시험
③ 충격시험 ④ 피로시험

해설 충격시험 : 충격에 대한 재료의 저항, 즉 인성과 취성을 알 수 있는 시험으로 샤르피식과 아이조드식이 있다.
- 샤르피식 : 단순보 상태에서 사용
- 아이조드식 : 내다지보 상태에서 시험

47 다음 둥근 머리 리벳 중 공장 리벳 이음 작업을 나타내는 것은?

① 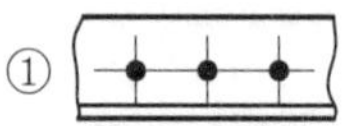 ② 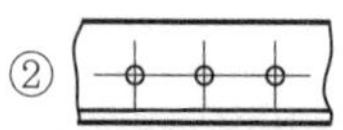
③ 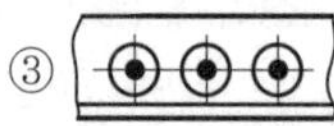 ④

해설 ① 둥근 머리 현장 리벳
③ 둥근 접시 머리 현장 리벳
④ 둥근 접시 머리 공장 리벳

48 일반적인 경우 도면을 접을 때 도면의 어느 것이 겉으로 드러나게 정리해야 하는 가?

① 표제란이 있는 부분
② 부품도가 있는 부분
③ 조립도가 있는 부분
④ 어떻게 해도 좋다.

해설 표제란은 도면 오른쪽 아래에 ① 도면번호, ② 척도, ③ 도명, ④ 제도소명, ⑤ 도면 작성 년월일, ⑥ 책임자의 서명을 기재한다.

49 스케치도를 작성하는 경우가 아닌 것은?

① 제작도면이 있으나 급히 만들 필요가 있을 경우
② 기계의 일부를 개조할 때
③ 실물을 모델로 해 제품을 만들 때
④ 같은 기계를 다시 제작할 때

해설 스케치도의 사용 경우
- 도면이 없는 부품을 만들 경우
- 도면이 없는 부품을 참고로 할 경우
- 도면이 없는 부품의 마멸 또는 파손된 부분의 수리, 제작 시
- 기계의 일부를 개조할 경우
- 실물을 모델로 신제품을 제작할 경우

★
50 용융 용접의 일종으로서 아크열이 아닌 와이어와 용융 슬래그 사이에 통전된 전류의 저항열을 이용하여 용접을 하는 용접법은?

① 이산화탄소의 아크 용접
② 불활성 가스 아크 용접
③ 테르밋 아크 용접
④ 일렉트로 슬래그 용접

해설 일렉트로 슬래그 용접 : 아크열이 아닌 와이어와 용융 슬래그 사이에 통전된 전류의 전기저항열(줄의 열)을 주로 이용하여 모재와 전극 와이어를 용융시키면서 미끄럼판을 서서히 위쪽으로 이동시켜 연속 주조방식에 의해 단층 상진 용접을 하는 것이다.

51 7 : 3 황동에 관한 설명이 아닌 것은?

① 풀림 온도는 425~750℃가 적당하다.
② 70% Cu-30% Zn 합금으로 가공용 황동의 대표적인 것이다.
③ 고온 가공 온도는 725~850℃가 알맞다.
④ 아연 함유량이 많아 황동 중에서 값이 가장 싸며, 전연성이 낮다.

해설 7:3 황동은 연율이 크고 인장강도(30~34kg/mm^2)가 상당하며 봉·선·관, 전구 소켓 등 복잡한 가공용 제작에 사용된다.

정답 45. ③ 46. ③ 47. ② 48. ① 49. ① 50. ④ 51. ④

52 한국공업규격의 제도 통칙에 의거한 문자의 설명 중 맞지 않는 것은?

① 글자의 높이에 따라 10, 8, 6.3, 5, 4, 3.2 및 2.5mm의 7종이 있다.
② 로마자는 높이에 따라 10, 8, 6.3, 5, 4, 3.2 및 2.5mm의 7종이 있다.
③ 아라비아 숫자는 높이에 따라 10, 8, 6.3, 5, 4, 3.2, 2.5 및 2mm의 8종이 있다.
④ 글자체는 고딕체로 하고 수직 및 15° 경사체가 쓰인다.

해설 글자의 크기는 높이로 표시하며 한글은 10, 8, 6.3, 5, 4, 3.2 및 2.5mm의 7종이 있고 로마자와 아라비아 숫자는 2mm를 포함하여 8종이 있다.

★
53 교류 아크 용접기에 관한 사항 중 옳은 것은?

① 무부하 전압이 직류보다 낮아 감전의 위험이 적다.
② 취급하기 쉽고, 고장이 적으나 값이 비싸다.
③ 발전형 직류 아크 용접기에 비해 소음이 적다.
④ 직류에 비해 아크가 불안정하나 아크쏠림 현상이 없다.

해설 직류 용접기와 교류 용접기의 비교

비교점	직류용접기	교류용접기
아크	안정	불안정
소음	심함	조용함
극성 변화	가능	불안정
전격 변화	약간 적음	많음
개로전압	40~60V	70~80V
아크쏠림	일어남	일어나지 않음
보수 점검	어렵다	쉽다
박판·특수 용도	작업성 양호	작업성 불량

54 Y합금에 대한 설명으로 틀린 것은?

① 시효 경화성이 있어서 모래형 및 금형 주물에 사용된다.
② Y합금은 공랭 실린더 헤드 및 피스톤 등에 많이 이용된다.
③ 알루미늄에 규소를 첨가하여 주조성과 절삭성을 향상시킨 것이다.
④ Y합금은 내열기관의 부품 재료로 사용된다.

해설 Y합금은 Al – Cu – Mg – Ni의 합금이다.

55 금속의 결정 격자가 불안전하거나 결함이 있을 때 외력에 의하여 원자 이동이 생기는 데 이 현상을 무엇이라 하는가?

① 슬립 ② 트윈
③ 전위 ④ 응력

해설 ① 슬립 : 금속의 결정형이 원자 간격이 가장 작은 방향으로 층상 이동하는 현상
② 트윈(쌍정) : 변형 전과 변형 후의 위치가 어떤 면을 경계로 대칭되는 현상
③ 전위 : 금속의 결정 격자가 불안전하거나 결함이 있을 때, 외력의 작용으로 불안전한 곳과 결함이 있는 곳부터 원자 이동이 일어나는 현상

★
56 KS 규격에서 규정하고 있는 전기 용접봉의 지름이 아닌 것은?

① 2.6mm ② 3.2mm
③ 5.2mm ④ 6.4mm

해설 연강용 피복 아크 용접봉 심선의 화학성분(KSD 3508)

심선 종류		기호	C	Si	Mn	P	S	Cu
1종	A	SWRW 1A	≦0.09	≦0.03	0.35~0.65	≦0.020	≦0.023	≦0.20
	B	SWRW 1B	≦0.09	≦0.03	0.35~0.65	≦0.030	≦0.030	≦0.30
2종	A	SWRW 2A	0.10~0.15	≦0.03	0.35~0.65	≦0.030	≦0.023	≦0.20
	B	SWRW 2B	0.10~0.15	≦0.03	0.35~0.65	≦0.030	≦0.030	≦0.30
지름		1.0 1.4 2.6 3.2 4.0 4.5 5.0 5.5 6.0 6.4 7.0 8.0 9.0 10.0				허용오차 ±0.05mm(지름 8mm 이하) ±0.10mm(지름 9~10mm)		

57 연강용 피복 아크 용접봉의 심선에 관한 설명으로 옳지 않은 것은?

① 용접금속의 균열을 방지하기 위하여 저탄소강을 사용한다.
② 규소의 양을 적게 하고 림드강으로 제조한다.
③ 망간은 용융금속의 탈산작용을 한다.
④ 황(S)과 인(P)은 고온 취성을 일으키므로 특히 적게 지정한다.

부록 3

정답 52. ② 53. ④ 54. ③ 55. ③ 56. ③ 57. ④

해설 황(S) : 적열 취성의 원인(900℃ 정도에서 나타남)
인(P) : 청열 취성의 원인(200~300℃ 정도에서 나타남)

58 다음 겨냥도를 제3각법으로 제도했을 때 정면도로 옳은 투상법은?

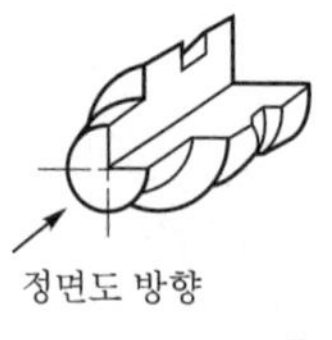

해설 중심선과 외형선이 겹칠 때는 외형선으로 표시한다.

59 다음 중 금속 합금의 설명 중 틀린 것은?

① 공석정의 조직은 주로 층상이다.
② 금속 간 화합물의 특징은 금속적 성질을 상실하면서 복잡한 결정 구조를 갖는다.
③ 응고 범위가 너무 좁거나 성분 금속 상호간에 비중차가 크면 주조시 편석이 일어나기 쉽다.
④ 치환형 고용체란 용질 원자가 용매 원자를 불규칙하게 치환하는 경우의 격자 형식이다.

해설 공정 조직은 구상 혹은 층상의 조직으로 되어 있다.

★
60 순금속 합금의 색깔에 미치는 영향 중에서 금속의 색깔을 탈색하는 힘이 가장 큰 것은?

① 백금 ② 알루미늄
③ 구리 ④ 아연

해설 금속 및 합금 색깔의 탈색하는 힘의 크기는 Sn-Ni-Al-Fe-Cu-An-Pt-Ag-Au 순이다.

정답 58. ① 59. ① 60. ②

제 3 회 특수용접기능사

01 전자빔 용접의 특징을 설명한 것이다. 틀린 것은?

① 활성 재료의 용접이 가능하다.
② 용접부의 야금적, 기계적 성질이 매우 좋다.
③ 저 용융점 재료의 용접을 주로 한다.
④ 박판에서 후판까지 용접을 할 수 있다.

해설 ③ 고 용융점 재료의 용접을 할 수 있다.
• Mo : 융점 2,610℃ • W : 융점 3,410℃
• Ta : 융점 2,696℃

02 전자빔 용접의 단점을 열거한 것이다. 틀린 것은?

① 배기장치가 설치되어야 한다.
② 모재의 크기는 제한받지 않는다.
③ 설치비가 고가이다.
④ 기공 및 합금 성분의 감소 원인이 발생된다.

해설 진공 중 용접을 하므로 모재의 크기가 제한받는 단점이 있다.

03 다음 중 토치의 팁 번호를 나타낸 것 중 맞는 것은?

① 가변압식은 1분 간의 산소소비량을 나타낸 것이다.
② 가변압식은 팁의 구조가 복잡하고 작업자가 무겁게 느낀다.
③ 불변압식이란 팁의 구멍 지름을 나타낸 것이다.
④ 불변압식은 그 팁이 용접할 수 있는 판 두께를 기준으로 표시한다.

해설 불변압식(독일식 : A형)의 팁의 번호는 용접할 수 있는 연강판의 두께로 표시하며 불꽃의 능력을 변화할 수 없다.

★ **04** 연강판을 절단할 때 절단 부분의 예열 온도는?

① 약 500~600℃
② 약 800~1,000℃
③ 약 1,200~1,400℃
④ 약 1,600~1,800℃

해설 예열 불꽃으로 절단부 표면을 약 850~950℃ 정도가 되었을 때 절단하기 시작한다.

05 맥동 점 용접의 사용 적용이 아닌 것은?

① 얇은 비철 금속
② 겹치기 판수가 많을 경우
③ 두꺼운 판의 용접
④ 모재 두께가 다른 경우

해설 맥동 점 용접은 한쪽은 계속 전류가 흐르게 하고 다른 쪽은 전류의 강약을 주는 점 용접이다.

06 다음 중 용융점이 가장 낮은 성분의 상태는?

① Sn60 : Pb40 ② Sn50 : Pb50
③ Sn20 : Pb80 ④ Sn15 : Pb85

해설 융점 : ① 188℃, ② 215℃, ③ 275℃

07 오일리스 베어링 금속의 주요 합금 원소는 어느 것인가?

① Cu, Sn, Cd ② Cu, Sn, Pb
③ Cu, Sn, Si ④ Cu, Sn, C

해설 오일리스 베어링은 다공질 재료에 윤활유가 들어 있어 항상 급유할 필요가 없으며 구리, 주석, 흑연 분말을 혼합하여 휘발성 물질을 가한 후 가압, 성형한 것이다.

정답 01. ③ 02. ② 03. ④ 04. ② 05. ① 06. ① 07. ④

08 소화관의 도시기호는?

① ——X—— ② ——·——
③ ——C—— ④ --------------

해설 소화관은 ——F—— 라고 나타내기도 한다.

09 노에서 페로실리콘, 알루미늄 등의 탈산제로 충분히 탈산시킨 강을 무슨 강이라 하는가?

① 킬드강 ② 림드강
③ 탄소강 ④ 세미 킬드강

해설 용광로에서 산출된 선철은 탄소량이 많아 주조성은 우수하나, 메짐성(취성)을 가지고 있으므로 강인성을 가지도록 충분히 탈산시켜 주강을 만든다.

★
10 피복 아크 용접봉에서 피복 배합체의 종류 중 아크 안정제 역할을 하는 것은?

① 규산칼륨, 규산나트륨, 산화티탄, 석회석
② 녹말, 목재, 톱밥, 셀룰로오스, 석회석
③ 산화철, 루틸(TiO_2), 일미나이트, 이산화망간(MnO_2)
④ 망간철, 규소철 티타철

해설 ② 가스 발생제, ③ 슬래그 생성제, ④ 원소 첨가제

11 다음 중 경납땜에 해당되지 않는 것은?

① 은납 ② 주석납
③ 황동납 ④ 인동납

해설 경납은 연납에 비하여 강력하다. 경납 중 중요한 것은 은납과 놋쇠납 등이 있다.

12 봉사로서 산화물이 용융되는 것은?

① Be ② Al
③ Mg ④ 황동

해설 황동의 용제로서 붕사, 붕산을 사용하는 것이 적당하다.

13 도면에서 일반적인 경우 부품표 위치로 가장 적당한 것은?

① 오른쪽 중앙 ② 오른쪽 위
③ 오른쪽 아래 ④ 왼쪽 아래

해설 표제란은 오른쪽 아래에, 부품표는 오른쪽 위 또는 아래일 경우는 표제란 위쪽으로 둔다.

★
14 KS 용접 기호 중에서 ⌓는 무슨 용접기호인가?

① 심 용접 ② 비드 용접
③ 필릿 용접 ④ 점 용접

해설 ① 심 용접 : ⊖
③ 필릿 용접 : ◺
④ 점 용접 : ○

15 스케치할 때 필요하지 않은 것은?

① 분해 공구 ② 제도기
③ 측정 기구 ④ 방안지

해설 스케치란 실물을 보면서 제도기를 사용하지 않고 프리핸드로 그리는 것을 말한다.

★
16 다음 중 파이프 나사를 나타내는 것은?

① M3 ② UN3/8
③ PT 3/4 ④ TM 18

해설 ① 미터 나사
② 유니파이 나사
④ 사다리꼴 나사

17 다음 겨냥도를 제3각법으로 제도했을 때 정면도로 옳은 투상법은?

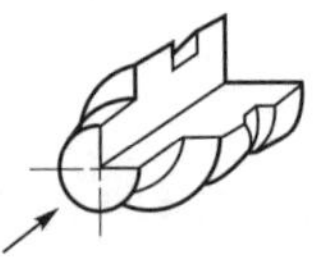

①  ② 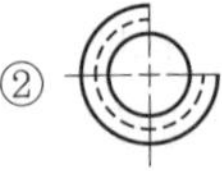

③  ④ 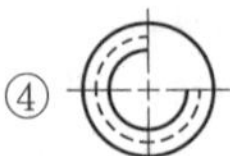

해설 중심선과 외형선이 겹칠 때는 외형선으로 표시

정답 08. ① 09. ① 10. ① 11. ② 12. ④ 13. ② 14. ② 15. ② 16. ③ 17. ①

★
18 황동에 아연을 8~20% 첨가한 것을 무엇이라 하는가?

① 양은　　② 톰백
③ 포금　　④ 인청동

해설 톰백이란 8~20%의 아연을 함유하는 황동으로 색깔은 금에 가까우며, 연성이 크다.

19 인청동은 청동에 인(P)을 얼마 정도 남게 한 합금인가?

① 0.05~0.5%　　② 0.09~3.5%
③ 0.005~0.05%　　④ 0.1~0.9%

해설 인청동이란 구리와 주석의 합금에 약 0.05~0.5%의 인(P)을 첨가한 합금이다.

20 아크 점 용접에서 극히 얇은 판재를 용접할 때는 뒷면에 받침쇠를 써서 용락을 방지할 필요가 있다. 무슨 받침쇠를 써야 하는가?

① 주철　　② 구리
③ 알루미늄　　④ 납

해설 구리는 열 전도도가 좋으면서 공기 중에서 내산화성을 증가시키므로 받침쇠로 주로 사용된다.

★
21 교류 아크 용접기의 2차측 무부하 전압은 얼마 정도인가?

① 200~220V　　② 150~180V
③ 100~120V　　④ 70~80V

해설 1차측은 200V의 동력선에 접속하고 2차측은 70~80V의 전압이 발생한다.

★
22 TTT(time, temperature, transformation) 곡선과 관계있는 것은 어느 곡선인가?

① Fe-C 곡선　　② 탄성 곡선
③ 항온 변태 곡선　　④ 인장 곡선

해설 강을 일정한 온도의 용융액(금속액) 속에 넣어 열처리를 하면 조직이 일정하게 변한다. 이때 변태점 이하의 온도에서 항온 변태를 시켜 변태의 시작 시간과 끝나는 시간을 구하여 온도와 시간의 관계를 나타낸 그림을 항온 변태 곡선(TTT 곡선)이라고 한다.

23 다음은 저항 용접의 장점을 열거한 것이다. 잘못 설명한 것은?

① 용접시간이 단축
② 용접밀도가 높다.
③ 열에 의한 변형이 적다.
④ 가열시간이 많이 걸린다.

해설 저항 용접은 순간적인 대전류에 의해 짧은 시간에 용접된다.

24 아세틸렌 용접장치의 성능 검사를 받을 때 준비해야 되는 것은 무엇인가? (단, 산소 아세틸렌 용접에서)

① 장치의 필요 부분을 분해 소제
② 장치의 주요 부분을 분해 소제
③ 검사자의 지시에 따라 분해 소제
④ 전체를 분해 소제

해설 고압의 용기는 1년마다, 아세틸렌 용접장치는 3년마다 검사를 실시하는데, 장치의 주요 부분을 분해・소제하거나 기타 검사에 필요한 준비를 해야 한다.

25 증기 트랩의 도시기호는?

① —|⊗|—　　② —|(S)|—
③ —|(OS)|—　　④ —|(GT)|—

해설 ② 스트레이너(strainer)의 도시기호
③ 기름 분리기(oil separator)의 도시기호
④ 그리이스 트랩(grease trap)의 도시기호

26 다음 중 고온 풀림에 해당하는 것은?

① 구상화 풀림(spheroidizing annealing)
② 프로세스 풀림(process annealing)
③ 응력 제거 풀림(stress relief annealing)
④ 확산 풀림(diffusion annealing)

해설 고온 풀림
- 완전 풀림(full annealing)
- 확산 풀림(diffusion annealing)
- 항온 풀림(isothermal annealing)

정답 18. ② 19. ① 20. ② 21. ④ 22. ③ 23. ④ 24. ② 25. ① 26. ④

27 다음 중 저온 풀림에 해당하는 것은?

① 재결정 풀림(recrystallization annealing)
② 항온 풀림(isothermal annealing)
③ 완전 풀림(full annealing)
④ 확산 풀림(diffusion annealing)

해설 저온 풀림
• 응력 제거 풀림(stress relief annealing)
• 프로세서 풀림(process annealing)
• 재결정 풀림(recrystallization annealing)
• 구상화 풀림(spheroidizing annealing)

28 다음 중 용접전류가 작을수록 너캣은 어떻게 되는가?

① 작게 된다. ② 크게 된다.
③ 전류와 무관하다. ④ 용락 현상이 없다.

해설 너캣이란 겹치기 저항 용접에 있어서 접합부에 나타나는 용융 응고된 금속의 부분이다.

29 다음 중 강판용 점 용접기에서 정격용량 50kVA의 표준 최대 용접전류는?

① 9000A ② 12,000A
③ 18,000A ④ 20,000A

해설 ①은 12.5kVA일 경우, ②는 35kVA일 경우

30 도관(호수) 취급에 관한 주의 사항 중 올바르지 않은 것은?

① 고무호스에 무리한 충격을 주지 말 것
② 호스 이음부에는 조임용 밴드를 설치할 것
③ 한랭시 호스가 얼면 더운 물로 녹일 것
④ 호스의 내부 청소는 고압 수소를 사용할 것

해설 호스의 내부 청소는 압축 공기를 사용한다.

31 다음 KS배관 도시 기호 중 일반 밸브를 표시한 것은?

① ②
③ ④

해설 ① 체크 밸브
② 스프링 안전 밸브
③ 수도 밸브

32 저항 용접의 용접재료로 주로 사용되는 것은?

① 철강 ② 구리
③ 알루미늄 ④ 두랄루민

해설 용융점 및 열전도가 크고 고유 저항이 작은 금속의 용접은 곤란하다.

33 강관을 사용하여 동심 T(tee)분기관을 전개법에 의해 제작하려 한다. 가장 적합한 전개 방식은?

① 삼각 전개법
② 평행 전개법
③ 방사선 전개법
④ 사다리 전개법

해설 판금 및 제관의 전개법에는 ①, ②, ③의 3가지 방법이 있다.

34 KSD 3522에 규정된 SKH 3~5종 및 8종의 고속도강은 용융점이 높아 담금질 온도를 높여서 성능을 좋게 한다. 이 고속도강은?

① 텡스텐 고속도강
② 코발트 고속도강
③ 몰리브덴 고속도강
④ 크롬 고속도강

해설 코발트 고속도강은 고속도로 절삭(heavy cut)을 하여 절삭온도가 높아져도 물러지지 않는다.

★
35 맞대기 저항 용접이 아닌 것은?

① 업셋 용접
② 플래시 용접
③ 퍼커션 용접
④ 프로젝션 용접

해설 겹치기 저항 용접으로 점 용접, 심 용접, 프로젝션 용접 등이 있다.

정답 27. ① 28. ① 29. ③ 30. ④ 31. ④ 32. ① 33. ④ 34. ② 35. ④

★
36 주물의 보수 용접에서 보수방법의 일종이 아닌 것은?

① 스티드법 ② 로킹법
③ 비녀장법 ④ 도열법

해설 ① 스터드법 : 모재와 접합면에 스터드를 박고 그 위에 용착금속을 덮어 용접하는 방법
② 로킹법 : 바닥면에 둥근 골을 파고 이 고랑에 걸쳐 힘을 받도록 하는 방법
③ 비녀장법 : 균열부에 꺽쇠 모양의 가늘고 긴 강봉을 넣은 후 용접하는 방법
④ 도열법 : 용접부 부근에 젖은 천이나 수냉 동판으로 모재에 용접 입열을 막음으로써 변형을 방지하는 방법

37 아세틸렌에 함유되어 있는 불순물 중 물에 녹기 쉬워 청정기가 별도로 필요 없는 불순물은?

① 인화수소 ② 암모니아
③ 일산화탄소 ④ 황화수소

해설 아세틸렌에 함유된 인화수소(PH_3)나 황화수소(H_2S) 중 황화수소는 물에 녹기 쉽게 때문에 발생기에서 흡수된다.

38 다음은 알루미늄 용접의 용제에 관한 사항이다. 틀린 것은?

① 알루미늄 용접 시 용제의 질이 용접 결과를 크게 좌우한다.
② 주로 알칼리 금속의 할로겐 화합물 또는 유산염 등의 혼합제가 많이 사용된다.
③ 용제 중에 가장 중요한 것은 코발트(Co), 니오브(niobium, Nb)이다.
④ 알루미늄은 산화하기 쉽고 가스 흡수가 심하다.

해설 용제 중 중요한 것은 염화리튬(LiCl)으로 이것을 주성분으로 하는 용제가 많이 사용되지만, 염화리튬은 흡수성이 있으므로 주의를 요한다.

39 다음 중 연납의 아연-카드뮴의 주성분은 어떠한 접합에 사용되는가?

① Cu ② Pb
③ Al ④ Sn

해설 납-카드뮴의 주성분은 구리, 황동, 아연판 등이며 납땜 작업에 사용한다.

40 다음 중 연납의 저용융점 땜납은 그 융점이 몇 도인가?

① 40~50℃ ② 70~95℃
③ 100~150℃ ④ 200~250℃

해설 전기 부품 등의 납땜에 사용한다.

41 연납 시 용제의 역할이 아닌 것은?

① 산화막을 제거함
② 산화의 발생을 방지함
③ 녹은 납은 모재끼리 접촉하게 함
④ 녹은 납은 모재끼리 결합되게 함

해설 용제의 역할은 용가재를 좁은 틈에 자유로이 유동시키며 납은 모재끼리 결합되게 한다.

42 다음 중 일반콕을 나타낸 도시기호는?

① 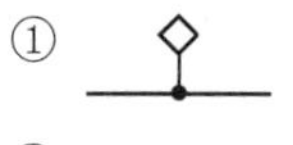 ② 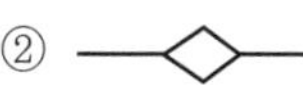
③ ④

해설 ① 공기 도출 밸브
② 닫혀 있는 콕
③ 닫혀 있는 밸브

43 고산화 티탄계(루틸계)와 관련 사항이 아닌 것은?

① 용입이 얇다. ② 글래그가 적다.
③ 가스 발생식이다. ④ 박판에 좋다.

해설 반가스 발생식이다.

44 가접에 대한 사항 중 관계가 없는 것은?

① 가접은 본용접 못지않게 중요한 용접임을 명심해야 한다.
② 가접은 모서리나 끝부분과 같이 강도상 중요 부분은 피한다.
③ 가접은 되도록 길게 하는 것이 좋다.
④ 중요한 물품에서는 가접은 본용접선에서 따내고 본용접을 한다.

해설 가접은 가능한 짧게 한다.

정답 36. ④ 37. ④ 38. ③ 39. ③ 40. ② 41. ③ 42. ② 43. ③ 44. ③

부록 3

★
45 다음 그림은 용접기의 특성을 나타낸 그림이다. 무슨 특성을 나타낸 것인가?

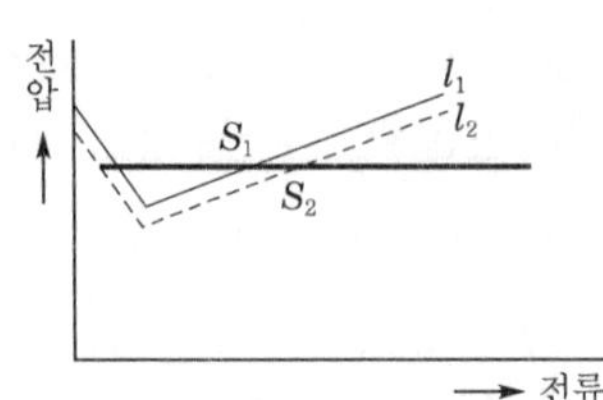

① 아크전압 특성 ② 수하 특성
③ 아크 특성 ④ 정전압 특성

해설 부하전류는 변해도 단자전압은 거의 변하지 않는 특성으로 정전압 특성 및 CP 특성이 있다.

46 다음 금속의 용해온도가 잘못된 것은?

① Fe-1,530℃ ② Cu-1,080℃
③ Pb-330℃ ④ Al-850℃

해설 Al의 용융점은 순도가 99.996%일 때는 660.2℃이며 순도가 99.5%일 때는 656℃이다.

47 다음 중 고속도강의 종류가 아닌 것은?

① W계 ② Mo계
③ V계 ④ Co계

해설 고속도강에는 W계, Co계, Mo계, 저탄소, 고코발트계, 저텅스텐계 고속도강이 있다.

★
48 피닝법(peening method)은 몇 도 이상에서 실시해야만 효과적인가?

① 200℃ 이상 ② 300℃ 이상
③ 600℃ 이상 ④ 700℃ 이상

해설 피닝법은 임계온도 이상일 때 용력이 완화된다.

49 다음 중 점 용접의 전극의 재질로 쓰이는 것은?

① 텅스텐 ② 마그네슘
③ 구리합금, 순구리 ④ 알루미늄

해설 전극의 재료는 전기 및 열전도도가 뛰어나고 충격이나 연속 사용에 견디며, 고온에서도 기계적 성질이 저하되지 않아야 한다. 경합금이나 구리합금의 용접에는 열이나 전기 전도도가 높은 순구리가 쓰이며 구리용접에는 크롬, 티탄, 니켈 등을 첨가한 구리합금이 쓰인다.

50 납땜 작업 시 청강수가 피부에 튀었을 때의 응급 조치는?

① 물로 빨리 세척한다.
② 그대로 둔다.
③ 손으로 가볍게 문지른다.
④ 소금물을 발라 중화시킨다.

해설 묽은 염산이 피부에 묻을 경우 화상을 입으므로 물로 빨리 깨끗이 한다.

51 다음 중 기구 배수구의 도시기호는?

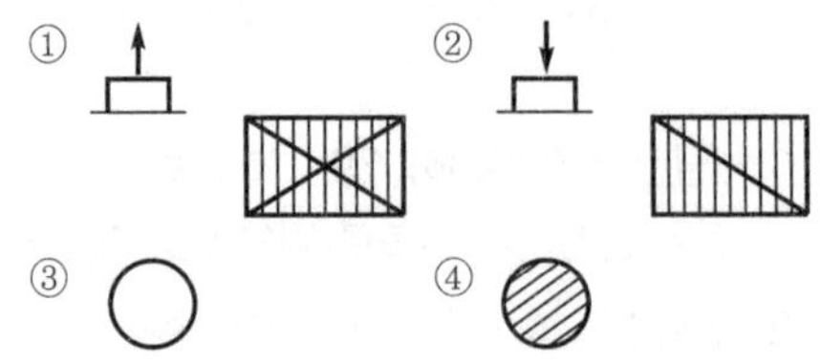

③ ○ ④ (빗금 친 원)

해설 ① 송기구
② 배기구
④ 바닥 배수구

★
52 Y합금의 용도가 아닌 것은?

① 베어링 ② 피스톤
③ 실린더 블록 ④ 절삭 공구

해설 Y합금은 4% Cu, 2% Ni, 1.5% Mg과 Al의 합금이며, 고온 강도가 크므로 실린더, 피스톤, 베어링 등에 사용된다.

53 다음 중 점 용접의 전극의 재질로 쓰이는 것은?

① 텅스텐
② 마그네슘
③ 구리 합금, 순구리
④ 알루미늄

해설 전극의 재료는 전기 및 열전도도가 뛰어나고 충격이나 연속 사용에 견디며, 고온도에서도 기계적 성질이 저하되지 않아야 한다. 경합금이나 구리 합금의 용접에는 열이나 전기 전도도가 높은 순구리가 쓰이며 구리 용접에는 크롬, 티탄, 니켈 등을 첨가한 구리 합금이 쓰인다.

정답 45. ④ 46. ④ 47. ③ 48. ④ 49. ③ 50. ① 51. ③ 52. ④ 53. ③

54 다음 기호는 어떤 밸브를 용접 이음한 것인가?

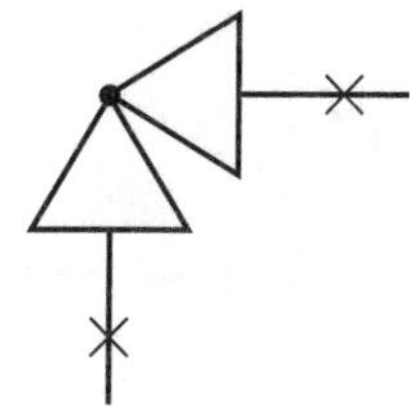

① 체크 밸브　② 슬로스 앵글 밸브
③ 글로브 앵글 밸브　④ 앵글 체크 밸브

해설 스톱 밸브(stop valve) : 파이프의 입구와 출구가 일직선 상에 있는 '글로브 밸브'와 직각으로 되어 있는 '앵글 밸브'가 있으며 밸브는 밸브 시드에 대하여 수직 방향으로 움직인다.

55 다음 그림은 관의 지지기호이다. 어느 방법으로 지지한 것을 나타내는가?

① 바닥 지지　② 스프링 지지
③ 앵커　④ 슈

해설

스프링 지지	SS	앵커	H
슈		스프링 앵커	SH

56 다음에서 선철을 만드는 로는?

① 용선로　② 전기로
③ 전로　④ 용광로

해설 용광로에 철광석, 코크스, 석회석 등을 교대로 장입하여 열풍을 불어 넣으면 코크스가 연소되어 철광석이 용융된다. 이때 용융된 철을 선철이라 한다.

57 강자성체만으로 구성된 것은?

① 철 – 니켈 – 코발트
② 금 – 구리 – 철
③ 철 – 구리 – 망간
④ 백금 – 금 – 알루미늄

해설 자성체란 자기를 띤 물체가 나타내는 성질을 말한다.

58 다음 중 용접부에 수소 영향으로 나타나는 결점은?

① 슬래그 혼입
② 언더컷
③ 기공(blow hole) 은점(fish eye)
④ 설파 밴드

해설 용접부에 수소량이 많을 때, 기공 수송량이 적을 때 은점이 발생된다.

59 다음 중 플라스마 제트는 한쪽 방향으로 약 ℃의 플라스마를 분출시키는가?

① 1천~3천℃　② 5천~1만℃
③ 1만~3만℃　④ 5만~7만℃

해설 일반 용접 아크에 비하여 에너지 밀도가 약 10~100배 정도 크다.

★
60 가는 실선을 사용하지 않는 것은?

① 치수선　② 해칭선
③ 지시선　④ 은선

해설 은선은 물체가 보이지 않는 부분을 나타내는 선이다.

정답 54. ③　55. ①　56. ④　57. ①　58. ③　59. ②　60. ④

저자약력

박종우

- 한국폴리텍대학 학장 역임
- 한국산업인력공단 직업전문학교 원장 역임
- 재단법인 영남직업전문학교 학장 역임
- 대구과학대학교 외 출강
- 교수경력 35년
- 대구대학교 대학원 졸업
- 국가기술자격(용접) 출제 및 검토위원
- 기능경기대회 심사위원, 심사장 기술위원장 역임
- 용접공학 외 용접기술 관련 저서 35권 집필

Hi-Pass_한번에 합격하기

용접기능사

특수용접기능사 필기

2022. 1. 7. 초 판 1쇄 인쇄
2022. 1. 14. 초 판 1쇄 발행

지은이 | 박종우
펴낸이 | 이종춘
펴낸곳 | BM (주)도서출판 성안당
주소 | 04032 서울시 마포구 양화로 127 첨단빌딩 3층(출판기획 R&D 센터)
10881 경기도 파주시 문발로 112 파주 출판 문화도시(제작 및 물류)
전화 | 02) 3142-0036
031) 950-6300
팩스 | 031) 955-0510
등록 | 1973. 2. 1. 제406-2005-000046호
출판사 홈페이지 | **www.cyber.co.kr**
ISBN | 978-89-315-3295-1 (13550)
정가 | 25,000원

이 책을 만든 사람들
기획 | 최옥현
진행 | 이희영
교정·교열 | 류지은, 송소정
전산편집 | 민혜조
표지 디자인 | 박현정
홍보 | 김계향, 유미나, 서세원
국제부 | 이선민, 조혜란, 권수경
마케팅 | 구본철, 차정욱, 나진호, 이동후, 강호묵
마케팅 지원 | 장상범, 박지연
제작 | 김유석